MEMOIRES

POUR SERVIR

A L'HISTOIRE

DES

INSECTES.

Par M. DE REAUMUR, de l'Académie Royale des Sciences, Commandeur & Intendant de l'Ordre royal & militaire de Saint Louis.

TOME TROISIEME.

Histoire des Vers mineurs des feuilles, des Teignes, des fausses Teignes, des Pucerons, des ennemis des Pucerons, des faux Pucerons, & l'histoire des Galles des plantes, & de leurs Insectes.

A PARIS,

DE L'IMPRIMERIE ROYALE.

M. DCCXXXVII.

TABLE
DES MÉMOIRES
CONTENUS DANS CE VOLUME.

PREFACE.

PREFACE,

Où l'on donne une idée générale des Mémoires contenus dans ce volume, & quelques remarques par rapport à l'objet de tout l'Ouvrage.

NOUS sçavons nous faire des habits pour nous dé-fendre contre les injures de l'air ; il n'eft rien fur quoi le génie des hommes fe foit plus exercé, & rien peut-être en quoi il fe foit plus montré, qu'à trouver les moyens de nous procurer toutes les différentes efpeces d'étoffes que nous employons à nos habillemens. On ne fçauroit affés admirer combien de belles machines, & combien d'arts il a fallu inventer pour parvenir à préparer les matiéres que nous employons dans différens tiffus, pour y en faire entrer qui fembloient fi peu propres à y être introduites, comme l'or & l'argent ; pour faire des tiffus qui, quoique fimples, font très-parfaits ; & pour en faire qui, par la variété & la vivacité de leurs couleurs, le difputent aux parterres les plus ornés de fleurs. Tout a été tenté & employé pour nous faire des vêtemens de différentes qualités ; pour nous en faire de chauds, de legers, d'impénétrables à l'eau, de durables ; & fur-tout pour en faire de riches & d'agréables aux yeux. Il n'en eft pourtant pas plus certain que la nature ait impofé aux hommes la néceffité de fe vêtir, & il eft certain au moins que nous avons porté les variétés des habillemens bien au-delà du néceffaire. Des hommes, barbares à la vérité, mais pourtant des hommes comme nous, vivent prefque nuds dans des pays extrémement chauds, & dans des pays

Tome III.   a

extrémement froids; & il n'eſt pas ſûr qu'ils ſouffrent plus de froid & de chaud que nous en ſouffrons; toute leur peau eſt devenuë telle que celle de nos mains, & de notre viſage. Mais il eſt bien certain que quantité d'inſectes naiſſent avec une peau ſi délicate, qu'elle eſt incapable de ſoûtenir les impreſſions de l'air: quand elle pourroit être endurcie par l'action de l'air, il ne conviendroit pas qu'elle le fût: une peau devenuë trop ferme, trop ſolide, ne permettroit pas à l'inſecte d'accomplir ſes transformations. Des inſectes qui, avec une peau très-tendre & très-délicate, ſont obligés de ſe tenir ſur des plantes, y périroient; c'eſt à eux plus qu'à nous, que des habits étoient néceſſaires. La nature a dû leur apprendre à s'en faire, & elle le leur a appris; elle travaille elle-même pour ceux qui avoient les mêmes beſoins, & qu'elle n'a pas ſi bien inſtruits. Elle a tout diſpoſé de maniére que la partie de la plante qui leur fournit des alimens, loin de paroître en ſouffrir, végete plus vigoureuſement que le reſte; elle forme une enveloppe ſolide, ſouvent très-façonnée & fort jolie, qui défend bien le petit animal qu'elle nourrit, & qui vaut mieux pour lui qu'une couverture portative.

Les adreſſes que la nature a enſeignées à des inſectes, pour parvenir à ſe faire des vêtemens qui leur étoient néceſſaires, & les ſoins qu'elle ſemble prendre elle-même pour en couvrir d'autres, nous préſentent deux points de vûë remarquables, dans leſquels viennent ſe réunir quantité d'eſpeces, de genres & de claſſes de ces petits animaux. C'eſt principalement dans ces deux points de vûë, que nous conſidérerons ceux que nous voulons faire connoître dans ce troiſiéme volume; ils ſe trouveront placés plus favorablement pour ſe graver dans notre mémoire, qu'ils ne le ſeroient, ſi nous différions à en parler au temps où nous donnerons les caracteres généraux des claſſes auxquelles ils appartiénnent. Comment ne ferions-nous pas frappés de voir des infectés qui femblent en droit de nous difputer la gloire de l'invention des habits; qui fûrement ont employé avant nous les matériaux que nous employons à la même fin; & des infectes qui femblent auffi nous difputer la perfection de l'execution! D'ailleurs l'hiftoire des chenilles, malgré les deux volumes que nous lui avons accordés, feroit trop défectueufe, fi nous ne difions rien de celles qui fçavent fe vêtir; & nous ne pouvions guéres en parler, fans parler des autres infectes auxquels le même art, ou des arts femblables font connus.

Avant que de rapporter les procedés induftrieux au moyen defquels différens infectes fe font des habillemens convenables, nous ferons connoître quantité de ces petits animaux qui, malgré la délicateffe de leur peau, n'ont pas befoin de fe faire des habits, ils n'ont qu'à bien manger pour être toûjours couverts : ils font fi petits, que quelques portions de la fubftance charnuë d'une feuille, fuffifent pour leur fournir de quoi fe nourrir jufqu'au temps de leur transformation. Le premier Mémoire donne l'hiftoire de ces infectes, & nous les y avons nommés des *mineurs des feuilles*, & cela parce que l'efpace qui fe trouve entre la membrane du deffus & celle du deffous de la feuille, eft pour eux un grand pays, qu'ils minent : les uns s'y font des chemins étroits & tortueux, & nous les avons nommés des *mineurs en gallerie;* les autres minent des efpaces plus larges, & nous les avons appellés des *mineurs en grand.* Entre ces mineurs, les uns font des chenilles qui fe transforment en des papillons, de la petiteffe defquels on eft fâché, quand on les regarde à la loupe; la nature n'auroit rien de plus riche, de plus brillant & de plus beau à nous montrer, que de pareils papillons, fi elle les avoit faits en grand : elle femble leur avoir prodigué

Premier Mémoire.

l'argent & l'or le plus éclatant ; elle femble avoir pris plaifir à combiner ces précieux métaux avec art, & à ne les mêler avec d'autres couleurs, qu'autant qu'il le falloit pour en rehauffer l'éclat, & pour que l'or & l'argent paruffent plus habilement mis en œuvre. D'autres mineurs fe transforment en des mouches à deux aîles : on en verra de ceux-ci qui vivent de la jufquiame, de cette plante qui eft fi capable de troubler notre cerveau, & qui, mangée en quantité affés médiocre, nous eft fatale. D'autres vers mineurs fe transforment en de très-petits fcarabés.

Second Mémoire.

Nous avons donné le nom de *Teignes* à tous les infectes qui fe font de véritables habits, des enveloppes qu'ils peuvent tranfporter avec eux. Le fecond Mémoire commence les hiftoires de ces infectes, il donne celles des teignes des laines & des pelleteries ; les habits qu'elles fe font, font d'une forme fimple, ce ne font que des tuyaux à peu-près cylindriques, mais propres à couvrir un corps long & rond : c'eft avec bien de l'art qu'elles font ces tuyaux ; elles arrachent avec choix les brins de laine les plus propres à être employés ; elles les lient les uns auprès des autres avec de la foye, de façon que l'extérieur du fourreau fe trouve être laine & foye ; mais le dedans a une doublûre de pure foye, fi unie & fi douce, que la peau la plus délicate peut la toucher & la frotter fans en fouffrir. La même teigne conferve pendant toute fa vie le premier habit qu'elle s'eft fait, celui qu'elle avoit lorfqu'elle étoit extrémement petite, lorfqu'elle ne venoit que de naître : on juge pourtant bien que l'habit proportionné au corps d'une fi petite teigne, ne l'eft plus à celui de la teigne devenuë plus grande, mais on ne devineroit pas, fi elles ne nous l'avoient fait voir, que chaque teigne fait, pour fe conferver fon premier habit, précifément ce que nous ferions en pareil cas, elle en augmente les dimenfions en tous fens : l'allonger, n'eft

pas chofe difficile, des brins de laine adjoûtés à chaque
bout, produifent cet effet; mais ce qui doit paroître difficile,
& qui femble demander bien de l'intelligence, du raifonne-
ment, c'eft de l'élargir : car pour élargir fon habit, la teigne
eft obligée de le fendre de chaque côté, fucceffivement tout
du long, & de mettre dans la fente une piece, une élar-
giffure. Qu'eft-ce que la raifon pourroit faire imaginer de
plus fimple & de mieux en pareil cas? rien affûrément, fi
ce n'eft de montrer encore que l'animal qui veut refter dans
fon habit pendant qu'il l'élargit, ne doit pas le fendre à la
fois tout du long; que s'il le fendoit tout du long, il s'y trouveroit flottant; que fon habit lui échapperoit; qu'il faut le
fendre à diverfes reprifes, & c'eft ce que la teigne pratique.
Les mêmes teignes, ou d'autres teignes s'habillent des poils
les plus fins des fourrures; elles fçavent couper les poils à
fleur de la peau, & s'en former des fourreaux femblables à
ceux de laine : elles mangent auffi ces mêmes poils, ils font
leur aliment. Nous ferions heureux fi elles nous en tenoient
quittes pour ce qu'il leur en faut pour vivre & pour fe couvrir; les défordres qu'elles feroient dans nos pelleteries, feroient petits en comparaifon de ceux qu'elles y font : mais
elles marchent; elles font dans leur vie affés de chemin; & il
leur eft plus incommode de marcher fur de grands poils,
qu'à nous de nous promener dans une prairie dont l'herbe
eft très-haute; elles veulent marcher fur un terrein ferme, &
pour cela elles coupent tous les poils des endroits où elles
veulent aller; elles reffemblent à l'homme qui ne fe prome-
neroit que la faux à la main, & toûjours abbattant l'herbe.

 Les ravages que font les teignes dans les étoffes de laine
& dans les pelleteries, ne font que trop connus; il n'eft
point de pays habité à qui elles ne coûtent cher chaque
année. Nous devons admirer leur induftrie, mais nous
n'en devons pas moins fonger à défendre nos meubles &

Troifiéme
Mémoire.

nos fourrures contre leurs dents. Les recherches qui peuvent nous y conduire, font l'objet du troifiéme Mémoire: pour y parvenir, il n'y a que deux moyens à tenter, ou de rendre nos étoffes & nos pelleteries des mets défagréables à ces infectes, & c'eft le moyen le plus doux, ou, ce qui eft plus dur, de les exterminer, de les faire périr impitoyablement. Une obfervation fimple conduifoit à trouver ce qu'il y avoit de mieux dans le premier genre: les teignes n'attaquent point les laines qui couvrent les brebis; la nature a voulu que les brebis fuffent vêtuës de laine, & les brebis auroient été dépouillées, & fouvent nuës, fi les teignes avoient aimé la laine qu'elles portent, elle a été renduë pour les teignes un mets dégoûtant, elle eft enduite d'une graiffe qui la leur fait trouver défagréable. Les teignes épargnent même les toifons enlevées aux brebis, qui n'ont pas été dégraiffées; mais la premiére préparation des laines eft de les nétoyer, & dès que nous les dégraiffons, nous les apprêtons pour les teignes. De cette obfervation, il étoit aifé de conclurre qu'en rendant aux laines de nos étoffes une partie de cette graiffe qu'elles avoient, lorfqu'elles tenoient au corps de la brebis, nous les rendrions défagréables au goût des teignes: les maniéres de le faire, & les fuccès heureux de cette expérience, font rapportés dans le troifiéme Mémoire. On y rapporte auffi tout ce qui a été tenté pour donner aux laines d'autres affaifonnemens qui puffent déplaire à ces infectes: mais il falloit tenter encore s'il n'y avoit point de moyen de faire périr les teignes dans les meubles & les fourrures où elles fe font établies; j'en ai donné des moyens fi furs, fi efficaces & fi prompts, que ceux qui laifferont détruire leurs meubles par ces infectes, ne pourront s'en prendre qu'à leur négligence. J'ai fait voir que des odeurs pénétrantes, telles que celles de l'huile ou de l'efprit de térébenthine, que certaines fumées, comme celles du tabac, les étouffent promptement; que ces moyens peuvent nous délivrer de beaucoup d'autres insectes qui nous en veulent à nous-mêmes, comme font les punaises. Dans un des volumes suivans, nous esperons donner encore un autre moyen de détruire les insectes domestiques, & très-puissant contre les teignes, on aura à choisir. Nous finissons le troisiéme Mémoire par proposer une compensation qui seroit heureuse pour les teignes & pour nous; nous proposons de les faire vivre. Nous nourrissons des vers à soye, nous cherchons à multiplier les abeilles; les teignes ne nous peuvent donner rien d'aussi utile que la soye & que la cire, mais il y a apparence que nous pourrions employer utilement leurs excrémens pour les teintures. Des estomacs qui digérent continuellement de la laine, des poils, des matiéres qui ne font, pour ainsi dire, que des filamens de corne, nous doivent paroître bien différens des nôtres : il est bien singulier qu'ils extrayent des sucs nourriciers de ces sortes de matiéres, mais il l'est bien plus qu'ils épargnent les couleurs des laines; qu'on trouve aux excrémens des teignes, les couleurs qu'avoient les laines avant que d'être entrées dans le corps de l'insecte. En nourrissant des teignes de laines de toutes couleurs, & de toutes nuances de couleurs, on auroit des poudres propres à être employées aux peintures, & des poudres colorées, plus durables que plusieurs de celles que nous y employons. Des couleurs qui ont passé par le corps d'un animal, ont dû y recevoir une préparation qui les a mis en état de se soûtenir pendant qu'elles y étoient, & de se soûtenir à l'air, & de se soûtenir dans bien d'autres circonstances, tout autrement que les couleurs ordinaires.

Des teignes domestiques nous passons aux teignes champêtres, & entre ces derniéres ce font celles que nous appellons des *Teignes des feuilles,* que nous examinons dans

Quatriéme
Mémoire.

le quatriéme Mémoire. Leurs habits n'ont point à nous
offrir une variété de couleurs pareille à celle qu'on voit
fur les fourreaux des teignes qui ont mangé les laines de
nos tapiffes; ils font, pour la plûpart, d'un brun qui
tire fur celui des feuilles féches: de-là il arrive fouvent
que ces teignes, par elles-mêmes affés petites, ne font
point reconnuës pour ce qu'elles font; elles ont l'air d'une
portion de feuille féche. Ce qui contribuë encore à les
cacher, c'eft qu'elles fe tiennent ordinairement attachées
contre le deffous de la feuille: mais quand on vient à les obferver, leurs habits paroiffent avoir des figures plus recherchées que ceux des autres; ils font oblongs de même; le
côté qui couvre le ventre eft uni, mais le côté du dos a des
dentelures qui imitent les pinnes ou nageoires des poiffons:
le bout antérieur eft coudé & joliment rebordé. Il y a de
ces teignes de différentes efpeces, dont les habits font faits
fur différens modéles; le bout poftérieur de ceux de quelques-unes eft plat, & reffemble à la queuë d'un poiffon; le
même bout des fourreaux de quelques autres, eft à trois
pans difpofés comme les cornes des bonnets quarrés. L'a-
dreffe néceffaire à ces teignes pour fe faire de tels habits,
eft à peine concevable; il n'eft peut-être point d'infecte
qui femble montrer plus d'intelligence, & qui en montre
une plus propre à nous remplir d'admiration. Ces teignes
changent d'habits plufieurs fois dans leur vie: tout l'extérieur des leurs n'eft fait que de deux portions de membranes, dont l'une eft prife du deffus, & l'autre du deffous
d'une feuille. Mais il faut que la teigne fçache les moyens
de féparer ces deux membranes l'une de l'autre, d'en détacher toute la fubftance charnuë qui y eft adhérente;
qu'elle fçache les liffer, & leur donner les préparations qui
les rendent des étoffes convenables. Ces pieces deviennent
pour la teigne, ce qu'eft une piece de drap pour un tailleur;

comme

comme un tailleur, mais fans avoir de patron devant elle,
la teigne coupe dans chacune de ces grandes pieces, un
morceau propre à compofer la moitié d'un habit. Elle
affemble d'abord groffiérement ces deux morceaux ; elle les
coud enfuite, pour ainfi dire, à points plus ferrés, je veux
dire qu'elle les attache l'un contre l'autre avec des fils de
foye ; elle double enfuite cet habit de foye. Mais rien n'eft
au-deffus du génie que montre cet infecte, pour couper
des pieces dont les contours doivent être fi irréguliérement contournés, plus peut-être que ne le font ceux de
nos habits. Dans le même Mémoire nous ferons connoître
des teignes d'une autre claffe ; ce font des vers fans jambes.
De toutes les teignes, ce font celles qui fe font peut-être
les habits les plus legers, les plus chauds & à moins de
frais ; elles fe les font de coton, elles prennent celui des
graines de nos faules. De ces poils de coton extrémement
fins & blancs, elles forment une efpece de grand manchon,
dans lequel tout le corps eft contenu, & qu'elles portent
pourtant avec elles.

On parcourroit bien des pays, avant que de trouver *Cinquiéme Mémoire.*
autant de différences entre les façons des habits de leurs
habitans, & les matiéres qui les compofent, que nous
en offrent les habillemens des teignes, qui feront décrits
dans le cinquiéme Mémoire. Ils ne font pourtant tous
que des efpeces de fourreaux, dont la cavité eft prefque
cylindrique, & immédiatement formée par un tiffu de
foye. Mais l'extérieur des fourreaux des unes eft fait de
portions de feuilles mifes en recouvrement comme les
tuiles ; fur quelques fourreaux, ce font des morceaux de
feuilles de chiendent, qui font ainfi rangés ; fur d'autres
ce font des morceaux de feuilles de chêne ; fur d'autres
ce font des morceaux de feuilles de genêt, &c. C'eft avec
de petits morceaux de tiges de gramen, ou de tiges auffi

Tome III.   . b

déliées, que les habits de plufieurs autres font faits. Ces
derniéres teignes font auffi ridiculement vêtuës, ce femble,
que nous le ferions fi nos habits étoient couverts de baguettes de bois pofées parallelement les unes aux autres,
& appliquées les unes contre les autres. Les infectes qui
vivent fur terre, ne font pas les feuls qui fe faffent des
vêtemens, ils font néceffaires à beaucoup de différentes
efpeces d'infectes aquatiques, & elles s'en font. Des teignes
de certaines efpeces compofent leurs fourreaux de grains
d'un fable très-fin, & d'autres compofent les leurs du
plus gros gravier; d'autres ne font ufage que de feuilles
plattes; d'autres n'employent que de petites tiges rondes:
quelques-unes arrangent très-joliment les portions de
feuilles ou de tiges dont elles couvrent leur fourreau; il
femble qu'un ruban verd foit roulé deffus, & qu'il y faffe
des tours de fpirale: d'autres teignes aquatiques font entrer dans leurs fourreaux des matériaux de toute efpece,
des feuilles fraîches, de vieilles feuilles & très macérées,
des morceaux de bois, tantôt fains, tantôt demi-pourris,
des grains de gravier, de petites pierres, des fragmens de
coquilles, de petites coquilles entiéres, il femble que tout
leur foit bon. Elles fe font auffi des couvertures qui ont
les figures les plus baroques; & cette irrégularité même
nous montre leur génie. Elles ont befoin d'être couvertes,
mais elles ont befoin de l'être par un fourreau dont la
pefanteur foit telle, que jointe au poids de leur corps, le
total fe trouve à peu-près en équilibre avec l'eau: leur
habit eft-il trop leger, elles le chargent par quelque petite
pierre qu'elles y attachent; devient-il trop pefant, parce
qu'il s'eft imbibé d'eau, elles l'allegent en y attachant un
morceau de bois leger, un fragment de rofeau. Quelques-
unes fe font des habits très-jolis, qui font entiérement
couverts de très-petites coquilles: les uns ne font faits que

de coquilles de petits limaçons aquatiques, & les autres
que de coquilles de petites moules. Un fauvage qui au
lieu de fe couvrir des peaux des animaux qu'il a tués, fe
couvriroit de petits animaux tout vivans, nous paroîtroit
bien étrangement vêtu; un fauvage qui feroit tout couvert
d'écureüils vivans, de rats mufqués vivans, &c. nous offri-
roit un fpectacle bien bizarre. Nos teignes nous en donnent
un tel : il y en a dont tout le deffus du fourreau eft couvert de petites coquilles de moules bien affujetties, &
proprement arrangées, & dans lefquelles les moules vivent :
d'autres le font de même, de coquilles de très-petits limaçons, dans toutes lefquelles les limaçons vivent, quoiqu'affés mal à leur aife, & qu'ils ne puiffent aller qu'où la
teigne les porte. Toutes les teignes aquatiques dont nous
venons de parler, doivent devenir habitantes de l'air, elles
doivent devenir des mouches à quatre aîles, d'une claffe que
nous avons caractérifée par le nom de *mouches papillonnacées*.
Elles fe transforment en nymphes dans leur fourreau : pendant qu'elles font nymphes, elles font dans un état où elles
n'ont pas befoin de manger, mais où elles pourroient être
mangées par des infectes voraces qui entreroient dans leur
logement, & contre lefquels elles ne pourroient fe défendre,
vû l'état de foibleffe où elles font alors. Les teignes aquatiques fçavent filer, avant que de fe métamorphofer, elles
pourroient boucher les bouts de leur fourreau, mais elles
fermeroient l'entrée à l'eau, & elles n'ont pas feulement
befoin d'avoir de l'eau dans leur fourreau, il faut encore
que l'eau s'y puiffe renouveller, qu'elle n'y croupiffe pas;
elles fçavent faire un ouvrage qui fatisfait à la fois à ces
différentes vûës. Au lieu de mettre une porte pleine à
chaque bout de leur fourreau, elles y mettent une porte
grillée: ce grillage fuffit pour arrêter les infectes voraces,
& permet l'entrée & la fortie à l'eau. Dans le même

Mémoire on trouvera l'hiftoire de ces teignes, dont il a été parlé dans les anciens Journaux des fçavans, que des obfervateurs d'ailleurs habiles nous ont données pour des mangeufes de pierres, & qu'ils ont dit en être de telles mangeufes, qu'elles dégradent nos murs. On y verra qu'elles trouvent fur les murs, des alimens plus aifés à digérer que la pierre.

Sixiéme Mémoire.

Le fixiéme Mémoire fera connoître des teignes qui fe font des habits de pure foye, & d'ailleurs d'une figure fingulière. Les fourreaux des unes ont un de leurs bouts contourné comme une croffe, & j'appelle ceux-ci des *fourreaux en croffe;* les fourreaux de quelques autres ont une efpece de manteau compofé de deux pieces de foye faites en coquilles. La tiffure de cette efpece de manteau eft d'ailleurs remarquable, il eft fait d'une infinité de petites pieces de foye mifes les unes auprès des autres, dont chacune reffemble à une petite écaille de poiffon.

Septiéme Mémoire.

Tous les voyageurs s'accordent à nous peindre les Hottentots comme les hommes du monde les plus dégoûtans, comme des hommes d'une malpropreté inconcevable; ils aiment à fe faire des ceintures & des bottines d'inteftins de bœufs & de moutons, qu'ils ont laiffés pleins des matiéres qui y étoient contenuës. Les infectes ont auffi leurs Hottentots, & le feptiéme Mémoire nous les fait connoître; on y verra que les lis font mangés par un ver qui ne fçait fe couvrir que de fes excrémens; mais on admirera comment la nature a tout difpofé pour qu'il le fît néceffairement & commodément. Elle a placé l'anus en deffus de l'extrémité du corps; l'inteftin qui y apporte les matiéres, & l'anus lui-même en les faifant fortir, leur donnent une direction pour aller du côté de la tête : ces excrémens ne font fans doute nullement dégoûtans pour l'infecte, ils ne font d'ailleurs que des feuilles macérées. Ce ver fi mal-propre fe transforme en un fcarabé tout-à-fait joli, & qui a un air extrémement net. Les fourreaux de fes aîles font d'un rouge de carmin, d'un rouge plus beau que celui des vernis de la Chine; tout le refte du corps femble enduit d'un verni noir & éclatant. Les artichauts & certaines efpeces de chardons, fourniffent des alimens à d'autres vers qui fe font un parafol & un parapluye avec leurs excrémens: ils ont auprès du derriére une efpece de fourche, finguliére par l'ufage pour lequel elle leur a été donnée, elle eft d'une forte de corne; ils la tiennent ordinairement couchée fur leur dos, & ils peuvent l'élever plus ou moins: cette fourche reçoit les excrémens, & les foûtient au-deffus du corps. Ces vers fe transforment dans des fcarabés d'un genre différent de ceux dont nous avons eu occafion de parler jufqu'ici.

Des teignes, nous paffons aux fauffes teignes dans le huitiéme Mémoire. Nous avons donné ce nom à tous les infectes qui, quoiqu'ils ayent befoin d'être couverts, ne fe font pas des habits portatifs, aux infectes qui fe logent dans des tuyaux ordinairement de foye, qu'ils affujetiffent contre des corps folides, &c. Ils les recouvrent de différentes matiéres, & ils les allongent à mefure qu'ils veulent aller en avant; ils fe font fouvent de longues galleries. Il y a des fauffes teignes à qui il eft bien néceffaire d'aller ainfi à couvert; c'eft aux dépens des abeilles qu'elles doivent vivre; il faut qu'elles s'établiffent au milieu d'un petit peuple guerrier, bien armé d'un aiguillon redoutable même pour nous, d'un peuple compofé d'un nombre de combattans qui furpaffe celui des foldats d'une nombreufe armée. Nos fauffes teignes, quoique nuës, fçavent fe conduire de maniére qu'elles font impunément des ravages terribles dans les ruches des abeilles; elles y mettent les gâteaux en pieces, elles les percent, elles les hachent. Ce n'eft point

Huitiéme Mémoire.

 P R E F A C E.

au miel des abeilles qu'elles en veulent; elles cherchent un aliment que la Chimie ne fçait pas auffi bien diffoudre & décompofer, qu'elle fçait diffoudre & décompofer les corps les plus durs, les métaux & les pierres; elles cherchent la cire, & leur eftomac fçait la digérer. Nous examinons l'état où leur eftomac la réduit; ce qui peut nous indiquer des moyens de faire des ufages de la cire, qu'on n'a pas encore fongé à en faire. Nous verrons dans le même Mémoire d'autres fauffes teignes que les amateurs des livres doivent chercher à connoître, principalement pour les détruire; elles font friandes de la fleur du cuir, elles mangent la première peau des relicures : ces fauffes teignes font des chenilles de médiocre grandeur. D'autres fauffes teignes, dont il eft parlé dans le même Mémoire, nous font des maux plus réels, elles mangent le bled dans nos greniers. Toutes les fauffes teignes que nous venons d'indiquer, & beaucoup d'autres, fe métamorphofent en papillons.

Neuviéme Mémoire. Après avoir fini les hiftoires des infectes qui fe font des fourreaux portatifs, & de ceux qui ne fe font que de longues galleries dont l'intérieur eft tapiffé de foye, nous venons dans le neuviéme Mémoire à une claffe d'infe-ctes extrémement petits, mais qui, malgré leur petiteffe, ne laiffent pas d'être très-connus, & cela parce qu'ils font ordinairement raffemblés fur divers arbres de nos jardins, en affés grand nombre, pour s'y faire voir & s'y faire trop voir. Les infectes dont nous voulons parler, font connus fous le nom de *pucerons.* Rien n'eft plus ordi-naire que de trouver des feuilles de nos arbres fruitiers & de beaucoup d'autres arbres, qui en font toutes couvertes. Quoique l'odeur douce & fuave des fleurs du chevrefeuille plaife généralement, nous fommes prefque dégoutés de mettre cet arbufte dans nos jardins, & cela parce que les pucerons l'aiment trop; fes fleurs en font fouvent fi chargées, qu'elles en font hideufes. C'eft une claffe de petits animaux, dont la nature a prodigieufement multiplié les efpeces : le nombre des efpeces des pucerons furpaffe peut-être celui des efpeces de plantes : car s'il n'eft pas fûr que chaque efpece de plante ait une efpece de pucerons qui lui foit abfolument particuliére, il eft fûr qu'en général des plantes de différentes efpeces, ont différentes efpeces de pucerons, & que fouvent plufieurs efpeces de pucerons aiment la même plante. Non-feulement il y en a qui vivent fur les fleurs, fur les feuilles & fur les tiges, il y en qui vivent fous terre, fur les racines. Ces pucerons de diffé-rentes efpeces nous offrent de très-grandes variétés de couleurs. Tous font armés d'une trompe très-fine, avec laquelle ils piquent les feuilles, & en tirent un fuc dont ils fe nourriffent : on en verra qui en font pourvûs d'une dé-mefurement longue, trois à quatre fois plus longue que leur corps, deffous lequel elle fe couche, & qui va loin par-delà le derriére, tirer de la plante le fuc nourricier. Les excrémens qu'ils rendent font liquides; ce n'eft pas feule-ment par l'anus qu'ils les font fortir : la plûpart des efpeces de pucerons portent fur leur derriére deux cornes affés grandes pour la grandeur de l'infecte, & finguliéres par leur ufage; chacune d'elles eft un tuyau creux par lequel fort de temps en temps une liqueur dont l'infecte doit fe vuider. La liqueur qui fort de ces tuyaux & celle qui fort de l'anus, font ordinairement fucrées. Plufieurs Naturaliftes ont cru que les fourmis faifoient la guerre aux pucerons, d'autres au contraire ont penfé qu'elles les aimoient, & cela parce que les uns & les autres ont obfervé des files de fourmis qui fe rendent où font les pucerons. Pour parvenir à trouver les pucerons les plus cachés, il n'y a auffi qu'à prendre les fourmis pour guides, il n'y a qu'à les fuivre : elles ne haïffent pourtant, ni elles n'aiment les pucerons, mais

elles sont avides de la liqueur sucrée qu'ils sont sortir par
leurs deux cornes & par leur anus. Dans chaque espece
de pucerons, dans chaque famille de pucerons, il y en a
de non aîlés, & il y en a d'aîlés : il y en a qui sont toujours
dépourvûs d'aîles, & il y en a qui parviennent à en prendre.
Selon l'analogie ordinaire, les aîlés devroient être les mâles,
& les non aîlés, les femelles ; mais ce qui est une grande
singularité dans l'histoire des Insectes, c'est que les aîlés,
comme les non aîlés, sont femelles. Je n'ai pû découvrir
les mâles qui fécondent les uns & les autres ; tous sont des
petits vivans ; à chaque heure du jour, & pendant plusieurs
jours de suite, on voit accoucher les pucerons qui sont
devenus en âge d'être meres. Tout semble prouver qu'il
n'y a aucun accouplement parmi les pucerons, & s'il y en
a, il est au moins une singularité par le temps où il se fait ;
il faut que l'accouplement se fasse dans leur enfance, puisqu'on verra que des pucerons, avant que de se transformer
en insectes aîlés, ont déja le corps plein de petits vivans,
qu'ils mettent au jour dès qu'ils sont parvenus à avoir des
aîles. Une des raisons qui nous a déterminé à placer les
pucerons à la suite des teignes & des fausses teignes, c'est
que plusieurs ont besoin d'être à couvert : ils font naître
des excroissances, des tubérosités, de grosses vessies, dans
lesquelles ils sont renfermés de toutes parts. Sans être Na-
turaliste, on peut avoir vû sur les ormes, des vessies grosses
quelquefois comme des pommes : la grande cavité qui
est dans l'intérieur de ces vessies, est habitée par des milliers de pucerons. Tous doivent leur origine à une seule
mere, qui a ménagé les piquûres qu'elle a faites à quelque
partie d'une plante, à une feuille, par exemple ; qui les
a, dis-je, ménagées de façon qu'elle a déterminé cette
partie de la plante à croître plus que les autres. Le puceron
a cherché à se faire renfermer dans une petite tubérosité ;

la

la tubérofité croît, & fa cavité grandit journellement.
Dans ce lieu qui nous femble une prifon bien clofe, le
puceron fe trouve à fon aife, il-y met au jour des petits; le
logement devient plus fpacieux à mefure que la famille
augmente. Les petits avec le temps font en état de donner
eux mêmes naiffance à d'autres; ainfi ces galles ou veffies
fe peuplent : à la fin elles s'ouvrent, & des pucerons aîlés
& non aîlés en fortent. Ce neuviéme Mémoire nous
fait voir de ces veffies finguliéres par leur figure & par
leur grandeur : il nous fait connoître quelle eft la nature
d'une eau gluante qui s'y trouve raffemblée, & dont la
Médecine a cru devoir faire ufage ; que cette eau n'eft
autre chofe que celle que les pucerons rejettent par leur
anus & par les cornes qu'ils portent fur leur derriére. Mais
ce qu'on aimera autant à apprendre, c'eft qu'à la Chine,
en Perfe, dans le Levant, &c. des pucerons travaillent utilement pour les arts; les veffies qu'ils font naître, font une
des drogues employées pour les teintures; on fe fert de
ces veffies dans le Levant, pour teindre la foye en cra-
moify, il n'y a que leur rareté qui empêche que nous ne
les employons en France. J'indique pourtant des galles
que les pucerons y font naître, qu'on peut efperer d'employer auffi utilement que celles du Levant.

On pourroit confondre avec les pucerons, certains infectes qui en doivent être diftingués, & que nous avons
nommés *faux pucerons,* pour marquer qu'ils n'ont qu'une
forte de reffemblance avec les pucerons. Nous nous fommes contenté d'en faire connoître de deux genres dans
le dixiéme Mémoire; ceux de l'un fe tiennent fur les feuilles
de figuier, & même fur les figues, ils font affés finguliers
par leur figure. Les faux pucerons de l'autre genre, aiment le
buis; ils font prendre à des feuilles de buis la figure d'une

Dixiéme
Mémoire.

Tome III. c

calotte; & de plufieurs de ces calottes qui fe recouvrent les unes les autres, fe forme une boule creufe qui eft le logement de ces petits infectes. Chacun d'eux a au derriére une longue queuë, comme une efpece de vermicelli de matiére blanche tranfparente, d'un goût fucré, qui n'eft autre chofe que leurs excrémens, & qui femble fort analogue à la manne; on en pourroit ramaffer au moins affés pour des expériences.

Onziéme
Mémoire.

Nous femons des grains pour en faire des récoltes qui nous fourniffent celui de nos alimens qui nous eft le plus néceffaire; il femble que la nature féme des pucerons fur toutes les efpeces d'arbres, d'arbuftes & de plantes, pour nourrir un nombre prodigieux d'infectes de différens genres & de différentes claffes. Le onziéme Mémoire nous donne une idée générale de ces infectes qui font les redoutables ennemis des pucerons : nous y voyons des vers fans jambes, qui, dès l'inftant de leur naiffance, fe trouvent par l'inftinct ou par la prévoyance de leur mere, au milieu d'une grande quantité de pucerons; là ces vers voraces, fans avoir prefqu'aucun mouvement à fe donner, trouvent de la proye; ils n'ont qu'à tourner leur tête à droit & à gauche, ou à l'allonger en avant, pour être en état de faifir un puceron. Leurs procédés, tout cruels qu'ils font, peuvent amufer un obfervateur qui n'eft pas trop tendre : on peut voir avec une loupe comment le ver fait paffer dans fon corps en moins d'une minute, tout ce qui étoit dans le ventre d'un puceron; plufieurs meres pucerons, malgré leur fécondité furprenante, ne peuvent faire affés de petits pour en fournir quelques-uns de ces vers gloutons. Il y a un trèsgrand nombre de vers de cette claffe; ils fe transforment en d'affés grandes & affés jolies mouches à deux aîles. Nous avons nommé *Lions des pucerons,* d'autres infectes qui ne

font pas de moindres deftructeurs des pucerons, que les premiers; & nous avons été déterminés à leur donner ce nom,
par la reffemblance qui eft entr'eux & l'infecte très-connu
appellé *formica-leo*. Nos lions des pucerons, non plus que
le formica-leo, n'ont point une bouche placée comme
l'eft celle des autres animaux : au lieu d'une bouche, ils
en ont deux, dont chacune eft au bout d'une corne extrémement fine, & qui a la dureté de la corne ordinaire. Le
petit lion porte ces deux cornes en devant de fa tête, c'eft
avec elles qu'il faifit, perce & fucce le puceron. Entre ces
petits lions, on en verra d'une efpece particuliére, qui fe
font une couverture, & en même temps un trophée des
cadavres des pucerons qu'ils ont mangés; ils marchent
chargés de ces cadavres. Ces lions des pucerons fe transforment en de très-jolies mouches à quatre aîles, qui reffemblent affés à celles qui font connuës fous le nom de
demoifelles. Chacune de ces mouches va faire fes œufs
fur une feuille, ou auprès d'une feuille bien peuplée de
pucerons, comme fi elle vouloit que lorfque les petits en
fortiront, ils trouvaffent de la proye toute prête. Leurs
œufs font peut-être les plus jolis, & les plus finguliers
œufs d'infectes qui foient connus; on ne les a prefque pris
jufqu'ici que pour des plantes & pour des fleurs : chacun
a pourtant la figure d'un œuf ordinaire, mais il eft porté
par un long pédicule qui a l'air de la tige d'une petite
plante, dont l'œuf femble être la fommité; lorfque l'œuf eft
ouvert, il paroît une fleur. On verra encore que c'eft des
pucerons que fe nourriffent ces petits fcarabés hémifphériques, qui femblent de petites & jolies tortuës, & qui font
connus même des enfans qui leur ont donné les noms
de vaches-à-Dieu, de bêtes-à-Dieu, de bêtes de la Vierge,
&c. On fera étonné lorfqu'on comparera la figure longue
& platte qu'ont ces vers dans leur premier âge, avec la

figure de portion de fphere qu'ils ont après leur transformation. On trouvera encore des vers plus finguliers par
leur extérieur, qui dévorent journellement les pucerons.
J'ai nommé ces derniers vers des *barbets blancs*, parce qu'ils
font tout couverts & hériffés de touffes blanches. Ces
touffes ne font pas compofées de poils produits comme
ceux des chenilles, elles font faites d'une efpece de coton
qui tranfpire du corps de l'infecte, & qui en tranfpire extrémement vîte. Nos petits barbets deviennent de petits fcarabés plus applatis que les hémifphériques.

Douziéme Mémoire. Enfin, le douziéme & dernier Mémoire, quoique très-
long, n'eft employé qu'à donner les principes de l'hiftoire
des galles des arbres, des arbuftes & des plantes, & ceux de
l'hiftoire des infectes qui occafionnent la production de ces
mêmes galles. Une mere infecte qui, pour l'ordinaire, eft
une mouche à quatre aîles, & quelquefois une mouche à
deux aîles, un papillon, un fcarabé, &c. a été pourvûë d'un
inftrument propre à percer, ou à entailler le bois, l'écorce
ou les feuilles; elle le porte au derriére, c'eft une tarriére ou
un aiguillon ; ceux des meres de différentes claffes font ordinairement faits fur différens modéles. Nous ne pouvons
pas voir tout ce qu'il y a d'art dans la ftructure de ces inftrumens, mais nous en voyons affés pour l'admirer. Dans
des infectes très-petits, tels que font les différentes efpeces
de mouches à quatre aîles, des différentes efpeces de galles
du chêne, l'aiguillon eft très-grand par rapport à la grandeur de l'infecte; la nature a cependant trouvé moyen de
le loger dans le corps même, il y eft recourbé & contourné.
Quand la mouche veut, elle fait fortir cet inftrument de
fon corps; avec fa pointe, elle perce tantôt une feuille, tantôt un bourgeon, tantôt un jet d'arbre; elle dépofe dans le
trou un œuf. Quelquefois la même mouche perce ainfi plufieurs trous les uns auprès des autres, dans chacun defquels

elle laiſſe un œuf. Les endroits de l'arbre qui ont été bleſſés,
ou, ce qui eſt la même choſe, ceux à qui un ou pluſieurs
œufs ont été confiés, végétent plus vigoureuſement que
le reſte; non-ſeulement la playe ſe ferme vîte, l'endroit
où elle eſt, ſe gonfle, ſe renfle; il y paroît plûtôt qu'on ne
l'imagineroit, une nouvelle production, une galle. Combien ces galles nous font-elles voir de variétés, qui ſont dûës
en partie aux différentes eſpeces d'inſectes à qui elles doivent leur formation! Pluſieurs ſont à peu-près ſphériques:
les unes ſont petites, & ne parviennent pas à être plus
groſſes que des grains de groſeilles; les autres deviennent
groſſes comme des noix, & d'autres comme de petites pommes; quelques-unes ſont colorées comme les plus beaux
fruits, & l'œil les fait prendre pour de vrais fruits; les unes
ſont liſſes, les autres ſont épineuſes; les autres ont une che-
velure bien ſurprenante; d'autres ſemblent de petits artichauts, & d'autres pourroient être priſes pour des fleurs. La
ſubſtance de quelques-unes eſt ſpongieuſe, il y en a même
qui ſont mangeables, qu'on mange en quelques pays, &
qu'on y porte au marché; d'autres ſont plus dures que le bois
dur. Nous donnons des exemples de toutes ces différentes
eſpeces de galles, & nous en euſſions donné bien davantage,
ſi nous n'euſſions craint d'allonger trop un Mémoire déja
très-long. Mais enfin parmi les galles il y en a pluſieurs eſpeces dont les arts font un grand uſage; ce ſont celles qui ont
été appellées *noix de galles:* on ſçait aſſés de quelle utilité &
de quelle néceſſité elles ſont à l'art de la teinturerie. Combien d'expériences curieuſes & importantes ne mettent-
elles pas à portée de faire, lorſqu'il s'agit de reconnoître le fer
caché dans des liqueurs, d'éprouver les eaux minérales! On
ſçait tout cela, dis-je, mais on ne cherche pas à ſe ſouvenir
que c'eſt à de petits inſectes que nous les devons. L'œuf
qui a été renfermé dans une galle naiſſante, y croît lui-

c iij

même, & ce n'eſt qu'après que l'œuf a pris un aſſés grand
accroiſſement, que l'inſecte ſort de cet œuf ordinairement
ſous la forme de ver. Ce ver par la ſuite ſe métamorphoſe,
ſoit dans une mouche à deux aîles, ſoit dans une mouche à
quatre aîles, ſoit dans un ſcarabé, ſelon l'eſpece dont il eſt.
Après avoir ſubi ſa derniére transformation, il quitte un
logement où il a été ſi bien renfermé, & qui lui a donné de
quoi vivre. Il y a pourtant quelques inſectes de galles, qui
ſont des fauſſes chenilles & des vers de ſcarabés, qui ſortent
de leurs galles lorſqu'ils ſont près de ſe transformer pour la
première fois. Nous verrons dans le même Mémoire que les
inſectes pour qui les galles ont éte faites, & qui en ont occa-
ſionné la production, ne ſont pas les ſeuls qui croiſſent dans
les galles. Dans l'inſtitution de la nature, ces inſectes eux-
mêmes doivent ſervir à nourrir d'autres inſectes. Des mouches carnaciéres, & qui donnent naiſſance à des vers carnaciers, ſont munies de tarriéres qui valent bien celles des
mouches qui font naître les galles. La mouche carnaciére
va percer une galle, elle dépoſe un œuf dans ſa cavité; il
en naît un ver qui mange celui qui ſembloit devoir être
en ſûreté dans un logement environné de murs ſolides &
épais. La quantité de vers étrangers introduits dans les
galles, & les variétés de leurs eſpeces, & des belles mouches
qu'elles donnent, ſont encore de véritables merveilles. Il
ſort des galles plus de mouches qui doivent leur naiſſance
aux vers étrangers, qu'il n'en ſort de celles qui doivent la
leur aux habitans naturels. Enfin, nous hazardons quelques
conjectures ſur la formation des galles.

Nous n'avons pû faire entrer dans ce troiſiéme volume,
que les douze Mémoires dont nous venons de donner une
idée générale; il ſeroit devenu d'une groſſeur exceſſive,
ſi nous y euſſions adjoûté, comme nous avions eſperé le
pouvoir faire, & comme nous l'avions en quelque ſorte

promis *, l'hiſtoire de ces Inſectes qui doivent ſe trouver naturellement à la ſuite des galles, parce qu'ils ont été pris par les plus ſçavans Naturaliſtes pour de véritables galles; auſſi les avons-nous nommés des *gallinſectes*. Ils font des animaux bien ſurprenans, en cela même qu'ils paroiſſent privés de vie, lorſqu'ils font les plus importantes des actions animales, lorſqu'ils travaillent à perpétuer leur eſpece. Le kermès employé par la Médecine, & très-utile aux teintures en rouge, n'eſt qu'une eſpece de gallinſe-êtes. Nous ne connoiſſons pas ſi bien la cochenille, à laquelle nous devons nos plus belles écarlates; mais ce que nous en ſçavons, doit être rapporté à la ſuite de l'hiſtoire du kermès. Ces inſectes font donc renvoyés au quatriéme volume, dont ils nous fourniront les deux premiers Mémoires. Ce fera dans ce même volume que nous établirons les principes de l'hiſtoire générale des Mouches, & que nous donnerons au moins les hiſtoires particuliéres des mouches à deux aîles.

Au reſte, la plûpart des inſectes que nous faiſons paroître actuellement, font extrémement petits; la plûpart des eſpeces de teignes ne font pas capables de faire impreſ-ſion ſur nous par leur grandeur : les vers qui minent les feuilles, les pucerons, les vers des galles, les mouches & les ſcarabés de ces derniers vers, font tous de bien petits animaux ; mais dès qu'ils ſemblent le diſputer en génie à ceux qui nous en impoſent le plus par la grandeur de leur maſſe, dès qu'ils ſemblent même l'emporter ſur eux en adreſſe, en font-ils moins dignes de notre attention pour être petits! Dès que l'Auteur de tous êtres a pris tant de ſoin pour faire croître tant de petites mouches, dès qu'elles ſemblent lui avoir paru ſi précieuſes; des qu'il s'eſt plû à les multiplier ſi fort, & à en varier les eſpeces; dès qu'il a produit tant d'eſpeces de pucerons, qu'il les a mis en état de se perpétuer d'une façon si différente de celle dont se perpétuent tant d'autres animaux; nous est-il permis d'avoir une parfaite indifférence pour ces teignes, ces mouches, ces pucerons, &c! ne devons-nous pas avoir quelque désir de les connoître! ne nous rendons-nous point indignes d'être les habitans d'une terre où tant de merveilles ont été rassemblées, quand nous ne daignons pas même ouvrir les yeux pour les considérer! Quelle idée aurions-nous d'un homme qui, assés riche pour satisfaire le desir qu'il a d'acquérir tout ce que l'art a sçû faire de plus parfait en tableaux & en statuës, choisiroit le pied à la main; qui préféreroit les statuës les plus mal proportionnées & les plus brutes, parce qu'elles seroient grandes, à de petites statuës propres d'ailleurs à montrer tout ce que sçavent & peuvent le génie & le ciseau des plus grands maîtres! Quelle idée aurions-nous d'un homme qui ne feroit cas des machines de tout genre, qu'autant qu'elles seroient grandes; qui seroit plus touché d'une horloge de village, ou d'un vrai tourne-broche, que d'une petite montre d'une grande justesse, & où les sonneries, les répétitions, & tout ce que l'art de l'horlogerie a inventé, se trouveroit réuni! Prenons garde qu'on ne nous reproche d'avoir trop de rapport avec cet homme dont la grossiéreté nous choque: car il n'y a qu'à considérer les insectes avec des yeux éclairés & attentifs, pour reconnoître qu'ils l'emportent plus par la multitude de leurs parties sur les grands animaux, que l'horloge dans laquelle un très-grand nombre de singularités sont réunies, ne l'emporte sur le plus simple. Plus les animaux sont petits, & plus ils nous fournissent de preuves de cette Puissance, de l'immensité de laquelle nous n'aurons toûjours que des idées trop foibles & trop bornées, mais que nous devons travailler à étendre autant qu'il est en nous. Ce n'est même que dans

les

les petits êtres, que l'immensité de cette Puissance adorable
a pû, pour ainsi dire, se déployer dans cette portion de
l'univers qui a été accordée aux hommes. Toute grande
que nous paroît notre terre, elle n'est qu'un atome par
rapport à l'étenduë du monde entier. Sur ce petit globe,
les especes des grands animaux utiles, des éléphans, des
chameaux, des bœufs, des chevaux, des moutons, &c.
celles des grands animaux nuisibles, des lions, des ours,
des tigres, &c. ne pouvoient être variées que jusqu'à un
certain point; la surface de la terre ne suffiroit ni à nourrir
ni à contenir seulement autant d'especes & autant d'individus de chevaux, qu'il y a d'especes & d'individus de
pucerons. Plus les animaux sont petits, & plus la Puissance sans bornes a pû en placer d'especes sur notre terre.
Il semble aussi que le nombre des especes des animaux ait
été multiplié en quelque sorte en raison de leur petitesse;
& il semble encore que dans chaque classe d'insectes, c'est
aux plus petites especes qu'ont été accordées les singularités les plus propres à leur attirer notre admiration. Les
plus petites especes de chenilles, comme les teignes, le
prouvent dans ce volume; les plus petites especes de scarabés, comme nous le verrons ailleurs, sont celles qui
nous montrent les procédés les plus industrieux. Nous
avons trop de disposition à méconnoître l'origine de tant
de petits êtres organisés, nous avons peine à penser qu'elle
est la même que celle des animaux que nous jugeons les
plus nobles : pour que des machines prêtes à nous échapper par leur petitesse, nous parussent venir de la main qui
a formé les plus grandes, & qu'elles en étoient aussi dignes, il falloit qu'elles eussent à nous faire voir des orga-
nisations plus surprenantes, plus multipliées, & qu'elles
eussent à nous faire voir qu'elles sçavoient faire des opéra-
tions plus difficiles & plus ingénieuses que celles des plus

Tome III. d

grandes machines animées; il falloit que malgré leur petiteſſe, elles euſſent de quoi nous frapper. En un mot,
elles avoient beſoin d'avoir plus de ces traits, que l'eſprit
le plus groſſier ne ſçauroit voir, ſans reconnoître qu'ils
partent de la main du plus grand de tous les maîtres.

Mais quelque admirables que puiſſent être ces petits
animaux, l'idée même que nous voulons donner, & qu'on
doit prendre du nombre infini, ou au moins infini pour
nous, de leurs différentes eſpeces, ne doit-elle pas décou-
rager ceux qui auroient le plus d'envie de les étudier! ne
devroit-elle pas nous faire tomber à nous-mêmes la plume
des mains! Qu'eſt-ce que le peu d'eſpeces d'inſectes que
nous pouvons faire entrer dans nos volumes, en comparaiſon de la prodigieuſe quantité d'eſpeces dont toutes
les parties de la terre, & dont tous les corps terreſtres
ſont peuplés! De ſçavans Journaliſtes * ont auſſi regardé
*l'hiſtoire des Inſectes comme un objet ſi vaſte, que la vie de
l'homme le plus laborieux ſuffit à peine pour l'effleurer.* Quelle
ſcience après tout peut être embraſſée dans toute ſon étenduë, dans tous ſes détails, par un eſprit humain! Mais
parce qu'il ne nous a pas été accordé de tout ſçavoir, qu'il
ne nous a même été accordé que de très-peu ſçavoir, nous
condamnerons-nous à une ignorance complette! Nos
yeux ne peuvent mettre à notre portée les parties de ces
grands objets qui font l'ornement du ciel, ni même les
parties des objets qui ſont ſur terre à une diſtance aſſés médiocre de nous; nous ne laiſſons pas de jouir du plaiſir
que nos yeux nous procurent, en nous montrant mieux au
moins les corps qui nous environnent.

Convaincu, comme je le ſuis, que le nombre des eſpeces d'inſectes eſt preſque infini, je n'ai pû former un
plan auſſi chimérique que ſeroit celui de les épuiſer. J'ai
expliqué celui que je me ſuis fait, dans le premier Mémoire

* *Mem. de
Trevoux, No-
vemb. 1736.
pag. 2430.*

du premier volume; j'ai averti que je n'avois pour objet
que de faire connoître les claſſes & les principaux genres
de ces petits animaux. Je n'ai point eu en vûë de raſſem-
bler dans mon ouvrage tous les inſectes qui peuvent tomber ſous les yeux: mais je me ſuis propoſé d'y faire connoître un certain nombre de claſſes & de genres; de telle
maniére que lorſqu'on trouvera à la campagne un inſecte,
on puiſſe ſçavoir bientôt s'il eſt de ceux que j'ai décrits;
ou s'il n'en eſt pas, qu'on voye au moins à quelle claſſe, à
quel genre de ceux dont j'ai parlé, il doit être rapporté;
qu'on ſçache quels ſont ceux avec qui il a de la reſſemblance;
qu'on puiſſe même, ſans avoir étudié cet inſecte, ſçavoir
ce qu'il a été, ou ce qu'il doit devenir. On m'apporte
une nouvelle chenille, je la reconnois pour chenille, aux
caractéres qui ont été fixés; je ſçais qu'elle deviendra criſalide & enſuite papillon. On m'apporte un papillon, je
décide aiſément, quelque petit qu'il ſoit, qu'il n'eſt pas
une mouche, & je ſçais dès lors qu'il a été ci-devant criſalide, & chenille auparavant. Il en ſera de même des vers
de toutes eſpeces; on ſera en état de reconnoître ſi ceux
qu'on voit pour la premiére fois, ne doivent pas changer
de forme, ou s'ils ont des métamorphoſes à ſubir; ſi ce
ſont des formes de mouches, de ſauterelles, ou de ſcarabés,
&c. qu'ils doivent prendre. Enfin, quelqu'eſpece d'adreſſe,
quelque ſorte de génie, d'induſtrie qu'un inſecte nous
faſſe voir, je me ſuis propoſé de faire en ſorte qu'on trouve
dans nos Mémoires des exemples du même genre, &
qu'on puiſſe deviner comment l'inſecte s'y prend pour
executer un ouvrage ſingulier, que nous voyons pour la
premiére fois. Dès que nous ſçavons comment une chenille ſe renferme dans une coque de ſoye de figure oblongue, ſi on nous apporte une coque de même figure, mais
fabriquée par une autre chenille, nous ſçavons comment

cette derniére a été travaillée. Quand M. de Tournefort a entrepris de mettre les plantes dans le bel ordre où il nous les a données, il n'a pas prétendu nous faire croire qu'il connoiſſoit toutes les plantes de l'univers: mais il a aſſigné des places à celles qu'il connoiſſoit, & en a préparé pour recevoir celles qui viendroient par la ſuite à ſa connoiſſance. Une grande partie des nouvelles plantes que ſon voyage du Levant lui procura, n'eurent qu'à être rangées dans les claſſes & les genres qu'il avoit caractériſés. Enfin il y a eu de nouvelles claſſes de plantes à caractériſer, & nous croyons bien qu'on trouvera auſſi de nouvelles claſſes d'inſectes.

Il ne ſeroit donc pas raiſonnable de ſe propoſer d'épuiſer l'hiſtoire des Inſectes; mais il l'eſt d'en donner des principes généraux. C'eſt ainſi qu'on en uſe dans des ſciences qui ont réellement des objets infinis, & c'eſt de quoi la géométrie nous donne de beaux exemples. La théorie des courbes embraſſe des infinités de genres de ces lignes, & de genres dont chacun en contient une infinité d'eſpeces différentes. Quand on a trouvé l'équation générale qui renferme les propriétés des courbes d'un certain genre; quand on a mis cette équation en état d'être conſtruite, le problême eſt réſolu, on eſt ſatisfait. C'eſt une formule qu'on applique à quelques cas particuliers; on ſe contente même de déterminer quelques-uns de ces points, dont il en faudroit déterminer une infinité pour décrire une de ces courbes en entier; on laiſſe à ceux qui en ont le beſoin ou le loiſir, le travail d'appliquer la formule à d'autres cas. Une claſſe & un genre d'animaux dont les caractéres ont été bien fixés, ſont pour nous ce que ſont des formules générales pour les géometres.

Après tout, quand on pourroit parvenir à donner une ſuite de volumes auſſi longue qu'elle ſeroit néceſſaire

pour que tous les infectes qui peuvent être vûs dans tous les
recoins de la terre, y fuffent repréfentés, il faudroit enfuite
venir à en faire des extraits. Il y a plus, on voudroit probablement trouver dans ces volumes d'extraits les infectes qu'on
a le plus d'occafion de voir; c'eft-à-dire, que dans notre
pays, on voudroit des volumes qui donnaffent précifément
les hiftoires des infectes qui feront décrits dans nos Mémoires. Auffi quoiqu'il s'en faille beaucoup que je n'aye épuifé
aucune des claffes, ni même aucun des genres des infectes
dont j'ai parlé, je perfifte à craindre que bien des lecteurs
ne trouvent que j'ai voulu leur en faire connoître un trop
grand nombre de chaque claffe & de chaque genre; cette
crainte m'a fouvent retenu, & m'a fouvent fait abréger
mes Mémoires; j'ai mieux aimé qu'il me reftât de quoi
donner des fupplémens dans la fuite, fi on le defire, que
de commencer par donner plus qu'on ne fe foucie d'avoir.

Un goût exquis, & un jugement fûr, qui mettent en
état d'apprétier toutes les beautés des ouvrages d'efprit,
d'en faifir & d'en démefler les défauts, ne font pas de fimples prefens de la nature; ils n'ont pû être formés que par
bien des connoiffances acquifes, & par beaucoup de réflexions & de méditations; ils donnent à ceux qui en font
doués, une grande fupériorité fur ces hommes affés bornés pour faire marcher de pair des ouvrages médiocres,
& des ouvrages excellens. Nous avons attaché, & avec
raifon, une forte de gloire à fçavoir connoître les dégrés
de perfection, & les défauts des productions des beaux
arts, des ouvrages de mufique, de peinture, de fculpture
& d'architecture. N'y a-t-il qu'à connoître l'excellence
des ouvrages de la nature, l'excellence des ouvrages du
maître des maîtres, à quoy nous ne penfions pas, ou ne
penfions prefque pas qu'il y ait du mérite! Ce font à la
vérité des ouvrages qui ne donnent point de prife à une

critique raifonnable, où il n'y a qu'à admirer, & où des intelligences comme les nôtres, & même les plus parfaites des intelligences finies, ne fçauroient voir tout ce qui y eft d'admirable. Mais moins les intelligences feront bornées, & plus elles y découvriront de merveilles. Cependant on n'a pas ofé encore mettre en honneur, pour ainfi dire, on n'a prefque jufqu'ici regardé que comme des amufemens frivoles, ces connoiffances fi capables d'élever l'efprit, de le porter vers le principe d'où tout part, & vers la fin à laquelle tout doit tendre. Celui qui en eft encore au point de croire qu'un infecte peut n'être qu'un peu de bois ou de chair pourrie, ou celui qui n'a aucune idée des merveilleux organes de ces petits êtres animés, n'eft-il pas dans une ignorance plus groffiere, & plus blâmable que l'homme qui confond tous les chefs-d'œuvres des beaux arts avec les productions les plus brutes & les plus informes !

Les infectes ne font, par rapport à nous, que des ouvrages en miniature ; mais quels ouvrages pour ceux qui les connoiffent un peu ! Nous nous fommes propofé de faire naître l'envie de leur donner l'attention qui, j'ofe le dire, leur eft dûë ; de les faire regarder avec des yeux philofophes, & de procurer par-là des plaifirs dignes d'une raifon éclairée. Quelqu'un qui n'auroit vû qu'avec dégoût dans fon jardin, des feuilles de chevrefeuille roulées, en mauvais eftat & falies, après avoir lû le neuvieme Mémoire de ce volume, verra ces mêmes feuilles, peut-être avec plus de plaifir que les plus nettes & les plus faines. Il confidérera volontiers tous les petits pucerons qui y font attachés, il en cherchera, & en trouvera qui feront dans le travail de l'accouchement. S'il lui vient de l'inquiétude pour les arbres de fon jardin, en voyant naître tant de pucerons en fi peu de temps, il fera raffûré lorfqu'il obfervera parmi eux de plus gros infectes, pour qui ces pucerons femblent avoir eſté produits ; il ſera attendri peut-être pour ces mêmes pucerons qu'il déteſtoit auparavant. Il verra pourtant avec une ſorte de plaiſir leurs inſectes deſtructeurs; & il ſera curieux de les avoir dans la ſuite, ſous les formes que le dixiéme Mémoire lui a appris qu'ils doivent prendre. Après avoir lû le douziéme Mémoire, toutes les tubéroſités qui ſe trouvent ſur les différentes parties des arbres, lui ſembleront mériter ſes regards; il ſçaura qu'elles ſont des logemens faits par la nature, pour un ou pour pluſieurs inſectes. Les formes les plus irréguliéres de ces tubéroſités ou galles ne lui déplairont pas; & il ſera charmé de conſidérer davantage celles qui reſſemblent ſi fort à des fruits. Une feuille dont une très-petite portion eſt ſéche, & qui ne ſignifieroit rien pour quelqu'un qui ne ſçait rien voir, apprend à qui ſçait davantage que deſſous cette feuille, ou deſſous celles des environs, il doit y avoir un inſecte couvert d'un fourreau qu'il ſe fait avec un art inconcevable; il trouvera cet inſecte, il aura le doux & tranquille plaiſir de l'admirer; & il n'eſt guére poſſible qu'il n'admire bien-tôt après, celui qui a donné tant de génie à cet inſecte.

Nous nous ſommes auſſi propoſé d'exciter ceux qui contempleront les inſectes, à chercher à nous les rendre plus utiles qu'ils ne le ſont déja, quoiqu'ils nous le ſoient beaucoup. Quand on a appris que dans le Levant, en Perſe, à la Chine, on fait un uſage utile pour teindre la ſoye en cramoiſy, des galles que les pucerons y font naître, on eſt porté à examiner ſi nous ne trouverions pas dans ce pays des veſſies de pucerons que nous puſſions employer utilement. Nous concevons quelqu'eſpérance de faire travailler utilement pour nous ces mêmes teignes des laines, dont nous avons tant à nous plaindre, quand on a remarqué les belles couleurs de leurs excrémens. Nous

fommes auffi fur la voye de travailler avec fuccès, à détruire les infectes qui nous font trop de mal, quand nous
avons vû que des vapeurs peuvent les étouffer. Voilà à
quoi fe réduit ce que je me fuis propofé de donner dans
mes Mémoires fur les infectes, & voilà ce qui peut être
executé par quelqu'un qui s'eft trouvé de bonne heure
du goût pour ces fortes d'obfervations; par quelqu'un qui
a mis à profit fes promenades depuis plus de 30 ans, &
qui a trouvé des délaffemens agréables dans les fpectacles
animés qu'elles lui ont offerts; & c'eft ce qui m'a fourni
les faits néceffaires pour remplir la tâche que je me fuis
propofée. Si les volumes fuivans n'étoient pas auffi bien
reçûs du public que les premiers l'ont été, ce feroit affûrément ma faute, car les faits qui doivent y entrer, ne
font pas les moins dignes d'être connus.

Ces fameux voyageurs qui, conduits par une curiofité,
& foûtenus par un courage digne des plus grands éloges,
nous ont découvert de nouveaux pays & de nouveaux
peuples, ont eu befoin de donner des noms à ces pays, à
ces peuples qu'ils avoient à nous faire connoître. Sans
avoir couru des dangers femblables à ceux auxquels ces
voyageurs célebres ont été expofés bien des fois, j'ai eu
comme eux, & j'aurai à parler dans la fuite d'habitans de
la terre & des eaux, & à la verité de leurs plus petits habitans, à qui des noms manquoient, & je n'ai pas héfité
à leur en donner. On trouve, par exemple, dans ce volume, des mineurs des feuilles, des fauffes teignes, des
lions des pucerons, des petits barbets, des gallinfectes,
&c. tous ces noms font ceux que j'ai impofés à ces différens
infectes, & fur le choix defquels je n'ai pas été extrémé-
ment difficile: j'ai pourtant tâché de n'en point donner de
déraifonnables, & d'en choifir qui nous rappellaffent quelqu'une des propriétés des plus marquées du petit animal.

C'eft

C'eſt un article par rapport auquel je ne me ſerois pas aviſé de demander une indulgence, que je croyois qu'on étoit diſpoſé de reſte à m'accorder; mais un auteur doit compte au public des plus petites choſes, & il n'eſt rien en quoi le public ne mérite d'être reſpecté. Les céle-bres Journaliſtes de Trevoux m'ont auſſi fait appercevoir que je ne devois pas m'attendre qu'on fût généralement diſpoſé à me faire grace ſur des noms mal choiſis : dans le ſecond volume des Mémoires ſur les Inſectes, je me ſuis ſervi du barbare nom d'ichneumon, pour déſigner un genre, ou plûtôt une claſſe de mouches qui ſont d'un na-turel vorace & cruel, de mouches qui introduiſent leurs œufs dans le corps des chenilles pour les y faire éclorre. Ce nom n'a pas plû à ces ſçavans Journaliſtes, & je puis d'autant moins le trouver mauvais, qu'il n'avoit pas été trop de mon goût; mais le vrai eſt que je ne me ſerois pas attendu qu'on m'eût reproché la prédilection que j'avois euë pour lui. On l'a pourtant fait * dans les termes que je vais rapporter. *La plus ſinguliére eſpece de mouches dont il parle, eſt celle qu'il appelle ichneumon, à cauſe du rapport qu'il trouve entre le caractére de ces mouches, & l'ichneumon des Egyptiens. Aux choſes qui n'ont point encore de nom établi, chacun eſt maître de donner le nom qu'il veut. Mais cette dénomination nous paroît tirée un peu de loin. Un autre auteur a appellé ces mouches des vibrantes, & ce nom ſemble leur convenir mieux.* Selon les Journaliſtes de Trevoux, j'ai donc donné le nom d'ichneumon à une eſpece de mouches; je l'ai donné à cauſe du rapport que j'ai trouvé entre le caractére de ces mouches & l'ichneumon des Egyptiens. Quoiqu'on ſoit maître de donner des noms aux choſes qui n'en ont pas, il y a aſſûrément du ridicule à les tirer de trop loin; mais il y en a bien davantage à vouloir faire des noms, & de mauvais noms, quand il y

* *Journal Trevoux, Jan-vier 1737. pag. 116.*

en a de bons de tout faits, tel qu'est dans le cas dont il
s'agit, celui de *vibrantes*. Mais s'il étoit vrai, & on ne s'a-
viseroit pas de s'en douter, en lisant ce qui vient d'être
rapporté, que ce n'est pas moi qui ai donné le nom d'ichneumon à ces mouches; qu'il leur a été donné par les
Naturalistes; que c'est celui dont elles sont en possession
de temps immémorial; s'il étoit vrai que j'ai eu soin de
dire que les Naturalistes le leur ont donné; s'il étoit vrai
que j'ai nommé Jungius le seul auteur qui les ait appellé
des vibrantes, & que j'ai dit que ce dernier nom me plaisoit fort; enfin, s'il étoit visible que ce n'a été que pour
rendre raison de ce qui a pû déterminer les Naturalistes à
donner le nom d'ichneumon à des mouches, que j'ai
parlé de l'ichneumon d'Egypte; si tout cela étoit vrai &
très-visible, n'en seroit-on pas extrémement surpris! & on
le sera sans doute si on prend la peine de lire l'endroit de
l'ouvrage qui a donné lieu au reproche: le voici tout au
long.

* *Tome II.*
pag. 43 0.

» « Nous verrons ailleurs * qu'il y a un genre de mou-
» ches qui venge toutes les autres mouches de leurs plus
» redoutables ennemis. Au moyen de filets tendus avec un
» art admirable, les araignées attrappent des milliers de mou-
» ches, & elles s'en nourrissent: il y a des mouches moins adroi-
» tes que les araignées, mais plus courageuses & plus fortes,
» qui les attaquent, & qui fondent sur elles comme les oiseaux
» de proye fondent sur les plus timides oiseaux. Quelque-
» fois elles emportent en l'air leur proye, comme ces oiseaux
» carnaciers emportent la leur; mais toûjours viennent-elles
» à bout à coups de dents, de tuer l'araignée qu'elles mettent
» souvent en pieces pour la manger. On a donné le nom
» d'ichneumon à un quadrupede de la grandeur d'un chat,
» qui se trouve sur les bords du Nil, c'est un des animaux
» que les Egyptiens avoient jugé dignes de leur admiration,

par les services qu'ils croyoient qu'il leur rendoit, soit en «
cassant les œufs du crocodile, soit en attaquant le crocodile «
même, & en venant à bout, à ce qu'ils prétendoient, de «
lui ronger les intestins. Les Naturalistes ont aussi donné «
le nom d'ichneumon à ces mouches guerriéres qui atta- «
quent & tuent les araignées, &c. L'agitation continuelle «
dans laquelle sont leurs antennes, a déterminé Jungius à «
leur donner un nom *qui me plaît fort,* il les a appellées des «
vibrantes. »

Pouvois-je dire en termes plus formels que ce sont les
Naturalistes qui ont donné le nom d'ichneumon à certaines
mouches? mais pour préparer ceux qui ont peu lû ces auteurs, à recevoir un nom qui leur pouvoit paroître fort
étrange, j'ai cru devoir rapporter ce que les Égyptiens pen-
soient de l'ichneumon. Je n'ai pas même dissimulé que le
nom de vibrantes, que Jungius avoit donné aux mêmes
mouches, me plaisoit fort; d'où il n'étoit pas difficile de
conclurre que si j'avois préferé le premier, c'est que j'avois
jugé que quoique les noms soient indifférens d'eux-mêmes, il convenoit de s'en tenir à ceux qui sont reçûs.

Quelques lecteurs se récrieront peut-être sur l'envie
qu'on semble avoir montrée, de jetter sur moi un petit
ridicule que j'avois si peu mérité; ils lui donneront peut-
être des qualifications trop fortes, & que je désapprouve-
rois. Mais tous ceux qui auront lû l'extrait des Journalistes
dans lequel se trouve le passage en question, demande-
ront sans doute comment on peut concilier ce passage
avec les éloges qui m'ont été prodigués au commencement
de ce même extrait, avec les obligeantes protestations
d'estime pour moi & d'envie de mériter la mienne, & de
la disposition où l'on est de sacrifier de grands intérêts à
ma satisfaction. Ceci devient effectivement une espece
de problême, dont je crois pourtant pouvoir donner la

folution ; & je m'arrêterai d'autant plus volontiers à la donner, qu'il pourroit fe faire qu'elle fervît par la fuite à réfoudre plus vîte plufieurs queftions de la nature de celle-ci. Je fuis bien éloigné de penfer que la mauvaife foi ait eu la plus legére part à l'imputation des Journaliftes: je crois qu'ils ont parfaitement ignoré que le nom d'ichneumon ait été donné à certaines mouches par prefque tous les Naturaliftes. Mais, dira-t-on, comment pouvoient-ils l'ignorer ! eft-il à préfumer qu'ils n'ayent lû aucun des Naturaliftes modernes, qu'ils n'ayent point lû le Goëdaert de Lifter ; qu'ils n'ayent point lû Ray, Moufet, Aldrovande, &c. il eft fûr au moins qu'ils ont lû parmi les anciens, Pline & Ariftote, & ils y ont dû voir que ces auteurs donnent le nom d'ichneumon à des mouches qui font la guerre aux araignées. Il n'eft pas croyable effectivement que des Journaliftes, gens d'une très-grande érudition, qui ont fouvent à parler d'hiftoire naturelle, n'ayent lû aucun des Naturaliftes anciens ni modernes : mais il fe peut très-bien, qu'ils n'ayent pas fait attention aux endroits où il y eft parlé des mouches ichneumons, qu'ils n'ayent pas retenu ce qu'ils y en ont lû. Rien ne nous eft plus ordinaire que de ne remarquer dans les ouvrages que nous lifons, ou de n'en retenir que les chofes qui ont rapport à des objets qui nous intereffent ; & il y a eu des temps où les Journaliftes de Trevoux pouvoient ne prendre aucun interêt aux ichneumons. Il y a plus, & je fuis encore vrayment perfuadé que lorfqu'ils ont fait l'extrait dont il s'agit, ils ne fe fouvenoient pas que j'euffe averti que ce nom d'ichneumon avoit été donné à des mouches par les Naturaliftes. Ils ont lû rapidement cet endroit de mes Mémoires, ils ont été frappés d'un nom qui leur a paru ridicule, & le petit contentement qu'ils ont eu en penfant qu'ils pourroient m'en charger, les a empêché de me lire mieux. Refte donc

à concilier cet empreſſement à ſaiſir une occaſion de me
donner un peu de ridicule, avec tant d'obligeantes proteſta-
tions dont je connois tout le prix, & pour leſquelles j'ai
toute la reconnoiſſance que je dois : c'eſt là la vraye difficulté à réſoudre, & en voici, je crois, le vrai dénouement.
Il eſt arrivé aux Journaliſtes ce qui arrive tous les jours à
de très-honnêtes gens, & même à de fort bons Chrétiens,
qui aſſûrent qu'ils ſont dans des diſpoſitions où ils voudroient & où ils croyent être, & dans leſquelles ils ne ſont
pas cependant. Dans le premier volume, j'ai eu le malheur
de bleſſer leur trop grande ſenſibilité pour le Pere Kircker,
en ne lui donnant pas une place aſſés diſtinguée à leur
gré. J'ai fait pis dans le ſecond volume, j'ai cru être dans
la néceſſité d'expoſer au long ſon ſyſteme ſur l'origine des
inſectes, ou, ce qui revient au même, d'en démontrer la
puérilité & l'abſurdité. Les Journaliſtes extrémement capables de juger de la force des raiſons qui combattent le
ſyſteme du Pere Kircker, n'ont pas cru devoir continuer
d'en prendre la défenſe; ils l'ont abandonné; ils ont fait
plus, ils ont bien voulu me pardonner les coups que je
lui avois portés : c'eſt dans cette diſpoſition qu'ils ont
commencé leur extrait. Plus j'ai de reconnoiſſance des
traits trop obligeans & trop flateurs pour moi, qu'ils y ont
fait entrer, plus je dois voir avec regret, par l'endroit que
je viens de relever, qu'il leur eſt cependant reſté contre
moi une impreſſion, dont ils ne ſe ſont pas apperçus eux-
mêmes. J'ai lieu de craindre qu'une pareille impreſſion ne
s'efface pas auſſi vîte qu'eux & moi le pourrions ſouhaiter,
& j'ai d'autant plus lieu de l'appréhender, que j'ai l'honneur
d'être de l'Académie des Sciences, & que je le regarde
comme ma plus grande gloire. Or, il eſt connu de tous
ceux qui liſent les Journaux de Trevoux, que depuis une
longue ſuite d'années, les ouvrages qui portent le nom de

cette Académie, si respectée de tous les sçavans de l'Europe, & les ouvrages qui portent le nom de quelques-uns de ses membres, sont traités dans ces Journaux, comme ils le seroient si l'Académie en corps eût entrepris la critique du Pere Kircker.

Je dois demander grace pour la longueur de cette discussion, & je me flate qu'on me l'accordera, si on veut bien faire attention que je ne l'ai entreprise que pour diminuer le nombre de celles de semblable nature dans lesquelles je pourrois être engagé trop souvent par la suite. Le petit ennui que celle-ci a pû causer, en épargnera de plus longs, & me ménagera un temps que je dois à quelque chose de mieux. Car il ne me reste qu'à prier que lorsqu'on trouvera que les Journaux de Trevoux ne me font pas dire des choses bien raisonnables, que lorsqu'on y lira de ces tours qui, sans paroître attaquer des endroits d'un ouvrage d'une maniére dont on ait droit de se plaindre, tendent à en donner une assés mauvaise idée, &c. il ne me reste, dis-je, qu'à prier que si on ne veut pas prendre la peine de comparer l'ouvrage avec l'extrait, ce que je n'oserois exiger, on veuille bien au moins se souvenir du Pere Kirker & de l'Académie, comme des deux mots de l'énigme. On trouvera, par exemple, quelques autres endroits dans les deux parties de l'extrait qui a été donné du second volume des Mémoires sur les Insectes, où il y a du Pere Kircker & de l'Académie.

La longueur de cette Préface ne me permet pas d'y adjoûter divers supplémens que j'ai à donner aux deux premiers volumes; mais je puis d'autant mieux m'en dispenser, que je prévois que je leur trouverai ailleurs des places convenables. J'en dois un sur-tout à un des articles du second volume, à l'article où j'ai parlé de la maniére de conserver des œufs, dans l'estat d'œufs frais, pendant des mois, &

pendant des années; je le placerois ici par préférence, parce
qu'il n'a pas pour objet des faits fimplement curieux, s'il
ne devoit paroître bien-tôt dans les Mémoires de l'Académie. A prefent je me contenterai de donner un court
extrait de ce fupplément : je rappellerai que j'ai prouvé
qu'un moyen immanquable de conferver les œufs très-frais,
c'eft de les empêcher de tranfpirer; qu'on arrête leur tranfpiration en les enduifant d'un vernis quelconque à efprit
de vin; que ce vernis doit eftre appliqué fur l'œuf, le plûtôt qu'il eft poffible après qu'il a efté pondu. J'ai prouvé
encore que cette façon coûteroit très-peu, & que fi les
gens de la campagne le vouloient, ils pourroient ne nous
vendre que des œufs frais, & ne les vendre guére plus cher,
que des œufs vieux; ce qui feroit un grand avantage, fur-
tout pour les équipages des vaiffeaux qui partent pour des
voyages de long cours. Mais il eft difficile d'engager les
gens de la campagne à faire ufage d'un compofé qu'ils ne
connoiffent point, comme eft le vernis qu'ils feroient obligés de faire venir des villes. Heureufement diverfes matiéres peuvent être fubftituées au vernis, pour l'objet dont
il s'agit; & entre celles qui peuvent lui être fubftituées,
j'en indique une qu'on trouve prefque par-tout, c'eft de
la graiffe de mouton. Pour toute préparation elle ne demande qu'à être fonduë : qu'une payfanne foit munie
d'un petit pot de terre rempli de cette graiffe, & elle a
tout l'attirail qu'il lui faut pour conferver frais tous les
œufs de fes poules. Chaque jour, elle n'aura qu'à mettre
ce pot auprès du feu pendant quelques inftans, c'eft-à-dire,
jufqu'à ce que la graiffe foit devenuë liquide. Dans cette
graiffe elle plongera, & elle en retirera fur le champ chacun
des œufs que fes poules lui auront donnés le même jour.
L'œuf qui a efté mouillé par-tout de graiffe, en retient
tout ce qui lui eft néceffaire pour lui faire un enduit qui

le conferve parfaitement, auffi bien que l'enduit de vernis.
Un des avantages de celui de graiffe, c'eft qu'il eft plus aifé
à ôter à l'œuf que celui de vernis : les œufs qu'il aura couverts, après être cuits avec leur coque, & avoir été effuyés, paroîtront tels que des œufs ordinaires. Mais le vrai avantage
de pouvoir ôter facilement l'enduit de graiffe, c'eft que lorfqu'il aura été ôté de deffus les œufs qu'il aura confervés, ces
œufs pourront être couvés avec fuccès ; ce qui nous met
en état de faire naître chés nous quantité d'efpéces d'oifeaux des pays étrangers, & peut-être de les y naturalifer.
Les poulets d'Inde devenus fi communs dans le Royaume
en affés peu de temps, & qui y font très-utiles, nous doivent
exciter à nous rendre propres d'autres efpéces d'oifeaux,
qui fourniffent des alimens agréables à des habitans de cli-
mats très-différens du nôtre.

On devineroit apparemment, mais il vaut pourtant encore mieux en épargner la peine, que la vignette qui eft à
la tête du premier Mémoire, repréfente un gardemeuble,
où on eft occupé à défendre contre les teignes une partie
de ce qu'il contient. On y bat un manchon, on y ba-
laye une piéce de tapifferie ; fur une autre piece de tapifferie, on met des feuilles de papier, mouillées d'huile de
térébenthine, qui doivent fe trouver renfermées dans la
piéce quand elle aura été pliée. On porte & place des
réchauts dans une armoire, qui y répandent une épaiffe &
pénétrante fumée, capable d'étouffer les teignes qui peuvent être dans les couvertures & les autres nippes contenuës dans cette armoire.

MEMOIRES

MEMOIRES

POUR SERVIR

A L'HISTOIRE

DES INSECTES.

✿✿✿✿✿✿✿✿✿✿✿✿✿✿✿✿✿✿✿✿✿✿✿✿✿✿✿✿✿✿✿✿✿✿✿✿

PREMIER MEMOIRE.

DES INSECTES

NOMMÉS

MINEURS DES FEUILLES,

Ou des Insectes qui se logent dans l'épaisseur des feuilles.

E n'est que par degrés que nous abandonnons l'histoire des Chenilles; elle a déja commencé à se trouver mêlée avec celle des vers de différentes especes de mouches, & des vers de différentes especes de scarabés, dans le xi.ᵉ & dans le xii.ᵉ Mémoire du second Volume. Nous parlerons encore des chenilles dans quelques-uns des Memoires

Tome III.   . A

de ce troifiéme Volume; mais ce fera par rapport à des
induftries & à des façons de vivre qui leur font communes
avec d'autres infectes qui méritent d'être connus, & que
nous ferons connoître tout de fuite.

De toutes les efpeces de vers, ou au moins de toutes
les efpeces de chenilles qui vivent dans l'intérieur de quelques parties des plantes, les plus petites font celles qui
trouvent des logemens affés fpacieux dans l'intérieur des
feuilles, & même des feuilles les plus minces. Des infectes
fçavent fe placer & s'ouvrir des routes entre la membrane
fupérieure & la membrane inférieure d'une feuille; là ils
font bien à couvert; ils minent dans la fubftance charnuë
de la feuille; ils en détachent le parenchime; leur travail
leur fert à deux fins, les décombres des cavités qu'ils aggrandiffent, ne les embarraffent pas, ils mangent tout ce qu'ils
détachent. En même temps qu'ils travaillent pour étendre
leur domicile, ils travaillent pour fe procurer des alimens.
Nous examinerons à la fois dans ce Mémoire les chenilles
& les vers qui s'ouvrent de pareils chemins, qui minent
entre les deux membranes des feuilles. Nous nommerons
les unes des *Chenilles mineufes*, & les autres des *Vers mineurs*. Nous n'avons pas cru devoir féparer des infectes qui,
quoique de différentes claffes, échappent prefqu'à nos
yeux par leur petiteffe, & qui n'attirent notre attention
que par une adreffe qui leur eft commune.

Les infectes mineurs des feuilles, quoique très-petits,
font aifés à trouver. On n'a befoin que de voir l'extérieur d'une feuille *, pour reconnoître fi quelque mineur
s'eft logé dans fon intérieur; quoique faine & verte par-
tout ailleurs, elle eft deffechée, jaunâtre ou blancheâtre,
ou au moins d'un verd différent du refte, vis-à-vis les
endroits que l'infecte habite, ou qu'il a habités *. Les
contours des endroits minés nous apprennent que ces

* Pl. 1. fig.
1, 3, 6, 14,
&c.

* a g.

infectes ont trois différentes maniéres de conduire leurs
travaux dans l'intérieur des feuilles; les uns ne s'ouvrent
que des routes étroites, longues & tortueuses *, & nous   * Pl. 1. fig.
les nommerons des mineurs en galerie. Les contours de   1, 3 & 4. *a g.*
ces galeries font extrémement irréguliers. La nature du
terrein détermine apparemment le fens dans lequel l'infecte dirige fa fouille. Un mineur de l'arroche la plus commune, conduit pourtant fa galerie conftamment en zic-
zac *; mais les ziczacs faits par différens infectes de cette   * Fig. 5. *a g.*
efpece, font différens ; & quelques-uns finiffent leur ga-
lerie, en lui faifant faire une ceinture qui embraffe la maffe
des ziczacs. Les chemins que fe font tous les mineurs en
galerie n'ont prefque qu'une largeur égale au diametre de
leur corps. D'autres veulent être plus au large, ils minent
des efpaces de figures ordinairement irréguliéres, mais dont
les unes font pourtant arrondies *, & dont les autres font   * Pl. 1. fig.
à peu près des quarrez longs *. Nous nommerons ceux-   7. *k.* & Pl. 2.
ci des mineurs en grand ou en grandes aires. Enfin d'autres   fig. 1. *k, i.*
infectes, après s'être contentés de miner en galerie, pen-   * Pl. 4. fig.
dant qu'ils étoient jeunes, veulent des logemens plus fpa-   3. *p.*
cieux, quand ils ont pris prefque tout leur accroiffement,
& alors ils minent en grand *.   * Pl. 3. fig.
                                    9.
    Quoique la claffe de nos infectes mineurs des feuilles
ait encore été peu obfervée, elle eft très-nombreufe en
efpeces différentes, mais il eft vrai que toutes celles qu'elle
comprend ne peuvent être compofées que d'animaux bien
petits. Il eft peu d'arbres & de plantes, s'il y en a, dont
les feuilles ne foient pas attaquées par des mineurs. Quelques-uns s'établiffent dans les tendres feuilles du laiteron *,   * Pl. 1. fig.
c'eft même une des plantes fur laquelle on en trouve le   1.
plus; d'autres fe logent dans celles du houx, toutes dures
qu'elles font, & même dans le temps où elles font le plus
dures, c'eft-à-dire vers la fin de l'été. Il y a même des

A ij

mineurs de différentes efpeces qui vivent dans l'intérieur des feuilles de la même plante ou du même arbre; on voit des feuilles du même pommier & la même feuille du même pommier, qui ont été minées tant en galerie qu'en grandes aires. Peut-être que le même arbre donne des alimens à des mineurs en galerie & à des mineurs en grand de plufieurs efpeces. Le pommier que nous venons de citer m'a paru en fournir des preuves. Il eft quelquefois très-difficile d'appercevoir ce qui diftingue les unes des autres, des efpeces d'infectes fi petits; d'ailleurs il n'eft pas fûr que les infectes qui minent dans des feuilles de plantes de différentes efpeces, foient toûjours eux-mêmes d'efpeces différentes; nous avons vû dans le premier Volume, que la même chenille ronge fouvent les feuilles de plufieurs arbres, ou de plufieurs plantes de différentes efpeces. Malgré cette confidération, il refte cependant encore très-vraifemblable qu'il y a autant & plus d'efpeces d'infectes mineurs de feuilles, qu'il y a d'efpeces d'arbres & de plantes, & cela parce que, comme nous venons de le dire, des mineurs d'efpeces & de genres différens s'élevent dans la même feuille.

- Les trois claffes generales d'infectes aîlés les plus nombreufes en genres & en efpeces, font celle des papillons, celle des mouches & celle des fcarabés; des mineurs de feuilles fe transforment en des infectes aîlés de ces trois claffes. Quantité de petites chenilles mineufes fe métamorphofent en papillons; quantité de vers mineurs fe métamorphofent en mouches; & quantité d'autres vers mineurs fe métamorphofent en fcarabés. Souvent il ne feroit pas facile de reconnoître les différentes efpeces de chenilles mineufes, ou de vers mineurs; mais on reconnoît qu'elles différent entr'elles, lorfqu'on parvient à avoir les infectes dans lefquels elles fe transforment. Les mineurs nous

montrent combien la nature est prodigieusement féconde
en petits animaux, & sur combien de modeles différens
elle a sçû les former. Nous croyons pourtant devoir nous
borner à faire connoître en géneral le génie de ceux de
cette classe, les principales variétés de forme que leur petitesse nous permet d'appercevoir, & à donner des exemples des insectes aîlés de différentes classes & de différens
genres, dans lesquels ils se transforment.

Tant que la plûpart des mineurs sont vers ou chenilles,
ils vivent dans une grande solitude; chaque galerie &
chaque espace miné plus en grand, est l'habitation d'un
seul insecte, qui n'a aucune communication avec celles que
d'autres insectes de la même ou de différentes especes
peuvent s'être faites dans la même feuille. Il y a pourtant
des mineurs habitans d'une même feuille, qui, après avoir
passé une grande partie de leur vie séparés les uns des autres, se rencontrent lorsque le temps de leur métamorphose approche *. Après avoir vécu jusques-là dans
d'étroites galeries *, ils veulent des demeures plus spacieu-
ses, ils minent en grand *. Il n'est pas difficile de trouver
des feuilles de chêne avant la fin du printemps, où l'on
voit diverses routes étroites & tortueuses, qui toutes abou-
tissent à un endroit blancheâtre qui a quelquefois une
étenduë qui surpasse celle de la moitié de la feuille. Là
l'épiderme du dessus de cette feuille a été détaché par plusieurs petites chenilles à qui il fait une tente bien close, au-
dessous de laquelle elles mangent la substance charnuë de
la feuille sans crainte d'être inquietées, elles avoient vécu
d'abord chacune séparément dans d'étroits sentiers. Il y a
d'ailleurs des mineurs qui dès leur naissance s'établissent
plus de vingt ou trente ensemble dans une même cavité,
qu'ils aggrandissent journellement pour se nourrir. On
trouve de ces societés de mineurs dans des feuilles de lilas :

* Pl. 3. fig.
9.
* a g, a g,
&c.
* h.

A iij

les vers qui les compofent font blancs, & ras; ils ont fix jambes écailleufes, mais on ne leur en diftingue point de membraneufes, leur derriére les aide à marcher, il fait l'office d'une feptiéme jambe.

Quoique les mineurs foient toûjours très-petits, les yeux feuls trouvent entr'eux des différences qui fuffifent pour en faire diftinguer les claffes, les genres, & même quelquefois les efpeces. Il eft bon pourtant, lorfqu'on veut les bien voir, de donner à fes yeux le fecours d'une loupe. Entre ceux qui font des chenilles, on reconnoît très-bien les caractéres de deux claffes différentes; il y a des mineufes qui font des chenilles de la premiére claffe, ou qui ont feize jambes; & il y en a, & même beaucoup plus, qui font des chenilles de la troifiéme claffe, ou qui n'ont que quatorze jambes, parce qu'elles n'en ont que fix intermédiaires; la premiére paire de ces derniéres jambes n'eft féparée de la premiére des écailleufes que par deux anneaux fans jambes. Peut-être y en a-t-il de plufieurs autres claffes. Entre ces chenilles mineufes, les unes, à leur petiteffe près, font affés femblables aux chenilles rafes les plus communes *; mais d'autres ont les anneaux mieux marqués, plus entaillés que ceux des chenilles ordinaires *; le corps de quelques-unes, & fur-tout la partie poftérieure du corps femble compofée de grains enfilés comme ceux des chapelets. Les anneaux de la partie antérieure font plus applatis; le deuxiéme ou le troifiéme anneau eft le plus large de tous; de-là il arrive que la partie antérieure forme une efpece de triangle ifofcéle. Le premier anneau de quel-ques-unes femble élargi par deux appendices, par une partie en portion de fphere, qui lui a été adjoûtée de chaque côté; c'eft ce qu'on peut obferver fur une mineufe en grand des feuilles de rofier *. Mais ce qui paroîtra plus remarquable, c'eft qu'on croit bien voir fur chacune de

* Pl. 2, fig. 7 & 8.
* Fig. 2. & 3.
* Fig. 4.

ces parties qui excédent les autres, une fente qui ne peut être qu'un stigmate * ou un organe de la respiration; ainsi ces stigmates se trouvent placés bien plus près du milieu du dos que ceux des chenilles ordinaires.

    *∫∫.

Tous nos insectes mineurs ont une peau tendre, transparente & rase, mais tous ne l'ont pas de la même couleur; la plûpart cependant sont blancheâtres ou d'un blanc dans lequel il y a une legére teinte de verd; d'autres sont d'une couleur de chair pâle, & d'autres sont d'une couleur de chair plus vive, presque rouge. Il y en a un grand nombre d'especes qui sont d'un assés beau jaune qui tire sur la couleur de l'ambre; c'est la couleur des mineuses en grand du pommier, c'est aussi celle des vers mineurs en galerie des feuilles de ronce. Une mineuse en grand des feuilles de rosier, que nous venons déja de citer, est d'un olive un peu grisâtre. Communément leurs couleurs ne sont pas nuées, variées & combinées par taches & par rayes, comme le sont celles de tant de chenilles qui vivent sur les feuilles. Cependant on trouve dans les feuilles du kenopodium ou de la patte d'oye, & dans celles d'une espece d'arroche très - commune, une chenille * mineuse en grandes aires, qui, si elle étoit de la grandeur des chenilles communes, pourroit être mise au rang de celles qui sont bien colorées. Le fond de sa couleur est un blanc jaunâtre; mais tout du long du dos, elle a une raye d'un brun rougeâtre, plus que vineux. De chaque côté elle a deux rangs de taches plus rouges que la raye du dos. Ces taches sont bien allignées, il y en a deux de chaque côté, sur chaque anneau, dont l'une est directement posée au-dessous de l'autre.

    * Pl. 2. fig. 8.

Après que nos insectes mineurs ont subi leur derniére métamorphose, après qu'ils sont devenus des insectes aîlés, ils ne restent pas long-temps apparemment à s'accoupler. Les femelles vont déposer leurs œufs sur les feuilles

propres à nourrir les petits qui en doivent éclorre ; elles
en laiffent peu fur chacune, comme fi elles fçavoient que
communément ces infectes ne doivent quitter la feuille
qu'après leur derniére transformation, & que s'il y en avoit
un grand nombre dans la même feuille, ou qu'elle ne leur
fourniroit pas affés de fubfiftance, ou qu'ils s'y incommo-
deroient les uns les autres. On voit pourtant des feuilles
où plufieurs œufs de mineurs en galerie ont été dépofés,
qui paroiffent par tout façonnées en efpece de guillochis
finguliers. Les galeries multipliées qui s'entre-croifent *
en quantité d'endroits, occupent plus d'efpace fur cette
feuille, que ce qui y a été laiffé fain.

    Les œufs de fi petits infectes doivent être extrémement
petits, & par-là très-difficiles à rencontrer ; auffi ne m'eft-
il jamais arrivé d'en obferver qu'un feul, qui venoit d'être
dépofé fur une feuille de faule. Je marquai la branche à
laquelle tenoit la feuille fur laquelle le petit œuf avoit été
laiffé, & je marquai auffi la feuille ; cet œuf étoit blanc, & de
la figure d'un œuf ordinaire : je me fis un plaifir plufieurs
jours de fuite, de l'aller obferver à la loupe. Après quatre
à cinq jours qui fe pafférent fans que je viffe rien de nouveau, je ne trouvai plus l'œuf, mais au-deffous de l'endroit
où il étoit, ou tout auprès, le deffous de la feuille me parut
plus blanc qu'ailleurs ; je jugeai que c'étoit là l'endroit où
s'étoit introduit l'infecte qui étoit forti de l'œuf, que
c'étoit là qu'il travailloit à fe creufer un chemin, en détachant la fubftance dont il fe nourriffoit ; c'eft de quoi j'eus
affés de preuve pendant huit à dix autres jours que je con-
tinuai de le fuivre. C'étoit un mineur en galerie ; bientôt
je reconnus les commencemens de la fienne, il la dirigea
du côté de la principale nervûre ; le long de laquelle il la
conduifit. Il lui avoit donné au moins une longueur égale
à celle de la moitié de la feuille, lorfque cette feuille, dont

je

* Pl. 1. fig.
14.

je n'avois plus guéres befoin, fut détachée de l'arbre par
quelqu'accident : je dis par quelqu'accident, parce que le
travail de nos mineurs ne fait pas tomber plûtôt que les
autres, celles où ils fe font établis.

Quand j'aurois vû un grand nombre de nos infectes
faire des œufs devant moi fur les feuilles, je n'aurois
apparemment rien vû de plus que ce que j'ai vû par rapport au feul œuf dont je viens de parler; & n'eût-on
jamais trouvé d'œufs, on ne douteroit pas qu'ils ne fuffent
dépofés fur la feuille ou dans la feuille même.

L'endroit par où le mineur en galerie s'eft introduit
dans une feuille, eft aifé à reconnoître; à un de fes bouts *,
à fon origine, la galerie eft fi étroite qu'elle y a fouvent à
peine le diametre du fil le plus délié; là elle ne paroît
quelquefois qu'un trait tiré fur la feuille, mais elle s'élargit
infenfiblement en s'éloignant de ce terme; à fon autre
bout *, elle a quelquefois la largeur d'une petite treffe, ou
d'un petit ruban. A mefure que le mineur creufe, qu'il
s'ouvre un chemin en avant, il mange & il croît, le diametre de fon corps augmente & demande un logement
moins étroit. Qu'on détache une feuille minée de la forte,
& qu'on la regarde vis-à-vis le grand jour, ou pour le
mieux encore, vis-à-vis le foleil, on ne manquera pas de
voir l'infecte *, s'il n'eft pas forti de la feuille; les endroits
minés ont une tranfparence que les autres n'ont pas; la
tête de l'infecte fera toûjours tout auprès du bout le plus
large de la galerie. Dans tout l'efpace qu'il a habité ci-
devant * on obfervera de petits grains noirs qui ne font
autre chofe que les excrémens qu'il y a laiffés, chemin
faifant. Ces grains font à la file les uns des autres; dans
les galeries plus larges, il y en a plufieurs grains arrangés
les uns à côté des autres. Dans les feuilles minées en
grandes aires, les excrémens font tous raffemblés dans un

petit tas. Quelques mineurs les placent à peu près au centre de l'endroit miné, & quelques autres les mettent à un des coins.

Si le temps qu'on a choisi pour observer une chenille mineuse, est celui où elle étoit occupée à travailler, on lui verra saisir entre ses dents, comme entre deux pinces, le parenchime de la feuille ; on verra qu'elle le détache, ou on verra au moins qu'une petite portion de la feuille qui étoit opaque, est devenuë transparente, & cela parce que ce qu'elle avoit de charnu a passé dans le corps de l'insecte. Les deux dents qui forment une pointe en-devant de la tête, sont très-propres à ouvrir un chemin dans la substance de la feuille, & à en saisir de très-petites portions. On peut très-bien observer la mineuse en grand du rosier * pendant qu'elle creuse ainsi dans l'épaisseur de la feuille. On observe encore plus aisément celle de la patte d'oye*, ou de l'arroche, parce que dans les endroits qu'elle mine, elle ne laisse de chaque côté de la feuille qu'une pellicule blanche & très-mince.

Les vers mineurs * qui doivent se transformer en mouches à deux aîles, n'ont point de jambes, & leurs têtes ne sont point écailleuses, elles ne ressemblent point à celles des chenilles mineuses, ni même à celles des vers mineurs qui doivent se transformer en scarabés. Ces vers mineurs qui doivent devenir des mouches, soit pour miner en grand, soit pour miner en galerie, ont recours à une méchanique différente de celle des chenilles mineuses, & qu'on observe avec plus de plaisir, elle a quelque chose de plus singulier. Au lieu que les chenilles mineuses coupent la substance de la feuille avec leurs dents, comme avec des especes de ciseaux, nos mineurs semblent piocher, à peu près comme nous piochons pour creuser la terre, ou plûtôt pour creuser la pierre. On peut voir travailler

* Pl. 2. fig. 1. c, c.

* Pl. 2. fig. 7.

* Pl. 1. fig. 8. & Pl. 2. fig. 14.

de ces fortes de vers dans les feuilles du laiteron, dans celles
de plufieurs efpeces de renoncules des prés, qui font dé-
coupées, dans celles du trefle, dans celles de la bardane,
dans celles du chevrefeuille, & en un mot dans celles de
cent & cent efpeces de plantes, d'arbriffeaux & d'arbres.

Si on tient & qu'on confidére vis-à-vis le grand jour, une
feuille où un de ces mineurs s'eft établi, pourvû qu'on foit
muni d'une loupe forte, on ne fera pas long-temps fans le
voir travailler. Ils minent, & par conféquent ils mangent
prefque continuellement. Une partie longuette, quoique
très-déliée fe fait diftinguer du refte par fa couleur brune,
c'eft un filet, une petite tige écailleufe *. Une portion   * Pl. 1. fig.
de cette tige * eft logée dans le corps de l'infecte, on ne   10. c d e f.
laiffe pas de l'y voir à caufe de la blancheur & de la tranf-   * f d.
parence des anneaux; l'autre bout de la même tige * eft   * c.
en-dehors du corps, & s'étend par-delà la tête; celui-ci
fe termine par un crochet courbé vers le ventre. La tige
entiére paroît avoir la forme d'une *S*. Vers le milieu de
cette *S*, que nous confidérons comme couchée horifon-
talement, on remarque une autre tige * qui lui eft quel-   * e d.
quefois perpendiculaire, & qui quelquefois lui eft inclinée,
& qui eft comme le point d'appui deffus lequel & autour
duquel la tige en *S* fe meut comme un levier, comme les
bras d'une balance fe meuvent autour d'un hypomochlion.
La tige en *S* eft dans un mouvement continuel fur ce
point d'appui. L'effet de ce mouvement eft de faire hauffer
& baiffer alternativement & avec vîteffe le crochet qui eft
en dehors de la tête, de le faire frapper contre le parenchime de la feuille. La tête de l'infecte eft charnuë &
flexible, elle fe contourne felon le befoin; d'où il arrive
qu'on voit le crochet piocher, tantôt vers un côté & tantôt
vers l'autre, tantôt vers le deffus & tantôt vers le deffous
de la feuille. Le fuccès des coups eft vifible, les endroits

B ij

fur lefquels ils tombent, prennent peu à peu de la tranfparence. Chaque coup détache une petite portion de la
fubftance de la feuille. Tout cela fe voit très-bien; mais
la forme de l'efpece de petite pioche ne fe découvre pas fi
nettement, il n'eft pas poffible de voir affés diftinctement
une partie fi déliée au travers d'une membrane, on ne
diftingue alors qu'un crochet; & quand après avoir retiré
un de ces vers de fa feuille, je l'ai obfervé avec une forte
loupe, je lui en ai toûjours trouvé deux femblables, pofés l'un près de l'autre, & parallelement l'un à l'autre. Ils
frappent tous deux en même temps. Les inftrumens de
quelques - uns de ces vers que j'ai obfervés pendant
qu'ils minoient, m'ont paru femblables à des marteaux
à deux têtes, de forte qu'ils devoient donner leur coup
tant en s'élevant qu'en s'abaiffant. Mais ces parties font
fi fines, que, quoiqu'on ait retiré le ver de la feuille,
il eft difficile de détacher fa pioche fans la défigurer, &
plus difficile encore de la dégager des parties voifines qui
la couvrent fouvent, malgré qu'on en ait, lorfqu'on la
veut mettre dans le microfcope; auffi n'ai-je pas réuffi à
l'y placer affés bien pour la faire deffiner.

Mais j'ai vû à fouhait la figure des pioches qui ne font
que de fimples crochets, & dont fe fervent des vers mineurs confidérablement plus gros que ceux qu'on trouve
communément, & qui font auffi de très-grands mangeurs.
Ils mériteroient que nous en fiffions une mention particuliére, quand ce ne feroit qu'à caufe de la plante de laquelle ils fe nourriffent. Ils nous font voir, ce que quelques
chenilles nous ont déja montré, qu'ils vivent de plantes
qui feroient pour nous de vrais poifons. Ils mangent la
fubftance charnuë de la jufquiame. L'Hiftoire de l'Académie de 1709. * nous apprend combien cette plante eft
capable de produire fur nous de fâcheux effets; elle rapporte

* Pag. 50.

que les Religieux de Joyenval, pour avoir mangé le peu
qui s'en pouvoit trouver dans une ſalade, le mercredi ſaint
au ſoir, eurent des maux de tête, des retentions d'urine;
le lendemain ils étoient comme des gens yvres, ne pou-
vant ni lire, ni preſque parler, & il leur fut abſolument
impoſſible de dire l'office du jeudi ſaint. Nous pourrions
citer d'autres effets plus funeſtes de cette plante, rapportés
dans divers ouvrages. Des mineurs ſe nourriſſent pourtant
de la ſubſtance de cette plante; ce ſont des vers blancs *,
qui reſſemblent aſſés à ceux de la viande : je veux dire que
la partie poſtérieure de leur corps eſt plus groſſe que l'antérieure, le bout de celle-ci eſt aſſés pointu. De ce bout,
ſortent deux crochets bruns & écailleux *, recourbés vers
le ventre; les tiges de ces deux crochets ſont paralleles
l'une à l'autre, & paralleles à la longueur du corps dans
lequel elles ſont logées. Lorſqu'on preſſe le corps de ce
ver pour l'obliger à montrer ſes crochets, on croit lui voir
une figure de tête qu'on ne voit point aux vers de la viande.
Le deſſus de la partie charnuë d'où ſortent les crochets, a
de la rondeur, & immédiatement au-deſſus des crochets,
on diſtingue quatre points noirs poſés à peu près aux quatre angles d'un petit quarré; on eſt diſpoſé à prendre ces
quatre points noirs pour les yeux de l'inſecte. Les yeux
de quelques araignées ſont arrangés de la même maniére.

 J'ai vû dans le mois d'Août pluſieurs pieds de juſquiame,
dans les feuilles deſquelles * ces mineurs s'étoient nichés.
Les feuilles de cette plante ſont extrémement grandes.
Il y paroiſſoit de grandes places plus blancheâtres que le
reſte, & où l'épiderme du deſſus de la feuille étoit ſoûlevé.
Dans tel endroit blancheâtre, il y avoit ſept à huit vers;
dans un autre, il n'y en avoit que trois à quatre, & dans
d'autres, il n'y en avoit qu'un ſeul. Ils ne paroiſſent ni ſe
chercher les uns les autres, ni craindre de ſe rencontrer.

* Pl. 2. fig.
14.

* Fig. 15. c.

* Fig. 13.

B iij

Ces fortes de feuilles font épaiffes, leur fubftance eft tendre, plufieurs vers peuvent, fans s'incommoder, travailler chacun de fon côté à la détacher d'une même place minée.

Il y a encore une autre raifon & une meilleure, pour laquelle ces vers ne doivent pas autant craindre de fe rencontrer, de fe trop multiplier fur une même feuille, que le doivent craindre les autres vers mineurs; la plûpart de ceux-ci doivent prendre tout leur accroiffement dans la même feuille, & dans le même endroit de la feuille; je veux dire qu'il ne fçavent qu'étendre le logement qu'ils ont commencé à s'y faire. Quand on a retiré ceux des feuilles de chêne, & ceux de diverfes autres feuilles, de la cavité où ils étoient, inutilement les pofe-t-on fur une autre feuille de la même efpece, & une des plus tendres de cette efpece; ils ne font point de tentatives, ou ils n'en font que d'inutiles pour la percer, & pour s'ouvrir un chemin dans fon épaiffeur; ils fe féchent & périffent fur la feuille. Il n'en eft pas de même de nos mineurs de la jufquiame, quand ils ne trouvent pas l'endroit où ils minent, affés fucculent, quand, à force d'aller en avant, ils ont pouffé leur travail jufqu'auprès du bord de la feuille, ils percent l'épiderme qui les couvre, ils paffent fur le deffus de la feuille, ils cherchent une place où le terrein leur paroiffe bon à creufer. Si cette feuille ne leur en fournit pas un qui foit à leur gré, ils fçavent quitter cette feuille, & en aller chercher une plus fraîche, plus graffe & plus épaiffe.

La premiére fois que je voulus obferver des feuilles de jufquiame remplies de mineurs, que j'avois renfermées la veille dans un grand poudrier, je vis plufieurs de ces vers qui marchoient fur les feuilles. Je tirai une de ces feuilles du poudrier, & je m'attachai à fuivre un ver qui étoit deffus. Je ne fus pas long-temps à reconnoître qu'il cherchoit à fe loger. Tout ce que je vis d'abord, c'eft qu'il frottoit avec vîtesse le bout de sa tête contre la feuille; je remarquai ensuite que les endroits qu'il avoit ainsi frottés, étoient plus verts que le reste; dans l'état naturel, le verd du dessus de la feuille est blancheâtre, là le verd étoit plus beau, & l'endroit paroissoit plus humide; en un mot il paroissoit que l'épiderme avoit été emporté. Le ver changea de place, & sur le nouvel endroit où il s'arrrêta, il répeta sa première manœuvre. Je me mis dans un jour favorable pour l'observer, & je vis fort distinctement qu'il ratissoit la surface de la feuille avec ses crochets, comme un jardinier ratisse la terre des allées avec une ratissoire. Il portoit sa tête en avant, & la ramenoit ensuite en arriére, tenant ses deux crochets appliqués contre la surface de la feuille. Ainsi les pointes des crochets la labouroient; il répetoit ces mouvemens de sa tête avec une prodigieuse vîtesse : aussi au bout d'un temps très-court, de quelques secondes, on distinguoit un petit sillon qui avoit été creusé dans la feuille. Le ver changea de place quatre à cinq fois, & creusa quatre à cinq sillons. Il avoit apparemment voulu sonder le terrein, & il n'en avoit pas trouvé qui eût ou assés de profondeur, ou une consistance convenable; la feuille lui avoit paru peut-être trop desséchee en ces endroits. Quoi qu'il en soit, il se fixa dans un autre endroit; après qu'il y eût creusé le sillon, ou l'espece de petit fossé, après avoir fouillé perpendiculairement à la surface de la feuille, il contourna sa tête de façon qu'il pouvoit piocher parallelement à la surface de cette feuille. Ce fut ensuite dans ce sens qu'il travailla. Il dirigea sa fouille entre les deux membranes de la feuille. Dans peu il parvint à loger sa partie antérieure sous la membrane supérieure; continuant son travail, c'est-à-dire en répetant les manœuvres que nous venons de décrire, en moins de deux minutes tout son corps se trouva logé dans l'épaisseur de la feuille. La vîteffe & l'adreffe avec lefquelles ces vers s'ouvrent un chemin dans une feuille affés tendre, font affûrément admirables. Auffi ne fe faifoient-ils pas une affaire de quitter leurs vieilles feuilles pour entrer dans les nouvelles feuilles que je leur donnois.

Dans des feuilles de poirée j'ai trouvé des vers mineurs qui m'ont paru affés femblables à ceux des feuilles de jufquiame, ils étoient de même grandeur, mais je les y ai trouvés en moindre quantité, & je n'ai vû qu'un ver en chaque endroit miné. Des feuilles d'ofeille m'ont auffi offert de grandes places minées, dans chacune defquelles il y avoit cinq à fix vers un peu plus petits que ceux de la jufquiame, mais qui n'en différoient qu'en grandeur.

Les mineurs que nous examinons actuellement, ceux qui font des vers fans jambes, & qui doivent par la fuite paroître fous la forme de mouches à deux aîles, fe transforment la premiére fois comme les vers de la viande, en une nymphe renfermée dans une petite coque faite de la peau même que le ver a quittée. Quand l'infecte fe dégage de la peau qui lui donnoit la forme de ver, il ne fort point de cette peau, il s'en détache feulement, elle le couvre toûjours, à peu près comme un homme pourroit refter enveloppé dans une robe de chambre de laquelle il auroit retiré fes bras. Cette peau qui n'eft plus unie à l'infecte, fe defféche & forme une efpece de boîte, une coque dans laquelle la nymphe eft auffi bien & mieux renfermée qu'elle le pourroit être dans ces coques que les chenilles & d'autres infectes conftruifent avec le plus d'art pour s'y transformer. Nous dirons donc que nos mineurs font en coque, quand nous voudrons dire qu'ils fe font transformés pour la premiére fois dans une nymphe contenuë dans une coque formée par la peau du ver.

Plufieurs efpeces de nos vers mineurs fortent des feuilles
dans

dans lefquelles ils ont pris leur accroiffement, lorfqu'ils font près de leur première transformation. J'ai trouvé fur des feuilles, ou contre les parois des poudriers, les coques des mineurs de la jufquiame, celles des mineurs de la poi-rée, celles des mineurs de la bardanne, celles des mineurs des renoncules, celles des mineurs du trefle, &c.

D'autres fe mettent en coque dans la cavité même qu'ils ont creufée dans la feuille. Auffi ai-je trouvé la coque d'un mineur du plantin au bout de fa galerie.

Plufieurs autres efpeces de vers mineurs fe transforment dans la feuille même, avec une petite précaution qui mérite d'être remarquée; les galeries ne font pas précifément creufées dans le milieu de la fubftance de la feuille; d'un côté elles ne font recouvertes que par le fimple épiderme; & de l'autre elles le font par la membrane extérieure, par l'épiderme, & par une portion de la fubftance charnuë qui y eft refté attachée. Tant que les mineurs dont nous parlons, fe nourriffent pour croître, ils minent de façon que du côté du deffus de la feuille, les galeries ne font couvertes que par la feule membrane, que par l'épiderme du deffus de la feuille; c'eft-là le côté par où il faut regar-der, fi on veut bien voir le ver fans le tirer de la feuille. De l'autre côté, la galerie a une couverture plus opaque, parce qu'elle eft plus épaiffe. Mais lorfqu'un de nos vers mineurs fonge à fe métamorphofer, il paffe, pour ainfi dire, de l'autre côté de la feuille, c'eft-à-dire, qu'il ouvre une cavité qui, du côté du deffus de la feuille, eft couverte d'une épaiffeur capable d'empêcher de le voir, au lieu qu'il n'eft couvert alors vers le deffous de la feuille que d'une membrane mince, qu'il a même diftenduë, comme elle doit l'être pour fe mouler fur un petit grain dont fon corps prend la forme. Si on regarde donc par deffus une galerie dont le ver s'eft mis en coque, on ne peut voir ni

Tome III. C

ver, ni coque ; mais qu'on confidére le deffous de cette
feuille, le côté fur lequel la galerie ne fe fait point, ou fe
fait peu voir, là on trouvera une petite éminence vis-à-vis
l'endroit où eft de l'autre côté la fin de la galerie. Qu'on
emporte doucement la membrane qui recouvre cette éminence, & on trouvera la coque du mineur ; ainfi cette coque eft bien cachée. Ce n'eft pas apparemment pour nous
que l'infecte prend le foin de fe cacher, mais il a fans
doute des ennemis contre lefquels il eft hors d'état de fe
deffendre.

Les mineurs des feuilles de laiteron *, les mineurs des
feuilles de chevrefeuille *, & ceux de diverfes autres feuilles,
en ufent ainfi. Lorfqu'on voit de ces feuilles minées en
galeries, on peut reconnoître auffi fûrement & auffi vîte
avec les doigts qu'avec les yeux, fi le mineur y eft en
coque. On n'a qu'à prendre entre deux doigts la partie
de la feuille où eft le bout le plus large de la galerie. Quand
le ver eft en coque, on fent en-deffous de la feuille une petite éminence dure, de la groffeur d'un grain de millet, ou
plus groffe felon la groffeur du ver qui s'eft métamorphofé.

Il y a auffi des mineurs en grand qui, après avoir miné
la feuille plus près du deffus que du deffous, pendant
qu'ils minoient pour croître, paffent de l'autre côté,
quand ils font près de fe métamorphofer, & minent un
efpace moins grand que le premier, & qui ne paroît miné
que quand on regarde la feuille par deffous ; c'eft ce que
pratiquent pour l'ordinaire les mineurs des feuilles du
houx.

Les coques * de ces vers font rougeâtres, ou couleur
de marron, & quelquefois brunes. Les couleurs de la
même coque varient ; il y en a, comme celles des vers
de la jufquiame, qui font prefque rouges, lorfque le ver
s'y eft renfermé depuis peu, & qui, lorfqu'elles font plus

* Pl. 1. fig.
1.
* Fig. 14.

* Pl. 1. fig.
11, 12, 13,
& Pl. 2. fig.
16.

vieilles, prennent la couleur de marron. Toutes ont des anneaux bien marqués. Il y a entre celles de différens vers quelques variétés qui ne méritent pas que nous nous y arrêtions beaucoup. Les unes font plus oblongues, les les autres font plus arrondies. Entre les oblongues, les unes ont affés la forme d'un œuf, les autres font plus groffes à un bout qu'à l'autre. A un des bouts de plufieurs, qui eft ordinairement le plus pointu, il paroît deux petits cro- chets *, qui font comme deux petites cornes à la partie antérieure de la coque. Sur la partie poftérieure de celles- ci, il paroît deux cornes plus groffes * & plus écartées l'une de l'autre. Ces derniéres cornes fe trouvoient auffi fur le derriére du ver; de plus gros vers de divers autres genres, que nous examinerons dans un autre temps, nous appren- dront que celles de nos mineurs étoient les organes de leur refpiration.

Des coques des mineurs du laiteron & de celles des mineurs du chevrefeuille, font forties de petites mouches*, entre lefquelles je n'ai pas vû de différences fenfibles. Elles étoient brunes; leurs aîles leur couvroient tout le corps, & alloient même par-delà. De plus groffes mouches * à deux aîles font forties des coques des mineurs de la jufquiame.

L'ouvrage des mineurs en grand, groffiérement confi- déré, femble n'avoir rien de plus fingulier que celui des mineurs en galerie, au lieu que ceux-cy minent toûjours devant eux, & qu'ils avancent à mefure qu'ils minent, les autres minent tout autour de l'endroit qu'ils habitent; cet endroit eft marqué fur la feuille par une plaque blanche ou jaunâtre, c'eft-à-dire, par la portion de la membrane qui a été détachée. Cette portion de membrane qui auroit été fimplement détachée, devroit être par-tout liffe & unie, comme elle l'étoit lorfqu'elle étoit appliquée fur la feuille; auffi la première fois que j'obfervai fur une pareille

* Pl. 1. fig. 11. & 12. c, c.

* d. d.

* Fig. 2.

* Pl. 2. fig. 17.

* Pl. 3. fig.
fi. a, a.
portion de membrane d'une feuille de chêne, une arrête *
qui avoit quelque saillie en-dessus, cette arrête me parut
singuliére ; elle alloit d'un des bouts de l'endroit miné au
bout diamétralement opposé. Il étoit naturel de penser
d'abord que cette arrête n'étoit autre chose qu'une grosse
fibre détachée de la feuille ; mais sa direction & sa figure
détruisoient cette idée ; elles apprenoient qu'elle n'étoit
point du tout une fibre de la plante. J'ai depuis observé
constamment cette arrête à toutes les portions d'épiderme
qui avoient été séparées du parenchime des feuilles de
chêne, par certaines especes de mineurs, & j'ai été embarrassé comment elle pouvoit être produite, jusqu'à ce
que j'aye observé des endroits qui avoient été minés en

* Pl. 4. fig.
11 & 12.
* Fig. 3.
grand dans des feuilles de pommier *, & dans des feuilles
d'orme femelle *. Des endroits minés de celle-ci m'ont
découvert pourquoi l'épiderme détaché de certaines feuilles de chêne a une arrête, quel est l'usage de cette arrête,
& comment elle peut être formée. Les mineurs des feuilles
d'orme femelle sont des plus gros insectes de ce genre ;

* Fig. 7. ff.
l'espace compris entre deux fibres paralleles * qui partent
de la principale côte, borne pourtant l'espace dans lequel
chaque insecte creuse & se nourrit : ces fibres sont pour
lui deux chaînes de montagnes qui l'arrêtent de chaque
côté ; de-là il arrive qu'il se fait un logement plus long que
large, à peu près rectangle. C'est la membrane, l'épiderme
du dessous de la feuille que ceux-ci détachent d'abord ;
ils mangent pourtant par la suite toute la pulpe qui est entre
celle-ci & la membrane supérieure. Au lieu d'une arrête
que nous avons fait observer sur la membrane détachée

* Fig. 3, 4
& 5. P.
d'une feuille de chêne, j'en ai souvent vû deux ou trois *,
& quelquefois davantage sur la membrane détachée d'une
feuille d'orme femelle. La structure de chacune de celles-
ci étoit plus aisée à reconnoître que la structure de celles

du chêne; il étoit visible que chacune d'elles n'étoit qu'un
pli de l'épiderme, & que la sommité du pli qui s'élevoit
au-dessus du reste, formoit l'arrête en question: cela, dis-
je, étoit visible, en suivant d'un bout à l'autre chaque
arrête *, & cela parce que vers un des bouts, on voyoit les   * Pl. 4. fig.
deux portions de membrane qui commençoient simple-   4. & 7. p q.
ment à se courber l'une vers l'autre, & qu'un peu plus loin,
elles étoient presque contigues; d'où il étoit aisé de juger
que dans le reste de l'étenduë, elles étoient exactement
appliquées l'une contre l'autre: en un mot, on voit ici ce
qu'on voit sur une bande de papier qu'on tient avec les
doigts pliée en quelques endroits, & que son ressort ouvre
un peu par-delà les endroits où l'on tient les parties assujetties les unes contre les autres.

L'effet que produisent les plis de cette membrane, est
clair; ils la retrécissent, & forcent par conséquent les deux
fibres auxquelles elle tient, de s'approcher l'une de l'autre:
la membrane opposée, celle qui est chargée de la substance
de la feuille, est aussi par-là contrainte à se courber, à devenir convexe en-dehors de la feuille. L'avantage que l'insecte en retire, est visible, il se procure un logement qui a
plus de hauteur, il se forme dans la feuille une cavité proportionnée à la grandeur de son corps, & aux mouvemens
qu'il s'y doit donner; la membrane n'est plus bridée contre
son corps, comme elle le seroit sans cela continuellement,
il n'a plus autant de frottemens à essuyer.

Rien ne confirme mieux que c'est le véritable usage des
plis, des arrêtes de l'épiderme de la feuille, que la forme
que nos mineurs en grand font prendre aux feuilles de
pommier où ils se sont établis. Vis-à-vis ces endroits,
on peut observer des plis * pareils à ceux des feuilles d'or-   * Fig. 11. l k.
me; mais souvent on y voit plus; du côté de l'épider-   fig. 12. m n.
me détaché, qui est ordinairement ici le dessus, deux

C iij

parties de la feuille, qui dans leur état naturel étoient éloignées l'une de l'autre de sept à huit lignes, sont quelquefois rapprochées l'une de l'autre jusqu'à être prêtes à se toucher *. Là les plis de l'épiderme ont été si multipliés, si pressés les uns contre les autres, qu'il ne conserve plus qu'une petite portion de sa premiére étenduë; en revanche l'insecte s'est procuré par-là une cavité profonde pour se loger. Le temps où les mineurs de cette espece sont en plus grand nombre, & où ils ont le plus avancé leur travail sur les feuilles du pommier, c'est lorsqu'elles sont près de tomber, c'est-à-dire vers le milieu ou vers la fin d'Octobre; qu'on observe alors les feuilles qui sont plus pliées en goutiére que les autres, tout du long de la principale nervûre, ou qui paroissent repliées en quelques autres endroits, l'endroit où le pli est le plus considérable, est le logement de l'insecte. Souvent on trouvera deux ou trois pareils logemens sur une même feuille. Quelques insectes s'établissent du côté du dessous, mais ils sont en petit nombre. La même saison est aussi celle où on en trouve le plus dans les feuilles de l'orme femelle.

Les trois especes de mineurs dont nous venons de parler; sçavoir, ceux des feuilles de chêne, ceux des grandes feuilles d'orme *, & ceux des feuilles de pommier *, sont des chenilles à quatorze jambes, & qui n'en ont que six intermédiaires, disposées de façon, qu'entre la derniére paire de celles-ci & la paire des postérieures, il y a trois anneaux sans jambes. Les mineuses des feuilles de pommier sont d'un jaune qui tire sur la couleur du karabé, les mineuses des feuilles de chêne sont d'un blanc legérement teint de verd; la couleur de ce qui est contenu dans leur estomach & leurs intestins, peut donner ce peu de verd à la peau transparente. On ne décideroit pas sûrement si ces trois chenilles sont de la même ou de différentes especes,

* Pl. 4. fig. 11.

* Fig. 1. & 2.

* Fig. 13, 14 & 15.

fi les papillons dans lefquels elles fe transforment, ne
l'apprenoient, ou fi on ne pouvoit pas voir que le travail
par lequel elles fe préparent à leur métamorphofe, eft
différent. Si dans le mois d'Octobre on perce & fi on enleve l'épiderme qui a efté pliffé par une des mineufes du
pommier, on trouve alors fous cet épiderme une crifalide
qui n'eft point renfermée dans une coque. Si dans le même
temps on ouvre la partie minée d'une feuille de chêne *,   * Pl. 3. fig.
on y trouve auffi une crifalide, mais logée dans une petite   2. *d.*
coque *, dont le tiffu eft affés ferré, & fait d'une foye   * *c c.*
blanche; le tiffu de cette coque eft mince, & c'eft apparemment pour le fortifier que la chenille a eu foin de couvrir fon extérieur avec de petits grains noirs, qui font fes
excrémens. Enfin, fi on ouvre la partie minée d'une feuille
d'orme, on y trouve une très-petite, mais jolie coque de
foye *, qui a en petit la figure des coques de foye les mieux   * Pl. 4. fig.
faites par de grandes chenilles, la figure des coques des vers   6 & 5.
à foye; elle eft pourtant un peu plus allongée & plus
pointuë, parce que les crifalides de ces mineufes * de l'orme font plus effilées que les crifalides ordinaires. La couleur de la foye de ces coques n'eft pas même une couleur   * Fig. 9 &
ordinaire, c'eft un verd céladon ou un bleu verdâtre.   10.

    Parmi les mineufes dont nous parlons, il y en a qui fe
mettent en crifalides dans les mois de Juin & de Juillet,
& ce n'eft que pour indiquer le temps où on en trouve
davantage, que nous avons dit qu'il falloit les chercher vers
la fin d'Octobre; alors les feuilles tombent, ou font prêtes
à tomber, les crifalides qui font renfermées dans leur intérieur, tombent avec elles. Celles qui font renfermées dans
des coques font au moins en quelque forte à couvert pendant que la feuille fe pourrit; je ne fçais fi les autres font
en état de réfifter à l'humidité, s'il n'en périt pas beaucoup
pendant l'hiver; ce que je fçais, c'eft que des papillons font

fortis avant ou après la fin de l'hiver, des feuilles minées que j'ai renfermées dans des poudriers où elles étoient féchement.

Ce n'a été que vers la mi-May que j'ai remarqué dans les poudriers les papillons * des mineurs de feuilles d'orme, peut-être étoient-ils tous nés depuis long-temps. Il eft dommage qu'ils foient fi petits; s'ils avoient naturellement la grandeur dont ils nous paroiffent, vûs au travers d'une forte loupe, ce feroient des papillons à la beauté defquels il n'y a perfonne qui ne fût fenfible; il n'eft point de papillons plus richement vêtus; leurs aîles paroiffent tout or & tout argent; & leur or eft l'or le plus éclatant, l'or le mieux poli; il femble rayonner, & il eft de la plus belle couleur. Des rayes d'argent bien blanc & bien bruni traverfent l'aîle & la font paroître plus belle qu'elle ne feroit, fi elle étoit toute or pur; les bouts & quelques autres petits endroits des aîles & du corps, font d'un noir velouté qui ne fert qu'à rehauffer l'éclat de l'or & de l'argent.

Les papillons des mineufes du pommier font nés chés moi, à peu près en même temps que ceux des mineufes d'orme; leurs aîles ne font pas auffi riches que celles des autres; mais on ne les voit pas avec moins de plaifir; c'eft l'argent qui y domine; elles ont en bel argent à peu près tout ce que les autres ont en or, & en or ce que les autres ont en argent; mais les rayes d'or font tirées longitudinalement fur leurs aîles, au lieu que les rayes d'argent font difpofées tranfverfalement fur celles des autres.

Les papillons des feuilles de chêne, dont l'épiderme de la partie minée a une arrête *, font nés chés moi vers le commencement du printemps, après y avoir paffé l'hiver fous l'enveloppe de crifalide. Leurs aîles font riches, quoiqu'elles n'ayent pas autant d'éclat que celles des papillons du pommier; elles paroiffent d'argent comme les autres,

mais

* Pl. 4. fig. 8.

* Pl. 3. fig. 10 & 11.

mais d'un argent dont le poli eſt moins vif, d'un argent plus mat; elles ont quelques taches d'une couleur jaunâtre & argentée.

Il n'eſt pas aiſé de s'aſſûrer ſi les papillons dont nous venons de parler, ont des trompes, mais ils ont tous des antennes à filets coniques; leur port d'aîles eſt celui que nous avons appellé en queuë de coq, parce que les aîles ſe relevent au-deſſus du derriére. Le petit papillon de la mineuſe de l'orme eſt même celui que nous avons cité tome I. Mém. VII. pag. 313. pour exemple de ce port d'aîles. Leurs aîles de deſſous ſont bordées d'une frange de poils ou de barbes.

J'ai négligé de chercher à avoir le papillon d'une mineuſe des feuilles du poirier, qu'on ne trouve pas auſſi frequemment qu'on trouve la mineuſe des feuilles du pommier. Elle pliſſe comme cette derniére, l'épiderme qu'elle a détaché; elle eſt auſſi une chenille à quatorze jambes & de la troiſiéme claſſe; elle eſt d'un blanc verdâtre, au lieu que celle du pommier eſt jaune. Mais j'ai eu au commencement du printemps le papillon d'une chenille qui mine en grand les feuilles du noiſetier, & qui fait une arrête à l'épiderme de la partie minée. C'eſt vers la fin d'Octobre que je renfermai dans des poudriers des feuilles dans chacune deſquelles il y avoit une ou deux chenilles. Le papillon qui vient de cette chenille mineuſe des feuilles du noiſetier, le peut diſputer en beauté à tous les autres, ſes aîles ſupérieures, qu'il porte en queuë de coq, ſont rayées tranſverſalement d'une bande d'or nué, & d'une bande d'argent éclatant. Le premier trait de chaque bande d'or eſt d'un or clair, un peu pâle, cet or ſe nuë inſenſible-ment juſqu'au dernier trait de la même bande, qui eſt d'un or brun, ou d'un brun doré. Sur chaque aîle il y a ſix à ſept pareilles bandes dorées, & quatre à cinq argentées.

Tome III.   . D

Ce papillon a deux houppes blanches en devant de la tête.
Il y a un très-grand nombre de chenilles de la troisiéme
claſſe, qui font une arrête ſur l'épiderme qui couvre la
partie minée, dont je n'ai point eu les papillons; telle eſt
une mineuſe de l'aulne.

Dès que nous avons vû que nos mineuſes ſçavent filer,
qu'elles ſe conſtruiſent des coques, nous ne devons plus être
embaraſſés pour ſçavoir comment elles peuvent faire ces eſpeces d'arrêtes, ces plis de l'épiderme qu'elles ont détaché,
& au-deſſous duquel elles ſont logées. Nous avons ſuivi
*Tome II. ailleurs * les procedés des chenilles qui roulent & qui plient
Mem. V. des feuilles au moyen des fils qu'elles tirent en différens
ſens, & qu'elles chargent du poids de leur corps : ſuppoſons
à celles qui minent, une ſemblable induſtrie, dès qu'elles
peuvent filer, elles ont tout ce qu'il faut pour faire prendre
des plis à la membrane qu'elles ont détachée. Il eſt vrai que
dans ces plis, dans ceux qui ne forment qu'une ſimple arrête
ſur des feuilles de chêne, les parties ſont bien autrement
rapprochées que dans les feuilles même pliées, que le pli y
eſt pris de bien plus près, mais auſſi nos inſectes mineurs ont
affaire à une membrane incomparablement plus mince &
plus flexible que ne l'eſt une feuille. Ils tapiſſent de toiles
partie de l'intérieur de leur cavité, & ce ſont ces toiles qui
contraignent la membrane à ſe pliſſer. Leurs toiles ſont ſi
fines, ſi ſerrées, que je ne les euſſe pas reconnuës, ſi je
n'euſſe ſçû que nos inſectes avoient beſoin d'en faire.

Tous les mineurs en grand ne font pourtant pas prendre
des plis à la membrane qui les couvre. M. Valliſnieri a fait
mention d'un ver qui mine en galerie les feuilles des roſiers
de nos jardins. On trouve ſur les mêmes roſiers & ſur le
*Pl. 2. fig. cynorrhodon ou roſier ſauvage, des mineurs en grand *, il
1. hc, ic. n'y a même guéres d'arbriſſeaux ſur leſquels ces derniers
mineurs ſoient plus communs. La membrane du deſſus de

leur logement ne fait qu'une petite boffe en dehors. On trouve auffi fur le houx, fur le noifetier, fur le chêne, &c. de grandes places minées & couvertes par l'épiderme qui forme une convexité en dehors de la feuille, fans avoir aucune arrête fenfible. Cet épiderme, en fe defféchant, pourroit bien devenir plus tendu, mais le raccourciffement de fes fibres ne peut pas lui faire prendre de la convexité; c'eft en filant une ou plufieurs toiles très-minces, que le mineur l'a obligé à s'écarter & à fe tenir écarté de la partie de la feuille d'où il a été détaché. Cette toile, ou ces toiles, comme je l'ai déja dit, ne font pourtant prefque fenfibles que par les effets qu'elles produifent; mais pour me convaincre que ces infectes les filent contre les endroits où elles peuvent être néceffaires, j'ai percé avec la pointe d'un canif la membrane mince qui étoit au-deffus de l'endroit miné de la feuille d'un rofier *; j'y ai fait une petite déchirure qui me laiffoit voir partie de l'infecte à nud. Quand j'ai voulu obferver la même déchirure, vingt-quatre heures après, j'en ai trouvé les bords réunis par une toile que le mineur avoit filée fur la furface intérieure de l'épiderme ou de la membrane déliée. J'ai fendu de la même maniére les membranes qui couvroient des mincurs en grand du pommier, & ces mineurs en ont ufé comme avoit fait ce-lui du rofier.

* Pl. 2. fig. 1.

On peut pourtant, fans cette expérience, s'affûrer que les mineurs du pommier tapiffent d'une toile l'épiderme qu'ils ont détaché; qu'on ouvre leurs petites loges, le mieux même eft de les ouvrir du côté épais, alors on voit que tous les bords de la partie charnuë qui fe joint à l'épiderme, font blancheâtres, quoiqu'à une petite diftance de là la partie charnuë foit très-verte. La toile qui eft étenduë fur l'épiderme, va un peu par-delà l'endroit où il fe joint à la partie charnuë; on n'apperçoit le verd de cette partie charnuë, qu'au travers d'un voile blanc étendu deſſus.

Outre les inſectes qui forment une arrête ſur la portion de l'épiderme des feuilles de chêne, qu'ils ont détachée, il y a donc des chenilles, comme nous venons de le dire, & même d'eſpeces différentes, & des vers, qui minent les mêmes feuilles, & qui font ſeulement prendre un peu de convexité à l'épiderme de la partie minée. Si on obſerve dans certains temps la portion de leur épiderme qui a été ſoûlevée par quelques chenilles, elle ſemble avoir vers ſon milieu un cercle plus opaque que le reſte *; c'eſt ce que j'ai obſervé plus qu'en aucun autre temps vers la fin de Juillet. Qu'on enleve cette portion d'épiderme, & on verra que ce cercle ne lui appartenoit pas; que vis-à-vis l'endroit où il paroiſſoit, il y a une petite coque de ſoye blanche; elle eſt à peu près circulaire & appliquée contre la feuille même. Vers le 15. Août de petits papil-lons * ſont ſortis chés moi de ces petites coques. Ils portent pour l'ordinaire leurs aîles horiſontalement; le deſſus des ſupérieures eſt feuille-morte, mais d'un feuille-morte plus clair à leur partie antérieure, & d'un feuille-morte plus brun à leur partie poſtérieure. Les antennes de ces papillons ſont à filets coniques.

Dès le printemps on peut obſerver des milliers de feuilles de chêne, dont de très-grandes portions de l'épiderme de la partie ſupérieure ont été détachées *; celui de plus de la moitié ou des trois quarts d'une feuille eſt ſoûlevé, & forme aſſés ſouvent une petite convexité: mais ces grandes places minées ſont auſſi l'ouvrage de pluſieurs mineurs qui, après avoir vécu ſolitaires pendant une partie de leur vie, ſe ſont réunis pour travailler au même ouvrage. Qu'on conſidére la partie de la feuille qui eſt entre cette grande place minée & le pédicule, & on verra pluſieurs ſentiers étroits & tortueux *, pluſieurs endroits minés en galérie, qui font les routes dans lefquelles les infectes ont vécu & crû, & qu'ils ont fuivies pour arriver tous à un terme où ils travaillent plus en grand. Quand on enleve vers le commencement de Juin, l'épiderme *qui a été miné en grand, la partie de la feuille qu'on met à découvert, eft très-verte, & quelquefois paroît très liffe, il ne femble pas que fa fubftance ait été rongée, auffi ne voit-on aucuns excrémens fur cette partie de la feuille; mais on remarque dans l'inftant deux, trois ou quatre endroits, plus ou moins felon la grandeur de la partie minée, qui ont du relief & qui font blancs *. Il femble que ce foient de petites portions d'où un fecond épiderme ait été détaché, des endroits minés une feconde fois. Ces endroits font ceux où chaque petite chenille s'eft filé une coque fi mince & d'un tiffu fi ferré, qu'elle paroît n'être qu'un épiderme de feuille; elle en a d'ailleurs la couleur; mais on peut fe convaincre que cette enveloppe a été filée, fi on la déchire; on diftingue alors les fils dont elle eft compofée, on y voit une tiffûre qui ne reffemble point à celle de l'épiderme d'une feuille.

* Pl. 3. fig. 12. *pp.*

* Fig. 12. *c, c.*

Avant la fin de Juin, j'ai eu plufieurs papillons * qui font fortis de ces petites coques. Ce papillon eft un nocturne que je juge de la feconde claffe par fes antennes, & par deux barbes terminées en cornes de belier, qui s'élevent un peu en devant de la tête, car il doit y avoir une trompe entre deux barbes de cette efpece. Le port de fes aîles eft femblable à celui des aîles des oifeaux; le deffus des fupérieures eft un gris qui a un peu de jaunâtre, fur lequel des rayes blanches font tirées obliquement, de maniére que chacune de celles d'une aîle forme avec la raye correfpondante de l'autre aîle, un angle dont la cavité eft tournée vers la tête. Le deffous des aîles eft blancheâtre, il a quelque chofe d'argenté.

* Fig. 10 & 11.

D iij

Lorſque j'ai eu enlevé l'épiderme de quantité d'autres
feuilles de chênes, minées comme celles dont je viens de
parler, j'ai trouvé des inſectes blancheâtres; je n'ai pas aſſés
examiné s'ils ſont des chenilles ou des vers, mais j'aurois
de la diſpoſition à les croire au moins d'une autre eſpece
que nos derniéres chenilles; le parenchime de la partie
minée avoit été rongé par ces derniers mineurs, & on
voyoit beaucoup d'excrémens qu'ils avoient jettés. Je n'ai
jamais rencontré ni coques, ni criſalides dans ces feuilles
minées en grand, dont le parenchime avoit été rongé; d'où
il ſuit au moins que ces inſectes ne ſe métamorphoient pas
dans les endroits qu'ils ont minés pour vivre. Les quittent-
ils pour entrer en terre & s'y transformer, ou, après avoir
miné un grand eſpace en commun, paſſent-ils chacun
ſéparément ſur une autre feuille pour y miner un eſpace
dans lequel ils ſe défont de leur premiére forme !

La propreté d'un mineur en grand du chêne ne nous
permet pas de le laiſſer confondu avec beaucoup d'autres.
Son travail n'a pourtant rien de particùlier, l'eſpace qu'il
mine eſt à peu près circulaire * ; l'épiderme qui le couvre a
un peu de convexité ſans avoir d'arrête. Quand il ne mine
pas, il eſt aſſés ordinairement plié en arc. Si on enleve l'é-
piderme qui le couvre, on n'apperçoit aucun excrément
dans ſon logement. Auſſi a-t-il l'attention de les faire hors
de ſon enceinte. C'eſt ce que m'apprit un de ces vers que
j'obſervois au grand jour; je le vis marcher à reculons, juſqu'à ce que ſon derriére fût près du bord de l'enceinte, il le
fit aller même par-delà. Il y avoit une petite fente * propre
à le laiſſer ſortir, qu'il ſçut bien trouver; le derriére jetta
alors un petit grain noir, & ſur le champ le ver ſe retira dans
le milieu de ſon domicile. Lorſque j'obſervai enſuite avec
la loupe, des endroits minés par des vers de cette eſpece,
je reconnus qu'ils avoient tous une petite fente à fleur du

* Pl. 2. fig.
19. 1.

* f.

deffus de la feuille. Les excrémens qu'ils vont rendre par cette fente, tombent affés ordinairement à terre, ce font des grains durs qui roulent fur une furface polie. J'ai eû beau examiner cet infecte * avec une forte loupe, & dans des endroits très-éclairés, je ne lui ai point vû de jambes, même lorfqu'il tentoit de marcher. Son corps eft blanc, mais fa tête & fon derriére font bruns. L'anus paroît au-deffous de celui-ci, & eft bien rebordé ; la tête eft très-platte; les dents qui en font les parties les plus marquées, forment à leur rencontre une pointe. Le contour extérieur de l'une & l'autre, eft un arc qui femble une portion de cercle.

* Pl. 2. fig. 21 & 22.

Pour mettre fin à ce Mémoire, il nous refte à faire connoître quelques-unes des efpeces de vers mineurs qui fe transforment en fcarabés; il y en a une qui en veut aux feuilles d'orme, & qui y eft très-aifée à trouver. Si on obferve les feuilles de plufieurs de ces arbres à la fin du printemps, on en appercevra qui, quoique très-vertes par-tout ailleurs, ont quelque part près de leurs bords, une partie defféchée, mais plus renflée que le refte *. Un ver blancheâtre qui a rongé l'intérieur de la feuille dans cet endroit, eft caufe du defféchement qui y paroît; celui-ci fe tient à peu près à égale diftance du deffus & du deffous de la feuille, & il oblige les parties qu'il a féparées à prendre chacune de la convexité vers le dehors. Ce ver fe métamorphofe dans un très-petit fcarabé brun *, qui eft de la claffe de ceux que nous appellerons dans la fuite des fcarabés à tête en trompe, parce que leur tête extrêmement allongée & effilée, a la figure d'une longue trompe écailleufe, c'eft ce qui fera expliqué plus au long, lorfque nous donnerons l'hiftoire des fcarabés.

* Pl. 3. fig. 17. r, t, u.

* Fig. 18.

Le bouillon blanc, dont les feuilles font plus épaiffes que celles du commun des plantes, dont les feuilles font comme drappées, & ont souvent l'épaisseur d'un gros drap, nourrit des mineurs plus grands que ceux des feuilles de la plûpart des plantes. Ce sont des vers blancheâtres *, assés courts par rapport à leur grosseur; ils ne paroissent avoir aucune véritable jambe, mais lorsqu'ils veulent marcher, une petite partie inférieure de chaque côté de chaque anneau s'allonge, & devient un mammelon qui fait la fonction d'une jambe. Leur tête est brune; elle doit principalement cette couleur à deux dents qui, appliquées l'une contre l'autre, forment un triangle; elles sont assés semblables aux dents de quelques chenilles, & agissent de même. C'est sur-tout vers la fin d'Août qu'il faut chercher ces insectes dans les feuilles du bouillon blanc; on reconnoît souvent sur la même feuille plusieurs endroits qu'ils ont minés. Le duvet cotoneux est soûlevé sur des places assés grandes du dessus de la feuille *. Dans quelques-uns de ces espaces minés, il n'y a qu'un ver, dans d'autres il y en a trois à quatre. Les fibres du bouillon blanc qui, dans l'état naturel de cette plante, sont cachées par le duvet, sont souvent à découvert dans le fond des endroits minés *; le duvet qui a été détaché & soûlevé tombe. Les fibres sont noirâtres alors, non-seulement parce qu'elles prennent cette couleur en séchant, mais sur-tout parce qu'elles sont teintes par les excrémens liquides que le ver a jettés.

Pour se transformer en nymphes, ces vers se filent une jolie coque *, presque sphérique, de couleur blancheâtre, & d'un tissu si serré, qu'elle paroît plûtôt faite d'une membrane, que de fils appliqués les uns contre les autres. Les uns se la fabriquent dans la cavité même qu'ils ont minée; les autres sortent de cette cavité, & attachent leur coque, soit au-dessus, soit au-dessous de la feuille qui les a nourris, ou de quelqu'autre feuille. Plusieurs de ces vers ont collé les leurs contre les parois du poudrier dans lequel je les tenois.

tenois. Je ne fuis pourtant pas parvenu à les leur voir
filer, parce qu'ils ont tous pris la nuit pour le temps de
leur travail. Mais j'ai cru voir leur filiére placée comme celle des chenilles, & leur tête fe donner des mou-
yemens femblables à ceux des chenilles qui filent. J'ai
d'ailleurs été convaincu que leurs coques n'étoient point
faites de la peau du ver, lorfqu'après avoir ouvert une coque qui n'étoit finie que depuis peu, j'ai vû que l'infecte
qui y étoit renfermé, avoit encore fa première figure de ver.

Au bout de fept à huit jours, il fort de chaque coque
un petit fcarabé *, qui n'a pas vécu long-temps fous la   * Pl. 2. fig.
forme de nymphe, je crois en avoir eu qui font fortis   12.
dès le 5.ᵉ jour. Le fcarabé qui vient de laiffer fa dépouille,
ronge circulairement la coque; la piece qu'il a détachée
prefque tout autour, eft une porte aifée à ouvrir, il la
pouffe, elle cede & elle lui donne un libre paffage.

Ce fcarabé eft encore de la claffe de ceux dont la tête
allongée a la figure d'une trompe; fon corps tient de la
figure fphérique, il eft porté par d'affés longues jambes. Son
ventre eft liffe & noirâtre; fon corcelet & le deffus des
fourreaux de fes aîles font velus, & à peu près de la couleur
des feuilles de bouillon blanc qui commencent à fe fécher,
du même blancheâtre. Une tache ronde & noire fe trouve
conftamment fur les fourreaux des aîles vers le milieu du
corps, & une plus petite tache, noire & circulaire comme la
première, eft pofée près du bout des mêmes fourreaux.
Les aîles cachées fous ces fourreaux, font affés longues.

Vers la mi-Septembre j'ai eu le fcarabé * d'un ver mi-   * Fig. 18.
neur en grand des feuilles de mauve; il eft d'une claffe
différente de celle du fcarabé du bouillon blanc; fon corps
eft applati autant & plus que celui d'aucun fcarabé. Sa tête
eft courte & porte deux antennes à filets grainés. Quand
il marche, fon corps femble toucher le plan fur lequel il

Tome III.   . E

avance. Les fourreaux de fes aîles font d'un bleu violet;
fon corcelet, fa tête & fon ventre font de couleur de bronze,
ce qui rend ce fcarabé aifé à reconnoître, malgré fa petiteffe. Les fcarabés bleus de divers genres font ordinairement tout bleus. Lorfque j'ai trouvé ces infectes dans les
feuilles de mauve, ils y étoient déja en nymphes très-plat-
tes, comme l'eft le fcarabé; mais ces nymphes n'y étoient
point renfermées dans des coques. Quoique j'aye eu beaucoup de ces nymphes, je n'ai pû avoir aucun des vers mineurs dont elles viennent. Le temps de trouver ces infectes
fous leur premiére forme, étoit apparemment paffé, lorfque je les cherchai.

EXPLICATION DES FIGURES
DU PREMIER MEMOIRE.

PLANCHE PREMIÉRE.

LA Figure premiére, eft celle d'une feuille de laiteron,
dans laquelle des vers mineurs en galerie ont travaillé.
a g, y marquent diverfes galeries. En chaque *a*, eft l'origine d'une de ces galeries, dont le bout eft en *g*. Ces
deux lettres font employées au même ufage dans les figures 3, 4, 5, 6 & 7.

La Figure 2, eft celle d'une petite mouche à deux aîles,
dans laquelle le ver mineur des feuilles de laiteron fe transforme. Elle eft ici plus grande que nature.

La Figure 3, eft celle d'une feuille de pommier, dans
laquelle un infecte mineur a creufé la galerie *a g*.

La Figure 4, repréfente une portion d'une feuille telle
que la feuille de la fig. 3. groffie à la loupe. La tranfparence de la membrane permet d'entrevoir en *g i*, l'infecte mineur. La même membrane laiffe voir entre *i* & *a*,
de petits grains, qui font les excrémens que l'infecte a

laiſſés derriére lui, à meſure qu'il alloit en avant.

La Figure 5, eſt celle d'une feuille d'arroche qui eſt minée en ziczac.

La Figure 6, fait voir pluſieurs galeries *a g, a g,* &c. minées dans une feuille de renoncule. Sur la portion de la feuille *f l,* on peut remarquer des galeries qui en croiſent d'autres.

La Figure 7, repréſente des feuilles de trefle, dans une deſquelles une galerie *a g,* a été creuſée. Un autre ver mineur a miné en grand la partie *h,* de la même feuille. Une autre feuille *k,* eſt ſimplement minée en grand.

La Figure 8, eſt celle du ver mineur des feuilles des renoncules des prés; celui qui mine les feuilles du trefle, m'a paru lui être ſemblable. *c c,* marquent les deux crochets qui ſont à la partie antérieure du ver. *o, o,* deux eſpeces de cornes charnuës qu'il porte ſur le derriére, & qui doivent être les organes de la reſpiration.

La figure 9, fait voir la partie antérieure du ver de la figure 8. groſſie à la loupe. *c,* ſes deux crochets.

La Figure 10, eſt en grand la figure d'un des crochets du ver precedent, telle qu'elle paroît au microſcope, lorſqu'on obſerve le crochet au travers des chairs tranſparentes de l'inſecte. *c,* le crochet qui ſort en-dehors du corps. Les parties *d e f,* ſont entiérement dans le corps. La partie *de,* ſemble être un appui ſur lequel le crochet joue.

La Figure 11, eſt celle de la coque dans laquelle le ver ſe trouve après ſa premiére transformation. Elle eſt vûë du côté du ventre du ver, & groſſie à la loupe.

La Figure 12, eſt celle de la coque de la figure 11, vûë du côté oppoſé, ou du côté du dos du ver.

La figure 13, eſt celle d'une coque d'un autre ver; telle eſt la figure de celle des vers qui minent les feuilles du laiteron, celles du chevrefeuille, & celles de bien d'autres eſpeces de plantes.   E ij

La Figure 14, repréfente une feuille de chevrefeuille, dans laquelle font les chemins de plufieurs vers; ces chemins fe croifent en différens endroits.

PLANCHE II.

La Figure 1, eft celle d'une feuille de rofier, dans laquelle une galerie *a g*, a été creufée. La même feuille a été minée en grand en *h*, & en *i*. Les deux infectes qui ont miné les derniéres places, peuvent être apperçûs en *c, c*, au travers de la membrane qu'ils ont foûlevée.

La Figure 2, repréfente la chenille qui mine en grand les feuilles de rofier, groffie à la loupe.

La Figure 3, repréfente la même chenille vûë par def-fous. *e, e*, les parties qui débordent beaucoup la tête.

La Figure 4, eft celle de la partie antérieure de la chenille precedente, mais plus groffie, & cela pour faire voir deux portions *f, f*, du premier anneau, qui faillent par-delà le refte, & fur chacune defquelles on croit diftinguer très-bien un ftigmate.

La Figure 5, eft celle du papillon de la chenille mineufe des feuilles de rofier.

La Figure 6, eft celle du papillon de la figure 5, repré-fenté plus en grand.

La Figure 7, eft celle d'une feuille de kenopodium, qui a été minée en grand par une chenille d'une efpece diffé-rente de celle qui mine les feuilles de rofier. *c*, cette chenille, qui a été mife à découvert, en détachant & relevant la membrane au-deffous de laquelle elle avoit creufé fon habitation.

La Figure 8, fait voir plus en grand la chenille de la figure 7.

La Figure 9, eft celle d'une feuille de bouillon blanc, qui a été minée en grand par plufieurs vers de la même efpece, qui fe métamorphofent en fcarabés. *m, m, m,* marquent différentes places où la matiére cottoneufe de la feuille a été foûlevée, & où fa fubftance charnuë a été mangée. Des vers habitent ou ont habité toutes ces places marquées *m, m, m. o, o,* deux endroits qui étoient cy-devant tels que ceux marqués *m, m, m,* & dont on a emporté la couverture cottoneufe, pour mettre à découvert la partie de la plante dont le parenchime a été mangé par des vers. *c c,* montrent de petites coques de foye blanche que les vers mineurs fe filent pour fe transformer dans leur intérieur.

Les Figures 10 & 11, repréfentent le ver mineur du bouillon blanc; il eft plus allongé dans la fig. 11, & plus raccourci dans la fig. 10.

La Figure 12, eft celle du fcarabé à tête en trompe, dans lequel fe transforme le ver mineur precedent.

La Figure 13, repréfente une portion de feuille de jufquiame, dans laquelle des vers mineurs fe font établis. Tous les endroits plus blancs que le refte, qui font moins unis & qui ont des rides, font ceux où la peau eft détachée, parce que le parenchime qui étoit deffous, a été mangé en partie. *u, u,* quelques vers qui paroiffent à travers l'épiderme de la feuille.

La Figure 14, eft celle du ver mineur des feuilles de jufquiame.

La Figure 15, repréfente la tête de ce ver groffie. *c,* fes crochets.

La Figure 16, eft celle du ver transformé pour la premiére fois, ou logé dans une coque faite de fa propre peau.

La Figure 17, eft celle de la mouche à deux aîles, dans laquelle le ver de la jufquiame fe métamorphofe.

La Figure 18, eft celle du fcarabé à corps un peu applati,

E iij

dans lequel se transforme un ver mineur des feuilles de mauve.

La Figure 19, représente une feuille de chêne qui est minée en grand par un insecte qui a assés d'air de la chenille qui mine les feuilles du rosier. Au-dessous de la peau de la feuille, on voit l'insecte *i*, plié en arc, comme il l'est assés souvent; je l'appelle le mineur propre, parce qu'il ménage une fente *f*, à la peau, par laquelle il jette ses excrémens hors de la feuille, chaque fois qu'il a besoin de s'en décharger.

La Figure 20, est celle du mineur propre, vû par dessus; & la figure 21, celle du même mineur vû par dessous. Toutes deux sont très-grossies à la loupe.

PLANCHE III.

La Figure 1, représente une feuille de chêne minée en grand en deux endroits. La peau qui recouvre l'endroit miné, forme une arrête *a*. Cette peau est celle du dessus de la feuille.

La Figure 2, est celle d'une portion de feuille qui avóit été minée comme la feuille de la figure 1 l'est dans les endroits *a, a*. On a emporté la peau pour mettre à découvert une crisalide *d*. On a emporté aussi une partie de la coque que la chenille s'étoit filée. *c c*, les bords de cette coque qui est fortifiée par les excrémens qui sont en petits grains secs.

La Figure 3, est celle du papillon qui sort de la crisalide de la figure 2.

Les Figures 4 & 5, représentent le papillon de la figure précedente, grossi à la loupe, & vû dans deux sens différens.

La Figure 6, est celle d'une aîle de dessous du papillon des derniéres figures, grossie à la loupe.

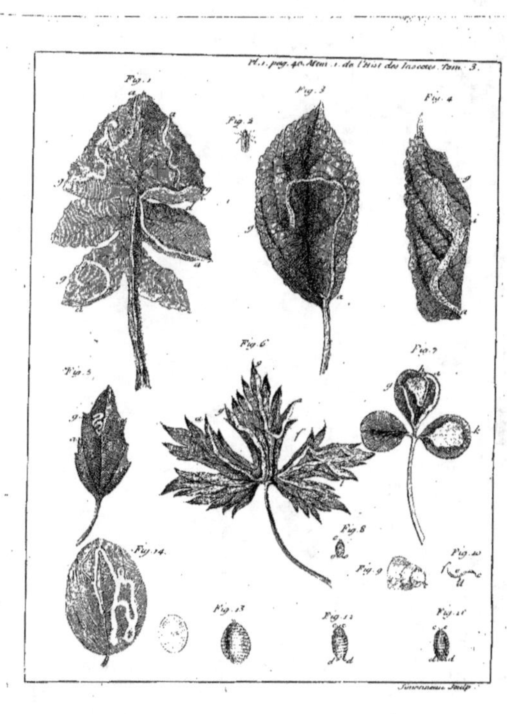

Pl. 1. pag. 40. Mém. 1. de l'Hist. des Insectes. Tom. 3.
Fig. 1.
Fig. 2.
Fig. 3.
Fig. 4.
Fig. 5.
Fig. 6.
Fig. 7.
Fig. 8.
Fig. 9.
Fig. 10.
Fig. 11.
Fig. 12.
Fig. 13.
Fig. 14.
Fig. 15.

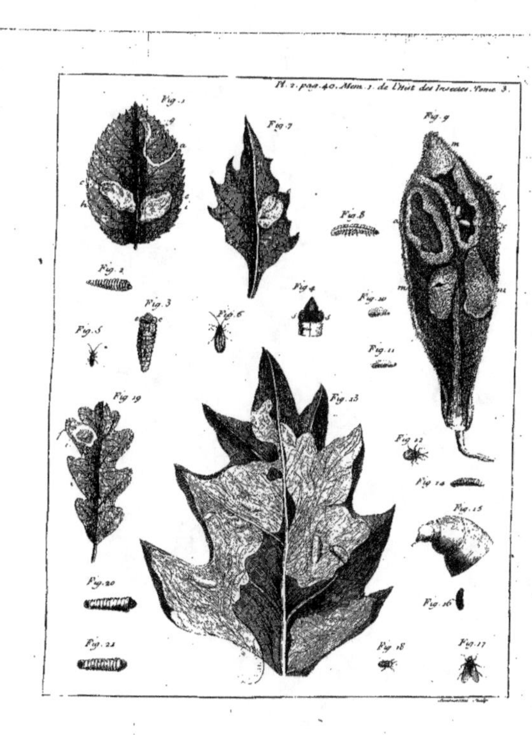
Pl. 2. pag. 40. Mem. 1. de l'Hist. des Insectes. Tome 3.
Fig. 1
Fig. 7
Fig. 9
Fig. 8
Fig. 2
Fig. 3
Fig. 4
Fig. 5
Fig. 6
Fig. 10
Fig. 11
Fig. 19
Fig. 13
Fig. 12
Fig. 14
Fig. 15
Fig. 20
Fig. 16
Fig. 21
Fig. 18
Fig. 17

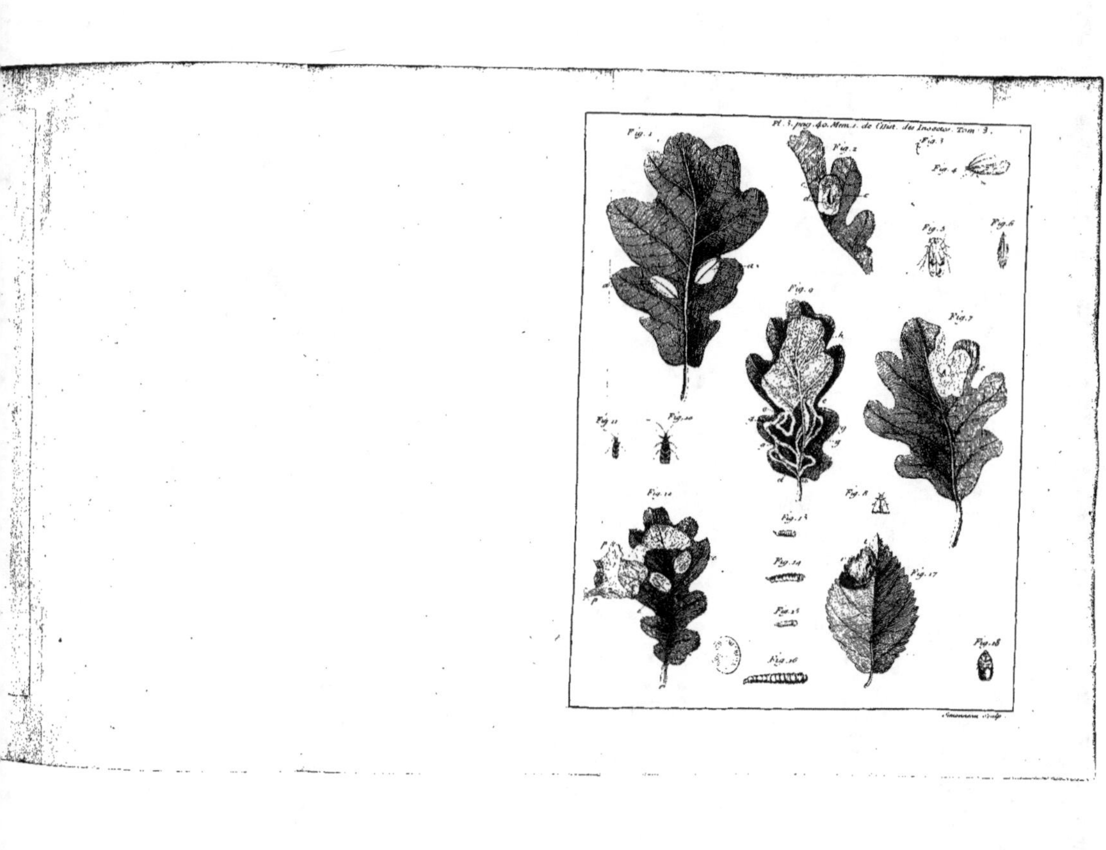

Pl. 3. pag. 40. Mem. 1. de l'Hist. des Insectes. Tom. 3.
Fig. 1.
Fig. 2.
Fig. 3.
Fig. 4.
Fig. 5.
Fig. 6.
Fig. 7.
Fig. 8.
Fig. 9.
Fig. 10.
Fig. 11.
Fig. 12.
Fig. 13.
Fig. 14.
Fig. 15.
Fig. 16.
Fig. 17.
Fig. 18.

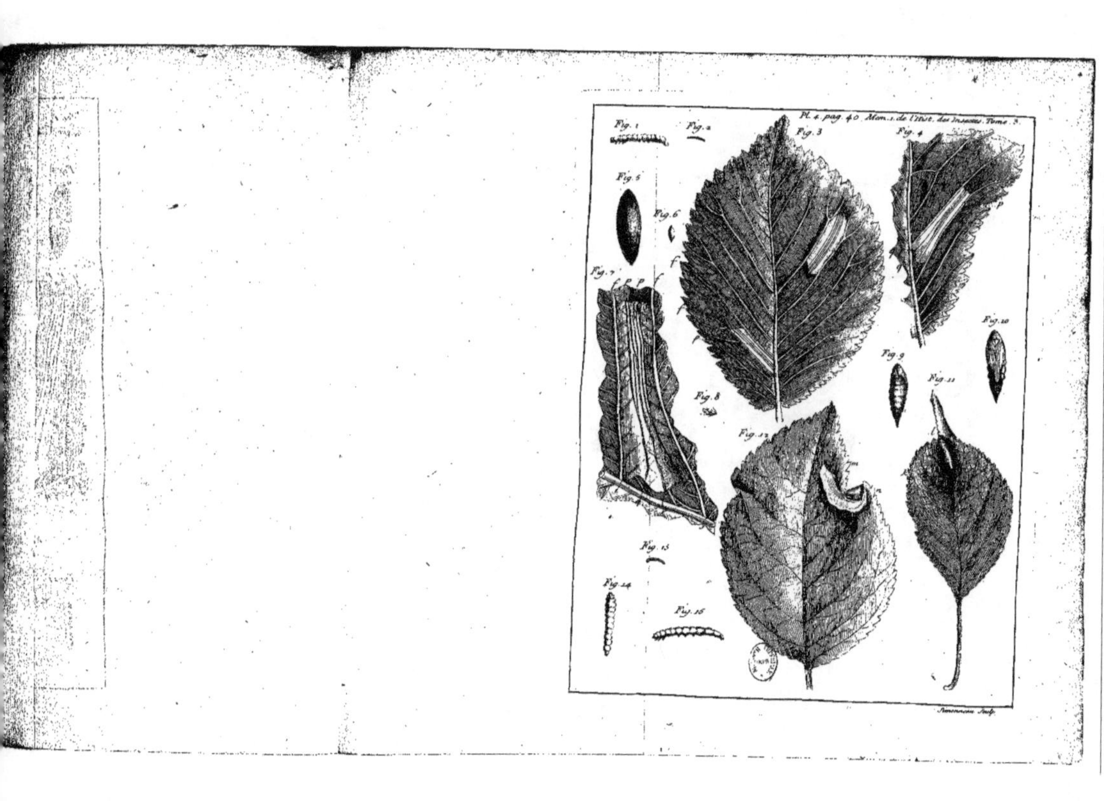

Pl. 4. pag. 40. Mem. 1. de l'Hist. des Insectes. Tome 3.
Fig. 1
Fig. 2
Fig. 3
Fig. 4
Fig. 5
Fig. 6
Fig. 7
Fig. 8
Fig. 9
Fig. 10
Fig. 11
Fig. 12
Fig. 13
Fig. 14
Fig. 15
Fig. 16

SECOND MEMOIRE.

DES TEIGNES
QUI RONGENT LES LAINES
ET LES PELLETERIES.

ON connoît, & on ne connoît que trop, au moins par leurs ravages, ces insectes si redoutables à nos ouvrages de laine & à nos pelleteries. Si on les laisse s'établir, soit dans les étoffes communes, soit dans les ameublemens les plus superbes, peu à peu ils les hachent, ils les découpent, & enfin ils les détruisent entiérement; ils dépouillent les plus belles fourrures de leurs poils. Malgré le mal qu'ils nous font, dès qu'on s'arrête à les observer, on ne sçauroit refuser son admiration à leur industrie. Des poils, des plumes, des écailles, des coquilles couvrent la surface extérieure du corps de différens animaux; la nature les a pourvûs de vêtemens solides, qui les défendent contre les injures de l'air, & contre les frottemens qu'ils sont exposés à souffrir; nous suppléons par notre génie, à ce qui nous a été refusé de ce côté-là. La nature a aussi refusé des vêtemens à certains insectes à qui ils sembloient nécessaires, parce qu'ils ont une peau très-tendre, mais elle leur a appris à s'en faire, & elle a appris à quelques-uns à se les faire d'étoffes assés semblables à celles que nous employons au même usage.

Nous donnerons le nom de teignes à tous ces insectes qui, ayant une peau rase, tendre & délicate, ont besoin de se faire des especes de fourreaux pour se couvrir, & qui se les font; à ces insectes, qui, comme nous, naissent nuds,

. F

& qui, comme nous, sçavent se vêtir. Les uns se font des fourreaux qu'ils transportent par-tout avec eux, & ces insectes sont les *véritables teignes;* d'autres se font des fourreaux immobiles, dans lesquels ils marchent, & qui les cachent pendant qu'ils marchent, & nous appellerons ceux-ci des *fausses teignes.* Parmi les véritables teignes, il y en a qui se tiennent sur des matiéres fort différentes, auxquelles il faut des alimens de différente nature, & qui se font aussi des fourreaux avec des matiéres très-différentes de celles que d'autres teignes employent au même usage. Nous les considérerons aussi par rapport aux matiéres sur lesquelles elles s'arrêtent, & dont elles se nourrissent; mais nous les considérerons principalement par rapport à la maniére dont elles travaillent leurs fourreaux, par rapport aux figures qu'elles leur donnent, & par rapport aux matiéres dont elles les composent.

Les teignes les plus connuës, & les seules presque qui soient connuës, sont celles qui le sont par les désordres qu'elles font dans nos meubles, dans nos habits & dans nos fourrures. Des historiens célebres dans l'Histoire des Insectes, en ont parlé avec de grands éloges, ils ont admiré les especes d'habits qu'elles portent, mais je ne sçais s'ils ont connu l'art avec lequel elles les travaillent, du moins ne l'ont-ils expliqué en aucun endroit que je sçache.

Quoique dans le langage ordinaire on appelle comme nous, teignes, les insectes qui rongent les laines & les pelleteries, on les appelle encore plus communément des vers. On dit qu'une tapisserie, qu'un lit, sont mangés des vers, pour faire entendre que les teignes les ont criblés. On dit qu'un manchon est mangé par les vers, pour faire entendre que les teignes en ont coupé le poil. Aussi n'avons-nous pas hésité à appeller ces insectes des vers, dans un temps où nous n'avions pas encore fixé les caractéres qui diftinguent les vers des chenilles ; mais pour parler exactement, nous devons mettre bien des efpeces de teignes, & au moins celles des laines & des peaux chargées de poils, au rang des chenilles. Les papillons dans lefquels elles fe transforment, l'exigent ; d'ailleurs elles ont tous les caractéres des chenilles ; mais ce font des chenilles très-petites, & leur petiteffe eft caufe que fi l'on veut être en état de déterminer la claffe à laquelle elles appartiennent, il faut avoir recours à une loupe affés forte. Lorfque je n'avois regardé les teignes de la laine qu'à la vûë fimple, ou avec une loupe foible, je ne leur avois trouvé que huit jambes, que les fix antérieures & écailleufes, & que les deux poftérieures & membraneufes ; alors je les croyois des chenilles de la feptiéme claffe. Mais les ayant obfervées avec de fortes loupes, j'ai reconnu qu'elles font de la premiére claffe, parce qu'elles ont comme celles qui y font rangées, feize jambes, fçavoir, les fix écailleufes, huit jambes intermédiaires & membraneufes, & les deux poftérieures. Il eft vrai que les intermédiaires font extrémement courtes, & que fouvent la petite chenille les retire tellement dans fon corps, qu'elle les y cache prefqu'en entier. Les crochets des jambes reftent pourtant alors en dehors du corps, & appliqués contre le ventre ; alors même on peut reconnoître que ces jambes intermédiaires font de celles qui font entourées d'une couronne complette de crochets.

Au refte, l'induftrie des teignes, l'art avec lequel elles fçavent fe vêtir, eft ce qui mérite le plus de nous arrêter, & c'eft fur-tout par leurs habits que nous les diftinguerons des autres infectes, & les unes des autres. Nous examinerons dans la fuite fi celles des laines & celles des pelleteries font d'efpeces différentes, ou de même efpece, mais le travail de celles qui attaquent nos étoffes, eft le plus aifé à obferver; elles font auffi les premiéres que nous fuivrons dans la fabrique de leur fourreau.

Leur tête, leurs ferres & les fix jambes fituées proche de la tête, & peut-être une partie du premier anneau, font tout ce qu'elles ont d'écailleux; fur le refte de leur corps, il y a une peau blanche, mince, tranfparente, & par con-féquent délicate. L'habit néceffaire pour le couvrir, & qui le couvre, n'a pas une figure fort recherchée; le corps de l'infecte eft d'une forme qui approche de la cylindrique, pour le loger il ne lui faut qu'une efpece de tuyau; telle eft auffi fon enveloppe; c'eft un tuyau * creux dans toute fa longueur, ouvert par les deux bouts, près defquels il a ordinairement un peu moins de diametre que vers le mi-lieu. Celui des plus vieilles teignes a environ quatre à cinq lignes de longueur, il en a rarement fix.

* Pl. 5. fig. 1 & 2.

Tout l'extérieur de ce tuyau, de cet étui, ou comme nous l'appellerons plus fouvent, de ce fourreau, eft une forte de tiffu de laine, tantôt bleuë, tantôt verte, tantôt rouge, tantôt grife, &c. felon la couleur de l'étoffe à la-quelle l'infecte s'eft attaché, & qu'il a dépouillée : quel-quefois diverfes couleurs s'y trouvent mêlangées de façons fort finguliéres; plus fouvent ces différentes couleurs font rapportées les unes auprès des autres par bandes. Ce n'eft au refte que l'extérieur de ce fourreau qui eft de laine, tout l'intérieur eft gris-blanc & de foye. C'eft une dou-blûre qui fait corps avec le refte de l'étoffe; ou plûtôt le fourreau eft fait d'une forte d'étoffe dont la plus grande partie de l'épaiffeur eft de laine, & dont le refte eft de foye, efpece de tiffu que nous ne nous fommes pas encore pro-pofé d'imiter.

L'état des teignes, comme celui de toutes les chenilles, eft paffager, elles doivent de même fe métamorphofer en papillons, & c'eft fous cette derniére forme que les femelles déposent les œufs qui perpétuent leur espece. Depuis le milieu du printemps jusques vers le milieu de l'été, on voit voler sur les tapisseries, sur les chaises & sur les lits de petits papillons * d'un blanc un peu gris, mais argenté, auxquels les gens attentifs à conserver leurs meubles, font une juste guerre; ce sont les papillons dans lesquels des teignes se sont transformées. Pour suivre nos insectes dès leur naissance, j'ai pris plusieurs papillons de cette espece, j'en ai renfermé de vivans & vigoureux dans des poudriers de verre où j'avois mis des morceaux d'étoffes; quelques-uns y ont fait des œufs. Ces œufs sont très-petits, c'est tout ce que peuvent faire de bons yeux, sans être aidés d'une loupe, que de les voir; on reconnoît pourtant que leur figure est assés semblable à celle des œufs ordinaires, qu'ils sont blancs, & qu'ils ont une sorte de transparence. Il ne m'a pas été possible ni d'observer les chenilles dans le temps qu'elles sortent de leurs œufs, ni même de sçavoir précisément combien elles sont à éclorre; ce que je sçais, c'est qu'environ trois semaines après que les papillons ont eu déposé des œufs, j'ai trouvé de petites teignes, & que je n'ai plus trouvé les œufs dont j'avois marqué les places.

Peu après qu'elles sont nées, elles travaillent à se vêtir; on les trouve logées dans des fourreaux pareils à ceux que je viens de décrire, dans des temps où elles sont si petites qu'on ne peut bien s'assûrer que ce qu'on voit sont des fourreaux, sans se servir du secours de la loupe. Ce que la nature apprend est sçû de bonne heure. Pour suivre l'artifice du travail de nos teignes, il faut les prendre dans un âge plus avancé. Arrêtons-nous, comme j'ai fait, à une teigne qui est parvenuë à une grandeur sensible, comme à celle de deux ou trois lignes, & qui est dans le fort de son accroissement. Dès que son corps va croître, son fourreau sera bientôt trop court pour le couvrir; aussi s'occupe-t-elle

* Pl. 6. fig. 9, 10 & 12.

journellement à l'allonger, elle en eft entiérement couverte, quand elle eft dans l'inaction. Nous avons dit qu'il
eft ouvert par les deux bouts; quand l'infecte veut travailler
à l'allonger, il fait fortir fa tête par celui des bouts dont elle
eft le plus proche; on voit enfuite cette tête chercher avec
vivacité à droit & à gauche les poils de laine les plus convenables *. Elle change de place continuellement & preftement. Si les poils qui font proches, ne font pas tels que la
teigne les veut, elle tire quelquefois plus de la moitié de
fon corps hors du fourreau, pour aller choifir mieux plus
loin. A-t-elle trouvé un poil tel qu'elle le veut, fa tête fe
fixe pour un inftant, elle le faifit avec deux dents ou ferres,
qu'elle a au-deffous de la tête, près de la bouche; elle
arrache ce poil après des efforts redoublés. Auffi-tôt elle
l'apporte au bout de fon tuyau contre lequel elle l'attache *.
Elle répete plufieurs fois de fuite une pareille manœuvre,
fortant tantôt en partie du tuyau, & y rentrant enfuite pour
coller contre un de fes bords un nouveau brin de laine.

J'ai dit que la teigne arrache ce brin de laine de l'étoffe;
on voit effectivement qu'elle le tire comme pour l'arracher; je ne fçais néantmoins fi quelquefois elle ne le coupe
pas, la figure & la difpofition des deux ferres ou dents qu'elle
a en-deffous de la tête, & l'ufage qu'elle en fait en d'autres
circonftances, concourent à donner la derniére idée. Chacune de ces dents eft une lame écailleufe affés femblable à
celles de nos cifeaux; leur bafe eft large, & elles fe terminent en pointe, leurs deux plans font à peu près paralleles
entr'eux, & paralleles à celui du deffous de la tête; ainfi elles
font faites & difpofées comme les deux lames des cifeaux.

Si la teigne répetoit toûjours la manœuvre que nous
venons de lui voir faire, au même bout du fourreau, elle
ne l'allongeroit que par ce bout, elle ne lui donneroit pas
la figure d'un fufeau qui lui eft affés ordinaire. Il faut donc

* Pl. 6. fig.
1 & 2.

* Pl. 5. fig.
9 & 10.

qu'elle l'allonge fucceffivement par chaque bout, auffi le
fait-elle. Après avoir travaillé pendant une minute, & quelquefois feulement pendant quelques fecondes, à un des
bouts, elle fonge à l'allonger par l'autre. On eft tout étonné
de voir fortir par celui-ci la tête qui fortoit par le précédent; on eft tenté de croire que l'infecte a deux têtes, ou
au moins que le bout de fa queuë eft fait comme la tête, &
qu'il a une pareille adreffe pour choifir & pour arracher les
brins de laine. Le vrai eft pourtant, que c'eft la tête qui
paroît fucceffivement à l'un & à l'autre bout du fourreau,
& qui fucceffivement laiffe fa place à la queuë. Ce fourreau eft large, plus qu'il n'eft befoin pour contenir le corps
de l'infecte, & environ du double plus large : dès que fa
tête a affés agi vers un des bouts, il fe plie, il fe tourne &
avance fa tête vers le côté où eft la queuë; il continuë de
l'avancer jufqu'à ce qu'il foit plié à peu près en deux parties
égales; alors il retire fa queuë vers l'autre côté; ainfi l'infecte fe retourne bout par bout dans fon tuyau. Cette manœuvre eft fi prompte, qu'on n'imagine pas qu'il ait eu le
temps de la faire, quoiqu'il foit évident qu'il n'a pas pu
en faire une autre.

J'ai voulu la lui voir executer; le moyen en a été facile;
en preffant doucement un des bouts d'un fourreau, j'o-
bligeois la teigne à s'avancer un peu vers l'autre bout,
alors j'emportois avec des cifeaux la partie que je l'avois
forcé d'abandonner. Le même manége répeté fucceffivement à chaque bout, a réduit un fourreau à n'avoir que
le tiers de fa premiére longueur *. L'infecte ainfi plus d'à
moitié à découvert, & mis dans la néceffité d'achever
de fe vêtir, y a bien-tôt travaillé; c'eft alors que j'ai vû
comment il fe replie en deux, lorfqu'il a à faire changer
fa tête de côté. Le gros du pli, pareil à celui d'une corde
pliée en deux, fe trouvoit en-dehors du tuyau dans cette

* Pl. 5. fig.
16.

* Fig. 17.
circonſtance *; mais ordinairement il ſe trouve au milieu, & c'eſt pour cette raiſon que le tuyau y eſt plus renflé qu'ailleurs. C'eſt quand on a ainſi raccourci, ou même beaucoup moins, le fourreau d'une de ces petites chenilles, qu'il eſt plus aiſé de la voir travailler, elle fait plus de beſogne en vingt-quatre heures, qu'elle n'en feroit en pluſieurs mois; la néceſſité de ſe vêtir l'y force.

Au reſte, quand la teigne qui travaille à allonger ſon fourreau ne trouve pas de poils à ſon goût où ſa tête peut atteindre, elle change de place, & elle en change de temps en temps; elle marche, & même aſſés vîte, emportant toûjours ſon fourreau avec elle. Alors ſa tête & ſes ſix jambes écailleuſes en ſont dehors *, car c'eſt au moyen de ſes ſix jambes antérieures qu'elle marche; les membraneuſes, ſoit intermédiaires, ſoit poſtérieures, lui ſervent pour ſe cramponner contre le fourreau, elles le retiennent & font qu'il avance avec le corps, lorſque ſes autres jambes le tirent en avant. Elle s'arrête où elle juge être mieux en état de couper des poils convenables, & de travailler à aggrandir ſon fourreau.

Ne voilà après tout que la moitié de la beſogne qu'on juge néceſſaire. En même temps que l'inſecte devient plus long, il groſſit; bien-tôt ſon vêtement le ſerreroit trop, il ne lui permettroit plus de faire toutes ſes manœuvres. Lorſque le fourreau eſt devenu trop étroit, la teigne eſt-elle obligée de l'abandonner, comme nous avons vû ailleurs que les chenilles quittent leur peau? Nos teignes des laines n'abandonnent point ainſi leur habit; j'ai eu beau les obſerver depuis leur naiſſance, juſqu'à leur parfait accroiſſement, je n'en ai jamais vû qui d'elle-même l'ait quitté pour s'en faire un neuf. J'ai donc reconnu qu'elles n'y ſçavent autre choſe, quand il eſt trop étroit, que de l'élargir. Quoique la maniére dont elles l'élargiſſent, ſoit
très-

très-simple, je ne l'ai point imaginée d'abord, elle reſſemble trop à ces procédés qui ſuppoſent une ſuite de réflexions : je croyois que les efforts que fait leur corps contre les parois du fourreau, en ſe pliant & repliant, diſtendoient le tiſſu, qu'ils faiſoient gliſſer les poils les uns contre les autres, & qu'ainſi elles l'élargiſſoient néceſſairement ſans chercher à l'élargir. Diverſes obſervations me firent voir une toute autre méchanique, & que l'élargiſſement du tuyau n'eſt point l'effet du hazard, ou d'une ſorte de néceſſité ; les meilleurs moyens pour arriver à cette fin, ont été choiſis. Je mis des teignes, dont les fourreaux étoient d'une ſeule couleur, ſur des étoffes d'une ſeule & autre couleur, des teignes à fourreaux bleus ſur du rouge, des teignes à fourreaux rouges ſur du verd ou ſur du gris, &c. Au bout de quelque temps, je vis les tuyaux allongés & élargis. Comme des bandes circulaires faites des poils de la nouvelle étoffe que je leur avois donné à ronger, montroient l'allongement de chaque bout, de même des bandes qui s'étendoient en ligne droite d'un bout à l'autre, montroient l'élargiſſûre qui avoit été faite. Ces deux bandes * étoient paralleles l'une à l'autre, & chacune à peu près également diſtante du deſſus & du deſſous du fourreau. Je nomme le deſſous la partie qui couvre le ventre de l'inſecte.

    Reſtoit à ſçavoir comment nos teignes s'y prennent pour faire ces élargiſſûres tout du long de chaque côté de leur fourreau. A force de les obſerver en différens temps, j'ai vû que le moyen qu'elles employent, eſt préciſément celui auquel nous aurions recours en pareil cas. Nous n'y ſçaurions autre choſe pour élargir un étui, un fourreau d'étoffe trop étroit, que de le fendre tout du long, & de rapporter une piece de grandeur convenable entre les parties que nous aurions ſéparées ; nous rapporterions une

  * Pl. 6. fig. 1 & 2. *q r.*

pareille piece de chaque côté, si la figure du tuyau le demandoit. C'est aussi précisément ce que font nos teignes, avec une précaution de plus, & qui leur est nécessaire pour ne point rester à nud, pendant qu'elles travaillent à élargir leur vêtement. Au lieu de deux pièces qui auroient chacune la longueur du fourreau, elles en mettent quatre qui ne font pas plus longues chacune que la moitié d'une des précedentes * : ainsi elles ne fendent jamais que la moitié de la longueur du fourreau, qui a assés de soûtien pendant que cette fente reste à boucher.

* Pl. 5. fig. 12. e. f.

J'en ai vû qui commençoient à ouvrir la fente vers le milieu du fourreau *, & qui la poussoient jusqu'à un des bouts *. Les mêmes dents dont elles se servent pour arracher les poils du drap, font les outils avec lesquels elles fendent leur fourreau. Elles le coupent quelquefois si exactement en ligne droite, les deux bords de la coupûre font si peu frangés, que nous ne pourrions esperer de faire mieux, soit avec des ciseaux, soit avec un rasoir ; la fente n'a nullement l'air d'avoir été faite par déchirement, aucun poil n'excede les autres. C'est entre les deux bords de cette fente que doit être ajustée la petite piece qui fera l'élargissûre de ce côté-là. Pour mieux voir la largeur qu'elle auroit, & le temps que l'insecte seroit à la faire, j'ai encore pris diverses fois un fourreau ainsi coupé, qui étoit d'une seule couleur, je l'ai posé sur une étoffe d'une autre couleur. Une teigne à fourreau bleu ou verd a été mise sur un drap rouge ; là elle a fait l'élargissûre de laine rouge. Elle fait cette piece précisément comme elle fait les bandes qui allongent le fourreau, elle arrache des poils, elle les porte contre un des bords de la fente, & elle les y attache. C'est au fond de la fente * ou à l'endroit le plus proche du milieu du fourreau, qu'elle commence à attacher les poils, qui ensemble doivent composer la piece ; elle est plus ou moins large,

* Fig. 12. e.

* f.

* Fig. 12. e.

felon que la teigne eft plus ou moins groffe. Les plus larges
que j'ai obfervées n'ont jamais guéres eu que la largeur
que peut produire l'épaiffeur de cinq à fix poils de laine
couchés les uns auprès des autres. Pour achever d'élargir le
tuyau, la teigne a encore à faire trois élargiffûres pareilles
à la précedente; elle s'y occupe fucceffivement, en fuivant
précifément la manœuvre décrite. Il femble qu'il eft affés
indifférent pour elle en quel ordre elle faffe les trois autres
élargiffûres, auffi les pratiques de différentes teignes varient
fur cela. J'en ai vû qui, après avoir mis la première élargiffûre.*, pour mettre la feconde, fendoient leur fourreau
depuis l'origine de la première jufqu'à l'autre bout *.
D'autres faifoient la feconde élargiffûre * diamétralement
oppofée à la première *, c'eft-à-dire, qu'elles commençoient à percer le tuyau au milieu du côté oppofé à celui
où elles avoient mis une piece, & qu'elles le fendoient
jufqu'au bout oppofé à celui où fe terminoit la première
élargiffûre. J'en ai vû d'autres au contraire, faire la feconde
élargiffûre * immédiatement vis-à-vis la première *, ainfi
toute une moitié du tuyau eft élargie, l'autre reftant étroite.
Les teignes varient ici leurs maniéres d'opérer de toutes
les façons dont il eft poffible de les varier.

   J'en ai vû auffi qui n'avoient pas commencé les fentes
néceffaires aux élargiffûres par le milieu, elles les avoient
prifes dès le bord, ou auprès du bord, & elles les pouf-
foient infenfiblement jufqu'au milieu. A l'égard de la
durée de chacune de ces façons, elle n'eft pas à beaucoup
près égale, il ne plaît pas à toute teigne, & en tout temps,
de travailler également. Pour la feule façon de fendre,
j'en ai vû qui, après avoir percé le fourreau au milieu,
ont employé deux heures à pouffer cette fente jufqu'au
bout où elle devoit aller; d'autres l'ont fait plus vîte, &
d'autres plus lentement. Mais la piece qui doit remplir

* Pl. 5. fig.
15. l k.
* k m.
  * Fig. 13.
g h.
  * f e.

  * Fig. 14.
o n.
  * q p.

G ij

cette fente, a toûjours été mife d'un jour à l'autre.

Leur induftrie, foit pour allonger, foit pour élargir leur fourreau, nous eft à préfent affés connuë, mais nous n'a-vons peut-être pas encore affés expliqué quelle eft la tiffûre de l'étoffe dont il eft fait. Le premier coup d'œil apprend que des tontures de laine en font la principale matiére, & nous avons déja dit que fi on regarde les fourreaux de plus près, on reconnoît que la foye entre auffi dans leur com-pofition, que leur couche extérieure eft laine & foye, & que leur couche intérieure eft pure foye. Comment eft appliquée cette doublûre de foye! par quel artifice les brins de laine font-ils liés enfemble! Les procedés que ce travail exige, ne font pas difficiles à deviner, lorfqu'on fçait que nos infectes font des chenilles qui, comme les autres che-nilles, font en état de filer, qu'elles filent dès qu'elles font nées, & que leur fil fort auffi un peu au-deffous de la tête, comme celui des chenilles ordinaires. Il eft fi délié, qu'il eft difficile de l'appercevoir fans un bon microfcope. Il eft cependant affés fort pour tenir l'infecte fufpendu en bien des circonftances, & c'eft par cet effet qu'on s'affûre d'abord qu'il exifte.

C'eft avec ce fil que l'infecte lie enfemble les différens brins de laine qui compofent le fourreau, de forte que le tiffu de la partie fupérieure peut être comparé à une étoffe dont la chaîne feroit de laine & la tréme de foye. Il n'eft pas pourtant aifé de voir fi l'entrelacement eft auffi régulier que nous le ferions en pareil cas ; mais il eft fûr que nous aurions peine à en faire un auffi ferré. Peut-être même que l'entrelacement n'eft pas néceffaire ici. Les infectes qui filent ont un avantage que nous n'avons pas, les fils qui ne viennent que de fortir de leur corps, font encore gluans, il fuffit qu'ils foient appliqués & preffés contre d'autres fils, ou contre d'autres corps, pour s'y attacher folidement.

Il semble pourtant que notre teigne entrelace ses fils avec
les brins de laine, qu'elle ne se contente pas de les y coller;
on voit que le trou qui est au-dessous de sa bouche, fournit, comme feroit une navette, un fil propre à l'entrelacement, & on voit faire à la tête des mouvemens vifs &
prompts en des sens opposés. Le même fil qui forme la
tréme du tissu supérieur, étant mis seul en œuvre, comme
les chenilles employent les fils dont elles composent leurs
coques, forme le tissu qui sert de doublûre.

Dans le travail ordinaire, on ne sçauroit découvrir
si l'insecte commence par faire la portion du tissu qui
est laine & soye, ou celle qui est pure soye; mais on le
force à nous manifester tous ses procedés, en le contrai-
gnant à se vêtir de neuf. Pour y obliger une teigne, j'ai
introduit dans un des bouts de son fourreau un petit
bâton d'un diametre à peu près égal à celui de son corps,
poussant ensuite ce bâton peu à peu, je l'ai forcée à lui
céder la place, & ainsi je l'ai chassée de son fourreau. La
teigne nuë a été mise dans la nécessité de se faire un nouvel habit; elle a eu le courage de l'entreprendre, quoi
qu'en ait dit Pline, qui assûre qu'elles meurent si on les
tire de leur fourreau, ce qui peut être vrai, lorsqu'on n'y
apporte pas toutes les précautions que j'y ai apportées.
Dans diverses expériences pareilles que j'ai faites, la teigne
a toûjours mieux aimé à en venir se faire un nouveau
vêtement, que de rentrer dans celui dont elle avoit été
chassée, & qui cependant lui avoit coûté tant de mois de
travail. J'ai eu beau remettre auprès d'elles leurs fourreaux,
je ne leur ai jamais vû faire de tentatives pour y rentrer.

Quelques-unes, après avoir été dépouillées, ont resté
un demi jour inquiétes, errantes, & se sont enfin fixées.
Alors elles ont commencé à se filer une enveloppe un
peu plus blanche que les toiles des araignées de maison,

mais à peu près de pareille confiſtance. Cette enveloppe a été ordinairement finie dans une nuit : je l'ai quelquefois trouvée au milieu de tontures de laine, qui ne lui étoient pas adhérentes. Enfin au bout de cinq à ſix jours au plus, le tuyau de ſoye a été entiérement recouvert de laine. Dans peu de jours la teigne avoit fait l'ouvrage qu'elle n'a coûtume de finir qu'en pluſieurs mois.

Les teignes forcées de ſe vêtir de neuf, s'y prennent préciſément comme elles le font lorſqu'elles ſont nouvellement nées. J'ai obſervé de celles qui n'étoient éclofes que depuis peu de jours, qui commençoient par ſe faire un fourreau de pure ſoye. Je les ai vû enſuite attacher au milieu & tout autour de ce fourreau un anneau compoſé de petits brins de laine couchés parallelement les uns aux autres, & tous un peu inclinés à la longueur du fourreau *. On imagine bien que l'aide d'une forte loupe y étoit néceſſaire. Nos petits inſectes allongeoient enſuite cet anneau par un nouveau rang de brins de laine collés à chaque bord du premier anneau ; mais ils ne l'allongent jamais à tel point les premiers jours, qu'il ne ſoit beaucoup débordé par la partie de pure ſoye. Cette partie du tiſſu eſt conſtamment faite la premiére, elle eſt deſtinée à porter les brins de laine qui y doivent être attachés par d'autres fils de ſoye.

L'habit que s'eſt fait une teigne nouvellement née, tout petit qu'il eſt, lui eſt exceſſivement large, comme ſi elle vouloit s'épargner la peine de l'élargir ſi-tôt ; mais auſſi elles ne tiennent preſque pas dedans. J'ai quelquefois ſecoué un morceau de drap couvert de ces jeunes teignes, & récemment vêtuës, ſur un autre morceau de drap où je les voulois faire travailler, & je voyois que je n'y avois fait tomber que des teignes nuës, leurs habits étoient reſtés ſur le premier morceau de drap.

Comme chaque année ces insectes se transforment en papillons, il y a chaque année bien des fourreaux abandonnés; les jeunes teignes m'ont paru prendre par préférence la laine dont ils sont faits, à celle des étoffes: ils leur offrent des matériaux tout préparés, les brins de laine qui les composent, sont choisis & sont coupés de longueur, ou à peu près. Des teignes nées sur du drap bleu, sur du drap rouge, &c. m'ont souvent paru vêtuës de toutes autres couleurs, quand il y avoit de vieux fourreaux dans les endroits où je les avois renfermées; celles que je croyois voir avec des fourreaux rouges ou bleus, en avoient de bruns, de verds, ou de quelqu'autre couleur. De-là vient qu'il est rare de rencontrer des fourreaux d'où les teignes sont sorties, bien conditionnés.

Souvent aussi j'ai vû des fourreaux de laine blanche à des teignes nouvellement nées sur des draps de couleur; peut-être qu'elles aiment mieux, dans cet âge tendre, la laine qui n'est point altérée par la teinture, qu'elles choisissent les brins sur lesquels la couleur n'a pas pris. Parmi les brins d'une étoffe de couleur, la loupe en fait appercevoir de blancs. J'ai observé de ces mêmes teignes un peu plus vieilles qui, quoique sur un drap gris de souris ou canelle, avoient cependant des bandes d'un très-beau rouge & d'un très-beau bleu: aussi ces draps avoient-ils été faits de laine de différentes couleurs; en les observant à la loupe, je distinguois des brins rouges, des bleus & des verds; les teignes en avoient choisi de ceux-là par préférence.

Nous avons dit que leur fourreau a assés souvent la forme d'un fuseau *, telle est constamment la forme de ceux qui sont refaits entiérement à neuf, comme ceux dont nous venons de parler, ou des tuyaux nouvellement élargis; mais ceux qui ont été allongés depuis l'élargissûre faite *, ont ordinairement des ouvertures évasées, dont le diametre

* Pl. 6. fig. 15.

* Pl. 5. fig. 4.

furpaſſe celui de la partie qui les précede, quoique pourtant moindre que celui du milieu du tuyau.

Pendant certains jours, nos inſectes reſtent dans l'inaction, & tels ſont tous ceux de l'hiver; ils ont auſſi de ces
temps de repos, mais plus courts, tant en été qu'en automne; alors ils fixent leur fourreau ſur l'étoffe qu'ils ont
rongée cy-devant. Si le tuyau étoit ſimplement couché ſur
l'étoffe, il pourroit être jetté à terre par une infinité d'accidens; mais l'inſecte le fixe de façon qu'il ne peut avoir
rien à craindre. Il attache à chaque bout de ce fourreau
plufieurs paquets de fils *, tous collés par leur extrémité
contre l'étoffe, ce ſont différens cordages qui, pour ainſi
dire, tiennent le fourreau à l'ancre.

* Pl. 5. fig. 18. t t t.

Les laines de nos étoffes ne leur fourniſſent pas ſeulement de quoi ſe vêtir, elles leur fourniſſent auſſi de quoi
ſe nourrir, elles les mangent & elles les digérent. S'il eſt
ſingulier que leurs eſtomachs ayent priſe ſur de pareilles
matiéres, qu'ils les diſſolvent, il ne l'eſt pas moins qu'ils
ne puiſſent rien ſur les couleurs dont ces laines ont été
teintes. Pendant que la digeſtion de la laine ſe fait, ſa
couleur ne s'altére aucunement. Les excrémens ſont de
petits grains qui ont préciſément la couleur de la laine
que les inſectes ont mangée. Il n'eſt aucuns ſables parmi
ceux que les curieux ramaſſent pour la rareté de leurs couleurs, qui en faſſent voir d'auſſi diverſifiées que celles des
excrémens des teignes qui ont vécu ſur des tapiſſeries.

Enfin, quand elles ſont parvenuës à leur parfait accroiſſement, quand le temps de leur métamorphoſe approche,
elles abandonnent ſouvent ces étoffes de laine qui leur ont
fourni juſques-là de quoi ſe nourrir & ſe vêtir; elles cherchent des endroits qui leur donnent des appuis plus fixes
que ne font des tiſſus que tout peut agiter. Il y en a alors qui
vont s'établir dans les angles des murs, d'autres grimpent
juſqu'aux

jufqu'aux planchers. Celles qui pendant le cours de l'année ont ravagé les deffus & les dos des fauteuils, fe nichent alors volontiers dans les petites fentes qui reftent entre l'étoffe & le bois. Celles que j'ai tenu renfermées dans des bouteilles dont l'ouverture avoit un grand diametre, fe font ordinairèment raffemblées fous le couvercle. Quel que foit l'endroit qu'elles ont choifi, elles y attachent leur fourreau, tantôt par les deux bouts, & tantôt par un feul bout *. Quelques-unes le fixent parallelement à l'horifon, d'autres fous des angles qui y font différemment inclinés; il ne m'a pas paru qu'il y eût des pofitions qu'elles affectaffent de leur donner; mais ce à quoi elles ne manquent pas, c'eft à bien clorre avec un tiffu de foye les ouvertures des deux bouts du fourreau.

    * Pl. 6. fig. 3.

    L'infecte ainfi renfermé change bientôt de forme, il prend celle d'une crifalide *, qui eft d'abord d'un blanc légérement jaunâtre, & qui paffant fucceffivement par des nuances plus foncées, devient d'un jaune rouffâtre. Enfin l'infecte après être refté fous l'enveloppe de crifalide pendant un temps dont j'ignore la durée précife, mais qui ne va pas à plus de trois femaines, s'en dégage pour paroître papillon. Le papillon n'a pas plûtôt tiré fa tête de deffous cette enveloppe, qu'il perce le bout du fourreau vers lequel elle étoit tournée; il avance hors de ce fourreau, emportant la dépouille dont il n'a pû encore fe défaire entiérement; il la fait fortir plus d'à moitié du fourreau *; enfin il acheve de fe tirer de cette dépouille, & alors il paroît tel que ces papillons d'un gris argenté, dont nous avons parlé au commencement de ce Mémoire.

    * Fig. 4, 5, 6 & 7.

    * Fig. 8. x.

    Ce papillon * eft une phalene du genre de celles qui portent leurs aîles comme les oifeaux portent les leurs. Petite comme elle eft, on ne fçauroit déterminer fa claffe fans le fecours d'une affés forte loupe. Il paroît de refte à

    * Fig. 9, 10 & 12.

Tome III.   H

la vûë fimple, qu'elle a des antennes à filets coniques; mais les meilleurs yeux auroient feuls de la peine à s'affûrer fi elle a une trompe ou fi elle n'en a pas. La loupe fait voir qu'entre les deux tiges barbuës *, où devroit être fa trompe, il n'y a que deux petits corps blancs * affés écartés pour ne pouvoir s'appliquer l'un contre l'autre, comme s'appliquent les deux parties des trompes, & trop courts pour pouvoir fe rouler; ils fe courbent feulement vers le deffous de la tête. Ce papillon appartient donc à la troifiéme claffe des nocturnes, à la claffe de ceux qui, quoiqu'ils ayent des antennes à filets coniques, n'ont point de véritable trompe. La bafe de fes quatre aîles éft frangée, mais le côté intérieur de chacune des mêmes aîles ne l'eft point. Cette derniére circonftance peut aider à diftinguer ce papillon de plufieurs autres auffi petits, & qui d'ailleurs lui reffemblent beaucoup. La couleur des aîles, celle du corps & celle des jambes eft la même, on apperçoit feulement quelques petites taches fur les aîles de quelques-uns *, tout le refte eft d'un gris qui a une légére teinte de jaunâtre, & qui eft argenté.

Entre ces papillons, comme entre ceux des autres efpeces, il y en a de mâles & de femelles. Pendant l'accouplement * ils font pofés fur une mêm-ligne foit horifontale, foit inclinée à l'horifon, ayant les têtes tournées vers des côtés oppofés. L'accouplement de quelques-uns dure une nuit entiére. Pendant le jour j'en ai vû qui font refté accouplés fept à huit heures de fuite; quoiqu'ils fuffent inquiétés, quoiqu'on les obligeât de voler dans le poudrier où ils étoient renfermés, ils ne fe féparoient pas. La différence de groffeur, qui dans bien des claffes de papillons, fait reconnoître le mâle de la femelle, ne m'a pas frappé dans ceux-ci. Ceux que j'ai vû accouplés, étoient quelquefois à peu-près également gros. On trouve

cependant des papillons de teignes de grandeurs fort différentes; les différentes grandeurs semblent donc marquer
ici plûtôt des différences d'especes, que des différences de
sexe. Ce qui paroît prouver encore qu'entre les papillons,
& par conséquent entre les teignes des laines, il y en a de
différentes especes, c'est qu'il y a de ces papillons qui sont
constamment plus blancs que les autres.

En faisant l'histoire des teignes des laines, nous avons
presque fait celle des teignes de pelleteries. Les façons de
travailler des unes & des autres ne différent aucunement;
elles se font des fourreaux de même forme, elles les construisent de la même maniére: ils ne différent que par la
qualité des matiéres dont ils sont faits: ceux des teignes
des fourrures sont des especes de feutres, ils approchent
de la qualité des étoffes de nos chapeaux, au lieu que ceux
des autres approchent plus de la qualité de nos draps. Il
n'est pas aussi aisé de voir travailler les teignes qui se font
établies dans les peaux, que les autres, elles s'attachent
immédiatement contre leur surface, elles y sont entiérement couvertes par les poils qui s'en élevent. Elles y font
bien d'autres dégâts & plus prompts que ceux que les
autres font dans les étoffes de laine. Les derniéres ne
détachent de laine des étoffes que ce qu'il leur en faut
pour se nourrir & se vêtir; le travail est plus difficile, elles
ont à faire à de gros poils souvent bien liés entr'eux par
l'entrelacement, au lieu que les poils de fourrures ordinaires sont très-fins, & nullement entrelacés ensemble.
L'insecte les coupe à fleur de la peau, & il semble qu'il
se plaît à les couper; car ce qui lui est nécessaire pour ses
besoins, n'est rien en comparaison des gros flocons de poils
qui tombent d'une peau où il s'est établi, pour peu qu'on
la secouë. Ils les coupent, ou peut-être ils les arrachent si
bien qu'il n'en reste aucun brin sur la peau; un rasoir ne

H ij

les couperoit pas ſi net. Peut-être n'aiment-ils pas à avoir
leur corps poſé ſur une peau veluë, car tous les chemins
qu'ils ont parcouru ſont bien tracés par la façon dont la
peau a été dépouillée, ils ſont très - ras : à meſure qu'ils
vont en avant, ils coupent tous les poils qui ſe trouvent
dans leur paſſage.

Les ſimples différences d'eſpece entre de ſi petits animaux, ne ſont pas toûjours aiſées à déterminer ; je n'en ai
point obſervé entre nos teignes des pelleteries & celles des
étoffes, peut-être auſſi n'y en a-t-il point entr'elles, peut-
être que ce ſont les mêmes inſectes. Ce qui ſemble le
prouver, c'eſt que j'ai ôté de deſſus des peaux des teignes
extrémement jeunes, je les ai miſes ſur des morceaux d'é-
toffes de laine, elles en ont tiré tout ce qui a été néceſſaire
pour augmenter les dimenſions de leur habit, elles s'y
ſont nourries ; & enfin elles ſe ſont métamorphoſées en
papillons. J'ai de même mis ſur des peaux des teignes
nées depuis peu ſur de la laine, elles y ont crû & ſe ſont
métamorphoſées comme elles euſſent fait ſi elles fuſſent
reſtées ſur les étoffes où elles avoient pris naiſſance. Peut-
être même que les teignes attaquent par préférence les
poils des peaux, que ce n'eſt que faute d'en trouver qu'elles
reſtent ſur les tiſſus de laine. Quand elles n'ont point à
leur bienſéance des poils auſſi délicats que ceux de nos
fourrures, elles cherchent ceux des laines, quoique plus
groſſiers. En cas de néceſſité elles attaquent encore des
poils plus durs ; j'en ai renfermé des unes & des autres dans
des bouteilles, où je ne leur ai donné pour toute pâture que
du crin de cheval, elles en ont vécu, & elles s'en ſont habillées. Ces derniers vêtemens * qu'on doit regarder comme
de bure, ſi on les compare avec ceux des autres, montrent
mieux l'arrangement des petits brins de poils qui forment
la couche extérieure. On n'a d'ailleurs que trop d'exemples

* Pl. 6. fig.
13 & 14.

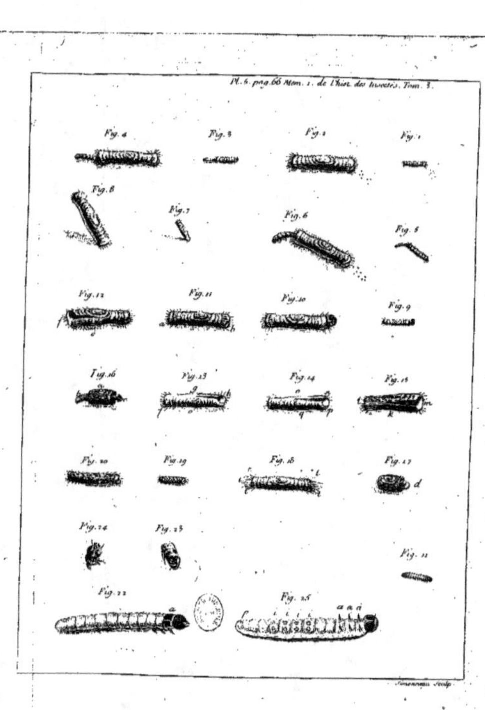
Pl. 6. pag. 66 Mem. 1. de l'Hist. des Insectes. Tom. 3.
Fig. 4
Fig. 3
Fig. 2
Fig. 1
Fig. 8
Fig. 7
Fig. 6
Fig. 5
Fig. 12
Fig. 11
Fig. 10
Fig. 9
Fig. 16
Fig. 13
Fig. 14
Fig. 15
Fig. 20
Fig. 19
Fig. 18
Fig. 17
Fig. 24
Fig. 23
Fig. 21
Fig. 22
Fig. 25

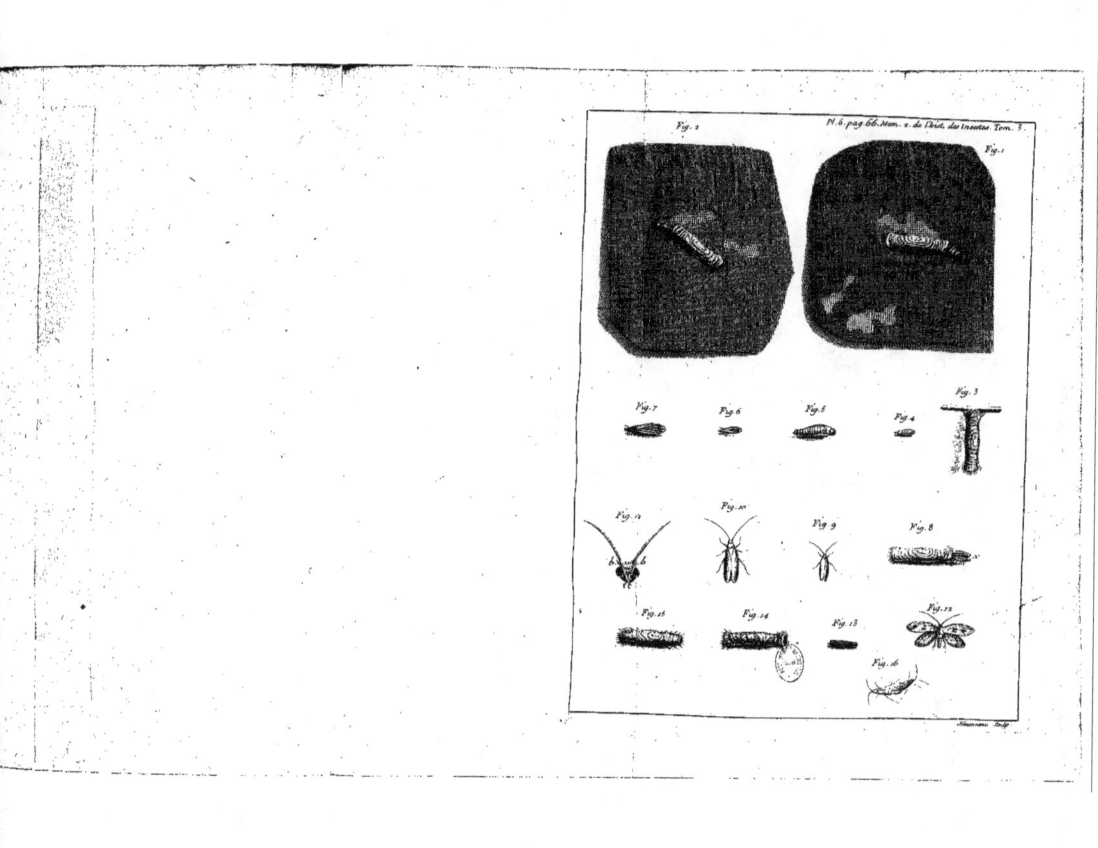

Fig. 2
N.6. pag.66. Mem. 2. de l'hist. des Insectes. Tom. 3.
Fig. 1
Fig. 7
Fig. 6
Fig. 5
Fig. 4
Fig. 3
Fig. 11
Fig. 10
Fig. 9
Fig. 8
Fig. 15
Fig. 14
Fig. 13
Fig. 12
Fig. 16

de teignes qui fe font établies dans le crin dont les fauteuils font rembourrés, qui l'ont haché, & qui l'ont réduit en fi petits brins, qu'il n'étoit plus propre à agir par fon ref-fort, qu'il n'étoit plus propre à produire l'effet par rapport auquel on l'employe.

Quoique tout ce que nous venons de dire paroiffe prouver que les teignes des laines & celles des pelleteries font les mêmes, j'ai pourtant eu lieu depuis d'en douter: je peuplai il y a quelques années de teignes des peaux plus d'une douzaine de poudriers, dans chacun defquels j'avois mis des laines de différentes couleurs. Les teignes y vécu-rent, elles s'habillérent de laine, & enfin elles fe transfor-mérent en papillons; mais les teignes ne fe multipliérent pas dans ces poudriers; il y a plus, leur race y a péri de façon qu'au bout de deux ans il ne s'eft pas trouvé une feule teigne dans ces poudriers. Il y a grande apparence que fi elles ont péri dans ces poudriers où elles avoient de la laine à difcrétion, c'eft que les jeunes teignes des peaux, les teignes naiffantes ne fçauroient vivre de laine. Il femble donc qu'il y a au moins certaines teignes des peaux qui ne font pas de la même efpece que celles des laines. Les papillons des premiéres font communément plus petits que ceux des autres; mais auffi eft-il certain que lorfque les teignes des peaux ont crû jufqu'à un certain point, elles peuvent vivre de laine, lorfqu'elles ne trouvent que de la laine pour vivre; dans des cas de néceffité on fe nourrit d'alimens dont on ne s'accommoderoit pas dans d'autres temps.

J'ai trouvé des teignes que le hazard avoit conduites dans des boîtes où j'avois mis des papillons morts, elles s'y font fait de fort jolis habits des poils de ces papillons, elles avoient vécu, foit de ces poils, foit de la chair deffé-chée, & peut-être de l'une & des autres. Elles n'avoient

pas feulement fait entrer dans la compofition de leurs
fourreaux les longs poils qui s'étoient trouvés fur certaines
parties de ces papillons, elles avoient mis auffi en œuvre
des portions d'ailes couvertes de ces petites écailles auxquelles les papillons doivent tout leur ornement, & ces
mêmes écailles étoient une vraye parure pour les habits
de ces teignes.

Les endroits extrémement humides ne font pas favorables à ces infectes; mais les étoffes moifiroient dans les
endroits qui le feroient affés pour les faire périr. Ils femblent fuir le grand jour; quoiqu'on les voye quelquefois
fur la furface extérieure des meubles, ils fe tiennent plus
volontiers fur leur furface intérieure : s'ils cherchent à fe
mettre à couvert de nos regards, leur inftinct les conduit
bien, car nous avons grand intereft à chercher à les détruire. Il nous refte auffi à tenter fi nous ne pourrions pas
les éloigner des endroits où ils fe nichent ordinairement,
ou les y faire périr, ce fera la matiére du Mémoire fuivant.

EXPLICATION DES FIGURES
DU SECOND MÉMOIRE.

PLANCHE V.

LA Figure 1, eft celle d'un fourreau de teigne, repréfenté de grandeur naturelle.

La Figure 2, eft celle du même fourreau, repréfenté
plus grand que nature.

La Figure 3, eft celle d'un fourreau de grandeur naturelle, dont la teigne eft fortie en partie, foit pour marcher,
foit pour chercher des brins de laine.

La Figure 4, eſt la figure 3, groſſie à la loupe.

La Figure 5, eſt celle d'une teigne qui ſe tire ſur ſes jambes antérieures, & qui fait effort pour amener ſon fourreau auprès de ſa tête.

La Figure 6, eſt la figure 5, repréſentée plus grande que nature.

La Figure 7 & la Figure 8, l'une de grandeur naturelle, & l'autre groſſie, ſont celles d'un fourreau qu'une teigne vient de redreſſer.

La Figure 9 & la Figure 10, dont la premiére eſt encore de grandeur naturelle, & la ſeconde groſſie à la loupe, font voir une teigne qui va attacher un brin de laine à un des bouts de ſon fourreau.

La Figure 11, fait voir un fourreau ſur un des côtés duquel *a, b,* paroiſſent des fils qui ont une autre direction que ceux du deſſus, & qui ont été employés pour élargir le fourreau.

La Figure 12, eſt celle d'un fourreau qu'une teigne a fendu depuis *e* juſqu'en *f,* pour mettre dans cette fente la premiére des quatre élargiſſûres.

La Figure 13, eſt celle du fourreau de la figure 12, dont la fente *e f,* a été remplie par une piece, & auquel la teigne a fait une ſeconde fente *g h,* pour y mettre une ſeconde piece d'élargiſſûre. Pour faire voir la poſition de ces deux élargiſſûres, on a plus fait ici que l'exactitude du deſſein ne le permet; comme les deux élargiſſûres doivent être diamétralement oppoſées, ſi elles étoient placées réguliérement, il n'y en auroit qu'une qui fût bien en vûë.

La Figure 14, fait voir une autre maniére dont la teigne

s'y prend pour mettre la feconde élargiffûre, la premiére piece a déja été rapportée en *o n,* & il y a en-deffous, en *p q,* une fente préparée pour recevoir la feconde piece.

La Figure 15, montre encore une maniére différente des précédentes, de placer la feconde piece d'élargiffûre. La premiére piece a été mife de *l* en *k,* & il y a une fente *k m,* de faite, qui fera remplie par la feconde élargiffûre.

La Figure 16, eft celle du refte d'un fourreau qui a été raccourci par les deux bouts, afin que la teigne fût en partie à découvert, & qu'on pût voir comment elle fe retourne bout pour bout dans fon fourreau. *a,* portion du fourreau. *b,* le derriére de l'infecte. *c,* fa tête.

La Figure 17, fait voir la teigne de la figure 16, qui s'eft repliée. *d,* eft le pli, le coude que fait fon corps.

La Figure 18, eft celle d'un fourreau qu'une teigne a attaché par un grand nombre de fils *t t t.* ils le tiennent fi bien affujetti, qu'on peut fecouer fortement la piece d'étoffe contre laquelle un fourreau eft ainfi attaché, fans le faire tomber.

La Figure 19, fait voir comment les petits poils de laine font pofés & attachés fur l'enveloppe d'une teigne nouvellement née. Ce fourreau eft celui d'une teigne naiffante, vû au microfcope.

La Figure 20, eft celle d'un fourreau recouvert en partie d'excrémens. Nous dirons dans le Mémoire fuivant quelles font les circonftances où les teignes en ufent ainfi.

La Figure 21, eft celle d'une teigne tirée hors de fon fourreau, & repréfentée un peu plus grande que nature.

La Figure 22, eft celle de la teigne extrémement groffie
à la

à la loupe. *a,* son premier anneau, qui par-dessus est presque écailleux & très-brun.

La Figure 23, fait voir par-dessus la tête de la teigne, grossie.

La Figure 24, montre le dessous de la tête de la teigne en grand, pour faire voir ses serres ou dents.

La Figure 25, représente en grand une teigne renversée sur le dos. *i, i, i, i,* ses quatre paires de jambes intermédiaires, presque rentrées dans le corps, mais bordées chacune d'une couronne de crochets. *p,* la paire des jambes postérieures. *a a a,* les jambes antérieures.

PLANCHE VI.

Les Figures 1 & 2, représentent deux teignes plus grandes que nature, en partie hors de leurs fourreaux, & occupées à ronger deux morceaux de drap. *q r,* marquent sur chacun de leurs fourreaux les élargissûres qu'elles y ont faites. *l, ſ, ſ,* des endroits du drap qui ont été rongés.

La Figure 3, montre un fourreau qu'une teigne a attaché par un bout dans une position verticale, lorsqu'elle a été près de se transformer en crisalide.

Les Figures 4 & 5, sont celles d'une crisalide de teigne vûë du côté du dos, elle est de grandeur naturelle fig. 4. & grossie à la loupe fig. 5.

Les Figures 6 & 7, sont celles de la crisalide précédente, mais vûë dans celles-ci du côté du ventre, & encore de grandeur naturelle dans l'une, & grossie dans l'autre.

La Figure 8, est celle d'un fourreau grossi, à un des bouts duquel est restée l'enveloppe de la crisalide, lorsque le papillon s'en est tiré.

Tome III. E

La Figure 9, eſt celle d'un papillon de teigne de grandeur naturelle, repréſenté avec ſon véritable port d'aîles.

La Figure 10, eſt celle du papillon de la figure 9,
groſſi.

La Figure 11, eſt en grand celle de la tête du papillon
des figures précédentes, vûë pardevant. *bb,* deux barbes
qui s'élevent au-deſſus de la tête. *tt,* deux petits corps
blancs qui occupent la place de la trompe, & qui en doivent tenir lieu.

La Figure 12, eſt celle du papillon de la teigne qui a
ſes aîles écartées du corps, & elle eſt celle d'un de ces
papillons dont les aîles ont des taches.

La Figure 13, de grandeur naturelle, & la figure 14,
deſſinée à la loupe, ſont celles du fourreau d'une teigne
à qui je n'avois donné que du crin pour vivre & pour
aggrandir ſon habit.

La Figure 15, eſt celle d'un fourreau dont les bouts ne
ſont point évaſés.

La Figure 16, repréſente deux papillons de teignes
accouplés.

TROISIEME MEMOIRE.

SUITE DE L'HISTOIRE
DES TEIGNES DES LAINES
ET DES PELLETERIES,

Où l'on cherche principalement les moyens de défendre les
Etoffes & les poils des Peaux contre leurs attaques.

NOUS avons vû dans la première partie de cette Hiftoire, avec combien d'art les Teignes des laines & des pelleteries fçavent fe vêtir; il eft dommage que ce foit à nos dépens, & que nous foyons obligés de déclarer la guerre à des infectes fi induftrieux. Je ne connoiffois pas encore tout leur génie quand j'ai cherché à devenir leur deftructeur. Mais après tout il nous importe extrémement de défendre contre leurs dents voraces nos fourrures, & fur-tout nos étoffes & tous nos ameublémens de laines: elles en détruifent journellement qui dureroient des fiécles, fi elles les épargnoient.

Un ufage affés ordinaire dans les maifons où l'on ne néglige pas entiérement les meubles, & fur-tout dans celles où on en a d'été & d'hiver, eft de faire détendre les tapifferies & les lits une fois l'année, de les faire battre & broffer: cette petite façon feule leur feroit un excellent préfervatif contre nos infectes, fi on la plaçoit dans le temps le plus convenable, qui eft celui où la plûpart des jeunes teignes font éclofes, & où il n'en refte plus de vieilles, fçavoir vers le milieu d'Août, ou au plus tard dans les premiers jours de Septembre. On auroit beau battre & broffer les meubles en d'autres faisons, ce ne feroit jamais avec le même fuccès, les coups & les frottemens n'en feroient tomber que quelques-unes & y en laifferoient le plus grand nombre. Les obfervations du Mémoire précédent nous ont appris qu'il y a des temps où ces infectes reftent dans l'inaction; que pour y être en fûreté, ils attachent chaque bout de leur fourreau * contre l'étoffe; quantité de fils de foye tendus comme autant de petits cordages, les y retiennent fi folidement, qu'il ne faut pas efperer que des coups donnés fur une tapifferie, les en détachent; au lieu que les teignes nouvellement nées, ou celles qui font encore fort jeunes, ne font jamais adhérentes à l'étoffe; elles le font même moins qu'on ne fçauroit croire: en tirant affés doucement d'une boîte des morceaux de ferge fur lefquels j'avois fait éclorre de jeunes teignes, j'en ai vû fouvent tomber la plus grande partie; en fecouant plus fortement les mêmes morceaux d'étoffe, on n'y en laiffoit aucune; alors le fouffle du vent les emporte.

* Pl. 5. fig. 18.

Elles s'attaquent aux laines de toutes couleurs, quoiqu'il y ait peut-être des couleurs qui font un peu plus de leur goût que les autres; mais la qualité des étoffes ne leur eft pas auffi indifférente que leur couleur. Par préférence elles s'attachent à celles dont le tiffu eft le plus lâche; il leur eft plus aifé d'en arracher des poils pour fe nourrir & pour fe vêtir; les poils les plus aifés à détacher font même les premiers qu'elles choififfent dans toute étoffe. Quand je leur ai donné à ronger des morceaux de drap fin, je les ai toûjours vû les tondre bien plus ras que les cizeaux n'avoient pû le faire; elles enlevoient le duvet qui les couvre, dont les brins flotans font plus aifés à brifer que ceux qui font tors ou entrelacés; elles les réduifoient à l'état de ces draps ufés que nous difons *montrer la corde;* & ce n'eft guéres qu'après les avoir mis en cet état qu'elles commençoient à les percer. De forte que plus la laine des étoffes eft torfe, & plus leur tiffu a été battu, & moins elles font recherchées par les teignes. Nous voyons d'anciennes tapiffieries qui fe font confervées bien entiéres, parce que leur fabrique a ces deux avantages, & nous en voyons de nouvelles entiérement rongées, parce qu'ils leur manquoient. En général les tapifferies d'Auvergne font bien autrement fujettes à être rongées par ces infectes, que ne le font les tapifferics de Flandres. On a été prefque obligé d'abandonner les meubles de Cadis & de Serge, fort jolis pourtant pour la campagne; on n'ofe prefque plus garnir de ferge les dos des fauteuils, on les garnit à préfent pour la plûpart, ou de toile, ou de peau; auffi nos manufactures de ces fortes d'étoffes font-elles extrémement tombées. Ces tiffus étant les plus lâches de tous, les teignes viennent à bout de les détruire en peu d'années. Une grande preuve qu'elles cherchent, en tout genre, les poils les moins entrelacés, & que où leur entrelacement eft le plus ferré, elles font le moins de défordre, c'eft que les Chapeliers n'ont pas, à beaucoup près, autant de peine à défendre contre elles les chapeaux, que les Fourreurs en ont à défendre lés pelleteries dont on les fait. Si un chapeau de caftor & une peau de caftor, ou toute autre, étoient laiffés négligemment dans une armoire, la peau fe trouveroit dépouillée de tous fes poils dans un temps où le chapeau feroit encore très-fain. Ce n'eft pas que quand elles n'ont rien de mieux à ronger, elles ne rongent des feutres de toute efpece. J'en ai renfermé, de nées fur des peaux, & de nées fur du drap, uniquement avec des rognures de chapeaux, foit gris, foit noirs, & de différentes qualités, les unes & les autres en ont très-bien vêcu, & s'en font bien habillées.

Quand elles ne trouvent pas à leur bienféance des étoffes

lâches, qu'elles n'en rencontrent que de ferrées, elles s'y nichent, & ne laissent pas d'y faire du désordre, quoique plus à la longue. Nous aurions donc besoin de découvrir des moyens de préserver les unes & les autres contre leurs atteintes. Ces moyens se réduisent ou à avoir le secret de les faire périr dans les étoffes où elles se sont établies, ou à avoir celui de changer les étoffes dont elles se nourrissent, en mets qu'elles ayent en aversion. Les Naturalistes modernes qui ont négligé d'observer ces insectes, n'ont pas négligé de même de nous enseigner des secrets pour défendre contre eux nos étoffes, mais ils n'ont pas cru se devoir donner la peine de les vérifier. On en trouve à choisir, & à peu-près les mêmes, dans Aldrovande, Jonsthon, Moufet, qui sont ceux qui avoient été rapportés long-temps auparavant par Caton, Varron & Pline. Entre ces secrets il peut y en avoir qui ne méritent pas d'être confondus avec les autres; Moufet même prétend prouver que les anciens en avoient un sûr, par les habits de Servius Tullius, qui furent conservés jusqu'après la mort de Séjan, c'est à-dire, pendant plus de cinq cens ans. Mais si entre les secrets qui nous ont été laissés, il y en a de bons, il y en a de bien propres à les rendre suspects. Pline immédiatement après nous avoir appris, que ceux qui ont été piqués par un scorpion, n'ont plus rien à craindre des piquûres des guêpes, des mouches à miel & des frelons, adjoûte qu'on s'étonnera moins de cette merveille, lorsqu'on sçaura qu'un habit mis sur un cercueil est pour toûjours à l'abri des dents des teignes. Rasis, après avoir enseigné que des cantharides suspenduës dans une maison les éloignent, adjoûte que des habits enveloppés dans une peau de lion, n'en ont rien à craindre. La peau seule d'un si terrible animal a paru apparemment plus que suffisante pour effrayer de si petits insectes. Ce qui est rapporté

par ces différens Auteurs, de l'effet de diverses plantes
odoriférantes, paroîtra mieux mériter des épreuves. On y
trouve que la sabine, le myrte, l'absinthe, l'iris, l'écorce
de citron, l'anis, & diverses autres mises dans des étoffes,
en éloignent les teignes. Caton décrit une préparation de
marc d'olives, dont il veut qu'on frotte les cofres où des
habits doivent être renfermés, & où il assûre qu'ils sont
ensuite en sûreté.

Je n'ai eu garde de négliger d'éprouver les secrets qui
nous ont été laissés; j'ai pourtant cru que sans avoir de
reproches à craindre, je pourrois m'épargner l'épreuve de
l'habit mis sur le cercueil, & celle de la peau de lion. En
revanche, il m'a paru qu'il y avoit un grand nombre de
tentatives à faire, & qui étoient même très-indiquées. La
seule énumération de ce que j'ai essayé seroit longue, je
chercherai à l'abréger. Je rapporterai la méthode générale que j'ai suivie, & je ne m'arrêterai à détailler que les
expériences dont la réussite a été le plus heureuse.

J'ai pris des bouteilles de verre pour y renfermer mes
teignes, afin de les observer au travers des parois; & par
préférence je me suis tenu à ces bouteilles cylindriques
appellées *Poudriers*, dont l'ouverture a à peu-près autant
de diametre que le fond. Dans chaque poudrier j'ai mis
un morceau de serge grise ou bleuë, &c. avec quelqu'une
des matiéres dont je voulois éprouver l'effet; une vingtaine
de teignes au moins de bon appétit, y ont été jettées. Le
dessus du poudrier a été couvert avec du papier. Ces expériences sont de celles qui sans grand art peuvent être prodigieusement variées, & qui ne sçauroient l'être trop quand
on ne veut pas risquer de laisser rien d'essentiel en arriére.

Quoique les teignes soient communes de reste, qui auroit à s'en fournir d'autant de milliers que les épreuves en
demandoient, pourroit y être embarassé comme je l'ai été,

Ceux que j'avois chargé d'en ramaſſer, avoient épluché
bien des meubles rongés avant que d'en avoir raſſemblé une
centaine. Celles que j'ai bien nourries à deſſein dans mes
bouteilles, qui s'y ſont transformées en papillons, qui y ont
fait des œufs, m'ont donné une plus abondante récolte. Il
a pourtant fallu encore y adjoûter un ſupplement. J'ai fait
chaſſer dans la ſaiſon de ces papillons dont elles naiſſent, &
je les ai renfermés avec des morceaux d'étoffes ſur leſquels
ils ont fait leurs œufs. Quoiqu'ils y fuſſent peut-être moins
féconds que quand ils ſont en liberté, ils s'y ſont au moins
multipliés à vingt pour un. Ces papillons ſont aiſés à trouver & à prendre ; il n'en eſt guéres de moins farouches,
mais ils ſont ſi délicats, qu'il n'eſt preſque pas poſſible de
les prendre bien vivans ; dès qu'on les touche, on les tuë,
ou on les bleſſe mortellement. Un de mes chaſſeurs aux
papillons ſe ſervoit d'un expédient qui m'en a procuré
autant que j'ai voulu. On prend des poiſſons avec des
naſſes d'oſier ; ils y entrent aiſément par une large ouverture, & ils parviennent au fond de la naſſe par une ouverture plus petite qu'ils ne ſçavent plus trouver pour en ſortir.
C'eſt avec des eſpeces de naſſes de verre qu'on me prenoit
des papillons ; un verre à boire, de figure conique, dont
le pied avoit été caſſé, & qui avoit été enſuite percé à la
jonction du pied, étant poſé, la pointe la première, dans un
poudrier de verre, formoit cette naſſe. Tout papillon de nos
teignes attend aſſés qu'on le couvre de ce verre, il y voltige
un inſtant, bientôt après il enfile le trou qui le conduit dans
la bouteille ou poudrier, d'où il ne ſçait plus ſortir. Une
bouteille à col étroit peut ſeule tenir lieu de cette eſpece
de naſſe, & on s'en eſt ſouvent ſervi au même uſage.

Fourni par ces différens expédiens de plus de teignes
qu'il n'en faudroit pour détruire pour des millions de
meubles, j'ai été en état de faire toutes les expériences que
j'ai

j'ai fouhaitées, qui en général fe réduifoient, comme je l'ai déja dit, ou à trouver des moyens de rendre nos étoffes des mets défagréables à ces infectes, ou à les faire périr dans celles où ils fe font nichés. Une réflexion fur un fait affés connu, m'a indiqué ce qui paroiffoit mériter d'être tenté par préférence dans le premier genre d'épreuves. On ne voit point de teignes s'attacher aux toifons qui couvrent nos moutons & nos brebis; fi cette laine étoit de leur goût, il y a apparence qu'elles s'y logeroient comme s'y loge un autre infecte que Redi nous a décrit. Des papillons iroient dépofer leurs œufs fur les toifons; ils n'auroient pas à redouter les pacifiques animaux qui les portent; il ne leur feroit pas néceffaire d'avoir toute la hardieffe de la mouche qui choifit le dedans même du nés des moutons pour y faire fes vers; comme nous l'apprend la curieufe hiftoire de cette infecte, publiée par M. Vallifnieri.

La remarque que nous venons de faire, s'étend à toutes les peaux des animaux qui font couvertes de poils; elles en feroient toûjours dépouillées en partie, fi les teignes s'y établiffoient auffi volontiers qu'elles le font quand nous les avons mifes en œuvre.

Pouffons encore la remarque plus loin. Les toifons enlevées de deffus les brebis, mais qui n'ont reçû aucunes des préparations que nous leur donnons pour les employer à nos ufages, ne font guéres plus fujettes à être rongées que celles qui couvrent ces animaux. Il en eft de même des fourrures qu'on détache avec la peau de l'animal, tant qu'elles n'ont pas été préparées, tant qu'elles n'ont pas été *paffées*, les teignes les attaquent peu; c'eft de quoi on a journellement des preuves dans les cuifines, où les peaux des lapins qui ont été écorchés, reftent quelquefois long-temps appliquées contre les murs fans qu'il s'en détache aucun flocon de poils. Pour en avoir encore des preuves plus pofitives, j'ai donné à des teignes des morceaux de peaux de lapin paffées, mêlés avec des morceaux de pareilles peaux non paffées; elles ont commencé par couper les poils des premiers morceaux, & ce n'a été qu'après les avoir rendus prefque ras, qu'elles font venuës aux autres. Il eft pourtant néceffaire de paffer les peaux, fans quoi elles font quelquefois mifes en piéces par d'autres infectes qui cherchent à vivre de leur fubftance même.

En préparant les laines & les peaux pour nos ufages, nous les apprêtons donc auffi pour les teignes; & pour ne nous arrêter actuellement qu'aux laines, la premiére façon que nous leur donnons, les rend des mets convenables à ces infectes. Celles qui n'ont encore reçû aucune préparation, font appellées des *laines graffes;* elles le font au point, que les doigts s'engraiffent fenfiblement en les touchant. On commence par les dégraiffer, & dès qu'elles ont été dégraiffées, les teignes ne les épargnent plus.

Quoiqu'on commence par dégraiffer les laines qu'on veut mettre en œuvre, ce n'eft pas qu'on cherche ou qu'on doive chercher à les dépouiller de leur graiffe, on fe propofe, ou on doit uniquement fe propofer de leur ôter la terre & les autres ordures qui les faliffent. Une des premiéres façons qu'on leur donne dans la fuite, celle de les carder, exige même qu'on les engraiffe de nouveau. Celles qui doivent être employées en étoffes blanches, ou d'une couleur brune de brebis, pourroient refter graffes. Mais il faut abfolument dégraiffer les laines & les étoffes qu'on veut teindre.

Les remarques précédentes conduifent à penfer que fi on rendoit à nos laines employées en ouvrages, une partie de cette premiére graiffe dont on les a dépouillées, on les rendroit encore défagréables aux teignes, quoiqu'on ne les engraifsât pas affés fenfiblement pour qu'elles nous

paruſſent l'avoir été; & ce ſont les expériences qui m'ont
ſemblé les mieux indiquées. J'ai pourtant cru devoir
éprouver ſi les laines graſſes ſont funeſtes aux teignes, ou
ſi ſimplement ce ſont des mets pour leſquels elles ont
moins de goût.

J'en ai renfermé de très-vigoureuſes uniquement avec
de la laine graſſe, & d'autres avec des morceaux de ſerge
que j'avois frottés de toutes parts contre ces ſortes de laines.
J'ai vû des unes & des autres faire diéte pluſieurs ſemaines
de ſuite, pendant que celles qui avoient d'autres laines à
leur diſpoſition, mangeoient de toutes leurs dents. A la fin
pourtant elles ſont venuës à manger, & ſe ſont dans la
ſuite métamorphoſées en papillons.

Des temps de famine forcent à ſe nourrir d'alimens qui
font horreur dans des temps moins malheureux, & c'étoit
tout ce qu'il y avoit à conclurre, de ce que les teignes
avoient vécu de laines ſi peu aſſaiſonnées à leur goût.
J'en ai renfermé d'autres dans diverſes bouteilles avec des
morceaux de ſerge de deux couleurs, dont les uns avoient
été frottés contre de la laine graſſe, & dont les autres ne
l'avoient pas été; les uns étoient bleus, & les autres gris.
Dans quelques bouteilles c'étoient les morceaux gris qui
avoient été frottés contre de la laine graſſe, & dans d'autres c'étoient les bleus. Les teignes ont conſtamment rongé
ceux qui n'avoient point été engraiſſés, & ont toûjours
épargné les autres. Il a été rare qu'elles leur ayent arraché
quelques poils. Par la couleur de leur fourreau on connoît
bien-tôt quelle eſt la laine qu'elles ont rongée pour ſe vêtir;
on connoît de même par la couleur de leurs excrémens
quelle eſt celle dont elles ſe ſont nourries, car nous avons
fait remarquer dans le Mémoire précédent, que la laine
qui paſſe par leur eſtomach & leurs inteſtins, qui y eſt
réduite en excrémens, ne perd point ſa couleur.

K ij

Ce que j'ai fait pour conferver de petits morceaux de ferge, peut être commodément pratiqué fur les plus grands meubles. Il eft toûjours aifé d'avoir des toifons graffes, & même on peut les avoir graffes & propres; rien n'eft plus facile que de frotter avec ces fortes de toifons les meubles dont on veut éloigner les teignes; les étoffes & les meubles n'en feront pas alterés le moins du monde; les yeux ne diftingueront pas les endroits frottés, de ceux qui ne l'auront pas été.

Au lieu de frotter les toifons mêmes contre les meubles ou les étoffes, on peut encore faire l'équivalent de plufieurs maniéres. Il eft aifé d'avoir de cette graiffe qui défend les toifons contre les teignes, les Médecins l'ont fait entrer dans leurs difpenfaires; on en doit trouver chés les Apothicaires bien fournis, mais il faut la leur demander fous le nom d'*Oefype*. Après tout il vaut beaucoup mieux la prendre dans l'eau chaude où des toifons auront été lavées, elle fera moins chere. Sans fe donner la peine de la féparer de l'eau, il fuffira de tremper une broffe dans l'eau même qui en eft chargée, & de paffer cette broffe fur les étoffes qu'on veut conferver.

L'effet de cette graiffe invitoit à rechercher fi les autres graiffes, fi le fuif qui nous vient des moutons, & qui a déja été donné pour un préfervatif contre les teignes, fi le beurre, fi les huiles de différentes efpeces pourroient être employées utilement. Les fuccès de ces différentes expériences feroient longs à détailler; je n'en donnerai que quelques réfultats qui peuvent être utiles. Je n'ai reconnu aucune graiffe ou matiére huileufe auffi défagréable aux teignes que l'eft la graiffe naturelle des toifons. Après tout il étoit affés à préfumer que le fecret que la nature employe pour conferver les vêtemens qu'elle donne à ces animaux, étoit au moins un des meilleurs; il ne m'a pas paru même que les teignes cherchaffent fort à éviter le fuif. Elles s'attachent pourtant moins aux laines qui en ont été en-graiffées qu'à celles qui ne l'ont point été. La graiffe des toifons différe des autres par une odeur de bélier très-forte, cette odeur refte aux doigts qui ont touché légérement cette laine. J'ai éprouvé des huiles, qui loin d'éloigner les teignes des étoffes, m'ont paru les leur rendre plus appétiffantes, telle eft l'huile de noix. Elles m'ont paru au contraire éviter les étoffes frottées d'huile d'olive. Cette derniére remarque eft favorable à la recette enfeignée par Caton, dont nous avons parlé ci-deffus, qui n'eft qu'une préparation de marc d'olives, mais je n'ai pas été à portée de la répéter.

Ces obfervations nous fourniffent quelques remarques effentielles fur les fabriques de nos laines. J'ai fouvent oui dire qu'il y avoit des étoffes de même efpece, bien plus fujettes aux teignes les unes que les autres. J'en ai entendu attribuer la caufe à ce qu'elles avoient été moins bien dé-graiffées, & on devoit peut-être l'attribuer à ce qu'elles avoient été engraiffées ou avec certaines huiles, ou avec certaines graiffes. Pline veut que de tous les habits les plus fujets aux teignes, foient ceux qui font faits de laines de brebis égorgées par les loups. Je ne penfe pas qu'on juge qu'il foit fort néceffaire de faire un reglement pour exclurre ces derniéres laines de nos fabriques d'étoffes, on trouvera peut-être qu'il feroit plus important d'en faire un qui dé-fendît expreffément d'engraiffer les laines avec certaines matiéres, & qui prefcrivît celles qui auroient paru les plus défagréables aux teignes. Enfin on doit chercher, en net-toyant les laines des toifons, de les dégraiffer le moins qu'il fera poffible; moins l'eau dans laquelle on les lavera fera chaude, & plus on leur laiffera de cette graiffe, qui ne fçau-roit nuire jamais, quand on veut les employer en étoffes blanches, telles que font, par exemple, les couvertures de

K iij

lits, qui finiffent affés ordinairement par être hachées par les teignes.

Les matiéres graffes ne font pas à beaucoup près les feules fur lefquelles j'aye tâté le goût des teignes. Je leur ai préfenté du doux, de l'aigre, du falé, de l'amer, du poivré, & des mets de divers goûts, compofés de ceux-ci; c'eft-à-dire, que j'en ai renfermé uniquement avec de la ferge trempée dans du vinaigre, d'autres avec de la ferge trempée dans une infufion d'abfinthe, d'autres avec de la ferge trempée dans une infufion de tabac, d'autres avec de la ferge trempée dans une diffolution de fel marin, d'autres avec de la ferge trempée dans une diffolution de fel de foude, & ainfi de différentes matiéres dont l'énumération feroit encore trop longue.

J'ai éprouvé de même différentes plantes odoriférantes qui ont été enfeignées comme de fûrs préfervatifs, la fabine, le romarin, l'abfinthe, le myrte, l'écorce de citron, l'iris. J'ai éprouvé les odeurs de différentes fleurs, comme celles de la giroflée jaune, de l'eau de fleur d'orange, &c. Je ferai encore grace du détail des fuccès de ces expériences. Je dirai feulement qu'aucune des matiéres dont je viens de parler, n'eft abfolument funefte à ces infectes; que quelques-unes qui ont été enfeignées comme des préfervatifs, ne leur font nullement contraires, & femblent plûtôt leur être favorables. Je n'ai point vû de teignes mieux croître & mieux ronger que celles qui ont été mifes avec une très-grande quantité de racine d'iris, qui eft pourtant une des plantes très-prefcrite contre elles. Les cantharides qui, fufpenduës dans des appartemens, doivent, felon Rafis, faire fuir nos infectes, ne les ont point empêché de bien manger lorfqu'elles ont été renfermées avec eux dans une même bouteille.

Les teignes mifes avec des laines mal affaifonnées à leur

goût, ont une reffource à laquelle elles ont recours. En cas
de néceffité, leurs habits leur fourniffent de la nourriture.
Elles cedent au befoin le plus preffant; elles aiment mieux
vivre, & être plus mal vêtuës, elles mangent le deffus de
leur fourreau. Ce qu'il y a d'heureux pour elles, c'eft qu'elles
ont encore une autre reffource pour réparer les défordres
qu'elles y ont faits, & elles les réparent fi bien, fans fe fervir
de laine, que la vûë fimple ne diftingue aucun changement, ni dans la tiffure, ni dans la couleur du fourreau
dont elles ont rongé toute la laine. Le fourreau leur fournit
d'abord de quoi fe nourrir, & leurs excrémens leur fourniffent enfuite de quoi fe vêtir. Ce font de petits grains
fecs, ronds, & précifément de la couleur de la laine que
l'infecte a digérée; il attache ces petits grains avec des fils
de foye à peu-près dans les places des brins de laine qu'il
a arrachés : ainfi le deffus de leur vêtement conferve fa
forme & fa couleur. Elles font affés volontiers & affés fouvent entrer quelques grains de leurs excrémens dans la
compofition de leurs fourreaux, mais ce n'eft que dans
des temps de néceffité, qu'ils leur tiennent totalement lieu
de laine.

Des fourreaux ainfi refaits prefqu'en entier avec des
excrémens, m'ont fait reconnoître que quelques-unes des
matiéres dont j'ai parlé ci-deffus, pouvoient empêcher les
teignes de rechercher les étoffes. Celles que j'ai mifes avec
de la ferge frottée contre de la laine graffe, n'ont pas
manqué de commencer par ronger leur fourreau, & de le
réparer avec des excrémens, & c'eft ainfi qu'en ont ufé
celles à qui je n'ai donné que de la ferge trempée dans une
forte infufion de tabac, que de la ferge fur laquelle il y avoit
bien du poivre, que de la ferge mouillée dans de la diffolution de fel de foude, que de la ferge engraiffée d'huile
d'olive. Ces différentes matiéres peuvent donc être de

quelque uſage pour éloigner les teignes ; cependant nous nous ne nous arrêterons point à diſcuter quelles ſont celles qui méritent la préférence, il vaut mieux en faire connoître d'autres qui agiſſent bien plus efficacement contre ces inſectes.

Dans différens endroits j'ai vû des femmes de campagne perſuadées qu'elles défendoient bien leurs nippes contre les teignes, en mettant des pommes de pin dans les armoires ou dans les coffres où elles les renfermoient. Ces traditions, qu'on appelle *de bonnes femmes,* ne ſont pas toûjours auſſi mépriſables qu'on le penſe ; il y en a qui ont une excellente origine qu'il faudroit aller chercher loin, qui, bien examinées, nous ſeroient utiles : après tout nous n'avons le droit de les rejetter que quand des épreuves nous l'ont donné. Au lieu des pommes de pin, il m'a paru que je pouvois éprouver mieux dans le même genre. Ces pommes ont une odeur réſineuſe ; ſi elles produiſent l'effet qu'on leur attribuë, vraiſemblablement il eſt dû à cette odeur. J'ai donc cru devoir éprouver des odeurs de ce genre, mais plus fortes & plus pénétrantes que celles de ces pommes. J'ai frotté les deux côtés d'un morceau de ſerge avec un peu de térébenthine ; avec de l'huile de térébenthine j'ai mouillé légérement un ſeul côté d'un autre morceau de ſerge : des teignes ont été renfermées à l'ordinaire avec chacun de ces morceaux de ſerge.

Je n'attendois pas, à beaucoup près de cette derniére épreuve, tout l'effet qu'elle produiſit. Je différai juſqu'au lendemain à examiner ſi les teignes avoient rongé la ſerge frottée d'huile de térébenthine, comme elles avoient rongé celle des autres expériences. Elles n'en avoient eu garde ; toutes étoient mortes, & d'une très-violente mort, qui avoit été précédée de furieux mouvemens convulſifs ; la plûpart étoient nuës, & étenduës roides. Avant que de

périr,

périr, elles étoient sorties de ces fourreaux, qu'elles ne quittent jamais, & dans lesquels même on trouve celles qui périssent dans le cours de l'année.

On a peut-être déja pitié des misérables insectes qu'on prévoit qui vont périr, pour confirmer l'expérience précédente, pour en suivre les circonstances, pour déterminer les doses d'huile de térébenthine qui leur donnent une mort prompte ou lente. La circonstance de la serge ou de toute autre étoffe de laine étoit inutile pour les premiéres épreuves. Je mis dans une bouteille de verre plusieurs teignes avec des bandes de papier légérement frottées de cette huile. Après avoir bouché la bouteille grossiérement, j'observai les teignes. Quelques-unes ne se donnérent aucun mouvement, & ne s'en sont jamais donné depuis. C'étoient les plus petites & les plus foibles. D'autres plus vigoureuses commencérent à s'agiter, à se tourmenter. J'ai expliqué ailleurs comment elles font sortir leur tête hors du fourreau, pour arracher les brins de laine qui en sont à quelque distance; que cette tête qu'on a vûë à un des bouts, paroît ensuite à l'autre bout du même fourreau, pour y travailler, comme elle faisoit auprès du précédent. Dans l'état naturel, c'est toûjours la tête qu'elles font sortir hors du fourreau; mais dans l'état violent, où je les avois mises, c'étoit leur derriére qu'elles en faisoient sortir. Elles le faisoient quelquefois rentrer sur le champ, pour l'en faire bientôt sortir accompagné d'une plus grande partie de leur corps. Après de pareilles agitations continuées pendant une heure ou deux, elles sortoient entiérement de leur fourreau, nuës, elles se tourmentoient encore, & enfin après de violens mouvemens convulsifs, elles périssoient, les unes plûtôt, & les autres plus tard.

Les teignes péries par cette mort violente, me sembloient plus grosses que dans leur état naturel; mais ce qui n'étoit point douteux, le deſſus de leur dos étoit tout rouge, ou marqué de taches rouges, qu'on ne voit point à celles qui ſont vivantes, ni à celles qui ſont mortes plus paiſiblement. Ces rougeurs ſemblent prouver que les premieres avoient été étouffées. Nous avons aſſés parlé de ces ſtigmates, dont il y en a un de chaque côté ſur chaque anneau des chenilles, excepté ſur le 2.ᵉ & ſur le 3.ᵉ On ſe ſouvient que c'eſt-là que ſont les ouvertures par où elles reſpirent l'air. On ſçait que ſi on enduit d'huile les ſtigmates d'une chenille, on la fait périr, comme on fait périr les plus grands animaux, à qui on ôte la faculté de reſpirer, elle eſt étouffée. L'odeur, ou plûtôt la vapeur de notre huile de térébenthine fait plus à la longue ce que l'application d'une huile groſſiére fait ſur le champ; ſes parties ſubtiles pour nos ſens, ſont aſſés groſſiéres pour boucher les bronches des teignes, ou les ramifications indéfiniment déliées dans leſquelles ſe diviſent les troncs principaux de leurs trachées.

Toute odeur qui nous paroîtroit auſſi pénétrante que celle de l'huile de térébenthine, ne ſeroit pas capable de produire cet effet, ſi elle étoit compoſée de parties plus ſubtiles. J'ai, par exemple, mis avec des teignes plus de muſc qu'il n'en faudroit pour donner des vapeurs à la moitié des Dames de Paris; elles n'ont nullement paru en ſouffrir, elles ont mangé, & ont crû au milieu du muſc.

Ce qui eſt de certain au moins, & ce dont nous avons beſoin actuellement, c'eſt que l'odeur de l'huile ou de l'eſprit de térébenthine eſt un terrible poiſon pour les teignes. Mais nous la redoutons nous-mêmes; le remede ici, comme il arrive ſouvent en médecine, pourroit paroître pire que le mal, car après tout il ne faut pas nous empoiſonner avec elles. Nous fuyons pendant quelques jours les appartemens nouvellement vernis, à cauſe de l'odeur de térébenthine; on n'aimeroit pas à coucher dans un lit dont les rideaux auroient une pareille odeur. Cette huile n'altere nullement la couleur des étoffes; on s'en fert avec fuccès pour ôter les taches d'huile, de graiffe & de cam- bouis des habits, qu'on laiffe enfuite expofés à l'air jufqu'à ce que l'odeur en foit diffipée. Si on eft quelque temps fans porter un habit dont les taches ont été enlevées par le moyen de cette huile; fi on fe prive d'habiter un apparte- ment nouvellement verni, y aura-t-il beaucoup d'incon- vénient à être quelque temps fans fe fervir des meubles dont on aura fait périr toutes les teignes par le moyen de l'huile de térébenthine! Il n'y en aura pas le moins du monde pour qui a des meubles d'hiver & d'été. Ceux à qui la fortune n'a pas accordé de pouffer leur luxe jufques- là, & qui fçavent que leurs couvertures de laine, leurs lits, leurs tapifferies, leurs fauteuils font regardés comme per- dus, dès que les teignes s'y font une fois établies, qu'ils font alors de nulle valeur, parce que quelque foin qu'on prenne, on ne vient point à bout de les en dépeupler; tous ceux, dis-je, qui fe trouvent dans ce cas, ne doivent pas héfiter, ce me femble, de fe priver pendant quelques jours, ou quelques femaines, de leurs meubles, pour en affûrer la durée.

Enfin tant de meubles qui reftent long-temps dans les gardes-meubles & chés les Fripiers, & qui y courent plus de rifque que ceux dont on fe fert journellement, peuvent être confervés fans aucun inconvénient. Ceux qui les y laifferont détruire, n'auront déformais à s'en prendre qu'à leur négligence, puifqu'il eft fi facile d'y faire périr les teignes.

Il y a plus, c'eft que le degré d'odeur de térébenthine, capable de faire périr ces infectes, peut être foûtenu par des hommes dont les têtes ne font pas trop délicates. J'ai imbibé d'une goutte, de ce que nous appellons précifément une goutte, & même petite, un morceau de ferge d'environ 15 à 16 pouces quarrés; je l'ai mis dans un poudrier d'environ 3 pouces de diametre fur 5 pouces de hauteur, & c'en a été affés pour faire périr toutes les teignes qui ont été renfermées dans le poudrier. De cette feule expérience, il eft aifé de calculer la quantité d'huile de térébenthine néceffaire pour faire périr toutes les teignes des meubles renfermés dans la plus grande armoire ou dans un garde meuble, & de voir qu'elle ne fera pas confiderable. Certainement la dépenfe n'effrayera pas; dans une pinte d'huile de térébenthine, qui coûte peu, combien y a-t-il de gouttes! La chambre doit être grande, qui a autant de fois la capacité du poudrier dont il a été parlé, que cette pinte a de gouttes.

Une goutte d'huile de térébenthine feule ne feroit pas aifée à étendre également fur une furface de 16 pouces quarrés, comme j'ai dit l'avoir fait dans l'expérience précédente; mais au moyen de l'expédient dont je me fuis fervi, on peut l'étendre fur une auffi grande furface qu'on voudra. On n'a qu'à délayer la goutte d'huile de térébenthine dans la quantité d'efprit de vin néceffaire pour mouiller toute la furface fur laquelle on veut étendre fon huile.

Après tout, ceci n'eft d'aucune néceffité dans l'ufage. Il n'importe pas même de frotter d'huile de térébenthine les meubles dont on veut faire périr les teignes; il fuffit de les renfermer dans des endroits où une forte odeur de térébenthine foit répanduë; plus cette odeur fera forte, & plus promptement elles y périront. On n'aura donc qu'à mettre des papiers, des linges, des morceaux d'étoffes enduits légérement de cette huile dans les armoires ou dans les gardes-meubles; & on n'aura pas befoin de les y laiffer plus d'un jour.

Plus les armoires & les gardes-meubles feront clos, & plus l'odeur fera puissante. Quoiqu'ils ne soient que très-mal fermés, l'odeur ne laissera pas néantmoins de faire périr nos insectes. J'en ai vû mourir sur des morceaux de serge, mis dans des poudriers qui n'étoient nullement bouchés, quoiqu'il y eût très-peu d'huile de térébenthine sur la serge.

J'aurois pourtant souhaité faire périr les teignes par quelque odeur qui nous fût moins désagréable que celle de l'huile de térébenthine. Aujourd'hui nous les redoutons presque toutes. J'ai trouvé qu'on en viendroit à bout par une odeur très-supportable, mais le remede seroit plus cher. C'est celle du seul esprit-de-vin. Des teignes ayant été mises avec des bandes de papier mouillées d'esprit-de-vin dans une bouteille bouchée avec un bouchon de liége, je les ai trouvées mortes le lendemain; les derriéres de quelques-unes étoient sortis hors de leurs fourreaux. Mais cette odeur moins forte que celle de térébenthine, ne pourroit agir efficacement, à moins qu'on n'eût la précaution de renfermer les meubles dans des armoires bien closes; l'évaporation de l'esprit-de-vin se fait trop promptement. J'ai trempé dans l'esprit-de-vin un morceau de serge, je l'ai étendu sur une table, & j'ai posé dessus plusieurs de nos insectes; ils y ont été sans mouvement, sans action, pendant quelque temps, c'est-à-dire, jusqu'à ce que l'esprit-de-vin ait été évaporé, & que son odeur ait été dissipée: revenus alors de leur assoupissement, ils ont marché.

J'ai bien auguré d'un autre genre d'odeurs qui ne sont pas aimables, mais que nous supportons mieux que celle de l'huile de térébenthine, & que celles même qui étoient recherchées par nos peres. Ce sont les odeurs des fumées de diverses matiéres brûlées. L'explication que nous avons donnée de la cause de la mort dès teignes qui respirent l'odeur de térébenthine, étoit favorable à ces nouveaux essais. La fumée sensible à nos yeux, & celle qui ne l'est qu'à notre odorat, font vraisemblablement composées de parties plus grossiéres que celles qui s'exhalent de l'huile de térébenthine, & par conséquent peuvent être propres à boucher les trachées de nos insectes. La fumée que j'ai essayée la premiére, & dont j'avois le plus d'opinion, a été celle du tabac. Un morceau de serge ayant été mis dans un poudrier, je l'ai bien enfumé de la fumée d'une pipe ; j'ai même renfermé dans le poudrier une quantité sensible de cette fumée, en le bouchant sur le champ avec du papier ; vingt teignes qui furent jettées dans cette bouteille, étoient toutes mortes le lendemain.

J'ai donné à d'autres une dose moins forte de ce nouveau poison, au lieu de les mettre au milieu de la fumée, comme dans l'expérience précédente, je me suis contenté de les renfermer avec des morceaux de serge qui avoient été enfumés, mais sur lesquels il ne restoit aucune fumée sensible, ils n'en avoient que l'odeur. Les teignes se font cependant agitées sur le champ, plusieurs font sorties hors de leurs fourreaux, & ont péri.

J'ai éprouvé l'effet que feroient sur ces insectes diverses autres fumées, celles du papier, de la laine, du linge, des plumes, des cuirs brûlés, même celle du romarin & de quelques plantes aromatiques, car les fumigations font au rang des secrets qui nous ont été laissés par les anciens. Ces expériences m'ont fait voir que les teignes périssent tenuës du temps au milieu de toute épaisse fumée. Mais elles ne m'en ont fait connoître aucune dont l'efficacité approchât de celle du tabac, qui opere non-seulement lorsqu'elle n'est nullement sensible à nos yeux, mais même lorsqu'il n'en reste sur les étoffes qu'une impression à peine senfible à notre odorat. Certaines fumées peuvent être compofées de parties trop groffiéres, elles ne peuvent pas s'infinuer affez avant dans les organes de la refpiration de ces infectes, mais les parties de la fumée du tabac n'ont apparemment que la groffeur propre à produire un fatal effet.

Les vapeurs du mercure & du foufre font capables d'exterminer la plûpart des infectes; mais il feroit difficile de guérir fur les inquiétudes que donneroient les premiéres, & les fecondes altéreroient confidérablement la couleur des étoffes.

La fumée de quelque herbe que ce foit, eft la reffource des habitans des pays marécageux contre les coufins & les maringouins. Ces infectes forceroient d'abandonner les maifons, fi on ne les chaffoit chaque jour par d'épaiffes vapeurs. De pareilles fumées, auxquelles on ne fera pas obligé d'avoir recours fi fouvent, feront périr nos teignes. Il y a pourtant ici une obfervation finguliére à faire. Je ne fçais fi elles, qui d'ailleurs font fi induftrieufes, fçavent fuir toutes les odeurs qui leur font à craindre, fi elles font pour elles des odeurs. Les mouches ordinaires, les mouches à miel furtout, paroiffent avoir un odorat exquis; l'odeur du nouveau miel les attire de la campagne dans les villes; mais nos teignes ne m'ont point paru avoir d'odorat, au moins pour reconnoître les vapeurs qui leur font le plus funeftes. Nousmêmes nous refpirons quelquefois un air nuifible, & même un air peftiferé, fans nous en appercevoir. Nous n'avons que trop d'exemples de gens étouffés par la vapeur du charbon allumé qu'ils avoient refpirée, fans s'appercevoir qu'elle leur fût fatale. Les teignes refpirent peut-être ainfi la vapeur de la térébenthine. Ce qui me le prouve, c'eft que j'ai pofé à chaque bout d'une boîte, telles que les boîtes à perruque, un morceau de ferge, l'un frotté légérement d'huile de térébenthine, & l'autre qui ne l'étoit pas. Au milieu de la boîte, j'ai mis quantité de teignes pour voir la route qu'elles prendroient. C'est cette expérience, répétée plusieurs fois, qui m'a paru prouver qu'elles n'ont point d'odorat pour les odeurs qui leur sont le plus fatales ; elles ont paru aller assés indifféremment à l'un ou à l'autre morceau de serge. En général l'odorat semble avoir été plus donné aux animaux pour leur faire connoître les alimens qu'ils doivent chercher, que pour leur faire connoître ce qu'ils doivent éviter.

Peut-être pourtant que les teignes suppléent par la délicatesse de leur goût, à la grossiéreté de leur odorat. J'en ai renfermé avec différens morceaux de serge, dont les uns avoient été frottés si légérement d'huile de térébenthine, que l'odeur n'étoit pas capable de les faire périr, & dont les autres n'en avoient été aucunement frottés ; elles ont toûjours rongé ces derniers morceaux, & elles ont absolument épargné les autres, ou elles les ont peu attaqués. Il en est arrivé de même lorsque je les ai renfermées avec des morceaux de serge, dont les uns étoient dans leur état naturel, & dont les autres avoient été parfumés de fumée de tabac. Ceux qui étoient parfumés, n'ont point été sensiblement endommagés en comparaison des autres.

En travaillant contre les teignes, j'ai aussi travaillé contre d'autres insectes. Il étoit à présumer qu'il y en avoit bien des genres qui ne soûtiendroient pas mieux les pénétrantes odeurs de l'huile de térébenthine & de la fumée de tabac ; les ressemblances essentielles qu'ils ont dans leur structure conduisoient à le conclurre. Les chenilles de toutes especes ne devoient pas plus tenir contre ces odeurs que les teignes ; aussi ai-je vû périr toutes celles qui ont eu le malheureux sort de servir aux épreuves. Les mouches, les araignées, les fourmis, les perce-oreilles, &c. aucun insecte de ces genres

n'a

n'a pû réfifter. J'ai plus volontiers fait des expériences contre un genre de ces animaux que nous craignons immédiatement pour nous; ce n'eft pas à nos meubles, c'eft à nous-mêmes à qui les punaifes des maifons s'attaquent. Les expériences faites contre elles, ont prouvé que l'odeur de l'huile de térébenthine & celle de la fumée de tabac peuvent nous délivrer de ces puants & fanguinaires infectes. Ces odeurs les fuffoquent affés vîte, quoiqu'un peu plus lentement que les teignes. Il y a long-temps auffi que j'ai ouï dire à des fumeurs d'habitude, qu'ils avoient chaffé les punaifes de la chambre où ils fumoient ordinairement.

Si les fumées de tabac, & l'odeur de térébenthine font auffi funeftes au genre d'infectes qui mange nos bleds, qu'elles le font à tant d'autres genres, ce qui eft à préfumer, elles pourroient encore nous rendre un important fervice. On n'a rien autant à craindre pour les bleds qu'on veut conferver pendant plufieurs années dans les greniers, qu'une efpece de très-petit fcarabé appellé en latin *curculio*, & en françois *calandre, charançon, coffon, poux des bleds*. Il perce les grains, il en mange la farine, & ne leur laiffe plus que l'écorce. Quand ces infectes fe font multipliés dans un grenier, ils viennent à bout de réduire en pur fon les plus gros tas de grain. Lorfque nous en ferons à l'hiftoire de ces infectes, nous rapporterons le fuccès des expériences que nous avons tentées contr'eux.

Pour revenir à nos teignes, quelque fimples que foient les procedés que nous avons reconnus propres à défendre contre elles nos étoffes, il ne paroîtra peut-être pas inutile que nous adjoûtions quelques remarques fur les meilleures maniéres d'en faire ufage. Pour conferver les meubles neufs, & tous ceux où ces infectes ne fe font pas encore établis, je ne fçais rien de mieux que de les frotter avec une toifon de laine graffe; elle fuffira à la plus grande

Tome III.   . M

tenture de tapiſſerie. On peut encore mettre tremper cette toiſon dans de l'eau ſuffiſamment chaude pour la dégraiſſer, ou chaude au point où la main ne ſçauroit reſter dedans. On ſauſſera les poils d'une broſſe dans l'eau qui ſe ſera chargée de la graiſſe, & par conſéquent de l'odeur de la laine, & on paſſera cette broſſe ſur les étoffes à la ſûreté deſquelles on cherche à pourvoir. Pour peu que la broſſe mouille leur ſurface, c'en ſera aſſés, mais il eſt à propos qu'elle la mouille toute.

Ceci n'eſt au reſte qu'un préſervatif, qui ne ſuffiroit pas aux meubles où les teignes ſe ſont établies en grand nombre ; par rapport à ces derniers, il faut en venir à faire périr les teignes, & on choiſira des deux poiſons que nous avons reconnus les plus efficaces, de la fumée de tabac, ou de l'huile de térébenthine, celui dont on craindra ſoi-même le moins l'odeur, & qu'on trouvera plus commode d'employer. Si on ſe détermine pour le premier, on remplira des rêchauds de charbons un peu allumés, ſur leſquels on étendra quelques poignées de tabac haché, comme l'eſt celui des fumeurs. Je ne penſe pas pourtant que l'opération demande qu'on choiſiſſe du meilleur. Si les meubles qu'on veut enfumer ſont actuellement détendus, pliés & arrangés dans une armoire, quelque grande qu'elle ſoit, un rêchaud ou deux ſuffiront pour la bien enfumer, & tout ce qu'elle contient. On en fermera les portes après avoir placé les rêchauds avec les précautions convenables, pour n'avoir rien à craindre du feu. De petits fourneaux, tels que ceux où l'on fait le caffé, peuvent être renfermés avec moins de riſque ; on y pourra mettre & plus de charbon & plus de tabac, ſans les remplir juſqu'au bord.

Si les meubles ſont pliés dans un garde-meuble qui ait des portes, des fenêtres, & une cheminée, ou qu'on les veuille laiſſer tendus dans quelque grande chambre où ils font actuellement, on commencera par tendre devant la cheminée quelque couverture, ou quelque tapis, afin de la bien boucher; on fermera toutes les fenêtres; enfin on mettra le nombre de rêchauds qu'on estimera suffisant pour remplir tout l'endroit d'une épaisse fumée, & aussi-tôt on fermera bien toutes les portes, afin que la fumée s'y conserve.

Quand on aura à parfumer des tapisseries, des housses de lits, des couvertures, &c. qu'on vient de détendre, on se donnera bien de garde de les plier; on fera beaucoup mieux de mettre les différentes piéces par tas les unes auprès des autres; la fumée pénétrera plus aisément dans ces tas, qu'elle ne feroit entre les différentes couches d'une piece, qui ont été bien uniment arrangées les unes sur les autres.

Enfin on fera enforte que l'odeur de fumée se conserve très-forte pendant environ vingt-quatre heures dans les meubles dont on veut faire périr les teignes. Après ce temps, on pourra hardiment exposer à l'air ces mêmes meubles pour leur faire perdre une odeur qu'on n'aimeroit pas à sentir.

Des meubles dans lesquels il y a de l'argent, ceux qui ont des couleurs trop tendres, pourroient être un peu alterés par une épaisse fumée de tabac; alors il vaudra mieux avoir recours à l'huile de térébenthine, qui, comme nous l'avons répété plusieurs fois, fera d'autant plus d'effet, qu'elle répandra une odeur plus forte. La force de son odeur fera moins proportionnée à la quantité qu'on en employera, qu'à la quantité d'extension qu'on lui donnera; c'est-à-dire, que plus la même dose d'huile de térébenthine occupera de surface, & plus elle produira d'effet. De l'huile de térébenthine contenuë dans une bouteille ouverte, ou même dans un verre, donnera une odeur qu'on pourra

fupporter, & on ne fupporteroit point celle d'une partie
de la même huile qui auroit été répanduë fur un plancher.
Une autre circonftance encore augmente la force de cette
odeur, c'eft le degré de chaleur de l'air; la même quantité
d'huile également étenduë en été & en hiver, ne fera pas
un effet égal.

De tout cela il fuit qu'on doit étendre, le plus qu'il fera
poffible, la quantité d'huile de térébenthine qu'on a à employer. Si on veut l'appliquer fur les meubles mêmes, qui
eft ce qu'il y a de plus fimple, & de mieux, on la verfera
dans une affiette, on y trempera légérement le bout d'un
gros pinceau, ou une broffe pareille à celles à broffer les
habits, on la paffera & repaffera fur l'étoffe, tant qu'elle
aura quelque chofe à y laiffer, après quoi on la retrem-
pera dans l'huile pour la paffer fur de nouveaux endroits.
Si on broffe ainfi d'huile des meubles tendus, on n'aura
qu'à bien fermer les portes & les fenêtres après que l'opération fera finie.

Si les meubles font détendus, il n'y aura nul inconvénient à les plier immédiatement après qu'ils auront été
frottés d'huile de térébenthine; il y aura même de l'avantage à le faire fur le champ, fur-tout fi après les avoir pliés,
on les renferme dans de petits endroits bien clos, comme
le font des armoires.

Il n'y a rien à craindre pour les meubles qui auront été
frottés avec cette huile, fi ce n'eft que fon odeur ne s'y
conferve plus long-temps qu'on ne voudroit. Quand ils en
auront été bien pénétrés, on doit éviter de s'en fervir
avant que de les avoir expofés à l'air pendant plufieurs jours.

L'odeur y fera moins durable, fi au lieu de frotter les
meubles mêmes, on fe contente de les renfermer dans des
endroits bien parfumés. On pourra, par exemple, frotter
d'huile de térébenthine tous les dedans de l'armoire où on

veut les mettre, & poſer de plus ſur chaque tablette des
papiers en grand nombre, qu'on aura frottés légérement
avec cette huile.

Si on demande les doſes d'huile qu'il ſera néceſſaire
d'employer, on me fera une queſtion à laquelle j'aurai
peine à répondre bien préciſément. La capacité de l'endroit
où les meubles ſeront renfermés, la façon dont l'huile aura
été étenduë, la chaleur de la ſaiſon, doivent faire varier
les doſes; mais il n'y a jamais à craindre de pécher par
excès, & on ne péchera pas par défaut, quand on aura
répandu une odeur qui ne paroîtra pas ſoûtenable à gens
qui ne craignent pas beaucoup l'odeur de térébenthine.
Une pinte de cette huile bien ménagée, peut aller extrémement loin.

Une autre queſtion qui m'a déja été faite pluſieurs fois,
c'eſt le temps le plus convenable pour faire périr les teignes.
Toute ſaiſon y eſt bonne; il n'en eſt point où la fumée de
tabac & l'odeur de térébenthine bien employées ne leur
donnent une mort certaine. Je choiſirois pourtant la fin
d'Août, ou le commencement de Septembre. Alors toutes
les teignes qui doivent naître juſqu'à l'année ſuivante ſont
nées; il n'y a plus à craindre que des papillons viennent
de dehors apporter des œufs pour en repeupler les meubles. Il n'en ſeroit pas de même, ſi on les avoit fait périr
au commencement du printemps. Des papillons pourroient venir des maiſons ou des chambres voiſines pour
dépoſer leurs œufs. D'ailleurs dans les temps que nous
indiquons comme favorables, il n'y a que de jeunes teignes
ſur leſquelles l'odeur de l'huile de térébenthine eſt bien
plus puiſſante que ſur les vieilles; leurs trachées & leurs
bronches ſont alors plus petites dans la même proportion,
à peu-près que l'eſt le reſte du corps : la vapeur de l'huile
de térébenthine les bouche plus aiſément.

M iij

Enfin ce temps eſt auſſi celui que nous avons dit convenir le mieux pour battre les meubles; je ne ferois pourtant pas battre ceux que je voudrois défendre contre les
teignes. Tout ce qu'on fait en les battant, eſt de faire
tomber les inſectes qui ſont deſſus : ces inſectes qui ont
été jettés dans des endroits éloignés de ceux où le meuble
doit être placé, peuvent n'y jamais revenir, mais ils iront
ſur d'autres, ils s'y conſerveront, & y multiplieront.

Encore une autre queſtion qui m'a été faite, c'eſt ſi l'on
ſera obligé de répéter chaque année ſur les tapiſſeries &
ſur les autres meubles les mêmes manœuvres dont on s'eſt
ſervi l'année précédente; ſi quand on a fait périr une fois
les teignes d'un meuble, il eſt pour toûjours en ſûreté?
Ce que nous avons dit juſqu'ici n'a pas dû le faire croire.
Il n'y a nul doute qu'il n'en puiſſe venir de nouvelles ſur
les étoffes où on a fait périr celles qui y étoient; mais auſſi
eſt-il certain qu'il faut qu'il y ait une quantité conſidérable
de ces inſectes ſur un meuble, ou les y laiſſer travailler
pendant pluſieurs années, avant qu'ils y puiſſent faire des
déſordres ſenſibles. Auſſi ne penſai-je pas qu'il en faille
venir à faire périr les teignes d'une tapiſſerie chaque année, même de celles qu'elles cherchent le plus, comme
ſont celles de ſerge. Pour celles-ci & pour toutes les autres,
on répétera l'opération, quand on y retrouvera de nouvelles teignes.

Puiſque les teignes des fourrures & celles des laines ſont
les mêmes, ou d'eſpeces très-ſemblables, & qu'il eſt ſûr que
les mêmes poiſons les font périr, il ſera bien plus facile de
les détruire dans les pelleteries que dans de grands meubles.
Rien ne ſera plus aiſé que de conſerver des manchons; on
leur donne à chacun un étui dans lequel il n'y aura qu'à
mettre quelques linges mouillés de térébenthine. On en
uſera de même pour tous les autres ouvrages de fourrure,

ou on les mouillera eux-mêmes d'huile de térébenthine. Après avoir frotté des peaux de cette huile, je les ai placées à deffein fur d'autres peaux où les teignes fourmilloient ; elles s'y font confervées bien entiéres.

Enfin s'il y a un cas où il faille faire des fumigations épaiffes, ou répandre une forte odeur de térébenthine, c'eft quand on voudra employer l'un ou l'autre de ces moyens contre les punaifes, elles connoiffent des trous où elles fe nichent, qui ont des détours, où la fumée & l'odeur peuvent avoir peine à parvenir.

Quelqu'utilité que j'aye voulu faire attendre des obfervations que j'ai rapportées, on doit être las de n'avoir entendu parler fi long-temps que d'empoifonner de malheureux & induftrieux infectes. On entendra peut-être plus volontiers la compenfation que j'ai à propofer en faveur de nos teignes. J'ai à propofer de les faire vivre & d'en faire travailler utilement pour nous, autant qu'il y en a d'occupées à nous nuire. Les vers nous fourniffent de foye, les abeilles, que nous tenons dans nos ruches, nous donnent la cire & le miel, nous devons la lacque, fi utile pour la cire à cacheter & pour les vernis, à une efpece de fourmi aîlée. Nos Peintres, & fur-tout nos Peintres en détrempe, pourroient tirer des teignes des couleurs de toutes efpeces & de toutes nuances, en mettant à profit une fingularité que la première Partie de cette Hiftoire nous a apprife, & dont nous avons dit quelque chofe en celle-ci. On fçait qu'on prépare pour les Peintres des lacques, des ftils de grain, en teignant des crayes avec diverfes couleurs préparées avec foin. Nos teignes nous épargneroient ces préparations, & nous donneroient des couleurs plus belles, & peut-être plus durables. Leurs excrémens ont la couleur de la laine qu'elles ont rongée, & en ont tout l'éclat. Ils ont de plus la proprieté de fe laiffer broyer à l'eau. Pour avoir un beau rouge, un beau jaune, un beau bleu, un beau verd, & toute autre couleur, ou nuance de couleur, il n'y a donc qu'à nourrir des teignes de laine de chacune de ces couleurs. On le fera même à peu de frais, en ne leur donnant que des tontures de draps, qui feront fouvent préférables aux draps mêmes dont elles ont été coupées, au moins quand les draps ont été teints depuis qu'ils ont été fabriqués. Si on nourrit des teignes d'un beau drap écarlate, par exemple, la nuance de leurs excrémens fera un peu plus pâle que le drap, la couleur de la coupe en fait voir la raifon, elle eft blanche. Les draps écarlates font fabriqués de laine blanche, la teinture ne pénétre pas leur intérieur, mais leur furface eft toûjours bien colorée, & les tontures font enlevées de la furface.

Du refte la fécondité des teignes nous affûre que quelque quantité que nous euffions befoin d'en élever pour des provifions confidérables de couleurs, il feroit aifé de le faire. Le produit de chaque teigne ne feroit pas grand dans une année, mais le nombre des infeſtes, qui peut être multiplié au point où on le voudra, donneroit une récolte telle qu'on la défireroit; on auroit fans frais de très-belles couleurs, & durables. Les bonnes couleurs de nos draps ont toute la durée qu'on peut fouhaiter aux couleurs des tableaux. Il y a même apparence que les couleurs qui ont paffé par les eftomachs de nos infeſtes, en feront devenuës meilleures par des raifons connuës de ceux qui font au fait des teintures. Mais après tout il vaut mieux que l'expérience le confirme.

QUATRIE'ME

QUATRIEME MÉMOIRE.
DES TEIGNES
DONT LES FOURREAUX SONT FAITS
DE MEMBRANES DE FEUILLES,

Et des teignes qui se font leur fourreau d'une espece de coton.

LES teignes dont nous avons admiré l'industrie dans les derniers Mémoires, sont, pour ainsi dire, des teignes domestiques; elles vivent dans nos maisons, elles y vivent à nos dépens, & elles y vivent à trop grands frais pour nous. D'autres teignes dont nous allons suivre les procédés, sont des teignes champêtres, elles se tiennent dans les bois, dans les champs & dans les jardins, elles se nourrissent des feuilles des arbres & des plantes, & nous les appellerons souvent *teignes des feuilles.* Celles-ci ne s'habillent pas comme celles qui n'habitent que nos maisons. Les matiéres dont elles se font leurs fourreaux, sont moins cheres que celles que les autres font entrer dans les leurs, & leurs fourreaux ne sont pas faits sur le modéle de ceux des autres. Mais le génie & l'art avec lequel ces teignes des feuilles se vêtissent, ne le cédent en rien au génie & à l'art avec lesquels les teignes domestiques sçavent s'habiller. Les procédés même au moyen desquels elles parviennent à se faire des habits, sont peut-être encore plus admirables que ceux auxquels nous avons vû que les autres teignes ont recours; ils semblent demander plus d'intelligence; & ce qu'il y a d'heureux, c'est qu'il ne nous en coûte que quelques portions de feuilles.

Tome III.   **. N**

Le peu de mal même que nous font ces teignes champêtres, n'a pas été mis jufqu'ici fur leur compte; ces
infectes, quoiqu'affés communs, ne font prefque pas
connus; ce qui eft d'autant plus fingulier, qu'ils ne font
pas d'une petiteffe capable de les dérober à nos yeux. La
longueur de leurs fourreaux égale ou furpaffe fouvent celle
des fourreaux des teignes des laines; il y en a qui ont plus
de fept à huit lignes de long; d'ailleurs elles ne prennent
aucun foin de fe cacher. Je ne fçais aucun Naturalifte
qui en ait donné d'hiftoire. Il paroît néantmoins qu'elles
n'ont pas été inconnuës à Swammerdam. Dans fon Hiftoire générale des Infectes, page 119. il fait mention
des teignes qui fe nourriffent des étoffes, des livres, de
la poufliére, & même des feuilles d'arbres; & qu'entre
ces teignes il y en a qui, comme les tortuës, portent
leur maifon, comme il promettoit de l'expliquer plus au
long, en rapportant fes obfervations particuliéres. Dès
que j'eus vû pour la premiére fois une de ces teignes des
feuilles, elle excita ma curiofité, & j'eus envie de fuivre
leur hiftoire. Quoiqu'elles foient affez communes, ainfi
que je viens de le dire, j'ai paffé plufieurs années fans en
pouvoir trouver plus de trois à quatre par an. Il n'eft
pourtant pas rare de voir de petits ormes & des chênes
fur lefquels il eft aifé d'en ramaffer bien des centaines en
peu d'heures, pendant le printemps & pendant l'été, quand
on les connoît une fois, & qu'on fçait où il faut les chercher. C'eft aux feuilles des arbres qu'elles s'attachent *;
là elles ne fembleroient pas bien cachées, elles ne laiffent
pourtant pas de l'être pour qui ne les cherche point, &
pour qui ne les connoît pas. Elles marchent rarement;
elles fe tiennent ordinairement fixes & fufpenduës contre le deffous de la feuille; l'endroit auquel elles tiennent, eft fouvent fec; la couleur de leur fourreau eft

* Pl. 7. fig.
1, 7, 12 &
14. t.

auſſi celle d'une feuille ſéche : ainſi ou l'on ne les voit point parce qu'on voit la feuille par deſſus, ou lorſqu'on la voit par deſſous, la couleur du fourreau fait qu'on le confond, ſoit avec la feuille même, ſoit avec des fragmens de feuilles ſéches, ſoit avec ces petites feuilles paſſageres qui ont ſervi d'enveloppes aux bourgeons ou aux feuilles plus durables.

C'eſt ſur des roſiers, ſur des poiriers, ſur des pommiers, que j'ai rencontré de ces teignes les premiéres fois; ordinairement elles y ſont aſſés rares, auſſi les y cherchois-je dans la ſuite avec peu de ſuccès; j'ignorois que de plus grands arbres, comme les chênes, mais les ormes ſur-tout, en étoient pourvûs de reſte.

Celles qu'on trouve ſur différentes eſpeces d'arbres, ſont elles-mêmes de différentes eſpeces, au moins pour la plûpart. Toutes ont de commun d'être logées dans des eſpeces de fourreaux. Elles ſont des eſpeces de chenilles*; le premier anneau ou partie du premier anneau de quelques-unes eſt écailleux; quelques-unes ont auſſi une plaque écailleuſe à la partie ſupérieure du dernier anneau*; mais le reſte du corps n'eſt couvert que d'une membrane liſſe, qui n'a point ou peu de poils; la couleur du corps de quelques-unes eſt blanchâtre, & celle du corps de quelques autres eſt brune. A la vûë on diſtingue très-bien leurs ſix jambes écailleuſes; mais il faut avoir recours à une aſſés bonne loupe, pour reconnoître qu'elles ont ſeize jambes, c'eſt-à-dire, qu'outre les écailleuſes, elles en ont dix membraneuſes diſpoſées comme celles des chenilles de la premiére claſſe. Les deux poſtérieures ſont pourtant aſſés aiſées à voir, mais ſouvent on ne peut appercevoir que les couronnes de crochets qui terminent les huit intermédiaires. Ces couronnes paroiſſent même immédiatement appliquées ſur le ventre dans lequel l'inſecte retire les jambes que ces couronnes

* Pl. 8. fig.
16 & 25. &
Pl. 9. fig. 1
& 2.

* Pl. 9. fig.
2. l'.

N ij

terminent, quand il eſt fatigué par l'obſervateur. Leur corps eſt long, il approche de la forme cylindrique. Nous avons vû que les teignes des laines & des pelleteries, dont le corps a la même forme, ſe contentent pour habillement, d'une eſpece de tuyau cylindrique ouvert par les deux bouts, compoſé de brins de laine, ou de poils entrelacés avec de la ſoye. Les fourreaux de pluſieurs eſpeces de nos teignes des feuilles ont auſſi une figure qui approche de la cylindrique, tels ſont ceux de ces inſectes qui aiment les feuilles des chênes, des poiriers, des hêtres, & celles de certaines plantes *. Mais les deux bouts du fourreau ne ſont pas terminés ſemblablement; l'antérieur, celui où eſt la tête, eſt rond, coudé & rebordé *; là le fourreau eſt plus fort, plus ſolide que par-tout ailleurs; il a beſoin de l'être pour ſe conſerver entier & dans ſa forme, malgré les divers mouvemens que ſe donne la tête de l'inſecte en bien des circonſtances. L'autre bout du fourreau, le poſtérieur, eſt ordinairement fermé; il ſert pourtant à donner ſortie aux excrémens, mais ce n'eſt que dans l'inſtant où l'inſecte s'en délivre, qu'il s'ouvre. La figure de ce bout du fourreau eſt plus ſinguliére que celle de l'autre; elle eſt formée par la rencontre de trois plans angulaires *, elle eſt à peu-près la même que ſeroit celle du deſſus d'un bonnet à trois cornes, eſpacées réguliérement, & diſpoſées comme le ſont les quatre des bonnets quarrés.

Au reſte le deſſus de ces fourreaux eſt uni; ils ſemblent compoſés d'une épaiſſe membrane; on ſent qu'ils ont aſſés de force ſi on les preſſe doucement entre deux doigts. Leur capacité, & ſur-tout leur longueur ſurpaſſe beaucoup ce que le corps de l'inſecte en demanderoit, s'il y étoit tranquille; mais cet habit eſt pour lui une eſpece de cellule, où il a beſoin au moins de ſe pouvoir retourner bout pour bout, & de faire divers autres mouvemens.

* Pl. 7. fig. 2, 3 & 7, & pl. 10. fig. 1, 2, 3 & 6.

* Pl. 7. fig. 2. a, & fig. 13 & 15. t.

* Pl. 9. fig. 9, 10 & 11. & pl. 10. fig. 4, 5 & 6.

Les fourreaux des teignes d'ormes * ont le premier coup d'œil pour eux; ils femblent plus travaillés, mieux façonnés que ceux de plufieurs autres teignes: leurs figures ne font pourtant pas conftamment les mêmes, mais en général on peut les comparer à celles de quelques poiffons, tels que les carpes. Ce font à la vérité des figures de poiffon bien en petit. La partie qui répond au ventre eft plus renflée que le refte, & arrondie; de-là, en allant vers la queuë le fourreau s'applatit, & fe termine affés comme la queuë d'un poiffon *. Le bout vers lequel eft la tête de l'infecte, eft un peu recourbé vers le ventre, il a une ouverture ronde & rebordée. * Mais ce qui fait que ce fourreau imite le plus la figure d'un poiffon, c'eft que fa partie fupérieure, celle qui répond ordinairement au dos de l'infecte, eft ornée de dentelures * qui reffemblent affés à ces aïlerons ou pinnes que les poiffons ont fur le dos.

C'eft fur ces fourreaux des teignes d'ormes qu'il eft plus aifé que fur tous autres, de s'éclaircir, ou au moins de prendre des foupçons bien fondés de la matiére dont ils font faits. Nous avons déja dit qu'en général ceux de toutes efpeces font de couleur de feuille féche; ils ne différent guéres en couleur, qu'autant que des feuilles féches de différens arbres en différent entr'elles. Si on les examine à la loupe, on découvre aifément entr'eux & les feuilles féches d'autres reffemblances que celles de la couleur; on y obferve des nervûres, des fibres * pareilles à celles des feuilles; on voit que ces fibres & ces nervûres forment par leur rencontre, de petits compartimens, un rézeau qu'on reconnoît pour celui d'une feuille. Enfin malgré la forme finguliére de ces fourreaux, & malgré quelques autres particularités qu'on leur remarque, & qu'on ne voit pas aux feuilles, il devient très-probable qu'ils font faits de feuilles féches. Mais comment l'infecte tire-t-il des

N iij

* Pl. 8. fig. 1, 2, 3, 4, 5, &c. & pl. 9. fig. 3.

* Pl. 8. fig. 4, 6, 13. & pl. 9. fig. 3.
* Pl. 8. fig. 1, 2, 3 & 4. t.

* Fig. 3. d, d,

* Pl. 8. fig. 3. & pl. 9. fig. 3.

feuilles la matiére propre à fe vêtir ! Comment s'y prend-
il pour lui donner la forme finguliére qu'a le fourreau !
quels font les apprêts qu'il fçait donner à cette matiére,
pour que les fourreaux qui en font faits, ne foient point
trop fragiles, & pour qu'ils différent encore par d'autres
endroits des feuilles féches ordinaires ! c'eft ce que j'ai inutilement tâché de deviner ; aucune de mes conjectures n'a
atteint précifément le vrai, il a fallu que l'infecte lui-même
me montrât tous fes procédés. Pour être en état de les
raconter clairement, & tels qu'il me les a fait voir, je dois
commencer par expliquer comment il fe nourrit.

Dès qu'il fe tient continuellement fur des feuilles, on
imagine affés qu'elles doivent lui fournir un aliment convenable : c'eft des feuilles auffi qu'il fe nourrit, mais ce
n'eft point du tout à la façon de ces chenilles, de ces
hannetons, & de tant d'autres infectes qui rongent en
entier ou en grande partie les feuilles auxquelles ils s'attachent ; nos teignes ménagent mieux celles de nos arbres,
elles n'altérent pas la figure des feuilles dont elles vivent.
J'ai déja dit que c'eft en-deffous de la feuille qu'elles
fe tiennent ; mais je n'ai point encore dit qu'elles ne la
touchent précifément que par le contour de cette ouverture ronde * du fourreau, par laquelle elles font fortir
leur tête quand il leur plaît ; de forte que la longueur du
fourreau fait toûjours un angle avec le plan de la feuille *,
fouvent de 45 degrés, quelquefois plus grand, quelquefois plus petit. La direction du plan de l'ouverture du
fourreau, avec la longueur de ce même fourreau, détermine l'inclinaifon du fourreau avec la feuille, & cette
direction du plan de l'ouverture n'eft pas la même dans
tous les fourreaux. Quoi qu'il en foit, repréfentons-nous
l'ouverture du fourreau de la teigne, appliquée contre le
deffous d'une feuille, & que le refte du fourreau ou le

* Pl. 8. fig.
1, 2, 3, 4,
&c. t.
* Pl. 8. fig.
24. t, t, &c.
& pl. 9, fig.
3.

corps de l'infecte qui y eſt contenu, eſt en l'air & comme pendant au-deſſous de la feuille. La teigne qui a beſoin de manger, fixe ce fourreau dans la poſition où nous venons de le conſidérer; elle ſçait filer, comme le ſçavent les autres chenilles. Soit avec des fils, ſoit avec la matiére propre à les compoſer, elle attache les bords de l'ouverture de ſon fourreau contre la feuille: elle a beſoin qu'il ſoit ainſi aſſujetti. Dès qu'il l'eſt, elle eſt en état de détacher la nourriture qui lui eſt propre.

Une feuille, telle que ſont celles des ormes, eſt aſſés mince, on ſçait pourtant qu'elle eſt compoſée de deux membranes; l'une en forme le deſſus, & l'autre en forme le deſſous. C'eſt entre ces deux membranes qu'eſt renfermé le parenchime, la pulpe de la feuille, cette ſubſtance comme véſiculaire, qu'on appelleroit volontiers la chair de la feuille. Si cette ſtructure de la feuille n'étoit pas connuë, les vers mineurs, dont nous avons traité dans le premier Mémoire de ce volume, nous l'euſſent découverte, & nos teignes ſeroient propres encore à nous la faire connoître. Elles ne prennent pour nourriture que ce parenchime, cette ſubſtance charnuë qui eſt renfermée entre la membrane ſupérieure & la membrane inférieure. La teigne qui vient d'attacher ſon fourreau, perce la partie de la membrane qui répond à ſon ouverture. Le trou étant fait, elle ronge tout ce qui ſe trouve de parenchime juſqu'à l'autre membrane, ou à la membrane ſupérieure; mais jamais elle ne perce celle-ci, jamais elle ne perce la feuille de part en part; le parenchime qu'elle rencontre en chemin, eſt ſon aliment. Si elle ſe contentoit de celui qui eſt vis-à-vis de l'ouverture, elle ſe contenteroit de bien peu; pour un ſeul repas il lui en faut beaucoup davantage; auſſi voit-on ſa tête avancer & ſe recourber *; elle mine entre les deux membranes, & ſucceſſivement dans tout le contour du

* Pl. 8. fig.
12 & 13.

trou; elle en détache la fubftance charnuë qu'elle dévore à mefure, & écarte en même temps les deux membranes l'une de l'autre, plus qu'elles ne le font dans leur état naturel; elle fe fait par-là une place capable de contenir la partie de fon corps qui doit y entrer. La feuille devient tranf-parente dans ces endroits, elle laiffe appercevoir tous les mouvemens de la teigne. Par-tout où fa tête peut atteindre, l'opacité, & en même temps le verd de la feuille difpa-roiffent; elle atteint toûjours de plus loin en plus loin, pour cela elle fort toûjours de plus en plus de fon fourreau; par conféquent la partie de fon corps qui y refte, eft toû-jours de plus en plus petite, & fait un angle avec celle qui en eft dehors. Quand elle a rongé pendant quelques heures, il n'y a fouvent que le bout de fa queuë qui y refte. Il eft donc néceffaire alors que ce fourreau fe foûtienne feul, & de-là vient la néceffité de la précaution qu'elle prend de le coller, & de border le contour du trou* de la feuille d'un cordon de foye qui tient au contour de l'ouverture du fourreau. Là il eft fixe & toûjours prêt à recevoir l'infecte quand il lui prend envie d'y rentrer, & il y rentre de lui-même de temps en temps, foit lorfqu'il veut fe donner du repos, foit lorfqu'il veut pénétrer dans l'épaiffeur de la feuille, dans des côtés oppofés à ceux où il pénétroit au-paravant. Ainfi il eft toûjours à couvert lorfqu'il prend de la nourriture, comme lorfqu'il eft dans l'inaction, puifque la feuille même d'où il la détache, le couvre. Pour peu auffi qu'il s'apperçoive de quelques mouvemens extraor-dinaires dans la feuille, il s'en retire vîte, & rentre à recu-lons dans fon étui.

C'eft pourtant en empêchant quelques teignes des feuilles d'ormes de rentrer dans leur fourreau, que je fuis parvenu à obferver pour la première fois tout l'art qu'elles employent à fe vêtir. J'ai faifi doucement & preftement

les

* Pl. 9. fig.
4. rr.

les fourreaux * de plufieurs teignes qui s'étoient avancées
loin pour manger; j'ai retiré ces fourreaux * auffi vîte que
je les avois faifis. Les infectes logés en grande partie, &
même cramponnés entre les deux membranes de la feuille,
n'ont pû fuivre leur habit, ils s'en font trouvé dépouillés.
Sans leur avoir fait aucun autre mal, je les ai donc mis
dans la néceffité de fe vêtir, & quelques-uns, dont le
nombre cependant a été le plus petit, l'ont entrepris.

Suivons une de ces teignes * qui a bien voulu faire ufage
de fon induftrie fous mes yeux, à qui fon fourreau vient
d'être arraché; elle commence par faire fortir fon derriére
par le trou * percé dans une des membranes de la feuille;
elle cherche fon habit en tâtant à droit & à gauche; mais
après être fortie prefqu'en entier fans le retrouver, elle
prend le parti de rentrer dans la feuille auffi avant qu'il
eft poffible. L'efpace qu'elle avoit creufé en détachant
la nourriture qui lui étoit néceffaire, étant trop petit pour
recevoir fon corps s'il y étoit étendu en ligne droite, elle
travaille à aggrandir cet efpace. Qu'elle eût befoin de manger
ou non, elle continuë de ronger la fubftance de la feuille
comprife entre les deux membranes, & à force de ronger,
elle parvient à fe faire une place où elle peut être à l'aife *.
En attendant qu'elle ait un habit, la voilà déja à couvert:
elle eft couchée entre les deux membranes de la feuille,
comme entre deux couvertures, & environnée de matiére
propre à lui fournir des alimens. Elle n'y refte pas long-
temps tranquille, bien-tôt on la voit recommencer à miner
avec une nouvelle ardeur; le tranfport des décombres ne
l'embarraffe pas, puifqu'elle mange tout ce qu'elle détache du trou qu'elle aggrandit. En l'étendant, elle fe loge
déja plus au large; mais ce qui eft plus effentiel, c'eft qu'elle
prépare en même temps l'étoffe propre à fe faire un
habit. Les deux membranes dont nous avons tant parlé

Tome III.   . O

* Pl. 8. fig.
13.
* f.

* Pl. 8. fig.
14. t.

* o

* Fig. 14.
o t r p.

jusqu'ici, font cette étoffe, le drap dont il doit être fait. Les pieces n'ont pas·befoin d'être bien grandes, elles le font cependant par rapport à la grandeur de l'infecte ; car un fourreau neuf a au moins le double de la longueur du corps de ce petit animal, & fouvent il en a bien davantage. Ces morceaux de membranes n'ont pas toûjours les mêmes figures ; dans les circonftances dont nous parlons, ils en ont affés fouvent une qui approche de celle d'un rectangle ; chaque morceau eft fouvent borné par deux des fibres principales qui partent de la nervûre qui divife la feuille en deux felon fa longueur. Dans cette partie de la feuille, les deux membranes font donc féparées l'une de l'autre, tout parenchime a été détaché ; elles n'ont rien de verd ; elles ont alors une couleur blancheâtre ; elles font très-tranfparentes ; non - feulement elles laiffent voir le corps de l'infecte, elles ne dérobent même aucun de fes mouvemens. Du refte en les préparant, il a pris grand foin de les conferver faines & entiéres, il n'y a pas fait la moindre petite fente ; la feule ouverture qui s'y trouve, c'eft celle qui lui a d'abord donné entrée ; mais ce trou * eft alors à un des bouts de la membrane préparée, & dans une partie qui fera inutile.

En cet état, chacune de ces deux membranes eft pour notre teigne, ce qu'eft pour un tailleur une piece de drap, & un tailleur ne s'y prendroit pas autrement qu'elle va faire. L'habit qu'elle fe veut tailler, doit être compofé de deux morceaux égaux & femblables, qui doivent être réunis enfemble au-deffus du dos, & au-deffous du ventre ; elle va couper fur chacune de ces membranes un morceau de telle figure & grandeur qu'il formera la moitié de l'habit ; & cela auffi exactement & auffi réguliérement que fi elle avoit un patron qui la guidât. Ses dents ou ferres lui fervent de cifeaux pour couper chacune de ces pieces ; des

* Pl. 8. fig. 14. o.

ciseaux ordinaires sont à la vérité des outils qui coupent plus vîte, néantmoins les pieces ne sont pas long-temps à couper; tout l'ouvrage va assés promptement, puisqu'un habit peut être commencé & fini en moins de douze heures, à le prendre depuis que l'insecte a percé une feuille, jusqu'à ce qu'il l'ait rendu parfait, & qu'il l'ait mis en état d'être emporté. Ainsi la teigne n'a pas seulement fait son habit en douze heures, ce temps lui a suffi de plus pour en fabriquer ou préparer l'étoffe.

Si chacun des morceaux qui doivent composer l'habit, avoit une figure réguliére, s'ils étoient ronds ou quarrés, par exemple, leur coupe n'auroit pas de quoi nous surprendre si fort; les fibres entre lesquelles les membranes se trouvent renfermées, pourroient déterminer nécessairement l'insecte à les tailler quarrément; certains mouvemens nécessaires de son corps pourroient aussi le forcer à les couper en rond. Mais on ne peut voir sans étonnement que ces pieces sont contournées avec une sorte d'irrégularité nécessaire à la forme du fourreau; la coupe du morceau de drap propre à faire le devant ou le derriére d'un de nos habits, n'a peut-être pas des contours aussi difficiles, ou plus difficiles à suivre. Ces morceaux de membranes doivent être coupés à un bout plus larges du double, qu'ils ne le sont à l'autre; en venant du bout large au plus étroit, ils se courbent doucement, mais ils se courbent différemment de chaque côté; le bord d'un des côtés est un peu concave, & le bord de l'autre côté est convexe. Le petit bout est l'endroit où doit être le trou par où la tête de l'insecte sortira; il faut qu'il y ait une échancrûre près de ce bout, afin que cette partie étant appliquée sur la feuille, le reste du tuyau en soit distant. Enfin cette figure est si contournée & si irréguliére, qu'il est très-difficile de la décrire. Cependant l'insecte n'a rien qui le conduise à couper des morceaux de feuilles suivant de tels contours. Il semble vouloir nous prouver qu'il a l'idée de leur figure, & qu'il sçait agir suivant cette idée.

Quoi qu'il en soit, il est aisé au moins à notre teigne de tailler les deux pieces, de façon qu'elles ayent chacune précisément la même figure & les mêmes contours, puisqu'elles sont toûjours l'une vis-à-vis de l'autre, & qu'elle est placée entr'elles; pour s'y moins méprendre, après avoir coupé une portion d'une des pieces, elle coupe la portion correspondante de l'autre. Quoique détachées, elles ne laissent pas de tenir au morceau dont elles ont été coupées, elles y restent comme encadrées *. Les petites dentelures qui y ont été faites nécessairement pendant que l'insecte les séparoit, les y tiennent engrainées; il n'y a pas à craindre qu'elles tombent.

* Pl. 8. fig. 14. f.

Voilà l'habit taillé, mais il reste à le finir. Nous avons dit que sa grandeur n'est pas proportionnée à celle du corps de la teigne, mais qu'elle l'est aux mouvemens qu'elle aura à s'y donner; que comme elle doit s'y retourner, il doit avoir une largeur & une longueur qui semblent excédentes; elle a même besoin de s'y retourner bien des fois avant que de le rendre parfait. Nous avons laissé les deux pieces qui le doivent composer, comme flotantes l'une vis-à-vis & au-dessus de l'autre; il reste à les assembler, à les bien unir ensemble. L'art de coudre n'est pas connu de notre insecte, mais nous avons déja vû qu'il sçait celui de filer; c'est avec des fils tirés de la filiére, qui est un peu au-dessous de la bouche, qu'il attache ensemble les deux bords des deux pieces; & il les attache si solidement, si bien & avec tant de propreté, que quand l'habit est fini, quoiqu'on sçache les endroits où les deux bords ont été ajustés l'un contre l'autre, on a peine à les reconnoître, même avec le secours de la loupe.

Il m'a paru que la teigne ne se pressoit pas d'assembler entiérement les deux pieces, ou de les assembler tout du long, qu'elle les attachoit d'abord en différens endroits assés éloignés les uns des autres. Elle attend à les assujettir par-tout fixement, jusqu'à ce qu'elle leur ait fait prendre la vraye courbûre, la vraye rondeur qu'elles doivent avoir. Ces pieces considérées comme planes, ont bien les contours qu'elles doivent avoir, la coupe les leur a donnés, mais elles ont à prendre leur forme en bosse *, & à prendre, pour ainsi dire, le bon pli sur le corps même de l'animal. C'est aussi en se retournant, en se mettant dans toutes les positions, où il aura par la suite besoin de se mettre, qu'il les écarte l'une de l'autre autant qu'elles le doivent être, & qu'il leur donne de la convexité.

** Pl. 8. fig. 14. &.*

La partie du fourreau par où sort la tête de l'insecte, est comme une petite portion de cylindre creux, qui fait un coude avec le reste; au lieu que ce bout est arrondi, l'autre bout est applati dans les fourreaux de nos teignes d'orme : les deux membranes appliquées l'une contre l'autre, donnent à cette derniére partie de leur fourreau une sorte de ressemblance avec la queuë d'un poisson *. Quand la teigne achéve d'assembler les deux pieces du fourreau, elle n'assemble point cette portion qui se termine en queuë; les parties qui la composent doivent être en état de se séparer l'une de l'autre, toutes les fois que l'insecte a des excrémens à rejetter; il va alors à reculons vers le bout plat du fourreau, il force les deux membranes * à s'écarter, & par l'ouverture qu'elles laissent entr'elles, il pousse dehors un petit grain noir; cette opération finie, il revient vers l'autre bout du tuyau, & l'ouverture de la queuë du fourreau se referme par le ressort des parties qui la forment.

** Pl. 9. fig. 3.*

** Pl. 9. fig. 3. 44.*

Son travail ne se borne pas à bien assembler les deux pieces qui composent l'habit; après qu'elle les a jointes

enfemble fuffifamment, pour qu'elles puiffent foûtenir, fans
fe féparer, la pefanteur de fon corps, & fes différens mouvemens, on voit la teigne aller & revenir d'un bout de l'habit à l'autre, & frotter en même temps avec fa tête la furface intérieure des deux membranes dont il eft compofé.
Il pouvoit y être refté des inégalités qu'elle n'aime pas à
fentir contre fa peau; fes frottemens de tête les applaniffent,
les liffent. Elle ne fe contente pas même d'unir l'étoffe
de fon habit, elle la fortifie, principalement dans l'étenduë
que fon corps y doit le plus occuper, c'eft-à-dire, depuis
l'ouverture par laquelle la tête peut fortir jufqu'environ à
la moitié de fa longueur; là fur-tout le fourreau a une
épaiffeur & une folidité qui furpaffent beaucoup celles de
la mince membrane qui recouvre une feuille; il les doit à
une doublûre qui y a été appliquée. Elle eft compofée de
fils fi exactement collés, fi parfaitement réunis, qu'on ne
peut venir à bout de les bien féparer; ils forment une efpece d'enduit qui rend opaque ce fourreau compofé de
membranes très- tranfparentes.

Enfin les parties de l'habit étant folidement réunies,
étant fuffifamment fortifiées où elles ont befoin de l'être;
en un mot, l'habit étant fini, la teigne fonge à le retirer
de fa place *, car il eft, pour ainfi dire, toûjours refté fur le
même établi; il eft même refté engrainé dans les bords des
pieces de la feuille où il a été coupé; il n'y a donc plus
qu'à le dégager des parties dans lefquelles il eft encadré.
Cette opération demande que l'infecte faffe plus ufage de
fa force que de fon adreffe. Il fait fortir fa tête * & les jambes
qui en font les plus proches, par l'ouverture du nouveau
fourreau; fes jambes s'accrochent à quelque portion de
la feuille fur laquelle il fe tire, & tire en même temps fon
fourreau en avant, car il le faifit intérieurement avec le
refte de fon corps, & principalement avec les crochets des

* Pl. 8. fig.
14. a.

* a.

jambes membraneufes. Le nouvel habit ne céde pas aux
premiers efforts; lors même qu'il ne tient à rien, il eft une
affés pefante charge pour le petit animal qui le porte; la
teigne réïtére donc plufieurs fois les mêmes tentatives;
elle s'accroche à différentes parties de la feuille, & fous
différentes inclinaifons; enfin le fourreau fe débarraffe de
l'efpece de cadre qui le retenoit. L'infecte alors marche,
il emporte fon habit, & va s'appliquer fur quelqu'autre
feuille, ou fur une autre partie de la même feuille. Là il
la perce pour en tirer de la nourriture de la maniére dont
nous l'avons expliqué.

C'eft par force que nous avons fait travailler à fe faire
un habit, la teigne d'orme dont nous venons de fuivre les
procédés; les fourreaux qu'elles fe font de bon gré, font
mieux façonnés, & à un peu moins de frais. Celui dont
nous venons de parler *, & quelques autres que j'ai fait
faire de la même maniére, n'avoient point par deffus ces
dentelures que nous avons comparées aux aîlerons ou
pinnes que les poiffons portent fur le dos. Elles ornent
fort l'habillement; on ne foupçonnera pourtant pas nos
teignes de les y mettre pour la parûre; mais il y a peut-
être moins de travail pour elles dans le fourreau orné, que
dans le fourreau uni. Du moins eft-il fûr qu'elles travaillent plus à leur aife l'habit bien découpé que l'habit uni.
Les dentelures qui parent ce fourreau, font celles de la
feuille dans laquelle il a été taillé. Lorfque les teignes des
ormes fe veulent faire un habit, l'étenduë de la partie dans
laquelle elles fe propofent de miner, d'ôter le parenchime,
de bien féparer les deux membranes l'une de l'autre, l'é-
tenduë, dis-je, de cette partie comprend plufieurs dentelures *. Après que l'infecte a creufé ce qui eft à une
certaine diftance du bord, on le voit aller fucceffivement
dans chacune des dentelures qu'il a fait entrer dans le plan

* Pl. 8. fig.
15.

* Fig. 17.
a b q.

de fon ouvrage ; là il ôte comme ailleurs tout ce qu'il y a de fubftance fpongieufe & verte entre les deux membranes; mais il fe donne bien de garde de les féparer l'une de l'autre jufqu'à leur bord extérieur; là elles font réunies l'une à l'autre par la nature, & par conféquent mieux qu'elles ne pourroient être par ouvrage d'infecte. La cour-bûre du contour de la feuille eft auffi celle qui convient à la partie fupérieure du fourreau, à celle qui eft au-deffus du dos. Ici l'épargne dans la façon de couper & dans celle de coudre eft donc vifible; la teigne n'a à couper les membranes que d'un côté, que de celui qui fe doit trou-ver immédiatement au-deffous du fourreau ou du ventre; & par la même raifon, il n'y a qu'un côté où elle foit obligée d'affembler les deux membranes; le travail de miner les dentelures ne doit être compté pour rien, parce que la teigne mange en minant, & il vaut autant manger là qu'ailleurs. Si elle laiffoit le parenchime dans les dentelures, l'habit en feroit appéfanti; d'ailleurs fi le parenchime fe defféchoit dans les dentelures, il les rendroit plus roides & plus caffantes.

Le grand reproche qu'on a fait à ces mouches fi in-duftrieufes & fi laborieufes, aux abeilles, c'eft la régularité & l'uniformité conftantes qu'elles obfervent dans la con-ftruction de leurs cellules. Les ouvrages de nos teignes ne donnent pas lieu à un pareil reproche; elles fe conduifent différemment, felon que les circonftances le demandent. Pour en donner une premiére preuve, je vais décrire tout le travail que j'ai vû faire à une teigne qui avoit miné près du bord d'une feuille d'orme, qui d'elle-même étoit fortie de fon vieux fourreau, & qui étoit occupée à préparer l'étoffe dans laquelle elle vouloit s'en couper un neuf. Elle avoit déja miné une affés grande place, & même * Pl. 9. fig. dans tous les recoins de fes dentelures *; elle ne s'attendoit 6. *p d.* pas

pas à avoir à faire l'ouvrage que je lui donnai. Avec des
ciſeaux j'emportai le bord de la feuille juſqu'à l'origine
des dentelures *. Dès lors les deux membranes ſe trouvérent ſéparées l'une de l'autre dans le contour du bord que
j'avois coupé. La teigne n'héſita pas à ſe déterminer pour
le ſeul parti qu'il y avoit à prendre; preſque ſur le champ
elle travailla à attacher l'un contre l'autre le bord de chaque
membrane, elle les lia enſemble avec des fils de ſoye. Cela
fut achevé en moins de ſept à huit minutes. Quand elle
eut remédié au dérangement que j'avois cauſé, elle reprit
ſon premier travail, elle continua de miner; elle n'avoit
pourtant pas encore miné toute l'étenduë qu'elle vouloit
qui le fût, qu'elle commença une nouvelle manœuvre. Elle
parcouroit ſucceſſivement différentes parties d'une portion
de l'eſpace dont elle avoit enlevé le parenchime, elle les
frottoit avec le deſſous de ſa tête; ſon unique but & ſon
unique ouvrage n'étoit pas d'applanir les membranes dans
cet endroit. A meſure qu'elles étoient frottées, elles devenoient plus opaques; d'où il ſuit qu'elle y adjoûtoit
quelque choſe, qu'elle les tapiſſoit de ſoye. Il y a plus,
l'extérieur de cette portion de l'une & de l'autre membrane
prenoit de la convexité, partie de la rondeur propre au
fourreau; enfin il ſembloit, & cela étoit réellement ainſi,
qu'elle avoit déja fait là une eſpece de fourreau *. Les
procédés que nous rapportons actuellement, & ceux dont
il nous reſte à parler, ne ſont pas préciſément les mêmes
que ceux de la teigne que nous avions miſe dans la néceſſité de ſe faire un habit en pleine feuille, ils devoient être
différens; & il eſt aiſé de voir en quoi ils devoient différer.
Quand la teigne a préparé au milieu d'une feuille l'étoffe
néceſſaire pour fournir aux deux pieces d'un habit complet, elle peut couper ces deux pieces; quoique coupées
tout autour, elles peuvent reſter en place, chacune d'elles

Tome III.   . P

* Pl. 9. fig.
6. *pood.*

* Fig. 7.
doop.

est encadrée & soûtenuë par le frottement dans les bords
de la partie dont elle a été prise; & pour peu qu'il soit
resté quelque legere fibre, quelque petit filet qui n'ait point
été coupé, chaque moitié de l'habit est suffisamment retenuë dans l'établi, il n'y a pas à craindre qu'elle tombe.
Mais lorsque le bord même de la feuille entre dans la composition de l'habit, lorsqu'il est commun aux deux pieces,
il est évident que si la teigne coupoit chacune des pieces
du seul côté où il reste à la couper, ces pieces ne tien-
droient pas contre la partie dont elles ont été séparées;
elles ne seroient pas retenuës suffisamment pendant que
la teigne se donneroit les mouvemens nécessaires, & ces
pieces ne seroient plus assujetties comme elles le doivent
être, pour que la teigne achéve d'en faire un habit. Qu'on
me pardonne la longueur de ces détails nécessaires pour
faire connoître tout ce qu'ont d'ingénieux, &, ce semble,
de raisonné les procédés de notre insecte, auxquels on en
trouve peu de comparables parmi ceux des insectes les
plus industrieux. Notre teigne qui fait entrer le bord de
la feuille dans son fourreau, ne doit donc pas se presser
de couper les pieces du fourreau, elle n'en doit venir là
que le plus tard qu'il est possible, que quand le fourreau
est presque fini. Aussi commence-t-elle par donner une
doublûre de soye à ce fourreau; elle fait le fourreau de
soye qui doit doubler celui de feuille, avant que de couper
le fourreau de feuille. Cela se voit très-clairement, on
voit très-bien qu'il y a une portion de l'endroit miné,
qui a pris la forme de tuyau, qui est obscure, & que la
teigne ne peut s'avancer entre les membranes dont la substance charnuë a été détachée, qu'en passant par l'un ou
par l'autre bout du fourreau de soye. Je vis celle que
nous avons laissé occupée à filer, sortir en partie par un
des bouts*, pour aller miner un nouvel espace; elle rentroit

* Pl. 9. fig.
7.

enfuite dans le fourreau de foye, elle l'allongeoit, ou elle le
fortifioit par de nouvelles couches de fils foyeux ; elle revenoit enfuite miner, foit pour préparer de nouvelle étoffe,
foit réellement pour manger ; car la teigne dont je parle,
fit fon habit à fon aife, elle y employa près de deux jours,
pendant lefquels elle eut fouvent befoin de prendre de la
nourriture. Elle eut befoin auffi de rendre des excrémens,
& elle les alloit jetter à un des endroits du bord de la feuille,
où elle n'avoit eu garde de réunir les deux membranes que
j'avois féparées. Enfin je vis l'habit qui avoit pris fa forme,
c'eft-à-dire, fa convexité ; il avoit même fa couleur, la
doublûre de foye la lui donnoit ; mais les pieces d'étoffe
étoient encore entiéres, & j'étois inquiet de fçavoir comment la teigne alloit s'y prendre pour les couper. Elle me fit
voir les moyens qu'elle s'étoit réfervés. Le fourreau de foye
n'étoit pas auffi complet qu'il le paroiffoit à l'extérieur,
tout du long d'un de fes côtés, tout du long de celui qui
dans l'état naturel, devoit couvrir le ventre de l'infecte, ou
plus clairement encore, tout du long du côté le plus proche
du milieu de la feuille, le fourreau n'étoit que fauxfilé ou
bagué. La teigne avoit laiffé des efpaces par où elle pouvoit
faire paffer fa tête *, & par où elle la fit paffer pour couper   * Pl. 9. fig.
avec fes dents chacune des membranes, pour féparer du   8.
refte tout ce qui devoit appartenir au fourreau. Elle coupoit avec choix ; elle ne coupa d'abord que les endroits
qui avoient des fibres déliées ; elle ne toucha pas aux groffes
fibres * ; elle coupa ainfi tout ce qu'il y avoit de plus aifé à   * f f f.
couper, depuis affés près de l'endroit où devoit être le
bout antérieur * du fourreau, jufqu'au bout poftérieur *.   * a.
Quand elle avoit coupé dans un endroit les membranes   * p.
oppofées, elle les attachoit enfemble. Enfin quand tout le
facile ; c'eft-à-dire, quand la plus grande partie de la longueur, ou prefque toute la longueur du fourreau eût été

coupée & coufuë, elle vint couper trois à quatre groffes
fibres * qui jufques-là avoient été néceffaires, elles avoient
été le foûtien du fourreau ; elle lia enfuite enfemble les
petites portions du fourreau, fur lefquelles fe trouvoient
les groffes fibres. Le fourreau ne tenoit plus alors que par
fon bout antérieur *, elle coupa donc enfin les deux membranes de maniére que l'ouverture antérieure eût une inclinaifon convenable. La teigne fe trouva alors un habit
neuf qui ne tenoit plus à rien, & qu'elle emporta ; elle
adjoûta à fon aife de la foye aux endroits où il en falloit,
elle en reborda l'ouverture antérieure.

Nous ferons faire encore une remarque par rapport à
cette ouverture antérieure, c'eft que la teigne la plaça
dans un endroit directement oppofé à celui où elle l'auroit placée, fi je n'euffe point coupé la dentelure : alors
elle eût mis cette ouverture dans la portion des membranes la plus proche de la queuë de la feuille *, & elle la mit
dans la portion des mêmes membranes la plus proche de
la pointe *. En coupant le bord de la feuille, je lui avois ôté
la courbûre qui détermine la teigne à placer l'ouverture
antérieure du côté de la queuë de cette feuille ; dès qu'elle
ne put plus profiter de cette courbûre, quelqu'autre commodité l'engagea apparemment à la placer du côté oppofé.

Enfin pour donner encore une preuve de l'efpece d'intelligence qu'ont nos teignes de l'orme, pour prouver
encore qu'elles fçavent choifir, je dirai que j'en ai vû qui,
fans y avoir été forcées, coupoient leur étoffe en pleine
feuille. Le nombre de celles-ci eft petit ; elles peuvent
être déterminées à en ufer de la forte par des circonftances
qui ne nous font pas trop connuës. Il peut, par exemple,
arriver qu'elles ayent à travailler dans des feuilles qui commencent à devenir trop dures, à fe trop deffécher ; alors
ces feuilles font plus féches vers les bords que vers le milieu,

Un parenchime trop defféché ne donneroit peut-être pas affés de prife aux dents ou ferres de l'infecte; il auroit peine à parvenir à féparer les deux membranes fans les déchirer. Si en général le travail de cet infecte eft admirable, la plus grande merveille, la plus difficile à expliquer, à qui voudroit l'expliquer méchaniquement, c'eft de ce qu'il fçait s'y prendre différemment pour faire le même ouvrage, lorfque les circonftances le demandent.

L'habit qui a été d'une grandeur convenable à une jeune teigne, ne doit plus avoir les dimenfions qui conviennent à celles d'un âge plus avancé. Nous avons dit ailleurs que les teignes des laines & des pelleteries ne changent pourtant jamais d'habit, mais qu'elles ont l'art d'allonger & d'élargir le leur, à mefure que l'accroiffement de leur corps le demande. Pour nos teignes des feuilles, elles ont des habits qui ne font propres ni à être allongés, ni à être élargis, auffi quand ils deviennent trop petits, elles n'y fçavent autre chofe que ce que nous fçavons en pareil cas, c'eft de s'en faire un neuf d'une grandeur convenable.

Je ne fuis point parvenu à les voir éclorre, à les voir fortir de l'œuf, mais à en juger par la petiteffe de quantité de fourreaux que j'ai obfervés, lorfque les ormes commençoient à fe couvrir de feuilles, j'ai vû les teignes dans leur premiére robe. Dans le printemps j'en ai trouvé beaucoup dont les fourreaux n'avoient pas une ligne de long. Selon les proportions que nous avons données de la grandeur de l'habit nouvellement fait à celle du corps de l'infecte, lorfque les teignes avoient taillé ceux-ci, la longueur de leur corps ne devoit être que d'environ un tiers de ligne. Communément l'accroiffement des infectes eft prompt; dans la durée d'une vie qui ne doit guéres s'étendre par-delà celle d'une faifon, tout doit s'achever promptement. Auffi nos jeunes teignes croiffent vîte, bientôt leurs habits deviennent trop courts & trop étroits, alors elles fongent à s'en faire de neufs. Ce n'eft pourtant que preffées par la néceffité qu'elles y viennent; elles font ménagéres de leurs peines; elles ne s'avifent guéres de quitter l'ancien habit, que lorfque leur corps étendu le remplit prefque d'un bout à l'autre; & pour n'avoir pas à recommencer fi fouvent, leur corps n'occupe guéres plus du tiers de la longueur de celui qu'elles fe font enfuite; d'où il eft aifé de calculer qu'elles n'ont befoin que de fe faire trois fourreaux dans toute leur vie; le dernier leur dure plus long-temps que tous les autres enfemble. Si elles font obligées d'en changer, ce n'eft jamais parce qu'ils fe font ufés; elles ont donné de la folidité de refte à l'étoffe dont ils font faits; & ils n'ont à foûtenir que de très-legers frottemens, puifqu'ils ne touchent les feuilles que par leur ouverture. Peut-être feroit-il plus à craindre que la pluye ne les pourrît; mais y fuffent-ils toûjours expofés, elle auroit peine à le faire dans un mois ou deux, que doit durer celui qui fert le plus long-temps; d'ailleurs ils font peu en rifque d'être mouillés, la feuille au-deffous de laquelle ils font attachés, eft pour eux un très-bon & très-grand parapluye.

Quand une teigne s'eft déterminée à fe faire un four-reau neuf, elle attache le bord de l'ouverture du fien con-tre la feuille *, comme toutes ont coutume de le faire pour manger; auffi la moins induftrieufe, mais la plus con-fidérable partie de leur travail, eft alors de bien manger, puifque c'eft en mangeant qu'elles vont creufer dans l'é-paiffeur de la feuille, qu'elles vont féparer les deux mem-branes l'une de l'autre, & les dégager de tout parenchime, en un mot, préparer l'étoffe néceffaire. Seulement eft-il à remarquer que l'endroit où elles ont fixé le bout de leur fourreau, eft peu éloigné du bord de la feuille & de fa queuë. Elles la percent; après l'avoir percée, elles la minent

* Pl. 8. fig. 17. & 18 f.

non pas tout autour du trou, comme elles ont coûtume
de faire quand elles mangent fimplement pour manger,
mais en allant en avant; de forte que quand elles ont creufé
affés loin pour fe pouvoir loger entre les deux membranes*, * Pl. 8. fig.
elles fe retirent entiérement de l'habit * où elles étoient 17. a b q.
trop à l'étroit; elles le laiffent en arriére, & achévent de * f.
préparer l'étenduë de membranes, néceffaire pour fe tailler
un habit, comme nous l'avons expliqué cy-devant; mais
comme elles ne font pas auffi preffées qu'elles l'étoient
quand nous les avons contraintes de fe vêtir, leur ouvrage
n'eft quelquefois entiérement fini qu'au bout d'un ou de
deux jours, ce que nous avons déja fait remarquer. Pendant le temps qu'elles employent à faire leur nouvel habit,
elles mangent peut-être plus qu'à l'ordinaire, puifque leur
ouvrage n'avance qu'à proportion de la nourriture qu'elles
détachent de la feuille; elles ont donc befoin de fe vuider,
pour cela elles rentrent de temps en temps dans le vieux
fourreau; elles font remonter leur derriére jufqu'à fon
bout poftérieur qui ne manque pas alors de s'ouvrir pour
laiffer fortir un petit grain noir & dur, qui eft comme
dardé à quelque diftance du fourreau. Elles retournent
enfuite dans la feuille qu'elles ont creufée pour continuer
leur travail.

La partie de la feuille à laquelle a été attaché l'ancien
habit, n'eft jamais comprife dans l'étenduë des pieces
qu'elles coupent pour s'en faire un nouveau; par conféquent lorfque ce dernier eft fini, lorfque l'infecte l'emporte, il laiffe l'autre collé & appliqué contre la feuille, * Pl. 7. fig.
dans la place où il l'a affujetti *d'abord. Cet ancien fourreau 7. k. pl. 8.
eft pofé comme il le feroit, s'il renfermoit une teigne; 18. f.
mais il eft toûjours aifé de reconnoître qu'il eft vuide, &
qu'il a été abandonné; on en a une preuve prefque certaine,
lorfqu'on voit qu'il touche à un endroit d'où une portion * Pl. 7. fig.
de la feuille a été ôtée *. 7. g.

Il y a auffi un figne à peu-près du même genre, qui peut conduire à trouver de nos teignes fur les arbres, & à reconnoître, prefqu'au premier coup d'œil, fi les arbres en ont, ou s'ils n'en ont pas. Lorfqu'on voit des feuilles dont certaines portions font féches *, pendant que tout ce qui les environne a fa verdeur & fa fraîcheur naturelle, l'intérieur des endroits qui femblent defféchés, a été rongé par nos infectes. Si on n'en trouve pas fur le deffous de ces feuilles, on n'a qu'à fe donner la peine d'examiner les feuilles voifines, & on y en découvrira. Si l'arbre qu'on obferve a quantité de feuilles qui ont de ces portions féches, on y trouvera bon nombre de teignes; on y en trouvera peu, s'il y a peu de ces feuilles maltraitées, & il fera rare d'en trouver fur les arbres dont les feuilles paroîtront faines. On les rencontre fur les arbres dès qu'ils commencent à fe couvrir de feuilles.

Il y a pourtant d'autres infectes que nos teignes, qui travaillent dans l'épaiffeur des feuilles, tels font ces mineurs qui ont fourni la matiére du premier Mémoire. Mais on ne fçauroit confondre les endroits d'où ils ont tiré le parenchime, avec ceux d'où il a été tiré par nos teignes. Ces autres infectes reftent dans l'épaiffeur de la feuille jufqu'à ce qu'ils foient près de fe métamorphofer, ils y font pour l'ordinaire leurs excrémens qu'on y rencontre, fi on ne rencontre pas les infectes mêmes. D'ailleurs les endroits qui ont été fuccés & defféchés par nos teignes, ont toûjours une de leurs membranes percée par un trou * de grandeur fenfible, qu'on ne voit point à ceux qui l'ont été par d'autres mineurs.

Depuis que j'ai connu les fignes qui indiquent des teignes, non-feulement je les ai trouvées fans peine fur les arbres où elles font très-communes, & où je ne les voyois pas auparavant, je les ai même trouvées fur des arbres où
elles

elles font beaucoup plus rares, fur les charmes, fur les hêtres, fur les poiriers, fur les pommiers, fur les cerifiers, fur les pêchers, fur les pruniers; & on en trouvera apparemment fur bien d'autres arbres, fi on fe donne la peine de les y chercher; mais cette recherche n'offrira rien d'intéreffant, à moins qu'elle ne conduife à découvrir quelque fourreau d'une ftructure différente de celle des fourreaux que nous avons examinés, & qui demande quelqu'induftrie particuliére. Car après tout, on aime à apprendre jufqu'où va le génie de certains infectes, on les admire avec raifon, lorfqu'on leur voit faire des ouvrages qui femblent fuppofer de l'intelligence; mais on n'eft pas plus touché de voir faire de pareils ouvrages par vingt ou trente différentes efpeces d'infectes, qu'on l'eft de les voir faire par deux ou trois, ou même par une feule efpece.

Je dois pourtant avertir que ce n'eft pas feulement fur les arbres & fur les arbriffeaux qu'on rencontre des teignes qui s'habillent des membranes, & qui fe nourriffent de la fubftance de leurs feuilles; il y en a qui fe tiennent fur de fimples plantes. M. Bernard de Juffieu en a obfervé une efpece fur les feuilles d'un lichnis *, & il a eu foin de la faire deffiner par M. Aubriet. M. Baron m'en a envoyé de Luçon en Poitou, une jolie efpece * qui s'attache aux feuilles de l'eupatoire. J'en ai trouvé une efpece qui s'arrête volontiers fur les graines de l'arroche & plus fouvent que fur les feuilles de cette plante, & qui eft fort femblable à celle qui aime l'eupatoire.

* Pl. 8. fig. 21, 22, 23, & 24.

* Pl. 10. fig. 1, 2, 3 & 6.

Une des principales variétés que nous avons obfervées entre les fourreaux de ces fortes de teignes, c'eft que les uns font de fimples tuyaux prefque ronds, & que les autres font ornés par deffus de dentelures. Nous avons déja dit que les dentelures n'entrent pour rien par elles-mêmes dans le plan de la coupe de l'habit, elles n'y entrent que

Tome III. Q

parce que ces infectes paroiffent aimer en général à en faire le deffus du contour de la feuille; il leur eft aifé de trouver des portions de ces bords de feuilles, qui ayent la courbûre qui convient au dos de leurs habits de moyen âge, & quelquefois des plus grands habits; ils choififfent même par préférence la courbûre de la partie de la feuille la plus proche de fa queuë. Il n'y a donc de dentelures fur le fourreau que quand la feuille dont l'infecte le fait, eft dentelée, & que quand il a fait entrer les bords de la feuille dans les pieces néceffaires pour le former; ainfi les teignes qui font leurs fourreaux de feuilles de chênes, & de certaines feuilles de poiriers, ont des fourreaux fans dentelures *; au lieu que celles qui font les leurs de feuilles de cerifier, de pommier *, mais fur-tout de feuilles d'ormes, font dentelées.

*Pl. 7. fig. 2, 3, 8.

*Fig. 13 & 15.

J'ai pourtant obfervé conftamment que les petits fourreaux des teignes d'ormes, ceux des jeunes teignes, n'avoient aucunes dentelures, quoique les jeunes feuilles d'ormes foient dentelées. Je croirois donc volontiers qu'elles les font de feuilles ou petales de la fleur de cet arbre, qui font vertes & affés folides.

Une autre variété entre les fourreaux, & qui eft digne d'être confidérée, c'eft celle de la forme du bout qui laiffe fortir les excrémens. Ce bout eft plat dans les fourreaux des teignes d'ormes *, il eft arrondi dans ceux des jeunes teignes du poirier, qui font ordinairement faits en bec de corbin *; mais dans prefque tous les autres fourreaux de teignes, ce bout eft formé par la rencontre de trois pieces angulaires qui lui donnent trois efpeces de cornes difpofées comme celles des bonnets quarrés. Quand l'infecte eft vers l'ouverture antérieure de fon fourreau, les trois pieces angulaires ferment le bout poftérieur *. Chacun des côtés d'une des pieces eft alors appliqué contre un des côtés

*Pl. 9. fig. 3. 11.

*Pl. 7. fig. 9.

*Pl. 9. fig. 10. & pl. 10. fig. 4.

d'une des deux pieces entre lesquelles elle est placée, & chacune des pieces alors devient concave vers l'extérieur du fourreau; elles deviennent par conséquent convexes vers le dedans, elles y vont toutes se rencontrer pour boucher l'ouverture. C'est à la rencontre des deux côtés de deux différentes pieces que se forment les angles solides ou cornes *. Cette structure du bout postérieur augmente la difficulté de la coupe des pieces qui doivent composer un nouveau fourreau. La coupe de ces habits dont le bout postérieur est à trois cornes, ne doit pas être la même que celle des habits dont le bout est plat. Pour faire les premiers, il faut que les teignes ayent, pour ainsi dire, l'idée d'un patron fort différent de celui du patron des autres. Les deux pieces qui composent les fourreaux à bout postérieur plat, sont semblables; mais les autres fourreaux sont faits de deux pieces taillées différemment *; elles sont toutes deux semblables auprès du bout antérieur *, mais le bout postérieur de l'une * est plus large, & de près du double, que le bout postérieur de l'autre *. Le bout le plus large est entaillé * & fournit deux lames angulaires. Il suit aussi de la figure de ces pieces qu'au lieu que la couture qui réunit du côté du ventre les deux pieces des fourreaux dont le bout postérieur est plat, va d'un bout à l'autre en ligne droite, cette même couture doit biaiser dans les fourreaux à bout postérieur à trois cornes *; la figure des pieces qu'elle doit assembler, le demande. Enfin toutes les teignes qui ont des fourreaux terminés par trois cornes, ne coupent pas leurs habits sur le même modéle; ce qui le prouve, c'est que les cornes ne sont pas disposées semblablement sur les bouts des fourreaux de teignes de différentes especes: dans les fourreaux des teignes du pommier, du poirier, du chêne, &c. une des cornes est dans la ligne du dos *; & dans les fourreaux des teignes de l'eupatoire la

Marginal notes:

* Pl. 9. fig. 10. *e d f.* & pl. 10. fig. 4 & 5. *c d e.*

* Pl. 9. fig. 14, 15 & 16. *a c,* & *b f d.*
* *a, b.*
* *f d.*
* *c.*
* *e.*

* Fig. 13. *a n o.*

* Fig. 12. *d.*

même ligne paſſe préciſément entre deux cornes, par le milieu de la plus grande piece. Enfin il a fallu que la téigne eût encore recours à quelqu'induſtrie, pour donner à chaque piece une diſpoſition à devenir convexe vers l'intérieur du fourrreau, dès que cette piece eſt abandonnée à elle-mêmé; des fils, des toiles les ont forcées apparemment chacune à chercher à prendre cette courbûre.

Les teignes des pommiers & celles des poiriers ſe tiennent en certains temps ſur le deſſus de la feuille. J'ai vû auſſi des teignes de chênes s'y tenir, mais je crois que les unes & les autres ne quittent le deſſous des feuilles que quand le temps de leur métamorphoſe eſt proche.

Lorſque les fourreaux ſont faits de feuilles plus veluës d'un côté que de l'autre, ou de feuilles dont le deſſus différe ſenſiblement du deſſous, il eſt aiſé de diſtinguer dans un fourreau le côté qui a été pris du deſſus, de celui qui a été pris du deſſous de la feuille. Dans les fourreaux faits de feuilles de chênes, & dans ceux qui ſont faits de feuilles de pommiers, un côté eſt velu, couvert de coton ou duvet, pendant que l'autre eſt liſſe. Des fourreaux de différentes teignes différent auſſi en couleur, parce que les membranes dont ils ſont faits, n'ont pas toutes la même couleur lorſqu'elles ſont ſéches. Leur nuance peut encore varier par un autre endroit; le bout du fourreau vers lequel la queuë eſt tournée, eſt en général plus tranſparent & plus blancheâtre que celui qu'occupe la tête; ce dernier eſt plus épais, il doit cette augmentation d'épaiſſeur à un enduit de ſoye ou de matiéré ſoyeuſe. Une remarque que nous allons rapporter, apprendra mieux quelle peut être l'épaiſſeur de cet enduit ſoyeux.

Nous voulons faire remarquer que ce n'eſt que dans la néceſſité que les teignes en viennent à ſe faire un habit; quoique ce travail ne ſoit pas long, il leur coûte peut-être

plus qu'il ne nous semble. J'ai voulu les forcer à se vêtir
de neuf, par un expédient assés simple; pendant qu'une
teigne détachoit de la nourriture d'une feuille, je coupois
l'étui d'un coup de ciseaux, je détachois du reste la partie *   * Pl. 10. fig.
dans laquelle le corps de la teigne ne se trouvoit pas, &   9 & 10.
cela sans risque de la blesser; le logement étoit par-là rendu
moins long qu'elle ne le vouloit; je croyois qu'elle se
mettroit sur le champ à s'en faire un nouveau. Cet expédient a aussi réussi quelquefois, mais ce n'a été que quand
le fourreau a été extrémement raccourci. Dans quelques
circonstances où j'en ai réduit à la moitié de leur longueur*,   * Fig. 9. k.
j'ai vû les teignes des ormes songer à le raccommoder; la
partie emportée * étoit celle par où elles font sortir leurs *   * Fig. 10.
excrémens, celle où les deux membranes * se tiennent ap-   * Fig. 10.
pliquées l'une contre l'autre par leur seul ressort*, mais où   * p.
elles peuvent s'écarter, & où elles ne doivent s'écarter que
lorsque l'insecte avance vers ce bout du fourreau. En la
place des deux pieces emportées, j'ai vû la teigne filer deux
feuilles, deux lames de soye*; à la vérité elle ne leur don-   * Fig. 12.
noit jamais autant de longueur qu'en avoient les deux   o l, l.
parties que j'avois retranchées *, mais d'ailleurs leur largeur   * Fig. 10.
& leur figure étoient les mêmes. Il devoit manquer à ces
deux lames de soye une propriété essentielle à celles qui
avoient été emportées, le ressort capable de les tenir appliquées l'une contre l'autre. La teigne m'a encore fait voir
qu'elle avoit dans son génie une ressource pour faire agir
les nouvelles lames, comme si elles avoient du ressort. Après
que les ciseaux avoient coupé au fourreau ce que j'en avois
voulu détacher, ce qui restoit étoit un tuyau creux continu.
La teigne avant que de se mettre à filer les lames, commençoit par fendre à belles dents, la partie supérieure du
fourreau *; je crois aussi en avoir vû qui le fendoient encore   * Fig. 11.
par dessous, mais une seule fente peut suffire. Que chacune   f m.

Q iij

des lames de foye foit appliquée près des bords de la fente,
& qu'elle s'étende jufqu'au côté oppofé; que chacune foit
appliquée & collée contre les parois intérieures d'une demi-
circonférence du fourreau; cela fuppofé, lorfque la teigne
avancera dans fon fourreau vers l'endroit où il eft fendu,
là elle le forcera de s'entr'ouvrir davantage, les deux lames
de foye s'écarteront auffi; que l'infecte retourne enfuite
en arriére, la fente fe refermera, & les deux lames feront
ramenées l'une contre l'autre.

Le premier jour que ces lames avoient été filées, elles
étoient très-blanches, pàr conféquent d'une couleur fort
différente de celle du refte du fourreau; mais le jour fuivant je les ai vû brunes : je ne fçais fi cette teinture leur
eft donnée par quelque liqueur qui fort avec les excrémens,
ou fi l'infecte a quelqu'autre moyen de les colorer.

* Pl. 10. fig.
15.

* b.

J'ai vû quelques teignes d'orme * dont le fourreau avoit
une efpece de boffe *, & qui, quoiqu'il n'eût pas été raccourci par un coup de cifeaux, étoit terminé à fa partie
poftérieure par deux lames bordées par une bande de foye

* Fig. 15.
z q m.

brune *. Je n'ai pas obfervé affés de ces derniéres teignes
pour fçavoir fi elles font d'une efpece différente de celles
qu'on trouve communément fur les feuilles d'orme.

Les différentes figures des fourreaux, lorfqu'elles ne dépendent pas uniquement des dentelures, femblent prouver
que les teignes qui les font, font de différentes efpeces. Il
y a auffi apparence qu'au moins quelques-unes de celles
de différens arbres, font d'efpeces différentes. Celle à qui
les feuilles de pêcher conviennent, malgré leur amertume
tireroit peut-être une nourriture trop infipide de celles du
poirier. Celle qui perce bien les feuilles des premiers arbres
pourroit trouver les feuilles des poiriers trop dures. J'ai mis
fur des ormes beaucoup de teignes de chêne, & cela dans un
endroit où elles ne pouvoient pas trouver leur arbre natal

je n'en ai point vû qui ayent rongé les feuilles d'ormes.
Enfin nos teignes, comme toutes les chenilles, doivent
paroître sous une autre forme; chacune se métamorphose
en crisalide dans son fourreau, & de cette crisalide il sort
un papillon, plus petit encore que ceux qui voltigent sur
les tapisseries dans les temps de la transformation des teignes des laines. Le papillon de la teigne d'orme * a tout le
dessus du corps & des aîles supérieures d'une même couleur, d'un brun couleur de bois, qui, vû au soleil, a quelqu'éclat. Il porte ses aîles presqu'horisontalement, elles
s'arrondissent pourtant un peu sur le corps. Il a deux antennes à filets grainés très-longues; quand il est en repos,
il les tient droites devant lui, & appliquées l'une contre
l'autre. Un si petit animal ne peut être bien vû sans le
secours d'une loupe; si on l'observe par dessous, & pour
le mieux voir, & sans risque d'altérer ses parties, si on le
considére lorsqu'il est appliqué contre les parois transpa-
rentes d'un poudrier, on lui distingue une trompe roulée
& placée entre deux barbes faites en cornes de belier ;
on lui voit aussi un petit appendice qui part du devant
de la tête, & qui s'avance un peu sur le rouleau de la
trompe. Mais ce qui paroît alors de plus agréable à voir,
ce sont ses aîles qui de ce côté, semblent être entiérement
faites de franges. Chaque aîle inférieure n'a qu'une grosse
côte, de laquelle partent de longs poils exactement appliqués les uns contre les autres, comme le sont les barbes
des plumes: chaque aîle inférieure semble une plume. Il n'y
a que la base de l'aîle supérieure, & une partie de son côté
intérieur qui débordent l'aîle inférieure qu'elle couvre, &
ces parties de l'aîle supérieure sont frangées. La couleur
de tout ce qui est en-dessous, est plus claire que celle du
dessus. Il n'est guéres aisé de suivre de si petits insectes,
de trouver leurs œufs dans les endroits où ils les déposent,

* Pl. 10. fig.
13. & 14.

cela m'a échappé, mais peut-être n'y a-t-il dans tout
cela aucunes obſervations particuliéres à regretter. Il eſt
probable que les petites teignes écloſent près des feuilles
qui doivent leur fournir le vêtement & la nourriture; que
quand elles écloſent, elles trouvent des feuilles développées,
dans leſquelles elles s'introduiſent, & où bien-tôt après
elles ſe coupent un habit. J'ai négligé d'obſerver combien
de temps nos teignes reſtent en criſalide. Ce qu'il ſuffit de
ſçavoir, c'eſt que leurs papillons naiſſent ordinairement
dans le mois de Juillet, & quelquefois au commencement
d'Août. Les papillons * des teignes des feuilles de chêne
ont le deſſus des aîles ſupérieures d'un jaunâtre pâle; ils
les portent preſqu'horiſontalement, leurs côtés intérieurs,
le corcelet & la tête forment un angle aigu dont la tête eſt
le ſommet.

    Nous n'avons encore vû juſqu'ici que des teignes qui
ſont de la claſſe des chenilles; nous allons en faire connoître une eſpéce qui appartient à la claſſe des vers qui ſe
transforment en des mouches à deux aîles, & qui a beaucoup de reſſemblance avec les eſpeces de vers de la viande.
Ceux * que nous allons placer parmi les teignes, diminuent
de groſſeur depuis leur partie poſtérieure juſqu'à leur bout
antérieur; ils font ſortir de celui-ci deux crochets noirs *
recourbés du côté du ventre, ſur leſquels ils ſe tirent pour
aller en avant. Quand ils ſont le plus allongés, leur longueur n'eſt guéres que de quatre lignes; leur peau eſt raſe
& blanche comme celle des vers de la viande, ou d'un blanc
jaunâtre; mais elle n'a pas ce que celle des autres a de dégoûtant, elle n'eſt pas gluante. Ces vers, non plus que ceux
à qui ils reſſemblent, ne ſont point pourvûs des organes
propres à faire de la ſoye, ils ne ſont pas en état de lier
enſemble des brins ou des pieces de certaines matiéres pour
s'en façonner les habits qui leur ſont néceſſaires. Auſſi les
teignes

* Pl. 7. fig.
4, 5 & 6.

* Pl. 10. fig.
19.

* c.

teignes dont nous parlons actuellement, n'ont-elles pas
recours pour se vêtir, à des procédés aussi industrieux que
ceux des teignes dont il a été question ci-dessus. La façon
de leurs habits leur coûte peu, elle est simple ; leurs vêtemens n'en méritent pas moins d'être connus, ils sont peut-
être les plus legers, les plus doux, & les plus chauds de
tous ceux que les insectes de différentes espèces se sçavent
faire. Ils sont d'un coton extrémement fin ; l'habit complet
n'est qu'une espece de manchon * tout de poils, qui y   * Pl. 10. fig.
sont arrangés circulairement comme ceux d'un manchon   17 & 18.
qu'on vient de polir en passant la main dessus ; les poils
de coton des fourreaux de nos insectes, ne sont que médiocrement serrés les uns contre les autres ; je veux dire
qu'ils ne sont point une masse matte, telle qu'en fait le
coton qui a été-trop manié & trop pressé ; de-là vient que
ces fourreaux sont légers. Les deux ouvertures des deux
bouts d'un manchon sont égales, mais l'une de celles des
petits fourreaux a beaucoup plus de diametre que l'autre,
c'est celle par laquelle l'insecte fait sortir sa tête & sa partie
antérieure quand il lui plaît * ; la plus petite est celle par   * Fig. 18.
laquelle le ver jette ses excrémens.

Ces teignes sont encore de celles qui ne prennent rien
sur nous pour se vêtir, le coton qu'elles employent, leur
est fourni par le saule. C'est un coton extrémement fin,
mais dont nous ne sçavons faire aucun usage ; non plus
que de celui de beaucoup d'autres plantes, parce que ses
poils sont trop courts pour être filés. On n'a peut-être
pas encore examiné assés si nous n'avons pas tort de laisser
emporter par le vent ce coton & plusieurs autres, s'ils ne
pourroient pas servir pour des houattes. Quoi qu'il en soit,
celui dont nos teignes font usage, tient aux graines du
saule *. Les graines de cet arbre sont disposées sur de longs   * Fig. 16.
épis * ; quand elles sont près d'être à maturité, un paquet   * e e.

Tome III.   R

de poils qui leur est attaché, se développe & s'épanouit, il leur forme à chacune une aigrette. Ces aigrettes ornent certains épis ou certains endroits d'un épi, pendant que sur d'autres épis ou d'autres endroits du même épi, les graines & les aigrettes qui ont été détachées, ne composent que des masses cotoneuses assés informes. C'est en examinant ce coton en ses différens états, que M. Baron Medecin à Luçon, trouva les teignes qui s'en habillent, & ce sont les premiéres que j'aye vûës; il observa très-bien qu'elles vivoient de la graine à laquelle ce coton tient. Un sçavant que sa place met à portée, & même dans une espece de nécessité d'observer la plûpart des productions de la nature, ayant vû de ces vers dans une autre circonstance, crut qu'ils se nourrissoient de plantes aquatiques: il en vit de posés sur de ces sortes de plantes, & il en avoit vû de flottans sur l'eau: il me communiqua son idée dont il ne fut pas difficile de le désabuser. Je n'eus besoin que de lui dire que j'avois vû ces teignes s'enfoncer aussi avant qu'il leur étoit possible, dans les épis du saule; il est clair que c'est-là qu'elles cherchent des alimens. Mais les saules sont souvent plantés au bord de l'eau, & il arrive à nos insectes de changer de place sur les épis, j'en ai vû se promener dessus; s'il survient alors quelque coup de vent, il emporte des insectes, sur les fourreaux desquels il a tant de prise. Heureusement pour eux, c'est que ce même fourreau qui, par son volume & sa legéreté, les expose au risque de tomber dans l'eau, les sauve aussi par sa legéreté & son volume; il nage sur l'eau mieux que ne feroit un petit bateau. Il arrive même souvent que l'eau ne parvient pas à toucher le corps du fourreau; plusieurs brins de coton que l'insecte n'a point fait entrer dans sa composition, ont touché sa surface, & s'y sont attachés, ils l'hérissent tout autour. Ce sont ces poils qui tiennent

le fourreau à quelque diftance de la furface de l'eau. Le
fourreau flottant, céde à la plus foible agitation de l'air;
& dès qu'il eft pouffé contre des plantes aquatiques qui
joignent le rivage, l'infecte monte fur ces plantes qui lui
fervent de pont pour arriver à la terre ferme, d'où il eft
en état de remonter fur quelque faule.

Le fourreau a un volume qui doit rendre la marche de
l'infecte difficile, mais comme ce fourreau n'eft pas pefant,
l'infecte vainc la réfiftance qui naît du volume; il fait fortir
fa partie antérieure hors de l'étui, il allonge cette partie
le plus qu'il lui eft poffible, il cramponne les deux crochets par lefquels elle eft terminée, contre quelque corps
folide; c'eft un appui vers lequel il amene fon fourreau &
le refte du corps, lorfqu'il raccourcit la partie du corps
qu'il avoit allongée.

On croit bien que j'ai mis ces vers dans la néceffité de
fe faire de nouveaux étuis, que j'ai voulu voir s'ils s'en
faifoient de neufs quand on les y force, & comment ils
s'y prenoient. J'en ai tiré plufieurs du vêtement où ils
étoient à leur aife; je les ai mis nuds, mais tout de fuite
je les ai placés au milieu d'un tas de coton. Je les y ai vû
fe vêtir, ils ne m'ont cependant montré aucune manœuvre
finguliére; les brins du coton dont je les ai entourés, étoient
plus écartés les uns des autres, que ceux du coton ordinaire le plus cardé & le mieux charpi. Je leur voyois allonger leur partie antérieure, tâter les poils de coton; la
tête revenoit enfuite vers le corps, auprès duquel & fur
lequel les crochets conduifoient un ou deux poils qui n'é-
toient point attachés à de la graine. La grande affaire ici
pour la teigne eft l'affemblage des matériaux; dès qu'il y a
fuffifamment de poils tranfportés autour du corps & fur le
corps, dès qu'ils y ont été preffés les uns contre les autres,
ils tiennent fuffifamment les uns aux autres; il y a alors une

R ij

espece d'entrelacement grossier qui suffit pour les arrêter, comme sont arrêtés ceux de toute masse cotoneuse qui a été pressée. On voit pourtant ici une sorte de régularité dans l'arrangement des poils, qui ne se trouve pas dans les masses ordinaires de coton. Nous avons déja fait remarquer que les poils du fourreau sont disposés circulairement, comme sont ceux d'un manchon sur lequel on a passé la main pour les coucher ; c'est ce qui est plus sensible aux deux bouts du fourreau que par-tout ailleurs. Il est aisé d'imaginer que la partie antérieure de l'insecte, recourbée sur la surface du fourreau pour la presser, se meut sur cette surface, en décrivant des arcs de cercle, & qu'elle donne ainsi une direction circulaire aux poils. J'ai vû l'insecte dans la position & dans l'action nécessaires pour produire cet effet.

Au reste les vers que j'avois mis nuds, ont eu, au bout de trois à quatre heures des fourreaux bien conditionnés ; ils les ont transportés en se tenant toûjours logés dedans, sur des épis de graines de saule, que j'avois laissés assés près d'eux ; ils ont été y chercher de la nourriture.

Ces vers se métamorphosent à la maniére de ceux de la viande ; leur propre peau devient une coque dans laquelle la nymphe se trouve logée ; & quand l'insecte se tire de sa coque, il paroît sous la forme d'une mouche que je n'ai pas euë encore, quoique j'aye actuellement beaucoup de coques, de chacune desquelles une mouche doit sortir ; mais je puis assûrer, comme si je l'avois vû, que cette mouche est une mouche à deux aîles, parce qu'une très-longue suite d'observations m'a appris que tous les vers de la classe de ceux-ci, se transforment dans ces sortes de mouches.

Une espece de saule qui croît dans les taillis, & qu'on appelle le *marsau*, a dans ses épis cotonneux des vers assés semblables aux précedens, mais dont nous ne parlerons pas actuellement, parce qu'ils ne se font point des fourreaux de coton.

EXPLICATION DES FIGURES DU QUATRIEME MEMOIRE.
PLANCHE VII.

LA Figure 1, est celle d'une feuille de chêne vûë par dessous, sur laquelle une teigne *t*, est attachée. *o o o*, marquent par des lignes ponctuées, les trous ronds qui ont été faits par une ou par plusieurs teignes dans la membrane du dessous de cette feuille.

Les Figures 2 & 3, représentent des fourreaux tels que celui qui est marqué *t*, fig. 1. vûs à la loupe. *a*, le bout antérieur du fourreau, où est l'ouverture par laquelle la teigne fait sortir sa tête. *q*, le bout postérieur qui est composé de trois espèces de cornes.

Les Figures 4, 5 & 6, représentent le papillon dans lequel se transforme la teigne de la fig. 1. à peu-près de grandeur naturelle fig. 4 & 5. & grossi fig. 6.

La Figure 7, fait voir le dessous d'une feuille de poirier de bon chrétien, sur lequel trois teignes *d, e, f,* sont attachées. La teigne *d*, a rongé le parenchime de la feuille près de la pointe; il n'y paroît qu'un réseau formé par la membrane au-dessous de laquelle étoit la substance charnuë qui a été détachée. *i, i*, marquent par des lignes ponctuées, les endroits que la teigne a percés en différens temps, pour pouvoir faire passer sa tête entre les deux membranes.

La Figure 8, est celle du fourreau *f*, fig. 7. grossi. *a*, l'ouverture qui est à la partie antérieure du fourreau. *q*, la partie postérieure.

R iij

On remarquera encore dans la figure 7, une entaille *g*, & en *k*, un petit fourreau. Le petit fourreau *k*, eſt actuellement abandonné. La teigne s'en eſt fait un plus grand, de la partie de la feuille qu'elle a détachée de l'entaille *g*.

La Figure 9, eſt celle du fourreau *k*, fig. 7. plus en grand. C'eſt-là la forme des premiers fourreaux de ces ſortes de teignes, qui eſt différente de celle des fourreaux dans leſquels elles ſe logent par la ſuite.

La Figure 10, eſt encore comme la figure 1, celle d'une feuille de chêne, mais ſur laquelle eſt attachée une teigne d'une eſpece différente de celle de la figure 1. & beaucoup plus grande. *f*, le fourreau de cette teigne. *t*, la partie antérieure de la teigne qui eſt hors du fourreau.

La Figure 11, repréſente en grand le bout poſtérieur du fourreau *f*, fig. 10, & fait voir que ce bout eſt une eſpece de pyramide à trois faces.

La Figure 12, eſt celle d'une aſſés petite feuille de pommier, vûë par deſſus. *t*, le fourreau d'une teigne. *p*, partie de la feuille dont la ſubſtance charnuë a été mangée par la teigne du fourreau *t*.

La Figure 13, fait voir plus en grand le fourreau *t*, de la fig. 12. *t*, ouverture par laquelle la teigne fait ſortir ſa tête. *q*, la partie poſtérieure compoſée de trois pans ou de trois cornes. *d*, dentelures du fourreau, qui étoient celles du bord de la partie de la feuille dont ce fourreau a été fait.

La Figure 14. eſt celle d'une feuille de ceriſier, dont le deſſous eſt ici en vûë. *z* & *t*, deux teignes attachées contre cette feuille. La teigne *z*, n'a encore que percé la membrane du deſſous de la feuille; & la teigne *t*, a déja mangé la ſubſtance charnuë qui étoit aux environs de l'endroit qu'elle a percé.

La Figure 15, repréfente, en plus grand, un des fourreaux de la fig. 14. *t,* ouverture par laquelle la tête fort.
d, dentelures qui font fur le dos du fourreau. *q,* partie
poftérieure, de forme triangulaire, ou formée par trois
cornes.

PLANCHE VIII.

Les Figures 1, 2 & 3, repréfentent des fourreaux de
teignes d'orme plus grands que nature, & vûs dans des fens
différens. Ces fourreaux & plufieurs autres de cette planche,
ont entr'eux quelques varietés, quoiqu'ils appartiennent
tous à des teignes de la même efpece. *t,* ouverture rebordée
par laquelle la teigne fait fortir fa tête & la partie antérieure
de fon corps. La portion du fourreau dans laquelle eft
cette ouverture, eft coudée. *d d,* les dentelures qui, vûës
à la loupe, imitent les aîlerons ou pinnes des poiffons.
q, la partie poftérieure du fourreau, faite de deux lames
appliquées l'une contre l'autre. Figure 3. les deux lames
laiffent en *q,* un vuide entr'elles, comme elles le laiffent
lorfque l'infecte a avancé fon derriére jufques-là pour fe
vuider de fes excrémens. Depuis *r,* jufqu'en *q,* fig. 1 &
2. les deux lames ne font qu'appliquées l'une contre l'autre,
là tant en - deffus qu'en - deffous elles ne font point attachées enfemble.

Les Figures 1 & 2. font voir le même fourreau de
différens côtés. Le côté de la figure 1. qui eft en vûë, ne
paroît que chagriné; & le côté qui eft en vûë fig. 2, a des
fibres fenfibles, & cela parce que le côté de la feuille qui
a été employée à faire ce dernier, a des nervûres plus
marquées que celles qui font fur la membrane de la feuille
qui a été employée à faire l'autre côté.

La Figure 4, eft celle d'un autre fourreau des mêmes
teignes, un peu plus grand que nature.

Les Figures 5 & 6, font celles de deux teignes *t*, forties en partie de leurs fourreaux.

Les Figures 7 & 8, font encore celles de deux fourreaux des mêmes teignes.

Dans les figures 9 & 10, eft repréfenté le même fourreau; il l'eft groffi à la loupe fig. 9. & de grandeur naturelle fig. 10. Ce fourreau, quoique d'une teigne d'orme, n'a point de dentelures; parce qu'il a été pris du milieu d'une feuille, d'une partie de feuille qui n'étoit pas dentelée.

La Figure 11, eft celle d'un fourreau, duquel la teigne ne fait fortir que fa tête.

La Figure 12, eft celle d'une feuille d'orme dont la fub-ftance qui eft entre fes membranes fupérieure & inférieure, a été mangée en différens endroits par des teignes. *p, m, o, q,* marquent par des lignes ponctuées, le trou cir-culaire par lequel la teigne a introduit fa tête entre les deux membranes. En *r,* au travers du tranfparent de la membrane, on voit la tête d'une teigne actuellement oc-cupée à ronger.

La Figure 13, eft encore celle d'une feuille d'orme qu'une teigne mine. *f,* le fourreau. *t,* la teigne qui eft en grande partie hors de fon fourreau, & qui y tient fi peu, qu'en le tirant vîte, on l'en dépouilleroit aifément. *e,* petite feuille qui a été minée dans une grande partie de fon éten-duë. Quand une petite feuille telle que celle-ci, eft em-ployée à faire un fourreau, ce fourreau eft plus courbé que ceux qui font pris dans de grandes feuilles.

La Figure 14, repréfente une feuille d'orme dans la-quelle eft logée une teigne que j'avois mife dans la nécef-fité de fe faire un habit neuf, après l'avoir dépouillée du
fien.

fien. *o,* marque la petite ouverture par laquelle la teigne s'eft introduite entre les deux membranes de la feuille. *t,* la teigne qui eft entre les deux membranes. *o, r, p,* l'efpace qui a été miné, & où l'étoffe néceffaire pour un nouvel habit a été préparée. En *f,* une teigne, telle que celle marquée *t,* a taillé fon habit, & a commencé à en couvrir de foye les pieces; le réfeau de la feuille en eft moins fenfible. En *g,* l'habit d'une teigne pareille aux précédentes, eft plus avancé. Enfin en *a,* on voit une teigne qui fe cramponne, & qui fait effort pour tirer fon fourreau *h,* de l'établi où il a été travaillé.

La Figure 15, eft celle d'une teigne couverte d'un fourreau fans dentelures, qu'elle a été obligée de fe faire au milieu d'une feuille, de le travailler comme dans la figure 14, les teignes *t, f, g, h,* travaillent chacune le leur.

La Figure 16, eft celle d'une teigne de grandeur naturelle, tirée hors de fon fourreau.

La Figure 17, fait voir le deffous d'une feuille d'orme où une teigne a choifi une place pour fe faire un nouveau fourreau. *f,* le vieux fourreau dont elle s'eft tirée, & qu'elle a abandonné. *a b q,* le nouveau fourreau prefque fini. *a,* la partie antérieure. *b,* les dentelures qui font celles du bord de la feuille. *q,* la partie poftérieure du fourreau.

La Figure 18, repréfente une teigne logée dans un nouveau fourreau affez femblable à celui de la figure 17, & pris dans le même endroit; elle vient de le finir & de l'ôter de la place dans laquelle il a été fini. *f,* le vieux fourreau. *a,* la partie antérieure du nouveau fourreau. *b,* fes dentelures. *q,* fa partie poftérieure. La partie entaillée de la feuille qui a fourni l'étoffe du fourreau, eft aifée à reconnoître.

Tome III. .S

La Figure 19, est en grand, celle du papillon d'une teigne qui se tient sur une espece de lichnis.

La Figure 20, est celle du papillon de la figure 19. de grandeur naturelle.

Les Figures 21, 22 & 23, représentent la teigne qui se nourrit des feuilles de lichnis. Dans la fig. 21. elle est grossie au microscope, & en partie hors de son fourreau; ce qu'on voit, de sa partie antérieure, est tacheté de brun. Les figures 22 & 23 la montrent dans sa grandeur naturelle, & en différentes positions.

La Figure 24, est celle d'une feuille de lichnis chargée de teignes *t, t, t,* &c. *r, r, r,* marquent sur la même feuille des endroits dont le parenchime a été mangé.

La Figure 25, est celle d'une des teignes précédentes, à peu-près de grandeur naturelle, tirée de son fourreau.

PLANCHE IX.

La Figure 1, est celle d'une teigne de feuilles d'orme de grandeur naturelle.

La Figure 2, est celle de la teigne de la figure précédente, grossie au microscope.

La Figure 3, représente un fourreau de teigne de feuille d'orme, vû avec une forte loupe; on a laissé dans sa grandeur naturelle la feuille à laquelle il est attaché. *ll,* les deux lames de la partie postérieure du fourreau, qui sont écartées l'une de l'autre, comme elles le sont lorsque la teigne jette ses excremens.

La Figure 4, est celle d'un morceau de feuille, très-grossi, pour aggrandir considérablement le diametre du trou par lequel la teigne introduit sa tête entre les deux membranes de la feuille. *r, r,* rebord de foye appliqué autour de ce trou.

La Figure 5, fait voir une petite feuille d'orme, entre les membranes de laquelle une teigne s'eft logée pour s'y tailler un fourreau dans l'efpace *p d.*

La Figure 6, eft encore celle de la feuille précédente, mais dont la dentelure *p d,* fig. 5. a été emportée; ainfi les deux membranes de la figure 6, ne tiennent plus enfemble dans l'étenduë *p o o d.*

Dans la Figure 7, on voit encore la teigne des figures 5 & 6, mais on a aggrandi la feuille pour rendre plus diftinct tout ce qu'on a à y faire remarquer. Les deux bords des membranes ont été attachés l'un contre l'autre en *p o o d.* Au-deffous de *p o o d,* la feuille paroît renflée; elle a là en quelque forte la forme d'un fourreau. La teigne fort de cette efpece de fourreau pour aller miner plus loin entre les deux membranes de la feuille.

La Figure 8, repréfente le nouvel habit de la teigne prefque fait. En *p,* eft la partie poftérieure du fourreau, & en *a,* fera fon bout antérieur. L'habit eft prefqu'entiérement coupé, il ne tient plus à la feuille que par fon bout antérieur *a,* & par quelques groffes fibres *f f f.* La tête *t,* de la teigne paroît ici occupée à attacher enfemble deux portions de membranes dans un endroit, où après avoir été coupées, elles étoient écartées l'une de l'autre.

La Figure 9, repréfente, en grand, & vû de côté le fourreau fans dentelures d'une teigne de feuilles de pommier. *p,* fon bout poftérieur qui a trois arrêtes ou cornes. On peut voir en quoi il différe de celui de la fig. 3.

La Figure 10, fait voir, plus en grand, le bout du

fourreau de la fig. 9. & dans le temps où il eſt preſque fermé. *e, d, f,* les trois cornes.

La Fig. 11, montre le bout du fourreau ouvert. *g, h, i,* les trois lames triangulaires écartées les unes des autres, & qui, quand elles ſont réunies & qu'elles ont pris chacune de la convexité vers l'intérieur du tuyau, forment dans les endroits de leurs jonctions, les trois cornes *d, e, f,* fig. 10.

La Figure 12. eſt encore en grand, celle du fourreau d'une teigne de pommier, mais vû du côté du dos *d.* Au bout de la ligne du dos, *a d,* marque une des cornes qui eſt au bout de cette ligne.

La Figure 13, eſt le fourreau de la figure 12. vû du côté du ventre. *a n o,* la couture des deux pieces, qui, arrivée de *a,* en *n,* en ligne droite, biaiſe pour aller de *n,* en *o.*

La Figure 14, eſt celle du fourreau des figures précédentes, fendu le long du dos, ou ſelon la ligne *a d,* fig. 12. Les deux pieces qui le compoſoient ſont étenduës & vûës du côté du dedans. *a,* & *b,* les deux bouts qui forment le contour de l'ouverture antérieure. *a g b,* l'angle ou l'échancrûre qui eſt l'entaille qui a été faite pour donner le coude néceſſaire au bout antérieur. *a c,* une des deux grandes pieces. *c,* bout angulaire. *b f e d,* l'autre piece qui a deux bouts angulaires *f, d.*

La Figure 15, repréſente la piece *c a,* de la figure 14. vûë ſéparément.

La Figure 16, repréſente la piece *b f e d,* de la fig. 14. vûë ſéparement.

PLANCHE X.

La Figure 1, eſt celle d'un fourreau de teigne de

l'eupatoire vû de côté & par-deſſus, de grandeur naturelle. La teigne eſt en partie ſortie de ce fourreau, elle marche.

La Figure 2, eſt celle du fourreau de la figure 1. vû de côté & par-deſſous.

La Figure 3, fait voir entiérement par-deſſous le four-reau des figures précédentes.

La Figure 4, repréſente en grand le bout poſtérieur du fourreau de la teigne de l'eupatoire. *c, e, d,* ſes trois cornes.

La figure 5, donne le plan du bout du même fourreau. *c, d, e,* y marquent encore les trois cornes. *m,* le milieu du côté qui ſe trouve à la partie ſupérieure du fourreau.

La Figure 6, repréſente en grand la fig. 1.

La Figure 7, eſt celle d'un fourreau d'une teigne de la charmille, & de la partie antérieure de cette teigne, le tout extrémement groſſi.

La Figure 8, eſt celle du fourreau de la figure 6, de grandeur naturelle.

La Figure 9, eſt le reſte d'un fourreau de teigne d'orme, dont j'avois coupé une partie, dans l'intention d'obliger la teigne à s'en faire un neuf.

La Figure 10, eſt celle de la partie que j'avois retran-chée au fourreau de la figure 9.

La Figure 11, repréſente encore le fourreau raccourci de la figure 9, mais à qui la teigne a fait une fente en *f.*

La Figure 12, eſt le fourreau de la figure 9, rétabli par la teigne. La partie *f l,* qui a été adjoûtée, eſt compoſée de deux lames de ſoye égales & ſemblables.

S iij

La Figure 13, eſt celle du papillon de la teigne des feuilles d'orme, vû par-deſſus.

La Figure 14, eſt celle du papillon de la figure 13, vû par deſſous & groſſi.

La Figure 15, repréſente en très-grand, le fourreau d'une petite teigne, qui étoit fait de deux lames dont les bouts poſtérieurs étoient bordés d'un tiſſu ſoyeux. *l q l,* marquent la bande de ſoye canelle qui étoit au bout de chaque lame membraneuſe ; le fourreau a une eſpece de boſſe en *b.*

La Figure 16, repréſente une petite branche de ſaule avec deux épis garnis de graine, & dont l'un l'eſt de graines dont les aigrettes cotoneuſes ſont développées.

La figure 17, eſt celle d'un fourreau fait des filets cotoneux de la figure 15.

La Figure 18, montre le ver qui ſort en partie de ſon fourreau de coton.

La Figure 19, eſt celle du ver précedent, vû en entier.

CINQUIÉME MÉMOIRE.

DES TEIGNES
QUI SE FONT DES FOURRÉAUX
DONT L'EXTÉRIEUR N'EST PAS LISSE,

Soit avec des fragmens de feuilles, soit avec des fragmens de tiges, de plantes;

ET DE PLUSIEURS AUTRES ESPECES
DE TEIGNES

Qui se font des fourreaux qui ne font pas pris des plantes, ni des matiéres dont elles se nourriffent.

UN des fpectacles dont le commun des voyageurs eft le plus touché, c'eft celui qu'offre la variété des habillemens des habitans de différens pays. C'eft un fpe-ctacle vrayment fingulier, & il l'eft même pour qui le regarde avec des yeux philofophes. On admire que des hommes qui n'avoient qu'une même fin à fe propofer, qu'à chercher à fe défendre contre les injures de l'air, ou fimplement à fe couvrir, ayent employé tant de moyens différens pour y parvenir. Combien les habillemens des hommes des pays policés différent-ils de ceux des hommes des pays barbares! & combien les habillemens des hommes des différens pays policés, différent-ils entr'eux, & com-bien différent même entr'eux ceux des habitans des diffé-rens pays fauvages! Les changemens de mode & les retours des mêmes modes qui nous font fi ordinaires, apprennent affés que les différentes formes des habillemens

des hommes n'ont pas toûjours été choifies pour des raifons d'utilité ou de commodité. On a voulu que les formes
des habillemens rendiffent nos propres formes plus agréables, on croit s'approprier celles des habits. Nos teignes,
comme les différens peuples de l'univers, fçavent fe faire
des habits formés fur bien des modéles differens, mais les
modéles de ceux de chaque efpece de ces infectes ne varient
point; la nature les a toutes inftruites, & leur a appris à
chacune ce qu'elles pouvoient faire de plus convenable
dans ce genre, pour leur confervation. Nous ne nous
ferions peut-être pas attendus qu'une induftrie femblable
à celle que nous avons pour nous vêtir, eût été accordée
à tant de petits infectes, que ces infectes paruffent en droit
de nous reprocher que nous ne fommes que leurs imita-
teurs; ils fe font fait fans doute des habits, tels qu'ils fe
les font aujourd'hui, avant que les hommes fçûffent s'en
faire. Les teignes ont fans doute employé avant nous pour
leurs vêtemens, les pelleteries, les laines, le coton, les
plantes & la foye, comme nous les employons aujourd'hui
au même ufage: nous verrons même qu'elles font entrer
dans la compofition de leurs étoffes, des matiéres qui n'en
treront apparemment jamais dans celle des nôtres. Entre
nos teignes, les unes fe font des habits groffiers qui peuvent être comparés à ceux des fauvages; d'autres teignes
fe font les leurs avec plus d'art & de foin. Nous allons
donner quelques exemples des uns & des autres, qui joints
à ceux que nous avons déja rapportés dans les Mémoires
précédens, feront voir combien les modes d'habillemens
font différentes parmi ces infectes.

Une efpece de teigne * qui vit du parenchime des feuilles
de l'aftragale, qui pour l'avoir, perce la membrane du
deffous de la feuille, qui mine tout autour du trou * entre
les deux membranes de cette feuille, comme nous avons
vû

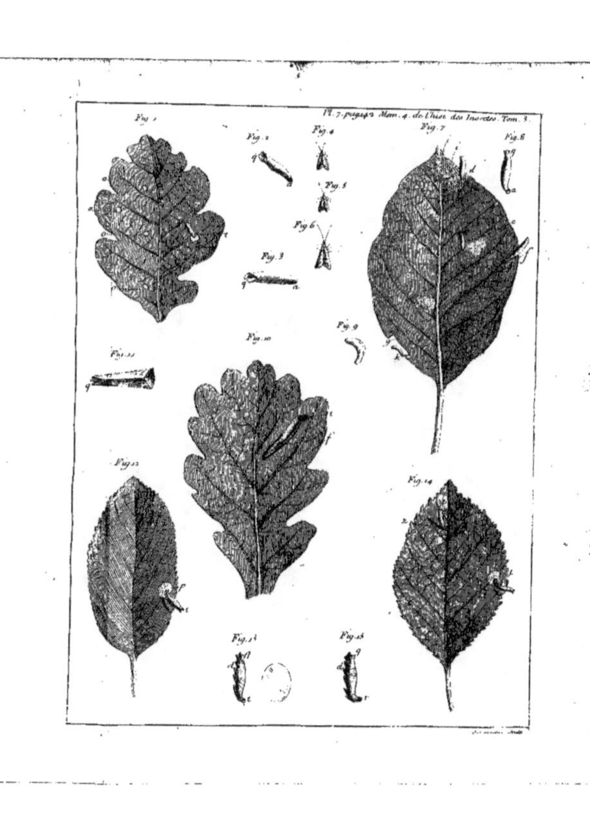

Pl. 7. pag. 192. Mem. 4. de l'Hist. des Insectes. Tom. 3.
Fig. 1
Fig. 2
Fig. 4
Fig. 5
Fig. 6
Fig. 3
Fig. 7
Fig. 8
Fig. 9
Fig. 10
Fig. 11
Fig. 12
Fig. 14
Fig. 13
Fig. 15

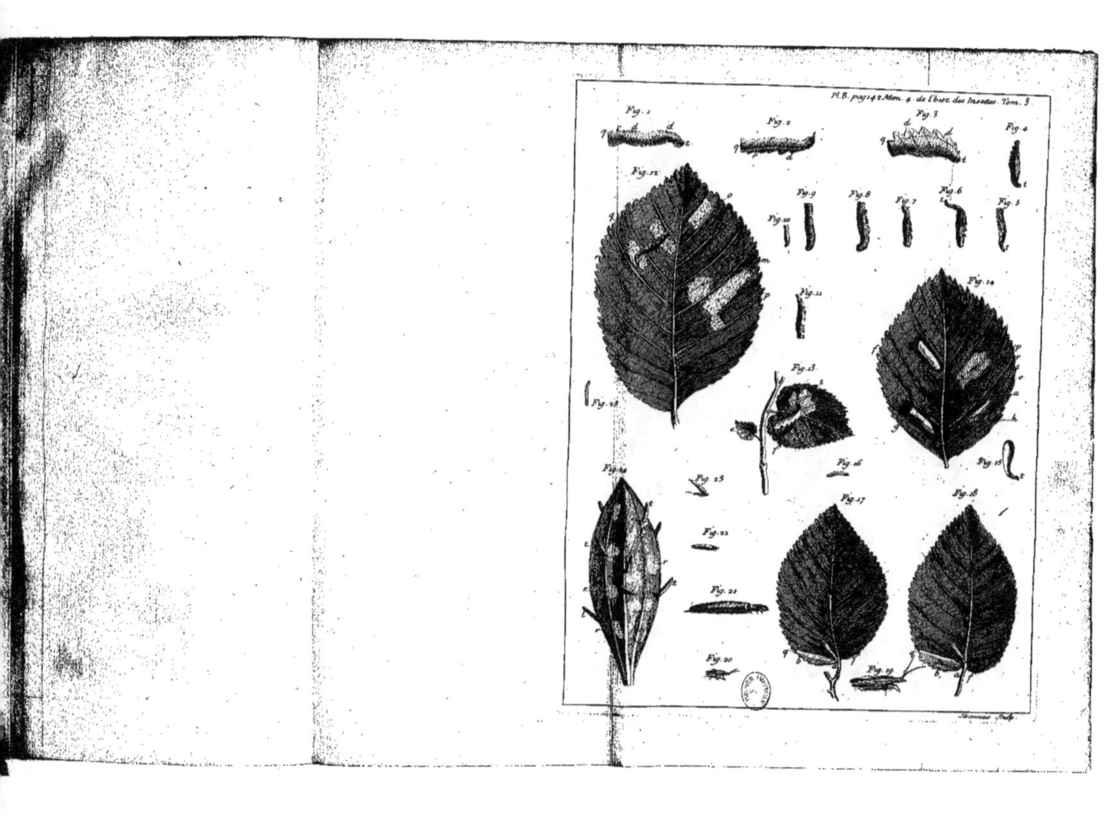

Pl. 8. pag. 149. Mém. 4. de l'hist. des Insectes. Tom. 3.
Fig. 1
Fig. 2
Fig. 3
Fig. 4
Fig. 5
Fig. 6
Fig. 7
Fig. 8
Fig. 9
Fig. 10
Fig. 11
Fig. 12
Fig. 13
Fig. 14
Fig. 15
Fig. 16
Fig. 17
Fig. 18
Fig. 19
Fig. 20
Fig. 21
Fig. 22
Fig. 23
Fig. 24

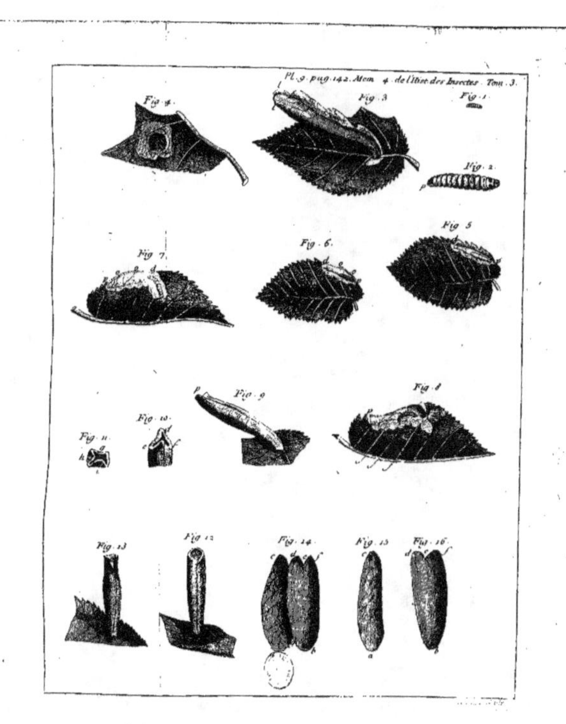
Pl. 9. pag. 142. Mem. 4. de l'Hist. des Insectes. Tom. 3.
Fig. 1.
Fig. 2.
Fig. 3.
Fig. 4.
Fig. 5.
Fig. 6.
Fig. 7.
Fig. 8.
Fig. 9.
Fig. 10.
Fig. 11.
Fig. 12.
Fig. 13.
Fig. 14.
Fig. 15.
Fig. 16.

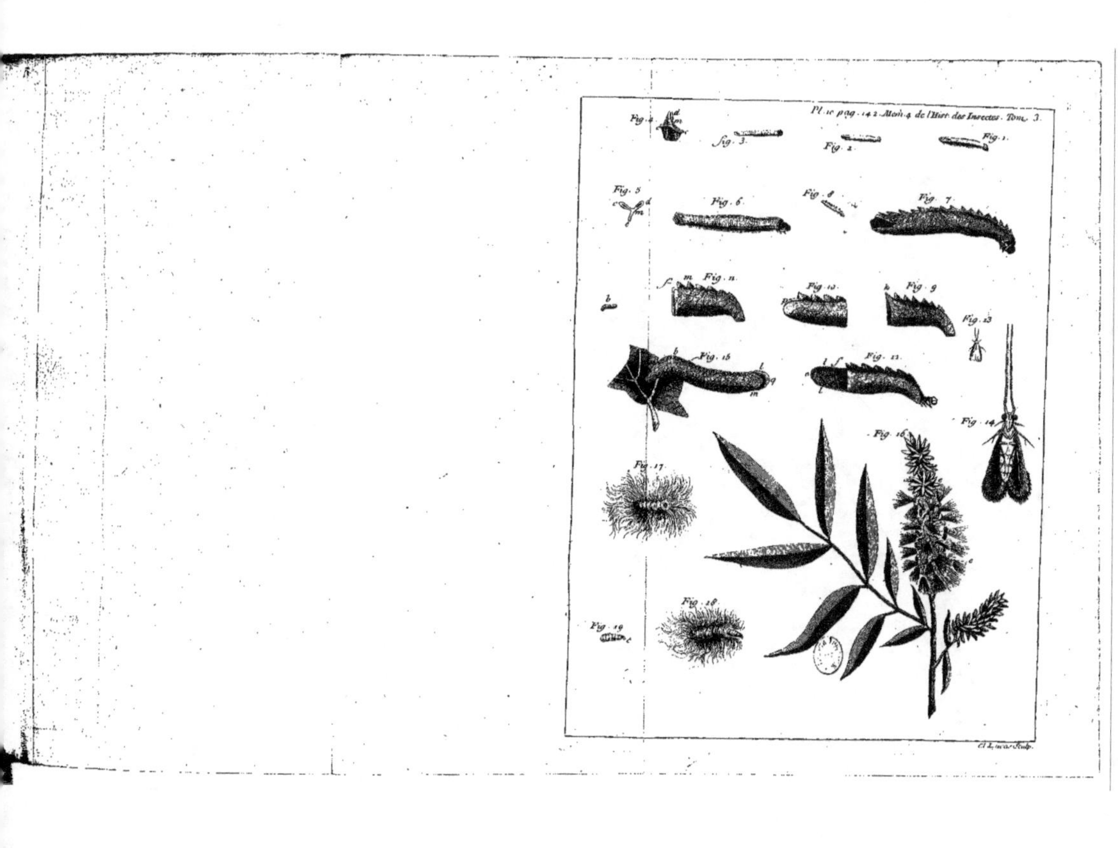

Pl. 10 pag. 142 Mem. 4 de l'Hist. des Insectes. Tom. 3.
Fig. 4.
Fig. 3.
Fig. 2.
Fig. 1.
Fig. 5.
Fig. 6.
Fig. 8.
Fig. 7.
Fig. 12.
Fig. 10.
Fig. 9.
Fig. 13.
Fig. 15.
Fig. 11.
Fig. 14.
Fig. 16.
Fig. 17.
Fig. 18.
Fig. 19.

vû d'autres teignes miner les feuilles de chêne, d'orme, d'e cerifier, &c. Cette efpece de teigne, dis-je, porte un habillement qu'on pourroit appeller à falbalas; il eft d'un blanc un peu fale; il femble fait de divers morceaux de taffetas de cette couleur, arrangés par étages les uns au-deffus des autres, & un peu flottans *. Le corps de l'habit *, ce qu'il a de folide, a la figure d'un cornet recourbé, très-évafé par un bout, & pointu par l'autre : certaines cornes d'animaux, courtes par rapport au diametre de leur bafe, ont une figure femblable à celle dont nous voulons donner l'idée. La pointe de cette efpece de corne *, c'eft-à-dire, le tiers au plus de la longueur du fourreau, eft à décou-vert; tout le refte depuis fon ouverture *, qui eft bien rebordée, eft caché fous des pieces minces & flottantes, un peu godronnées; en un mot, fous des pieces qui par leur arrangement, imitent fort ces falbalas, au moyen def-quels les Dames fçavoient renfler leurs jupes, avant qu'elles euffent imaginé d'en foûtenir de beaucoup plus amples par des paniers. Les falbalas des fourreaux de nos teignes de l'aftragale, augmentent de même & plus confidérable-ment encore, le diametre du fourreau, qui, lorfqu'il eft fini, a trois rangs de ces falbalas *. Le premier ou le plus proche de l'ouverture *, eft néceffairement celui qui a le plus de diametre, il recouvre partie du fecond *. L'origine de celui-ci fe trouve au-deffous de l'autre; le fecond re-couvre auffi en partie le troifiéme *. De ce dernier paroît fortir le bout du fourreau affés femblable au bout con-tourné d'une corne. Au refte, chaque falbala eft fait de deux pieces dont chacune entoure une moitié de la cir-conférence du fourreau, & dans laquelle elles font chacune bien arrêtées; mais les deux bouts de chacune de ces pieces ne font point attachés dans le refte de leur longueur contre les deux bouts de l'autre piece *.

Tome III.

                        T

* Pl. 11. fig. 2 & 3. c, d, f.
* Fig. 4. e.

* Fig. 1 & 2. b.

* Fig. 2. e.

* Fig. 2 & 3. f, d, c.
* f.
* d.

* c.

* Fig. 3. f.

C'eſt dans le mois de Juin que j'ai vû ſur les feuilles de quelques pieds d'aſtragale une grande quantité de ces teignes à fourreaux ſi prétintaillés : ces pieds d'aſtragale avoient crû naturellement dans cette partie du bois de Vincennes, qu'on appelle *la nouvelle enceinte;* ils avoient pouſſé beaucoup de branches; la plûpart des feuilles de certaines branches avoient été attaquées par nos teignes. Quelqu'un inſtruit ſur la nature des étoffes dont les teignes des feuilles de l'orme, celles des feuilles du chêne & celles des feuilles de divers autres arbres, ſe font leurs fourreaux, ne poûvoit pas être embarraſſé à deviner où nos teignes de l'aſtragale ſe fourniſſoient pour les leurs; au lieu que les membranes d'entre leſquelles les teignes des feuilles d'orme ont ôté le parenchime, prennent en ſe ſéchant une couleur jaunâtre telle que celle des feuilles ſéches. les membranes des feuilles de l'aſtragale, d'entre leſquelles le parenchime a été ôté, ſont blanches, & en ſe ſéchant, elles conſervent leur blancheur. Il étoit donc aiſé de re-connoître que les falbalas des habits de ces derniéres teignes étoient faits de morceaux des membranes des feuilles d'aſtragale, ſéparés de tout parenchime.

Je n'ai pas manqué d'envie de voir comment ces teignes s'y prennent pour ſe faire avec ces membranes, des habits ornés d'une façon aſſés ſinguliére; mais celles que j'ai dé-pouillées, & que je croyois avoir miſes dans la néceſſité de ſe vêtir, n'y ont point travaillé, ſoit qu'elles fuſſent trop proches du temps où elles devoient ſe métamorphoſer, ſoit que n'ayant pas de pieds d'aſtragale dans mon jardin, ſur leſquels je les puſſe placer, les feuilles que je leur ai offertes, quoiqu'attachées à des branches, ſe ſoient deſſé-chées trop promptement.

En comparant ces fourreaux avec quelques autres dont nous parlerons dans la ſuite, il y a lieu de croire que l'infecte, tant qu'il eft teigne, vit dans celui qu'il s'eft fait peu de temps après fa naiffance; & que lorfqu'il a crû jufqu'à un certain point, il fonge à aggrandir un habit qui eft devenu trop court & trop étroit. Chaque falbala marque probablement les différentes reprifes auxquelles il a travaillé à donner plus de longueur & plus de diametre au tuyau creux & contourné qu'il habite. Ces falbalas fervent à couvrir le corps du tuyau ; la teigne donne cette efpece d'ample & de legére couverture à chaque partie qu'elle a nouvellement formée. Le corps du tuyau * eft comme ceux des teignes des feuilles d'orme, compofé d'une membrane doublée de foye ; mais l'art avec lequel ceux des teignes des feuilles d'aftragale font travaillés, eft un art particulier à celles de cette plante, qu'on ne fçaura bien que quand on les aura obfervées dans le travail ; du refte elles reffemblent affés par leur figure* aux autres teignes des feuilles.

* Pl. 11. fig. 4. *e.*

* Fig. 4. *t.*

D'autres teignes qu'Ariftote & Pline ont connuës, fe font des habits qui, quoique beaucoup plus groffiers que les habits de celles dont nous avons parlé jufqu'ici, ont cependant leurs fingularités. Ce genre d'infecte a été appellé par Ariftote *xylophthoros,* nom qui a été traduit en latin par celui de *ligni-perda,* comme fi cet infecte gâtoit ou corrompoit le bois ; tout ce qu'il fait pourtant eft d'en prendre pour fe couvrir de celui qui fe perd ; encore la plûpart des efpeces de ce genre fe couvrent-elles plus volontiers de petits brins d'herbe & de petits morceaux de feuilles, que de morceaux de bois. Quoi qu'il en foit, ces infectes font de vrayes teignes, dans la claffe defquelles Pline les a bien placés. Leurs habits font en général des tuyaux de foye de figure cylindrique, ou de celle d'un cone tronqué ; mais apparemment que les tiffus de foye qu'elles fçavent faire, n'auroient pas affés de confiftance pour conferver leur forme, pour fe foûtenir contre tous les mouvemens

T ij

qu'elles font obligées de fe donner, elles ont l'art de les rendre folides en les recouvrant de certaines matiéres.

J'ai vû de ces tuyaux qui étoient très-bien cachés par de petites portions de feuilles de gramen coupées quarré-[*]ment * Pl. 11. fig. 10. f., mais un peu plus longues que larges, & arrangées en recouvrement les unes au-deffus des autres, comme le font les thuiles de nos toits. Chacune de ces petites thuiles, ou plûtôt de ces petites effentes ou bardeaux, étoit atta-chée contre le fourreau par des fils de foye, & cela feule-ment par un de fes bouts, par celui qui étoit le plus proche de l'ouverture par laquelle l'infecte fait fouvent fortir fa tête & fes jambes écailleufes.

Au refte, ce qui eft ici à remarquer, c'eft que fi cette teigne avoit employé les feuilles de gramen plûtôt que celles de quelqu'autre plante ou de quelqu'autre arbre, ce n'étoit pas parce qu'elle les avoit trouvées plus à portée, ni parce qu'elles étoient les feuilles dont elle fe nourriffoit; il paroiffoit que c'étoit par choix, parce qu'elles étoient de celles qui étoient les plus commodes à tailler & à mettre en place. Ce qui m'a femblé le prouver, c'eft que j'offris pendant plufieurs jours à cette teigne des feuilles de gra-men bien fraîches, auxquelles elle ne voulut point toucher; je lui donnai enfuite des feuilles de chêne qu'elle rongea fur le champ avec beaucoup d'avidité. Ce n'étoit pourtant pas fur le chêne que j'avois trouvé cette teigne; mais ce qui me détermina à voir fi les feuilles de cet arbre ne fe-roient pas de fon goût, c'eft que je crus en avoir vû quel-ques fragmens parmi ceux des feuilles du gramen, dont le tuyau étoit couvert. Elle mange les feuilles comme le commun des chenilles les mange, elle ne s'amufe pas à en détacher feulement le parenchime, elle les ronge dans toute leur épaiffeur.

J'ai trouvé d'autres tuyaux couverts en entier de quantité

de petits morceaux de feuilles, pris de feuilles affés grandes, comme de celles du charme, du hêtre & du chêne; mais la teigne qui fçait choifir le gramen, a moins de befogne à faire; elle en rencontre aifément des feuilles étroites, elle n'a qu'à en couper des morceaux de longueur convenable, ils n'ont pas trop de largeur.

Le gramen fournit encore à d'autres teignes de quoi recouvrir leurs fourreaux de foye, & leur donner de la folidité; mais ce ne font pas les feuilles des plantes de ce genre qu'elles y employent. Nous ferions des habits très-ridicules & peu convenables, fi nous les faifions de baguettes de bois appliquées les unes contre les autres; ce font pourtant des efpeces de petites baguettes qui font le deffus de l'habit de certaines teignes. Les tiges de gramen les plus déliées font bien pour de petits infectes ce que des baguettes affés groffes feroient pour nous; mais ce font des baguettes creufes, & par conféquent legéres. Tout le fourreau * de ces teignes eft couvert de ces petits cylindres creux, pris de tiges de gramen. Ils font arrangés parallelement les uns aux autres; ils font fouvent de longueur inégale, les plus courts de ceux qui font attachés fur certains fourreaux, ont la longueur du fourreau, & d'autres en ont davantage. D'autres fourreaux ont dans leur longueur deux brins dont l'un eft pofé en recouvrement fur partie de l'autre.

* Pl. 11. fig. 7, 8 & 9.

J'ai eu un fourreau * beaucoup plus long que les derniers dont je viens de parler, il avoit au moins un pouce & demi de longueur, qui étoit recouvert de brins pris des plus petites branches du genêt ordinaire; mais ces brins de tiges étoient difpofés comme les portions de feuilles de gramen le font fur un fourreau que nous avons examiné cy-deffus, je veux dire qu'ils n'étoient attachés que par un bout, par le plus proche de l'ouverture du fourreau; que l'autre bout s'élevoit; au moyen de quoi tous les petits

* Fig. 11.

brins de genêt étoient en recouvrement les uns au-deſſus des autres.

Quoique tous ces inſectes choiſiſſent pour couvrir leurs fourreaux, des matiéres legéres, & qui le deviennent de plus en plus en ſéchant, ils ſont néantmoins peſamment vêtus. Jamais ſoldat Romain ne fut auſſi chargé qu'ils le ſont; ils changent pourtant aſſés volontiers de place; ils font ſortir de leur fourreau leur partie antérieure, & ſe tirent en avant ſur leurs ſix jambes écailleuſes. Il eſt d'autant plus difficile d'avoir des hiſtoires complettes de ces inſectes dans ce pays, qu'ils y ſont aſſés rares. Tous ceux que j'ai examinés avec de fortes loupes, m'ont permis de voir qu'ils étoient des chenilles de la premiére claſſe, de celles à ſeize jambes, & de la claſſe ſubordonnée à celle-ci, qui comprend les chenilles dont les huit jambes intermédiaires ſont entourées de couronnes complettes de crochets; ſouvent même on ne reconnoît qu'elles ont ces huit jambes, que parce qu'on voit, en regardant attentivement & avec des verres qui groſſiſſent beaucoup, les huit couronnes de crochets.

Quelques-unes de ces teignes ſont péries chés moi ſans ſe métamorphoſer; d'autres ne ſe ſont transformées qu'en criſalides; enfin j'ai eu les papillons de quelques autres. D'une teigne qui vivoit de feuilles de charmille, dont le fourreau étoit couvert de brins de tiges de gramen, j'ai eu un petit papillon * dont les aîles ſupérieures ſont d'un gris éclatant, & dont la baſe & le coſté intérieur ſont frangés. C'étoit dans le fourreau même que l'inſecte avoit ſubi toutes ſes transformations.

Il y a de ces teignes qui ſont toutes brunes ou griſes; d'autres, & telle étoit la derniére que nous venons de citer, ſont rayées tranſverſalement de gris blancheâtre & de brun; le deſſus des anneaux eſt de la couleur claire, & la goûtiére

* Pl. 11. fig. 5 & 6.

qui eſt entre deux anneaux, eſt de la couleur foncée. Il
y en a de piquées de gris-brun & de noir, telle eſt celle*
qui ajuſte proprement des portions de feuilles de gramen
ſur ſon fourreau.

   Les procédés au moyen deſquels les teignes de ces différentes eſpeces parviennent à ſe vêtir, ne paroiſſent pas
être difficiles à imaginer, & n'offrent rien de propre à
piquer notre curioſité; nous ſommes même diſpenſés d'en
parler, parce que nous ſerons obligés bientôt de dire quelque choſe de manœuvres aſſés ſemblables à celles auxquelles
elles ont recours, en faiſant connoître des eſpeces de teignes d'un genre très-différent du leur. Mais il y a dans le
reſte de leur hiſtoire des faits à éclaircir, & par rapport
auxquels je ſerois mieux inſtruit ſi j'euſſe ſçû dans quel
temps je devois leur donner plus d'attention que je n'ai
fait. J'ai déja dit que j'avois eu un papillon d'une teigne
dont le fourreau étoit recouvert de brins de tiges de gramen; j'ai renfermé pluſieurs fois dans des poudriers deux
ou trois teignes de même eſpece, ou au moins vêtuës de la
même maniére, ſans être parvenu à voir voler des papillons
dans ces poudriers; mais il m'eſt arrivé de trouver dans ces
mêmes poudriers de jeunes teignes, des teignes naiſſantes,
de les y voir vêtuës de fourreaux proportionnés à leur taille
& faits ſur le modéle des plus grands, & des mêmes matériaux. Les teignes nouvellement nées avoient coupé ſur les
grands & vieux fourreaux des brins de tiges de gramen qui
n'avoient peut-être pas une demi-ligne ou un tiers de ligne
de longueur, & elles s'en étoient habillées. La premiére fois
que je vis paroître de ces teignes, je crus que le haſard avoit
voulu que j'euſſe renfermé dans le poudrier une nichée
d'œufs de teignes, qui s'étoit trouvée ſur quelqu'une des
feuilles que j'y avois jettées. Depuis cette premiére ob-
ſervation, je mis dans un poudrier cinq teignes à fourreaux

* Pl. 11. fig.
10.

de brins de gramen , trois avoient été prises sur le chêne , une l'avoit été sur la charmille , & une autre l'avoit été sur un pied d'asperges; elles me paroissoient pourtant très-semblables. Considérant vers la fin de Juillet le poudrier dans lequel les teignes avoient été renfermées dans le commencement du même mois, j'y vis plus d'une centaine d'autres teignes extrémement petites qui étoient toutes vêtuës, mais qui depuis qu'elles étoient nées, ne pouvoient avoir eu que le temps de se vêtir. Ces teignes étoient sûrement nées dans le poudrier; dans ce poudrier il n'y avoit que quatre à cinq morceaux de feuilles sur lesquelles je cherchai inutilement les débris d'une nichée d'œufs. Je n'avois point été averti qu'elles y devoient naître, parce que je n'y avois point vû voler les papillons dans lesquels je m'étois attendu que les vieilles teignes, celles des grands fourreaux, se feroient transformées. J'avois seulement vû au fond du poudrier un insecte non aîlé, brun , ras, à jambes écailleuses, à corps plus raccourci que celui d'une teigne, mais qui se terminoit par un derriére plus allongé, par un derriére tel que l'est celui de quelques papillons femelles dans le temps où ils font leurs œufs. Des circonstances m'empêchérent d'examiner sur le champ cet insecte autant que je le devois, je l'oubliai par la suite, & quand je fus averti de le faire par les teignes nouvellement nées, il n'en étoit plus temps, il étoit péri & même desséché, & par conséquent hors d'état de satisfaire ma curiosité.

Il y a grande apparence, & il me paroît même hors de doute que cet insecte avoit donné naissance aux petites teignes, qu'il étoit un papillon sans aîles, & que les femelles des teignes de l'espece dont il s'agit, se transforment en papillons dépourvûs d'aîles sensibles, comme il arrive aux chenilles de plusieurs especes dont nous avons parlé ailleurs. Mais sur quoi on pourroit avoir des doutes, c'est sur la
maniére

maniére dont a été fécondé cet infecte, il n'étoit pas feul de fon efpece dans le poudrier; mais je n'y en ai point vû d'aîlés. Eft-ce que les mâles & les femelles de ces teignes feroient des papillons fans aîles? Il eft plus vrayfemblable que le papillon mâle & aîlé, par lequel la femelle ou les femelles ont été fécondées, m'a échappé, ce qui peut être arrivé par une infinité de circonftances, à un fi petit animal, dans le temps où je ne fçavois pas qu'il importoit de le trouver. Je ne fuis pas parvenu auffi à trouver les coques des œufs d'où les jeunes teignes étoient forties; mais les fragmens de coques extrémement petites, quand elles font entiéres, peuvent avoir été confondus avec une pouffiére groffiére, ou être reftés dans les brins de plantes des fourreaux contre lefquels j'ai lieu de croire que les œufs avoient été dépofés. Je crois même que fi je n'ai pas vû bien des fois les nichées d'œufs, c'eft parce que j'ai été dérouté par la figure extraordinaire de ces papillons. Après avoir gardé des teignes de l'efpece dont il s'agit, dans des poudriers, il m'eft arrivé plufieurs fois de voir l'infecte fortir par le bout poftérieur du fourreau, & y faire une efpece de coque. J'ai toûjourspris cette coque pour un logement dans lequel il vouloit fe transformer, parce que je prenois l'infecte pour une teigne, avec la figure de laquelle la fienne avoit tant de reffemblance, que je ne foupçonnois pas qu'il fût une teigne métamorphofée pour la derniére fois, une teigne devenuë papillon. Mais je fuis convaincu que l'infecte que je croyois teigne & occupé à fe faire une coque, étoit papillon & occupé à faire un nid pour fes œufs; de forte que c'eft au bout du fourreau même dans lequel l'infecte a vécu teigne, que devenu papillon, il fait fes œufs. J'en ai eu une preuve récemment; dans le mois de Juillet dernier, au bout d'un fourreau de teigne, renfermé dans un poudrier, j'ai vû un infecte; je

Tome III. . V

J'ai examiné, & j'ai trouvé qu'il étoit un papillon femelle.
Il étoit cramponné sur le bout ouvert, sur le bout postérieur du fourreau, & recourboit & allongeoit son derriére,
il le faisoit rentrer dans le fourreau comme pour y faire ses
œufs. Un accident fit tomber l'insecte de mes mains, je le
perdis. J'ouvris le fourreau, espérant d'y trouver des œufs;
mais le papillon n'avoit pas eu le temps de faire sa ponte,
il ne faisoit que s'y préparer; aussi ne trouvai-je dans le
fourreau que la dépouille de crisalide. L'analogie peut souvent donner de grands éclaircissemens sur les faits d'histoire
naturelle. Avant que de finir ce Mémoire, nous rapporterons l'histoire d'une espece de teigne qui peut répandre du
jour sur ce qui reste encore d'obscur par rapport aux papillons non aîlés des teignes ligni-perdes. Elle nous apprendra où ceux à qui j'ai vû faire des especes de coques ou de
nids, peuvent prendre la matiére propre à les former; qu'ils
ont autour du derriére une frange de poils qui la peut fournir; qu'ils peuvent avoir recours à des procédés semblables
à ceux des papillons femelles bien pourvûs d'aîles, & beaucoup plus grands, dont nous avons parlé tome II. Mém. 11.
   La classe des teignes s'étend aussi aux insectes aquatiques: deux especes de chenilles entr'autres, que nous avons
fait connoître dans le Mémoire x. du tome II. lui appartiennent. Les unes se font des habits composés de deux
morceaux de feuille de potamogeton égaux & semblables;
& les autres se font les leurs d'un grand nombre de très-
petites feuilles de lentille aquatique. Mais c'est sur-tout dans
les eaux qu'il faut chercher ces insectes, qui ont été appellés en grec *xylophthoros*, & en latin *ligni-perdæ*. Les especes
de cette classe qui se tiennent dans l'eau, sont plus nom-
breuses en individus dans ce pays, que celles de ces insectes
qui vivent sur terre: d'ailleurs le nom grec & le nom latin ne
conviennent pas mieux aux unes qu'aux autres. Ni les unes

ni les autres ne gâtent le bois ; elles en employent pour se couvrir, de petits morceaux qu'elles trouvent à leur bien-séance, & de figure & de grandeur convenables. Bellon dit que le nom françois des aquatiques est *charrées*. On trouve de ces teignes dans de petites riviéres, dans des ruisseaux où le cours de l'eau est peu rapide, dans des étangs, dans des mares, en un mot, dans des eaux au milieu desquelles ou sur les bords desquelles, des plantes croissent. Car il faut des plantes pour que ces teignes puissent vivre & croître, elles en mangent les feuilles. M. Vallisnieri qui les a très-bien observées, & qui en a le premier donné une histoire dans la Gallerie de Minerve, & réimprimée dans le premier volume de ses œuvres de l'édition *in-folio* *, a remarqué qu'elles mangeoient des feuilles de l'*apium palustre*, de la renoncule des prés, d'*oxylapathum*, & qu'elles se nourrissent aussi de plusieurs plantes qui ne croissent que dans l'eau.

* Tome I.
pag. 37.

Entre ces teignes aquatiques, il y en a de beaucoup d'especes que je ne suis point parvenu à distinguer les unes des autres, mais la plus commune de toutes est beaucoup plus grande que les especes de teignes terrestres dont nous avons parlé. Aucune de celles que j'ai observées, n'appartient à la classe des chenilles ; aussi se transforment-elles toutes en mouches à quatre aîles : mais nous ne ferons connoître les formes que prennent successivement ces insectes, qu'après que nous aurons examiné leurs habits.

Le corps de ces teignes, comme celui des autres, est immédiatement logé dans un tuyau de soye dont l'intérieur est lisse & poli. Sur l'extérieur de ce tuyau sont attachés des fragmens de diverses matiéres propres à le fortifier & à le défendre ; en un mot, propres à rendre l'habit complet, & à lui donner les qualités nécessaires. Ce dont nos teignes paroissent s'embarrasser le moins, c'est de la grace

V ij

que peut avoir la forme extérieure de cet habit. Celle que
plusieurs lui donnent, est tout-à-fait baroque *; les dehors
du fourreau sont souvent hérissés, pleins d'inégalités. D'autres pourtant se font des habits qui ont un air plus propre,
les pieces qui le composent, sont arrangées avec symmétrie
les unes auprès des autres. Elles changent d'habits quand
elles ont besoin d'en changer, c'est-à-dire, quand le leur est
devenu trop étroit & trop court; alors elles s'en font un de
grandeur convenable. Quelquefois le neuf différe plus de
celui qu'elles ont laissé, que nos habits d'aujourd'hui ne
différent de ceux de nos ayeuls & de nos bisayeuls. Les
principes de variétés ne sont pourtant pas les mêmes pour
elles & pour nous. Ce n'est ni par bizarrerie, ni par ca-
price, ni pour établir, ni pour suivre une nouvelle mode,
qu'elles se couvrent d'un fourreau qui ressemble peu à
celui qu'elles ont abandonné; mais elles sçavent se servir,
pour s'habiller, de matiéres très-différentes; & selon les
étoffes, pour ainsi dire, qu'elles employent, elles se font
des vêtemens qui ont des figures différentes. Elles mettent
en œuvre des feuilles entiéres ou presqu'entiéres, des morceaux de feuilles, & d'un très-grand nombre d'especes de
feuilles, de petits bâtons quelquefois de figure qui approche de la cylindrique, & quelquefois de figure irréguliére,
des morceaux de tiges de plantes assés grosses, comme des
tiges de roseaux, de plus petites tiges rondes, comme des
brins de paille, des portions de tiges de gramen, des brins
de joncs; elles se servent des graines, des racines; elles
sçavent même faire usage des grains de sable & de gravier,
des coquilles de limaçons aquatiques, & des coquilles de
moules, & enfin de presque toutes les matiéres qu'elles
trouvent dans l'eau. Tels fourreaux ne sont faits que de
quelqu'une des matiéres précédentes, & ce sont les mieux
façonnés. D'autres sont composés de toutes ces différentes

* Pl. 12. fig.
8, 9 & 10.

matiéres, si peu propres, ce semble, à être assorties; aussi paroissent-ils des habits de guenilles & de haillons, des habits tout-à-fait informes.

L'intérieur de chaque fourreau a assés exactement la figure d'un cylindre creux; il a une ouverture à chaque bout. Celle qu'on peut appeller l'antérieure *, & par laquelle l'insecte fait sortir sa tête & ses six jambes, a pour diametre celui de l'intérieur de la cavité du tuyau, & en a un plus grand que l'ouverture opposée ou la postérieure; celle-ci * est percée dans une plaque circulaire qui a été appliquée au bout du tuyau pour le boucher en partie. Cette plaque est un tissu de soye.

Quand les fourreaux de soye sont recouverts de feuilles ordinaires ou de grandes portions de feuilles plattes, l'habit* de la teigne a un air plat, il est peu épais par rapport à sa largeur; mais les habits faits sur ce modéle, sont rares; communément ils ont une figure cylindrique, ou qui approche de la cylindrique. Il y en a dont tout l'extérieur est composé de brins de joncs très-déliés *, ou de petites tiges de plantes, collées les unes contre les autres, & disposées selon la longueur du fourreau. Quelquefois ces brins sont si bien rangés, qu'on ne voit point leur assemblage; on croit voir un cylindre canellé suivant sa longueur. Mais il est rare d'en trouver qui n'ayent pas quelque piece, quelque lambeau * qui dépare le reste, &, qui, comme nous le verrons bientôt, est nécessaire à la perfection de l'habit.

Une teigne trouve quelquefois deux morceaux d'une tige de roseau brisée & fenduë suivant sa longueur; si elle n'a encore mis sur son fourreau que des pieces minces, s'il n'a ni assés de solidité, ni assés de volume, elle lui fait un très-bon surtout avec les deux morceaux de roseau * qu'elle a eu le bonheur de rencontrer, & qu'elle peut ajuster sans beaucoup de travail; elle loge son fourreau dans la cavité

* Pl. 12. fig. 1, 2, 3, &c. t.

* Fig. 1. p.

* Fig. 1.

* Pl. 13. fig. 2. b c.

* Fig. 2. f.

* Pl. 12. fig. 3. r s, x y.

de ces deux pieces, qu'elle rapproche l'une de l'autre autant qu'il lui est possible. D'autres teignes font leurs fourreaux d'un assés grand nombre de morceaux de roseaux plus petits *. Au lieu que les fourreaux que nous venons de considérer, sont couverts de pieces couchées selon leur longueur, il est très-ordinaire que des teignes disposent tout autrement des brins de tiges déliées ou de certaines feuilles qui ont une figure qui tient de la cylindrique, telles sont les feuilles de cette plante aquatique nommée dans les Instituts de M. de Tournefort, *potamogeton flosculis ad foliorum nodos,* & appellée par quelques Botanistes *presle d'eau,* & par M. Vaillant *hydre cornu.* Pour prendre une idée exacte de la maniére dont les teignes employent les feuilles de cette plante, & celles de quelques autres, imaginons un de leurs fourreaux divisé en un très-grand nombre de tranches perpendiculaires à l'axe, depuis un de ses bouts jusqu'à l'autre. L'intérieur de chacune de ces tranches est une portion de cylindre creux, une portion du logement de la teigne; la tranche qui est exactement cylindrique, est de soye; mais cette tranche de soye a été construite dans une figure à plusieurs côtés, formée par des especes de petits bâtons*. Représentons-nous un cercle inscrit dans un pentagone, un hexagone, un heptagone, ou dans une figure quelconque à plus ou moins de côtés, & que chacun des côtés de la figure dans laquelle ce cercle est inscrit, est prolongé par-delà les angles de la figure: tout cela étant conçû, nous avons une image de la disposition des pieces dont le fourreau de soye est recouvert. Plusieurs brins de tiges ou de feuilles, sont disposés comme les côtés de la figure circonscrite au cercle. Chacun de ces petits brins cylindriques touche le tuyau de soyé, & se croise de part & d'autre avec un des brins qui touche le même tuyau. A mesure que la teigne allonge son fourreau, elle fait un

* Pl. 12. fig. 4.

* Fig. 5. *a a, b b, c c,* &c.

bâtis de pareils bâtons qui se croisent, & qui servent à soûtenir la portion du tuyau de soye qui sera filée dans la suite. Tous les habits de teignes qui sont construits de la sorte, sont extrémement hérissés *, mais ils ne laissent pas de paroître faits avec une sorte de régularité.   * Pl. 12. fig. 2. o c.

Enfin il y a des fourreaux qui ne sont construits qu'en partie de pieces posées soit longitudinalement, soit transversalement; quelques-unes de leurs portions sont faites de pieces, ce semble, mal assorties, & qui gâtent la symmétrie; quelquefois un assés gros morceau de bois de figure irréguliére y a été attaché *; quelquefois c'est un morceau   * Fig. 2. *b, b.* de pierre ou de caillou; quelquefois une coquille *, soit de   * Fig. 2. *c.* limaçon, soit de moule. Il y en a dont les vêtemens sont faits en entier de ces sortes de coquilles, & même de coquilles d'une seule espece. J'en ai vû souvent qui étoient entiérement couverts de petites coquilles de limaçons aquatiques *; d'autres de coquilles de moules * bien entiéres, &   * Fig. 6.
   * Fig. 7. dont les deux pieces étoient assemblées. Ces sortes d'habits sont jolis, mais ils sont de plus très-singuliers en ce qu'ils sont quelquefois faits d'animaux vivans. Un sauvage qui au lieu d'être couvert de fourrure, le seroit de rats musqués, de taupes, ou d'autres animaux en vie, auroit un habillement bien extraordinaire: tel est en quelque sorte celui de nos teignes; les coquilles dont il est tout garni, renferment quelquefois des animaux vivans; les limaçons vivent, les moules vivent dans les coquilles des fourreaux de plusieurs teignes, & ces coquilles y sont si bien attachées, qu'il n'est pas possible au limaçon ni à la moule de faire changer la sienne de place.

Il y a des teignes qui disposent des portions de feuilles perpendiculairement à l'axe de leur fourreau; d'autres teignes recouvrent le tuyau de soye de grains de sable, de petits fragmens de coquilles. Il est assés ordinaire à ces derniéres

d'attacher de chaque côté du tuyau un bâton * qui l'ex-
cède par les deux bouts; le tuyau eſt renfermé entre deux
petits bâtons, ſouvent une fois plus longs qu'il n'eſt lui-
même, & d'un diametre preſqu'égal au ſien. Si nous regardons ce tuyau de la teigne comme ſa maiſon, c'eſt une
maiſon attachée entre deux poutres plus grandes qu'elle
n'eſt elle-même. Quelquefois il n'y a qu'un ſeul de ces
bâtons lié au fourreau, & quelquefois ce ſont des morceaux de bois plus gros & plus courts qui y ſont attachés.

Quand on conſidére la plûpart des eſpeces de fourreaux
que nous venons d'indiquer, & beaucoup d'autres, il ſemble
que les matiéres qui entrent dans leurs compoſitions, les
rendent bien lourds. La plûpart ſeroient effectivement de
terribles fardeaux pour l'inſecte, s'il étoit obligé de marcher
toûjours ſur terre; mais ſi nous faiſons attention que ces
inſectes doivent tantôt marcher ſur le fond de l'eau, tantôt monter & deſcendre au milieu de l'eau ſur les herbes
qui y croiſſent, nous jugerons que ce même fourreau qui
chargeroit l'inſecte, s'il étoit dans l'air, lui coûte peu à
porter, ſi les différentes pieces de l'aſſemblage deſquelles
le fourreau eſt conſtruit, font un tout d'une peſanteur à peu-
près égale à celle de l'eau. Nous devons même voir la
raiſon pour laquelle la teigne fait ſouvent entrer dans la
compoſition de ſon fourreau des pieces qui gâtent la ſymmétrie des autres, & qui lui donnent une forme déſagréable,
& tout-à-fait baroque.

L'inſecte qui paroît aſſés indifférent ſur la forme des
fragmens de bois & de plantes qu'il aſſujettit contre ſon
fourreau, a pour l'ordinaire grand ſoin d'en choiſir de
ceux qui ſont d'une peſanteur ſpécifique moindre que celle
de l'eau. Ce qu'il ſemble ſe propoſer principalement, c'eſt
d'attacher à ſon fourreau des eſpeces de calebaſſes; il ne
ſçait point, ou il ſçait mal nager; il ne ſçait preſque que
marcher,

marcher, & il marche souvent, soit sur les pierres, soit sur le gravier qui sont au fond de l'eau, soit sur les plantes qui se trouvent dans l'eau. Quand donc il veut marcher, il fait sortir sa tête & la partie antérieure de son corps par la grande ouverture ou celle dont elle est proche; alors il cramponne les six jambes écailleuses dont il est pourvû *, & il se tire dessus en avant. Il est certain qu'il trouve d'autant moins de difficulté à marcher dans l'eau, que le poids de son corps & celui de son fourreau avec ce qui y est attaché, font un tout d'une pesanteur plus approchante de celle de l'eau. Le corps de l'insecte est plus pesant que l'eau, c'est de quoi il est aisé de se convaincre : si on tire un de ces insectes hors de son fourreau, & qu'on le jette ensuite dans l'eau, il ne manquera pas d'aller à fond & d'y rester. J'ai aussi dégagé des tuyaux de soye, d'où j'avois retiré les vers, de toutes les matiéres étrangéres qui y avoient été attachées, & j'ai jetté ces fourreaux de soye dans l'eau, j'ai vû qu'ils étoient eux-mêmes plus pesans que l'eau. Sans en faire l'expérience, on pouvoit assûrer qu'au contraire les morceaux de roseaux, les morceaux de glayeul, les brins de paille attachés contre les fourreaux, étoient plus legers que l'eau; mais on auroit pû soupçonner que les morceaux de bois qui étoient collés sur quelques-uns, étant imbibés d'eau, avoient alors une pesanteur plus grande que celle de ce liquide; j'ai détaché plusieurs de ces morceaux de bois, & j'ai reconnu constamment qu'ils étoient plus legers que l'eau.

Ce qui importe le plus à notre teigne aquatique, est donc de choisir des corps qui soient tels, que collés contre son fourreau, ils contre-balancent à un certain point l'excès de la pesanteur de son corps & de celle du fourreau de soye prises ensemble, sur celle de l'eau. Elle ne doit pourtant pas attacher contre son fourreau des corps

** Pl. 12. fig. 1, 3, 6 & 7.*

Tome III.   , X

trop legers, elle auroit autant de difficulté à vaincre en marchant, la réfiftance qui naîtroit de trop de legéreté, qu'elle en auroit à vaincre celle qui naîtroit de trop de pefanteur. Enfin il lui importe encore que fon fourreau foit, pour ainfi dire, également lefté par-tout; que certaines parties ne foient pas de beaucoup plus legéres ou de beaucoup plus pefantes que les autres, fans quoi le tuyau tendroit à prendre dans l'eau d'autres pofitions que celles où l'infecte le veut. Quand une teigne n'a pas donné d'abord à toutes les parties de fon fourreau un équilibre convenable, elle colle apparemment de petits fragmens de bois ou de plantes fur les endroits qu'elle fent trop pefans; & de-là vient qu'on voit tant de petits morceaux de bois rapportés fur certains fourreaux, ils y ont été mis à diverfes réprifes. De-là vient que quelquefois il y a fur le fourreau des morceaux de bois d'une groffeur énorme par rapport aux autres pieces. De-là vient que certains fourreaux qui font recouverts de gravier ou de petits fragmens de coquilles, ont de chaque côté un long morceau de bois *.

* Pl. 12. fig. 14.

Nous avons déja dit que ces teignes ont fix jambes écailleufes *, & elles n'en ont point d'autres, elles n'en ont point de membraneufes, auffi n'appartiennent-elles pas à la claffe des chenilles. La tête eft écailleufe & brune; l'anneau qui la fuit eft de même confiftance & de même couleur; c'eft à celui-ci que tiennent les jambes de la premiére paire, qui font beaucoup plus courtes que celles des deux autres paires. Celles de la feconde font un peu plus longues que celles de la troifiéme, & elles font attachées au fecond anneau qui eft encore brun, & qui a encore l'air écailleux. Le troifiéme anneau auquel tient la troifiéme paire de jambes, eft jaunâtre & piqué de quelques points bruns. Le refte du corps eft compofé de neuf anneaux tous de couleur blancheâtre & d'une fubftance membraneufe qui a quelque

* Fig. 11. & 12.

tranſparence. Le premier de ces neuf anneaux membraneux, ou le quatriéme anneau, eſt remarquable par trois
éminences charnuës * qui y ſont tantôt plus & tantôt
moins ſenſibles. La plus conſidérable eſt placée ſur la partie
ſupérieure de l'anneau, & chacune des deux autres l'eſt
ſur un des côtés. Ces trois parties, & ſur-tout la ſupérieure,
paroiſſent ſouvent comme des mammelons coniques, elles
s'applatiſſent enſuite, & bien-tôt après elles s'élevent. La
ſommité de chacun de ces mammelons ſemble cependant
creuſe, & on la voit s'humecter d'eau qui en ſort lorſque
l'inſecte eſt dans l'air. Cette teigne doit reſpirer l'eau
comme la reſpirent tous les animaux qui ſont véritablement aquatiques ; ſeroit-ce par ces mammelons qu'elle la
reſpireroit en partie !

Les huit autres anneaux nous offrent encore des parties
dont l'uſage n'eſt pas aiſé à déterminer ; c'eſt un grand
nombre de filets blancs qu'on ne ſçauroit confondre avec
des poils ; ils ſont de ſubſtance membraneuſe. Il faut tenir
l'inſecte qu'on a tiré récemment de ſon étui, dans l'eau,
pour bien voir la diſpoſition de ces filets ; on diſtingue
alors qu'il y en a deux touffes ſur la demi-circonférençe
ſupérieure de chaque anneau. Il y a des temps où l'inſecte
les agite, & alors chaque touffe a l'air d'une eſpece d'aigrette dont les filets s'écartent les uns des autres en s'é-
levant *. Quelquefois les filets ſont couchés, ceux d'une
aigrette vont rencontrer vers le milieu du dos ceux de
l'aigrette correſpondante *. Je ſerois bien tenté de croire
que ces filets ont quelqu'analogie avec les ouyes des poiſſons. Ma premiére idée avoit été de penſer, comme l'a
fait M. Valliſnieri, qu'ils étoient des eſpeces de liens très-
flexibles qui ſervoient à attacher le corps contre les parois
intérieures du fourreau. M. Valliſnieri a cru encore que
la preſſion des mammelons charnus du quatriéme anneau y

* Pl. 12. fig.
12. M, m,
m.

* Fig. 12.

* Fig. 11.

X ij

fervoit; mais l'infecte n'a befoin pour s'y fixer auffi folidement qu'il le veut, que de deux crochets * dont la
figure & l'ufage ont été connus par M. Vallifnieri; ils font
au bout de la partie poftérieure de l'infecte, & pofés
en-deffous. Ces deux crochets font écailleux & bruns;
ils font courts, mais ils font forts: leur courbûre eft telle
qu'ils peuvent être aifément cramponnés dans la partie
du fourreau fur laquelle le ventre pofe: la teigne les y
accroche fi bien que quand on la tire pour la faire fortir
de force, avant que de céder, elle foûtient des efforts qui
la mettent prefqu'à mort. Qnand on veut ménager la
teigne, l'avoir bien faine hors de fon fourreau, le plus fûr
eft d'ouvrir le fourréau tout du long avec des cifeaux ou
quelqu'autre inftrument tranchant. On peut pourtant la
furprendre dans des momens où elle n'a pas piqué les
crochets dans le tiffu de foye. A l'égard des filets charnus,
non-feulement ils ne font pas en état de faire une réfiftance
comparable à celle des crochets, ils ne fçauroient même en
faire une fenfible; ils ne pourroient réfifter que par leur
frottement; & quel peut être l'effet du frottement de quelques fils très polis, contre une furface très-polie!

　Outre les filets dont nous parlons, la teigne a quelques
véritables poils fur diverfes parties de fon corps; elle en
a fur-tout & d'affés longs auprès de fon derriére, qui eft
un peu fourchu, & fur quelques endroits de la tête.

　Si on obferve la tête par deffous avec une loupe *, on
lui trouve affés de reffemblance avec celles des chenilles
& des infectes qui font obligés de hacher des feuilles pour
s'en nourrir. On voit que fa bouche eft munie de deux
fortes dents, de deux fortes ferres *, affés larges au bout
par lequel elles fe rencontrent, & très-propres à couper, à
tailler toutes les matiéres que la teigne veut faire entrer dans
la compofition de fon fourreau, ou qu'elle veut manger.

Ces ferres & la bouche font placées dans l'ouverture, dans
la cavité d'une efpece de cafque écailleux dont la partie fupérieure forme la levre fupérieure. La levre inférieure,
comme celle des chenilles, eft refenduë en trois, ou eft
compofée de trois corps * qui tiennent de la figure d'une   * Pl. 13. fig.
pyramide renverfée, & unis tous trois par leur partie la   1. *LL.*
plus pointuë.

Le fourreau de foye qui touche immédiatement le corps
de nos teignes, prouve qu'elles fçavent filer, & il eft aifé
de les furprendre en des circonftances où elles ont un fil
qui peut être apperçû, foit à l'aide d'une loupe, foit à la
vûë fimple; car leurs fils font plus forts & plus gros que
ceux de la plûpart des chenilles. J'ai cru qu'ils y avoient
la même origine que dans les chenilles; j'en ai fuivi un
jufqu'à la partie du milieu de la levre inférieure *, jufqu'à   * Pl. 13. fig.
cette partie analogue à celle où eft la filiére de la chenille.   1. *L.*
J'ai pourtant douté depuis fi la filiére de nos teignes n'eft
pas pofée ailleurs, & un peu plus bas. Un peu au-deffus
de l'origine de la première paire de jambes, j'ai obfervé
un ftilet charnu & recourbé *, c'eft-à-dire, un petit corps   * f.
charnu, qui, comme une corne, eft plus gros à fa bafe
qu'à fon extrémité, & qui fe contourne vers la tête. Ce
corps a bien l'air d'une filiére; je fuis cependant refté incertain s'il en eft véritablement une, parce que je ne fuis
point parvenu à voir un fil qui y tînt. Il eft affés difficile
de fuivre un fil très-fin fur un infecte qui eft toûjours tout
mouillé lorfqu'on l'obferve.

Si on retire peu à peu une de ces teignes de fon fourreau, ou fi on l'en tire brufquement, ayant faifi l'inftant
où elle n'y étoit pas cramponnée, je veux dire que fi on
en retire une fans la bleffer & fans avoir dérangé fon fourreau, lorfqu'on met enfuite ce fourreau auprès d'elle, elle
y rentre fans façon la tête la première. Elle n'eft pas auffi

imbécille que les teignes de la plûpart des autres espèces, qui ne connoiſſent plus leur habit dès qu'elles en ſont une fois ſorties, & qui aiment mieux s'en faire un neuf que de vêtir une ſeconde fois celui dont on les a dépouillées, quoiqu'on l'ait laiſſé en très-bon état à leur diſpoſition. L'ouverture antérieure eſt la ſeule par laquelle la teigne aquatique puiſſe rentrer dans ſon tuyau; la poſtérieure a moins de diametre que ſon corps: dès qu'elle y entre la tête la première, elle y eſt dans une poſition renverſée; mais le fourreau eſt aſſés large pour qu'elle puiſſe ſe retourner dedans bout pour bout. J'ai vû une teigne faire ſortir ſa tête & ſes jambes par cette ouverture par laquelle je l'avois vû rentrer la veille dans ce même fourreau, d'où je l'avois retirée un peu auparavant.

Si elles rentrent volontiers dans leurs fourreaux, ce n'eſt pas qu'elles ſoient pareſſeuſes à s'en faire de neufs; mais il leur eſt encore plus commode de ſe ſervir de celui qui eſt tout fait, que de commencer à travailler ſur nouveaux frais; c'eſt une néceſſité pourtant dans laquelle j'en ai mis pluſieurs: j'ai voulu les voir à l'ouvrage. Ce fut au commencement d'Avril que j'en vis une pour la première fois, ſe commencer un habit. Après l'avoir dépouillée du ſien, je la mis dans un poudrier de verre avec divers morceaux de feuilles qui avoient été macérées dans l'eau; en moins d'une heure elle fut couverte de différens fragmens de ces feuilles; en moins d'une heure elle eut un fourreau neuf: il eſt vrai qu'il étoit aſſés informe, qu'il ne ſembloit fait que de mauvais haillons & peu ſolidement attachés enſemble. L'inſecte tranſportoit pourtant tout cet aſſemblage par-tout où il alloit, & ſon corps en étoit enveloppé de toutes parts.

La bonne volonté pour le travail, que j'avois trouvée à cette teigne, fit que je n'héſitai pas à la dépouiller une feconde fois; le poudrier, quoique de verre, ne m'avoit pas permis de voir affés à mon gré toutes fes manœuvres. La feconde fois je la mis nuë dans un vafe où il m'étoit plus aifé de l'obferver, je la mis dans une foûcoupe à caffé d'une terre blanche; je ne remplis même d'eau qu'à moitié cette foûcoupe; j'eus foin de jetter dans l'eau quantité de brins de foin, de paille & de bois qui n'avoient au plus que deux à trois lignes de longueur. Elle refta pendant près de trois quarts d'heure à marcher dans l'eau, à tâter les petits bâtons, les brins de paille, fans fe déterminer à en faire ufage. Ils ne lui convenoient pas apparemment pour un ouvrage qui devoit être fait à la hâte; peut-être les trouvoit-elle trop legers, l'eau ne les avoit pas imbibés. Car nous avons déja remarqué qu'il y auroit autant d'incon-vénient pour une teigne à avoir un fourreau trop leger, qu'à en avoir un trop pefant. Pour fçavoir donc fi c'étoit faute de matériaux convenables que la teigne nuë ne fe mettoit pas férieufement à l'ouvrage, je dépiéçai les deux habits dont je l'avois tirée, j'en jettai les morceaux dans l'eau; quelques-uns furnagérent, & quelques autres allé-rent à fond. Je jettai encore dans le vafe divers autres fragmens de feuilles; je ne fus pas long-temps alors à voir que la teigne avoit ce qu'il lui falloit, & ce qu'elle avoit cherché inutilement jufques-là. Après avoir tâté les frag-mens de feuilles, elle s'arrêta fur un qui étoit tombé au fond de l'eau, & qui n'avoit guéres moins de longueur que fon corps, mais qui avoit beaucoup plus de largeur que le corps n'avoit de diametre; elle élevoit alors & abaif-foit alternativement fa partie poftérieure, faifant jouer les aigrettes de filets qui étoient deffus. Mais c'étoit la tête qui étoit en grande action; avec fes dents ou ferres, elle coupa quelques portions du morceau de feuille près du bout dont elle étoit le plus proche. Elle parut enfuite s'appliquer fur la furface de ce morceau de feuille, la frotter en quelques endroits. La tête s'avança enfuite par-delà les bords de ce grand morceau, comme pour chercher; elle y trouva un nouveau morceau de feuille, & fur le champ elle en coupa un petit fragment; & retournant en arriére, elle le porta fur celui fur lequel fon corps étoit étendu; elle l'y pofa prefque de chan, c'eft-à-dire, de maniére que le plan du petit fragment étoit prefque perpendiculaire à celui du grand morceau. La tête alloit enfuite toucher alternative-ment l'un & l'autre de ces morceaux; & après plufieurs mou-vemens de tête pareils, le petit fragment fe trouva attaché fur le grand; d'où il paroît que dans chaque mouvement de tête le bout d'un fil avoit été collé contre une des deux pieces. Mais quoique l'eau fût claire, & qu'elle eût peu de profondeur, je ne pouvois, même avec la loupe, voir des fils dont l'exiftence étoit prouvée par leur effet. La teigne chercha enfuite un nouveau fragment de feuille qu'elle eut bien-tôt trouvé; elle le colla encore contre le premier ou le plus grand, mais du côté oppofé à celui où elle avoit collé le fecond. Continuant ainfi d'hacher des morceaux de feuille, elle continua auffi de les attacher, foit à la grande piece, foit aux petites; & enfin dans peu de temps elle parvint à faire une portion de fourreau capable de couvrir fa partie antérieure. Bientôt, en répétant le même manége, elle étendit le fourreau & le mit en état de couvrir groffiérement tout fon corps. Ce n'étoit pour-tant encore là, à proprement parler, que le bâtis d'un fourreau; toutes les pieces tenoient peu enfemble, elles laiffoient des vuides entr'elles, mais la teigne étoit en état de le fortifier & de le mieux travailler. Elle pouvoit l'em-porter par-tout où elle alloit. Il étoit trop large, fon corps flottoit dedans. Pour le réduire à un diametre plus conve-nable, je vis qu'après avoir coupé un petit morceau de

feuille,

feuille, elle le faifoit paffer fous quelques-uns de ceux qui
étoient affemblés, elle le faifoit gliffer en-dedans du fourreau où elle l'affujettiffoit enfuite. C'eft une manœuvre
qu'elle répéta plufieurs fois. Il y avoit des endroits où les
morceaux de feuille ne fe touchoient pas, & où il étoit refté
de petits vuides qui laiffoient voir le corps de l'infecte, il
rapportoit & attachoit une petite piece fur chacun de ces
endroits. Outre les feuilles plattes, j'avois mis dans la foûcoupe où étoit cette teigne, une branche d'une plante
aquatique dont les feuilles font prefque rondes, elles n'ont
guéres plus de diametre qu'une épingle ordinaire, & elles
l'égalent en longueur. La teigne coupa plufieurs morceaux
de ces feuilles. Pour en couper un, elle n'avoit que deux
ou trois coups de dents à donner, elle détachoit d'abord
la pointe de la feuille comme quelque chofe d'inutile,
puis elle alloit la couper auprès de fon pédicule, & tranf-
portoit fur le champ cette piece longue & étroite. Elle en
attacha quelques-uns fur le fourreau, elle en plaça d'autres
autour de fon ouverture antérieure, qui s'y croifoient d'une
maniére que nous avons expliquée cy - devant *. Enfin   * Pl. 12. fig.
quand tous les dehors du fourreau eurent la forme, la   5.
folidité & les dimenfions que la teigne leur vouloit, elle
travailla aux dedans, c'eft-à-dire, qu'elle fila pour tapiffer
l'intérieur du logement d'un tuyau de foye bien folide, &
qui jufques-là n'avoit été qu'ébauché. J'ai vû depuis plufieurs fois des teignes de la même efpece, travailler, foit
à fe faire des habits neufs, foit à allonger les leurs, foit à les
fortifier, foit à y adjoûter des pieces, tantôt pour les alléger,
tantôt pour les appefantir dans les endroits où ils étoient ou
trop pefans ou trop legers, & tantôt pour les mieux lefter;
tout ce qu'elles ont pû me faire voir, revenoit à quelqu'une
des manœuvres de la teigne que nous venons de fuivre.

    Ce n'eft pas dans la feule fabrique de leur logement

Tome III.   Y

que ces teignes nous montrent de l'induſtrie, & ce n'eſt pas l'ouvrage dans lequel elles nous en montrent le plus. Toutes doivent ſe transformer en nymphes, c'eſt l'état par lequel elles ont à paſſer, pour parvenir à celui d'inſectes aîlés, & pour aller vivre dans l'air après être nées & avoir crû dans les eaux. La nymphe dans laquelle chaque teigne doit ſe transformer, ne ſeroit pas plus en état de ſe défendre contre les attaques des ennemis qui voudroient la dévorer, que ne le ſont les criſalides des chenilles. Les eaux, comme la terre & l'air, ſont peuplées d'inſectes carnaciers. La teigne, avant que de ſe métamorphoſer, pourvoit à ſa ſûreté pour le temps où elle ſera hors d'état de ſe défendre; elle ne quitte pourtant pas ſon fourreau; c'eſt dans ce fourreau qu'elle doit chan- ger de forme. Elle ſçait filer, & que peut-elle faire de mieux que de fermer les deux ouvertures qui donneroient une libre entrée à l'ennemi! il ſemble qu'elle n'a qu'à boucher les deux bouts de ſon tuyau avec deux eſpeces de plaques, ſoit d'une forte étoffe de ſoye, ſoit de quelqu'autre ma- tiére. Elle le fait, mais elle fait quelque choſe de plus. Sous la forme de nymphe elle aura beſoin de reſpirer l'eau. L'eau qui ſeroit renfermée avec elle dans le tuyau, ceſſeroit bientôt d'être une eau convenable, ſi elle n'avoit aucune communication avec celle du dehors; ce ſeroit bientôt de l'eau qui auroit été reſpirée trop de fois, & qui auroit trop ſéjourné dans un petit vaſe clos. Pour tout concilier, la teigne, au lieu de mettre une plaque pleine à chaque bout de ſon fourreau, y en met une qui eſt percée comme une écumoire *. C'eſt une grille faite de gros fils, ou plûtôt d'eſpeces de cordons de ſoye qui ſe croiſent; c'eſt une porte grillée. La teigne devenuë nymphe aura donc une communication libre avec l'eau qui eſt hors de ſon loge- ment, & ſera en ſûreté contre les ennemis qu'elle a le plus à craindre, dont le corps a un diametre qui ſurpaſſe celui des trous de la porte grillée.

* Pl. 13. fig. 2. & fig. 3.

Souvent la teigne s'eſt fait un logement plus ſpacieux, au moins en longueur, qu'il ne ſeroit néceſſaire qu'il le fût lorſqu'elle aura la forme de nymphe; alors c'eſt à quel-que diſtance de chaque bout qu'elle file ces deux jolies cloiſons, en forme de grilles. Quand le tuyau de la teigne eſt court, les grilles ſont appliquées immédiatement à ſes deux bouts.

Ce n'eſt pas la ſeule fabrique de cette porte grillée qui m'a fait conclurre que la nymphe avoit beſoin de reſpirer l'eau, j'ai vû les portes de pluſieurs fourreaux devenir alter-nativement convexes & concaves vers le dehors. Quand la teigne inſpiroit l'eau, elle la déterminoit à entrer dans ſon fourreau, & l'eau pouſſoit alors la plaque flexible vers le dedans du même fourreau; & quand la teigne expiroit l'eau, l'eau rejettée pouſſoit la plaque vers le dehors. Au reſte la plûpart des fourreaux grillés ſont attachés fixement contre quelque corps, & ſouvent contre quelque corps fixe; la teigne commence par aſſujettir ſon fourreau, avant que d'y mettre la grille; il lui ſeroit inutile que ſon étui fût mobile lorſqu'elle n'a plus à le tranſporter pour aller chercher des alimens : & peut-être que la nymphe ſeroit in-commodée par l'agitation de cet étui.

L'ingénieux travail de ces grilles n'a pas échappé à M. Valliſnieri; il a vû des teignes qui les ont conſtruites en Italie vers la fin de May & dans le mois de Juin. Ici il y en a qui grillent auſſi leurs tuyaux dans le même temps; mais il y en a qui paſſent peut-être l'hiver dans des tuyaux grillés, comme il y a des chenilles qui paſſent l'hiver en coque. Dès le mois de Mars au moins, ſaiſon dans laquelle la chaleur n'a guéres déterminé encore les inſectes à tra-vailler, j'ai trouvé dans l'eau des tuyaux grillés, & les ayant ouverts, j'y ai vû l'inſecte en nymphe. J'ai mis de ces nym-phes dans l'eau, elles y ont vécu pluſieurs jours, pendant lefquels elles recourboient & redreſſoient alternativement la partie poſtérieure de leur corps.

* Pl. 13. fig. 4, 5 & 6.

Cette nymphe * a quelques ſingularités, par leſquelles elle mérite que nous nous arrêtions un peu à la faire con-noître. Preſque tout ſon corps eſt d'un blanc qui a une nuance de couleur de citron. De chaque côté il a une bande noire aſſés étroite qui ſe termine au derriére, & qui ne ſe trouve que ſur quatre anneaux. Le bout du der-

* f.

riére a une petite fourche * faite de deux parties charnuës. On retrouve encore ſur ſon dos ces paquets de filets blancs que nous avons fait remarquer ſur le corps de la teigne. On y voit auſſi quatre à cinq taches brunes, qui, obſervées à la loupe, paroiſſent garnies de crochets tournés vers le derriére. On diſtingue très-bien les aîles, les deux ſupérieu-

* Fig. 6.

res ſont les ſeules qui paroiſſent du côté du dos *, mais on les trouve toutes quatre ramenées & plaquées ſur le ventre. Les deux antennes partent d'au-deſſus des yeux, & ſont appliquées chacune ſur un des côtés. Il eſt aiſé de démêler les ſix jambes, de voir comment elles ſont pliées, & de juger que la mouche en doit avoir de grandes ; les deux derniéres poſées l'une contre l'autre, vont juſqu'au derriére de la nymphe.

La tête, petite par rapport à la groſſeur du corps, paroît au premier coup d'œil, d'une forme aſſés ſinguliére ; elle

* Fig. 4. c.

a quelqu'air d'une tête d'oiſeau *. Elle a de chaque côté un gros œil noir ; & un peu au-deſſous de ces deux yeux, & préciſément à égale diſtance de l'un & de l'autre, on

* Fig. 4. c.

croit voir un bec * qui a quelque reſſemblance avec celui d'un perroquet. Au-deſſus de cette eſpece de bec, on

* Fig. 6. a.

apperçoit une aigrette de poils *, qui fait reſſembler cette tête à celle d'un oiſeau à huppe. Mais ſi on y regarde de plus près, ſoit à la vûë ſeule, ſoit à la loupe,

* Fig. 5. & fig. 7. c c.

on reconnoît que deux crochets * qui partent chacun

d'un des côtés de la tête, & qui tous deux se rencontrent
en devant & s'y croisent par leur pointe, font ce qu'on
prenoit pour un bec; ils font tous deux très-pointus, &
le deviennent de plus en plus, à mesure qu'ils s'éloignent
de leur base. Ils font placés au-dessous d'une espece de
levre charnuë * qui saille en-devant : c'est cette levre qui
porte l'aigrette de poils *. La levre est blancheâtre, les
crochets & les poils de l'aigrette font bruns; on ne distingue pas la levre au premier coup d'œil, on n'est frappé
que de l'aigrette, des crochets & des yeux noirs. Ces deux
crochets font d'une forme différente de celle des crochets
de la teigne, la mouche ne les aura pas, ils doivent rester
à la dépouille de la nymphe. On doit donc les regarder
comme deux parties propres à la nymphe. De quel usage
lui pourroient-ils être pendant qu'elle ne prend point d'a-
limens solides! Il y a grande apparence, comme l'a pensé
M. Vallisnieri, qu'ils ne doivent lui servir que dans le temps
où elle sera près de se métamorphoser en mouche; qu'elle
les a uniquement, ou principalement au moins pour détacher la grille du bout antérieur du fourreau. Si la mouche
sortie de ses enveloppes, se trouvoit dans ce fourreau grillé,
elle seroit obligée d'y périr : elle n'a point d'organes avec
lesquels elle puisse forcer de pareilles barricades.

M. Vallisnieri a vû vers la fin de Juin des nymphes qui
avoient détaché la grille d'un des bouts du fourreau, qui en
étoient sorties en partie, & il a vû ces nymphes devenir
mouches. J'ai eu des mouches qui ont quitté les dépouilles
de nymphe dès le commencement d'Avril, probablement
elles avoient vécu pendant tout l'hiver dans des tuyaux
grillés. M. Vallisnieri a raison de dire que cette mouche
est d'un genre particulier. Il a cru la devoir prendre pour
l'éphemere d'Aristote, n'ayant trouvé aucune autre mouche en Italie, qui eût autant des caractéres de l'éphemere;

Y iij

mais le Traité de Swammerdam fur l'Ephemere n'étoit pas apparemment tombé entre les mains de M. Vallifnieri; il y auroit vû que la mouche éphemere eft très-différente de celle de nos teignes d'eau. Les infectes aquatiques qui donnent l'éphemere, font extrémement communs dans nos riviéres & dans nos ruiffeaux; il faut qu'il n'y en ait point en Italie, dans les pays où a vécu M. Vallifnieri, ou qu'ils y foient très-rares, puifqu'il n'eft pas parvenu à les voir. Mais il a eu raifon d'appeller la mouche de nos teignes * une mouche d'un genre particulier. Quand nous en ferons à l'hiftoire générale des mouches, nous en établirons une claffe à laquelle nous croyons devoir donner le nom de *mouches papillonnacées*, de mouches qui au premier coup d'œil, femblent être des papillons. Nos mouches des teignes font de cette claffe; elles ont quatre aîles *. Quand la mouche eft en repos *, on ne voit que les deux fupérieures, qui font immédiatement appliquées contre les côtés; prolongées, elles formeroient fur le dos un toit aigu, mais une petite bande de l'une & de l'autre, qui fuit le côté intérieur, fe replie en faifant prefqu'un angle droit avec le refte de l'aîle, & fe couche fur le deffus du corps; ainfi le corps fe trouve, pour ainfi dire, fous un toit coupé ou plat.

*[Marginal note: * Pl. 13. fig. 8, 9 & 11.]*

*[Marginal note: * Fig. 11. — * Fig. 8.]*

Ces deux aîles fupérieures font médiocrement tranfparentes, & elles paroiffent opaques quand elles font pofées fur les deux autres : c'eft ce qui difpofe à les prendre pour des aîles de papillon; mais quand on les examine de près, on voit qu'elles n'ont point ces pouffiéres qui caractérifent fi bien les aîles des papillons. Les deux aîles de deffous * font des plus tranfparentes, elles font une gaze blanche qui a une legére teinte bleuâtre. Le jour de fa naif-fance, & quelques jours après, la mouche a une teinte verdâtre prefque par-tout; c'eft même la couleur qui

*[Marginal note: * Fig. 11.]*

domine alors fur fes aîles fupérieures; ces derniéres perdent
peu à peu cette couleur, & deviennent au bout de quelques jours d'un canelle clair. Le corps de l'infecte prend
auffi la même couleur. M. Vallifnieri après avoir vû naître
cette mouche, ne s'eft pas embarraffé de la confidérer dans
les jours fuivans, ce qui devoit lui paroître affés inutile;
mais il en eft arrivé qu'il nous parle de fa couleur comme
fi elle étoit conftamment verdâtre. Quoique fes fix jambes
foient longues, le corps eft peu élevé au-deffus du plan
fur lequel elles pofent, parce qu'elles font pliées, & confidérablement, dans des articulations peu éloignées de leur
origine.

Les antennes de cette mouche font très-longues, plus
longues que fon corps; elles font de celles que nous avons
appellées coniques & à filets grainés; elles vont en diminuant de groffeur depuis leur bafe jufqu'à leur extrémité.
Le deffus & les côtés de la tête font très-garnis de poils.
Elle a des yeux à rézeaux femblables à ceux des autres
mouches & des papillons.

La bouche n'eft point munie de dents & de ferres femblables à celles que l'infecte avoit lorfqu'il étoit teigne
ou nymphe. Ce qu'elle offre de plus remarquable, font
quatre efpeces de barbes * en forme d'antennes, dont
deux font pofées en-deffous, & deux en-deffus, comme
fi les unes étoient des prolongemens ou des appendices
de la levre inférieure, & les autres des prolongemens de
la levre fupérieure; les deux fupérieures font longues,
& du double plus longues que les inférieures. Environ
aux deux tiers de leur longueur, elles ont une articula-
tion fur laquelle la partie reftante fe plie pour revenir vers
la bouche. Ces quatre barbes en forme d'antennes, femblent autant de bras placés autour de l'ouverture par laquelle l'infecte doit fe nourrir. Là eft une trompe très-

* Pl. 13. fig.
10. bb. ee.

petite, & qui peut être rapportée à une de celles que nous décrirons plus au long dans l'hiftoire des mouches.

Avant que d'avoir vû la mouche dans laquelle notre teigne fe transforme, j'avois lû la defcription que M. Vallifnieri a donnée de cette mouche, & rien ne m'a mieux prouvé combien les deffeins font néceffaires aux ouvrages d'hiftoire naturelle. Quoique la defcription de M. Vallifnieri foit très-détaillée, & autant qu'il femble néceffaire, jamais je n'ai pû y prendre d'idée de la figure de cette mouche. Il faut l'avouer, nos difcours ne fçauroient tracer des images équivalentes à celles d'un pinceau habile. Les defcriptions ne font pourtant pas inutiles lorfqu'on n'a pas de deffeins à produire; fi elles ne nous donnent pas une image affés reffemblante de l'infecte qu'elles veulent faire çonnoître, elles nous apprennent au moins ceux avec lefquels il ne doit pas être confondu : elles montrent bien ce qu'il n'eft pas, lorfqu'elles montrent mal ce qu'il eft. Il eft vrai pourtant que les defcriptions doivent accompagner les deffeins, qu'elles aident à les entendre, & qu'elles fuppléent à bien des chofes qui leur manquent.

* Pl. 13. fig. 13.

On voit fouvent dans la campagne des mouches * qui font plus petites que celle dont nous venons de parler, mais qui d'ailleurs lui font très-femblables, & qui de même font des mouches papillonnacées. Leurs aîles fupérieures paroiffent des aîles de papillons d'un brun gris, jufqu'à ce qu'on les ait regardées d'affés près pour s'affûrer qu'elles ne font point couvertes de pouffiéres. L'ouverture où eft l'organe au moyen duquel elles fe nourriffent, eft, comme celui de notre premiére mouche, muni de quatre barbes en forme de bras. Cette mouche eft née chés moi d'une efpece de teigne qui fe loge dans des fourreaux plus petits que ceux que nous avons fait repréfenter.

Quoique les teignes de la même efpece fe faffent des
fourreaux

fourreaux dont l'extérieur eſt très-différent, il y a pourtant
certaines variétés dans les dehors des fourreaux qui ſont
conſtantes & propres à des teignes d'une certaine eſpece:
c'eſt de quoi nous allons donner quelques exemples. Toute
l'enveloppe extérieure de quelques fourreaux paroît roulée
en ſpirale, elle eſt diſpoſée comme un ruban dont les tours
ont entiérement recouvert un cylindre. J'ai vû des portions de feuille de chêne, arrangées de la ſorte tout du
long de très-grands fourreaux que j'ai trouvés dans une
mare du bois de Boulogne. J'en ai trouvé quelques-uns
qui n'étoient enveloppés que dans une partie de leur longueur* de morceaux de ces larges feuilles, le reſte * étoit
rempli par de petits brins de feuilles de plantes aquatiques,
mais arrangés les uns auprès des autres de maniére qu'ils
formoient auſſi une bande qui tournoit en ſpirale juſqu'au bout du tuyau. Les teignes * qui habitent ces derniers fourreaux, ont ſur le devant de la tête * deux bandes
brunes concentriques, & au milieu une longue tache de
même couleur que n'ont point toutes les autres teignes
que nous avons conſidérées cy-devant. Elles ſe transforment en des mouches * ſemblables pour l'eſſentiel à celles
des autres teignes, mais dont les aîles ſupérieures n'ont
pas, comme celles des autres, une teinte uniforme. Le fond
de leur couleur eſt un gris-blanc, ſur lequel ſont jettés des
points, des ondes & des taches d'un brun preſque noir,
avec une variété agréable.

    Des teignes d'une aſſés petite eſpece * ſe font auſſi des
habits dont tout l'extérieur paroît fait d'une bande roulée;
ceux-ci ſont très-jolis, ils ſemblent recouverts tout du long
par un ruban vert auſſi étroit qu'une nompareille. Il en eſt
pourtant de ces habits comme des nôtres, ils ſont d'autant
plus beaux, qu'ils ſont plus nouvellement faits; leur couleur
paſſe & s'efface preſqu'avec le temps, & au point que le

** Pl. 14. fig.*
1. t q.
** q p.*

** Fig. 2.*
** Fig. 3.*

** Fig. 4.*

** Pl. 14. fig.*
6. r. & fig. 8.

beau verd se change en une assés vilaine couleur brune.
Au reste, cette bande roulée en spirale est faite d'un très-
grand nombre de pieces * qui croissent de grandeur dans
une juste & insensible proportion; & enfin si bien ajustées
les unes auprès des autres, que nos meilleurs ouvriers en
marqueterie ne sçavent pas rapporter des pieces avec plus
de propreté. Souvent il faut avoir recours à la loupe pour
reconnoître que la bande roulée n'est pas continuë; quelquefois même, pour s'en convaincre, il en faut venir à
détacher les pieces les unes des autres avec une pointe fine.
Les petites pieces sont pour l'ordinaire des feuilles de lentille aquatique coupées quarrément. J'ai lieu de croire que
les teignes de ces derniers fourreaux se transforment dans
une mouche * qui est au moins d'un genre différent de
celui des mouches dont nous avons parlé cy-dessus, dans
une mouche qui porte ses aîles croisées l'une sur l'autre,
& paralleles au plan sur lequel le corps est posé. Elle a une
queuë fourchuë & formée par deux filets semblables aux
antennes coniques. Une de ces mouches est née dans une
cloche couverte de gaze & à moitié pleine d'eau, dans
laquelle M. l'Abbé Nollet n'avoit mis ou cru n'avoir mis
que de nos petites teignes à fourreaux dont l'enveloppe
est une espece de ruban vert roulé.

Toutes les teignes aquatiques ont peine à vivre si on
les tient dans l'eau corrompuë, ou dans des vases trop petits; elles vivent plus long-temps hors de l'eau que dans
trop peu d'eau, ou dans de mauvaise eau; j'en ai eu une
preuve que je n'ai pas cherchée. M. Baron incertain si j'en
avois d'une espece très-commune dans ce pays*, m'en envoya plusieurs de Luçon à Paris, par la poste; elles firent
le voyage; & il y avoit pour le moins cinq à six jours qu'elles
étoient hors de l'eau lorsque je les reçûs; cependant elles
étoient vivantes, elles marchérent devant moi. Je les mis

* Pl. 14. fig.
8, 9 & 10.
a, b.

* Pl. 13. fig.
12.

* Pl. 12. fig.
2.

dans un réfervoir, mais je ne me fuis pas embarraffé de fçavoir ce qu'elles y font devenuës.

Sur des feuilles de chêne tombées dans la mare du bois de Boulogne, & fur d'autres feuilles, j'ai trouvé un grand nombre de petites coques brunes * habitées chacune par un ver rouge *. Ces coques ont la figure d'un fufeau applati. On prendroit chacun de ces petits fourreaux pour une pe- tite graine oblongue; la foye entre pour beaucoup dans leur compofition, mais je ne fçais fi des fragmens de feuilles n'y font pas employés. Les vers qui habitent ces fourreaux, fe font transformés dans les poudriers pleins d'eau où je les tenois, en de très-petites mouches * à deux aîles, de la fi- gure de celles que nous appellons *coufins*: Le corps de ces petites mouches eft gris, il a alternativement des rayes tranf- verfales de couleur plus brune & de couleur plus claire. Ses quatre jambes font longues, mais les deux premiéres le font beaucoup plus que les autres *; elle les porte d'une façon finguliére; le plus fouvent elle les tient en l'air & pofées de maniére qu'on les prendroit pour deux longues anten- nes, dont chacune partiroit d'un des côtés de la tête.

L'extrait d'une lettre de M. de la Voye à M. Auzout de l'Académie royale des Sciences, du 28. Août 1666. qui fut imprimée dans le Journal des Sçavans de ce temps- là, & qui l'a été récemment dans le X.e volume des Mémoi- res de l'Académie depuis 1666. jufqu'à 1699. page 458. L'extrait, dis-je, de cette lettre annonça au public des infectes bien finguliers par la matiére dont ils fe nourriffent. On y prétend que les pierres font leur aliment; qu'ils ron- gent celles de nos murs; qu'ils creufent des chemins dans ces pierres; & même qu'ils y creufent des cavités profondes. On fçait que des vers établis dans des poutres, peuvent les réduire, & les ont réduites quelquefois à un état où elles n'étoient plus capables de foûtenir le poids des planchers;

* Pl. 14. fig. 11 & 12.
* Fig. 15 & 16.

* Fig. 13 & 14.

* Fig. 13 & 14. *i, i.*

Z ij

mais on ne fe feroit pas avifé de craindre que des murs
de pierre de taille euffent pû être détruits & renverfés, parce qu'ils auroient été trop rongés par des infectes. Les
infectes qu'on a crû capables d'altérer les murs, font de
ceux dont nous devons parler ici, ce font des efpeces de
teignes. Mais avant que d'examiner fi leurs dents font redoutables aux pierres de nos murs, nous croyons devoir
rapporter tout au long l'extrait de la lettre où il eft fait mention d'eux. Je ne fçache pas qu'on ait rien écrit depuis fur
ces infectes, qui méritoient affurément d'être obfervés.

» J'ai remarqué il y a long-temps, (c'eft M. de la Voye
» qui parle) comme plufieurs autres, que les pierres des an-
» ciens bâtimens, par fucceffion de temps, étoient devenuës
» toutes creufées & pleines d'une grande quantité de tran-
» chées diverfement contournées. J'avois vû auffi des pierres
» affés récentes, pleines de petits trous & de petites traces, ou
» toutes vermouluës comme du bois, mais je ne m'étois pas
» pû imaginer que ces tranchées & ces trous euffent été
» faits par des vers qui mangeaffent les pierres, jufqu'à ce
» que M. de Laffon, dont le mérite vous eft connu, m'eût
» affuré qu'il en avoit vû de toutes mangées, pleines de
» vers qui pouvoient caufer cet effet. Ayant auffi-tôt fait
» réflexion fur ce que vous m'écrivîtes dans votre lettre du
» 13. Mars 1666. touchant les vers luifans qui fe rencon-
» trent dans les huîtres, que dans les cabinets des curieux
» on voyoit des branches de corail toutes mangées de vers,
» & les plus beaux coquillages percés comme du bois ver-
» moulu, ce que M. de Montmort premier Maître des Re-
» quêtes a eu la bonté depuis de me faire voir dans fon ca-
» binet rempli de toutes fortes de pierres rares & curieufes;
» ayant auffi obfervé que les écailles d'huîtres étoient toutes
» percées de vers de différentes efpeces, je ne m'étonnai
» plus que les pierres qui font moins dures que le corail, les

écailles & les coquillages en fuſſent auſſi mangés; mais «
pour revenir à l'expérience, je vais vous faire un rapport «
exact de ce que j'ai moi-même obſervé. «

Dans une grande muraille de pierre de taille fort an- «
cienne de l'Abbaye des Benedictins de Caën, ſituée en- «
viron au midi, il y a de ces pierres ſi mangées de vers, «
que l'on peut couler la main dans la plus grande partie «
des cavités & des tranchées qui ſont diverſement contour- «
nées, comme les pierres que j'ai vû travailler avec tant «
d'artifice au Louvre. Ces creux ſont pleins de quantité «
de ces vers vivans, de leurs excrémens & de la pouſſiére de «
la pierre qu'ils mangent. Entre pluſieurs de ces cavités il «
ne reſte que des feuilles de pierre aſſés minces qui les ſé- «
parent. J'ai pris de ces vers vivans que j'ai trouvés dans la «
pierre qui en avoit été mangée, & je les ai enfermés dans «
une boîte avec pluſieurs morceaux de la même pierre, pen- «
dant l'eſpace de plus de huit jours; j'ai ouvert la boîte, & la «
pierre m'a paru aſſés ſenſiblement mangée pour n'en pou- «
voir douter : je vous envoye la boîte & les pierres dedans, «
avec les vers vivans; & pour ſatisfaire à la curioſité que «
vous avez d'en vouloir apprendre toutes les particularités, «
je vous écris ce que j'ai remarqué de leurs parties avec le «
microſcope & ſans le microſcope. «

Ces vers ſont renfermés dans une coque qui eſt griſâtre, «
& groſſe comme un grain d'orge, plus pointuë d'un côté «
que de l'autre, à peu-près comme une chauſſe d'hypocras : «
j'ai vû par le moyen d'un excellent microſcope, qu'elle «
eſt toute parſemée de petites pierres & de petits œufs «
verdâtres; qu'il y a dans l'extrémité la plus pointuë un «
petit trou par où ces vers jettent leurs excrémens; & que «
dans l'autre extrémité, il y en a un plus grand par où ces «
vers paſſent leur tête, & s'attachent à la pierre qu'ils ron- «
gent; ils ne ſont pas ſi renfermés dans leurs coques, qu'ils «

Z iij

» n'en fortent quelquefois; ils font tout noirs, longs de près
» de deux lignes & larges de trois quarts de lignes; leur corps
» eft divifé en plufieurs replis, & ils ont proche de la tête
» trois pieds de chaque côté, qui n'ont que deux jointures, ils
» reffemblent à ceux d'un pou. Quand ils marchent, le refte
» de leur corps eft ordinairement en l'air, la gueule contre
» la pierre; leur tête eft fort groffe, un peu platte & unie,
» de couleur d'écaille de tortuë brune avec quelques petits
» points blancs; la gueule eft grande, où l'on voit quatre
» efpeces de mentibules en croix, qu'ils remuent continuel-
» lement, & qu'ils ouvrent & ferment comme un compas
» qui auroit quatre branches; les mentibules des deux côtés
» de la gueule font toutes noires, l'inférieure & la fupé-
» rieure font grifâtres, entremêlées de rouge pâle; la men-
» tibule inférieure a une longue pointe, femblable à l'éguil-
» lon d'une mouche à miel, excepté qu'elle n'a aucuns pe-
» tits arrêts, mais qu'elle eft uniforme; ils tirent les fils de
» leur gueule avec les quatre pieds de devant, & fe fervent
» de cette pointe pour les arranger, & pour faire leurs cones.
» Ils ont des yeux fort noirs & ronds qui paroiffent bien
» plus gros qu'une tête d'épingle, il y en a cinq de chaque
» côté de la tête, difpofés comme dans la figure ».

M. de la Voye parle enfuite de petites bêtes groffes
comme les mittes du fromage, qui mangent, à ce qu'il
croit, le mortier; après quoi il adjoûte qu'il a vû d'autres
murailles que celles de l'Abbaye de Caën, & de même
fort anciennes, comme font celles du Temple, toutes
mangées; mais où il n'a pû trouver ni vers ni petites
bêtes. Nous ne nous arrêterons point à ce que M. de la
Voye rapporte à la fin de la même lettre, fur la foi d'un
ami qu'il ne nomme point, touchant un verre rongé par
des infectes; il faudroit d'autres preuves que celles que fon
ami lui en avoit données, pour établir qu'il y a des infectes

dont les dents font affés dures pour ronger le verre, &
qui ont des eftomacs où il fe peut diffoudre.

Il n'eft pas même auffi fûr que M. de la Voye l'a cru, que
les vers des murs mangent les pierres, ni même qu'ils les
creufent confidérablement, ni peut-être fenfiblement. Ce
qu'il y a de bien certain, c'eft que ce font des teignes qui
font logées dans des fourreaux dont la figure reffemble affés
à celle d'une chauffe d'hypocras*, à laquelle M. de la Voye   * Pl. 15. fig.
l'a très-bien comparée; cette efpece de chauffe eft courbée   1. *t t t.*
& ouverte par les deux bouts. Le contour de l'ouverture
du gros bout *, de celui par où l'infecte fait fortir fa tête   * Fig. 2 &
& fes jambes, eft un oval formé par une coupe oblique à   3.
l'axe de cette efpece de cone, où le contour de l'ouverture
eft tel que lorfqu'il eft appliqué fur la pierre, le fourreau
fe trouve incliné fur cette pierre fous un angle moindre
qu'un droit, & fouvent d'environ 45 degrés. Le fourreau
eft de foye, & recouvert extérieurement d'une infinité de
petits grains de pierre; d'où il eft certain au moins que ces
teignes rongent un peu les pierres, qu'elles en détachent
des grains pour couvrir le deffus de leurs fourreaux qui font
des habillemens affés finguliers, puifqu'ils font en quelque
forte des habits de pierre doublés de foye. Ces teignes font
cependant fi petites, & la couche de grains qui couvre
leurs fourreaux, eft fi mince, qu'il n'y a pas apparence
qu'elles fiffent grand tort à un mur, quand elles y prendroient pendant plufieurs fiecles de fuite, de quoi couvrir
leurs habits. Il feroit à fouhaiter que les effets que produit
la gelée fur les pierres que la pluye a imbibées, ne fuffent
pas plus confidérables; les couches, les feuilles de pierre
que quelques jours d'une forte gelée détachent d'une
grande pierre, fourniroient de quoi fe vêtir à bien des
millions de nos teignes. Quand on demeure à Paris, il n'y
a pas un endroit plus commode pour les trouver que le

petit mur de la terraffe des Thuileries, qui eft du côté du Manége; je parle de ce mur tout du long duquel des jafmins font plantés: j'ai obfervé depuis plus de vingt ans qu'il eft très-peuplé de ces infectes, & je n'ai point obfervé qu'ils l'ayent aucunement dégradé.

Le vrai eft auffi que j'aurai peine à croire que ces teignes rongent la pierre pour s'en nourrir, jufqu'à ce qu'on en ait des preuves plus convaincantes que celles qui nous ont été données; il eft plus naturel, plus conforme à l'ordre ordi-maire, de penfer qu'elles vivent de très-petites mouffes, & de lichens qui croiffent fur les murs, comme nous avons vû ailleurs * que des chenilles beaucoup plus grandes que ces teignes, en vivent.

* Tome 1.
Mem. XII.
pag. 521.

Il y a plus, j'ai obfervé des murs dont les pierres étoient très-faines, prodigieufement peuplés de ces fortes de tei-gnes: tel eft le mur du parc de Bercy qui eft fur le grand chemin de Charenton à Paris. Les pierres de ce mur ne font liées enfemble que par de la terre qui eft couverte de lichens & de mouffe. C'eft principalement fur la terre du mur que j'ai obfervé les teignes dont il s'agit.

M. de la Voye, après avoir tenu de ces teignes dans une boîte pendant huit ou neuf jours avec des morceaux de pierre, a crû avoir obfervé, à n'en pouvoir douter, que la pierre avoit été mangée. Pour moi, j'ai mis dans des poudriers de verre de ces teignes en différentes faifons de l'année, j'y en ai mis de tous âges, & avec des morceaux de la pierre fur laquelle elles avoient été trouvées, & je n'ai jamais pû reconnoître que les pierres euffent été di-minuées de quelque quantité fenfible, quelque nombre de teignes qu'il y eût dans le poudrier. Il y a même une cir-conftance qui ne permettroit pas de voir qu'elles mangent de la pierre, quand elles en mangeroient, c'eft que quand elles font renfermées dans des poudriers, & de même

apparemment

apparemment dans des boîtes, elles quittent pour la plûpart
la pierre, elles vont s'attacher contre les parois & contre le
couvercle du poudrier. Il y a grande apparence que c'est
qu'elles ne trouvent pas alors les petites plantes qui croissent
sur la surface de la pierre, dans l'état où elles les voudroient,
qu'elles sont bientôt trop desséchées pour être de leur goût.
D'ailleurs il n'est nullement prouvé que celles des boîtes
de M. de la Voye ayent mangé, parce qu'elles y sont restées
en vie pendant huit à neuf jours; elles peuvent soûtenir
un jeûne de cinq à six semaines. Enfin si dans mes poudriers ces teignes ont pris quelque chose de la pierre, ou
des plantes de dessus la pierre, ç'a été bien peu de chose;
j'en ai pourtant eu qui y ont vécu plus de deux mois avec
des fragmens de pierre couverts d'un peu de lichen. -

Outre ces teignes dont le fourreau est conique & courbé,
on en trouve sur les murs une espece dont le fourreau * est
à trois pans presque plats; le pan qui est du côté du ventre *
est le plus large des trois, les deux autres sont égaux; l'arrête
que ceux-ci forment à leur jonction, est tout du long du dos
& arrondie, les deux autres arrêtes, celles des côtés sont de
même arrondies. Le bout antérieur qui dans les autres fourreaux est l'endroit où ils ont le plus de diametre, est dans ces
derniers moins gros que le milieu du fourreau; l'ouverture
antérieure de ces derniers fourreaux est étroite en comparaison de celle des premiers. D'ailleurs la couleur des uns
& des autres est la même, & des matériaux semblables entrent dans leur composition. Les teignes qui portent les
fourreaux à pans, sont plus rares que celles qui en portent
de coniques; on en rencontre des centaines de celles-ci
contre une ou deux de celles-là.

Mais ce n'est pas seulement sur les murs que se tiennent des teignes dont les fourreaux sont en cone un peu
recourbé; il y a des teignes dont les fourreaux ont une

* Pl. 15. fig.
7 & 8.
* Fig. 7.

forme qui approche fort de celle des fourreaux des derniéres *, fur les tiges & fur les branches des arbres, elles n'en
veulent point à leurs feuilles, elles ne fe nourriffent même
ni ne fe vêtiffent aux dépens de ces arbres. Elles recouvrent
leur habit de petits fragmens arrachés des lichens qui croiffent fur l'écorce, & elles vivent apparemment de ces mêmes lichens. La couleur de leur vêtement les rend difficiles
à diftinguer, elle fait qu'on les confond avec les plantes
parafites fur lefquelles elles fe fixent. Quand les approches
de l'hiver commencent à fe faire fentir, elles cherchent
les endroits où il s'eft fait des crevaffes à l'écorce de l'arbre,
des endroits où elle s'eft un peu détachée du tronc; là
elles paffent & reftent fous l'écorce qui les met à couvert.
C'eft auffi après avoir enlevé des morceaux d'écorce à des
arbres de différentes efpeces, que j'ai le plus trouvé de ces
teignes; j'en ai trouvé beaucoup fous l'écorce de l'arbre
que nous appellons à Paris *fycomore*; j'en ai trouvé fous
celle des pommiers, fous celle des ormes; & fi elles méritoient d'être cherchées avec plus de foin, on en trouveroit
fans doute fous les écorces de beaucoup d'autres arbres;
mais ces teignes de différens arbres m'ont paru être de
même efpece, différens arbres peuvent leur fournir les mêmes lichens pour fe nourrir & pour couvrir leurs fourreaux.
On peut être tenté de croire qu'elles ne différent pas fpé-
cifiquement de celles des murs, jufqu'à ce qu'on en ait
tiré des unes & des autres hors de leurs fourreaux; celles
des murs ont le corps noir ou brun, & celles des arbres
l'ont jaune ou d'un blanc verdâtre. On apperçoit auffi entr'elles quelques autres variétés, fur-tout fur les premiers &
derniers anneaux; mais au moins on ne peut guéres s'empêcher de penfer que les teignes des murs vivent des lichens
qui y croiffent, comme les autres vivent des lichens qui
viennent fur les arbres, & qu'on nous a donné les premiéres

un peu legérement, pour des mangeufes de pierre.

Au refte, toutes ces teignes *, comme la plûpart de celles dont nous avons parlé jufqu'ici, font des chenilles, & même des chenilles à feize jambes. Je ne fuis point étonné que M. de la Voye n'ait pas apperçû les huit jambes membraneufes, quoiqu'il ait obfervé les teignes des murs au microfcope, en homme qui fçait très-bien obferver : je ne les leur euffe pas vûës, fi je n'avois cru que je devois les voir, & fi je ne me fuffe obftiné à mettre l'infecte dans les pofitions les plus favorables pour les découvrir; fouvent je ne parvenois à voir que les couronnes complettes de crochets qui les terminent. D'ailleurs M. de la Voye les a très-bien décrites; il a très-bien donné la pofition de leurs yeux; ce qu'il a appellé leurs *mentibules* des côtés, eft ce que nous nommons les dents; & ce qu'il a appellé la mentibule fupérieure & la mentibule inférieure, eft ce que nous nommons la levre fupérieure & la levre inférieure; l'efpece d'aiguillon dont il a parlé, qui part de celle-ci, & dont il a cru que l'ufage étoit d'arranger les fils de foye dont le fourreau eft compofé, eft la filiére d'où le fil de foye fort. M. de la Voye paroît avoir cru que ce fil étoit fourni par la bouche; mais la filiére eft fi près de la bouche, & le fil eft fi fin, qu'il n'eft pas étonnant qu'on fe foit mépris fur la partie d'où cette teigne le tire, quand on ignoroit qu'elle eft une chenille, & quand on n'a pas eu befoin d'examiner fur de grandes chenilles, comment toutes les chenilles filent.

J'ai voulu mettre de ces teignes des pierres dans la néceffité de fe faire des fourreaux neufs; elles tiennent peu dans les leurs; dès qu'on preffe entre deux doigts d'une main le bout pointu d'un fourreau, on oblige la teigne à avancer vers le bout évafé, & à fortir en partie par fon ouverture; on faifit alors avec deux doigts de l'autre main,

* Pl. 15. fig.
4 & 5.

A a ij

la partie antérieure de la teigne, on n'a qu'à la tirer doucement en avant, & on la met hors de son étui sans lui faire de mal. Le 7. May 1732. je mis ainsi six teignes à nud; cinq de ces six avoient le corps noir ou d'un brun presque noir; le corps de la sixiéme étoit d'un brun assés clair, elle étoit une des plus petites des six; ce qui me fit soupçonner que cette couleur pouvoit être celle des jeunes teignes; mais sur le champ j'en dépouillai une beaucoup plus petite, qui se trouva avoir le corps très-noir; il y en a donc de brunes & de noires, à moins que les brunes ne soient celles qui ont changé de peau depuis peu. Il m'est arrivé d'en trouver plusieurs fois de brunes. Quoi qu'il en soit, je mis les six teignes auxquelles j'avois enlevé les fourreaux, dans un poudrier où il y avoit des morceaux de pierre blanche, dont des portions de la surface étoient couvertes d'une couche mince de lichen ou de petite mousse. Toutes ces teignes étoient assés vives & paroissoient se bien porter, une seule pourtant entreprit de se faire un fourreau, dans lequel je la vis logée au bout de 24 heures. Il n'étoit pas pointu par un bout comme le font ceux qui couvrent les autres teignes, il étoit presque cylindrique *, ou il étoit une assés courte portion d'un cone tronqué. Diverses circonstances ne me permirent pas d'observer cette teigne dans le commencement de son travail, mais je l'observai avant que son ouvrage fût fini; je la vis logée dans son nouveau fourreau, qui en faisoit sortir sa tête, qui tâtoit à droit & à gauche, qui saisissoit ensuite entre ses dents le grain de pierre qui lui avoit paru de grosseur convenable; elle le détachoit & le portoit aussitôt au bord de l'ouverture antérieure du fourreau où elle l'arrêtoit entre des fils de soye; c'est en répétant plusieurs fois la même manœuvre, qu'elle l'allongeoit peu à peu.

    Les fourreaux ordinaires sont d'un gris qui tire sur la

* Pl. 15. fig. 6.

couleur de la cendre, mais le nouveau fourreau étoit couvert de grains jaunâtres; je ne fçais fi la teigne, lorfqu'elle le commença, trouva des endroits de la pierre qui avoient cette couleur, ou fi, au lieu de grains de pierre, elle employa d'abord de petits morceaux de lichen. M. de la Voye nous parle de petits œufs verdâtres dont il avoit vû au microfcope, le deffus des fourreaux tout rempli. Les petits grains qu'il a nommé des œufs, n'étoient probablement que de petits morceaux de mouffe que les teignes avoient fait entrer avec les grains de pierre dans la couverture de leurs fourreaux.

Quand ces teignes fe préparent à fe métamorphofer, elles attachent à demeure les bords du gros bout de leur fourreau contre le corps fur lequel ce bout eft pofé. Les unes ont ainfi fixé leurs fourreaux contre le couvercle, & les autres contre les parois du poudrier où je les tenois; celles qui ont choifi les parois, m'ont mis en état de voir qu'elles ne fe contentent pas de remplir les vuides qui pourroient fe trouver entre les bords du tuyau & la furface contre laquelle ils font appliqués. Elles filent une toile affés épaiffe, dont la circonférence eft égale à celle du trou qu'elle doit fermer exactement. Dans la campagne & dans les jardins c'eft contre les murs mêmes fur lefquels ces teignes ont vécu, qu'elles fixent leurs fourreaux, affés fouvent elles les attachent contre les voutes des petites cavités de ces murs.

Chaque teigne fe transforme en crifalide dans fon logement ordinaire. Les crifalides que j'ai tirées de quelques fourreaux, après les avoir ouverts, étoient très-femblables à celles des chenilles les plus communes. Il doit pourtant fe trouver des différences entre les crifalides de différentes teignes de cette efpece, par une raifon qui fera bientôt expliquée; mais le hazard n'a pas voulu que j'aye obfervé de celles qui étoient propres à me les faire voir.

Ç'a été vers la fin de Juin que ces infectes ont fubi
chés moi leur dernière métamorphofe. Lorfqu'ils ont pris
ou qu'ils achevent de prendre leur nouvelle & dernière
forme, ils cherchent à fortir du fourreau dans lequel ils
ont vécu jufques-là; & c'eſt par fon bout le plus pointu,
par celui par lequel ils jettoient leurs excrémens, lorfqu'ils
étoient teignes, qu'ils fortent de cette vieille robe. Ils
aggrandiffent l'ouverture de ce trou, en dehors de laquelle
ils conduifent quelquefois plus de la moitié de leur dépouille de crifalide.

La première fois que je voulus voir les infectes dans
lefquels ces teignes fe transforment, il y a plus de 25
ans, j'en mis un grand nombre dans un poudrier; plufieurs
y devinrent de très-petits papillons affés femblables à ceux
des teignes ordinaires des laines, mais d'une couleur de
bronze doré. Depuis quelques années, j'ai voulu revoir
les papillons de ces mêmes teignes, & j'avois befoin de
les avoir pour les faire deffiner; mais ces années ont été
des années malheureufes aux infectes de ce genre, des
années dans lefquelles le nombre des ennemis qu'elles
nourriffent de leur propre fubftance, & dans l'intérieur
de leur corps, s'eſt trop multiplié. Au lieu des papillons
qui devoient fortir des fourreaux, il n'en eſt forti que des
moucherons. Je vis pourtant fortir de quelques fourreaux
des infectes auxquels je ne donnai pas grande attention,
& qui me parurent être des teignes que quelque caufe à
moi inconnuë, avoit déterminées à quitter leur habitation pour s'en faire une nouvelle. Des obfervations qui
ont été rapportées ci-deffus par rapport aux teignes ter-
reftres qui fe couvrent de brins de gramen, me donnérent
lieu de penfer que les papillons femelles de ces derniè-
res étoient des papillons fans aîles, & elles m'ont rendu

attentif à examiner si les aîles ne manqueroient pas aussi aux papillons femelles de nos teignes des murs. Cette année aucun papillon aîlé de ces teignes n'a encore paru dans mes poudriers; mais j'ai vû tant sur le fond des poudriers, que sur quelques fourreaux, des insectes * semblables à ceux qui regardés grossiérement, m'avoient paru des teignes sorties de leurs fourreaux; & ces insectes, quoique plus semblables au premier coup d'œil à des teignes, qu'à des papillons, étoient de vrais papillons, mais plus privés d'aîles peut-être qu'aucun de ceux dont nous avons parlé. La plus forte loupe n'a pû m'y découvrir même aucun moignon d'aîles; elle m'a pourtant fait voir sur les anneaux de petits corps d'un brun noir qui sont de ces especes d'écailles, de ces poussiéres de figures réguliéres que jusqu'ici nous n'avons trouvées qu'aux papillons. Elles donneroient une couleur foncée à cet insecte, si elles ne laissoient pas des espaces entr'elles, & s'il n'y avoit pas de grandes places à la jonction des anneaux, où elles manquent totalement. Ces places où les poussiéres manquent, sont blancheâtres; de-là vient que l'insecte paroît gris. Son bout postérieur est entouré par une frange * d'écailles jaunâtres, & beaucoup plus longues que celles du dessus du corps, cette frange y forme un tuyau. Ce papillon a six jambes brunes, écailleuses & grandes par rapport à la grandeur du corps; elles tirent leur origine d'auprès de la tête, c'est-à-dire, du corcelet qui a peu d'étenduë. La tête est noire ou brune, & recourbée vers le ventre, elle n'a pas trop l'air d'une tête de papillon; elle porte pourtant deux antennes de mediocre longueur à filets grainés. Le corps est ordinairement courbé en un arc, dont le dos fait la convexité. Ce papillon plus différent à nos yeux des papillons ordinaires, qu'une mouche ne l'est d'un papillon, marche peu; j'en ai vû qui sont resté attachés contre le fourreau dans lequel ils avoient vécu sous la

* Pl. 15. fig. 17, 18 & 19.

* Pl. 15. fig. 18. ff.

forme de teigne, jufqu'à ce qu'ils ayent été près d'expirer.
Ils ne naiffent comme tant d'autres papillons, que pour
faire leurs œufs ; ils attendent que des mâles aîlés viennent
féconder ceux dont leur corps eft plein. C'eft pour les en
*Fig. 19. a, faire fortir, qu'on leur voit allonger leur derriére * dans
b, c.
certains temps beaucoup plus qu'on ne le croiroit poffible. Nous avons dit qu'il eft entouré d'une frange de longues écailles. Quelquefois le papillon fait fortir par-delà
cette frange une partie charnuë auffi longue que tout le
*Pl. 15. fig. refte de fon corps ; elle eft compofée de trois tuyaux * qui
19. a, b, c.
peuvent rentrer les uns dans les autres, & qui tous trois
peuvent rentrer prefqu'entiérement dans le corps. L'infecte allonge & raccourcit alternativement cette partie,
pour déterminer les œufs à l'enfiler & à fortir par fon bout.
J'ai avancé l'opération en preffant le ventre de l'infecte ; j'ai
obligé les œufs à entrer dans le canal deftiné à les recevoir.
Quelquefois pour n'avoir pas affés ménagé la preffion, le
ventre a été crevé, & cet accident funefte à l'infecte, a
fervi à me montrer que fon ventre eft rempli d'un grand
nombre d'œufs ; ils font oblongs, de la figure la plus ordinaire aux œufs, & de couleur jaunâtre. Mais mes papillons
fans aîles n'ayant point eu de mâles avec qui ils fe foient
accouplés, il n'eft point né de teignes dans mes poudriers.

Des grains de pierres, ou plus exactement, des grains
plus durs que ceux des pierres communes, des grains de
fable, entrent pour plus dans la compofition des habits
de diverfes efpeces de teignes aquatiques, qu'ils n'entrent
dans celle des fourreaux des teignes des murs. L'enveloppe
extérieure de celles-ci eft vifiblement foye & pierre, les
grains de pierre y font comme encadrés dans la foye, au
lieu que les tuyaux de diverfes fortes de teignes aquatiques
femblent n'être que de pur fable ; à peine peut-on appercevoir les fils qui lient les grains, & la foye qui tapiffe leur
intérieur.

intérieur. Entre ces fourreaux, les uns ne font faits que du fable le plus fin *, ou du fable le plus fin mêlé avec de très-petits fragmens de coquillage; d'autres font faits d'un gros fable, d'une efpece de gravier *. Des teignes vêtuës d'un fourreau fait de fable médiocrement fin *, m'ont donné une mouche * dont le deffus des aîles fupérieures eft brun, leur bafe eft arrondie; elle les porte en toit écrafé.

Dans le grand baffin des Tuileries, on trouve beaucoup de teignes, de celles qui font vêtuës d'un fable trèsfin; elles fe tiennent volontiers dans des trous du mur de ce baffin; elles y font ammoncelées vers la fin de Juillet & dans le commencement d'Août. Celles-ci * font parmi les teignes des efpeces de faucheurs, je veux dire qu'elles ont des jambes extrémement longues, proportionnellement aux dimenfions de leur corps; ce font celles de la troifiéme paire fur-tout, qui font exceffivement longues, celles de la feconde paire le font moins, & celles de la première paire font courtes en comparaifon des autres.

Une place eft dûë parmi les teignes à un infecte que je ne connois pas encore affés, & qui mérite d'être obfervé. Son fourreau nous apprend que la figure du corps de l'animal eft finguliére, ou qu'il croît d'une façon finguliére. Ce fourreau * eft compofé de différens tours de fpirale; j'en ai compté trois prefque complets à quelques-uns; ces tours font en différens plans comme ceux d'une vis; ils ne s'enveloppent point les uns les autres, mais le diametre du dernier furpaffe le diametre de celui qui le précede, & le diametre du fecond tour eft beaucoup plus grand que celui du premier. L'intérieur du fourreau eft très-liffe, & même luftré; il eft tout de foye blanche. Mais l'extérieur eft couvert de grains de pierre de grès, ordinairement de grains très-blancs, &

Tome III.   . B b

* Pl. 15. fig. 9, 10 & 11.

* Fig. 16.
* Pl. 14. fig. 6. g.
* Pl. 14. fig. 7.

* Pl. 15. fig. 12, 13, 14 & 15.

* Pl. 15. fig. 20, 21 & 22.

quelquefois de grains roux. C'eſt auſſi ſur des pierres de grès que ſe tiennent les teignes qui ſe font ces tuyaux contournés; elles ont été trouvées par M. Bazin dans un des endroits du Royaume où on taille le plus de ces pierres pour en faire du pavé, auprès de l'hermitage d'Eſtampes. M. Bazin m'envoya quelques-uns de ces fourreaux dans le mois d'Août, & il m'envoya auſſi une petite mouche noire & à quatre aîles, ſortie d'un de ceux qu'il avoit gardés. Je trouvai une pareille mouche dans un fourreau que j'ouvris, & dans un autre fourreau je trouvai un ver blanc renfermé dans une coque de ſoye griſâtre: mais ce ver, qui ſe transforme apparemment dans la mouche noire, loin d'être l'habitant naturel de la coque, avoit probablement mangé l'inſecte par qui elle avoit été faite. Je trouvai dans la même coque une eſpece de ſquelete qui avoit bien l'air d'être celui de la teigne; mais ce ſquelete étoit ſi défiguré qu'il ne pût me faire connoître le caractére de l'inſecte à qui il avoit appartenu. J'ai cherché moi-même de ces teignes ſur les rochers qui ſont auprès de l'hermitage dont je viens de parler, j'y ai trouvé pluſieurs de leurs fourreaux, mais qui tous étoient vuides; le temps de ma recherche, qui étoit le commencement de Septembre, n'étoit pas celui où ces tuyaux ſont habités; j'eſpere que j'en aurai dans la ſuite qui ſeront pris dans une ſaiſon plus favorable.

Tous les animaux à coquilles portent & ſe font des habits de pierre; ils pourroient être mis au rang des teignes, mais ils méritent d'être laiſſés dans une claſſe particuliére qui eſt très-étenduë & très-bien caractériſée par la nature de leurs fourreaux; auſſi ne dirons-nous rien actuellement de la formation des coquilles, que nous avons expliquée il y a long-tems *.

* Mem. de l'Académie. 1709. pag. 364.

EXPLICATION DES FIGURES
DU CINQUIEME MEMOIRE.
PLANCHE XI.

LA Figure 1, eſt celle d'une branche d'aſtragale avec ſes feuilles. *t, t,* deux teignes dont le fourreau eſt à falbalas, attachées ſur deux feuilles. *o, o, o, &c.* montrent par des lignes ponctuées, les endroits de différentes feuilles dont le parenchime a été mangé. La ligne ponctuée aboutit au trou par lequel la teigne s'eſt gliſſée entre les deux membranes de la feuille.

La figure 2, repréſente un fourreau à falbalas, beaucoup plus grand que nature. *b,* le bout poſtérieur du fourreau. *c, d, f,* les rangs de falbalas.

La Figure 3, fait voir le même fourreau de la figure 2, & également groſſi, mais dans une poſition différente. *o,* l'ouverture par laquelle la teigne fait ſortir ſa tête. *b,* le bout du fourreau. *c, d, f,* les trois rangs de falbalas. On voit en *f,* que les pieces qui compoſent le falbala de ce rang, ſont ſéparées.

La Figure 4, repréſente une teigne *t,* groſſie à la loupe, & qui eſt en partie ſortie de ſon fourreau. On n'a laiſſé à ce fourreau que le falbala *f,* on lui a ôté les falbalas *d, c,* pour mettre à découvert le tuyau contourné en corne *e,* que les falbalas cachent dans les figures 2 & 3. Le corps de ce tuyau eſt entiérement de ſoye, & du même blanc à peu-près que ſes falbalas.

Les Figures 5 & 6, ſont celles d'un petit papillon d'une teigne dont le fourreau eſt repréſenté dans la figure 9. Il est d'un gris qui a du brillant; le côté intérieur des aîles supérieures est frangé.

La Figure 7, est celle d'une feuille de chêne sur laquelle est attaché le fourreau *g*, d'une de ces teignes qu'on appelle *ligni-perdes*. Ce fourreau est fait de brins de tige de gramen, posés presque parallelement les uns aux autres.

La Figure 8, est celle d'une portion de feuille de chêne, sur laquelle est un fourreau *g*, de même espece que celui de la figure 7. Mais on voit dans la figure 8, que la teigne est en partie hors de son fourreau; elle marche. Le fond de la couleur de son corps est blancheâtre & rayé transversalement de brun.

La Figure 9, est celle d'une feuille de charmille à laquelle est encore attaché un tuyau fait de brins de gramen. L'insecte *t*, est presqu'entiérement sorti de ce fourreau. Cet insecte que j'ai souvent pris pour une teigne, étoit le papillon dans lequel la teigne s'étoit métamorphosée.

La figure 10, fait voir une teigne *t*, qui marche sur une feuille de chêne. *f*, le fourreau de cette teigne qui est composé de morceaux de feuilles de gramen, arrangés les uns sur les autres en recouvrement, comme les ardoises des toits.

La Figure 11, est celle d'un morceau de branche de genêt *i i*, contre lequel est attaché le fourreau *f*, d'une teigne; ce fourreau est fait de petits brins de genêt.

PLANCHE XII.

La Figure 1, est celle du fourreau d'une teigne aquatique, qui semble plat par la disposition des feuilles entre lesquelles il est logé. *t*, la teigne dont la partie antérieure est hors du fourreau. *p*, marque par une ligne ponctuée l'ouverture poſtérieure du fourreau.

La Figure 2, eſt celle d'un autre fourreau de teigne aquatique. En *t,* eſt l'ouverture antérieure à laquelle ſe montre le bout de la tête de l'inſecte. *b b,* deux morceaux de bois. *c,* une coquille de limaçon platte & roulée en corne d'ammon. La partie *c o,* eſt faite de brins d'herbes dont elle eſt toute hériſſée.

La Figure 3, fait voir la partie antérieure d'une teigne *t,* dont le fourreau de ſoye a pour ſurtout deux morceaux de roſeaux. *r s,* un des morceaux de roſeau. *x y,* l'autre morceau.

La Figure 4, eſt encore celle du fourreau d'une teigne, l'extérieur eſt de roſeaux, mais de pluſieurs morceaux poſés en recouvrement les uns ſur les autres.

La Figure 5, eſt une coupe du fourreau de la figure 2, priſe entre *c,* & *o.* Elle montre comment ſont diſpoſés autour du tuyau de ſoye les brins d'herbe dont il eſt hériſſé.

La Figure 6, eſt celle d'un fourreau fait de coquilles de petits limaçons aquatiques.

La Figure 7, eſt celle d'un fourreau dont l'extérieur eſt un aſſemblage de petites moules.

Les Fig. 8 & 9, repréſentent deux fourreaux compoſés d'un aſſemblage bizarre, de diverſes pieces irréguliéres, & irréguliérement placées. Leur enſemble a pourtant quelqu'air d'un trophée. En *a,* ſont les ouvertures antérieures de ces fourreaux, & en *p,* leurs ouvertures poſtérieures.

La Figure 10, eſt encore celle d'un fourreau aſſés bizarrement compoſé. En *a,* eſt ſon ouverture antérieure, & en *p,* ſon ouverture poſtérieure.

B b iij

La Figure 11, eſt celle d'une teigne tirée hors d'un des fourreaux repréſentés dans les figures précédentes.

La Figure 12, eſt celle de la teigne de la figure cy-deſſus, groſſie à la loupe. *m, M, m,* mammelons charnus qu'elle a ſur cet anneau.

La Figure 13, repréſente, en grand, le bout de la partie poſtérieure de la teigne, vû de face. *p,* fente dans laquelle eſt l'anus. *cc,* deux crochets avec leſquels elle ſe cramponne contre les parois intérieures de ſon fourreau.

La Figure 14, eſt celle d'un fourreau *f,* à chacun des côtés duquel eſt une petite baguette de bois *b d, e h.*

PLANCHE XIII.

La Figure 1, repréſente en grand, la partie antérieure de la teigne aquatique des figures 11 & 12. pl. 12. Ses jambes antérieures *i i. d d,* les dents ou ſerres avec leſquelles elle coupe tout ce qu'elle a à couper ſoit pour ſa nourriture, ſoit pour la conſtruction de ſon fourreau. *l, L, l,* les trois levres qui compoſent la mâchoire inférieure. *f,* baſe d'une eſpece de ſtilet charnu, qu'on ſoupçonne être la filiére.

La figure 2, eſt encore celle d'un fourreau autrement conſtruit que les précédents; les brins d'herbe qui en font la derniére couche, ſont poſés parallelement à ſa longueur *b c.* Du côté de *f,* eſt le bout poſtérieur; *f,* eſt un morceau de feuille. Le bout *g,* eſt le bout antérieur, & ce bout eſt actuellement fermé par une eſpeçe de grille, parce que la teigne qui eſt dans ce fourreau, eſt ſuppoſée en nymphe.

La Figure 3, repréſente en grand le bout du fourreau de la figure 2, pour mieux montrer la ſtructure de la grille.

La Figure 4, eft celle de la nymphe dans laquelle fe transforme la teigne des figures 1 1 & 1 2 de la planche précédente, vûë de côté. Elle femble avoir un bec en *c,* où il y a deux crochets particuliers aux nymphes des teignes de ce genre.

La figure 5, eft celle de la nymphe vûë par deffous & groffie. *c, c,* les deux crochets.

La Figure 6, eft encore celle de la nymphe groffie & vûë du côté du dos. *m, m, m,* bouquets de fils charnus qui jouent comme des efpeces de nageoires.

La Figure 7, eft celle du bout de la tête des figures précédentes, extrémement groffi & vû par deffous. *L,* appendice qui eft au bout de la tête. *c c,* les deux crochets. *YY,* les yeux.

La Figure 8, eft celle de la mouche papillonnacée, qui étoit cachée fous la forme de la nymphe des figures 4, 5 & 6, vûë par deffus.

La figure 9, montre le deffous de la mouche papillonnacée de la figure 8.

La Figure 10, repréfente, en grand & vûë de côté, la tête de la mouche papillonnacée. *a, a,* les antennes coupées là. *Y,* un œil. *b b, e e,* quatre parties déliées, ou barbes qui ont des articulations; les deux grandes barbes *b b,* font en-deffus de la bouche, & les deux plus petites *e e,* en-deffous.

La Figure 11, eft celle de la mouche papillonnacée, dont les aîles font écartées du corps, & toutes quatre vifibles en entier.

La Figure 12, eft celle d'une mouche venuë d'une efpece d'affés petite teigne aquatique, qui fait des fourreaux dont l'extérieur paroît couvert d'une bande roulée pl. 14. fig. 8, 9 & 10.

La Figure 13, est encore celle d'une mouche papillonnacée, plus petite que celle de la fig. 8, & qui vient aussi d'une teigne d'une espece plus petite que celle qui se transforme dans la premiére mouche.

PLANCHE XIV.

La Figure 1, représente une feuille de chêne sur laquelle est attaché un des plus grands fourreaux que les teignes aquatiques que j'ai observées, sçachent se faire. Il a été tiré d'une mare du bois de Boulogne, qui est environnée de chênes. *f, g, p,* le fourreau qui est attaché, parce que la teigne étoit transformée en nymphe. La partie *fg,* est faite de morceaux de feuilles de chêne roulés en spirale, & la partie *g p,* de petits brins d'herbe arrangés aussi en spirale. J'ai vû des fourreaux encore un peu plus grands que celui-ci, qui étoient en entier de fragmens de feuilles de chêne roulés.

La Figure 2, est celle de la teigne qui se loge dans des fourreaux tels que celui de la figure 1. Elle est du même genre que la teigne des figures 11 & 12. pl. 12. mais d'une espece différente. *m,* mammelon charnu qu'elle a sur le corps.

La Figure 3, est celle du devant de la tête de la teigne de la figure précédente, représenté en grand. *dd,* ses dents. La raye noire qui borde le contour de la tête, une autre raye noire concentrique à la précédente, & la tache en forme d'*i* qui est au milieu de la tête, ne se trouvent point sur les têtes des teignes des figures 11 & 12. pl. 12.

La Figure 4, est celle de la mouche papillonnacée dans laquelle

laquelle se transforme la teigne de la figure 2, elle est née chés moi le 21. Juin. Ses aîles supérieures ont un fond gris-blanc, sur lequel sont jettés des points, des ondes, & des taches d'un brun presque noir, avec une variété agréable.

La Figure 5, est celle d'une autre mouche papillonnacée, sur les aîles de laquelle les couleurs ne sont pas mêlées comme sur les aîles de celle de la figure précédente ; les aîles sont brunes, & du même brun par tout, excepté dans deux endroits où le brun est plus clair.

La Figure 6, fait voir deux fourreaux de teignes *g* & *r*, attachés contre un morceau de branche de potamogeton. *g*, fourreau fait de grains sablonneux. *r*, fourreau qui semble fait d'un ruban roulé.

La Figure 7, est celle d'une mouche aquatique qui vient d'une teigne dont le fourreau est recouvert de grains de sable, comme l'est le fourreau *g*, de la figure 6.

La Figure 8, montre la partie antérieure d'une teigne qui sort d'un fourreau qui paroît fait d'un petit ruban vert roulé en spirale.

La Figure 9, représente plus en grand, la teigne & le fourreau de la figure 8. Cette figure met en état de voir qu'un grand nombre de petites pieces appliquées les unes contre les autres, forment cette espece de lame qui paroît continuë & roulée.

La Figure 10, est encore celle d'un fourreau fait de pieces disposées en spirale ; *a* & *b*, y marquent deux pieces entre lesquelles il reste à remplir un vuide avec de pareilles pieces.

La Figure 11, représente, de grandeur naturelle, un fourreau qui est grossi fig. 12. ces sortes de fourreaux paroissent

Tome III.　　　　　　　　　　　　　　　. C c

avoir été filés en grande partie; on en trouve souvent beaucoup, plus d'une vingtaine d'attachés contre une feuille.

La Figure 13, est celle de la mouche dans laquelle se transforme la teigne qui habite ces tuyaux, grossie à la loupe; & la figure 14, est celle de la même mouche, de grandeur naturelle.

La Figure 15, est celle du ver des fourreaux des fig. 11 & 12. grossie, & la figure 16, est celle de ce ver de grandeur naturelle. Il y a des vers très-semblables à ceux-ci, mais plus grands, qui ne se font point de fourreaux. Ce ver est rouge.

PLANCHE XV.

La Figure 1, représente un morceau de pierre sur lequel font attachées plusieurs de ces teignes qui font entrer des grains de pierre dans la composition de leurs fourreaux. *t t t, &c.* les fourreaux dans lesquels des teignes font logées.

La Figure 2, représente en grand une teigne qui se montre en dehors de son fourreau, comme elle le fait quand elle marche. *a,* sa tête. *i,* ses jambes écailleuses. *p,* le bout du fourreau où est l'ouverture postérieure.

La Figure 3, fait voir encore en grand, mais renversé, un fourreau d'une teigne des murs. *a,* la teigne. *p,* l'ouverture postérieure.

La Figure 4, est celle d'une teigne des murs, hors de son fourreau.

La Figure 5, est celle de la teigne de la figure 4, grossie à la loupe.

La Figure 6, est celle d'un fourreau presque cylindrique que se construisit une teigne que j'avois tirée hors du sien.

Les Figures 7 & 8, font celles de deux fourreaux à trois pans, d'une efpece de teignes des murs, différente de la précédente.

La Figure VIII & la figure IX, repréfentent, l'une de grandeur naturelle, & l'autre groffi, un de ces fourreaux qui font couverts de fragmens de lichen, & dans lefquels font des teignes qui vivent de petits lichens qui croiffent fur les écorces d'arbres de plufieurs efpeces différentes. Ces deux fourreaux font attachés contre deux morceaux d'écorce.

La Figure X, eft celle d'une teigne tirée du fourreau de la figure IX. repréfentée plus grande que nature.

La Figure 9, eft celle d'un fourreau de teigne aquatique, couvert de petits grains de fable, ou de menus fragmens de coquilles.

La Figure 10, repréfente, plus grand que nature, le fourreau de la fig. 9.

La Figure 11, eft un fourreau tel que celui de la figure 9, attaché contre un petit brin de bois *b*.

La Figure 12, fait voir en grand, la partie antérieure d'une teigne qui fe loge dans les fourreaux de la derniére efpece. *i*, fa premiere paire de jambes. *ll*, la feconde paire de jambes, & *kk*, la troifiéme.

La Figure 13, eft en grand, celle de la teigne précé-dente, entiérement hors de fon fourreau. *i, ll, kk,* fes trois paires de jambes. *m,* mammelon charnu.

Les Figures 14 & 15, font celles des teignes des figures 12 & 13, dans leur grandeur naturelle.

La Figure 16, eft celle d'un fourreau qui n'eft ouvert que par un bout, & qui eft fait de grains d'un gros gravier.

C c ij

La Figure 17, est celle du papillon femelle, ou du papillon sans aîles de la teigne des murs représentée hors de son fourreau fig. 4 & 5, & dans son fourreau fig. 2 & 3.

La Figure 18, fait voir le papillon de la figure précedente, considérablement grossi. *i*, les trois jambes d'un côté. *ff*, frange de poils qui est au bout de son dernier anneau. *a*, son anus.

Dans la Figure 19, le papillon de la figure 17, est représenté dans l'état où il a allongé sa partie postérieure, où il a fait sortir de son corps le conduit par lequel les œufs doivent passer. Il paroît composé de trois tuyaux *a, b, c*, dont *a*, peut rentrer dans *b*, & *b*, dans *c*. Ce papillon a perdu la frange de poils qui devroit être en *ff*.

Les Figures 20, 21 & 22, sont celles des fourreaux singuliers d'une espece de teignes, qu'on trouve sur les pierres de grès des environs de l'hermitage d'Estampes; chaque fourreau est tourné en spirale. Si le corps de l'insecte remplit ce fourreau, comme il y a lieu de le croire, il doit être contourné comme l'est celui de quelques especes de limaçons aquatiques.

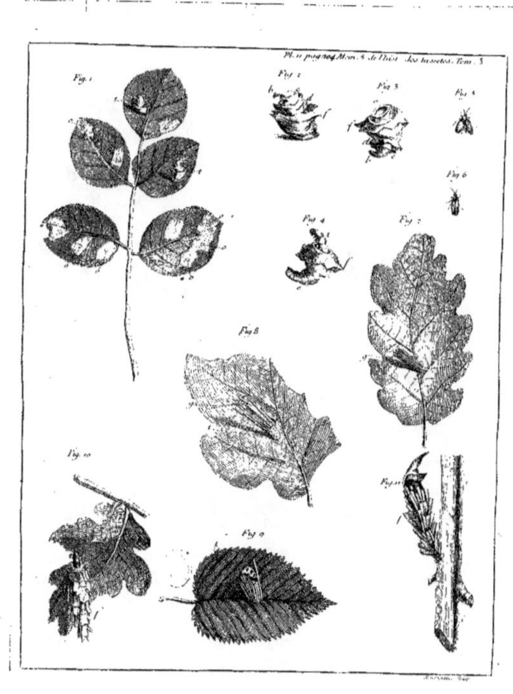

Pl. 11 pag. 104 Mem. 4 de l'hist. des insectes. Tom. 3
Fig. 1
Fig. 2
Fig. 3
Fig. 4
Fig. 5
Fig. 6
Fig. 7
Fig. 8
Fig. 9
Fig. 10
Fig. 11

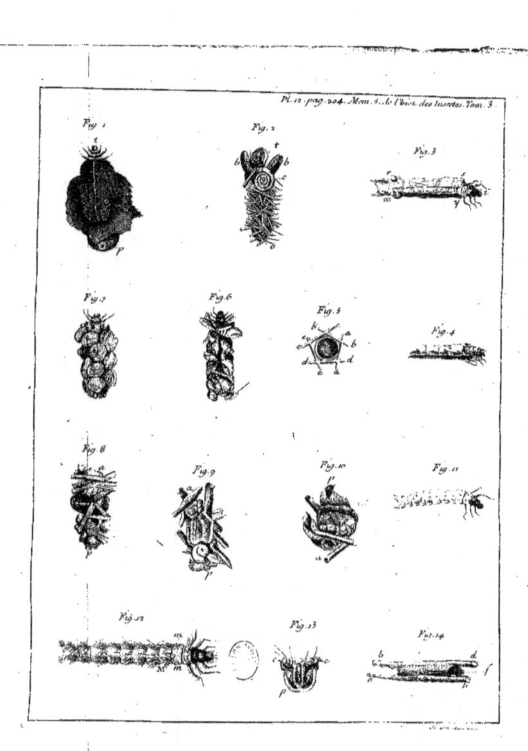

Pl. 12. pag. 204. Mem. 4. de l'hist. des Insectes. Tom. 3.
Fig. 1
Fig. 2
Fig. 3
Fig. 7
Fig. 6
Fig. 5
Fig. 4
Fig. 8
Fig. 9
Fig. 10
Fig. 11
Fig. 12
Fig. 13
Fig. 14

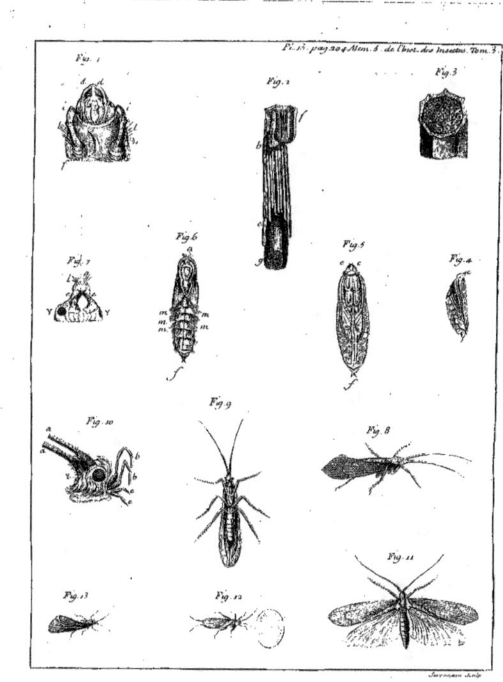

Pl. 13. pag. 204 Mem. 6. de l'hist. des insectes. Tom. 3.
Fig. 1
Fig. 2
Fig. 3
Fig. 7
Fig. 6
Fig. 5
Fig. 4
Fig. 10
Fig. 9
Fig. 8
Fig. 13
Fig. 12
Fig. 11

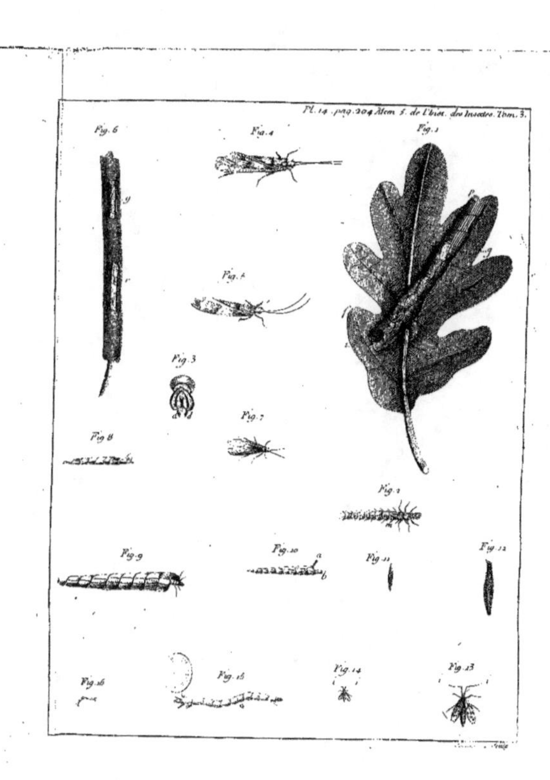

Pl. 14 . pag. 204 Mem 5. de l'hist. des Insectes. Tom. 3.
Fig. 6
Fig. 4
Fig. 1
Fig. 5
Fig. 3
Fig. 7
Fig. 8
Fig. 2
Fig. 9
Fig. 10
a
b
Fig. 11
Fig. 12
Fig. 16
Fig. 15
Fig. 14
Fig. 13

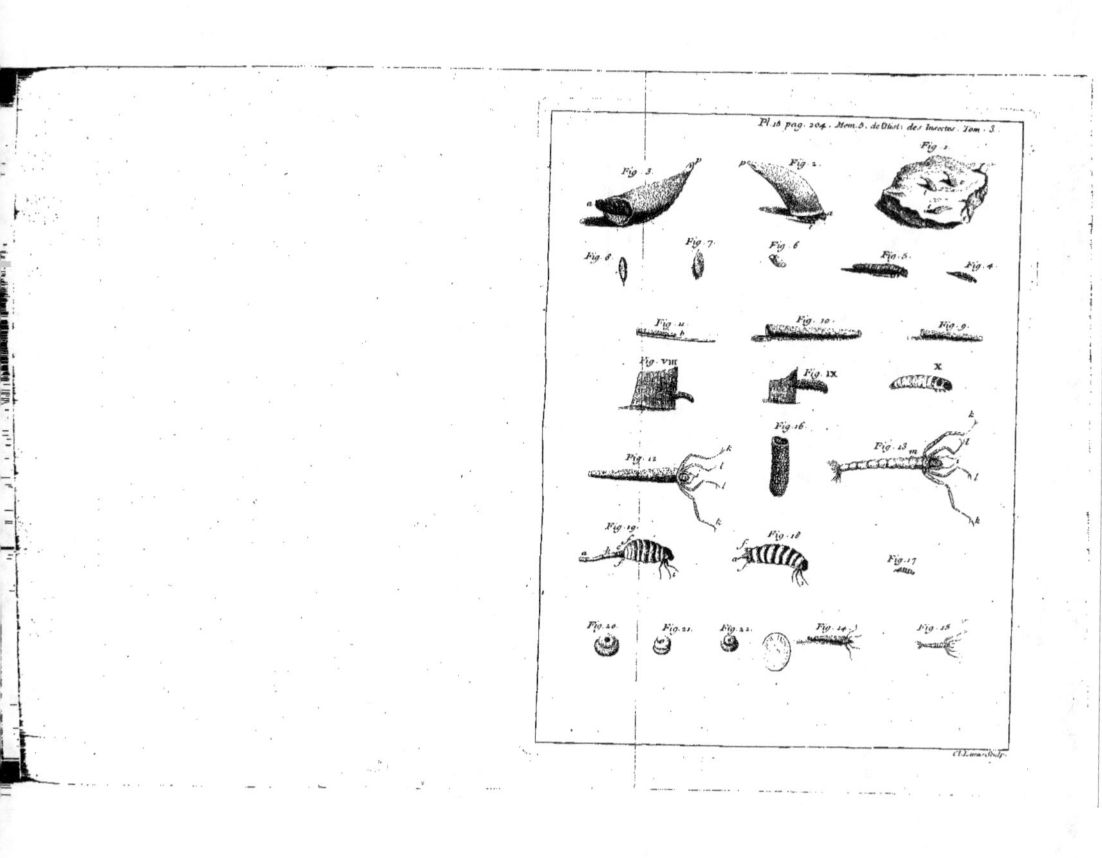

Pl. 16 pag. 204. Mem. 5. de l'Hist. des Insectes. Tom. 3.
Fig. 1.
Fig. 2.
Fig. 3.
Fig. 4.
Fig. 5.
Fig. 6.
Fig. 7.
Fig. 8.
Fig. 9.
Fig. 10.
Fig. 11.
Fig. VIII.
Fig. IX.
X.
Fig. 12.
Fig. 16.
Fig. 13.
Fig. 19.
Fig. 18.
Fig. 17.
Fig. 20.
Fig. 21.
Fig. 22.
Fig. 14.
Fig. 15.

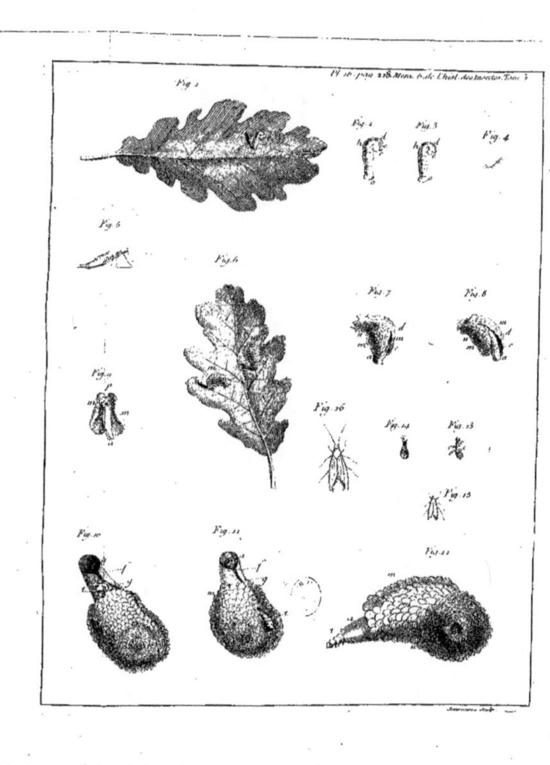

Pl. 16. pag. 218. Mem. 6. de l'Hist. des Insectes. Tom. 3
Fig. 1
Fig. 2
Fig. 3
Fig. 4
Fig. 5
Fig. 6
Fig. 7
Fig. 8
Fig. 9
Fig. 10
Fig. 11
Fig. 12
Fig. 13
Fig. 14
Fig. 15
Fig. 16

SIXIE'ME ME'MOIRE,
DES TEIGNES
QUI SE FONT DES FOURREAUX
DE PURE SOYE.

QUELQUES efpeces de teignes portent des habits de pure foye. Les modéles fur lefquels elles fe les font, font finguliers, & nous doivent paroître de formes bizarres. Le tuyau dans lequel les unes font logées, a un de fes bouts contourné en quelque forte en croffe *, c'eft celui qui eft occupé par la partie poftérieure de l'infecte. J'appelle les teignes qui font ainfi logées, des teignes à fourreau en croffe. D'autres fe tiennent dans un tuyau plus droit, mais dont il ne paroît fouvent qu'une portion d'un des bouts, de l'antérieur *. Il eft enveloppé dans deux parties égales & femblables *, qui le recouvrent tant par deffus, que par deffous, & qui ne le touchent pas par-tout. Cette enveloppe eft une efpece de manteau, fous lequel eft caché le tuyau qui eft le vrai habit, ou pour ainfi dire, la chemife de la teigne. Ce manteau eft un peu convexe du côté du dos *, & un peu concave du côté du ventre *, & renflé fur les côtés. Il eft compofé de deux pieces qui ont quelque reffemblance avec une des pieces des coquilles bivalves, ou à deux battans. Le tuyau eft contenu entre ces deux pieces, il n'y a que fon bout antérieur * qui ne foit pas renfermé entr'elles. J'appelle des teignes à fourreau à manteau, celles dont le fourreau a cette efpece de couverture.

Le chêne fournit plus de teignes de l'une & de l'autre

* Pl. 16. fig. 1, 2, & 3. c.

* Fig. 7 & 8. a.
* m, m.

* d.
* u.

* e.

efpece, qu'aucun arbre que je connoiffe ; elles rongent fes feuilles, comme les chenilles les rongent, c'eft-à-dire, qu'elles ne fe contentent pas de les percer & de les fuccer comme font tant d'autres teignes. On en trouve auffi fur diverfes efpeces de merifiers, ou de cerifiers fauvages. Celles de ces derniers arbres font en croffe, elles peuvent être une efpece différente de l'efpece en croffe qui vit fur le chêne, mais qui n'offre aucune différence remarquable que celle de la couleur du fourreau. Les fourreaux de celles du cerifier font prefque noirs, & quelquefois même d'un affés beau noir. Les fourreaux de celles du chêne font d'un brun qui tire affés fouvent fur la couleur de marron, ou fur celle des feuilles féches.

La première année que je vis des teignes foit en croffe, foit en manteau, je ne pus parvenir à découvrir la nature de la matiére dont leurs vêtemens font faits ; je n'en eus que d'âgées, pareffeufes alors à fe faire de nouveaux habits, & peu difpofées à me montrer comment elles les travaillent. J'étois porté à croire leurs habits faits de feuilles féches, mais je ne pouvois y trouver tout ce que je croyois devoir trouver à des habits faits de pareille matiére.

La ftructure du corps du tuyau n'offre rien qui aide à faire voir quelle en eft la compofition ; on diftingue feulement des efpeces de fibres annulaires appliquées les unes contre les autres. Mais le manteau de celles qui en portent, & celui des bouts des fourreaux des autres, qui eft recourbé en croffe, montre une ftructure plus finguliére & plus propre à embarraffer, fur-tout fi on confidére ces parties à la loupe. La vûë feule y apperçoit enfuite fuffifamment ce que la loupe a mieux montré ; on obferve avec plaifir qu'elles femblent faites d'une infinité de petites écailles tranfparentes, & arrangées à peu-près comme celles des poiffons *. Les parties compofées de ces petites écailles,

* Pl. 16. fig. 10, 11 & 12.

ont la roideur, & comme je l'ai déja dit, la couleur d'une feuille féche; mais du reste elles n'ont rien de semblable à des feuilles, ou à des portions de feuilles, ou à quelques autres parties tirées des plantes.

L'année qui suivit celle où j'avois commencé à obser- ver ces insectes, je m'y pris de meilleure heure; je fus attentif à en chercher sur les grands arbres de cette es- pece, qui sont ceux où l'on en trouve le plus, dès que les feuilles parurent se développer. Je portai chés moi les teignes que j'y ramassai, & je les mis dans mon jardin sur des chênes très-petits que j'avois fait lever en motte, & planter dans de grands vases. Là j'étois à portée, cha- que fois que je me promenois, de voir ces teignes; elles devoient s'y nourrir sous mes yeux; là elles ne pouvoient manquer de travailler devant moi à leurs vêtemens; aussi m'apprirent-elles bientôt qu'elles n'en étoient pas simple- ment les ouvrieres, que de plus elles en fournissoient toute la matiére. Les autres teignes dont nous avons parlé dans les Mémoires précédents, lient des matiéres de différentes especes avec de la soye pour se faire leurs habits; celles que nous examinons à présent, font les leurs entiére- ment de soye, comme tant de chenilles font aussi de pure soye les coques où elles se renferment pour se métamor- phoser; mais l'étoffe des étuis de nos teignes est bien au- trement serrée, que ne l'est celle du commun des coques; d'ailleurs la tissure en est entiérement différente, sur-tout celle des parties qui sont faites en écailles.

Quand les habits de nos teignes, soit en crosse, soit à manteau, leur deviennent trop courts, ou qu'ils les serrent trop, elles ne les abandonnent pas comme les teignes qui se vêtissent de membranes de feuilles, & comme celles de diverses autres especes, abandonnent les leurs pour s'en faire de neufs. La matiére de ceux de ces derniéres ne leur coûte rien, au lieu que les premiéres doivent tirer de leur fonds, de leur intérieur, la matiére dont elles s'habillent ; aussi en font-elles plus ménagéres ; elles aggrandissent l'habit qui leur est devenu trop petit. Nous avons vû ailleurs que les teignes des laines & des fourrures en usent aussi de la sorte. Les pratiques de nos ouvriers, même celles qui se ressemblent dans le fond, & qui tendent à de mêmes objets, ont pourtant entr'elles des variétés ; tous les ouvriers ne s'y prennent pas de la même maniére pour faire des ouvrages assés semblables ; il en est de même parmi les insectes. Les teignes des laines & des fourrures fendent de chaque côté successivement les habits qu'elles veulent élargir ; pour élargir les leurs, nos teignes en crosse & celles à manteaux ne les fendent que par dessous. Le procédé est en quelque sorte plus simple, & convient mieux à la forme de leurs habits.

Pour voir bien distinctement les pieces que les teignes des étoffes mettent à leurs fourreaux pour les élargir, nous les avons contraint de faire ces pieces d'une laine de couleur différentes de la couleur de la laine dont le reste étoit fait ; nous n'avons pas eu besoin ici d'avoir recours à un expédient semblable. Tout le tissu anciennement travaillé par nos teignes à fourreaux soit en crosse soit à manteau, est de couleur brune, & celui qu'elles viennent de faire, est extrémement blanc. Cette partie du tissu qui est très-blanche, montre l'ordre dans lequel le nouveau travail a été conduit. Comme elles veulent aggrandir de suite leur habit dans toutes ses dimensions, c'est-à-dire, l'allonger & l'élargir, elles commencent par allonger le bout du tuyau qui est du côté de la tête *. Là on voit le dessous de la tête s'appliquer contre le bord d'une portion de la surface intérieure du tuyau, la frotter alternativement en sens contraires. Le bord de la partie qui a été ainsi frottée, se reconnoît à sa

blancheur,

* Pl. 16. fig. 2 & 3. *o*. & fig. 7, 8, 10, &c. *a*.

blancheur, & il excéde le refte; tous ces mouvemens alternatifs ont produit des fils qui, à mefure qu'ils fortoient de la filiére, ont été collés les uns à côté des autres. La teigne continuë de même à coucher des fils au bord de la partie voifine de celle où eft le commencement de la nouvelle bande; elle allonge de la forte fucceffivement tout le contour du bout du tuyau. Mais il eft à remarquer que la premiére bande annulaire qu'elle vient de finir, n'eft pas complette, c'eft-à-dire, qu'elle refte ouverte, ou plûtôt fenduë du côté du ventre *. Bientôt l'infecte aura à fendre du même côté le tuyau anciennement fait, ainfi ce feroit inutilement qu'il fermeroit la partie qu'il vient de travailler.

Pl. 16. fig. 10 & 11. a f.

La premiére bande que la teigne vient de filer, adjoûteroit peu à la longueur du fourreau, & il eft des temps où elle l'allonge de plus d'une demi-ligne tout de fuite; pour cela, elle attache une feconde bande à la premiére, une troifiéme à la feconde, & elle continuë de la forte jufqu'à ce que fon tuyau ait acquis l'augmentation de longueur qu'elle lui veut. Il eft encore à remarquer que l'ouverture de la derniére bande eft toûjours plus évafée que l'ouverture de celle qui la précéde; ce font comme des portions d'entonnoirs de plus grands en plus grands, emboîtées les unes dans les autres. La teigne, en pouffant avec la tête la partie qu'elle fabrique, lui fait prendre cet évafement avec d'autant plus de facilité, que, comme nous l'avons déja dit, ces nouvelles bandes reftent fenduës du côté où eft ordinairement le ventre. Souvent même alors le contour de l'ouverture n'eft pas circulaire, fa coupe eft oblique, la partie qui doit être au-deffus de la tête, eft plus avancée que le refte; en un mot, ce contour eft un oval pareil à celui qui vient d'un cylindre coupé obliquement.

Après cette addition faite à l'ouverture du tuyau, la teigne travaille à l'élargir; elle en fend une petite portion *,

Fig. 10 & 11. fg.

& à chaque bord des parties qu'elle vient de séparer, elle
adjoûte succeſſivement de nouvelles bandes, comme elle
en a appliqué autour de l'ouverture, juſqu'à ce que toutes
enſemble faſſent une largeur égale à ce dont le tuyau doit
être élargi. Ceci fini, la teigne fend le tuyau plus loin, &
ainſi succeſſivement juſqu'à ce qu'elle l'ait élargi dans toute
ſa longueur.

* Pl. 16. fig.
2 & 3.

    Suppoſons que l'habit de notre teigne ſoit fait en
croſſe *, à force d'avancer vers le derriére, elle parvient à

* d.

l'endroit où ce tuyau eſt contourné * : là il eſt compoſé de
deux parties égales & ſemblables, réellement ſéparées l'une
de l'autre, tant du côté du ventre que du côté du dos,
mais que leur reſſort tient toûjours appliquées l'une contre
l'autre. Elles laiſſent pourtant quelquefois à l'origine de

* e.

leur courbûre, une petite ouverture * viſible. Dans certains
temps cette ouverture devient plus conſidérable; toutes
les fois que la teigne a des excrémens à jetter, elle avance
à reculons vers cette ouverture, elle l'aggrandit en écartant
l'une de l'autre les deux pieces qui ſont roulées en croſſe;
auſſi-tôt qu'elle a jetté quelques petits grains ronds & noirs,
elle retourne en avant, & le reſſort des deux pieces en croſſe
les ramene l'une ſur l'autre.

    Nous avons déja dit que ces deux derniéres pieces, ſont
ce qu'il y a de mieux ouvragé dans l'étui de la teigne,
elles ſont compoſées d'un grand nombre de petites écailles
aſſés ſemblables à celles des poiſſons, à cela près qu'elles
ne ſont pas autant en recouvrement les unes ſur les autres,
& que leur matiére eſt de la ſoye; d'ailleurs leur tiſſu eſt ſi
ſerré, qu'il imite la corne ou les écailles tranſparentes. A meſure que la teigne croît, elle élargit chacune de ces pieces
recourbées, elle les allonge auſſi; mais en les allongeant,
elle n'adjoûte rien à la longueur du tuyau, parce qu'elle les
fait croître, en ſuivant le contour de leur courbûre, & cette

courbûre qui descend d'abord en-dessous de l'étui *, remonte ensuite vers sa partie supérieure. L'insecte y travaille
par petites portions, & chacune des portions qu'il leur
adjoûte, est une de ces petites écailles de l'assemblage desquelles les tours sont formés. De nouvelles bandes d'é-
cailles attachées aux anciennes des côtés, élargissent ces
pieces; & des écailles adjoûtées aux anciennes des bouts,
font remonter les bouts plus haut. Enfin le tuyau étant
par tout suffisamment élargi, la teigne réunit avec des fils
les parties qui étoient resté séparées pendant qu'elle les
travailloit : alors vêtuë plus à son aise, elle augmente la
solidité des parties nouvellement fabriquées, elle les enduit
bientôt de quelque suc qui les brunit, elle mange quand
elle en a besoin, elle croît; & enfin elle recommence à aggrandir son fourreau quand l'augmentation du volume de
son corps le demande.

   Voila à quoi se réduit le fond du travail des teignes en
crosse; car il y en a qui, tant qu'elles restent teignes, vivent
dans un fourreau de cette forme; mais les teignes à manteau * ont plus d'ouvrage à faire. Ce manteau, comme
nous l'avons déja expliqué, est composé de deux grandes
pieces *, entre lesquelles l'étui est renfermé. Dans certains
temps ces deux pieces sont séparées l'une de l'autre du côté
du ventre, mais elles le sont toûjours du côté du dos *. Je
ne sçais peut-être pas quel est leur véritable usage, elles
chargent considérablement la teigne qui a toûjours à les
traîner; je ne vois pas à quoi elles servent de plus qu'à
couvrir le tuyau, qu'à lui servir véritablement d'un manteau,
dont elles n'ont besoin que quand elles sont parvenuës
à un âge avancé, car les fourreaux des jeunes teignes ne
l'ont point, ils sont simplement terminés en crosse. Il faut
pourtant bien qu'il leur devienne utile, puisqu'elles se donnent la peine de le faire, & qu'il est la plus considérable

* Pl. 16. fig.
2 & 3. c.

* Fig. 6, 7,
8, &c.

* m, m.

* d.

D d ij

partie de leur ouvrage: c'eſt auſſi celle que j'ai le plus
cherché à leur voir executer. Quand elles ſont jeunes,
elles n'ont point du tout de manteau, ou elles en ont un
qui couvre ſimplement le bout poſtérieur du tuyau; des
teignes un peu plus âgées en ont un qui couvre une plus
grande portion de ce tuyau: ainſi à meſure qu'elles avancent en âge, elles aggrandiſſent le manteau; & à la fin il ne
laiſſe à découvert que le contour de l'ouverture antérieure
du tuyau des teignes parvenuës à leur entier accroiſſement;
& elles y parviennent en ſix ſemaines ou deux mois.

Le travail du manteau eſt plus ſimple que je ne l'avois
imaginé: j'avois peine à comprendre comment l'inſecte
formoit ces deux grandes pieces qui s'élevent beaucoup
au-deſſus du tuyau qu'elles renferment, & qu'elles ne touchent que par deſſous, & au plus un peu le long des côtés,
tant qu'elles ne ſont pas entiérement finies. Mais pour
prendre une juſte idée de la façon dont ces deux pieces
ſont ſoûtenuës, & de celle dont l'inſecte les travaille, il ſuffit
preſque de ſçavoir que j'ai obſervé que tout étui à manteau
a d'abord été un ſimple étui en croſſe. Quand les deux
parties qui forment la courbûre de la croſſe, ſe ſont ag-
grandies & élevées, elles ſe ſont rapprochées de l'ouverture antérieure, elles ont donc en même temps renfermé
une portion de la partie poſtérieure du tuyau. Ces deux
parties ſont alors le manteau commencé, ou ce petit manteau qui convient aux jeunes teignes; chacune des deux
pieces qui le compoſent, n'eſt nullement adhérente à la
partie du tuyau qu'elle vient envelopper en ſe recourbant,
tant que ces deux pieces n'ont qu'une certaine hauteur,
l'inſecte peut les élever en ſortant par le deſſous de l'étui,
par la fente qu'il y a faite, quand il a eu beſoin de l'élargir.
Mais quand ces pieces ſont devenuës ſi hautes qu'il auroit
peine à y atteindre de-là, il ſort par la partie poſtérieure

du tuyau, il s'introduit entre la surface extérieure de ce tuyau & une des pieces du manteau *. Là est un second ** Pl. 16. Fig.* logement où il peut être à couvert. Après y avoir fait entrer *11. t.* sa tête, il la porte plus loin, & y tire tout son corps. Dès qu'il est entre le tuyau & le manteau, il n'y a plus de difficulté à concevoir comment il va étendre chacune des pieces de ce manteau, il n'a qu'à s'approcher des bords qu'il veut élever ou élargir, & y filer de nouvelles écailles *. ** Fig. 10. t.* Quand il y en a filé une ou deux, il rentre dans son tuyau, soit pour se reposer, soit pour aller reprendre de la nourriture, & bientôt il revient continuer son travail.

Comme ces teignes sortent de leur étui quand elles ont à travailler à leur manteau, celles qu'on en a tirées par force ne se font pas une aussi grande affaire d'y rentrer, que se font d'autres teignes de rentrer dans le leur. Je retirai un jour une teigne de son fourreau fait en crosse, & je l'en mis assés près, elle retourna s'y loger, ce que je n'ai jamais vû faire à aucunes teignes soit des laines & des fourrures, soit à vêtemens de membranes de feuilles.

Je ne me suis pas contenté de voir travailler les teignes à manteau & à crosse, à aggrandir leurs fourreaux, j'ai voulu les contraindre à s'en faire de neufs; pour cela, j'en ai retiré de jeunes & d'un moyen âge de ceux dans lesquels elles étoient logées; presque toutes ont commencé l'ouvrage, mais plusieurs ne sont pas venuës à bout de le finir; celles qui y ont le mieux réussi, ont été celles que j'ai posées sur des bouquets de feuilles qui ne faisoient que s'entr'ouvrir. Leur façon ordinaire de travailler, est celle qu'elles suivoient quand je les obligeois de se vêtir à neuf, & il en arrivoit qu'elles étoient quelquefois dans la nécessité de recommencer deux ou trois fois un nouvel étui; enfin elles se trouvoient épuisées de matiére soyeuse, avant que d'en avoir pû achever un; ainsi exposées très-

D d iij

long-temps aux impreſſions de l'air, elles périſſoient. Elles
ne font pas leurs fourreaux auſſi larges proportionnellement
à la groſſeur de leur corps, que les autres teignes des feuilles
font les leurs, elles ne peuvent s'y retourner que quand ils
ſont fendus d'un côté. Quand elles ſe font un nouveau
tuyau, elles le tiennent donc fendu tout du long: or mince
comme il eſt alors, le vent qui agite trop fort les feuilles,
& mille autres petits accidens le chiffonnent & lui ôtent ſa
forme, de façon que l'inſecte ne peut la lui faire reprendre.
Il arrive bien plus aiſément de ſe chiffonner à un fourreau
proportionné à la grandeur du corps d'une vieille teigne,
qu'à celui qui l'eſt au corps d'une teigne naiſſante; auſſi dans
l'ordre naturel, ce n'eſt que la teigne naiſſante qui ſe fait
un habit complet. La vieille teigne pourtant miſe dans la
néceſſité de ſe vêtir à neuf, a la précaution, dès qu'elle
a commencé un étui, d'en coller un des côtés ſur une
feuille, dans une grande partie de ſa longueur, & de lui
donner encore d'autres ſoûtiens par le moyen de fils, qui
de l'étui commencé vont s'attacher à des feuilles voiſines.
Malgré ces précautions, rarement l'ouvrage vient à bien,
excepté dans la circonſtance où la teigne a trouvé une de
ces petites feuilles écailleuſes qui ſervent d'enveloppes aux
boutons où les feuilles ſont renfermées, & lorſqu'elle a
ébauché ſon ouvrage dans une de ces ſortes de feuilles.
Ces feuilles ont à peu-près la courbûre qui convient au
tuyau; elles ſont fermes, c'eſt une eſpece de moule qui
conſerve fort bien dans leur arrangement les fils qui ont
été appliqués deſſus; mais cela n'empêche pas que la teigne ne file un grand nombre de fils en-dehors de l'étui,
pour l'aſſujettir encore mieux. J'ai vû quelquefois des
paquets de ces fils du côté de l'ouverture antérieure,
qui formoient d'aſſés groſſes maſſes. Quand le fourreau
eſt avancé, & que l'inſecte le croit aſſés ſolide pour être

tranfporté, il coupe tous ces fils qui n'avoient fervi que
pour le maintenir; on le voit ramaffer entre fes pattes ceux
qui formoient de gros paquets; il rentre enfuite dans fon
fourreau, il en frotte l'intérieur avec le deffous de fa tête
& fes premiéres pattes, apparemment qu'il y colle contre
les parois, les fils qui ci-devant fervoient de liens, alors ils
fervent à fortifier le fourreau. Enfin la teigne fépare du
refte de la feuille la portion contre laquelle fon tuyau a été
collé; fes dents en viennent aifément à bout; & elle emporte avec fon étui la petite portion de feuille qui lui eft
adhérente. Par la fuite elle recouvre quelquefois cette portion de feuille de fils qui la cachent entiérement; fouvent
pourtant on la reconnoît fur le fourreau des plus jeunes
teignes, elle eft extrémement petite.

Le fourreau eft l'ouvrage d'un ou de deux jours au plus;
quand il eft nouvellement fait, il eft tout blanc, comme le
font les allongemens & les élargiffûres mifes aux anciens;
mais au bout de deux ou trois jours, il devient brun; apparemment que l'infecte l'humecte avec quelque liqueur
qui le teint, & peut-être qui le fortifie; c'eft peut-être une
efpece de gomme qui donne de la roideur à ce tiffu fi
mince, qui y produit un effet femblable à celui que produit la gomme arabique fur ces taffetas de France que
nous nommons d'Angleterre.

Mais il eft à remarquer que le tuyau nouvellement fait,
eft terminé par ces deux appendices qui lui donnent la
figure de croffe*; cette forme entroit dans le deffein de   * Pl. 16. fig.
l'ouvrage que l'infecte a conftruit, car la figure propre de   2 & 3.
l'infecte, & la façon dont il travaille, ne paroiffent en rien
le néceffiter à la lui donner.

Dans les mois de Juin, Juillet & Août, toutes ces
teignes fe transforment en petits papillons blancs. Nous en
avons fait repréfenter un de grandeur naturelle *; & un   * Fig. 4.
autre plus grand que nature *.   * Fig. 5.

On pourroit appeller fourreaux à cornes *, ou à oreilles, d'autres petits fourreaux de soye brune, dans lesquels se tiennent des teignes d'une autre espece, qui vivent de feuilles de chêne. Le bout postérieur du fourreau est un peu roulé en crosse. Entre celui-ci & l'antérieur il y a de chaque côté deux appendices * à peu de distance l'un de l'autre, qui se terminent chacun par une lame pointuë, & qui saille en-dehors du corps du fourreau, en s'inclinant un peu vers l'ouverture antérieure. Les teignes qui se construisent ces sortes de fourreaux, se sont métamorphosées chés moi, dans le mois d'Août, en un papillon * dont la couleur des aîles est un gris-blanc; sur chacune des supérieures il y a deux rayes qui, de l'origine de l'aîle, vont en ligne droite à sa base, elles sont d'un jaunâtre qui tire sur la couleur de bois. Les bases des quatre aîles de ces teignes, & leurs côtés intérieurs sont frangés, comme le font les mêmes côtés des aîles de la plûpart des papillons des teignes.

* Pl. 16. fig. 13.

*Fig. 13. c, e.

* Fig. 15. & 16.

EXPLICATION DES FIGURES
DU SIXIEME MEMOIRE.
PLANCHE XVI.

LA Figure 1, est celle d'une feuille de chêne, sur laquelle est attaché un de ces fourreaux de teignes que nous avons nommés en crosse.

Les Figures 2 & 3, représentent le fourreau de la figure 1. grossi. *d,* le coude où commence la crosse. *c,* le bout de la crosse. *e,* fig. 2. montre une séparation entre les deux lames qui forment la crosse, qui ne paroît pas fig. 3. où ces deux lames sont exactement appliquées l'une contre l'autre.

Il y a des fourreaux dont la croſſe eſt plus contournée qu'elle ne l'eſt dans ceux des figures 2 & 3; la croſſe remonte de *c* en *h*, & couvre la partie poſtérieure du tuyau.

Les Figures 4 & 5, ſont celles du papillon d'une teigne à fourreau en croſſe; il eſt repréſenté de grandeur naturelle fig. 4, & groſſi à la loupe fig. 5.

La figure 6, eſt celle d'une feuille de chêne ſur laquelle ſe trouvent deux fourreaux de teignes à manteau *m, m*.

Les Figures 7 & 8, nous font voir les fourreaux de la figure 6, groſſis à la loupe. *a,* la partie antérieure du tuyau habité par la teigne. *m,m,* les deux pieces qui compoſent le manteau de l'étui. *e d,* le côté du dos. Dans la fig. 7, les deux moitiés du manteau ſont ſéparées comme elles le ſont le plus ſouvent. On les a plus écartées l'une de l'autre fig. 8. pour mettre la partie ſupérieure du fourreau plus à découvert.

La Figure 9, repréſente un fourreau à manteau, renverſé, ou vû du côté du deſſous, ou du côté du ventre de l'inſecte; on a ſéparé l'une de l'autre, & jetté ſur les côtés les deux moitiés *m, m,* du manteau, pour mettre à découvert le tuyau que l'inſecte habite. *a,* l'ouverture antérieure du tuyau. *p,* ſon ouverture poſtérieure. La maniére dont chaque moitié du manteau ſe joint à la partie poſtérieure, n'eſt pas aſſés exactement repréſentée ici.

Les Figures 10, 11 & 12, repréſentent un fourreau à manteau, groſſi au microſcope, & vû en différens ſens. Toutes trois montrent les écailles dont ſont faites les deux parties qui compoſent le manteau.

La Figure 10, fait voir par deſſous un fourreau qu'une teigne aggrandit. En *f g,* le tuyau eſt fendu. La teigne n'a pas encore rejoint les deux parties qu'elle avoit ſéparées pour les élargir. En *t,* la teigne travaille à allonger une des pieces du fourreau; elle file actuellement une écaille; elle eſt actuellement hors du tuyau, & placée entre ce tuyau & la partie du manteau, à l'aggrandissement de laquelle elle travaille.

La Figure 11, fait encore voir par dessous, un fourreau qu'une teigne aggrandit. Le tuyau est comme le précédent, fendu dans la partie *a f g. t,* la teigne qui est hors du tuyau, & occupée à élargir les pieces du manteau.

Le travail de fourreaux de formes si singuliéres, auroit mérité d'être expliqué par plus de figures, & il les demandoit pour être mis à portée d'être bien entendu, mais quand j'ai eu de ces teignes à l'ouvrage, je n'ai pas eu un dessinateur assés à ma disposition.

La Figure 13, est celle d'un de ces fourreaux que je nomme à oreilles. *c c, e e,* les oreilles du fourreau, vû par dessus.

La Figure 14, est celle du fourreau de la figure 13, vû par dessous.

La Figure 15, & la Figure 16, représentent, l'une de grandeur naturelle, & l'autre plus grand que nature, le papillon que donne la teigne qui se fait le fourreau des figures 13 & 14.

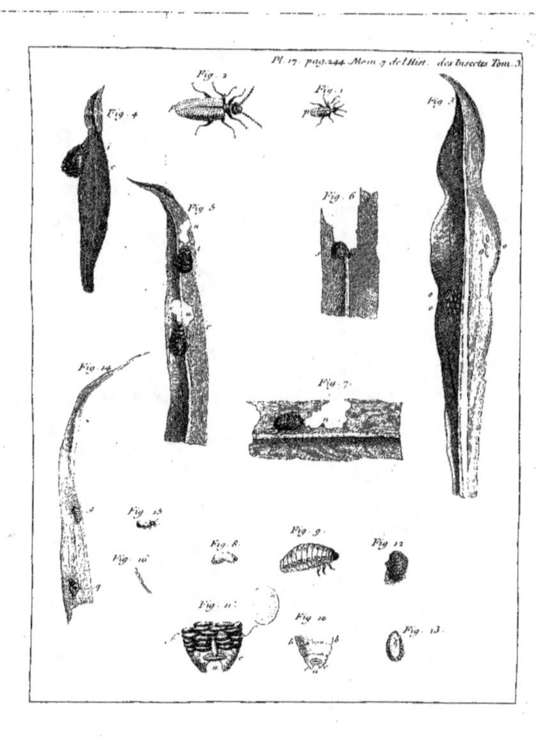

Pl. 17. pag.244 Mem. 7 de l'Hist. des Insectes Tom. 3.
Fig. 2.
Fig. 1.
Fig. 4.
Fig. 3.
Fig. 5.
Fig. 6.
Fig. 14.
Fig. 7.
Fig. 15.
Fig. 9.
Fig. 8.
Fig. 12.
Fig. 10.
Fig. 11.
Fig. 16.
Fig. 13.

✺✺✺✺✺✺✺✺✺✺✺✺✺✺✺✺✺✺✺✺✺✺✺✺✺✺

SEPTIÉME MÉMOIRE.

DES VERS OU TEIGNES
QUI SE COUVRENT
DE LEURS EXCRÉMENS.

CES Hottentots qui se font des ceintures d'inteftins de bœufs & de moutons, qu'ils n'ont point nettoyés, qui roulent de pareils inteftins autour de leurs jambes pour s'en faire des efpeces de bas ou de bottines, font de vilains hommes, & fi dégoûtans, qu'on a peine à foûtenir l'idée de leur mal-propreté. Il eft bien étrange qu'il y ait des hommes qui fe couvrent, & qui même fe parent avec de pareilles matieres. Les infectes ont aufsi leurs Hottentots, on regardera apparemment comme tels ceux qui ayant befoin de couvrir leur corps, ne le couvrent qu'avec leurs excrémens. Ces infectes ne femblent nous pouvoir préfenter que des images défagréables. Nos idées du propre & du mal-propre, ne font pas toûjours affés philofophiques, notre imagination eft choquée avant que la raifon ait eu le temps de fe faire entendre. Si les excrémens de tous les animaux étoient des parfums, comme le font ceux de quelques-uns, nous n'aurions, ni n'euffions jamais eu d'averfion pour les excrémens. L'ufage que nous faifons de ceux des bécaffes, prouve affés que notre averfion pour ces fortes de matiéres, a été vaincuë dans les cas où elle le devoit être. Si la nature a appris à certains infectes à fe faire des efpeces de robes & de manteaux, des matiéres que leur eftomac & leurs inteftins ont digérées, fans doute que

É e ij

leurs excrémens n'ont rien de rebutant pour eux. Après
avoir tiré de quelques matiéres, des feuilles de quoi se
nourrir, après les avoir fait passer par leur corps, le marc
de ces mêmes feuilles a encore pour eux un usage utile,
il sert à les vêtir. C'est de quoi quelques especes de vers
qui se transforment en scarabés, vont nous donner des
exemples.

    Pendant une partie du printemps & une partie de l'été,
on voit souvent sur les lis les plus communs dans nos
jardins, un petit scarabé *, qui, quoiqu'il ne soit que de
deux couleurs, est un joli insecte ; presque toute sa partie
supérieure, c'est-à-dire, les fourreaux de ses aîles & le
dessus de son corcelet sont d'un beau rouge, d'un rouge
qui approche du vermillon. Sa tête, ses antennes qui sont
à filets grainés, ses jambes, le dessous du corps & du corcelet, sont d'un noir luisant. Ce scarabé est de ceux dont
la forme est un peu allongée. Le bout * par lequel le corps
se joint au corcelet, est coupé quarrément, & le bout
postérieur * est arrondi. Quand on le tient, il fait quelquefois entendre un petit cri produit par le frottement de ses
derniers anneaux contre les fourreaux des aîles : plus on
presse les fourreaux des aîles contre le corps, & plus le cri
est fort.

    Autant ce petit animal est joli sous la forme de scarabé,
autant est-il vilain sous celle de ver *. Le ver * par lui-
même n'a pourtant qu'un air pesant & lourd, & d'ailleurs
il n'est pas plus mal fait que mille autres vers de différens
genres. C'est son espece de vêtement qui le rend informe
& hideux. Il se tient sur les lis dont il mange les feuilles, &
il est grand mangeur. Souvent sur le même pied de lis il y
a un bon nombre de pareils vers ; ils dévorent toutes les
feuilles de la plante sur laquelle ils sont ; ils n'en laissent
quelquefois que la tige. Sur les feuilles maltraitées, on voit

de petits tas * d'une matiére humide, de la couleur & de la   * Pl. 17. fig.
confiftance des feuilles un peu macérées & broyées. Chacun 5. t, & r.
de ces petits tas a une figure affés irréguliére, mais pourtant
arrondie & un peu oblongue. Tout ce qu'on apperçoit
alors, c'eft la matiére qui fert de couverture à chaque ver,
& qui le cache prefqu'en entier. Si on y regarde pourtant de
plus près, on diftingue à un des bouts du tas, la tête de
l'infecte *; elle eft toute noire, & ordinairement occupée à   * Fig. 6 &
faire agir contre la feuille du lis, les deux dents dont elle eft 7.
armée. On peut auffi appercevoir de chaque côté & affés
près de la tête, trois jambes noires & écailleufes *; elles   * Fig. 4. i.
font terminées par deux petits crochets que l'infecte cram- & fig. 9.
ponne dans la fubftance de la feuille. Pour l'ordinaire tout
le refte du corps eft caché; le ventre l'eft par la feuille
même contre laquelle il eft appliqué, & le deffus du corps
l'eft par la matiére dont nous venons de parler. Au refte
elle lui eft peu adhérante, il eft aifé de l'emporter par un
frottement affés leger. Lorfqu'on a mis cette teigne à nud *,   * Fig. 8 &
on la trouve affés femblable à d'autres vers de fcarabés de 9.
différentes efpeces. Sa tête eft petite par rapport à la
groffeur de fon corps, le deffus de ce dernier eft arrondi;
il fe termine par deux mammelons membraneux qui aident
aux fix jambes écailleufes à le porter en avant; fa couleur
eft d'un jaunâtre mêlé avec du vert brun, d'un jaunâtre
qui approche de celui des olives pochetées. Il a pourtant
deux plaques noires & luifantes fur le deffus du premier
anneau; & de chaque côté on voit une file de points
noirs; un de ces points eft placé fur chaque anneau fans
jambes, & fur le premier & fur le dernier de ceux qui en ont,
ce font les trachées, ou les organes de la refpiration.

La peau de ce ver paroît extrémement délicate, elle a une
tranfparence qui porte à la juger telle, car cette tranfparence permet d'appercevoir les mouvemens de la plûpart des

parties intérieures. La nature a appris à l'insecte une façon singuliére de mettre sa peau tendre à couvert des impressions de l'air extérieur, & de celles des rayons du Soleil; elle lui a appris à la couvrir avec ses propres excrémens; elle a tout disposé pour qu'il le pût faire aisément. L'ouverture de l'anus des autres insectes est au bout, ou près du bout du dernier anneau, & ordinairement du côté du ventre; l'anus de notre ver * est un peu plus éloigné du bout postérieur, il est placé à la jonction du pénultiéme anneau avec le dernier; mais ce que sa position a de plus remarquable, c'est qu'il est du côté du dos. La disposition du rectum, ou de l'intestin qui conduit les excrémens à l'anus, & celle des muscles qui servent à les faire sortir, répondent à la fin que la nature s'est proposée, en mettant là cette ouverture. Les excrémens qui sortent du corps du commun des insectes, sont poussés en arriére, dans la ligne de leur corps; ceux que la teigne du lis fait sortir*, s'élevent au-dessus du corps, & sont dirigés du côté de la tête. Ils ne sont pourtant pas poussés loin; quand ils sont entiérement hors de l'anus, ils tombent sur la partie du dos qui en est proche; ils y sont retenus par leur viscosité; mais ils n'y sont retenus que foiblement. Sans changer lui-même de place, l'insecte donne à ses anneaux des mouvemens qui peu à peu conduisent les excrémens de l'endroit sur lequel ils sont tombés, jusqu'à la tête. On peut imaginer aisément la maniére dont il leur prépare successivement des plans inclinés de proche en proche, en gonflant la partie du corps sur laquelle ils sont, & en contractant la partie qui la suit du côté de la tête; que la partie du corps la plus élevée, celle sur laquelle les excrémens sont posés, les pousse par une espece de mouvement vermiculaire, vers la partie la plus basse; on conçoit de même que quand celle-ci a reçû les excrémens, elle

* Pl. 17. fig. 10 & 11. a.

* Fig. 11. e.

s'éléve à son tour pour les pousser sur la partie qui la suit,
qui est alors la plus basse. L'insecte fait cela, il fait même
plus, il plisse & éleve la partie des anneaux qui précede celle
sur laquelle sont les excrémens; d'où il est clair que lorsqu'il étend la portion plissée sans l'abaisser, cette partie,
en se développant, pousse les excrémens dans l'enfoncement qui leur a été préparé. La figure du dos de l'insecte est par elle-même telle que quand une portion d'excrémens a été conduite à une certaine distance de l'anus,
elle trouve une pente de-là jusqu'à la tête. Les mouvemens
des parties intérieures qui se communiquent à la peau,
pourroient faire descendre vers la tête les matiéres placées
dans l'étenduë de cette pente, mais elles ne seroient conduites que peu à peu, & l'insecte les y fait arriver assés vîte dans
certains temps, & cela au moyen de mouvemens plus con-
sidérables, qui sont ceux que nous venons de décrire.

Pour voir distinctement comment tout cela se passe, il
faut mettre l'insecte à nud, & après l'avoir posé sur une
feuille de lis, jeune & fraîche, l'observer avec une loupe.
Bientôt il se met à manger, & peu de temps après qu'il a
commencé à manger, on voit son anus se gonfler; il montre
des rebords * qu'il ne faisoit pas paroître auparavant. Enfin   * Pl. 17. fig.
l'anus s'entr'ouvre, & le bout d'une petite masse d'excré-   10. a.
mens * en sort: ce que l'insecte jette, est une espece de   * Fig. 11. e.
cylindre dont les deux bouts sont arrondis. Nous avons
déja dit que quand ce grain d'excrément sort, il est dirigé
vers la tête; cependant peu après être sorti, il se trouve posé
transversalement, ou au moins incliné à la longueur du
corps. Les frottemens qu'il essuye, & la maniére peu
reguliére dont il est poussé, lui donnent cette direction.
Il y a des temps où ces grains sont arrangés avec assés d'or-
dre *, où ils sont placés parallelement les uns aux autres, &   * Fig. 11. ff.
perpendiculairement à la longueur du corps; mais ce n'est

guéres que fur la partie poſtérieure, & quand l'anus en a fourni un grand nombre dans un temps court, qu'ils font ſi bien arrangés.

L'inſecte qui a été mis à nud, a beſoin de manger pendant environ deux heures, pour que ſon anus puiſſe fournir à différentes repriſes la quantité de matiére néceſſaire pour couvrir tout le deſſus du corps. Au bout de deux heures cette couverture eſt complette, mais elle eſt mince, elle n'a que l'épaiſſeur d'un grain d'excrémens; peu à peu elle s'épaiſſit. La même méchanique qui a conduit les grains juſqu'auprès de la tête, les forcç à ſe preſſer les uns contre les autres. Pour faire place aux excrémens qui ſortent, il faut que les excrémens qui ſont aux environs de la partie poſtérieure, ſoient pouſſés & portés en avant; ils ſont mous, ils cédent à la preſſion, ils s'applatiſſent dans un ſens & s'élevent dans un autre, dans celui qui rend la couche qui couvre le corps, plus épaiſſe. Cette couche, la couverture s'épaiſſit donc peu à peu, & à un tel point, que ſi on l'enleve dans certains temps de deſſus le corps du ver, on juge que le volume de cette couverture eſt au moins trois fois plus grand que celui de l'inſecte même, & qu'elle eſt d'un poids qui ſemble devoir le ſurcharger.

Plus la couverture eſt épaiſſe, & plus ſa figure eſt irréguliére, & plus auſſi ſa couleur brunit. Nous avons dit que les excrémens dont elle eſt faite, ont la couleur & la conſiſtance de feuilles de lis broyées & macérées; ils ne ſont auſſi que cela, ils ſont d'un jaune verdâtre; mais leur ſurface ſupérieure ſe deſſéche peu à peu, & prend des nuances de plus brunes en plus brunes, juſqu'au noir. L'habit devient lourd & plus roide, l'inſecte s'en défait apparemment alors; ce qui le prouve, c'eſt qu'on voit quelquefois des vers de cette eſpece, qui ſont nuds ou preſque nuds; mais ce n'eſt pas pour reſter long-temps en cet état.

II

Il lui eſt aiſé de ſe débarraſſer d'une trop peſante couverture, ſoit en entier, ſoit en partie; il n'a qu'à ſe placer
de maniére qu'elle touche & frotte contre quelque partie
du lis, & ſe tirer enſuite en avant; un frottement aſſés
médiocre ſuffit pour arrêter cette maſſe, il la retient en arriére. Quand l'inſecte conſerve long-temps ſa couverture,
elle déborde quelquefois ſa tête; ce qui la déborde, & ce qui
couvre les premiers anneaux, eſt ſouvent noir & ſec, pendant que le reſte eſt humide & verdâtre. Cette partie ſéche
qui va par-delà la tête, tombe quelquefois par lambeaux.

Si le plan général de mon ouvrage ne demandoit
pas que j'y fiſſe entrer les inſectes qui ſe préſentent aſſés
ordinairement à nos yeux, & qui ſont propres à ſe faire
remarquer, j'aurois très-bien pû me diſpenſer de parler
de cette teigne des lis; ſon hiſtoire a déja été donnée par
M. Lorenzo Patarol, & imprimée en 1713. parmi les
Obſervations de M. Valliſnieri. Elle eſt écrite d'une maniére qui ne permet pas d'eſperer de parler mieux de cet
inſecte, que l'a fait M. Patarol, ni même d'en parler auſſi
bien. Il a répandu ſur ſon hiſtoire les agrémens les plus
convenables: & je ne penſe point qu'il lui ait donné trop
d'étenduë, quoique je me propoſe de rendre celle que
je vais achever, beaucoup plus courte. Quand l'hiſtoire
d'un inſecte ſe trouve iſolée, on eſt obligé de s'engager
dans des détails & dans des éclairciſſemens dans leſquels
on eſt exempt d'entrer quand cette hiſtoire eſt précédée
par d'autres qui lui ſont analogues.

Nos petits ſcarabés * dont le deſſus du corps eſt d'un   * Pl. 17. fig.
rouge de vermillon, & dont le reſte eſt du plus beau noir,   1.
paroiſſent quelquefois de bonne heure ſur les lis. En 1732.
j'y en ai vû dès le 8. de Fevrier; ils s'y accouplérent même
dès lors. Le mâle ſe place ſur le corps de la femelle; leur
accouplement dure au moins une heure, & peut-être en

Tome III.   . F f

dure-t-il plufieurs. Après que l'accouplement eft fini, la femelle fe promene fur le lis, elle cherche un endroit à fon gré pour y dépofer fes œufs, & cet endroit eft toûjours en-deffous de quelque feuille; elle les y arrange les uns auprès des autres *, mais avec peu d'art & de régularité. Chaque œuf fort du corps enduit d'une liqueur propre à le coller fur la feuille contre laquelle il eft enfuite appliqué. Si on touche ces œufs, la liqueur gluante dont nous parlons, refte fur les doigts. La femelle en dépofe environ huit ou dix les uns auprès des autres; mais je ne crois pas que fa ponte confifte en un feul de ces tas. Les œufs font oblongs, ce font des œufs allongés: ceux qui font récemment pondus, font rougeâtres, même affés rouges; ils bruniffent quand la liqueur vifqueufe qui les couvre commence à fe deffécher. Au bout de quinze jours on voit les petits vers de ces œufs paroître fur le lis; il femble à M. Patarol qu'on ne peut pas dire que les vers fortent des œufs, qu'il y a apparence que chaque œuf devient un petit ver. Ce qui l'a déterminé à propofer une idée fi finguliére, mais avec une modefte défiance, c'eft que quelques recherches & quelqu'examen qu'il ait fait, il n'a pû parvenir à trouver aucune coque vuide. S'il en étoit de ces vers comme de quelques chenilles dont nous avons parlé ailleurs, qui mangent la coque de leur œuf, on parviendroit difficilement à retrouver les coques. Les coques d'ailleurs peuvent être difficiles à trouver, parce qu'elles font extrémement minces; peut-être que les mouvemens que l'infecte fe donne pour achever de s'en tirer, les détachent de la feuille & les font tomber. La remarque de M. Patarol mérite néantmoins attention, & doit faire prendre plus de précautions que nous n'en avons pris lui & moi, pour voir s'il y a dans la nature une efpece d'œuf qui foit l'infecte même, une efpece d'œuf qui tout entier devient

* Pl. 17. fig. 3. 0, 0.

animé. Les œufs peuvent être mis en grand nombre dans de petites boîtes; les petits vers y naîtront, & il fera aifé de s'affûrer s'ils ne laiffent point de coques; c'eft ce que j'ai regret de n'avoir point fait, & ce que je me promets de faire dans la fuite.

Quoi qu'il en foit, dès que les petits vers d'une même nichée font en état de marcher, ils s'arrangent les uns à côté des autres dans un joli ordre, dans lequel nous avons vû ailleurs * fe difpofer les petites chenilles de l'efpece appellée la *commune*. Ils ont leur tête fur une même ligne; ils mangent enfemble, & ne mangent que la fubftance de la feuille du côté fur lequel ils font placés. A mefure qu'ils croiffent, ils s'écartent les uns des autres; & enfin ils fe difperfent fur différens endroits de la feuille, & fur différentes feuilles.

* *Tome II. Mem. III. pag. 125.*

Alors le ver attaque tantôt le bout de la feuille, tantôt un de fes bords *; affés fouvent il la perce au milieu *, il la mange dans toute fon épaiffeur. Il y a pourtant des endroits des feuilles de lis fi épais, qu'ils peuvent fournir d'une furface à l'autre à plufieurs bouchées, & c'eft auffi en hachant à diverfes reprifes, qu'une portion de chaque épaiffeur eft mangée.

* Pl. 17. fig. 4.

* Fig. 5.

Au refte, cette teigne fe donne peu de mouvement; elle ne marche guéres, ou au moins elle ne va en avant que quand la feuille qu'elle a attaquée lui manque, ou que quand il n'en refte aux environs de l'endroit qu'elle ronge, que des parties trop defféchées. Pendant qu'elle mange, elle fait de temps en temps un pas en arriére; & cela parce que fa façon de manger n'eft pas d'aller prendre ce qui eft devant elle, mais ce qui eft vers le deffous de fon corps.

Dans quatorze à quinze jours ces vers ont fait leur croît; alors ils ne font plus auffi couverts de leurs excrémens, on en voit d'entiérement nuds, ou de nuds en partie; leur

F f ij

corps prend une teinte rougeâtre; ils marchent fur le lis,
ils ne paroiffent plus auffi tranquilles qu'ils l'étoient auparavant; ils font près du temps de leur métamorphofe, c'eft
en terre qu'elle fe doit faire, & c'eft pour s'y aller cacher,
qu'ils font en mouvement.

Peu de temps après que les vers font entrés en terre, ils
travaillent à fe faire une coque dont l'extérieur eft recouvert
de grains de cette terre qui les environne. Ils ne vont pas
chercher loin la terre dans laquelle ils veulent fe cacher;
j'ai fait remuer celle qui entouroit les pieds des lis fur
lefquels j'avois obfervé beaucoup de vers qui avoient dif-
paru, & j'ai trouvé les coques qu'ils s'y étoient faites pour
fe transformer en nymphes. Ces coques font fi bien recouvertes de terre, & de terre raboteufe, qu'on les prend pour
de petites maffes de terre ordinaire *; elles ne font guéres
plus groffes que de petites feves, ou que de gros pois. Il
m'a été aifé d'avoir un grand nombre de pareilles coques,
en mettant un grand nombre de vers qui avoient pris tout
leur accroiffement, dans un poudrier dont le fond étoit
couvert de terre; les coques que j'en retirai, m'offrirent
une petite fingularité. Lorfque je les preffois entre deux
doigts, & fouvent affés legérement, feulement autant que
j'en avois befoin pour reconnoître fi ce que je tenois, étoit
une coque, ou fimplement une petite maffe de terre, la
coque me faifoit entendre un petit bruit femblable à celui
d'une veffie qu'on oblige à fe crever, lorfqu'en comprimant
l'air qu'elle renferme, on augmente le reffort de cet air au
point que les parois de la veffie ne fçauroient lui réfifter.
Il s'enfuit que les coques au dedans defquelles nos vers
fe transforment, font des veffies bien clofes & remplies
d'un air qui a beaucoup de reffort, puifqu'une petite com-
preffion met cet air en état de brifer la coque avec bruit.

Si on ne s'arrête pas à l'extérieur de ces coques, fi on

* Pl. 17. fig.
12.

les ouvre, on voit que leur intérieur a le poli d'un satin,
il est d'un beau blanc qui a quelque chose de luisant &
d'argenté. Quelques vers ont attaché les leurs contre les
parois des poudriers; la partie * du dehors de celles-ci, qui
avoit été appliquée contre le verre, étoit assés deffenduë,
elle n'avoit point eu besoin d'être recouverte de terre, & elle
ne l'avoit point été; aussi ne le cédoit-elle pas au dedans
en blancheur & en poli. En un mot, ces coques ressemblent
à celles que des chenilles se font d'une soye fine & lustrée,
& qu'elles recouvrent de terre. Loin pourtant que nous
soyons dispensés par cette raison d'expliquer comment les
vers les construisent, cette même raison nous y engage.
Nous devons faire voir qu'une espece d'étoffe qui imite
parfaitement celles qui sont faites de soye filée par des chenilles & par des vers, est tout autrement & plus simplement fabriquée. Je n'avois aucunement douté que l'intérieur de la coque de notre teigne des lis, ne fût un assemblage d'une infinité de fils collés les uns auprès des autres,
& les uns sur les autres. Tout ce qui m'avoit paru incertain, c'est où étoit situé l'organe qui fournissoit les fils, s'il
étoit placé à la partie antérieure, ou à la partie postérieure
de l'insecte. Pour m'éclaircir sur ce dernier article, je mis
dans un poudrier de verre bien net, dans lequel il n'y avoit
point du tout de terre, plusieurs teignes que leur grosseur
m'avoit fait juger prêtes à se métamorphoser; je laissai seulement dans le même poudrier quelques fragmens de
feuilles de lis. Les teignes s'y défirent de leur vilaine couverture d'excrémens, & après s'être dépouillées, elles parurent chercher des matériaux propres à faire les dehors
de leur coque; n'en ayant point trouvé, n'ayant point
trouvé de terre, elles furent réduites à n'employer que ce
que leur intérieur pouvoit fournir. J'en vis quelques-unes
qui étoient en partie logées dans une matiére blanche assés

* Pl. 17. fig.
13.

F f iij

mal arrangée. J'en pris une, je l'obſervai avec une forte
loupe pour voir où étoit ſa filiére; mais bientôt elle m'apprit que c'étoit inutilement que je lui cherchois cet organe.
D'entre ſes dents, de ſa bouche, je vis ſortir une liqueur
mouſſeuſe, une eſpece d'écume aſſés ſemblable à celle du
ſavon. La teigne paroiſſoit cracher; les jets ou les amas
de bulles ſe ſuivoient; la teigne rendit librement une
quantité aſſés conſidérable de cette liqueur écumeuſe, &
lorſqu'elle ceſſoit d'en jetter, je la déterminois à en faire
ſortir de nouvelle, en lui preſſant le corps. J'eus attention
de recevoir la plus grande partie de cette liqueur ſur mon
ongle; au bout de quelques inſtants elle s'y deſſécha; &
je n'eus aucun lieu de douter que l'eſpece de doublûre
ou d'étoffe dont l'intérieur de la coque de nos teignes eſt
tapiſſé, ne fût faite d'une pareille liqueur qui s'étoit deſſé-
chée. Une partie de mon ongle eut un enduit ſemblable à
celui de l'intérieur des coques. Ayant été attentif à examiner
pluſieurs autres teignes, je vis qu'elles ſembloient cracher,
& que leur crachat ou bave qui ſe ſéchoit promptement,
formoit une portion de l'enveloppe qu'elles ſe vouloient
faire. Quand la teigne que je tenois entre les doigts avoit
rendu une certaine quantité de liqueur mouſſeuſe, elle
jettoit de la liqueur qui ne mouſſoit pas. Dans ce dernier
état, la liqueur peut être moins propre à être employée,
ou au moins elle ne doit pas ſécher ſi vîte; mais quand
trop de liqueur ſort de ſuite, l'air néceſſaire pour la rendre
mouſſeuſe, ne peut lui être fourni.

Au lieu que les chenilles & différentes eſpeces de vers
filent pour ſe faire des coques, nos teignes du lis & bien
d'autres vers dont nous aurons occaſion de parler dans
la ſuite, rendent donc une eſpece de bave qui eſt moins
épaiſſe que la liqueur dont la ſoye eſt faite, & qui lui eſt
analogue. Cette écume étant ſeche, forme des feuilles

luifantes & flexibles, & telles qu'elles feroient fi elles étoient de foye. Nous avons invité dans le III.ᵉ Mem. du tome I. page 154. à faire des expériences pour parvenir à réduire les gommes réfineufes, & les vernis en feuilles flexibles, propres à être employées aux ufages auxquels nous employons nos étoffes de laine & foye; la liqueur dont nos teignes fe fervent pour doubler leurs fourreaux, doit exciter à ces recherches. Il faut pourtant avouer que la feuille qui tapiffe leur coque, n'a pas beaucoup de folidité, mais on peut efperer de parvenir à trouver des liqueurs qui donneroient des feuilles auffi luftrées, auffi flexibles, & plus difficiles à déchirer & à brifer.

Pour revenir à l'ufage que les teignes des lis font de leur liqueur mouffeufe, quand quelqu'une fe prépare à fa transformation, elle fe loge dans une efpece de boule creufe de terre & faite de grains, collés apparemment par la liqueur. Mais à quoi la liqueur fert fur-tout, c'eft à enduire les parois de la cavité; la teigne peut fournir une affés grande quantité de cette liqueur, pour que celle qui eft defféchée, forme un enduit foyeux d'une épaiffeur fenfible. Quand la terre manque à la teigne, quand elle n'a pû faire une cavité dont les parois folides foient propres à recevoir & à foûtenir la liqueur mouffeufe, il lui eft difficile d'employer utilement cette liqueur; la couche mince qui commence à prendre de la confiftance, eft fouvent brifée par les mouvemens que l'infecte fe donne, au moins fes mouvemens la chiffonnent. J'ai pourtant vû des teignes qui s'en étoient fait des demi-coques, des coques ouvertes par les deux bouts, comme un manchon; mais je n'en ai point vû qui foient parvenuës à s'en faire une coque parfaite.

Deux ou trois jours après que le ver s'eft renfermé dans fa coque, il fe métamorphofe en une nymphe femblable

pour la difpofition de fes parties, à celles des autres fcarabés.
Enfin environ quinze jours après que l'infecte eft entré
en terre en forme de ver, fi c'eft en été, il eft en état de
fe tirer de l'état de nymphe, & de paroître fcarabé; il perce
fa coque, il en fort, & il fort de terre; il va chercher un
pied de lis dont il mange les feuilles.

Les lis ordinaires ne font pas les feules plantes dont les
feuilles foient du goût de nos fcarabés & de leurs vers, ils
mangent très-bien celles de diverfes efpeces de marta-
gon, celles de la couronne impériale, & peut-être qu'ils
s'accommodent des feuilles charnuës de plufieurs autres
plantes.

Des plantes dont les feuilles font moins fucculentes
que celles des lis, nourriffent des vers de fcarabés d'un autre genre que ceux que nous venons d'examiner, & des
vers qui de même fe couvrent de leurs excrémens. J'ai obfervé de ces vers fur les feuilles de quelques gramens, je
ne les y ai pas fuivis jufqu'à leur métamorphofe; mais j'ai
fuivi jufqu'à leur dernier terme, des vers * qui vivent fur
des feuilles d'avoine & des feuilles d'orge, qui ne m'ont
pas paru différens de ceux que j'avois vûs fur celles de gramen. Ces vers font affés femblables à ceux des lis par leur
figure & même par leur couleur; ils ne deviennent pas
fi grands. Dans certains temps ils ne font couverts * que
d'une matiére auffi tranfparente que l'eau, mais qui a
plus de confiftance qu'un firop; quoique vêtus alors, ils
femblent nuds, & quoique vers, ils ont déja l'air de fcarabés, parce que le luifant de leur vêtement imite celui
des fourreaux des aîles de divers infectes de ce genre. Dans
d'autres temps ils font couverts * d'excrémens plus folides, prefque fecs, noirs & opaques; & alors ils ont un
auffi vilain extérieur que celui des teignes des lis. La confiftance de leurs excrémens varie & produit des différences
dans leur habillement.   Ces

* Pl. 17. fig. 14. f, q.

* f.

* q.

Ces vers ne mangent que la fubftance charnuë des feuilles d'orge & d'avoine, ils ne les percent pas de part en part. Sur les feuilles où ils font *, on voit de longues & étroites bandes dirigées fuivant la longueur de la feuille, qui ont un air fec, une couleur jaunâtre ; ce font les endroits qui ont été rongés.

* Pl. 17. fig.
14.

C'eft dans le mois de May, & jufqu'à la fin de Juin que j'ai vû de ces vers ; j'en ai porté chés moi fur des feuilles, dans un temps où celui de leur métamorphofe étoit proche : ils font entrés dans la terre du poudrier dans lequel je les avois renfermés, & ils s'y font transformés en nymphes. Les fcarabés fe font tirés de leurs fourreaux de nymphes les premiers jours d'Aouft, & font montés fur la furface de la terre.

Le fcarabé * de cette teigne de l'avoine & de l'orge eft petit ; il eft de ceux dont le corps eft long. Les fourreaux de fes aîles font d'un beau bleu, le corps eft de la même couleur ; mais le corcelet eft d'un rougeâtre qui tire fur celui d'une gomme arabique haute en couleur ; les jambes font du même rougeâtre, excepté auprès de leurs bouts qui font prefque noirs ; fes antennes * font de celles que j'ai nommées à filets grainés.

* Fig. 15.

* Fig. 16.

Je ne fçais fi les vers de ces fcarabés fe font en terre des coques femblables à celles des vers du lis. Je voulois connoître leur métamorphofe, de crainte de la troubler, je n'ai ofé fouiller la terre dans laquelle ils étoient entrés, & quand ils en ont été fortis fous la forme de fcarabés, la terre étoit dure ; j'ai brifé cette terre, mais je n'y ai point trouvé les coques que j'y cherchois.

Sur les feuilles des artichauts, fur les feuilles de certains chardons qui par leur grandeur & leur confiftance fe rapprochent le plus de celles des artichauts, on peut aifément obferver dans le mois de Juillet, & même plûtôt & plus tard,

Tome III. . G g

des vers ou teignes d'une espèce très-différente de celles
des lis, & de celles de l'orge & de l'avoine, qui comme
les précédentes se couvrent de leurs excrémens, mais d'une
façon qui leur est particuliére. Quand l'insecte en est bien
couvert, il ne paroît qu'une masse de grains noirs *, c'est-
à-dire, qu'on ne voit que cette masse qui cache entiérement son corps. Ce qui est le plus à remarquer ici, c'est
que cette masse qui couvre le corps, n'est point portée par
les parties qu'elle couvre; quelquefois elle est immédiatement appliquée sur le corps, mais elle le touche sans le
charger; quelquefois elle en est à quelque distance & une
distance plus ou moins grande *, selon qu'il plaît à l'insecte.
En un mot, avec ses excrémens il se fait une espèce de
toit, une espèce de parasol qu'il soûtient au-dessus de son
corps, mais tantôt plus & tantôt moins élevé. Il y a plus,
pour l'ordinaire il tient ce toit parallele au plan de son
corps *, mais dans différens temps il tient ce toit incliné
à ce même plan *, & sous différentes inclinaisons.

    On entendra bien-tôt comment l'insecte se fait ce toit,
& comment il le soûtient, quand on aura une idée de la
figure & de la position de deux parties qui lui sont particuliéres. La figure de son corps * est plus platte, & n'est
pas si allongée que celle du corps des chenilles & de celui
des vers décrits cy-devant; il a moins de diametre de
dessus en dessous, qu'il n'en a d'un côté à l'autre; ce qui
paroît augmenter celui qui est pris en ce dernier sens, ce
sont des espèces d'épines *, ou de piquans disposés tout autour de son corps, sur la ligne qui fait le partage du dessus
& du dessous. Je lui en ai compté seize de chaque côté,
elles sont paralleles au plan sur lequel l'insecte est posé. A
la vûë simple il paroît du travail dans ces épines, & la loupe
montre que de deux de leurs côtés partent de plus petites épines inclinées à la tige principale *. Ce ver dans

certains temps eſt d'un verd clair; dans d'autres d'un verd brun, & dans d'autres il eſt auſſi noir que les excrémens qui le couvrent; il a une eſpece de corcelet, au-deſſous duquel eſt ſa tête, très-petite par rapport au volume du corps. Trois paires de jambes le ſoûtiennent; la premiére eſt attachée au corcelet, & les deux autres le ſont aux anneaux ſuivans. La plûpart des vers de ſcarabés ont des appendices auprès du derriére qui les aident à marcher, ou ils ſe pouſſent avec le bout de leur derriére comme avec une ſeptiéme jambe; celui-ci n'a garde de faire cet uſage de ſon derriére, il le tient toûjours élevé. C'eſt auprès de ſon derriére que ſont ſituées les deux parties * qui méritent le plus d'être connuës par rapport à l'uſage que cet inſecte fait de ſes excrémens pour ſe couvrir; enſemble elles compoſent une eſpece de fourchette, ou de longue pince ouverte. Chacune des parties que nous voulons faire connoître, eſt un des fourchons de la fourchette, ou une des branches de la pince; elles ſont d'une matiére qui ſemble tenir de la corne, ou comme écailleuſes. Leur origine eſt l'endroit où elles ont le plus de diametre; de-là elles vont en diminuant pour ſe terminer par une pointe aſſés fine; elles ſont à peu-près paralleles l'une à l'autre; une petite inflexion * qu'elles ont au-deſſus de leur origine, fait pourtant qu'elles ſe rapprochent vers leurs extrémités. En un mot, ces deux pieces enſemble compoſent une eſpece de fourchette à deux longs fourchons & à un court manche, ſi l'on veut prendre pour le manche de la fourchette la partie charnuë dont partent les deux fourchons, & qui les fait jouer. L'inſecte peut donner beaucoup de poſitions différentes à cette fourchette, il peut tenir les deux fourchons perpendiculaires au plan ſur lequel il eſt, il peut les porter par-delà le derriére, mais les cas où il le fait, ſont rares; il les incline ordinairement du côté de la tête *, &

* Pl. 18. fig. 9 & 10. ij.

* Fig. 10.

* Fig. 9 & 10.

il les tient prefque toûjours paralleles au-deffus de fon corps, par-delà le milieu duquel leurs pointes peuvent aller. Qu'on fe les repréfente dans cette pofition, & on imaginera fans peine que là elles peuvent tenir lieu d'une efpece de charpente ou de bâtis propre à foûtenir la matiére qui doit former un toit au-deffus du corps, fans être portée par le corps.

C'eft l'anus qui fournit la matiére que la fourchette doit foûtenir; il eft * à l'extrémité d'un mammelon retourné en en haut, & que l'infecte éleve plus ou moins quand il veut. Ce mammelon eft précifément entre les deux fourchons; de forte que lorfqu'il jette des excrémens, les fourchons font placés pour les recevoir, & inclinés de maniére qu'ils forment une pente le long de laquelle ils peuvent couler. Quand il s'en ammoncele trop près de l'origine de la petite fourche, le mammelon où eft l'anus eft à portée de les pouffer & de les faire aller plus loin; peut-être que les anneaux & les épines qui les bordent, aident encore à faire aller les excrémens en avant.

Peu à peu ils s'accumulent & s'empilent fur cette fourchette; ils fe collent les uns contre les autres, & alors ils peuvent être pouffés par-delà les pointes des fourchons, & être cependant foûtenus, parce qu'ils font collés contre ceux qui font arrêtés par les fourchons; alors ils forment un toit * capable de couvrir tout le corps de l'infecte. Le plus fouvent ce toit eft immédiatement au-deffus du corps, il le touche fans le charger; quelquefois il eft un peu élevé au-deffus du corps, & y eft prefque parallele. Enfin dans d'autres temps l'infecte lui fait prendre différentes inclinaifons par rapport au corps, comme nous l'avons déja dit, il le tient même perpendiculaire au plan du corps. Toutes les différentes pofitions de cette efpece de toit, font variées comme le font celles de la fourchette qui le foûtient.

Quoique les excrémens soit mous encore, soit dessechés, fassent la plus grande partie de cette couverture, la dépouille de l'insecte aide à la fortifier, & lui sert quelquefois de base. Cet insecte, avant que de se métamorphoser, change de peau, & je sçais s'il n'en change pas plusieurs fois; mais je sçais que si on examine à la loupe, le dessous de son espece de manteau, on y trouve sa vieille peau, très-reconnoissable par toutes les épines qui y tiennent. La dépouille que cet insecte quitte, est très-complette, les fourchons doivent eux-mêmes se dépouiller. Si le temps où on observe la couverture, n'est pas trop éloigné de celui où s'est fait le changement de peau, les deux fourchons ont encore leurs pointes engagées dans les bases des deux vieux fourchons, qui étoient devenus pour les nouveaux des étuis trop étroits. Lorsque ce ver se défait de la peau qui le serroit trop, après l'avoir obligée de se fendre sur la partie antérieure, il la pousse peu à peu vers son derriére; quand elle y est renduë, il reste à tirer les fourchons de leurs étuis qui tiennent à la vieille enveloppe du corps. Cette vieille enveloppe est alors réduite en un paquet qui doit être ramené du côté de la tête par les mouvemens & frottemens des anneaux, pour que les fourchons soient eux-mêmes entiérement dépouillés, & c'est ce qu'il y a de plus long & peut-être de plus difficile dans toute l'opération du dépouillement.

L'insecte subit ses métamorphoses sur une des feuilles de la plante sur laquelle il a vécu, & cela sans s'y faire de coque ni d'enveloppe d'aucune autre espece. Quand il se métamorphose pour la premiére fois*, il quitte avec sa peau les fourchons * qui jusques-là avoient servi à soûtenir sa couverture *; il n'aura plus besoin d'en avoir une telle. Il quitte les épines qui tenoient à sa peau; mais le contour de son corps est hérissé de nouvelles épines qui différent des premiéres en ce qu'elles sont plus larges à leur base.

* Pl. 18. fig. 12 & 13.

* Fig. 12. df.

* Fig. 14. e, e, &c.

G g iij

& en ce qu'elles font plattes; ce font des lames qui fe terminent par une pointe fine, & qui de chaque côté font armées de piquans. Dans ce nouvel état l'infecte a

*Pl. 18. fig. 12 & 13. *cc.* un corcelet * beaucoup plus grand que celui qu'il avoit dans le premier, & ce corcelet fe termine par un arc de cercle.

Fig. 13. Quand on confidére alors cet infecte par deſſous, on eſt plus difpofé à le mettre dans la claſſe des crifalides que dans celle des nymphes, & cela parce que les parties du fcarabé qui doivent paroître par la fuite, n'y font pas auſſi aifées à reconnoître, qu'elles le font dans les nymphes des fcarabés ordinaires, on ne les diftingue que comme on diftingue les parties des papillons dans leurs crifalides; ce qui fe voit le mieux à la crifalide de notre petit fcarabé, ce font fes deux antennes; on trouve auſſi fes jambes, mais elles font très-effacées. On remarque que le corcelet déborde beaucoup la tête & les parties du corps qui la fuivent. L'imagination peut avoir eu trop de part dans la figure que Goëdaert a donnée de cette crifalide, à qui il a cru voir une face humaine furmontée d'une couronne impériale. Je n'y ai rien vû de pareil, mais j'y ai vû en différens temps un peu plus ou un peu moins de taches qui ont pû être difpofées dans quelques circonſtances, de façon qu'il aura femblé à Goëdaert qu'elles deſſinoient les traits d'un vifage. La couleur de cette crifalide eſt prefque partout d'un verd pâle, fes antennes font pourtant brunes : on lui trouve auſſi quelques petites taches brunes fur le corcelet, & toutes fes épines font blanches.

*Fig. 15, 16, 17, 18 & 19. Au bout de douze à quinze jours, le fcarabé * fe tire de fon enveloppe de crifalide; il eſt de ceux dont nous caractériferons dans la fuite la claſſe par la grandeur du corcelet, & de ceux dont la tête fe trouve au-deſſous de ce même

*Fig. 18 & 19. *cc.* corcelet *, comme fous une efpece de camail, ou de

chaperon. Quand il vient de naître, les fourreaux de ses
aîles & le dessus de son corcelet, sont d'un assés beau verd,
mais ce verd jaunit par la suite; le noir est la couleur du
reste du corps & des jambes.

Sous la forme de scarabé, cet insecte mange les feuilles
de chardon, comme il les mangeoit sous celle de ver;
c'est sur les mêmes feuilles qu'il laisse ses œufs; ils sont
oblongs; il les arrange les uns auprès des autres, il en forme
une petite plaque que j'ai trouvée quelquefois couverte
d'excrémens. Au reste, je n'ai remarqué aucunes différences entre ceux de ces insectes qui vivent des feuilles
d'artichauts, & ceux qui vivent des feuilles de chardons.
Les uns & les autres m'ont paru être de la même espece;
j'en ai pourtant observé de différentes grandeurs, j'ai vû
souvent des femelles aussi petites que des mâles. Mais tous
les individus d'une même espece d'animaux & du même
sexe, ne sont pas également grands; & ç'a été quelquefois
sur la même plante que j'ai trouvé de ces scarabés de même
sexe, qui différoient en grandeur.

EXPLICATION DES FIGURES

DU SEPTIE´ME ME´MOIRE.

PLANCHE XVII.

LA Figure 1, est celle du scarabé des lis, de grandeur
naturelle, vû par dessus.

La Figure 2, représente le scarabé de la figure 1, grossi
à la loupe.

La Figure 3, fait voir le dessous d'une feuille de lis,
contre laquelle sont attachés des tas d'œufs *o, o,* du scarabé
des figures précédentes. Il y a quelquefois un plus grand
nombre de ces tas sur une même feuille, & dont les œufs
sont autrement arrangés.

Les Figures 4, 5, 6 & 7, montrent la teigne ou le ver du lis, plus ou moins couvert de ses excrémens. Dans la fig. 4, on voit les jambes *i*, de l'insecte, & une partie d'un côté *c*, sur laquelle il n'y a pas encore d'excrémens.

Dans la Figure 5, la teigne *t*, est entiérement cachée sous ses excrémens; mais dans la même figure la tête de la teigne *r*, n'est pas aussi couverte que celle de l'autre. Les trous *u, u,* marquent les endroits de la feuille qui ont été mangés par les teignes *t* & *r*. La position de la feuille, celle des trous, & celle de chaque teigne, apprennent que ces teignes vont à reculons & vers le bas de la feuille, à mesure qu'elles ont mangé ce qui étoit au-dessus d'elles.

La Figure 6, est encore celle d'une portion de feuille de lis mangée en grande partie par une teigne qui la ronge encore actuellement. Il n'y a ici que la tête *s*, & la partie antérieure du corps de visible; le reste du corps est sur la surface de la feuille opposée à celle qui est en vûë; mais on y voit très-bien comment la teigne attaque la feuille avec ses dents.

La Figure 8, est celle d'une teigne des lis, de grandeur naturelle, mise à nud.

La Figure 9, est celle de la teigne de la fig. 8, grossie. Les petits points noirs qu'on peut remarquer sur le côté de celle-ci, qui est en vûë, sont ses stigmates, ou les bouches de la respiration.

La Figure 10, représente en grand, la partie postérieure de la teigne vûë par dessus. *bb,* un des anneaux. *cc* deux appendices qui sont auprès du derriére, & qui aident l'insecte à marcher; ils lui servent de jambes postérieures. *a,* l'anus qui est posé au-dessus du corps, au lieu que celui de la plûpart des autres insectes est posé en-dessous près du ventre.

La Figure 11, représente encore en grand, la partie
postérieure

postérieure du corps de la teigne, vûë par dessus, mais qui est couverte d'excrémens. *a,* l'anus. *e,* un grain d'excrément qui sort de l'anus. Chaque grain ou petite masse d'excrément a une figure oblongue. La partie *ff,* est couverte de grains d'excrémens couchés parallelement les uns aux autres; on les trouve rarement arrangés avec tant de régularité, & ce n'est jamais que sur la partie postérieure; les mouvemens de l'insecte les obligent bientôt à s'incliner différemment, à se coller les uns contre les autres, & même, comme ils sont mous, à se réunir plusieurs ensemble. L'anus *a,* est entouré d'un bourlet charnu qui n'est sensible que dans l'instant où un grain d'excrémens en sort, ou est près d'en sortir.

La Figure 12, est celle d'une coque qu'une teigne des lis s'est faite, & dans laquelle elle s'est renfermée pour se transformer en nymphe : tout ce qui est ici en vûë, est couvert de grains de terre.

La Figure 13, est celle de la coque de la fig. 12, mais vûë du côté qui étoit appliqué contre les parois d'un poudrier. La partie qui les touchoit, est blanche & lisse, & le reste est gris & raboteux. La partie lisse est uniquement faite de cette bave ou liqueur mousseuse dont il est parlé dans ce Mémoire, & qui après s'être desséchée, paroît une étoffe de soye.

La Figure 14, est celle d'une partie d'une feuille d'orge. *q,* & *ſ,* deux teignes du genre de celles des lis, mais d'une autre espece, qui sont occupées à ronger le parenchime de cette feuille. *q,* une de ces teignes qui est couverte de ses excrémens. *ſ,* autre teigne de même espece, qui semble nuë parce qu'elle n'a sur le corps qu'un enduit d'une liqueur transparente.

La Figure 15, est celle du scarabé dans lequel se transforme la teigne *q* ou *ſ,* de la fig. 14.

Tome III.   H h

La Figure 16, repréfente, en grand, une des antennes du fcarabé de la figure précédente.

PLANCHE XVIII.

La Figure 1, eft celle d'une portion de feuille d'artichaut, fur laquelle font deux de ces teignes ou vers qui fe couvrent de leurs excrémens. *a*, une de ces teignes qui eft entiérement cachée fous une couverture faite de fes excrémens. *b*, petite partie de la feuille qui a été rongée par une teigne. *d*, teigne deffinée plus grande que nature, qui tient la couverture faite de fes excrémens, prefque parallele à fon corps, mais un peu élevée, & comme une efpece de parafol.

La Figure 2, eft celle d'une teigne qui eft groffie comme la précédente, & dont la couverture eft appliquée fur le corps, & ne laiffe voir que la tête, les jambes & les épines, dont le contour du corps eft hériffé.

La Figure 3, eft celle d'une teigne de grandeur naturelle, dont la couverture n'eft pas encore affés grande pour cacher tout le corps.

La Figure 4, eft celle d'une des épines dont le contour du corps de l'infecte eft fraifé, groffie au microfcope.

Les Figures 5, 6, 7 & 8, repréfentent des teignes des artichauts & des chardons, toutes groffies à la loupe, dont les unes font plus couvertes fig. 5, & les autres moins fig. 6; dont les unes tiennent leur couverture appliquée fur leur corps fig. 5 & 6; & dont les autres la tiennent plus ou moins élevée fig. 7 & 8. La teigne de la fig. 8, tient la fienne hors de fon corps, & prefque perpendiculaire au plan fur lequel elle eft pofée.

La Figure 9, fait voir la teigne groffie, & la figure 10, la fait voir beaucoup plus groffie, & dépouillée de fa couverture, & cela pour mettre à découvert les deux pieces deſtinées à porter la couverture, & qui ſont enchâſſées dedans. *f i, f i,* les deux pieces qui enſemble compoſent la fourchette qui porte les excrémens, & ſur laquelle ils ſe deſſéchent. Chaque piece a en *i,* une infléxion. *a,* l'anus; ſa poſition & ſa direction montrent dans ces deux figures, & en *d,* fig. 1, comment les excrémens peuvent être pouſſés ſur la fourchette. *k k k,* fig. 10, les jambes. *e e e,* quelques-unes des épines.

La Figure 11, eſt celle de la nymphe ou criſalide du ver des figures précédentes, de grandeur naturelle, & vûë par deſſus.

La Figure 12, montre par deſſus, & en grand, cette eſpece de criſalide qui acheve de ſe tirer de ſa dépouille de teigne. *f,* la fourchette qui tient encore à ſon derrière; la peau eſt pliſſée en *d.*

La Figure 13, fait voir par deſſous la criſalide qui s'eſt entiérement tirée de ſa dépouille. Les antennes ſont ce qu'on y peut le mieux diſtinguer; mais les jambes ſont plus effacées, & leurs contours, quoiqu'ils ſoient les mêmes que ceux de la plûpart des nymphes de ſcarabés, ſont plus difficiles à ſuivre, & n'auroient pû être exprimés plus diſtinctement dans cette figure, à moins qu'on ne s'y fût écarté de ce que la nature offre.

La Figure 14, eſt celle de quelques anneaux de la fig. 12, ou d'anneaux vûs par deſſus. Elle eſt extrémement groſſie, tant pour faire mieux voir la figure des épines plattes dont le corps eſt bordé, que pour faire voir les ſtigmates qui ont du relief. *e e,* deux des épines. *ſſſſ,* quatre des ſtigmates.

La Figure 15, eſt celle du ſcarabé qui s'eſt tiré du fourreau de criſalide, repréſenté de grandeur naturelle, & vû par deſſus.

La Figure 16, eſt celle du même ſcarabé vû par deſſous.

H h ij

La Figure 17, eſt encore celle du même ſcarabé dont les deux fourreaux des aîles ont eſté écartés l'un de l'autre, pour mettre à découvert le corps & les aîles qu'ils cachent ordinairement.

Dans la Figure 18, le ſcarabé des figures précédentes eſt groſſi à la loupe, & vû par deſſus. *c c*, le corcelet qui dans les ſcarabés de la claſſe à laquelle celui-ci appartient, couvre la tête. *d a, d a*, le contour extérieur du fourreau de chaque aîle. Ces fourreaux débordent conſidérablement le corps. Leur partie qui déborde le corps, eſt jaunâtre & tranſparente; le corcelet eſt auſſi jaunâtre & tranſparent; & c'eſt au travers des bords du corcelet qu'on apperçoit fig. 17 & 18. une portion de chaque antenne.

Dans la Figure 19, le ſcarabé eſt encore groſſi à la loupe, & vû par deſſous. *c c*, le corcelet. *d a, d a*, contour extérieur de chaque fourreau d'aîle. On voit ici combien le contour de ces fourreaux déborde le corps.

La Figure 20, eſt en grand, celle d'une antenne de ce ſcarabé.

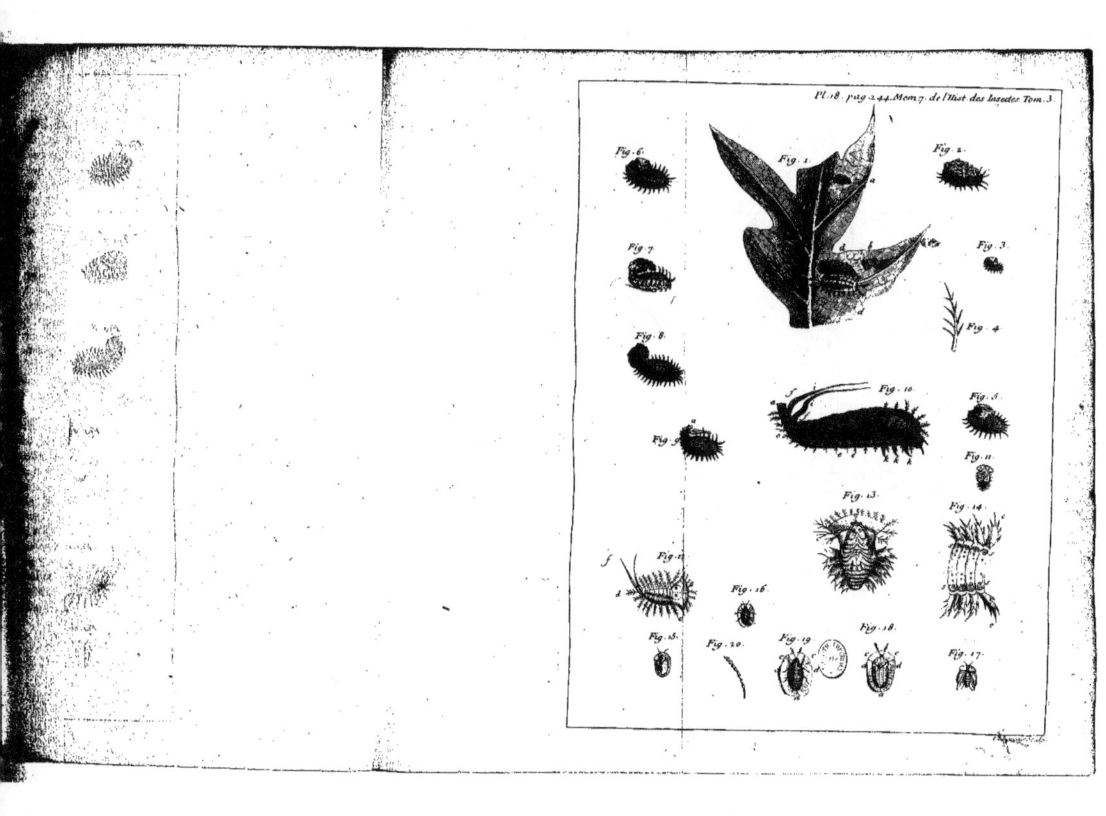

Pl. 18. pag. 244. Mem. 7. de l'Hist. des Insectes. Tom. 3.
Fig. 1.
Fig. 2.
Fig. 3.
Fig. 4.
Fig. 5.
Fig. 6.
Fig. 7.
Fig. 8.
Fig. 9.
Fig. 10.
Fig. 11.
Fig. 12.
Fig. 13.
Fig. 14.
Fig. 15.
Fig. 16.
Fig. 17.
Fig. 18.
Fig. 19.
Fig. 20.

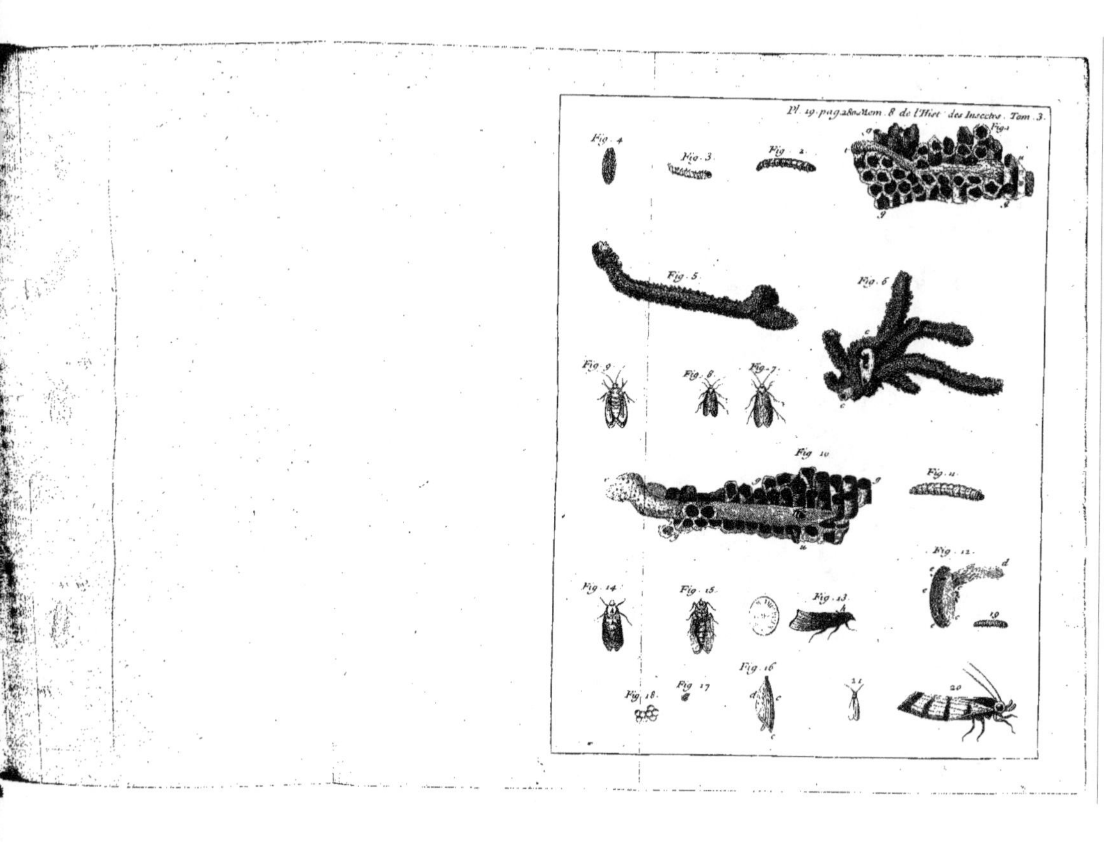

Pl. 19. pag. 280. Mem. 8 de l'Hist. des Insectes. Tom. 3.

HUITIÉME MÉMOIRE.

DES FAUSSES TEIGNES.

NOus avons déja nommé fausses teignes * les insectes qui, pour se couvrir, se font des fourreaux qu'ils ne transportent point avec eux quand ils marchent. Ceux des teignes sont de véritables habits; ceux des fausses teignes sont des logemens, des especes de maisons, ou au moins des galeries. Nous trouverions nombre d'exemples d'insectes qui se font de ces sortes de fourreaux avec des grains de sable, & avec des fragmens de coquilles, si nous voulions nous arrêter actuellement à considérer les insectes de la mer, qui se tiennent soit sur le sable, soit sur les pierres, soit sur divers coquillages. Tels sont une partie de ces vers de mer appellés en latin *vermes tubulati,* & en françois vers à tuyaux, dont nous avons parlé dans les Mémoires de l'Académie de 1711. Mais ces vers sont fort différens des chenilles, & des vers qui vivent sur terre; il n'est pas aisé de saisir les circonstances qui nous mettroient à portée de suivre leurs procédés; nous nous bornerons actuellement à donner l'histoire de quelques especes de fausses teignes plus aisées à observer, & dont nous avons plus à nous plaindre.

Les abeilles armées d'aiguillons, dont elles sont très-disposées à faire usage pour peu qu'on les inquiéte, rassemblées d'ailleurs dans des ruches où leur nombre égale celui des combattans d'une grosse armée, ne sembleroient pas avoir à craindre de voir leurs industrieux ouvrages rongés & détruits par des insectes plus petits qu'elles, dont le corps n'est couvert que d'une peau mince

* Mem. II,
pag. 42.

H h iij

& tendre. Il y a pourtant, de tels infectes qui font de furieux
ravages dans les gâteaux de cire des ruches. Quand ils s'y
font multipliés au point où ils s'y multiplient quelquefois,
ils forcent les mouches à aller chercher une autre habitation ; elles ne fçauroient fuffire à réparer tous les défordres qu'ils font à la leur.

Ces infectes font des efpeces de fauffes teignes, finguliéres fur-tout par la nature de l'aliment qui leur eft le plus
propre, ou qu'elles cherchent par préférence à tout autre,
elles vivent de cire. Des Phyficiens, & fur-tout des Phyficiens Chimiftes feroient peut-être moins furpris de voir
un infecte fe nourrir de quelque pierre dure, ou même
de quelque métal, que de le voir fe nourrir de cire. Les
matiéres qui deviennent aliment, doivent être diffoutes &
décompofées. Or les Chimiftes qui font parvenus à fçavoir
diffoudre & décompofer les pierres & les metaux, ne connoiffent point de diffolvant qui décompofe la cire; c'eft
pourtant la cire que digerent les fauffes teignes, dont nous
voulons donner l'hiftoire. Elles ne paroiffent aucunement
fe foucier du miel, qui nous fembleroit beaucoup plus propre à les nourrir ; elles n'attaquent point les gâteaux dont
les cellules en font remplies; elles ne s'adreffent qu'à ceux
dont les cellules n'en ont point, telles que font les cellules
où les meres abeilles font leurs œufs, celles où les petits
s'élevent, celles où la matiére propre à faire la cire eft mife
en réferve; & enfin, elles ne rongent les gâteaux dont les
cellules font deftinées à recevoir du miel, que quand les
abeilles ont mangé celui qu'elles y avoient mis en provifion.

Ces ennemies des abeilles ont été connuës de tous ceux
qui ont traité de leurs républiques, & des moyens de les
conferver & de les multiplier. Virgile les qualifie de *durum
tineæ genus*. Ariftote liv. 9. ch. 46. avertit que les phalenes,
les papillons qui volent le foir à la lumiére, font à craindre

pour les ruches des abeilles; qu'ils leur font funeftes de plus d'une façon; qu'ils rongent leur cire, & qu'ils laiffent des excrémens, d'où naiffent certains vers perceurs du bois, *teredines,* qui aiment fort la cire. Nous verrons auffi dans la fuite que nos teignes viennent d'une efpece de papillon nocturne; mais qu'il n'y a que peu d'efpeces de phalenes d'où naiffent de fauffes teignes, & il n'eft nullement néceffaire de faire remarquer que ce n'eft pas des excrémens de ces papillons, qu'elles naiffent. Les vers qui percent le bois, les *teredines* ou tariéres, ne doivent pas non plus être confonduës avec les teignes. Enfin ce ne font point les papillons nocturnes qui mangent la cire. Mais les obfervations ne s'étoient pas encore affés multipliées lorfqu'Ariftote écrivoit, pour que tout cela eût été démêlé. Columelle n'a pas oublié de parler de ces papillons redoutables aux abeilles.

Je n'ai fçû diftinguer encore que deux efpeces de fauffes teignes qui fe tiennent dans les ruches des abeilles, & que je nommerai des *fauffes teignes de la cire.* Elles font toutes deux des chenilles de la premiere claffe, ou à feize jambes, mais dont les intermédiaires font courtes & armées de couronnes de crochets complettes. Toutes deux * font rafes, & ont une peau blancheâtre; toutes deux ont la tête brune & écailleufe, & des taches brunes & écailleufes peut-être, fur le premier anneau. L'efpece la plus commune *, eft la plus petite, elle n'eft pas auffi grande que le font les efpeces de chenilles de médiocre grandeur. L'autre efpece * égale en grandeur ces derniéres. Non-feulement cette feconde efpece eft plus longüe que l'autre, elle eft plus groffe auffi proportionnellement à fa longüeur; fes anneaux font moins entaillés; quoiqu'elle foit vive, elle eft bien moins vive que l'autre. Celles de la petite efpece ne marchent jamais que très-vîte; & lorfqu'on les touche

* Pl. 19. fig. 2 & 11.

* Fig. 2.

* Fig. 11.

dans des temps où elles ne veulent pas marcher, elles font faire à la moitié antérieure de leur corps de très-promptes vibrations en des sens opposés. Elles ne font pas si rafes, qu'elles n'ayent quelques grands poils noirs, difperfés fort loin à loin les uns des autres. Les façons de vivre & de travailler des fauffes teignes de ces deux efpeces, m'ont paru être parfaitement les mêmes; auffi nous nous en tiendrons à décrire les procédés de la plus commune des deux; il fuffira de faire connoître enfuite en quoi les papillons de l'une différent de ceux de l'autre.

Ces infectes femblent deftinés à paffer toute leur vie au milieu des plus grands périls. Ils ont à vivre au milieu d'un petit peuple guerrier & bien armé; c'eft à fes dépens qu'ils doivent fe nourrir; ils font obligés de couper, de hacher des ouvrages qu'il fait avec tant de foin & tant d'art; les abeilles ne font pas d'humeur à fe laiffer faire tant de mal impunément. C'eft néantmoins au milieu d'elles que nos fauffes teignes doivent croître, faire leurs coques, & fe transformer en papillons. Cependant elles ne font couvertes que d'une peau tendre : des vêtemens femblent leur être plus néceffaires qu'à aucun infecte que ce foit. Si la nature ne leur a pas appris à fe faire des habits portatifs, elle leur a enfeigné à fe faire des tuyaux cylindriques qui fervent à les vêtir & à les loger. Ces tûyaux * font fixés, ce font des efpeces de galeries; chaque fauffe teigne a la fienne, dans laquelle elle fe tient conftamment; elle l'allonge à mefure qu'elle veut aller en avant, afin de marcher toûjours à couvert; auffi lui fait-elle prendre tous les contours des chemins qu'elle veut fuivre. Ces contours font fouvent en différens plans: il y a telle de ces galeries, de ces tuyaux, qui a près d'un pied de longueur; mais celles qu'on voit le plus communément, ne font longues que de cinq à fix pouces.

* Pl. 19. fig.
1 & 10. t u.

Tout

Tout l'intérieur du tuyau eſt un tiſſu de ſoye blanche, aſſés ſerré & poli; le corps de l'inſecte, fût-il plus
délicat, n'auroit rien à craindre de ſes frottemens. Mais
ce tuyau de ſoye eſt revêtu extérieurement d'une couche
de petits grains de cire, ou d'excrémens quelquefois ſi
preſſés les uns contre les autres, qu'ils cachent parfaitement la ſoye dans laquelle ils ſont engagés; le tuyau ne
ſemble fait quelquefois que de ces petits grains *; ils dérobent apparemment les teignes qui habitent l'intérieur
du tuyau, aux yeux des mouches, comme ils les dérobent aux nôtres. L'abeille ne ſçait pas dans quelle partie
de ce tuyau la teigne eſt logée; apparemment que ces
grains ont encore un autre uſage plus important, qu'ils
font un rempart preſqu'impénétrable aux aiguillons.

* Pl. 19. fig. 5 & 6.

Il eſt pourtant étonnant que des mouches qui ſemblent
montrer tant de génie, qui ſont hardies & laborieuſes, ne
détruiſent pas tous ces tuyaux, elles qui d'ailleurs paroiſſent
avoir de la force de reſte pour en venir à bout; elles hachent le papier des verres des ruches vitrées; quelquefois
même elles coupent du bois. Peut-être qu'elles craignent
d'embarraſſer leurs jambes dans la ſoye des tuyaux, & de ne
les en pouvoir dégager, d'y être priſes en quelque ſorte comme d'autres mouches le ſont dans les toiles des araignées.

Ce qui eſt certain, c'eſt que nos fauſſes teignes ſe con-
duiſent avec beaucoup de circonſpection; elles ne ſont
pas plûtôt nées, qu'elles commencent à ſe faire un tuyau
d'un diametre proportionné à celui de leur corps; elles
ne le quittent pas, pour l'ordinaire, pendant leur vie de
fauſſe teigne. A meſure que la nourriture convenable ceſſe
d'être aſſés à portée de celui des bouts du tuyau vers lequel leur tête eſt tournée, elles l'allongent. A meſure
auſſi qu'elles croiſſent, elles donnent plus de diametre à
la portion qu'elles forment; d'où il ſuit que la plus ancienne

Tome III. I i

partie du tuyau ne fçauroit plus être habitée par la fauſſe teigne qui a un certain âge; la partie qui a été conſtruite la premiére, n'a preſque que la groſſeur d'un fil.

Il ne feroit pas poſſible d'obſerver dans les ruches mêmes comment nos fauſſes teignes travaillent; j'ai eu des ruches dont les mouches font péries pendant l'hiver; j'en ai eu d'autres que les mouches ont abandonnées, mais plus tard, dont j'ai trouvé la plûpart des gâteaux de cire tout hachés; ceux qui y étoient reſté les plus entiers, étoient pleins de nos inſectes; j'ai mis des portions de ces gâteaux dans des boîtes & dans de grands poudriers de verre, où il m'a été aiſé d'obſerver ce qui ſe paſſoit.

Pour ſuivre même encore plus commodément les manœuvres de ces fauſſes teignes, j'en ai retiré cinq à ſix de leurs tuyaux, & je les ai poſées ſur un gâteau de cire bien entier, dans les cellules duquel il n'y avoit point de miel. Quelques-unes ont parcouru le gâteau, allant de cellule en cellule pendant une heure ou deux avant que de ſe fixer; d'autres ſe font fixées dès les premiers inſtans, elles ſe font établies dans la premiére cellule où elles font entrées; elles ont commencé par y filer pour ſe faire un tuyau. La méchanique avec laquelle elles filent, n'a rien de particulier; leur filiére, comme celle de toutes les autres chenilles, eſt au-deſſous de la tête; d'ailleurs on imagine aſſés les mouvemens que la tête ſe doit donner pour attacher le fil contre la cire, & pour lui faire prendre une courbûre convenable. Aſſés ordinairement le tuyau a été commencé près du bord ſupérieur d'une cellule, a été dirigé vers le fond de la même cellule. Son bout ſupérieur étoit fermé, mais l'autre bout étoit ouvert, c'eſt celui vers lequel il devoit être allongé de plus en plus. Un tuyau qui n'auroit de longueur que la hauteur des parois d'une cellule, ne ſuffiroit pas même pour

contenir le corps d'une fauſſe teigne d'un certain âge.
Bientôt auſſi elle l'allonge par delà la cellule où il a été
commencé; quand il a été conduit près du fond, la fauſſe
teigne perce en cet endroit la cloiſon contre laquelle il
eſt appliqué; elle pénétre dans une autre cellule; elle allonge ſon tuyau; elle l'appuye ſur le fond de cette ſeconde
cellule; elle le fait de même paſſer au travers des parois
communes à la ſeconde cellule & à la troiſiéme, pour
pénétrer dans cette derniére.

Mais ne ſuivons pas dans tous ſes contours un tuyau
dont nous n'avons vû encore qu'ébaucher les commencemens. Dans ceux qui ſe font à la hâte, ou lorſque
l'inſecte mis à nud, eſt preſſé de ſe couvrir, les fils ne ſont
pas bien ſerrés les uns contre les autres, & il n'y en a pas
aſſés de couchés les uns ſur les autres pour dérober ſon
corps à nos yeux; à peine même peut-on reconnoître
alors qu'ils ſont arrangés en forme de tuyau; mais bientôt
cet arrangement devient plus ſenſible; bientôt le corps
de la fauſſe teigne va être caché. La tête eſt armée de deux
petites lames brunes & écailleuſes, ou de deux dents,
qui enſemble font la fonction de ciſeaux; la fauſſe teigne
s'en ſert pour couper la cire, ſoit qu'elle la détache en
ratiſſant une des cloiſons d'une cellule, ſoit qu'elle la détache en perçant de part en part un de ces petits murs aſſés
près du fond de la cellule, elle découpe par petites parcelles la cire de l'endroit contre lequel ſa tête s'applique.
Ces parcelles ne ſont pas plus groſſes que de petits grains
de ſable commun, elles ont comme eux une ſorte de rondeur, peut-être même en ont-elles davantage; de ſorte
qu'il ſemble que la fauſſe teigne, après avoir détaché une
petite parcelle de cire, la paitrit un peu afin qu'elle ne ſoit
pas trop applatie; elle laiſſe tomber chaque petit grain
après qu'elle l'a un peu arrondi.

I i ij

De tous ces petits grains détachés, il se forme insensiblement un tas près du bout du tuyau; ce petit tas est posé soit sur le fond de la premiére cellule, soit sur celui de la seconde dont la cloison mitoyenne vient d'être percée: il a quelquefois plus de hauteur que le tuyau n'a de diametre; c'est-là l'amas de moëllons que la teigne destine à couvrir l'espece de galerie dans laquelle elle doit être cachée. Bientôt on la voit prendre avec ses serres un des grains de ce tas, avancer ensuite sa tête hors du tuyau, & la recourber vers sa surface extérieure, contre laquelle elle applique ce grain de cire. Il lui est aisé de l'y engager dans des fils qui forment un tissu lâche; peut-être même que pour l'y arrêter mieux, elle l'attache avec un brin de fil qu'elle tire de sa filiére dans l'instant qu'elle le presse pour s'engrainer dans le tissu du tuyau. Ainsi successivement elle arrange de ces petits grains de cire les uns près des autres, jusqu'à ce que le tuyau en soit tout couvert. Elle ne laisse pas d'en porter en de pareilles places dans des temps où elle n'en a pas en tas; quelquefois elle y pose des grains, à mesure qu'elle les détache du gâteau de cire. Ce travail est assés amusant à observer, parce qu'il va vîte; j'ai vû des fausses teignes encore petites qui dans 24. heures avoient recouvert de cire une galerie de soye qui traversoit cinq à six cellules.

On sçait que chaque gâteau de cire est composé de deux couches de cellules, dont les ouvertures sont sur les faces opposées du gâteau, qu'au milieu de l'épaisseur du gâteau se trouvent les fonds des cellules opposées. Quelquefois la teigne ne s'en tient pas à percer les cellules qui sont d'un côté, elle traverse le milieu du gâteau pour pénétrer dans les cellules qui sont de l'autre côté. Après avoir conduit la galerie au travers de plusieurs de ces derniéres cellules, elle revient encore vers le premier côté. Enfin, après avoir

avancé vers un des bouts du gâteau, elle retourne fouvent vers le côté d'où elle étoit partie : en un mot, elle
fait prendre pour l'ordinaire à fon tuyau des directions
très-tortueufes.

Une fauffe teigne qui feroit mife à découvert dans une
ruche d'abeilles, auroit apparemment peine à parvenir à
faire fa galerie; ces mouches viennent à bout de tuer de plus
gros infectes & auffi forts que ceux-ci peuvent être; mais
dès qu'une galerie eft commencée, dès que la teigne y eft
hors des infultes des mouches, elle peut la pouffer plus loin,
l'étendre autant qu'elle veut, fans courir de rifque, & cela
parce que pour la prolonger, elle n'eft obligée que de faire
fortir fa tête qui a un bon cafque d'écaille, contre lequel
les abeilles darderoient en vain leur aiguillon. L'avantage
du combat pourroit alors être pour la teigne. Tout ce
que fa fûreté demande, eft donc qu'à mefure qu'elle a
adjoûté une petite bande de foye au bout de fon tuyau,
elle la recouvre de cire.

Au refte, ce n'eft pas toûjours avec de la cire feule qu'elles
recouvrent leurs galeries, elles y employent auffi leurs excrémens quand elles n'ont pas de grands gâteaux de cire
à manger, quand elles font réduites à vivre des débris de
ceux qu'elles ont découpés. Ce n'eft même alors que d'excrémens que leurs tuyaux font couverts *; ces excrémens * Pl. 19. fig.
font de petits grains noirs de la couleur des grains de 5 & 6.
poudre à canon.

Nous avons déja fait remarquer que les tuyaux conti-
nués, ceux qu'elles habitent depuis qu'elles font nées,
font trop petits vers leur origine, pour recevoir la teigne;
qu'ils font même bouchés de ce côté-là. L'ouverture par
où elles font fortir leur tête foit pour manger, foit pour
travailler, eft donc auffi celle par où elles font fortir leurs
excrémens : elles n'y trouvent aucune difficulté, parce

qu'en conftruifant leurs tuyaux, elles leur donnent autant
de diametre qu'il faut pour pouvoir s'y retourner bout
par bout, quand elles le veulent; & elles ont befoin de
fe retourner ainfi toutes les fois qu'elles ont des excrémens
à jetter. Les tuyaux de quelques fauffes teignes que j'avois
mifes dans la néceffité de fe faire un nouveau logement,
n'étoient couverts les premiers jours, que de grains de
cire; mais les jours fuivans j'obfervai des grains d'excrémens attachés fur les grains de cire; ils fervoient à fortifier
l'enveloppe. Auffi tous leurs tuyaux n'ont pas pour une
feule couche de grains, ils ont au moins deux ou trois
couches les unes fur les autres.

Enfin, quand nos teignes ont crû aux dépens de la
cire des abeilles, quand elles font parvenuës à leur dernier
terme de grandeur, elles travaillent à fe faire des coques
*Pl. 19. fig. pour s'y transformer en crifalide. Les coques * qu'elles fe
4. font, font d'une foye blanche; le tiffu en eft ferré & fort,
il refifte un peu au doigt qui le preffe. Elles ne fe contentent
pourtant pas de faire cette coque de foye, elles ufent encore
du même artifice dont elles ont ufé dans la conftruction de
leurs tuyaux; elles ont foin de compofer la première couche, l'enveloppe extérieure, de petits grains de cire ou
d'excrémens. Des coques faites fur des gâteaux de cire
blanche, étoient blanches, des coques faites fur des gâteaux
de cire noire, étoient noires.

J'ai négligé d'obferver précifément le temps où nos
infectes commencent à travailler à leurs coques; j'en ai
eu beaucoup de nouvelles, plufieurs années de fuite, vers
le commencement de Juin. J'ai négligé auffi d'obferver
combien de temps ils reftent dans leurs coques fous la
forme de crifalide; mais vers la fin de Juin ou au commencement de Juillet, j'ai trouvé quantité de papillons
éclos dans les boîtes & dans les poudriers où je tenois les
teignes renfermées.

Les papillons qui m'ont donné les fauſſes teignes les moins grandes, me diſpoſent à croire que j'ai eu deux eſpeces de ces teignes, que je n'ai pas ſçû diſtinguer l'une de l'autre, car j'ai eu de certaines fauſſes teignes beaucoup de papillons tous très-ſemblables, & différens de ceux dans leſquels beaucoup d'autres fauſſes teignes ſe ſont transformées en d'autres temps. Les papillons des unes & des autres ne ſont pas remarquables par la variété de leurs couleurs; celle des aîles & du corps des uns, eſt un gris de ſouris, le devant de la tête eſt jaunâtre, & leurs deux yeux ſont d'une couleur de bronze rouge & éclatant. Ces deux petites maſſes plus luiſantes que le métal le plus poli, parent tout-à-fait ce papillon gris de ſouris. Les autres papillons que j'ai eus de fauſſes teignes de grandeur médiocre, ſont gris, mais d'un gris qui tire ſur la couleur de la cendre; leurs yeux ſont bruns, mais le devant de leur tête eſt couvert de poils feuille-morte, couchés & dirigés en embas. Ces papillons *, entre leſquels il y a quelques conſtantes variétés de couleurs, ſont parfaitement ſemblables dans tout le reſte, & ſurement du même genre. Je ne connois guéres de papillons qui marchent ſi vîte; ils courent plûtôt qu'ils ne marchent; auſſi marchent-ils plus volontiers qu'ils ne volent, lors même qu'ils évitent la main qui les veut prendre. Pendant qu'ils marchent, leurs aîles ſont un peu pendantes; & pendant qu'ils ſont en repos, elles ſont diſpoſées en toit très-écraſé. Ils appartiennent à la troiſiéme claſſe des phalenes; leurs antennes ſont à filets grainés, & ils n'ont point de trompe qui ſe roule, ou qui ſe roule plus d'un tour. Deux petits filets d'un blanc jaunâtre, occupent la place de la trompe.

Entre ceux d'une même couleur, on en trouve d'une fois plus grands que les autres; les plus grands ſembleroient

* Pl. 19. fig.
7, 8 & 9.

être les femelles, mais j'en ai quelquefois vû deux des petits accouplés ensemble. Entre des insectes d'une même espece, comme entre les plus grands animaux, il peut bien y en avoir qui ayent plus de disposition à croître les uns que les autres, il y en a qui se nourrissent mieux. Aussi pendant quelques années où mes fausses teignes n'ont eu que peu d'alimens à leur disposition, & des alimens que je devois juger mal conditionnés, elles ne m'ont donné que de petits papillons.

J'en ai vû qui pendant l'accouplement étoient disposés en équerre; le bout d'une des aîles du plus petit, qui étoit le mâle, étoit posé sur l'aîle du grand, qui se trouvoit dans l'intérieur de l'angle; mais cette position n'est pas constante. J'ai trouvé les mêmes papillons dont je viens de parler, encore accouplés au bout d'une demi-heure, & alors leurs corps étoient dans une même ligne droite, leurs têtes étant tournées vers des côtés opposés; les aîles du grand ou de la femelle, couvroient alors au moins un tiers de la longueur de celles du mâle.

Nos teignes font leurs coques dans les ruches des abeilles, comme elles les ont faites dans mes boîtes & dans mes poudriers: les papillons qui en sortent, s'y accouplent & y déposent leurs œufs. Il y a grande apparence que les abeilles, qui font la guerre à toutes les especes d'insectes qui ont la hardiesse ou l'imprudence d'entrer chés elles, ne les épargnent pas; apparemment qu'elles en détruisent un bon nombre. Mais ces papillons, comme la plûpart des autres, font si féconds, que pour peu qu'il y en ait qui parviennent à faire leurs œufs, il en naît assés de fausses teignes pour désoler les ruches; le corps des gros est tout rempli d'œufs. D'ailleurs il s'en glisse entre deux gâteaux dans les endroits où ces gâteaux se touchent presque: les papillons que j'ai eus chés moi le faisoient ainsi; il eût été

assés

affés difficile aux abeilles d'aller les y dénicher. J'ai vû dans le bas d'une ruche deux ou trois abeilles courir après un papillon de cette efpece, il marchoit devant elles, & mieux qu'elles; il leur fit faire bien des tours, elles fe laffé-rent de le fuivre.

Quand ces fauffes teignes manqueroient de cire, elles trouveroient affés de quoy fe nourrir; elles fçavent s'ac-commoder dans le befoin de bien d'autres alimens. J'en ai eu chés moi pendant plus de douze ans, & j'en ai même encore; je les ai laiffé fe reproduire dans partie des mêmes boîtes & des mêmes poudriers où j'avois mis les premiéres. Ces boîtes pour la plûpart étoient découvertes; la précau-tion de renfermer les fauffes teignes, eft inutile quand on leur donne de quoi vivre; elles n'abandonnent pas leurs tuyaux tant qu'elles trouvent de quoi manger aux environs. Mais il m'eft arrivé plufieurs années, de les fournir mal de cire, alors elles fe font difperfées, & ont rongé ce qu'elles ont rencontré dans une grande armoire où elles étoient. Il y en a eu qui ont attaqué la couverture de quelques livres qui fe trouvoient par hazard dans cette armoire; elles en ont ratiffé le cuir; elles l'ont creufé. Quelques-unes fe font nourries de pa-pier; d'autres ont mangé des feuilles féches; d'autres ont vécu de ferge qui avoit été abandonnée aux teignes de la laine. Enfin elles fe font fervies de ces différentes matiéres & de leurs excrémens, pour couvrir leurs tuyaux. Les excré-mens de celles qui avoient mangé de la ferge bleuë, étoient bleus, mais d'un bleu plus pâle que celui dont auroient été les excrémens des teignes de la laine, qui auroient mangé de la même ferge. Elles ont auffi recouvert les coques qu'elles fe font faites pour fe métamorphofer, des différentes ma-tiéres dont nous venons de parler; il y en avoit qui étoient recouvertes de petits fragmens de papier, d'autres l'étoient de feuilles féches, &c. Toutes, malgré des nourritures fi

Tome III. K k

différentes, se sont transformées en des papillons très-vifs.

Dans quelques poudriers que j'avois couverts, & où j'avois mis des gâteaux de cire avec ces fausses teignes, elles se sont perpétuées pendant 7 à 8 ans, quoique je n'y aye pas mis de nouvelle cire, & quoique celle que je leur avois abandonnée, m'eût paru avoir été toute mangée dès la premiére de ces années. Quoiqu'il ne me semblât y avoir dans les poudriers qu'une poudre d'excrémens, chaque année néantmoins j'ai vû des tuyaux se former au milieu de cette poudre; ils étoient habités par de petites teignes qui y ont grossi, qui ont fait des coques d'où elles sont sorties en papillons. Enfin ces papillons ont fait des œufs d'où sont nées des fausses teignes, & cela a continué pendant les sept à huit années dont je viens de parler, & continuë encore. Il est vrai que chaque année le nombre des teignes a paru aller en diminuant. La cire qui a passé pour la premiére fois par l'estomac de nos fausses teignes, n'y a été digérée qu'en partie; de sorte que chaque grain d'excrément contient encore de la cire qui est propre à faire croître les fausses teignes qui sont forcées de s'en nourrir. Nous aurons bientôt preuve qu'il reste une certaine quantité de cire dans chacun de ces grains. La fiente des chevaux, & celle des vaches n'ont besoin que d'être regardées grossiérement pour laisser appercevoir qu'elles contiennent beaucoup de brins d'herbe, de foin, de paille, &c. sur lesquels l'estomac de ces animaux n'a point agi, & qui seroient encore propres à être digérés, s'ils passoient dans leur corps une seconde fois: il reste aussi & beaucoup davantage de cire dans les excrémens des fausses teignes, & dans le besoin d'autres fausses teignes s'en nourrissent. Nous avons dit que les excrémens sont de petits grains noirs, mais le noir de ceux qui viennent immédiatement de la cire mangée pour la premiére fois, est un mauvais noir; il est presque brun, au lieu que

les excrémens des teignes qui ont été obligées de faire
rentrer dans leur corps ceux qui étoient sortis de celui des
autres, ou du leur même, font d'un beau noir, aussi noirs
& plus noirs que la poudre à canon.

Quoiqu'elles aiment la cire, elles ne la cherchent pas
aussi volontiers quand elle est en grosse masse, que quand
elle est en lames minces : il y a trop de fatigue pour elles
à conduire leurs tuyaux au travers d'un massif morceau de
cire. Je leur ai abandonné des bouts de bougie qu'elles n'ont
mangé qu'à la longue ; ce n'est pas parce que la cire des
bougies n'est pas bien pure, parce qu'elle est alliée avec du
suif, car je leur ai donné de gros morceaux de cire jaune,
sur lesquels elles ne m'ont pas paru aimer mieux travailler.
Elles les creusoient pourtant, elles creusoient les bouts
de bougie, & avec le temps elles venoient à bout de manger les uns & les autres, mais elles expédioient bien autrement vîte la cire jaune que je leur offrois en lames minces.

Les fausses teignes de la cire, de la plus grande des especes * qui m'est connuë, se conduisent pendant leur vie avec
autant de précaution que celles de l'autre espece ; elles
font toûjours logées dans un tuyau en galerie *, mais elles
lui font des parois de soye beaucoup plus épaisses & plus
solides que ne le font les parois des tuyaux des autres ; elles
semblent en revanche négliger de les couvrir aussi bien
de grains de cire ou d'excrémens. J'ai vû souvent de
grandes portions de tuyaux * qui étoient pure soye. Enfin
elles se font des coques * pour se transformer dedans, qui ne
différent guéres de celles des autres, qu'en ce qu'elles font
plus grandes, comme la grandeur de l'insecte l'exige. J'ai
eu de ces fausses teignes renfermées dans leurs coques dès
le commencement d'Avril, & je n'ai vû voler de leurs
papillons dans le poudrier, que vers le 15. de Juillet, &
j'y en ai vû voler dans ce temps beaucoup plus que je n'avois

* Pl. 19. fig.
11.

* Fig. 10. *tu*

* Fig. 10. *ur.*
* Fig. 12.

eu de coques au commencement d'Avril ; ce qui prouve que tous ces infectes ne reftent pas renfermés dans leurs coques fous la forme de crifalide, pendant un temps égal.

* Pl. 19. fig.
13 & 14. Ce papillon * eft de la troifiéme claffe des phalenes, il n'a point de véritable trompe, & il a des antennes à filets grainés. Ses aîles font d'un gris-brun ; leur port peut fournir un caractere de genre, on peut l'appeller *en toit coupé ;* une portion de chaque aîle s'applique le long d'un côté du papillon, & eft prefque perpendiculaire au plan fur lequel il eft pofé ; une autre portion de chaque aîle fait un angle prefque droit avec la précedente, pour venir s'appliquer fur le corps. Ce port d'aîle pourroit encore être appellé *en bateau renverfé ;* le papillon en repos a quelqu'air d'un bateau mis fans deffus deffous. La partie fupérieure de chaque aîle eft tachetée de gris & de brun prefque noir, & la partie appliquée contre les côtés, eft d'un gris-brun plus uniforme.

Dans la fuite de cet ouvrage nous verrons que la claffe des abeilles comprend beaucoup de genres & d'efpeces de mouches qui ne vivent point dans les ruches, qui ne font point de ces récoltes de cire & de miel que nous fçavons nous approprier ; des efpeces de mouches de cette claffe, beaucoup plus groffes que celle des abeilles ordinaires, font en volant, un bruit, un bourdonnement qui leur a fait donner, dans ce pays, le nom de *bourdons*. Il n'eft pas temps d'expliquer en quoi le travail de ces bourdons différe de celui des abeilles ordinaires, il nous fuffit actuellement de fçavoir qu'ils font fous des mottes de gazon, des nids dans lefquels ils portent une forte de cire brute. J'ai gardé chés moi, dans des poudriers, de vieux nids de ces bourdons, dans lefquels j'ai trouvé une efpece de fauffes teignes beaucoup plus petite que la moins grande de celles que j'ai obfervées dans les gâteaux de cire des abeilles, mais qui dans le refte lui eft femblable, & qui fe transforme en un papillon qui ne différe encore que par la grandeur, de celui que donne la premiére efpece de fauffes teignes; le deffus de fes aîles eft du même gris que celui de l'autre.

Les excrémens d'un infecte qui vit d'une matiére que nous fçavons fi peu décompofer, méritoient quelqu'éxamen. Les ordinaires, ceux des fauffes teignes qui ont été à même de grands gâteaux de cire vierge, font, comme nous l'avons déja dit, de petits grains d'un brun noirâtre, ils n'ont aucune odeur de cire : au lieu que la cire fe tient fur l'eau, ces petits grains tombent au fond de l'eau dans laquelle ils ont été jettés. Une expérience groffiére montre pourtant qu'ils ont au moins quelque chofe de la cire. Si on les tient quelque temps entre les doigts pour les échauffer, ils fe ramolliffent, ils fe laiffent enfuite réunir en maffe par des preffions réitérées en différens fens, ils fe laiffent paitrir.

Si on jette de ces excrémens dans l'eau chaude, & qu'on les y faffe bouillir pendant quelques inftans, on eft bientôt convaincu par la nature de l'odeur qui s'en exhale, qu'ils contiennent encore de la cire. Il fe forme alors fur quelques endroits de la furface de l'eau, une pellicule qui s'étend & s'épaiffit peu à peu. Si on enleve cette pellicule, fi on la paitrit entre les doigts, & fi on l'approche du nez, on reconnoît, à n'en pouvoir douter, qu'elle eft de véritable cire. Si on continuë de faire bouillir l'eau, à la place de la pellicule enlevée, il s'en forme une autre : ainfi fucceffivement on a un fi grand nombre de pareilles pellicules, qu'on eft tenté de croire que ces excrémens ne font que de la cire déguifée. Ce qu'il y a de fûr, c'eft que la portion qui monte à la furface de l'eau, & qui a la forme de cire, & qui eft réellement cire, eft bien plus confidérable que celle qui refte au fond du vafe. Celle-ci eft de couleur grifâtre,

K k iij

elle n'eſt nullement paitriſſable, elle ne ſe ramollit point
à la chaleur ; elle ſemble une pure matiére terreuſe ; elle
différe pourtant des terres ordinaires en ce qu'elle s'en-
flamme comme la rapûre de bois, ou comme s'enflam-
meroit une poudre de feuilles ſéches ; elle brule, mais ſans
ſe ramollir, ſans couler, au lieu que la cire & les gommes
réſineuſes s'amolliſſent & coulent en pareil cas.

J'ai jetté enſuite dans l'eau bouillante, & j'y ai fait
bouillir des excrémens que les teignes avoient été obligées
de remanger pluſieurs fois ; c'eſt-à-dire, de ceux des teignes
qui étoient nées dans des endroits où toute la cire avoit
été conſommée depuis pluſieurs années ; où elles n'avoient
pû trouver que des grains d'une matiére qui avoit déja paſſé,
& peut-être pluſieurs fois, par les corps d'autres fauſſes teignes. Tout ce qui s'eſt élevé de ces derniers excrémens ſur
la ſurface de l'eau, n'y a point paru ſous la forme d'une
pellicule de cire. S'il y avoit de la cire, c'étoit en ſi petite
quantité, qu'elle ne pouvoit ſe dégager de la matiére terreuſe avec laquelle elle étoit mêlée. J'ai déja fait remarquer
que ces excrémens digérés pluſieurs fois, avoient une
couleur beaucoup plus noire que celle des autres ; j'adjoû-
terai qu'ils ne ſe laiſſoient pas ramollir par la chaleur des
doigts, ni réunir dans une maſſe lorſque les doigts tâ-
choient de les paitrir.

On ſçait aſſés que la cire ordinaire ne ſe mêle point avec
l'eau froide ; cependant ceux des excrémens de nos teignes,
qui contiennent le plus de cire, peuvent ſe mêler avec
cette eau. Si on les frotte legérement contre les parois
d'un vaſe où l'eau les couvre, l'eau devient bientôt bour-
beuſe, ſemblable à une eau qui s'eſt chargée de terre. Il eſt
vrai qu'elle s'éclaircit en partie par la ſuite ; ſi elle reprend
ſa limpidité, ce n'eſt pourtant que bien à la longue ; elle
reſte trouble, quoiqu'elle ait laiſſé précipiter en ſédiment

ce qu'elle a de plus groffier. Mais toûjours avons-nous par-là un expédient pour avoir de la cire mêlée par parties extrémement fines, avec l'eau.

J'ai fait une autre expérience qui nous donne la cire encore plus parfaitement mêlée avec l'eau, & fi bien mêlée, qu'elle y femble diffoute & incorporée. J'ai fimplement mis tremper de ces excrémens dans de l'eau, celle qui les couvroit a pris affés vîte une couleur d'ambre, un peu foncée; j'ai retiré cette eau colorée, j'en ai verfé de nouvelle fur les mêmes excrémens, & j'ai répété l'opération jufqu'à ce que l'eau ne fe teignît plus que foiblement. Les eaux colorées confervoient leur teinture, rien ne s'y précipitoit. Cependant il y avoit lieu de croire que la matiére qui les coloroit, étoit de la cire. Pour m'en affûrer, j'ai jetté toutes ces eaux dans un affés grand vafe de cuivre dans lequel je les ai fait bouillir jufqu'à ce qu'elles ayent été épaiffies à confiftance de firop. Quand le firop a commencé à fe former, à s'épaiffir, il a pris une odeur de cire; je l'ai verfé alors dans un plus petit vafe, où je l'ai fait encore chauffer jufqu'à ce que la matiére y fût prefque féche. Une partie de celle que j'ai eue, s'eft attachée par la fuite aux parois du vafe; celle-ci étoit brûlée, c'étoit une efpece de charbon terreux qui fe diffolvoit dans l'eau. Mais la partie qui étoit fur le fond du vafe, formoit une maffe que l'eau endurciffoit, & que la chaleur la plus legére ramolliffoit. Elle avoit pourtant plus la couleur d'un bitume épaiffi que celle d'une cire, car elle étoit très-noire; mais en cela elle reffembloit à la cire de certaines mouches de nos ifles de l'Amerique; le feu auquel elle avoit été expofée, lui avoit fait prendre cette couleur; d'ailleurs l'odeur faifoit fuffifamment reconnoître cette matiére pour de véritable cire.

L'eau dans laquelle on laiffe infufer les excrémens de

nos fauffes teignes, fe charge donc de cire, comme l'eau qui eft fur du fucre, ou fur des fels s'en charge; d'où il fuit qu'elle la diffout en quelque forte, ou au moins qu'elle la tient en diffolution. C'eft donc un moyen d'avoir de la cire en diffolution dans l'eau. Il y a apparence qu'on pourra faire quelques ufages utiles de ces fortes de diffolutions, mais il eft déja fûr qu'on en pourra faire de curieux: on pourra allier la cire avec des matiéres avec lefquelles jufqu'ici on n'a pû la réunir; par exemple, avec les gommes diffolubles à l'eau feule, & on verra quels compofés naîtront de ces alliages. Ce qu'il y a de plus difficile, c'eft de raffembler affés d'excrémens, & d'excrémens digérés plufieurs fois, pour fuffire aux expériences. Il faut s'y prendre de loin pour en avoir une provifion; elle m'a manqué, parce que je n'avois pas prévû le befoin que j'en pourrois avoir.

J'ai broyé avec le doigt contre les parois d'un vafe de verre, de ces excrémens qui étoient couverts d'efprit-de-vin; ils ne s'y font point diffous en entier, comme ils fe diffolvent dans l'eau; mais l'efprit-de-vin en a détaché une crême ou fécule jaunâtre, avec laquelle il fe mêle aifément. J'ai fait évaporer l'efprit-de-vin chargé de cette fécule, & j'ai eu une matiére qui avoit l'odeur de cire, qui fe laiffoit ramollir & paitrir comme de la cire : en un mot, j'ai eu une véritable cire.

Il n'eft pourtant pas auffi fingulier d'avoir de la cire diffoute dans de l'efprit-de-vin, que de l'avoir diffoute dans l'eau. On fçait ôter les taches de cire de deffus les étoffes, en les frottant avec de l'efprit-de-vin; alors la cire qui formoit une plaque, fe met en petits grains qu'on emporte les uns après les autres par les frottemens. L'efprit-de-vin peut même tenir la cire en diffolution: pour m'en affûrer, j'ai jetté dans une bouteille de verre, une affés grande quantité de cire coupée par petits morceaux, & j'ai achevé de remplir

la

la bouteille d'efprit-de-vin. Au bout de quelque temps, il y a pris une teinture très-jaune. On pouvoit alors l'appeller une eau de cire, car il avoit une très-forte odeur de cire. Auffi s'étoit-il chargé d'une véritable cire, je veux dire qu'il en étoit chargé, comme l'eau l'eft du fucre ou du fel qu'elle a diffous, que cette cire n'étoit nullement décompofée ; car dès qu'on faifoit évaporer l'efprit-de-vin, il laiffoit un réfidu qui étoit de vraye cire.

Sur cet efprit-de-vin chargé de cire, j'ai verfé une grande quantité d'eau, c'eft-à-dire, une quantité qui furpaffoit fept à huit fois celle de l'efprit-de-vin. Je voulois voir s'il fe feroit alors un précipité, je m'attendois même qu'il fe feroit dans un fens contraire à celui où fe font les précipités ordinaires, que les parcelles de cire viendroient fur la furface de l'efprit-de-vin affoibli par l'eau. Il en eft pourtant arrivé autrement. La liqueur eft devenuë laiteufe fur le champ, elle s'eft peu éclaircie par la fuite ; elle eft reftée de couleur d'opale pendant plufieurs jours ; mais enfin elle eft devenuë très-limpide, & les parcelles de cire qui ci-devant étoient foûtenuës dans l'efprit-de-vin, font toutes tombées au fond du vafe, loin d'aller nager fur la furface de la liqueur, comme je m'y étois attendu ; preuve qu'elles étoient appefanties par quelque matiére qui les avoit pénétrées. Seroient-ce des acides de l'efprit-de-vin qui fe feroient unis à la cire, ou feroient-ce des parties huileufes de ce même efprit ! c'eft ce que je ne puis décider.

Mais laiffons les expériences qui font du reffort de la Chimie, pour reprendre l'hiftoire des fauffes teignes. Il nous refte à en faire connoître qui, comme les véritables teignes des laines, mangent nos draps ; d'autres qui ne doivent pas être épargnées par les fçavans, elles aiment le cuir & mangent volontiers celui qui couvre les livres ; & d'autres enfin qui vivent de nos grains, ou d'alimens que nous aimons. Ces derniers genres de fauffes teignes, tous enfemble, ne nous tiendront pas autant que nous ont tenu les feules fauffes teignes de la cire.

Les fauffes teignes de la laine de l'efpece que je veux faire connoître, font de très-petites chenilles rafes & blanches, & à feize jambes ; elles font pourtant un peu plus grandes que les véritables teignes de la laine & des pelleteries, auffi donnent-elles de plus grands papillons *, & aifés à diftinguer de ceux de ces teignes. Le papillon dans lequel chacune de ces fauffes teignes fe transforme, a la partie antérieure de fes ailes fupérieures & de fon corcelet d'un brun qui tire fur le noir; la tête & le refte des aîles fupérieures font d'un blanc fale, dans lequel on démêle des traits bruns. Le port d'aîles, quoique femblable à celui des aîles des oifeaux, tient pourtant un peu de celui en queuë de coq, parce que les fupérieures n'ont pas feulement leur bafe frangée ; la frange de la bafe fe prolonge fur une affés grande partie du côté intérieur, & cette partie frangée du côté intérieur, fe releve plus que le refte. Prefque tout le contour des aîles inférieures eft frangé, les deux côtés de celles-ci, & le deffous des aîles fupérieures, font d'un gris brun & éclatant. La couleur du corps eft plus claire, elle approche de celle du corps des papillons des véritables teignes; elle a du brillant. Je crois ces papillons, comme ceux des teignes des laines, de la troifiéme claffe des phalenes.

C'eft dans une berline de campagne, doublée d'un drap écarlate, que j'avois achetée vieille, que j'ai trouvé les premiers papillons de cette efpece. Quelques endroits du drap qui étoient rongés, m'avoient affés appris que des teignes s'y étoient établies. Les papillons que j'y vis en grand nombre vers le commencement de l'été, m'apprirent de plus que c'étoient des teignes différentes de celles

qui ne font que trop communes dans nos appartemens,
& qu'elles étoient plus groffes. Je cherchai leurs fourreaux que leur groffeur devoit rendre aifés à trouver, & je
les cherchai inutilement. Je pris des papillons, je les mis
dans des poudriers avec du drap écarlate; il ne vint point
de teignes fur ce drap, apparemment parce que les papillons que j'avois pris ne s'étoient pas encore accouplés,
& qu'ils ne s'accouplérent pas dans les prifons où je les
avois renfermés. Je n'eus garde de travailler à faire périr
tous ceux de ma berline; l'année fuivante il y en parut
encore plus qu'il n'y en avoit paru dans celle qui avoit
précedé. Je pris plufieurs de ceux-ci qui firent des œufs
féconds, fur le drap qui étoit dans les poudriers où je les
renfermai; ces œufs étoient blancs, ronds & affés femblables à ceux des teignes ordinaires. Au bout de quinze à
vingt jours les petits infectes en fortirent, & me confir-
mérent ce que m'avoit montré un infecte de cette efpece
parvenu prefqu'à fa véritable grandeur, & que j'avois eu
quelque temps auparavant. On l'avoit trouvé après avoir
broffé rudement le drap de ma berline; c'étoit une petite
chenille, affés groffe pourtant pour permettre de reconnoître à la vûë fimple, qu'elle étoit de la premiére claffe,
ou de celle à feize jambes, dont les membraneufes ont des
couronnes complettes de crochets. Sa peau étoit très-
blanche & rafe, quelques poils blancs néantmoins y paroiffoient difperfés; elle étoit tranfparente. L'endroit où
elle avoit été trouvée, apprenoit affés qu'elle y vivoit du
drap, mais on en avoit une preuve plus complette, lorfqu'on obfervoit au travers de fa peau des taches ou de
longues traînées d'un rouge tout autre que celui des chairs
ou du fang; un rouge tel que celui d'une belle écarlate,
devoit paroître à travers les peaux tranfparentes qui la
couvroient. Cette couleur étoit inconteftablement celle

de la laine contenuë dans l'eſtomac & dans les inteſtins.

Cette chenille ayant été renfermée avec un morceau de drap, ne fut pas long-temps à travailler à ſe couvrir; dans un eſpace de grandeur proportionnée à la ſienne, elle rongea le drap, elle en détacha tout le duvet, & poſée ſur la corde du drap, elle lia avec de la ſoye les flocons de laine qu'elle avoit détachés, de maniére qu'ils for-moient une goutiére renverſée *, un demi tuyau au-deſſus de ſon corps; mais les bords de cette couverture étoient par-tout ſolidement attachés contre le drap. Cette eſpece de logement, dont le drap creuſé faiſoit le deſſous & le fond, n'étoit ouvert que par un bout; il étoit d'abord aſſés court. Pendant pluſieurs jours notre fauſſe teigne travailla à l'allonger du côté où il étoit ouvert *, & cela en continuant de ronger en avant, & en recouvrant d'un arc de ſoye & de laine l'endroit nouvellement rongé. Elle ſe fit ainſi une galerie aſſés courte, mais bien couverte de laine. Elle ne travailla pas pendant long-temps, parce que le temps où elle devoit ſe métamorphoſer en criſalide approchoit; elle en prit la forme au bout de dix à douze jours; & au bout de quinze à vingt jours le papillon, après avoir laiſſé ſes dépouilles de criſalide * dans l'un des bouts du loge-ment, parut tel que celui que nous avons décrit.

Si on n'avoit vû que cette ſeule fauſſe teigne travailler à ſe couvrir, on pourroit ſoupçonner que ſe ſentant proche du temps de ſa métamorphoſe, elle n'avoit pas apporté à la façon de ſon habit tous les ſoins qu'elle y eût apportés en d'autres temps ; mais celles que nous avons laiſſées à la ſortie de leurs œufs, m'ont fait voir que les procedés que nous venons de rapporter, ſont ceux qu'elles ſuivent à tout âge & en tout temps. Ces fauſſes teignes naiſſantes commencent par ronger le drap; elles filent enſuite au-deſſus de leur corps une eſpece de berceau de ſoye, &

fur la foye qui forme ce berceau, elles attachent partie
des flocons de laine qu'elles ont arrachés, elles en mangent
une autre partie. Chaque fauffe teigne va peu à peu en
avant, peu à peu elle creufe une efpece de foffé dans le
drap; elle file au-deffus une toile à qui elle donne la forme
d'un demi-tuyau, & elle le recouvre de laine, ainfi fon
logement eft creufé en partie dans le drap, & y eft très-
adhérent. Il n'eft ordinairement ouvert que par un bout *,   * Pl. 20. fig.
qui eft celui vers lequel elle l'étend de jour en jour; à   1. 1.
mefure qu'elle croît, la partie qu'elle conftruit a plus de
diametre. Quand elle veut rendre fes excrémens, elle fe
retourne bout par bout, c'eft alors fon derriére qu'elle
fait fortir par l'ouverture du tuyau; il jette de petits grains
ronds. Il eft à remarquer que ces grains d'excrémens n'ont
pas la couleur de la laine que nos fauffes teignes ont
mangée; ceux-ci font toûjours noirs. Les couleurs des
laines, qui fe confervent dans l'eftomac & dans les inteftins
des véritables teignes, font donc détruites avant que de
fortir du corps de ces fauffes teignes.

Il n'eft pas auffi aifé d'appercevoir fur les étoffes les
logemens de celles-ci, qu'il eft aifé d'y voir les fourreaux
des véritables teignes. Ces derniers font fur l'étoffe, & les
autres font dans fon épaiffeur. Les endroits habités par
les fauffes teignes, quoique grands, paroiffent feulement
des endroits où le drap eft plus bourreux qu'ailleurs, des
endroits mal travaillés. Auffi quoique les logemens des
fauffes teignes encore jeunes, foient fouvent affés longs,
& différemment contournés, on ne les apperçoit que
quand on fçait qu'on les doit trouver. Je n'ai pas reconnu les endroits du drap de ma berline habités par des
fauffes teignes, lorfque je le croyois mangé par de vrayes
teignes dont je cherchois les fourreaux. On peut faire
tomber les fourreaux de celles-ci en broffant, mais fi les

L l iij

broſſes ne ſont rudes & menées rudement, elles ne détruiſent pas les logemens des fauſſes teignes, & elles ne
font pas tomber ces inſectes.

Quand on a ouvert un de ces logemens, on peut voir
que l'intérieur de la voute eſt tout blanc, il eſt entiérement
de ſoye blanche; le fond du même logement eſt la corde
du drap bien découverte, à qui tout ce qu'elle avoit de
velu a été ôté.

J'ai vû des papillons de ces teignes dans les appartemens, mais j'y en ai toûjours vû peu; j'en ai rencontré
en quantité ſur le drap de pluſieurs caroſſes. Peut-être
qu'elles aiment à être dans des endroits plus expoſés
à l'air, que ne le ſont les chambres que nous habitons,
& il eſt heureux pour nous que leur inclination ne pa-
roiſſe pas les porter à s'établir dans l'intérieur de nos maiſons. Les fauſſes teignes de cette eſpece nées vers le
commencement de Juillet, ne deviennent des papillons
que vers la fin de Mai ou le commencement de Juin de
l'année ſuivante.

Les fauſſes teignes que nous appellerons *fauſſes teignes*
des cuirs *, ſont encore des chenilles à ſeize jambes, & à
peu-près auſſi grandes que celles de médiocre grandeur ;
& elles ſont entiérement d'un ardoiſé foncé, & quelquefois même d'un beau noir. Leur peau a toûjours un luiſant
qui la feroit croire, au premier coup d'œil, écailleuſe ou
cruſtacée; elle a par-ci par-là quelques poils blancs. Les
premiéres que j'ai euës s'étoient établies ſur quelques livres
que j'avois laiſſés à la campagne pendant l'hiver; elles en
avoient rongé le deſſus; elles avoient mis de grandes places
dans l'état où ſont les endroits des livres qui ont été écorchés: j'en ai trouvé d'autres auſſi ſur de vieux morceaux
de cuir. Comme les fauſſes teignes de la cire, elles ſe font
un long tuyau *, qu'elles attachent contre le corps qu'elles

rongent journellement; elles le recouvrent de grains qui ne font prefque que leurs excrémens. J'ai pris plufieurs fois de ces fauffes teignes qui marchoient fur le parquet de mon cabinet; apparemment que quand elles ceffent de trouver de l'aliment auprès de l'endroit où elles s'étoient fixées, elles abandonnent leur logement pour aller chercher à vivre ailleurs.

Ce n'eft pas feulement dans les maifons qu'on les trouve; après avoir enlevé à la campagne l'écorce de vieux ormes, dans le mois de Janvier, j'ai trouvé fous cette écorce des tuyaux habités par des fauffes teignes parfaitement femblables aux domeftiques qui mangent le cuir. Là elles n'avoient pas de cuir à manger; auffi n'eft-il pas la feule matiere animale dont elles puiffent fe nourrir; les cadavres fecs d'infectes de différentes efpeces, font de leur goût. J'ai donné de ces cadavres à des teignes prifes dans des appartemens, & elles en ont vécu comme du cuir que je leur avois donné en même temps. Ce qui m'avoit conduit à leur offrir des cadavres fecs, c'eft qu'après la fin de l'hiver j'avois trouvé chés moi une de ces fauffes teignes dans un poudrier où étoient des débris d'un nid de chenilles proceffionnaires, fçavoir des crifalides qui avoient péri avant que de fe métamorphofer, des papillons morts, &c. Les fauffes teignes qui s'étoient placées fous l'écorce d'orme, s'étoient mifes en des endroits qui étoient remplis de quantité de petits fcarabés morts fous cette écorce; là elles avoient de grandes provifions de vivres.

Lorfque ces fauffes teignes fe préparent à leur transformation, elles fe font des coques * de foye blanche, affés femblables par leur figure à celles des fauffes teignes de la cire; elles leur reffemblent fur-tout en ce qu'elles font entiérement recouvertes de grains d'excrémens qui font noirs.

* Pl. 20. fig. 7.

J'en ai eu qui se font mises en coques en différentes saisons, & dans chaque saison, les unes plus tard & les autres plûtôt; j'ai eu aussi en différens temps le papillon de ces teignes, au commencement de Juin, à la fin de Juillet & à la mi-Août. C'est une phalene * de la troisiéme classe; ses antennes font à filets grainés, & fa trompe n'est composée que de deux courts filets blancs; elle porte ses aîles parallelement au plan de position. Lorsque le dessus des supérieures n'a pas été dépoudré, le fond de leur couleur est d'un rougeâtre un peu bronzé, c'est-à-dire, qui a quelqu'éclat; & sur ce fond font des taches brunes. Mais si on ne prend pas ce papillon avec assés de précaution, on emporte toutes les taches, & les aîles paroissent simplement d'un bronzé un peu rougeâtre *. Le dessous de ses aîles & son corps font d'un jaunâtre pâle & bronzé. Il a deux barbes * qu'il porte en devant de la tête; elles font plus courtes que celles qui forment à d'autres papillons une espece de nez en bec de bécasse, mais disposées de la même maniére.

    Nous placerons encore parmi les fausses teignes une petite chenille * à seize jambes & à corps ras & blancheâtre, qui, malgré fa petitesse, nous fait plus de mal que celles dont nous avons parlé ci-devant : c'est aux grains de nos greniers qu'elle en veut, & sur-tout au froment & au seigle. Elle lie plusieurs grains ensemble avec des fils de soye *; dans l'espace qui est entre ces grains, elle se file un tuyau de soye blanche qu'elle attache contre les grains assujettis. Logée dans ce tuyau, elle en fort en partie pour ronger les grains qui font autour d'elle. La précaution qu'elle a eue d'en lier plusieurs ensemble, fait qu'elle n'a point à craindre que le grain que ses dents attaquent, s'échappe, qu'il glisse, qu'il tombe, qu'il roule; s'il se fait quelques mouvemens dans le tas de bled, si beaucoup de grains roulent, elle roule avec ceux dont elle a besoin, elle s'en

trouve

* Pl. 20. fig. 9 & 10.

* Fig. 8.

* Fig. 11. bb.

* Fig. 13.

* Fig. 12.

trouve toûjours également à portée. Je ne m'aviserois
pas de dire ici que pour entamer le bled elle ne se sert
que de ses dents, si je ne craignois qu'on pensât qu'avant
que de les faire agir avec succès, elle est obligée d'avoir
recours à une manœuvre bien extraordinaire, & qu'on ne
le pensât sur la foi d'un Auteur ingénieux qui nous a
donné récemment un ouvrage sous le titre de *Recueil
d'Observations Physiques*. Il y fait mention de cet insecte,
& il prétend que pour attendrir le bled, que pour lui ôter
sa peau dure, ou partie de la peau dure qui le couvre, la
petite chenille frotte son corps contre le grain de bled. Des
frottemens de la peau de la chenille contre celle du bled,
assés forts pour user, pour emporter une des deux peaux,
n'entameroient certainement que celle de la chenille incomparablement plus tendre que celle du bled. Des dents
dures comme celles dont cette fausse teigne est armée, sont
des instrumens plus efficaces & qui lui suffisent. Le même
Auteur nous parle de quantité de chenilles de différens
genres, & même de différentes classes, & de chenilles de
couleurs très-variées, qui viennent manger le bled dans nos
greniers; ce sont sans doute des faits qui lui ont été fournis par de mauvais observateurs : car je ne crois pas que
sur ce qu'il aura simplement trouvé dans des greniers des
chenilles de diverses especes, de divers genres & de différentes classes, il en ait conclu qu'elles y mangeoient le
bled. Il y en a qui se rendent dans les greniers, comme elles
se rendent dans différens endroits de nos maisons, lorsque
le temps où elles n'ont plus besoin de prendre de nourriture, est arrivé, lorsqu'elles veulent se transformer en crisalides. Plusieurs especes de chenilles aiment à se transformer dans des endroits où elles soient à l'abri des injures de
l'air. Heureusement que le nombre des especes de chenilles qui en veulent à nos grains, est très-petit; ce peu

Tome III. Mm

d'especes ne fournit encore que trop d'individus.

Tome I. Lettre 71. pag. 260. Leeuwenhoëk nous a donné * des observations sur la fausse teigne qui fait le sujet de cet article; il a cru qu'elle attaquoit aussi les étoffes de laine; mais il y a apparence qu'il n'a été porté à le penser que par quelque ressemblance qui se trouve entre les papillons de ces fausses teignes & ceux des véritables teignes. J'ai offert de la serge à ces fausses teignes du bled, elles ne m'ont pas paru lui arracher un poil. J'ai souvent trouvé les crisalides de ces fausses teignes dans des grains de bled creusés. La crisalide n'a rien de fort remarquable; sa partie postérieure est plus brune que le reste; on y voit du côté du ventre deux petits crochets perpendiculaires au corps.

Pl. 20. fig. 14. Vers la fin de May les premiers papillons * ont paru dans les poudriers que j'avois remplis en partie de bled, dans lequel des fausses teignes s'étoient établies. Mais quelques-unes n'étoient encore qu'en crisalide vers la fin de Juin. Le fond de la couleur des aîles supérieures du papillon est un gris-blanc, qui au soleil paroît argenté; vû à *Fig. 15.* l'ombre, il n'a pas cet éclat. Sur ce fond * il y a d'assés grandes taches d'un brun clair, de figure irréguliére, & distribuées irréguliérement. Le corps, le dessous des quatre aîles & le dessus des inférieures, sont d'un gris blancheâtre. Il porte ses aîles en toit arrondi sur le dos; leurs bouts s'élevent sur le derriére, & y forment une demi-queuë de *Fig. 15 & 16.i.* coq; le côté intérieur est frangé. Le devant de sa tête * est couvert d'une touffe bien fournie de poils, qui lui fait une espece de coëffure singuliére, une espece de turban. Il a des antennes à filets grainés, & je le crois de la troisiéme classe des phalenes. En devant & en dessous de la tête il porte *Fig. 16. bb.* deux barbes * plus distantes l'une de l'autre que n'ont coûtume de l'être celles des papillons. Entre ces deux barbes, on en trouve deux plus courtes, ou deux filets dirigés vers

le ventre. Si ces filets font la fonction de trompe, au moins
ne composent-ils pas une trompe roulée en spirale.

Parmi les especes de fausses teignes, il y en a une * qui
sera regardée comme celle du meilleur goût; si elle est
naturelle à ce pays, comme il y a apparence, elle n'y a
pas toûjours trouvé un mets dont elle est très-friande;
elle aime fort le chocolat. M. Bazin qui me l'a fait connoître, est même disposé à croire qu'elle sçait choisir entre
les especes de chocolat, & que le mieux conditionné, &
sur-tout le plus parfumé est celui à qui elle donne la préférence. Il en a fait des épreuves qui semblent convaincantes. Il avoit trois especes de chocolat, l'une étoit une simple pâte de cacao, l'autre étoit de cette pâte mêlée avec
du sucre dans la proportion ordinaire, & la troisiéme
étoit du chocolat précédent qu'on avoit ambré excessivement. C'est sur ce dernier chocolat qui étoit avec les
trois autres, que M. Bazin trouva les fausses teignes que
nous voulons faire connoître. Pour sçavoir si c'étoit par
choix & par goût qu'elles s'étoient attachées à ce dernier, il eut l'année suivante l'attention d'en mêler des
morceaux avec des morceaux des deux autres. Les fausses
teignes qui parurent cette seconde année, ne rongerent
que les morceaux de chocolat parfumé. M. Bazin m'a
fait le plaisir de m'envoyer plusieurs de ces fausses teignes
deux années de suite, sur le chocolat où elles s'étoient
établies; elles s'y font, comme les autres fausses teignes, des
tuyaux de soye blanche, qu'elles allongent selon le besoin;
& c'est par un bout ouvert du tuyau qu'elles font sortir leur
tête toutes les fois qu'elles veulent ronger le chocolat;
elles y creusent en certains endroits des cavités assés irréguliéres de deux ou trois lignes de profondeur. Ceux qui
font commerce de chocolat, & qui par-là sont obligés d'en
garder beaucoup, disent aussi qu'il est sujet à être piqué des

* Pl. 19. fig. 19.

M m ij

vers. Les vers dont ils se plaignent, sont nos fausses teignes. Ce ne seroit pas un grand inconvénient en tout pays pour les marchands d'avoir du chocolat rongé par ces insectes, s'il étoit vrai, comme on me l'a assûré, qu'en Espagne on fait cas de celui qu'ils ont attaqué, qu'on l'y croit le meilleur.

Ces derniéres fausses teignes sont encore des chenilles à seize jambes*, dont les huit intermédiaires sont très-courtes, & ont des couronnes de crochets complettes. Leur tête est couleur de marron; une plaque écailleuse de même couleur est sur la partie supérieure du premier anneau; leur peau est blanche & rase; on y voit pourtant des points bruns bien allignés de la tête au derriére. Quand on observe le dessus du corps avec une loupe, chaque point paroît un tubercule, du centre duquel part un poil court, & on remarque que sur chaque anneau il y a six de ces tubercules. Dans ce grand nombre il y en a quatre qui se font distinguer par leur grandeur; deux de ceux-ci sont placés auprès de la tête, & les deux autres auprès du derriére.

J'ai eu de ces fausses teignes qui se sont métamorphosées en papillons* dans le mois de Septembre, & j'en ai eu d'autres qui ont passé l'hiver dans leurs tuyaux sous la forme de chenilles. Le dessus des aîles du papillon est d'un gris un peu jaunâtre, sur lequel il y a quelques points bruns & quelques petites taches de cette derniére couleur; il les porte en toit très-écrasé & arrondi. Il a deux barbes du même genre que celles du papillon de la fausse teigne des cuirs, mais qui pourtant se relevent un peu plus, qui tendent à se contourner en corne. La position dans laquelle il est lorsqu'il se tient tranquille, peut aider à le caractéri-ser; alors sa partie antérieure fait un angle avec le plan sur lequel il est, elle s'éleve au-dessus de ce plan, qui est touché par la partie postérieure du corps.

* Pl. 19. fig. 19.

* Pl. 19. fig. 20 & 21.

C'est une bonne fortune apparemment pour les fausses teignes de cette espece, de trouver du chocolat, mais sans doute qu'à son défaut elles sçavent se pourvoir de quelques autres alimens; peut-être qu'elles s'accommodent des amandes ordinaires & de bien d'autres fruits secs; mais je ne l'ai pas éprouvé.

EXPLICATION DES FIGURES DU HUITIEME MEMOIRE.

PLANCHE XIX.

LA Figure 1, est celle d'un morceau d'un gâteau de cire, ou d'un gâteau de cellules d'abeilles, maltraité par les teignes. *t u,* tuyau de soye qui va d'un bout à l'autre du gâteau *ggg.* Ce tuyau est l'habitation que s'est faite une fausse teigne.

Les Figures 2 & 3, sont celles d'une fausse teigne de la petite espece, vûë de côté fig. 2. & renversée fig. 3. C'est une fausse teigne qui se loge dans un tuyau tel que celui de la fig. 1.

La Figure 4, est une coque que la fausse teigne de la figure précédente s'est construite pour s'y métamorphoser en crisalide, & ensuite en papillon.

La Figure 5, est un tuyau de fausse teigne, tout couvert de grains d'excrémens.

La Figure 6, fait voir un groúppe de tuyaux tel que celui de la fig. 5. Ces tuyaux n'ont pas ici toute la longueur qu'ils devroient avoir. Ils ont été faits par des fausses teignes qui n'avoient eu pour tout aliment que les excrémens sortis du corps des fausses teignes qui s'étoient métamorphosées auparavant. *c,c,* deux coques de fausses teignes, qu'elles ont couvertes de papier, parce que les matériaux qu'elles ont coûtume d'employer, ne s'étoient pas trouvés assés à leur disposition.

Les Figures 7 & 8, sont deux papillons dans lesquels deux fausses teignes de la petite espece se sont métamorphosées. Celui de la fig. 7, est la femelle, & celui de la fig. 8, est le mâle.

La Figure 9, est celle du papillon de la fig. 7, vû par dessous.

La Figure 10, fait voir un tuyau de soye *t u,* qui a été fait dans un gâteau de cellules *ggg,* par une fausse teigne de la grande espece. La tête de la fausse teigne paroît en *u.*

La Figure 11, est celle d'une fausse teignede la grande espece.

La Figure 12, est celle de la coque qui a été construite par la teigne de la figure précédente. *eee,* partie de la coque couverte de grains d'excrémens. *c,* partie de la coque qui paroît toute de soye, parce que le lambeau *d,* en a été enlevé.

Les Figures 13 & 14, représentent en deux vûës différentes, le papillon nocturne de la teigne de la fig. 11. Il est de la troisiéme classe des phalenes, ayant des antennes à filets grainés, & n'ayant point de trompe; mais son port d'aîles le place dans un genre particulier de cette classe. *h,* fig. 13. huppe qu'il a sur le corps.

La Figure 15, est celle du même papillon vû par dessous.

La Figure 16, est celle d'une des aîles supérieures du papillon précédent. En *a b,* la partie *a c b,* fait un angle avec la partie *a d e;* celle-ci est le long des côtés, à peuprès perpendiculaire au plan de position, & l'autre vient s'appliquer sur le corps.

Les Figures 17 & 18, montrent des tas d'œufs de ce papillon, qui sont de grandeur naturelle dans la fig. 17, & grossis dans la fig. 18.

La Figure 19, est celle de la fausse teigne qui mange le chocolat.

La Figure 20, est celle du papillon de la fausse teigne précédente, dessiné au microscope.

La Figure 21, fait voir le papillon de la fig. 20, dans sa grandeur naturelle.

PLANCHE XX.

La Figure 1, est celle d'un morceau de drap, sur lequel une fausse teigne a établi son domicile. *t p*, le tuyau de la fausse teigne. *d*, dépouille de crisalide qui a été laissée par l'insecte lorsqu'il est devenu papillon. *r, r*, quelques endroits du drap qui ont été rongés.

Les Figures 2 & 3, sont celles du papillon de la fausse teigne du drap, vû dans deux sens différens. La fig. 3, fait voir que son port d'ailes est en demi-queuë de coq.

La figure 4, montre par dessous & en grand le papillon des figures précédentes. *h*, huppe qu'il a en devant de la tête. *a b*, ses antennes qui sont à filets grainés, & qu'il tient passées sous ses jambes, & étenduës le long du corps, lorsqu'il est en repos.

La Figure 5, représente un morceau de cuir noir, qui depuis *n*, jusqu'en *o*, a été rongé par la fausse teigne du cuir. *t u*, le tuyau que s'est fait cette fausse teigne, & dans lequel elle se tenoit.

La Figure 6, est celle de la fausse teigne du cuir & par conséquent des couvertures de livres.

La Figure 7, est celle de la coque que la fausse teigne de la figure précédente s'est faite pour s'y métamorphoser en crisalide.

La Figure 8, est celle du papillon de la fausse teigne précédente, dans l'état où il est lorsqu'on ne l'a pas pris avec assés de précaution.

La Figure 9, eſt celle du même papillon qui a toute ſa fraîcheur, qui n'a pas été dépoudré.

La Figure 10, eſt celle du même papillon vû par deſſous.

La Figure 11, repréſente en grand, le papillon de la figure 9, & rend plus ſenſibles ſes barbes *b b*, & les ergots des jambes.

La Figure 12, repréſente pluſieurs grains de froment, liés enſemble par une fauſſe teigne du bled, qui a filé entr'eux un tuyau *t*, de ſoye blanche.

La Figure 13, eſt celle de cette fauſſe teigne.

La Figure 14, eſt celle du papillon dans lequel la derniére fauſſe teigne ſe transforme.

Les Figures 15 & 16, repréſentent en grand le papillon précédent. Il eſt vû de côté & par deſſus fig. 15, & par deſſous fig. 16. *t*, eſpece de turban fait de poils qu'il a ſur le devant de la tête.

Dans la Figure 16, on peut remarquer deux barbes *b b*, plus écartées l'une de l'autre que ne le ſont communé-ment celles des autres papillons. *ff*, deux filets placés en-tre les barbes, & dirigés dans un ſens contraire à celui où les barbes le ſont.

NEUVIEME

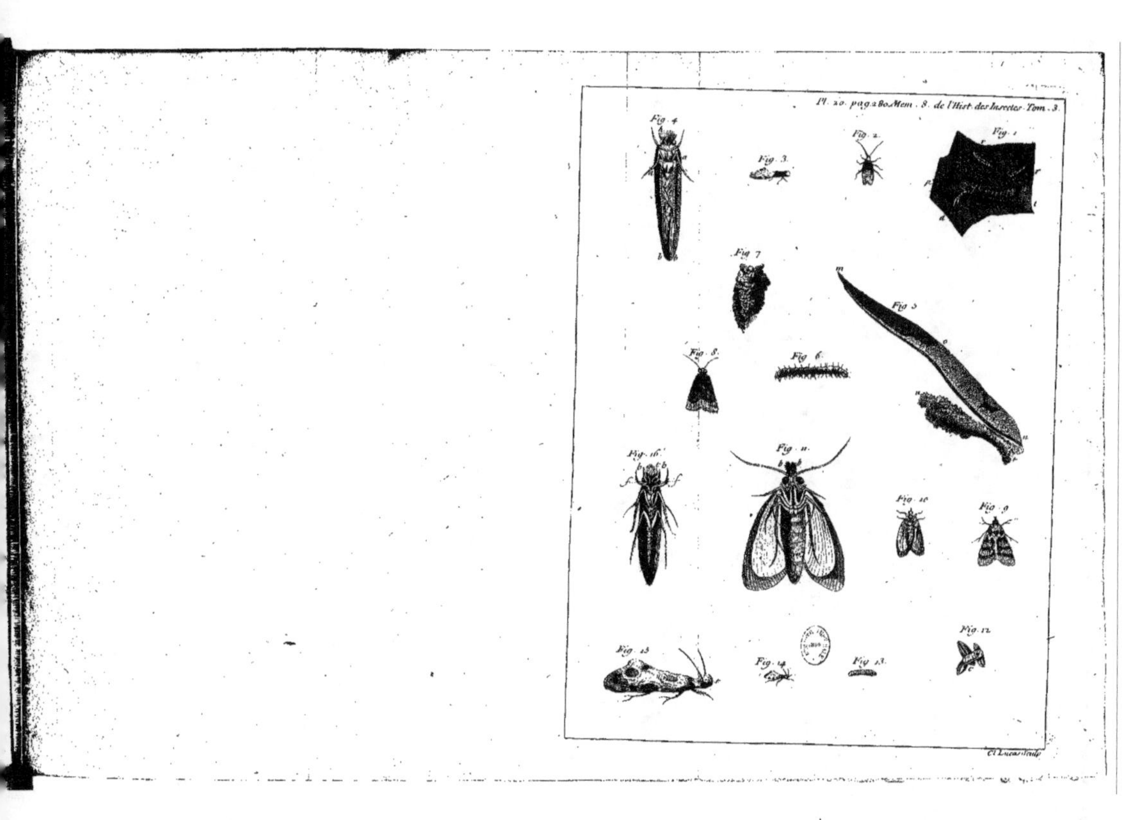

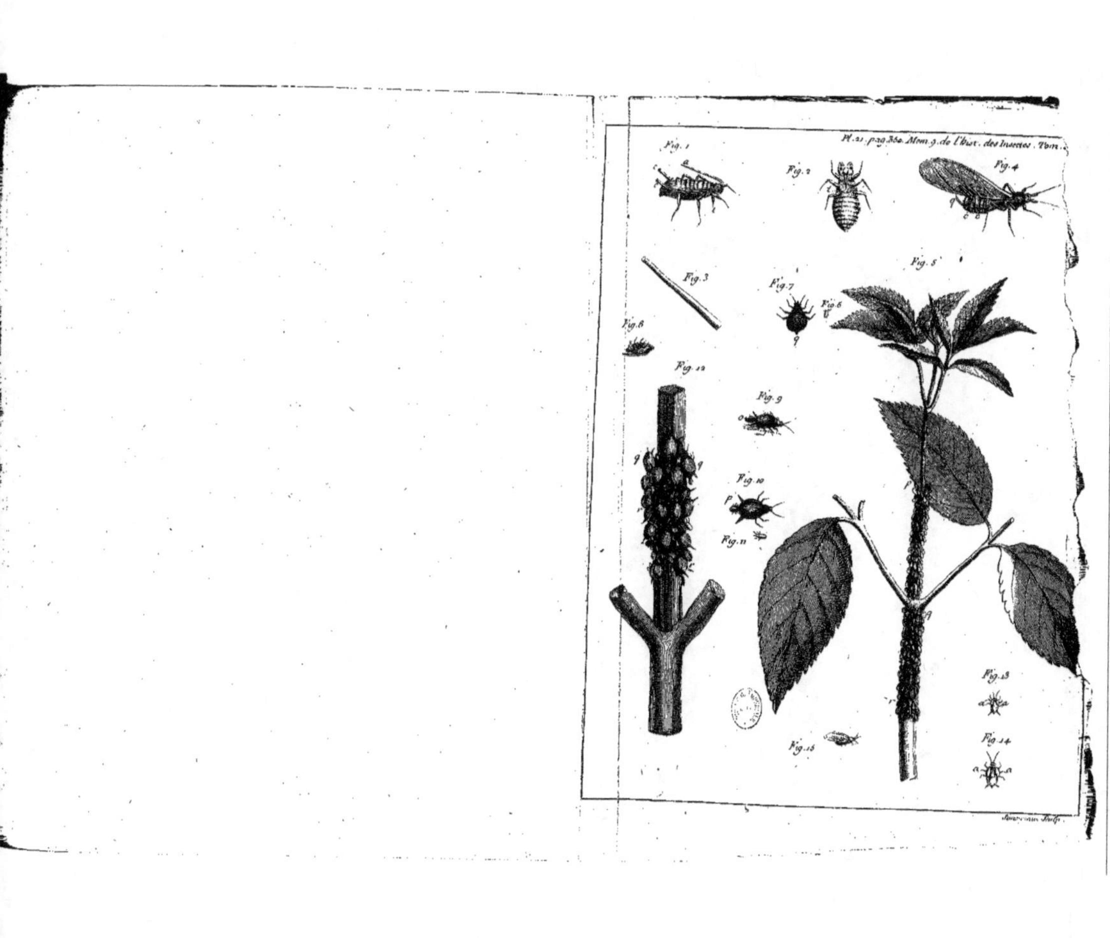

Pl. 21. pag. 352. Mem. 9. de l'hist. des Insectes. Tom.
Fig. 1
Fig. 2
Fig. 4
Fig. 3
Fig. 5
Fig. 7
Fig. 6
Fig. 8
Fig. 12
Fig. 9
Fig. 10
Fig. 11
Fig. 13
Fig. 14
Fig. 15

NEUVIE'ME MEMOIRE.

HISTOIRE

DES PUCERONS.

APRÈS avoir fuivi les infectes à qui la Nature a donné l'intelligence & l'induftrie foit de fe faire des efpeces d'habits, foit de fe faire des logemens, il feroit affés naturel de fuivre ceux des logemens defquels la Nature elle-même femble s'être chargée. Je veux parler de ces infectes qui, depuis leur naiffance jufqu'à leur transformation, ne paroiffent occupés d'autre foin que de celui de fuccer ou de ronger l'intérieur de quelque partie de plante ou d'arbre, dans laquelle ils fe trouvent; mais la nature a tout difpofé de maniére que cette partie même que ces infectes rongent ou fuccent, loin d'être réduite prefqu'à rien, à force de s'émincer, loin d'être prefque détruite, devient plus épaiffe & plus confidérable que les autres parties femblables d'où les infectes ne tirent rien; elle croît plus que le refte; plus les infectes lui ôtent, & plus fa folidité augmente en tout fens. Non-feulement ces parties fourniffent des alimens aux infectes, elles leur forment des logemens qui deviennent plus fpacieux & plus folides à mefure que croiffent les infectes qui les habitent. Ainfi à la fuite des hiftoires des teignes & de celles des fauffes teignes, on placeroit affés bien celles des infectes qui s'élevent dans ces tubérofités ou galles, qui naiffent fur tant de plantes & d'arbres, & fur toutes les parties des plantes & des arbres. Quelques-unes de ces galles ont des figures très-remarquables; elles paroiffent affés ordinairement des fruits, & de très-gros fruits. Nous avons pourtant crû devoir donner l'hiſtoire des pucerons, avant que de nous engager dans celle des galles, & de leurs inſectes. Ces pucerons ſont au rang des plus petits animaux, mais leur claſſe eſt extrêmement nombreuſe en eſpeces différentes; & quelques-unes des eſpeces qui lui appartiennent, nous obligeront d'entamer l'hiſtoire des galles; elles nous mettront même plus à portée de voir d'où dépend la production de ces ſortes de tubéroſités, qu'aucune des autres eſpeces d'inſectes qui s'élevent dans d'autres galles. D'ailleurs la ſuite de cet ouvrage demandera ſouvent qu'on connoiſſe les pucerons; nous ſerons ſouvent obligés d'en parler à l'occaſion d'inſectes de pluſieurs claſſes différentes qui s'en nourriſſent.

Si nous étions maîtres de choiſir nos connoiſſances, de nous en donner en chaque genre ſur certains ſujets, nous devrions choiſir d'en avoir ſur les objets qui ſont le plus ſouvent préſens à nos yeux. Il nous eſt plus agréable de connoître les petites manœuvres des inſectes qui ſe trouvent dans nos jardins, que celles des inſectes des Indes que nous ne verrons jamais. Or dans nos champs, & dans nos jardins, il eſt peu d'arbres, il eſt peu de plantes, & peut-être n'en eſt-il point qui n'ait ſon eſpece particuliére de pucerons, ou du moins à qui quelqu'eſpece de pucerons ne s'attache. Ce ſeroit un ouvrage bien long & auſſi inutile que long, que celui de les parcourir toutes; mais il convient de ſçavoir ce qu'elles ont de commun, & les particularités les plus remarquables de quelques-unes. Tout petits que ſont les pucerons, ils ne ſont pas moins propres que les plus grands animaux, à élever notre admiration à l'Auteur de tout ce qui exiſte; & c'eſt-là un des plus grands fruits qu'on doive tirer de l'hiſtoire naturelle; elle réveille notre attention par des merveilles qui

ne furpaffent pas celles que nous avons continuellement
fous les yeux, mais qui font pourtant plus capables de nous
frapper, parce que nous y fommes moins accoûtumés.
Nous verrons d'ailleurs avec moins de peine les feuilles de
nos arbres & de nos plantes falies, contrefaites, & quelquefois entiérement défigurées par ces infectes, quand, chaque
fois que nous verrons foit les pucerons, foit les feuilles
maltraitées, nous nous rappellerons quelques faits de ces
infectes, dignes d'être connus. Après avoir fuivi les mouvemens de ces globes immenfes qui ornent le Ciel, M.
de la Hire fçavoit donner fon attention aux pucerons, leur
petiteffe ne les empêchoit pas de paroître admirables à
fes yeux. L'hiftoire de l'Académie de 1703. rapporte
les obfervations qu'ils lui avoient fournies; mais, à vrai
dire, ils lui en euffent fourni de plus fingulieres, & il n'eût
pas été expofé au rifque de deviner mal fur leur compte,
s'il eût eu ou plus de temps à leur accorder, ou plus de
commodité à les obferver.

Leeuwenhoëk nous a donné de bien plus curieufes &
de bien plus exactes obfervations fur ces mêmes infectes;
l'exactitude de toutes celles qu'il a rapportées, n'eft pas
pourtant la même. M. Harfoëker, dans l'extrait critique
qu'il a fait des lettres de cet auteur, a adjoûté auffi quelques remarques fur les pucerons, à celles qu'il y a trouvées; mais fa critique a épargné des obfervations fur lefquelles elle eût dû tomber; il a regardé comme vrais quelques-uns des faits où Leeuwenhoëk s'eft le plus mépris.
Jufqu'ici nous n'avons vû que des infectes ovipares; les
pucerons commenceront à nous en faire connoître de
vivipares & qui le font d'une façon finguliére.

Le nom de puceron n'auroit dû être donné, ce femble,
qu'à des infectes vifs, fautans avec agilité comme les puces.
Nos pucerons font cependant des infectes très tranquilles;

N n ij

ils ne marchent que rarement, & leur démarche, pour l'ordinaire, est lente & pesante. Ils ont six jambes * assés longues & déliées, qui dans ceux de plusieurs especes, paroissent surchargées du poids qu'elles ont à porter, lorsque l'insecte est parvenu à son dernier terme de grandeur.

En géneral, ces insectes sont petits, mais ils ne le sont pas à un tel point que de bons yeux ne puissent distinguer, sans secours de microscope, les principales parties extérieures de ceux de la plûpart des especes. Il y en a des especes considérablement plus grosses que les autres.

Une grande partie des pucerons parvient à prendre des aîles *. Ils se transforment en différentes especes de moucherons; nous appellerons ceux-ci des *pucerons aîlés*.

Le corps des pucerons sans aîles a une forme qui approche de celle du corps des insectes qui en portent actuellement, de celle du corps d'une petite mouche à qui on les auroit ôtées; je veux dire seulement que leur corps n'est point allongé, comme l'est celui des chenilles. Tous ont sur la tête deux antennes *. Celles de quelques especes sont très-longues; certains pucerons les portent devant eux; d'autres les tiennent couchées sur leur dos, & on en voit de celles-ci qui surpassent le corps en longueur.

La plûpart des especes ont deux cornes plus singuliéres que les antennes; elles * sont posées assés près du derriére en dessus du corps; elles sont sur une même ligne, assés écartées l'une de l'autre à leur origine, mais elles s'écartent encore davantage en s'élevant; elles sont beaucoup plus courtes que les antennes, & plus grosses; elles ne se plient aucunement; elles restent toûjours droites, & conservent toûjours à peu-près la même inclinaison entr'elles, quoiqu'elles en puissent un peu varier par rapport au corps de l'insecte. Il y a pourtant beaucoup d'especes de pucerons à

qui ces cornes manquent *, & beaucoup plus à qui elles paroiſſent manquer. Quand j'ai obſervé avec une bonne loupe
pluſieurs eſpeces de pucerons qui paroiſſoient privées de
ces cornes ſinguliéres, j'ai apperçû dans les endroits où elles
ſe fuſſent trouvées ſi l'inſecte en eût eu, deux petits rebords
circulaires qui étoient comme des cornes extrémement
courtes, ou comme des parties plus courtes, mais capables des fonctions eſſentielles que nous verrons être propres aux cornes. Il eſt dommage qu'elles ne ſoient pas
ſenſibles ſur toutes les eſpeces de ces inſectes, elles ſeroient
très-propres à en caractériſer la claſſe.

* Pl. 23. fig. 4, 6. &c.

Les différentes eſpeces de pucerons différent entr'elles
par la couleur; il y en a un très-grand nombre de vertes,
& qui ne différent que par différentes nuances de verd; il
y en a de verd-brun, de verd-clair, de citron; mais il y en a
de noires, de blanches, de couleur de bronze, d'un brun
cannelle. Dans le mois d'Août on trouve ſur les roſiers des
pucerons de différentes nuances de rouge-pâle, quelques-
uns tirent ſur la couleur de roſe; dans les mois qui précédent, les pucerons des roſiers ſont verds. Sur le ſycomore
& ſur quelques autres arbres & plantes, où ils ſont ordinairement verds, j'en ai obſervé de rougeâtres dans le mois
de Novembre. Ils ne tirent plus alors des feuilles qui ſe
ſéchent, un ſuc de la couleur de celui des feuilles fraîches,
& ce ſuc différemment coloré, colore différemment les
inſectes qui s'en nourriſſent. Par où les pucerons différent
plus encore, c'eſt que la couleur des uns eſt matte, & celle
des autres eſt une couleur luiſante, telle que celle des
vernis. Les pucerons, par exemple, du ſureau, ceux du
pavot, ceux des groſſes féves de marais, ſont noirs ou
bruns, comme le ſont du drap ou du velours : ceux des
lichnis, ceux des abricotiers ſont ſouvent noirs ou bruns,
comme l'eſt un vernis noir de la Chine. D'autres paroiſſent

N n iij

du plus beau vernis de couleur de bronze, ou tels que
du bronze extrémement poli, comme ceux de la tanefie,
ceux du laiteron, ceux d'une groffe efpece qui fe trouve
quelquefois fur le chêne, & plufieurs autres. On en voit
fur les grofeliers qui font de couleur de nacre de perle;
la peau de ceux qui ont cet éclat, ce luifant, eft plus dure
que celle des autres, elle approche plus de la confiftance
des enveloppes écailleufes ou cruftacées, & ceux-là font en
mauvais état, comme nous le verrons dans la fuite. Pour
la plûpart, ils ne font que d'une feule couleur; il y en a
pourtant de tachetés, tels font ceux de l'abfynthe, fur lefquels le blanc & le brun font bien mêlangés. Sur l'ofeille
des prés on en trouve dont la partie antérieure & la partie
poftérieure du corps font noires, & dont le milieu du
corps eft verd. Ceux du bouleau & d'autres du faule *, font
très-joliment marquetés de verd & de noir.

Il n'eft pas bien fûr que tous ceux de différentes plantes
foient de différentes efpeces; j'ai eu un pied d'abfynthe
qui en étoit chargé entre toutes fes feuilles depuis le bas
jufqu'au haut de la tige; ces pucerons de l'abfynthe alloient
s'établir fur des plantes voifines d'un goût infipide.

Ils vivent en focieté; on ne les trouve prefque jamais
qu'en nombreufe & fouvent très-nombreufe compagnie;
ils s'attachent aux tiges & aux feuilles des plantes, aux
jeunes rejettons des arbres, & à leurs feuilles. Les parties
des plantes fur lefquelles ils fe font établis, en font quelquefois entiérement couvertes. On voit des tiges & des
feuilles de plantes & d'arbres * qui en paroiffent hideufes.
La façon dont ils couvrent les fleurs du chevrefeuille,
dégoûte bien des gens de mettre cet arbufte dans leurs
parterres. Il y a des plantes & des arbres qui en ont beaucoup, & où cependant on ne les voit point fi on ne cherche
à les voir; ils s'y cachent de différentes maniéres, que nous

* Pl. 22. fig.
2.

* Pl. 21. fig.
5. pr. Pl. 22.
fig. 1 & 5. pq.
Et pl. 23. fig.
9.

expliquerons lorfque nous aurons un peu plus parlé de ceux
qui font dans des places où ils font toûjours très-vifibles.

Il n'en eft point de plus aifés à remarquer que ceux qui
s'établiffent fur les jeunes pouffes du fureau *; fouvent elles * Pl. 21. fig.
en font couvertes tout autour de leur circonférence, fur 5. *P q* r.
une longueur de plufieurs pouces, & même d'un pied ou
d'un pied & demi; les pucerons y font fi proches les uns des
autres, qu'ils s'entre-touchent par-tout; c'eft même encore
trop peu dire, car il y a quelquefois deux couches de ces
infectes l'une fur l'autre *. Comme ils font noirs ou d'un * Fig. 5. *g* r.
noir verdâtre, on ne fçauroit manquer de les appercevoir
dans les endroits où ils cachent des tiges dont la couleur
eft d'un verd clair, car ils ne s'attachent jamais, ou rarement,
aux tiges les plus vieilles du fureau, dont la peau eft grife.

Si on les obferve fans agiter la plante, on les voit
prefque tous tranquilles, il femble qu'ils paffent leur vie
dans l'inaction; mais pendant ce repos apparent, ils s'occupent de ce qui peut le plus contribuer à leur confervation & à leur accroiffement; ils tirent alors de la plante la
nourriture qui leur eft convenable. Ils font armés d'une
trompe fine * qu'on ne découvre bien qu'au moyen d'une * Fig. 1 & 2.
loupe; mais la loupe fait voir cette trompe, & comment *t.*
elle eft dirigée. J'ai vû des trompes de pucerons piquées
dans des jets de chêne, de maniére que les pointes étoient
enfoncées bien par-delà l'épiderme, elles entroient affés
avant dans l'écorce. On trouve de même une trompe à
tous les pucerons des autres plantes; ils percent avec fa
pointe la première peau foit des feuilles, foit des tiges auxquelles ils fe font attachés; & ils en fuccent une liqueur qui
eft l'aliment qui leur eft propre. Quand ils marchent, cette
trompe eft ordinairement couchée fur leur ventre *; dans * Fig. 2.
la plûpart des efpeces elle a une longueur environ égale à
celle du tiers ou de la moitié de leur corps.

Nous avons dit que sur la même tige du sureau il y a quelquefois deux couches de pucerons l'une sur l'autre; on trouve des pucerons ainsi disposés par couches sur les tiges & sur les feuilles de bien d'autres plantes. Ordinairement la seconde couche * n'est pas aussi continuë que la premiére, elle laisse des vuides; quelquefois elle n'est composée que de quelques pucerons assés écartés les uns des autres; mais en revanche ceux de cette seconde couche sont, pour la plûpart, considérablement plus gros que ceux de la premiére; ils marchent plus volontiers, & c'est sur un plancher de pucerons qu'ils marchent. Là ils ne sont pas à portée de succer la plante, leur trompe seroit à peine assés longue pour atteindre jusqu'à son écorce, & elle ne passeroit pas commodément entre les insectes qui la couvrent. Aussi ceux de cette seconde couche ne cherchent pas de nourriture, ils travaillent à conserver & à multiplier leur espece. M. de la Hire a soupçonné que les pucerons, lorsqu'ils ont pris des aîles, font des œufs d'où naissent ensuite ces pucerons non aîlés si communs sur nos plantes. Il a sans doute été conduit à le croire par l'analogie qu'il a jugé devoir être entr'eux & les mouches ordinaires, & les papillons. Mes observations me parurent s'accommoder mal avec cette analogie; chaque jour je voyois le nombre des pucerons s'accroître sur des feuilles & sur des tiges où on ne découvroit point d'œufs; j'y en voyois de toutes grosseurs & par conséquent de tout âge; d'où il me parut que ces insectes ne se multiplioient pas de la maniére dont se multiplient la plûpart des autres insectes qui deviennent aîlés. En voyant multiplier le nombre des pucerons extrémement petits, sans trouver jamais d'œufs, je fus porté à penser que ces insectes étoient vivipares, & je ne l'eus pas plûtôt soupçonné que je le vis. C'est aussi ce que la dissection de ces petits insectes avoit d'abord appris à M. Leeuwenhoëk;

elle

* Pl. 21. fig.
12. qr.

elle lui avoit fait découvrir que leur corps étoit rempli d'insectes semblables, considérablement plus petits, mais très-bien formés & prêts à naître.

Pour moi j'observai à la loupe & avec attention, les plus gros pucerons, & je ne fus pas long-temps à les observer, sans en appercevoir quelques-uns, qui, à leur anus, ou auprès de leur anus, avoient un petit corps verdâtre, quoique le puceron fût noir. Ce petit corps * étoit oblong, ayant assés la forme d'un œuf un peu applati. Je fixai mes regards sur un de ces petits corps, & je le vis sortir insensiblement & de plus en plus du derriére du puceron ; il ressembloit toûjours à un œuf. Mais enfin quand il fut encore plus avancé à sortir, quand, à en juger par sa forme ovale, il ne paroissoit plus en rester que le petit bout dans le corps de la mere, je reconnus que ce qui m'avoit semblé jusques-là un œuf, étoit un insecte très-vivant, muni de plusieurs jambes. Ses jambes * se séparerent peu à peu du ventre, tout du long duquel elles étoient étenduës auparavant ; je les vis se donner des mouvemens en divers sens, & cela peut-être pour aider à retirer la tête de dedans le corps de la mere, où elle étoit encore engagée : car le derriére du petit insecte étoit sorti le premier ; son dos étoit en dessus, comme il doit être naturellement. Les jambes étenduës & appliquées contre le ventre n'avoient pû devenir visibles jusqu'à ce qu'elles se fussent donné des mouvemens pour se mettre en des positions semblables à celles où elles sont lorsqu'elles portent le petit animal. Leeuwenhoëk avertit aussi dans une observation particuliére, que le derriére du puceron sort le premier du corps de sa mere.

La mere paroît tranquille pendant cette opération, toute son action est intérieure ; le petit qui peu à peu est mis au jour, ne sçauroit en rien aider à sa propre sortie, jusqu'au moment où il est dehors à la tête près, & cela parce que les

* Pl. 21. fig. 9 & 10. Pl. 24. fig. 2. n.

* Pl. 24. fig. 3. iii, iii.

attaches des jambes font proche de la tête. Mais quand il
en eft venu là, les mouvemens de fes jambes ne contribuent
pas peu à achever de dégager fa tête. J'en ai obfervé qui
n'étoient pourtant pas libres encore lorfque la tête étoit
dégagée; leurs antennes étoient reftées dans le corps de
la mere; elles font longues, auffi étoient-elles du temps
à fortir, proportionnellement à la durée de l'opération;
quelquefois l'infecte nouveau né faifoit pendant près de
deux minutes des efforts continuels pour achever de retirer
fes antennes. L'accouchement entier, lorfqu'il eft le plus
long, ne dure pas plus de fix à fept minutes.

Dès qu'on a vû une fois un fait d'hiftoire naturelle, il
eft ordinairement aifé d'en revoir de pareils; auffi depuis
que j'eus vû accoucher pour la premiére fois une mere
puceron, j'en ai vû accoucher toutes les fois que je l'ai
voulu. J'ai obfervé un grand nombre d'efpeces différentes de ces infectes, & il n'en eft peut-être aucune dont je
n'aye vû des meres mettre au jour des petits vivans. Les
meres font toûjours faciles à reconnoître, elles furpaffent
les autres pucerons en groffeur; leur peau paroît tenduë;
leur ventre & leur dos font renflés; on n'y apperçoit aucun de ces fillons qui féparent les différens anneaux dont
le corps des infectes eft compofé. Qu'on obferve donc
les plus gros pucerons, & il fera rare de les obferver dans
un inftant où il n'y en ait pas quelqu'un dans le travail
de l'accouchement. Si même on obferve ceux des plus
groffes efpeces, tels que ceux du rofier, du fureau, du
tilleul, ceux de certains chardons, on pourra fuivre l'o-
pération à la vûë fimple; mais fi on veut fe fervir d'une
loupe, on diftinguera fort bien l'ouverture de la partie
d'où fort l'infecte; elle eft faite en entonnoir dont l'évafement eft en dehors; fon bord eft blanc.

La fécondité des meres pucerons eft grande; ont-elles

une fois commencé à accoucher, elles semblent ne faire
autre chose. J'en ai mis de seules sur des feuilles où elles
étoient peut-être moins à leur aise que sur celles qu'elles
s'étoient choisies, elles n'ont pas laissé d'y faire quelquefois jusqu'à 15 à 20 petits dans une journée; & elles n'en
paroissoient pas moins grosses. Quand on les écrase doucement, on juge que leur ventre étoit rempli de petits; on
n'en fait sortir que deux ou trois de prêts à naître, & dont
on puisse remarquer les yeux; mais on en voit des centaines de posés à la file les uns des autres, comme des
grains de chapelet, dont la plûpart n'ont encore que la
forme d'œufs. En un mot, il en est de ces petits embryons
comme des œufs des poules; il y en a de différens âges,
de prêts à sortir, pendant que les autres ne paroissent que
commencer à se développer. Cette maniére de se perpétuer est très-différente de celle des quadrupedes. Les
petits qui croissent dans le corps des quadrupedes, y ont
tous la même grandeur à peu-près, ils sont tous presque
du même âge, & paroissent au jour à peu-près en même
temps.

Les pucerons qui viennent de naître sont toûjours d'une
couleur moins foncée que celle de leur mere; ceux qui
sortent du corps de meres noires, sont verts; ceux qui sortent de meres vertes, sont d'une nuance d'un verd plus
pâle; des meres d'un verd-citron ou presque jaune, telles
que sont celles du noisetier, du troëne, mettent au jour
des petits qui sont blancs. Les nouveaux nés, au reste,
ressemblent assés aux plus vieux, si ce n'est que leur corps
est plus applati.

Nous leur avons vû remuer les jambes avant qu'ils
fussent entiérement sortis du corps de leur mere, aussi
dès qu'ils en sont dehors ne tardent-ils pas à en faire usage;
ils marchent, ils vont chercher sur la plante un endroit

où bientôt ils se fixent pour la succer. Cet endroit est toûjours auprès de quelques autres pucerons. Ils aiment à vivre en societé. Nous avons consideré ci-devant une portion d'une tige de sureau * immédiatement enveloppée d'une couche de ces insectes; c'est souvent sur une partie de cette couche * que les petits naissent, ils marchent ensuite dessus; ils la suivent soit en montant, soit en descendant, jusqu'à ce qu'ils soient parvenus à un de ses bouts, alors ils en descendent & se mettent à la file des autres pucerons *; ainsi la couche s'allonge journellement. Le puceron qui vient de prendre sa place, s'arrange de façon que sa tête est près du derriére du puceron qui le précéde; de sorte que les têtes de ceux qui sont au haut de la couche, sont ordinairement tournées vers le bas de la plante, & celles des pucerons qui sont vers le bas de la couche, sont tournées vers le haut.

*Pl. 21. fig. 5. *p r.

* *q r.*

*p.

Ceux qui se tiennent sur les feuilles s'arrangent d'une maniere équivalente; leur arrangement ne paroît nulle part plus régulier que sur les feuilles de l'arbre appellé à Paris *sycomore,* & par les Botanistes *érable de montagne;* là on voit des plaques * de jeunes pucerons très-plats, qui sont tous si immobiles, qu'on les prendroit pour des œufs qui ont été déposés avec ordre par quelqu'insecte. L'assemblage * est composé de couches à peu près concentriques; toutes les têtes sont tournées vers une espece de centre. Si on a remarqué comment s'arrangent les moutons qu'on laisse tranquilles dans les champs pendant la forte chaleur du jour, on a vû en grand une image de la disposition de nos petits insectes; leurs têtes sont inclinées vers la surface de la feuille, comme les têtes des moutons le sont alors vers la terre; mais les moutons ne courbent leur tête que pour la mettre à couvert des rayons du soleil, & les pucerons inclinent la leur afin de mieux appliquer leur

* Pl. 22. fig. 7. *b, a, c.*

* Fig. 6. *g.*

trompe contre la furface de la tige ou de la feuille.

Quelque fines que foient les trompes des pucerons, dès qu'il y en a des milliers de piquées contre la tige d'une plante, contre une feuille, qui en pompent continuelle-ment du fuc, non-feulement elles en tirent une quantité de fuc fenfible, mais elles ne fçauroient manquer d'y en occafionner une diffipation confidérable, dont les plantes femblent devoir fouffrir; il y en a pourtant qui n'en fouffrent aucunement. Les tiges du fureau confervent & leur forme & leur nuance de verd; & ce n'eft pas préci-fément, comme on pourroit le foupçonner, parce que l'action de ces infectes eft égale fur toute leur circonférence, car j'ai fouvent obfervé des feuilles des mêmes fureaux chargées feulement en deffous de ces infectes, qui n'é-toient nullement altérées. J'ai vû de même des feuilles d'a-bricotiers, de fycomore & de divers autres arbres, & de diverfes plantes, qui ne paroiffoient nullement fouffrir des pucerons qui les couvroient. Il n'eft donc pas vrai en gé-néral qu'ils foient la pefte des arbres & des plantes, comme l'affûrent Leeuwenhoëk & Harfoëker; car ils s'établiffent & fe multiplient beaucoup fur certains arbres & fur certaines plantes qui n'en paroiffent aucunement incommodées; toutefois il eft vrai qu'il y a des plantes & des arbres dont les feuilles font bien maltraitées par les pucerons; celles des pêchers, celles des pruniers, celles des chevrefeuilles font quelquefois toutes frifées, & bizarrement contournées lorfque les pucerons s'y font nichés; à force même d'être fuccées par ces infectes, elles jauniffent & fe defféchent.

Ainfi il y a quantité de feuilles, & même il y a des pouffes d'arbres qui font fenfiblement altérées par les pucerons. Nous avons dans le tilleul un exemple remar-quable des effets qu'ils font capables de produire fur les jeunes pouffes; il s'en établit fur celles de cet arbre une

des plus grosses especes *; il y en a de ceux-ci de roux * &
de noirs ou bruns *, mêlés ensemble, & également gros &
distendus; ils ne portent point de cornes sur le derriére.
Comme ils sont assés gros, ils m'ont laissé appercevoir
de chaque côté, sur leurs anneaux, de petites taches disposées comme les stigmates des chenilles, qui pourroient
bien être de même les organes de la respiration. J'ai vû
faire à ces pucerons des petits vivans. Les meres s'attachent
aux jeunes pousses du tilleul, sur lesquelles leurs petits s'arrangent à mesure qu'ils naissent; mais au lieu que ceux du
sureau forment des anneaux qui entourent toute la tige,
ceux du tilleul se disposent en file seulement sur un des
côtés du jet: il y a quelquefois deux ou trois files qui en
suivent la longueur. Une jeune pousse, quelque droite
qu'elle soit, ne l'est jamais parfaitement; il y a toûjours
un côté vers lequel elle se courbe un peu. Ce côté est
sans doute celui où les meres font leurs petits, & celui
où ils restent. Mais quand ils s'y sont multipliés, la nouvelle tige n'est pas seulement un peu courbée de leur côté,
elle l'est considérablement & d'une maniére remarquable;
elle est pliée en tire-bourre *, elle forme plusieurs tours de
spirale; & c'est toûjours dans la concavité des tours que
les pucerons font logés *; il est rare d'en trouver qui soient
en dehors, & bien plus rare d'en trouver qui soient sur
la convexité. Soit qu'on imagine simplement que ces petits
insectes tirent beaucoup de suc nourricier de la partie de
la tige sur laquelle ils sont appliqués, soit que l'on veuille
de plus que les piquûres qu'ils y ont faites, occasionnent
une évaporation considérable du suc nourricier, toûjours
peut-on concevoir que c'est vers le côté où ils sont,
que la tige doit se courber, par la même raison qui fait
qu'un bois imbibé d'eau, se courbe vers le côté qui est
le plus exposé à l'action du feu ou à celle des rayons du

* Pl. 23. fig.
7 & 8.
* Fig. 4.
* Fig. 6.

* Fig. 2. abc
de.

* Fig. 3.

foleil. Comme la tige en croiffant, tend à s'élever, & que
les pucerons qui la fuivent jufques dans fa plus tendre
extrémité, font perdre au côté contre lequel ils font appliqués, beaucoup de fuc nourricier, les courbûres que
prend fucceffivement cette tige, ne doivent pas être dans
un même plan; elles doivent faire par la fuite différens
tours arrangés comme ceux d'un tire-bourre, auxquels
nous les avons comparés ci-devant.

Ces contours que nos infectes font prendre à la jeune
pouffe, femblent leur être très-avantageux; il en arrive
que les feuilles qui partent de cette jeune portion de la
tige, font rapprochées les unes des autres, au lieu qu'elles
feroient naturellement écartées; il en arrive qu'elles forment une touffe *, une efpece de bouquet qui cache toute
la tige contournée, & les infectes qui y font attachés. Ces
feuilles ainfi difpofées, deffendent les pucerons contre la
pluye & contre le foleil, d'ailleurs elles les dérobent à nos
yeux. Mais on n'a qu'à lever les feuilles * par-tout où
elles forment de pareils bouquets, & l'on trouvera fur la
tige qu'elles couvrent, des pucerons qui l'habitent, ou des
veftiges de ceux qui l'ont habitée.

J'ai obfervé quelquefois des tiges de tilleul de la groffeur
du pouce, dont des portions faifoient plufieurs tours de
fpirale. Je n'euffe certainement pas affigné la véritable
caufe de ce tortillement, lorfque j'ignorois encore comment les pucerons font contourner les jeunes pouffes de
cet arbre.

Les jeunes pouffes des grofeliers font quelquefois contournées par des pucerons, mais elles ne le font jamais
autant que celles des tilleuls. Il êft de même aifé de reconnoître où elles font contournées, parce qu'on y voit
des touffes de feuilles plus ferrées les unes contre les autres, qu'elles ne le font ailleurs. J'ai vû de nouveaux jets

* Pl. 23. fig.
1.

* Fig. 2.

du faule fur lefquels des pucerons couleur d'ambre s'é-
toient établis d'un feul côté, à la file les uns des autres;
le jet fe recourboit vers le côté où ils étoient.

Dès que l'action des trompes peut faire courber des
tiges, elle doit être capable de produire de pareils effets
fur les feuilles. Des pucerons d'un brun-caffé qui s'établiffent en deffous de celles des poiriers, les obligent affés
fouvent à fe rouler felon leur longueur *. Les courbûres
que les pucerons font prendre aux feuilles de divers autres
arbres ou plantes, font fouvent en d'autres fens, & plus
irréguliéres que les précédentes. Quelquefois entre les
feuilles d'un même arbre également couvertes de ces infectes, les unes font courbées en différens fens, les autres
font frifées, & d'autres reftent très-planes. Le prunier
fournit des exemples de toutes ces variétés, qui dépendent
d'une caufe fort fimple. Quand les pucerons ne s'attachent qu'aux feuilles de cet arbre *, qui ont acquis leur
grandeur & leur confiftance, ils n'altérent pas leur forme;
au lieu qu'ils altérent la forme de celles qui font encore
tendres. Quand ils s'établiffent fur un prunier dans le temps
que fes premieres feuilles commencent à fe développer,
on ne voit bientôt à l'arbre que des feuilles dont chaque
côté eft roulé vers la principale nervûre, & parallelement
à cette nervûre*. Sur les feuilles de prunier qui font reftées
planes *, quoique couvertes de pucerons, on voit de
temps en temps prefque tous ceux d'une feuille élever leur
derriére en l'air, & quatre de leurs jambes; ils ne font
portés alors que par les deux premiéres: quelqu'un des pucerons commence à faire ce mouvement, fes voifins en
font enfuite un pareil, & fucceffivement tous ceux de la
feuille le font. C'eft-là tout leur exercice; car ils ne changent guéres de place.

Il y a des pucerons qui caufent des altérations très-
confidérables

confidérables aux feuilles des arbres auxquelles ils s'attachent, & qui ne manquent pas de les caufer. Généralement parlant ces infectes fe placent fur le deffous de la
feuille, ils y font plus à l'abri, & peut-être que la membrane qu'ils ont à percer, eft plus tendre que celle du deffus,
elle eft moins expofée à être defféchée. L'état du deffus
des feuilles de quantité d'arbres & d'arbriffeaux, apprend
que des pucerons s'y font établis par deffous. Entre cent
exemples que nous pourrions citer, nous nous en tiendrons à ceux que les feuilles des pommiers * & celles des
grofeliers offrent journellement. La furface fupérieure de
ces feuilles, au lieu d'être plane & unie, montre fouvent
des parties élevées en boffe, des callofités, des tubérofités *. Ces mêmes parties n'ont pas la couleur naturelle
à la feuille; fi elles font vertes, elles font d'un verd plus
pâle que le refte, fouvent d'un verd-citron. Ce verd eft
quelquefois lavé de rouge; fouvent ces endroits font entiérement rouges & d'un très-beau rouge. Qu'on obferve
le deffous de la feuille, on y trouvera en creux ce que le
deffus a en relief, & ces creux font autant de cavernes
peuplées de pucerons.

   Il eft à remarquer que la partie de la feuille qui forme
des tubérofités, eft bien plus épaiffe que le refte; puifque
la feuille s'eft plus étenduë & en même temps plus épaiffie
là qu'ailleurs, plus de fuc nourricier y a été porté ou y a
été arrêté; ainfi il n'y arrive pas fimplement ce qui arrive
aux pouffes de tilleuls dont nous avons parlé ci-deffus,
qui ne font que fe courber vers le côté où font les pucerons, & qui femblent fe defsécher de ce côté-là; peut-être
que les piquûres que font les pucerons que nous examinons
actuellement, font plus profondes que celles des autres,
peut-être auffi que cet effet doit être attribué à la différence qui eft entre la tiffûre des tiges & celle des feuilles. Les

** Pl. 24. fig.
4 & 5.*

** Fig. 4. t t t.
&c.*

Tome III. .P p

piquûres que quelques pucerons font à certaines feuilles,
& la maniére dont ils pompent continuellement le fuc
nourricier, donnent à ce fuc une pente plus facile vers cet
endroit. La furface même qui eft piquée, conferve moins
du fuc qui lui eft apporté, que les parties qui font dans fon
voifinage ne confervent de celui qu'elles recevoient. Cette
furface doit donc fe courber, devenir concave, pendant
que fes environs s'épaifliffent. Le fuc fe porte plus abondamment vers les endroits qui font fuccés, il les étend &
les gonfle plus que le refte. Les playes faites aux arbres foit
en fendant fimplement leur écorce, foit en enlevant une
partie de l'écorce, nous montrent à peu-près en grand ce
qui fe fait ici en petit; avec le temps les bords de la playe
fe trouvent plus élevés que les environs. La feve arrive
en plus grande quantité qu'ailleurs dans les endroits où
les tuyaux ont été ouverts; & après même que leurs ouvertures ont été bouchées, elle continuë encore à y couler
en plus grande quantité qu'ailleurs, parce que la partie qui
a été nouvellement produite, ou, pour parler avec plus
d'exactitude, qui a crû nouvellement, eft plus tendre que
les parties voifines, & qu'elle n'eft pas recouverte d'une
écorce auffi dure. Le fuc nourricier a donc plus de facilité à la diftendre, ou, ce qui eft la même chofe, à la faire
croître. Il en arrive de même aux endroits des feuilles qui
ont été piqués par les pucerons : il eft donc naturel qu'ils
s'étendent, qu'ils s'épaifliffent plus que le refte; mais en
s'étendant ils doivent fe courber par la même raifon qui
fait que les jets de tilleul fe courbent, & fe courber vers
les infectes; là le fuc féjourne moins, il y en a plus d'enlevé.

Lorfque ces infectes s'établiffent près des bords d'une
feuille de pommier, la feuille fe gonfle & fe recourbe vers
le deffous *. S'ils s'établiffent vers le milieu de la même feuille, ils y occafionnent la production de diverfes

* Pl. 24. fig.
5. bac.

tubérofités, comme nous l'avons expliqué, mais de figures
fort différentes & très-irréguliéres, plus ou moins larges, &
plus ou moins élevées. Il y en a quelquefois qui ont la
forme d'efpeces de tetines; elles donnent pour logemens
aux pucerons des cavités longues & étroites à leur origine,
& dans une grande partie de leur étenduë.

Ce que nous venons de fuivre par degrés dans le pommier & dans le grofelier, nous prépare à voir avec moins
de furprife une altération plus confidérable qui arrive aux
feuilles de différens arbres *. Sur ces feuilles s'élevent
quelquefois plufieurs veffies d'une figure à peu-près ronde,
& qui ne femblent y tenir que par un court pédicule. La
forme de ces veffies varie pourtant beaucoup, il y en a
qui ont la rondeur & même la couleur d'une pomme
d'apis *; mais ces pommes font des pommes creufes *;
communément leur furface eft inégale & raboteufe. Les
petites galles ne font quelquefois que des efpeces de tetines,
je veux dire qu'elles fe terminent en pointe, qu'elles font
plus larges à leur bafe qu'ailleurs; elles ne font pas portées
par un pédicule. L'orme eft un des arbres qui nous fait
le plus voir de ces galles creufes ou veffies, & c'eft aux fiennes que nous allons nous arrêter. Il y a des années où elles
deviennent communément plus groffes que des noix *, &
on en trouve de monftrueufes qui approchent de la groffeur
du poing; mais il y a d'autres années où elles égalent à
peine en groffeur des noifettes. Quand elles ont à peu-
près la groffeur des noix communes, il n'y a plus que de
legers reftes de la feuille *, à laquelle elles tiennent; elle a
toute été employée à former une galle, c'eft beaucoup
qu'elle y ait pû fuffire. Si on ouvre ces veffies *, on les trouve
habitées par une grande quantité de pucerons. M. Geoffroy
a très-bien décrit les infectes qui y font logés, & diverfes
matiéres qui y font renfermées avec eux, dans un Mémoire

* Pl. 24. fig. 6. *u.* Et pl. 25, fig. 1, 4, 5, 6 & 7. *uuu, &c.*

* Pl. 25. fig. 1. *u.*
* Pl. 24. fig. 6. *omn.*

* Pl. 25. fig. 4, 5, 6 & 7. *uuu.*

* Fig. 5. *f.*

* Fig. 7. *por.*

imprimé parmi ceux de l'Académie de l'année 1724. Il s'é-
toit proposé principalement dans ce Mémoire, de comparer
ces veſſies avec d'autres qu'on avoit apportées de la Chine,
& qui y ont un uſage pour les teintures; il en ramaſſa autant qu'il en avoit beſoin pour faire cette comparaiſon, &
il a décrit ce qu'elles lui offrirent de ſingulier dans l'état
où il les trouva, où elles étoient très peuplées de pucerons.

    J'ai été attentif à obſerver ces veſſies dans le temps où
elles ne faiſoient que commencer à s'élever *, je n'en ai
pû rencontrer avant les premiers jours de Juin. Je les ai
priſes le plus près que j'ai pû de leur formation. J'en ai
ouvert de naiſſantes, dont les plus longues avoient ſix lignes, & avoient moins de groſſeur. Dans quelques-unes
je n'ai trouvé qu'un ſeul & unique puceron, & un puceron
tel que j'avois ſoupçonné le devoir trouver, & tel que je
l'y avois cherché, un puceron mere près de faire des petits. Dans d'autres j'ai trouvé une mere avec un ſeul petit;
dans d'autres j'ai obſervé une mere avec quatre à cinq
petits; dans d'autres veſſies plus groſſes il n'y avoit encore
qu'une mere, mais accompagnée d'une trentaine de petits.
Les veſſies étoient d'autant moins peuplées qu'elles étoient
moins groſſes, mais toutes alors n'avoient qu'un ſeul puceron mere. La différence de groſſeur qui étoit entre celui-
ci & les jeunes inſectes, ne me permettoit pas de douter
que ces derniers ne lui dûſſent la naiſſance; la reſſemblance
qui étoit d'ailleurs entre ces meres & d'autres meres que
j'avois obſervées ſur diverſes ſortes de feuilles d'arbres, ne
me permettoit pas non plus de douter qu'elles ne fuſſent
vivipares. Néantmoins afin de lever tout ſcrupule, j'ai retiré
d'une veſſie un gros puceron qui n'y étoit encore accompagné que d'un ſeul petit; j'ai poſé ce gros puceron
ſur une feuille d'orme, & il n'y a pas été long-temps
ſans accoucher ſous mes yeux. J'ai d'autant mieux ſuivi

* Pl. 25. fig. 4. up.

l'accouchement, qu'il a duré près d'un quart - d'heûre; le petit qui a été mis au jour étoit précisément semblable à celui qui s'étoit trouvé dans la vessie auprès de la mere. J'ai retiré de même de plusieurs vessies des pucerons mercs que j'ai mis sur diverses feuilles d'orme, ils y ont tous accouché; quelques - uns ont donné sept à huit petits dans un jour. Il y a apparence qu'ils en eussent fait bien davantage dans leur vessie où ils sont apparemment plus à leur aise, & plus à l'abri des impressions de l'air qui peuvent être à craindre pour eux. Ce qu'il y a de sûr, c'est que l'intérieur des grosses vessies est occupé par un nombre prodigieux de petits habitans.

Les jeunes vessies sont absolument closes de toutes parts; l'endroit par où le puceron mere y est entré, pour ainsi dire, est absolument bouché pour l'ordinaire : ainsi, dès qu'on n'y trouve qu'un seul puceron mere, c'est à cette unique mere qu'est duë la nombreuse famille qu'on y voit par la suite; c'est pour la mettre au jour & pour l'y élever, qu'elle a occasionné la production de cette vessie, & qu'elle s'y est renfermée.

On sçait que des mouches & des moucherons font des piquûres aux jeunes tiges des arbres & à leurs feuilles, où ils déposent des œufs qui occasionnent la production de tant de différentes especes de galles. Des vers sortis des œufs vivent & croissent dans ces galles jusqu'à ce qu'ils soient en état de se transformer en insectes aîlés, pareils à ceux à qui ils doivent la naissance. M. Malpighi nous a donné un curieux Traité de ces especes de galles; mais je ne sçache point qu'on ait encore fait attention, par rapport aux productions de cette nature, à un fait qui en méritoit beaucoup; sçavoir qu'il y a un genre d'insectes qui comprend plusieurs especes, dont chaque mére fait naître sur un arbre une galle dans laquelle elle se laisse enfermer elle-même, & femble chercher à fe faire renfermer de toutes parts, pour y produire une nombreufe famille. M. Malpighi qui n'a pas oublié de faire mention de nos veffies ou galles d'ormes, non plus que des feuilles d'ormes pliées dont les fibres font groffies, & qui les a vû peuplées, paroît avoir ignoré l'origine de tous leurs habitans, & comment ils s'y étoient multipliés; du moins ne nous a-t-il point averti qu'il y eût rien de différent entre le petit peuple de ces galles & celui des autres galles. Ce qu'il a dit même de certaines veffies du peuplier, dont nous parlerons dans la fuite, prouve qu'il a cru que toutes les galles devoient leur origine à des œufs qui avoient été dépofés. Je n'euffe pas deviné auffi l'origine de celles que nous examinons, fi je n'y euffe été conduit par la reffemblance qui eft entre les pucerons contenus dans ces galles ou veffies, & ceux qui font immédiatement fur les feuilles, & fi je n'euffe fçû que ces derniers font vivipares.

Il s'en faut bien que nous puiffions parvenir à voir dans l'hiftoire naturelle, tous les faits qui ne femblent pas hors de la portée de nos yeux; nous ne fommes pas toûjours maîtres des circonftances propres à nous les offrir, & fouvent nous ne fçavons pas les choifir. Il n'y a nul doute que chacune de nos meres pucerons n'occafionne la production de la veffie dans laquelle elle fe trouve renfermée par la fuite. J'euffe défiré obferver jour par jour la formation & l'accroiffement de ces veffies, mais je n'ai pû faifir leurs commencemens auffi-tôt que je l'euffe voulu. J'ai tenté d'en faire commencer par des meres pucerons que j'ai tirées de veffies fort petites, je les ai mifes fur des feuilles d'ormes; mais ces meres ne font pas reftées dans les endroits où je les ai placées, elles ont mal fatisfait ma curiofité. Peut-être y euffent-elles mieux répondu, fi au lieu de pofer fur des feuilles des meres en état d'accoucher actuellement, j'en eusse pris de moins à terme. Ce qui me le fait penser, c'est que j'ai retiré d'une galle presque naissante un puceron précisément de la figure des meres, mais qui n'en avoit pas encore la grosseur à beaucoup près. Il y a donc toute apparence que quand elles se renferment elles ne sont pas encore en état de faire leurs petits, elles ont encore elles-mêmes à croître; & pendant qu'elles croissent, elles font croître le logement qui doit recevoir les insectes qu'elles mettront au jour.

Au reste, quand j'aurois vû le puceron s'attacher pour la premiére fois à la feuille, il semble qu'il n'auroit eu aucune adresse particuliére à me montrer. Ce que nous avons remarqué ci-devant à l'occasion des tubérosités, des especes de vessies qu'on voit aux feuilles du groselier & à celles du pommier, fait assés imaginer la formation des galles des feuilles d'ormes. Ces derniéres ne différent des autres que parce qu'elles font closes, & nous en avons observé des premiéres de prêtes à se clorre. Imaginons donc que notre mere puceron d'orme, encore très-jeune, pique une feuille d'orme; l'endroit piqué va s'étendre plus que le reste. Nous en avons eu des exemples, & nous en avons assigné les raisons à l'occasion des tubérosités des feuilles de pommier & de groselier. Cet endroit piqué s'elevera au-dessus de la surface supérieure de la feuille, & formera en même temps une petite cavité du côté où est l'insecte. Que l'insecte avance dans cette cavité, & qu'il continuë à la piquer vers l'endroit le plus enfoncé, cet endroit continuëra à s'étendre, & s'étendra en s'allongeant; je veux dire que l'excroissance prendra une figure plus approchante de la cylindrique ou de la conique, que de la sphérique; il se formera une cavité un peu oblongue, qui continuëra de s'allonger tant que l'insecte continuëra de la piquer & de la succer vers son fond. Concevons donc qu'à mefure que cette cavité croît, l'infecte va toûjours en avant; dès que la veffie fe fera élevée à une certaine hauteur au-deffus de la furface fupérieure de la feuille, l'infecte qui l'a toûjours fuivie par dedans, ne fera plus dans le plan de la furface inférieure de la feuille. C'eft-là qu'eft l'efpece d'ouverture qui a donné entrée dans la veffie naiffante : cette ouverture n'eft qu'un enfoncement de la feuille; dès que l'infecte s'éloigne de cette ouverture, rien ne contribuë à la conferver, les parties repliées qui la forment, vont fe rapprocher affés vîte, & la boucher. Auffi voit-on fur toutes les feuilles dont le deffus eft chargé de veffies, l'endroit où s'eft d'abord fait l'enfoncement, cet endroit eft rebouché, mais d'ailleurs il eft très-reconnoiffable; & c'eft ce qui a été très-bien remarqué par M. Malpighi. Voilà donc l'infecte renfermé dans une galle ou veffie oblongue; là il va mettre au jour des petits, qui, dès qu'ils feront nés, piqueront la galle, chacun de leur côté; les piquûres étant multipliées, la galle étant fuccée continuellement, en va croître davantage; & piquée & fuccée fur prefque tous les endroits de fa furface intérieure, elle prendra une figure plus arrondie, celle d'une efpece de boule ou de poire : il lui reftera une forte de pédicule par lequel elle paroîtra attachée, fi les infectes la piquent moins vers fon origine, que dans le refte de fa furface, cette portion moins piquée fe gonflera moins; c'eft probablement ainfi que la galle fe forme.

M. le Marquis de Caumont qui, par amour pour le progrès des fciences, & comme je m'en flatte, par l'amitié qu'il a pour moi, cherche à me procurer tout ce que les environs d'Avignon peuvent fournir à l'hiftoire naturelle, m'a envoyé des branches d'un arbriffeau appellé dans le pays *petolin*, & qui paroît être une efpece de piftacher, fur les feuilles duquel croiffent, comme fur les

feuilles

feuilles d'orme, des galles creufes *. Ces galles me font
arrivées très-peuplées de pucerons aîlés & non aîlés, qui
avoient beaucoup de reffemblance avec ceux des veffies
des ormes. Elles ont des figures plus arrondies que celles
des ormes, & font mieux colorées; leur dehors a le jaune
& le rouge d'un beau fruit. M. le Marquis de Caumont
m'a encore procuré des galles mieux façonnées * & mieux
colorées, qui croiffent fur les feuilles d'une efpece de
terebinthe. J'avois oui parler d'un arbre qui fe trouve
fur les terres de M. le Comte de Suze, & qu'on y appelle
l'arbre aux mouches, parce que cet arbre donne de petites
mouches dans une certaine faifon. Il étoit tout naturel
de penfer que ces mouches n'étoient que des pucerons
aîlés. Je m'adreffai encore à M. de Caumont pour qu'il
me procurât des inftructions fur cet arbre aux mouches,
qui croiffoit chés un de fes voifins; il l'a fait avec fon
zele ordinaire. Il a eu de M. le Comte de Suze, & il m'a
envoyé un Mémoire bien détaillé fur cet arbre, de fes branches chargées en partie de grappes de fruits & en partie
de galles. Les fruits nous ont appris que l'arbre en queftion
étoit un terebinthe; les veffies qui étoient fur fes feuilles
étoient des veffies deftinées à loger des pucerons. J'ai reçû
les veffies dans le commencement de Juillet, j'ai trouvé
des pucerons dans celles que j'ai ouvertes, mais j'y en ai
trouvé en petit nombre, une trentaine environ dans chaque
galle, & il n'y en avoit encore aucun d'aîlé. La faifon n'étoit
pas encore affés avancée pour que les habitations fuffent
devenuës auffi grandes & auffi peuplées qu'elles doivent le
devenir. Des galles du même arbre que j'ai euës plus tard,
renfermoient beaucoup plus d'habitans; elles avoient des
figures allongées; j'en ai eu de plus longues qu'un de nos
doigts, & qui n'étoient pas plus groffes; mais d'ailleurs
elles étoient irréguliérement contournées & renflées.

Tome III.   . Q q

* Pl. 24. fig. 6. u & q.

* Pl. 25. fig. 1. u.

Les Turcs font entrer dans la compofition de leurs teintures rouges une efpece de galles qu'ils nomment *bazgendges*, dont M. Savary n'a pas oublié de faire mention dans fon excellent Dictionnaire du Commerce ; il dit que les Turcs mêlent les bazgendges à la cochenille & au tartre pour faire une partie de leur écarlate ; il adjoûte que ce fruit eft rare & cher en France, ce qui fait qu'on ne s'en fert point. M. Granger qui n'a d'autre objet que de rendre fes laborieux voyages, utiles à tous les genres de connoiffances, écrivit de Seyde à M. du Fay le 22 Janvier 1736. qu'il avoit fait teindre fous fes yeux à Damas, de la foye en cramoifi. Dans cette lettre où il décrit exactement toutes les manipulations qu'il a vû pratiquer, il rapporte que pour donner la couleur, on employe deux onces de *baizonges* en poudre pour chaque once de cochenille. Ces baizonges, qui font les bazgendges, croiffent fur certains arbres de Syrie. S'il n'y a que la rareté & la cherté qui nous empêchent d'en faire ufage, comme l'a penfé M. Savary avec beaucoup de vrayfemblance, peut-être ferions-nous en état, du moins avec le temps, de faire chés nous des récoltes de ces fortes de galles. Nous trouverions en Provence, & nous pourrions y faire multiplier des arbres à mouches, ou des terebinthes tels que ceux de la terre de M. le Comte de Suze ; & j'ai tout lieu de croire que leurs galles font les mêmes que les bazgendges, ou qu'elles font équivalentes. Je n'ai apperçû aucune différence fenfible entre les galles defféchées que M. Granger a envoyées, & les galles defféchées des terebinthes de M. le Comte de Suze. Les unes & les autres ont la même confiftance ; quoique dures, elles font caffantes ; elles ont la même odeur de térébenthine, & elles paroiffent également chargées de cette réfine. En un mot, les bazgendges de Syrie paroiffent être nos veffies du terebinthe, & fervent fans doute de même de logemens aux pucerons. Ces infectes ne font donc pas en tout pays des infectes purement nuifibles, puifqu'ils procurent une drogue utile aux teintures.

Au refte, ce n'eft pas feulement en Syrie qu'on doit cette drogue aux pucerons, & qu'on y en fait ufage. On reçut à Paris il y a plufieurs années, des veffies qui furent envoyées de la Chine pour une des matiéres qui y font employées aux teintures. M. Geoffroy m'a remis de ces veffies, qui m'ont parû de même nature que les bazgendges de Syrie, & que les veffies du terebinthe. Quand nous fçaurons tirer parti des productions dües aux pucerons, ces infectes travailleront utilement pour nous, comme ils travaillent pour d'autres peuples.

J'ai reçû auffi de M. Granger des galles ou veffies du lentifque, qui fervent de logemens à des pucerons, & qui à l'extérieur ont une grande reffemblance avec les galles * du piftacher ou petolin de M. le Marquis de Caumont. * Pl. 24. fig. 6.

Outre les galles ou veffies en forme de pomme, ou de forme arrondie, les feuilles des terebinthes ont des galles d'une figure plus finguliére. Plufieurs feuilles font échancrées en croiffant *, & fur la partie de la feuille qui eft entiére, eft pofée une galle platte *, dont le contour eft auffi en croiffant. Je n'ai pas été à portée de fuivre la production de ces galles; mais il paroît qu'une portion de la feuille s'eft gonflée & renverfée entiérement, de maniére que par la fuite la partie renflée eft venue fe coucher, s'appliquer fur la partie dont elle eft le plus proche, & qui eft reftée faine. Quand j'ai eu ces galles en croiffant, elles n'avoient que deux ou trois lignes d'épaiffeur, j'en ai ouvert quelques-unes *; j'ai trouvé leur intérieur creux, comme je m'y attendois, & habité par fept à huit pucerons. * Pl. 25. fig. 1. c d c.
* Figure 1: c b c d, c. * Pl. 25. fig. 2 & 3.

Mais pour revenir à des galles que j'ai été à portée d'obferver fur leurs arbres, & qui peuvent encore nous donner des lumiéres fur la maniére dont fe produifent les veffies qui fervent de logement à des pucerons, nous pafferons à celles que l'on peut obferver fur le peuplier noir, dans lefquelles s'élevent de très-nombreufes familles de nos petits infectes. Il naît fur cet arbre des galles de différentes efpeces; il y en a qui partent ordinairement des queuës ou pédicules des feuilles *, & quelquefois des jeunes tiges *. Les formes de ces veffies varient fort, elles font arrondies, quelquefois oblongues & un peu recourbées vers un côté; il y en a qui ont des efpeces de cornes. J'ai trouvé celles que j'ai ouvertes dans une faifon avancée, bien remplies de pucerons: quand je les ai ouvertes de meilleure heure, je n'y en ai trouvé qu'un petit nombre. Dans une faifon où les veffies précédentes étoient abandonnées pour la plûpart par les pucerons, j'ai obfervé des veffies d'une autre forme * fur les queuës ou pédicules des feuilles des mêmes peupliers noirs. C'eft vers la mi-Septembre que j'ai obfervé celles dont je veux parler, elles étoient très-peuplées d'infectes femblables à ceux des autres veffies. Ce qu'elles avoient de particulier, c'eft qu'elles étoient tournées en fpirale *, & que pour peu qu'on les preffât, elles s'ouvroient en deux *, comme fi elles euffent été chacune formées de deux lames pliées en goutiéres, & de plus tournées en vis, & que les bords d'une des goutiéres euffent appliqués fur les bords de l'autre. J'ai obfervé des queuës de feuilles qui n'avoient point de ces veffies, qui cependant étoient contournées; la formation des veffies détermine encore davantage leurs fibres à prendre des inflexions. Sur toutes ces galles ou veffies en fpirale, il y a une rainure qui s'entr'ouvre en certains temps d'elle-même, pour laiffer fortir les infectes, & c'eft dans cette rainure que la veffie preffée commence à fe fendre; elle fe fend enfuite vers le côté oppofé. La figure de ces veffies n'a

* Pl. 26. fig. 8. g, g.
* Pl. 26. fig. 8. h. & pl. 27. g, g.

* Pl. 28. fig. 1. a b c d.

* Fig. 1. a, b. c. d.
* Figure 2, g h i, i k g.

pas échappé à M. Malpighi, il l'a fait graver fig. 29. de
son Traité des Galles; mais il a attribué leur formation
à quantité d'œufs dont elles avoient été remplies, & c'est
aux animaux mêmes qu'elle est duë.

Les autres galles * que les pucerons font naître sur les
peupliers, sont sur la feuille même, & toûjours si proches
de la principale nervûre, qui est un prolongement du pédicule, que cette nervûre se trouve à chacun des bouts
de la galle. Il n'est point de galles aussi propres que celles-
ci à nous montrer la méchanique qui fait que l'insecte se
trouve ensuite renfermé dans celle dont il a occasionné la
production & l'accroissement. La galle est élevée au-dessus
de la surface supérieure *, mais le dessous de la feuille, sa
surface inférieure, est plane; la principale nervûre * paroît
manquer dans toute la partie qui répond à la longueur
de la galle; & dans l'endroit qu'elle devroit occuper on
apperçoit en dessous de la feuille une legére fente, une
espece de petit sillon *. Tout cependant paroît bien joint,
quoique là les parties de la feuille ne soient que contiguës.
Si on tire avec les doigts la feuille par les deux bouts opposés *, dans des directions contraires & perpendiculaires
à la principale nervûre, ce sillon qui n'avoit que la largeur
d'un bon trait, s'élargit & s'accourcit; on forme bientôt
une ouverture considérable qui met à découvert l'intérieur
de la cavité de la galle *. On y voit des pucerons qui
l'habitent. Cesse-t-on de tirer la feuille, les deux parties
qui avoient été écartées, se rapprochent, elles viennent
à se toucher jusqu'à paroître réunies, & les pucerons se
trouvent aussi bien renfermés que si les deux parties n'en
faisoient qu'une. Qu'on examine les parties de la galle qui
s'appliquent l'une contre l'autre, & on reconnoîtra la cause
de tout ce jeu. Celles qui s'appliquent ici l'une contre
l'autre, sont deux especes de bourlets qui ont bien plus

Q q iij

* Pl. 26. fig.
7, & 9. u.

* Pl. 26. fig.
7 & 9.
* Fig. 11.

* Fig. 10.
n o. & fig. 11.
f k.

* Fig. 11.
r, s.

* Pl. 27. fig.
1. n o. & fig.
2. p, q, o.

d'épaiſſeur que n'en a le reſte de la galle. Les autres endroits, quoique plus épais que la feuille, ſont minces en comparaiſon des bourlets entre leſquels eſt la fente; les bourlets n'ont pû tendre à croître ſi conſidérablement, ſans tendre à s'approcher l'un de l'autre.

Si on imagine un pareil bourlet plus épais que le reſte, mais circulaire, ſur une feuille d'orme, dans l'endroit d'où part une galle, on concevra aiſément que l'inſecte doit ſe trouver bientôt renfermé dans cette galle, s'il ſe tient dans ſa cavité.

Au reſte, ce n'eſt pas ſans raiſon que ces petits inſectes ſe renferment de bonne heure; d'autres preſqu'auſſi petits qu'eux les cherchent pour les ſuccer. J'en ai vû ſuccer ſous mes yeux de ceux que j'avois tirés de leurs veſſies pour les obliger de s'en faire de nouvelles, par une très-jeune & très-petite punaiſe qui avoit une trompe longue & fine.

J'ai trouvé dans une de ces galles un autre petit inſecte rougeâtre très-vif, dont le corps étoit long & délié, & qui étoit, je crois, une punaiſe en nymphe; il avoit une trompe; il s'étoit renfermé dans la galle pour vivre des pucerons qui y devoient naître.

Enfin des pucerons qui aiment le peuplier, ſçavent encore une maniére de ſe renfermer ſans ſe mettre dans des veſſies pareilles à celles que nous venons de décrire; ils s'en font d'une autre eſpece; ils en forment une de la feuille même, & qui a bien plus de capacité que les autres. La feuille eſt pliée en deux, de façon que le bord, tout le contour d'une de ſes moitiés, eſt ramené ſur le bord, ſur le contour de l'autre moitié*; la feuille a toute ſa longueur, & n'a que la moitié de ſa largeur : ce n'eſt au reſte que le long du bord que les parties de la feuille ſont appliquées, & ſemblent collées les unes contre les

* Pl. 27. fig.
5. op q.

autres. La furface intérieure qui étoit auparavant celle du deſſous de la feuille, renferme un eſpace vuide qui, proche de la principale nervûre, eſt plus conſidérable que par-tout ailleurs; là l'épaiſſeur de la veſſie eſt quelquefois de huit à neuf lignes. Ces feuilles ainſi pliées en veſſies n'ont ni le verd, ni le liſſe des autres; elles ont un grand nombre de petites tubéroſités *, groſſes au plus comme des têtes d'épingles, & de couleur rougeâtre. Ce ſont ces tubéroſités qui ont forcé la feuille à ſe plier. Les inſectes s'attachent d'abord à des feuilles naiſſantes; j'en ai vû de petites * qui n'étoient pas encore entiérement pliées en deux; elles avoient alors preſque tout le verd qui leur eſt naturel; je n'y trouvois que deux ou trois inſectes extrémement petits; ils étoient ſur le deſſous de la feuille auprès de la principale nervûre, mais à différentes diſtances de ſes bouts. J'appercevois à la vûë ſimple, & encore mieux à la loupe, ſur la ſurface de la feuille oppoſée à celle où les inſectes étoient poſés, mais vis-à-vis les endroits où ils étoient poſés, de petits grains jaunâtres ou d'un verd plus pâle que celui du reſte; c'étoient de petites tubéroſités naiſſantes qui devoient croître, forcer la feuille à s'étendre là plus qu'ailleurs, & obliger en même temps ſes deux bords à chercher à s'approcher mutuellement. Il faut que cette diſtribution des petites galles, ou, ce qui eſt la même choſe, des piquûres qui les produiſent, ſe faſſe bien exactement dans une proportion convenable, pour qu'il arrive que les deux bords de la feuille ſe rencontrent auſſi juſte qu'ils ſe rencontrent ordinairement. Il arrive pourtant quelquefois qu'une des moitiés * déborde l'autre *. Il arrive auſſi quelquefois qu'il y a des endroits entr'ouverts, quelques endroits où les deux bords de la feuille ne ſont pas bien appliqués l'un ſur l'autre *. Mais ce que nous devons le plus remarquer ici,

* Pl. 27. fig. 5. *o p q.* & fig. 6.

* Figure 5. *f k h i.*

* Pl. 27. fig. 5. *l, n, q.* * *i o m.*

* Fig. 6. *o.*

c'est que la feuille ne s'est épaissie, & ne s'est repliée en vessie, que parce qu'il s'y est formé une infinité de petites tubérosités, de petites galles. Les plus grosses galles ne doivent aussi leur production qu'à une infinité de galles souvent encore plus petites que celles de nos feuilles de peuplier, & toûjours posées beaucoup plus près les unes des autres.

Les pucerons qui habitent ces feuilles pliées en vessies, sont assés semblables à ceux qui habitent les véritables galles des mêmes arbres, je les crois cependant de différente espece.

Laissons multiplier nos pucerons dans les vessies d'ormes, de peupliers, & dans les vessies de divers autres arbres, nous y reviendrons lorsque nous aurons parlé de plusieurs faits qui leur sont communs avec les pucerons qui vivent plus à découvert, & qui sont par conséquent plus aisés à observer continuellement. Quelqu'un qui seroit en peine de trouver des tiges & des feuilles de plante & d'arbre où il y eût de ces insectes, y pourroit être conduit par les fourmis; elles cherchent les pucerons, mais ce n'est pas pour leur faire du mal; elles paroissent plûtôt les aimer. Leeuwenhoëk & Harsoëker ont assûrément mal connu les ennemis des pucerons, ils ont cru que c'est aux fourmis que nous sommes redevables des feuilles saines que nos arbres conservent; qu'il ne leur en resteroit point si les fourmis ne détruisoient une prodigieuse quantité de ces insectes si étonnamment féconds. Les pucerons morts sur les feuilles, & que Leeuwenhoëk y a observés, n'avoient point été tués par les fourmis, comme il l'a pensé; elles qui viennent à bout de faire périr les plus grosses chenilles, n'ont peut-être jamais blessé un puceron sain. Mais en revanche les pucerons ont d'autres ennemis bien redoutables, dont nous donnerons ailleurs l'histoire. Goëdaert à qui nous devons

beaucoup

beaucoup de bonnes & d'exactes obſervations, a fait connoître les vrais deſtructeurs des pucerons, & il croyoit
que les pucerons étoient chéris des fourmis. Il raconte
dans un endroit * les careſſes qu'elles leur font, il imagine
même les diſcours qu'elles leur tiennent, & il aſſûre qu'elles
leur prêtent du ſecours contre certains inſectes. Ce ſont
de foibles ſecours, car elles les défendent mal. Goëdaert
dit dans le même endroit, & encore dans un autre *, que
les fourmis vont dépoſer ſur les rejettons des plantes une
certaine humeur ou ſemence humide, d'où naiſſent les
pucerons. L'éloge que j'ai fait de l'exactitude de cet Auteur,
ne doit pas s'étendre à ce dernier fait. C'eſt une erreur très-
groſſiére que de donner aux pucerons des fourmis pour
meres, mais Goëdaert écrivoit dans un temps où l'on faiſoit
ſans peine naître des animaux de corruption, ce qui eſt bien
pis que de faire naître ceux d'un genre de ceux d'un autre
genre très-différent du leur. Nos jardiniers croyent encore
aujourd'hui que les fourmis produiſent des pucerons ſur
les arbres. Tout ce qu'il y a de vrai, c'eſt que les fourmis cherchent les pucerons, & paroiſſent les careſſer ; mais
leurs careſſes ſont intereſſées. Le motif n'en eſt pas équi-
voque, dès qu'on ſçait que les fourmis aiment le ſucre &
tout ce qui eſt ſucré ; car lorſque les feuilles où ſont les
pucerons, ſont contrefaites, qu'elles ont des cavités, on
trouve dans ces cavités des gouttes d'une eau graſſe, médiocrement coulante & ſucrée. Lorſque les veſſies des
ormes ſont peuplées de beaucoup de pucerons, on y
trouve une aſſés grande quantité de cette eau. Dans les
veſſies de peupliers où logent les pucerons, on trouve
auſſi de l'eau renfermée, qui eſt bien plus douce, plus
ſucrée que celle des veſſies d'ormes. Il y a une eſpece de
pucerons qui s'attache aux feuilles d'orme, qui me paroît
différente de celle qui ſe renferme dans les veſſies ; celle-ci

* *Edit. fran-
çoiſe. tom. II.
pag. 199.
exp. 45.*

* *Tome II.
pag. 86. exp.
22.*

fait étendre plus que le reste, la partie de la feuille où
elle s'est attachée, elle en fait grossir les fibres, & elle l'oblige
souvent à se courber, à se contourner. Sur ces portions
de feuilles d'orme on trouve quelquefois des gouttes de
liqueur au milieu des pucerons, & si grosses qu'elles méritent
mieux que le nom de gouttes. Il y en a qui surpassent en
grosseur des feves d'haricots & de plus grosses feves. Il y
a des pucerons qui se contentent de s'établir sur les feuilles
du peuplier, & qui leur font prendre une forme contrefaite,
on trouve aussi de l'eau sur ces feuilles. On trouve de l'eau
sucrée dans les tubérosités de feuilles de pommier; on en
trouve même sur des feuilles plattes peuplées de pucerons.
Il y a de ces gouttes d'eau qui sont extrémement sucrées.
Il n'est donc plus surprenant que les fourmis fassent fête
à des insectes qui ont autour d'eux une eau sucrée.

L'eau qui est dans les vessies d'orme, n'a pas échappé
à ceux qui ont cherché des remedes; on lui a trouvé ou
attribué des vertus: mais l'origine de cette eau & de toutes
les eaux pareilles, ne nous a point encore été expliquée.
J'ai cru d'abord qu'elle n'étoit qu'un suc de la plante qui
s'en extravasoit par les ouvertures faites par les trompes
des pucerons; mais je pense actuellement que cette eau a
passé par le corps de nos petits insectes, qu'elle est pour eux
ce que sont pour d'autres animaux des excrémens plus solides. Ce qui me le persuade, c'est que j'ai vû une infinité de
fois une goutte d'eau, & même plusieurs gouttes successivement sortir du derriére des pucerons; ceux à qui j'ai vû
rendre plus de ces gouttes, sont ceux des feuilles d'orme
simplement contournées. Souvent j'ai vû à la fois plusieurs
de ces pucerons, du derriére desquels l'eau sortoit. La
goutte y paroît d'abord extrémement petite, on la voit
insensiblement se gonfler en sortant du corps de l'insecte,
comme se gonflent les bulles d'une eau savonneuse dans

laquelle on souffle; elle tombe ensuite par son poids, ou l'insecte facilite sa chûte, en passant dessus une de ses jambes. J'ai vû sortir de suite plusieurs gouttes pareilles du derriére du même puceron. J'ai vû aussi beaucoup de ces petites gouttes au derriére d'une espece singuliére de pucerons du hêtre, dont nous parlerons bientôt. Les pucerons du sureau font sortir de l'eau de leur derriére, mais ils la font sortir par jets qu'ils poussent assés haut. En un mot, il est peu d'especes de ces insectes à qui je n'aye vû sortir de l'eau du derriére, & il n'en est point à qui j'aye vû aucune espece d'excrémens solides; aussi leurs alimens sont apparemment très-liquides, ce sont des sucs tirés des plantes par une trompe, c'est-à-dire, par un tuyau d'une prodigieuse finesse.

Cette eau, qui, quand elle sort du corps de l'insecte, est très-transparente & très-limpide, n'est point une eau simple, puisque, comme nous l'avons dit, elle est sucrée. J'ai porté dans mon cabinet des feuilles de hêtre sur lesquelles il y avoit plusieurs petites gouttes de cette liqueur transparente; les gouttes sont devenuës de moins en moins coulantes, à mesure qu'il s'y est fait de l'évaporation; dans deux à trois jours elles ont été plus épaisses que ne l'est du miel, & avoient un goût aussi sucré & plus agréable. Enfin elles ont pris une telle consistance qu'on les détachoit à peine de dessus la feuille. M. Geoffroy nous a déja appris que l'eau des vessies d'orme devenoit semblable à de la gomme de cerisier en se desséchant.

On trouve rarement de cette eau sur les feuilles plattes où sont la plûpart des pucerons. L'air fait bientôt évaporer ce qu'elle a de plus fluide; & les fourmis emportent ce qu'elle laisseroit d'épais & de solide; mais si après avoir nettoyé une feuille des pucerons qui étoient dessus, on l'applique sur sa langue, on sent un goût sucré; je

J'ai fenti en y mettant des feuilles de grofeliers d'où j'avois
ôté nos petits infectes. La liqueur qui fort du corps de
ceux qui habitent les veffies d'ormes, ou d'autres veffies,
fe trouve renfermée comme dans une bouteille, par conféquent elle n'eft point fujette à s'évaporer, & elle doit s'y
raffembler, comme elle s'y raffemble, en plus grande quantité que par-tout ailleurs.

Nous avons dit que le plus grand nombre des efpeces de
ces infectes a fur le dos, tout près du derriére, deux cornes*;
elles leur donnent une forme affés finguliére, elles ont auffi
un ufage fingulier. Nous ne connoiffons point encore
celui des cornes ou antennes que tant d'infectes portent
fur la tête. La ftructure de celles du derriére de nos pucerons eft très-différente de celle des antennes, ce font
deux tuyaux creux*, ouverts par le bout, & qui fervent à
donner fortie à une liqueur. De temps en temps on voit
de petites gouttes paroître au bout de ces cornes, tantôt
on en voit au bout des deux cornes à la fois; tantôt au
bout d'une feule; elles débordent le bout du tuyau, elles lui
forment une petite tête femblable à celle des épingles. La
liqueur qui fort par ces cornes eft fouvent auffi claire que
celle qui fort du derriére, mais j'ai vû quelquefois fortir
une eau rouffeâtre & épaiffe des cornes ou tuyaux du puceron de fureau. Si la liqueur qui fort par ces cornes n'eft
qu'un excrément, comme il y a grande apparence, ces
infectes en ont apparemment de deux efpeces différentes
qu'ils rejettent par deux fortes de conduits, par l'ouverture de l'anus & par celles des cornes; & à en juger par la
confiftance de ces excrémens, ce feroit l'anus qui donneroit iffuë à ceux qui font analogues aux urines, & les
deux cornes laifferoient fortir ceux qui font analogues aux
matiéres plus groffiéres, rejettées par l'anus des autres
animaux. Si on obferve ces infectes dans des temps où

ils ne font rien fortir par leurs cornes, & qu'on veuille s'affûrer fur le champ qu'elles font creufes, on n'a qu'à preffer le corps d'un puceron un peu fortement, on forcera de la liqueur épaiffe à fe rendre au bout de chaque corne.

Prefque tous les infectes changent de peau, & même plufieurs fois avant que d'être parvenus à leur parfait ac-croiffement. Nos pucerons fuivent cette loi: il m'a paru inutile de fe donner la peine de s'affûrer du nombre des dépouilles qu'ils laiffent dans le cours de leur vie; mais il ne faut pas les obferver fouvent pour parvenir à en voir dans le temps où ils s'en défont. Les dépouilles ont affés la forme de l'animal qu'elles ont couvert, les jambes y paroiffent dans leur place. On voit quantité de ces dé-pouilles fur les mêmes feuilles ou tiges où font les puce-rons; elles font blanches. Dans ces endroits, & fur les infectes eux-mêmes, on apperçoit une matiére plus fin-guliére, c'eft une forte de matiére cotonneufe. J'ai d'abord eu beaucoup de difpofition à la regarder comme des frag-mens des dépouilles, comme les dépouilles bien brifées & réduites en une efpece de poudre, mais j'ai enfuite été forcé à abandonner cette idée.

Il y a peu d'efpeces de pucerons à qui on ne trouve des veftiges d'un duvet cotonneux; on trouve de ce duvet à toutes celles dont la peau n'a pas le luifant des vernis. Le deffus du corps des pucerons qui font fi communs fur le deffous des feuilles de chou, a toûjours divers points blancs cotonneux. Le deffus du corps de ceux des feuilles du prunier * eft tout couvert d'une poudre blanche & coton- * Pl. 23. fig. neufe, au travers de laquelle on apperçoit le verd qui eft la 9 & 10. couleur de ces infectes. Le coton ou duvet ne paroiffant qu'en poudre, foit fur les feuilles où font établies quantité d'autres efpeces de pucerons, foit fur leur corps, il étoit affés naturel de regarder cette poudre comme faite des

R r iij

fragmens de dépouilles, ou encore comme des dépouilles qui s'étoient détachées par parcelles de deſſus le corps. Mais lorſqu'on vient à ouvrir des veſſies où les pucerons ſont renfermés, telles que celles des ormes & des peupliers, il ne paroît plus poſſible que des dépouilles ayent pû ſuffire à tout le coton qu'on y trouve; non-ſeulement la plûpart des inſectes en ſont enveloppés & plus blanchis que s'ils euſſent été roulés, étant humides, dans la farine, mais de plus il eſt viſible que des fragmens de dépouilles ne donneroient pas une matiére ſi rare, ſi legére, & compoſée de fils, comme celle-ci ſemble l'être. Les pucerons * qu'on trouve dans les feuilles du peuplier, pliées en veſſies, ſont tout hériſſés d'une façon ſinguliére de ces filets cotonneux.

* Pl. 27. fig. 9, 10 &11.

Mais la matiére cotonneuſe ne paroît mieux nulle part, que ſur les pucerons des feuilles de hêtre *; & nulle part on ne voit mieux qu'elle n'a rien de commun avec les dépouilles. La première fois que je l'y apperçûs *, je crus voir de groſſes plumes à duvet, telles que celles qui couvrent immédiatement la peau des oyes & des cignes, qui par quelque hazard avoient été collées contre ces feuilles. Ayant détaché de ces feuilles pour les mieux obſerver, je vis que ce qui imitoit le duvet des plumes, étoit un tas de paquets * compoſés d'une infinité de fils extrémement déliés & très-blancs. Les fils de quelques paquets étoient longs d'un pouce & plus; ils étoient plus fournis de poils à leur origine ou baſe, qu'à leur extrémité; car tous ceux qui partoient de la feuille, n'avoient pas la même longueur. Entre ces fils, les plus gros ſembloient être un aſſemblage de pluſieurs plus petits; conſidérés à la loupe, ils imitoient ceux du coton filé; il n'y paroiſſoit pourtant nul tortillement, mais ſeulement des ondes. Chaque paquet, près de ſon origine, ſe diviſoit ordinairement en deux *; les poils de l'un, quoique flottans, ne ſe réuniſſoient point à

* Pl. 26. fig. 1.
* dddd.

* Fig. 4.

* Fig. 5 & 6. cc.

ceux de l'autre. Au refte, j'ai trouvé des feuilles * entiérement couvertes de ces paquets cotonneux; j'en ai vû d'autres qui ne l'étoient qu'en partie, & d'autres * qui n'en
avoient que quelques-uns.

    Quand on vient à examiner de plus près chacun de ces
paquets, on reconnoît qu'ils ne tiennent nullement à la
feuille, mais qu'ils partent du corps d'un puceron *. Les
différens fils dont ils font compofés, viennent de différentes parties de cet infecte, & tous enfemble ils le cachent fi bien qu'ils le dérobent entiérement à nos yeux.
Lorfqu'on cherche à la bafe du paquet, on y trouve le
puceron; ou fi on ne l'y trouve point, on y trouve une de
fes dépouilles; les fils y font refté attachés, comme ils
l'étoient pendant qu'elle contenoit le petit animal.

    Si l'on touche les infectes chargés de tant de fils, qui,
quoique legers, doivent être un poids pour eux, ils fe
mettent en mouvement, ils marchent, & ne laiffent voir
d'abord que leur tête & quelques pattes; mais en chemin
faifant, il y a toûjours des poils qui tombent; pour peu
que les poils touchent à quelque chofe, ils s'y accrochent,
& infenfiblement le corps du puceron fe découvre.

    Au refte, tous les pucerons du hêtre n'ont pas d'auffi long
coton, & n'en ont pas toûjours; celui qui eft fur le corps
des plus petits, n'eft quelquefois qu'un leger duvet qui
s'éleve à peine à une demi-ligne. Enfin ceux qui viennent
de changer de peau * n'ont point du tout ce coton, ils
font verts & le paroiffent; mais par la fuite on les voit fe
couvrir d'une legére poudre blanche. Les feuilles des
ronces nourriffent auffi des pucerons qui font couverts
d'un duvet auffi blanc, & prefqu'auffi long que celui des
pucerons des feuilles de hêtre.

    J'ai quelquefois obfervé des pucerons bien cotonneux
fur les queuës des feuilles de quelques efpeces de renoncules

* Fig. 1. f.

* q p.

* Pl. 26. fig.
5 & 6. t.

* Fig. 3.

des prés; ils fe tiennent vers la naiffance de la queuë affés près de la terre; ils font arrangés fi proche les uns des autres, que lorfqu'on ne connoît point les pucerons cotonneux, ou qu'on ne penfe point à eux, on croit voir une moififfure bien blanche & épaiffe qui couvre la queuë de la feuille.

Mais quelle eft l'origine de cette matiére cotonneufe! comment les infectes s'en couvrent-ils! Malgré des obfervations affés opiniâtrement réitérées, je n'ai pû parvenir à le fçavoir, tant que je m'en fuis fimplement tenu à confidérer ces petits infectes. Il eft fûr au moins qu'ils en font plus couverts lorfqu'ils font près de changer de peau, qu'en tout autre temps. J'ai foupçonné d'abord qu'ils filoient, & qu'ils avoient peut-être une façon de filer qui leur étoit particuliére; mais j'ai eu beau être attentif à fuivre des infectes qui étoient peu couverts de duvet, & qui fe font trouvés l'être davantage que lorfque je les avois quittés, dans l'intervalle de deux obfervations éloignées de quelques heures, je ne les ai jamais vû filer. J'ai bien vû fortir de leur derriére une goutte de liqueur telle que celles que nous avons fait regarder ci-devant comme leurs excrémens. Je leur ai vû porter leurs jambes fur cette goutte d'eau; mais tout cela ne reffemble en rien à la méchanique de filer. J'avois pourtant d'autant plus de difpofition à croire que c'étoit-là leur façon de produire le duvet, que je fçavois que la liqueur dont il s'agit, pouvoit prendre vîte la confiftance d'un firop, & alors être tirée en fils; mais les fils que le puceron auroit ainfi tirés de fon derriére ne s'éleveroient pas de toutes parts de deffus tous les endroits de fon corps, comme ils s'en élevent.

Toutes ces confidérations m'ont ramené à une autre idée, c'eft que cette matiére cotonneufe s'échappe par petits grains du corps de l'infecte; qu'il y a un fi grand nombre

d'organes

d'organes difposés pour lui donner iffuë, qu'il femble
que cette matiére cotonneufe ou foyeufe s'échappe de
tous les endroits du corps; ou, fi l'on veut, on peut comparer cette matiére cotonneufe à des poils, mais qui auroient la fingularité d'être compofés de plufieurs petits
grains ou filamens pofés bout à bout les uns des autres,
de croître, de s'élever extrémement vîte, & de ne tenir que
très-legérement au corps du petit animal. L'accroiffement de ces poils fe fait donc très-différemment de celui
des poils des autres infectes, tels que les chenilles, car nous
avons vû que les poils de chenilles ceffent de croître dès
qu'ils paroiffent au jour *; que dès l'inftant qu'ils font mis à
découvert, dès que l'infecte a quitté fa vieille peau, ils ont
toute leur grandeur, au lieu que ceux de nos pucerons s'allongent quoiqu'à découvert. La matiére qui eft entre la
peau qui doit être quittée & la nouvelle peau, fournit peut-
être par fon évaporation, à la formation de ces fils cotonneux; ils paroiffent compofés de diverfes parties, de divers
petits grains fimplement appliqués les uns contre les autres,
à peu-près comme le font les efflorefcences falines de certaines matiéres; des pyrites, par exemple, fe hériffent avec
le temps de filets de fel vitriolique qui, par leur forme extérieure, ont beaucoup de reffemblance avec ceux de notre
coton. Les pucerons m'ont, comme je l'ai dit, forcé à
prendre cette idée, quoique je n'euffe rien vû encore d'a-
nalogue, auffi n'y tenois-je que malgré moi. Il me manquoit un exemple bien fûr de cette production finguliére,
je l'ai trouvé depuis dans un infecte plus gros que les pucerons, qu'ils m'ont engagé à obferver, & dont je parlerai
dans le Mémoire qui doit fuivre celui-ci de près.

Les différentes dépouilles que quittent les pucerons,
ne leur font pas beaucoup changer de forme, jufqu'à ce
qu'ils viennent à fe défaire de celle qui laiffe leurs aîles

*Tome I.
Mem. IV.*

à découvert. Tous pourtant ne viennent pas à prendre des aîles; ces meres si fécondes, du corps desquelles nous avons vû sortir tant de petits, n'ont point d'aîles, & n'en prennent jamais. Leeuwenhoëk les fait pourtant devenir des insectes aîlés, il les a confonduës avec ceux à qui elles ont donné naissance. Mais il est vrai que le plus grand nombre de nos petits insectes doit se transformer en moucherons. Les pucerons qui doivent prendre des aîles, sont aisés à distinguer des autres, au moins si on les observe à la loupe; le haut de leur dos proche la tête, est comme plissé; cette partie est un peu quarrée; elle n'est pas arrondie & lisse comme elle l'est dans ceux qui ne doivent jamais paroître avec des aîles. Ce qui les rend encore plus reconnoissables, c'est qu'on leur voit deux parties renflées *, une de chaque côté, qui ne sont faites que des aîles repliées & mises, pour ainsi dire, en paquets. Ces paquets sont d'autant plus sensibles, que les pucerons sont plus âgés; qu'on compare ceux où ils sont très-distincts, avec d'autres pucerons plus gros qui sont destinés à être des meres non aîlées, & on verra que ces derniers, quoique plus gros, n'ont aucuns vestiges de pareils paquets.

* Pl. 21. fig. 13 & 14. *a, a.*

La maniére dont les pucerons qui viennent aîlés, se dépouillent, n'a rien qui soit particulier à ce genre d'insecte, je l'ai observée sur ceux qui n'ont point, ou peu de duvet cotonneux, tels que ceux de l'angelique & du sureau. Le puceron prêt à se transformer, semble assés tranquille, seulement se recourbe-t-il de fois à autre. Si on l'observe alors avec la loupe, on apperçoit que sa peau se fend au haut du dos; l'insecte, en se recourbant à diverses reprises, force la fente à s'étendre en long jusqu'auprès du derriére; alors il se tire assés vîte de la vieille peau par cette grande ouverture, & ce semble assés aisément. Cette opération m'a pourtant toûjours paru durer près d'un quart-d'heure.

L'infecte qui vient de fortir ne paroît point encore aîlé, il n'a de chaque côté que deux paquets de même figure que ceux qui y étoient lorfqu'il étoit couvert de la peau qu'il vient de quitter, feulement font-ils un peu plus gros; d'ailleurs ils paroiffent alors très-blancs; chacun de ces paquets fe divife enfuite en deux. Il étoit compofé de deux aîles qui commencent à fe féparer l'une de l'autre. Enfin on voit peu à peu chacun de ces paquets fe développer, s'étendre, & prendre la forme d'aîles. L'infecte ne femble contribuer en rien à tout ce développement; il eft probablement dû à la circulation des liqueurs qui entrent dans les aîles, qui trouvant plus de réfiftance qu'ailleurs par-tout où il y a des coudes, des plis, font-là des efforts auxquels cédent des membranes très-minces & très-flexibles, comme nous l'avons affés expliqué en examinant le développement des aîles des papillons, tome I. Mem. XIV. Peu à peu les aîles achevent de s'étendre, & de fe mettre dans la pofition qui leur eft convenable. Quand elles font entiérement développées, elles font plus d'une fois auffi longues *que la partie du corps qu'elles couvrent.

L'infecte eft tout verd quand il fort de fa dépouille, mais fa tête & la partie qui y eft jointe, fe rembruniffent peu à peu, & dans moins d'une heure elles deviennent noires. Nos pucerons ainfi transformés en moucherons, reftent encore quelque temps fur la plante; ils s'y tiennent en repos; ils y marchent enfuite; & enfin ils viennent à faire ufage de leurs aîles. Beaucoup de petits moucherons que nous voyons voler dans nos jardins, ont eu une pareille origine. On ne les doit pas confondre avec les coufins; leurs formes font fort différentes, & d'ailleurs je ne connois aucuns de ces moucherons qui cherchent à nous piquer; ils n'aiment pas le fang, ils continuent à fuccer les plantes après leur transformation, comme ils

* Pl. 21. fig. 4.

faifoient auparavant. Mais qui voudra fe donner la peine de les obferver, diftinguera aifément de tous autres moucherons ceux au moins qui viennent des pucerons de ces efpeces qui portent fur le derriére deux cornes ou deux tuyaux creux de longueur fenfible. Ces cornes * ou tuyaux fe retrouvent encore fur le derriére des petites mouches. Il eft vrai qu'on ne les y voit pas, fi on ne cherche à les voir, il arrive quelquefois que les aîles les couvrent; d'ailleurs ils ne s'élevent pas toûjours autant fur le moucheron, qu'ils s'élevoient fur le puceron; ils y font quelquefois couchés prefque parallelement à la longueur du corps. Le port * d'aîles de la plûpart des efpeces de pucerons aîlés eft le même. Quand ils font tranquilles, ils tiennent leurs quatre aîles appliquées les unes contre les autres; les plus grandes ont leur côté extérieur pofé fur le milieu de la partie fupérieure du corps; ainfi leur plan eft perpendiculaire à celui de pofition; elles paffent entre les deux tuyaux creux.

Mais de quel fexe font les pucerons aîlés, à quoi fervent-ils dans les familles des pucerons! M. Frifch qui a fuivi avec beaucoup de foin & d'intelligence les infectes des environs de Berlin, a donné dans les Mémoires Académiques intitulés *Acta Berolinenfia*, quelques obfervations fur les pucerons; il prétend que les aîlés font les mâles. Si nous en jugions par analogie, nous les regarderions comme tels. Nous avons vû * plufieurs efpeces de papillons dont les femelles n'ont point ou prefque point d'aîles, quoique les mâles en foient bien pourvûs. Notre ver luifant ordinaire eft femelle, il n'a point d'aîles & fon mâle en a. Mais nos pucerons nous ont déja fait voir, par la maniére dont ils fe perpétuent, & par celle dont ils fe renferment dans des galles, qu'on eft fujet à fe tromper dans l'hiftoire naturelle, quand on décide par analogie : fouvent on y trouve des variétés qu'on n'auroit pas attenduës.

* Pl. 21. fig. 4. c, c.

* Fig. 4.

* Tome II. Mem. X.

Nos pucerons aîlés nous en offrent une bien confidérable; ils font encore eux-mêmes des meres. Leeuwenhoëk a très-bien obfervé que leur corps eft rempli de petits, & M. Geoffroy a auffi obfervé que les moucherons des veffies d'ormes font vivipares. Il rapporte dans les Mémoires de 1724. page 322. qu'*il a renfermé fous une cloche de verre des moucherons des veffies d'ormes, & qu'au bout de quelques jours ils y ont dépofé d'autres petits infectes rouffâtres qu'on apperçoit remuer peu après leur naiffance, & qui, autant qu'on en peut juger, font de la même forme que l'infecte d'où la mere eft fortie, qu'ainfi ces fortes de moucherons font du nombre des vivipares. Je n'ai pû fuivre*, adjoûtet-il, *ce que ces petits infectes auroient pû devenir, parce qu'ils périffent affés vîte, apparemment faute de nourriture convenable. Une mouche en produit plufieurs; j'en ai vû fortir jufqu'à dix de la même, & il y en a qui en produifent un plus grand nombre.* Enfin lorfqu'il a écrafé de ces moucherons, il leur a trouvé le corps plein de petits & d'œufs.

De ces obfervations de M. Geoffroy & des nôtres fur la maniére dont fe forment & fe peuplent les veffies d'ormes, il s'enfuit que les pucerons aîlés qu'on trouve dans ces veffies, doivent leur naiffance à des meres non aîlées; & que ces mêmes pucerons devenus aîlés, donnent à leur tour naiffance à d'autres pucerons. Voilà donc fûrément dans la même efpece ou plus exactement dans la même famille d'infectes, des meres fans aîles & des meres avec des aîles. M. Ceftoni a déja très-bien obfervé que les pucerons aîlés & les non aîlés font vivipares; mais il a montré de la difpofition à croire que ce font des infectes de deux efpeces différentes qui vivent enfemble; il eût reconnu le faux de ce fentiment, s'il eût voulu donner plus de temps à ces petits infectes *. Il eft certain par nos obfervations que les meres non aîlées produifent des meres aîlées; & il y

* *Vallif. edit. de Ven. tome I. in-fol. pag. 374.*

à apparence que les aîlées produifent à leur tour des meres non aîlées; mais c'eft ce que je ne puis décider affirmativement, n'étant point venu encore à bout d'élever les pucerons mis au jour par les aîlés.

Ce que M. Geoffroy a obfervé fur les pucerons aîlés d'orme, je l'ai enfuite obfervé comme lui., & j'ai obfervé de même que les pucerons aîlés des veffies de peuplier, font vivipares. Pour fçavoir fi les autres pucerons aîlés étoient vivipares, comme le font ceux des veffies, j'ai renfermé ceux de féves de marais dans des bouteilles de verre, ils y ont fait beaucoup de petits. Inutilement pourtant y ai-je renfermé des pucerons aîlés de quelques autres efpeces, ils n'ont point accouché dans mes bouteilles, foit que je les y aye renfermés ou trop tôt ou trop tard, foit que ceux de ces efpeces ne fe délivrent pas de leurs petits quand ils font mal à leur aife, & qu'ils n'ont pas des endroits convenables pour les dépofer. Mais on n'a qu'à les forcer d'accoucher, pour fe convaincre qu'ils font tous vivipares, je veux dire, qu'on n'a qu'à les preffer doucement vers le milieu du ventre jufqu'à ce qu'on contraigne de petits corps à fortir de leur derriére. Si on examine à la loupe les petits corps qu'on a fait fortir, on y reconnoîtra, à n'en pouvoir douter, des pucerons qui étoient prêts à naître; on en obfervera de moins avancés qui ne feront encore que des embryons, dont les yeux pourtant feront aifés à reconnoître. Pour bien faire ces obfervations, il faut choifir les pucerons aîlés des plus groffes efpeces, tels que ceux du chardon, ceux du rofier, &c. Tous ceux de ces efpeces que j'ai pris fur des feuilles, foit que je les aye preffés doucement, ou que je les aye écrafés, m'ont fait voir qu'ils avoient le ventre rempli de petits.

Il eft donc très-certain que les pucerons aîlés font vivipares; mais ce qui refte à éclaircir principalement, c'eft,

ſi les aîlés n'en font que dé non aîlés, ou s'ils n'en produiſent que d'aîlés, ou s'ils en produiſent des uns & des
autres. Pour ce qui eſt des pucerons non aîlés, je crois être
très-certain qu'ils mettent au jour des petits dont les uns
doivent prendre des aîles, & dont les autres en doivent
reſter dépourvûs. J'ai vû multiplier le nombre des meres
pucerons non aîlées ſur des tiges de ſureau où il n'y avoit
encore aucuns pucerons aîlés; j'ai de même vû augmenter le nombre des meres non aîlées ſur des pêchers, ſans
qu'il y eût d'aîlés; & j'ai vû dans ces mêmes familles, de
jeunes pucerons qui par la ſuite ſont devenus aîlés.

Nous n'avons donc trouvé juſqu'ici que des meres parmi
les pucerons, nous n'y avons point trouvé d'inſectes que
nous puiſſions regarder comme les mâles; les deux ſexes
ſont-ils réunis chés elles, comme ils le ſont dans les limaçons! Il ſemble que cela ne ſuffiſe pas encore, on voit les
limaçons s'accoupler; & en quelque temps que j'aye obſervé les pucerons ſoit aîlés, ſoit non aîlés, je n'ai jamais
apperçû aucun accouplement. Que les accouplemens des
abeilles, qui ſe paſſent dans l'intérieur de leur ruche,
échappent à nos regards, cela n'eſt pas étonnant, mais il
le ſeroit bien que nous n'apperçûſſions pas ceux des pucerons qui ſe tiennent ſur des feuilles, ſur des tiges à portée de
nos yeux, même armés de la loupe; c'eſt ce qui les a fait
regarder par Leeuwenhoëk & par M. Ceſtoni comme des
hermaphrodites, & de l'eſpece la plus particuliére, comme
des hermaphrodites qui ſe ſuffiſent pour ſe perpétuer.

Ce qui eſt de ſûr, c'eſt que s'ils s'accouplent, c'eſt de
bonne heure, & le temps de leur accouplement ſeroit
au moins une ſingularité dans l'hiſtoire naturelle; les aîlés
s'accoupleroient avant leur derniére transformation; ils
s'accoupleroient, pour ainſi dire, dans leur enfance; en
voici la preuve. J'ai renfermé un ſeul & unique puceron

de veſſie de peuplier dans un gobelet de verre. Celui que j'avois choiſi me paroiſſoit prêt à quitter ſa dépouille, auſſi ne reſta t-il pas renfermé 24 heures ſans s'en défaire. Ce que je voulois ſçavoir, c'eſt ſi le puceron devenu aîlé, & qui n'auroit eu aucun commerce avec d'autres pucerons, depuis qu'il auroit eu pris des aîles, feroit des petits, comme en font ceux qui vivent en ſociété. Il en fit un ſeul qui périt en naiſſant, & lui-même périt bientôt après. Je l'écraſai doucement, & j'obſervai avec la loupe les petits corps que j'avois forcés de ſortir. Je reconnus, à ne m'y pouvoir méprendre, pluſieurs petits pucerons dont les yeux étoient très-diſtincts. Si l'inſecte mere n'eût point ſouffert de quelqu'accident, s'il eût eu tout ce qui eſt néceſſaire au ſoûtien de la vie, il eût donc mis au jour pluſieurs petits qui étoient alors bien formés. L'accouplement ne ſembloit donc plus lui être néceſſaire, & s'il s'étoit accouplé, c'étoit avant que d'avoir pris des aîles, puiſqu'avant que de les prendre il étoit déja rempli de fœtus prêts à naître. J'ai fait encore une expérience au moins auſſi déciſive ſur les pucerons du peuplier. J'ai preſſé une mere que j'avois trouvée dans une veſſie de cet arbre, j'ai obſervé les petits que je faiſois ſortir de ſon derriére par cette preſſion; les premiers ſortis étoient gros, ceux qui venoient enſuite l'étoient de moins en moins, mais toûjours reconnoiſſables par leur forme & ſur-tout par leurs yeux. J'ai enſuite preſſé de même pluſieurs pucerons qui n'avoient pas encore d'aîles, mais qui étoient de ceux qui en devoient prendre bientôt; j'ai obſervé ce que je faiſois ſortir de leur corps par la preſſion, & il m'a paru diſtinctement à la loupe, que c'étoient des fœtus ſemblables à ceux qui étoient ſortis les derniers du corps de la mere non aîlée; leur forme étoit la même, les yeux y étoient auſſi bien marqués. S'il y a un accouplement dans les pucerons, il ſe fait donc long-temps avant qu'ils

ſoient

foient des infectes parfaits, ce qui eft une exception à la
regle générale.

On peut décider par une expérience, s'il eft accordé
aux pucerons de fe multiplier fans accouplement. Cette
expérience eft d'obferver une mere puceron qui met un
petit au jour, & de prendre foin d'élever le puceron nouveau-né dans un endroit où il ne puiffe avoir aucun commerce avec d'autres pucerons. J'ai tenté plufieurs fois cette
expérience, mais elle ne m'a pas encore réuffi. Je rapporterai pourtant ce que j'ai fait, parce que les mêmes
tentatives pourront être faites par d'autres avec plus de
fuccès. J'ai planté un jeune chou qui n'avoit encore
que deux ou trois feuilles naiffantes, dans la terre d'un
grand poudrier; fur une des feuilles de ce chou j'ai mis
une mere puceron que j'avois prife fur un grand chou;
dès qu'elle y a eu accouché d'un petit, je l'ai tirée de
deffus le chou; j'ai couvert le poudrier d'une gaze fine,
afin que le jeune chou & le jeune puceron ne fuffent pas
privés d'air, & qu'il fût cependant impoffible à tout autre
puceron de s'introduire dans le poudrier. J'ai répété cette
expérience quatre à cinq fois, & il eft toûjours arrivé
quelqu'accident qui a fait périr le puceron avant qu'il fût
parvenu à l'âge où les autres font des petits. Celui qui a
vécu le plus long-temps dans cette grande folitude, n'y a
vécu que 9 jours; d'autres font péris dès le 3.me ou le 4.me
jour. Un qui étoit né le 17. Juillet à midi, fe défit de fa
dépouille le 20. à 7 heures du matin; ainfi en deux jours
& demi fa peau étoit déja devenuë une vieille peau. Peu de
temps après s'être dépouillé il tomba fur la terre du poudrier,
& y périt. C'eft après une feconde muë que d'autres font
péris; mais on peut fe promettre d'en élever à l'âge où ils
fe multiplient, en répétant affés de fois cette expérience.
Si un puceron qui auroit été ainfi élevé feul, produifoit

dès pucerons, ce feroit fans accouplement, ou il faudroit qu'il fe fût accouplé dans le ventre même de fa mere.

Parmi les pucerons des veffies d'ormes, M. Geoffroy a obfervé un petit animal de figure à peu-près triangulaire, ayant la tête très-petite & le derriére fort large, il étoit noir & ridé; il portoit fur fon dos un petit peloton de duvet. Après avoir écrafé cet infecte, il ne lui a trouvé ni œufs, ni petits, comme il dit en avoir trouvé dans le corps de tous les autres moucherons en pareil cas; d'où il croit qu'on peut conjecturer que les pucerons qui ont cette figure, font les mâles. J'ai trouvé aùffi des infectes à peu-près pareils parmi les pucerons des feuilles d'orme roulées; ceux-ci avoient le derriére large & échancré en cœur. Lorfque j'ai ouvert les veffies du peuplier, j'ai vû dans chacune une grande quantité de pucerons verds prêts à prendre des aîles, & plufieurs qui les avoient déja prifes. J'y ai vû auffi des pucerons meres non aîlées; mais j'ai vû de plus dans chaque veffie un gros puceron dont le corps étoit couvert d'un duvet cotonneux. Le duvet ôté, l'infecte étoit d'un verd tirant fur le gris; il n'avoit ni aîles, ni apparence de fourreaux d'aîles, les anneaux de deffus fon corps étoient mieux marqués que ne le font ceux des pucerons ordinaires; il paroiffoit comme ridé. Tous ces pucerons ainfi ridés n'ont point actuellement d'œufs ou de petits dans leur corps: je ne penfe pas pour cela que ce foient des mâles, il eft plus vraifemblable qu'ils font des meres qui fe font délivrées de tous les petits dont elles étoient ci-devant remplies.

Pour fçavoir s'il falloit s'en tenir à cette derniére idée, j'ai confervé des meres de pucerons de fureau. Quand elles ont eu fait tous leurs petits, non-feulement leur corps a pris des rides, il s'eft même applati, & en s'applatiffant, il eft devenu de forme triangulaire, comme l'eft celle des pucerons de feuilles & de veffies d'ormes, dont il vient d'être parlé; c'eſt-à-dire, que leur derriére eſt devenu beaucoup plus large qu'il ne l'étoit, & plus qu'aucun autre endroit du corps. Les membranes qui étoient allongées & diſtenduës, lorſque le ventre de l'inſecte étoit farci de petits, ſe ſont retirées lorſque le ventre s'eſt vuidé. Il faut donc prendre ces pucerons ridés non pour des mâles, mais pour des meres qui ont mis au jour une nombreuſe poſtérité.

Parmi les pucerons des eſpeces dont la peau n'eſt que membraneuſe, on en rencontre quelquefois un ou deux dont la peau ſemble cruſtacée, & pareille à celle des eſpeces qui ſont comme vernies. J'en ai vû de tels ſur les groſeliers, ſur le ſycomore, &c. ils ſont plus gros & plus arrondis que la plûpart de ceux parmi leſquels ils vivent. Ils ont l'air vivant, & ſont ordinairement morts. Un ver a crû dans leur corps, & s'y eſt enſuite filé une coque dans laquelle il ſe transforme en moucheron.

Les dépouilles des pucerons aîlés & des pucerons non aîlés reſtent ſouvent ſur les feuiiles ou tiges avec la forme de l'animal qu'elles ont couvert; elles ſont blanches. Si on les regarde un peu attentivement, on diſtingue à leur partie ſupérieure la longue fente qui a permis à l'inſecte de ſortir; mais on obſerve d'autres dépouilles blanches comme les précédentes, qui ont bien mieux encore la forme de puceron, le deſſus en eſt bien arrondi & élevé, & il n'y paroît aucune fente. Si on enleve une de ces dépouilles avec une pointe fine, on voit qu'elle étoit poſée ſur un petit corps de la figure à peu-près d'un cone tronqué dont la baſe eſt appliquée ſur la feuille, & qui eſt enveloppé d'une membrane ou toile blanche. Ce petit corps écraſé donne une matiére pareille à celle qui ſort d'un inſecte écraſé; c'eſt une eſpece de petite coque qui auſſi renferme un inſecte;

mais fûrement cet infecte n'eft pas un puceron, ce n'eft pas par le deffous de fa dépouille que le puceron en fort, & il n'en fort pas pour s'envelopper dans une coque. Celle-ci eft l'ouvrage d'un ver qui a mangé tout l'intérieur du puceron, qui eft forti enfuite par le deffous du ventre, & qui s'eft filé une enveloppe pour s'y métamorphofer. Cette remarque n'a point échappé à Leeuwenhoëk, & voici deux obfervations qui m'en ont prouvé la vérité. La première eft qu'ayant preffé le corps d'un puceron aîlé pour en faire fortir des petits, j'en fis fortir un ver dont la groffeur étoit déja telle qu'il devoit occuper plus de la moitié du ventre de ce petit animal. La feconde obferva-tion eft qu'ayant mis dans des bouteilles de ces petites coques au-deffus defquelles on trouve des dépouilles de pucerons fi complettes, il eft forti de quelques-unes un moucheron de toute autre efpece que ceux des pucerons. Ces petits moucherons font donc des œufs ou des vers qui mangent les pucerons, mais ce ne font pas leurs plus redoutables ennemis, ils en ont un grand nombre d'autres qui font bien autrement vigoureux & autrement voraces, dont nous parlerons bientôt dans un autre Mémoire.

Perfonne n'a mieux vû que M. Ceftoni * les plus petits ennemis de nos pucerons. Il nous rapporte d'une manière tout-à-fait intéreffante, qu'après s'être opiniâ-tré à découvrir pourquoi certains pucerons qui étoient morts, avoient le ventre auffi renflé que celui des plus gros pucerons vivans, il avoit vû venir voler de petits mou-cherons autour des pucerons; que chaque moucheron s'approchoit d'un des plus gros pucerons, & que fe foû-tenant fur fes jambes & fur fes aîles qu'il agitoit, il replioit fon corps de manière qu'il venoit à bout de faire paffer fon derrière fous le ventre du puceron. Après avoir vû répéter ce manége plufieurs fois au même moucheron, il

* Oeuvres de Vallif. edition de Venife, in-folio 1733. tome I. pag. 375.

prit & renverſa un des pucerons contre le ventre duquel le derriére du moucheron avoit été appliqué. Une forte loupe lui fit découvrir un œuf, qui étoit ſans doute celui que le moucheron venoit d'y dépoſer. De cet œuf devoit ſortir le ver deſtiné à dévorer le puceron, & qui devoit enſuite ſe filer dans ſon corps ou ſous ſon corps, une coque de ſoye pour s'y transformer.

Le laiteron * m'a ſouvent fait voir des pucerons d'un verd mat, & des pucerons bronzés *, mêlés enſemble; il y en avoit des verds & des bronzés de tout âge, des meres vertes & des meres bronzées qui n'avoient point d'aîles. Les unes & les autres accouchoient de petits qui tenoient de la couleur de leur mere. Peut-être ſont-ce deux eſpeces qui aiment la même plante, & qui ne craignent point de ſe mêler enſemble. Ces pucerons portent une petite queuë membraneuſe recourbée en haut, plus longue que ne l'eſt celle de la plûpart de ceux des autres eſpeces; il y a des pucerons du roſier qui ont auſſi cette eſpece de queuë.

Nous ne devons pas paſſer ſous ſilence quelques eſpeces de pucerons qui ſont remarquables par les endroits où elles ſe tiennent. J'ai trouvé ceux de la premiére des eſpeces dont je veux parler, à la fin du printemps dans un tronc d'orme pourri que j'avois fait abbattre pendant l'hiver; ils y avoient pénétré aſſés avant. Je n'ai pû ſuivre la route qu'ils avoient priſe pour arriver où ils s'étoient logés; le trou où ils étoient, avoit à peu-près le diametre d'une plume à écrire, de médiocre groſſeur; ſa longueur étoit de pluſieurs pouces, dans une direction parallele à la hauteur de l'arbre. Ils étoient amoncelés dans ce trou autant qu'ils euſſent pû y être, ſi on les y eût fait entrer à force. Il n'y en avoit que de non aîlés; tous avoient le ventre très-tendu, auſſi l'avoient-ils rempli de petits près de naître; ils

* Pl. 22. fig. 5.
* Fig. 3 & 4.

T t iij

étoient à peu-près de la groffeur de ceux du fureau; leur couleur étoit un brun grifâtre. Le lieu où ils habitent, & la maniére dont ils y font placés, ne permet pas de les fuivre. J'ai coupé plufieurs morceaux du bois où ils s'étoient nichés, que j'ai mis fous mes yeux dans mon cabinet, mais les pucerons s'y font defféchés, & ont péri fans quitter leur place.

C'eft encore fur les tiges des plus gros arbres que fe tient une autre efpece de pucerons plus finguliére que la précédente, c'eft fur des chênes très-fains que je l'ai trouvée la première fois. Il eft ordinaire de voir des fentes à l'écorce de cet arbre, & des endroits où l'écorce fenduë fe fépare un peu du bois. C'eft dans ces différentes fentes que fe logent les pucerons dont je veux parler; les fourmis les aiment comme elles aiment tous les autres infectes de ce genre; ce font elles auffi qui me firent découvrir ceux-ci. Je voyois monter des fourmis à files bien fournies, le long de certains chênes, & je voyois qu'il y en avoit qui s'arrêtoient en chemin, qui entroient dans les crevaffes de l'écorce; je levai l'écorce de quelques-uns de ces endroits, & je vis que j'avois mis à découvert des pucerons qui y étoient cachés. Il y en avoit d'une groffeur monftrueufe pour ce genre d'infecte; car j'y en ai obfervé d'aîlés, de prefqu'auffi gros que de petites mouches ordinaires; ils portent auffi leurs aîles comme les mouches ordinaires les portent, c'eft-à-dire, que leur plan eft parallele à celui fur lequel l'infecte marche, au lieu que le plan des aîles des autres pucerons eft perpendiculaire à celui fur lequel ils font pofés; ils font tout noirs. Je doutai s'ils étoient de véritables pucerons jufqu'au moment où après avoir preffé leur corps j'en fis fortir des petits bien formés; le corps de chaque mouche en renfermoit un bon nombre.

Mais la quantité de ces pucerons aîlés étoit petite en

comparaifon de celle des autres pucerons fans aîles, avec lefquels on les trouvoit. Ceux-ci * font bien moins gros, quoique plus gros que les pucerons des autres efpeces. Leur couleur auffi eft différente; ils font d'un brun-caffé. Ce qu'ils offrent de plus fingulier, c'eft qu'ils ont peut-être la plus longue trompe * qu'ait infecte portant trompe; elle a au moins, dans certains temps, trois fois la longueur de leur corps. Son origine * n'eft pas, comme l'origine de celles de la plûpart des infectes, vers le bout du deffous de la tête; l'endroit d'où elle fort eft plus proche de celui où font attachées les deux premiéres jambes, que de la tête. Cette trompe étonnante par fa longueur, femble un fardeau pefant, ou au moins embarraffant pour notre petit animal. Elle paffe fous fon corps entre fes jambes, & fe dirige par-delà, comme fi elle fortoit du derriére *; au-delà duquel elle va à une diftance deux fois plus grande que ne l'eft la longueur du corps entier de l'infecte; on la prendroit pour une très-longue queuë; quelquefois il la traîne après lui, mais quelquefois il femble la porter legérement. Dans cette derniére circonftance elle s'éleve prefque perpendiculairement au bout de fon derriére *; je veux dire qu'elle forme un arc d'une affés petite courbûre, dont la concavité eft tournée vers le deffus du dos. Cette trompe dont le bout s'éleve fi haut au-deffus de l'infecte, fait alors un effet fingulier. Quand elle eft couchée, quand elle eft traînante, fon bout eft toûjours un peu recourbé en haut *, de façon que la pointe par laquelle elle fe termine, peut s'appliquer contre du bois, qui feroit au-deffus du corps de l'infecte; là auffi elle eft piquée dans le bois, & fi adhérente à celui dans lequel elle eft piquée, que lorfque j'ôtois l'infecte de deffus l'arbre, le bout de fa trompe entraînoit un petit fragment de bois.

* Pl. 28. fig. 5, 6, 7, 8, 9, 10.

* t.

* Pl. 28. fig. 14. q.

* Fig. 6, 7, 8, 9, 10 & 11. t.

* Fig. 6.

* Fig. 8. t.

On ne voit pourtant pas une auſſi longue trompe à tous les pucerons de cette eſpece, on en trouve beaucoup, c'eſt-à-dire, à peu-près autant que d'autres qui ne l'ont pas plus longue que leur corps ; ceux-ci la piquent en avant *. La trompe courte de ces derniers eſt pourtant la même que la longue trompe des autres ; mais l'inſecte l'allonge & la raccourcit à ſon gré. Quand il veut ſuccer le bois qui eſt devant lui, il la tient ordinairement raccourcie, au lieu qu'il la fait paſſer ſous ſon ventre, & l'allonge extrémement quand il veut ſuccer le bois qui eſt par-delà ſon derriére. J'ai pris & preſſé entre deux doigts ceux qui l'avoient raccourcie ; la preſſion l'a forcée à s'étendre autant que les plus longues. Elle eſt compoſée de trois parties * ; celle du milieu * diſparoît entiérement ou preſqu'entiérement lorſque la trompe eſt tout-à-fait raccourcie *. Alors on ne voit que la partie qui fait la baſe de la trompe *, & celle par laquelle elle ſe termine * : la grandeur de cette derniére eſt à peu-près fixe, les deux autres ſont ſeules capables d'un grand allongement & d'un grand raccourciſſement. Quand on preſſe doucement le ventre de l'inſecte, celle de la baſe * s'allonge, & à meſure qu'on la force à s'allonger, on force la partie moyenne * à en ſortir, il ſemble qu'elle y étoit contenuë comme le font les uns dans les autres les tuyaux d'une lunette qui eſt raccourcie. En continuant la preſſion, on continuë d'allonger la partie de la baſe, d'en dégager la partie moyenne, & en même temps de l'allonger. Lorſque l'allongement a été porté à ſon dernier terme *, elles ſont l'une & l'autre à peu-près égales en longueur, mais la partie moyenne a moins de groſſeur que l'autre. Dans l'endroit où la partie de grandeur fixe, celle qui termine la trompe, eſt jointe à la partie moyenne, elle eſt auſſi plus groſſe que la partie moyenne ; mais la partie fixe, la derniére partie n'eſt pas

également,

également groffe dans toute fon étenduë; elle eft divifée
en deux à peu-près également, la portion * par laquelle la   * Pl. 28. fig.
trompe finit, eft très-déliée en comparaifon de ce qui pré-   12 & 14. ot.
céde *; la pointe ou le bout qui doit percer le bois, eft   * p.
un tuyau creux qui a même une ouverture en deffus. Une
très-forte loupe n'a pas fuffi pour me faire appercevoir
cette ouverture, ce petit trou, mais ce qui le découvre
auffi bien que fi on le voyoit, c'eft une goutte de liqueur
qui s'échappe là de la trompe lorfqu'on continuë de la
preffer pendant quelque temps, elle fort à une très-petite diftance de la pointe.

Tout le corps de la trompe eft tranfparent, on apperçoit dans fon intérieur deux filets bruns qui peuvent fervir
de piftons, ils peuvent auffi fervir à tenir la trompe raccourcie. Mais les conjectures fur l'ufage des parties que
la loupe rend à peine vifibles, font très-incertaines.

Si la trompe que nous venons d'examiner, manquoit à
notre infecte, on lui en donneroit une autre *. Le bout   * Fig. 12,
de fa tête fe termine par un gros filet qui par fa pofition   13 & 14. ml.
reffemble affés aux trompes ordinaires; il a même de la
longueur de refte pour une trompe commune, il en a au
moins une égale à la moitié de celle du corps de l'infecte.
Cette partie eft appliquée fur la bafe de la trompe *, & le côté   * Fig. 12 &
fur lequel elle s'applique, eft creufé en goutiére *, comme   13.
pour la recevoir. On enleve cette partie de deffus la trom-   * Fig. 14 qr.
pe *, quand on veut; mais dès qu'on la laiffe libre, elle   * Fig. 14. ml.
revient s'y appliquer. La pofition de la grande trompe eft
telle qu'elle ne peut porter le fuc dont elle s'eft chargée,
qu'à un endroit affés éloigné de la tête, puifque l'infertion
de cette trompe dans le corps de l'infecte, eft vers l'infertion de la première paire de jambes. Le fuc nourricier
entreroit donc dans cet infecte par un endroit différent
de celui où il entre dans le corps des autres animaux.

Tome III.   . V u

Ne croira-t-on pas qu'il eſt plus vraiſemblable que la grande trompe n'eſt deſtinée qu'à aller chercher au loin le ſuc nourricier, & que la partie * qui ſort de la tête, qui ſe couche ſur la baſe de la grande trompe, eſt elle-même une ſeconde trompe qui ſucce le ſuc que la grande met à ſa portée! De quelque façon que ce ſoit, il paroît que la méchanique par laquelle ſe nourrit cet inſecte, doit avoir bien des ſingularités, qu'elle ſuppoſe une ſtructure très-particuliére, dans des parties qui nous échappent par leur petiteſſe.

*Pl. 28. fig. 12,13 & 14. &c.

Le motif qui porte les fourmis à chercher les autres pucerons, eſt auſſi celui qui les porte à chercher ceux-ci. Ils jettent par leur anus une eau apparemment ſucrée; ce qu'il y a de ſûr, c'eſt qu'elle eſt du goût des fourmis. J'ai vû une fourmi ſuccer une goutte que l'inſecte venoit de pouſſer hors de ſon corps, & qui étoit encore adhérente à ſon derriére; la fourmi n'en laiſſa rien.

Je n'ai point vû accoucher ces pucerons non aîlés & à grandes trompes, mais lorſque je les ai écraſés, j'ai fait ſortir de leur corps des embryons très-gros & par conſéquent très-reconnoiſſables.

Ces pucerons ſont de ceux qui ne portent point ſur leur derriére ces tuyaux creux en forme de cornes, qui ſont particuliers aux pucerons; mais ſi on obſerve avec une forte loupe les endroits de leur corps analogues aux endroits où les tuyaux ſont placés ſur le corps de ceux qui en ont, on y découvre deux parties circulaires * un peu plus relevées que ce qui les environne. J'ai auſſi trouvé de ces pucerons ſinguliers ſous des écorces du ſycomore, & ce ſont encore des fourmis qui m'ont conduit à les y trouver.

*Fig. 11. &c.

Dans les premiers jours du mois de Mars, après avoir fait enlever des mottes de gazon pour chercher différentes eſpeces de vers qui ſe tiennent ſous terre, je trouvai

fous une de ces mottes un bon nombre de très-petites
fourmis rouges qui y étoient raffemblées: je trouvai de
plus au milieu d'elles divers pucerons gris non aîlés d'une
groffeur médiocre. En eft-ce une efpece qui vit fous terre,
ou fi elle s'y étoit fimplement retirée pour fe défendre
contre la rigueur du froid? Sans doute que le froid fait
périr un grand nombre de pucerons; il y en a pourtant qui
y réfiftent fans ufer de trop de précautions. Vers la fin de
Decembre & vers le commencement de Janvier j'ai vû
quelques pucerons appliqués contre les yeux de jeunes
pouffes de pêchers, ils avoient eu à foûtenir des jours de
forte gelée; cependant c'étoient des femelles non aîlées,
très-doduës, & qui avoient le ventre bien plein de petits.
Le pêcher eft auffi un des arbres fur lefquels les pucerons
paroiffent de meilleure heure. Dans les premiers jours de
Mars, lorfque les fleurs de ces fortes d'arbres ne faifoient
que commencer à fe développer, j'ai fouvent obfervé fur
certains pêchers un très-grand nombre de différens tas de
pucerons; dans chaque tas il y avoit plufieurs meres non
aîlées, & beaucoup de petits nouvellement nés. Ils étoient
appliqués contre le bois; pour peu qu'on touchât l'arbre
rudement, on les faifoit tomber. Aucun de ces pucerons
n'avoit des aîles.

Les efpeces de pucerons que nous avons indiquées,
fuffifent affûrément pour faire voir que le nombre en eft
prodigieux. Si chaque efpece qu'on trouve fur chaque efpece de plante, étoit une efpece particuliére, le nombre
des efpeces de pucerons égaleroit au moins celui des efpeces de plantes, car je ne fçais s'il y a quelque plante
qui en foit exempte; & telle plante en nourrit de plufieurs
efpeces différentes. A la vérité on peut croire, & il eft
plus que vraifemblable, que les mêmes pucerons peuvent
vivre fur des plantes très-différentes; mais il nous refte

V u ij

encore une compenſation à faire, qui peut au moins porter le nombre des eſpeces de pucerons à celui des eſpeces de plantes. Nous en avons vû qui vivent ſur leurs feuilles & ſur leurs tiges; nous venons d'en voir qui ſe tiennent dans l'intérieur des troncs de bois pourri, d'autres qui ſe tiennent ſous les écorces des arbres: enfin nous venons d'en voir qui ſe tiennent ſous terre, & nous ne ſçavons pas combien il y en a d'eſpeces de ces derniers; mais nous pouvons préſumer que le nombre n'en eſt peut-être pas moindre que le nombre des eſpeces qui vivent hors de terre.

M. Bernard de Juſſieu m'en fit connoître une eſpece qui s'attache aux racines d'une eſpece de lichnis; il n'en falloit pas davantage pour me rendre attentif à rechercher ſi on n'en trouveroit point d'autres eſpeces qui s'attachaſſent aux racines de diverſes autres plantes; j'en ai trouvé qui ſe nourriſſent ſur les racines du millefeuille, ſur celles de la camomille, ſur celles du cynogloſſe ou langue de chien, ſur celles de l'avoine, ſur celles d'une oſeille à feuille étroite, ſur celles de l'arum ou pied de veau. Ç'en eſt aſſés pour être porté à juger qu'il n'eſt peut-être pas de plantes dont les racines ne fourniſſent la nourriture à quelqu'eſpece de pucerons. Quoique les pucerons ſe nourriſſent des plantes d'une certaine eſpece, il arrivera ſouvent qu'entre mille de ces plantes il n'y en aura pas une où ces inſectes ſe ſoient établis; quand donc on arrache à l'aveugle des plantes pour trouver des pucerons ſur leurs racines, il n'y a qu'un grand hazard qui puiſſe faire tomber ſur celles qui en ont. D'ailleurs je n'ai pas pouſſé cette recherche bien loin, j'ai cru aſſés inutile d'y employer beaucoup de temps, cependant voilà déja pluſieurs plantes d'eſpeces très-différentes, dont j'ai vû les racines peuplées de pucerons. A meſure qu'on ſuit les productions de la nature, leur immenſité ſe découvre de plus en plus.

EXPLICATION DES FIGURES
DU NEUVIEME MEMOIRE.

PLANCHE XXI.

LA Figure 1, repréſente un puceron non aîlé du roſier, groſſi au microſcope, & vû par deſſus & de côté. *t*, ſa trompe dans la poſition où il la tient lorſqu'il ſucce le ſuc d'une feuille. *c*, *c*, les deux cornes creuſes, ou les deux tuyaux qu'il porte ſur ſa partie poſtérieure.

La Figure 2, fait voir par deſſous le puceron de la figure précédente. *t*, ſa trompe appliquée contre ſon corps, comme elle l'eſt quand il n'en fait point d'uſage.

La Figure 3, eſt très en grand, celle d'une des cornes ou tuyaux *c*, *c*, de la fig. 1.

La Figure 4, eſt celle d'un puceron aîlé du roſier, groſſi au microſcope. On y voit que ſes quatre aîles ſont appliquées les unes contre les autres, ſur le corps entre les deux cornes, & perpendiculaires au plan de poſition. Une des deux cornes eſt ici à découvert, & l'autre eſt apperçûë au travers du tranſparent des aîles. *q*, eſpece de queuë qu'ont auſſi des pucerons non aîlés.

La Figure 5, eſt celle d'une branche de ſureau dont la tige eſt toute couverte de pucerons en *p q r*. Depuis *p*, juſqu'en *q*, les pucerons ſont des plus petits, ce ſont des pucerons naiſſans, ou des pucerons encore jeunes. Depuis *q*, juſqu'en *r*, il y a de plus gros pucerons, des meres qui accouchent, ou qui, près d'accoucher, ſont poſées ſur un lit de petits.

La Figure 6, eſt celle d'un puceron non aîlé du ſureau, de médiocre grandeur.

Les Figures 7 & 8, ſont celles d'un puceron mere du

fureau, groffi à la loupe, & vû par derriére fig. 7. & par deffous & de côté fig. 8. Une efpece de queuë *q*, eft fenfible dans la fig. 8, qui ne l'eft pas dans les autres figures.

La Figure 9, eft celle d'un puceron femelle qui accouche. *o*, le petit puceron qui eft prefque forti du corps de fa mere.

La Figure 10, eft encore celle d'une mere, du derriére de laquelle fort un puceron. *p*, le puceron naiffant qui commence à étendre fes jambes.

La Figure 11, eft celle d'un puceron qui vient de naître.

La Figure 12, eft celle de la partie *q r*, de la tige de la figure 5, groffie à la loupe, qui fait voir des pucerons meres, tels que *q* & *r*, en marquent deux qui font pofés fur une couche de jeunes pucerons, qui enveloppe la tige immédiatement.

La figure 13, eft celle d'un puceron du fureau, qui n'a pas encore d'aîles, mais qui doit devenir aîlé.

La Figure 14, eft celle du puceron de la fig. 13. groffi. *a, a* les deux paquets dans lefquels les aîles font pliées.

La Figure 15, eft celle d'un puceron aîlé du fureau.

P L A N C H E XXII.

La Figure 1, eft celle d'une branche de faule dont la partie *p q*, eft couverte de pucerons qui la fuccent.

La Figure 2, eft celle d'un des pucerons de la figure précédente, groffi à la loupe. Il eft d'un verd-brun & tacheté de points blancs; fes cornes *c,c*, font rouges.

La Figure 3, eft celle d'un puceron du laiteron, de grandeur naturelle.

La Figure 4, repréfente le puceron de la fig. 3, groffi. *c, c*, fes cornes. *q*, fon efpece de queuë.

La Figure 5, fait voir une tige de laiteron que les pucerons couvrent depuis *p*, jufqu'en *q*.

La Figure 6, est celle d'une portion de feuille de l'arbre que nous appellons à Paris *sycomore*, & que les Botanistes nomment *érable de montagne*, grossie à la loupe, pour rendre plus distincte la plaque *g*, composée de pucerons ; leur arrangement est tel que leurs têtes sont toutes tournées vers l'intérieur de la plaque.

La Figure 7, est celle d'une feuille du sycomore de Paris, sur laquelle sont diverses plaques *a, b, c*, composées de pucerons posés les uns auprès des autres. Un puceron plus gros que les autres, se fait distinguer dans la plaque *c*; c'est une mere.

La Figure 8, est celle d'un puceron aîlé du sycomore, un peu grossi.

La Figure 9, est celle d'une mere puceron non aîlée, du sycomore.

La Figure 10, est celle d'un jeune puceron, tels que ceux qui font le gros des plaques des fig. 6 & 7. qui ici est grossi à la loupe.

PLANCHE XXIII.

La Figure 1, est celle d'une touffe de feuilles de tilleul, qui doit sa forme aux pucerons qui s'attachent aux nouvelles pousses de cet arbre.

La Figure 2, fait voir une branche telle que celle de la fig. 1, mais qu'on a dépouillée des feuilles qui y formoient la touffe, & qui cachoient les endroits où les pucerons sont nichés. *a b c d e* pousse du tilleul que les pucerons ont forcé de se contourner en spirale. Les pucerons sont attachés contre la surface concave de cette espece de vis.

La Figure 3, représente une portion *a b c*, du jet de la figure précédente, grossi pour rendre les pucerons qui y sont attachés, plus distincts. *m, m, m*, meres pucerons rousses & sans aîles. *n*, meres pucerons noires ou brunes. *p, p*, jeunes pucerons.

Les Figures 4 & 5, montrent, l'une par deſſus & de côté, & l'autre par deſſous une mere puceron non aîlée, & groſſie. On remarquera fig. 4. que ce puceron n'a point les tuyaux ou cornes proche du derriére, que nous avons vûës aux pucerons des planches précédentes.

La Figure 6, eſt encore célle d'une mere puceron non aîlée, qui n'a point de cornes, & qui ne différe de celle des derniéres figures que par ſa couleur qui eſt preſque noire.

Les Figures 7 & 8, repréſentent deux meres pucerons dans leur grandeur naturelle, l'une vûë par deſſus & l'autre par deſſous.

La Figure 9, eſt celle d'une feuille de prunier entiére-ment couverte de pucerons.

La Figure 10, eſt celle d'une feuille de prunier que les pucerons qui s'y ſont attachés, ont obligée à ſe plier.

PLANCHE XXIV.

La Figure 1, repréſente une petite branche de poirier, dont deux des feuilles *a d, f h i*, ont été roulées par les pucerons qui ſe ſont établis ſur leur deſſous. Les grains qu'on voit en *i*, ſont de ces inſectes.

La Figure 2, eſt, en très-grand, celle d'un puceron mere non aîlée, des feuilles de poirier. *c c*, les tuyaux qu'il a proche du derriére. *q*, eſpece de petite queuë. *n*, puceron naiſſant.

La Figure 3, eſt celle du puceron de la figure précé-dente, dont l'accouchement eſt plus avancé. Le petit eſt preſqu'entiérement ſorti du corps de ſa mere, il montre & étend ſes ſix jambes *i, i, i, i, i, i*.

La Figure 4, montre le deſſus d'une feuille de groſelier, plein de tubéroſités, dont quelques-unes ſont marquées *t, t, t, &c*. Chacune de ces tubéroſités eſt creuſe de l'autre côté,

côté, & forme une espece de caverne, où des familles de pucerons sont logées.

La Figure 5, est celle d'une feuille de pommier, dont partie du bord *b a c,* a été gonflée & forcée à se recourber pour couvrir les pucerons qui l'ont succée.

La Figure 6, est celle d'un arbrisseau qu'on nomme *petolin* en Provence, & que M. de Jussieu juge être une espece de pistacher, sur les feuilles duquel croissent des galles en vessies, qui donnent un logement aux pucerons qui ont occasionné leur production. *u,* une de ces vessies. *q, n, m, o,* une autre vessie de même espece, mais qu'on a ouverte en *o m n,* pour faire voir qu'elle est creuse.

PLANCHE XXV.

La Figure 1, est celle d'une branche d'une espece de terebinthe appellé aux environs d'Avignon l'*arbre aux mouches,* parce qu'il naît sur ses feuilles des galles en vessie *u,* qui, en certains temps, renferment beaucoup de pucerons aîlés. *c d c b,* galles en croissant qui se forment sur les feuilles du même arbre, & qui doivent aussi leur production à des pucerons. Le croissant *c d c,* est fait de la partie de la feuille qui remplissoit ci-devant le vuide *c b c.* Cette partie de la feuille a été gonflée par les piquûres du puceron qui s'est introduit dans son intérieur; elle s'est renversée & couchée sur une autre partie de la feuille.

Les Figures 2 & 3, sont chacune celle d'une partie d'une galle en croissant de la fig. 1. qui a été cassée en deux. La partie *b d,* de la fig. 2, fait voir la cavité de la galle.

La Figure 4, est celle d'une feuille d'orme, sur laquelle est une petite galle en vessie qui y tient par un pédicule. *u,* cette vessie. *p,* son pédicule.

La Figure 5, est celle d'une galle d'orme de mediocre

grandeur, vûë par derriére. *f,* feuille de laquelle la galle part.

La Figure 6, eft celle de la galle de la figure précédente, vûë par devant. *u u u,* cette galle.

La Figure 7, repréfente encore une galle d'orme en veffie, d'une figure différente de celle de la figure précédente, mais affés ordinaire à ces fortes d'excroiffances. *u u u,* cette galle. *p o r,* ouverture qu'on lui a faite pour mettre une partie de fa cavité à découvert.

PLANCHE XXVI.

La Figure 1, fait voir les deffous de trois feuilles de hêtre qui ont des pucerons couverts du plus long duvet cotonneux. Les maffes de duvet cotonneux cachent entiérement le côté de la feuille *f,* fur lequel elles font attachées. *d, d, d, d,* bouts des maffes cotonneufes. *p* & *q,* marquent fur deux autres feuilles, des pucerons cachés fous le duvet cotonneux.

La Figure 2, eft celle d'un puceron aîlé des feuilles de hêtre de la figure précédente.

La Figure 3, eft celle d'un puceron non aîlé, qu'on a dépouillé de tout fon coton.

La Figure 4, eft celle de la dépouille cotonneufe d'un puceron tel que celui de la fig. 3. groffie à la loupe.

Les Figures 5 & 6, font celles de deux pucerons groffis à la loupe, & couverts de tout leur coton. *c, c,* deux efpeces de cornes faites par les deux parties dans lefquelles la maffe cotonneufe fe partage naturellement. *t,* le bout où eft la tête du puceron.

La Fig. 7, eft celle d'une feuille de peuplier, vûë par deffus, qui a une galle en veffie *u,* cette galle eft encore petite.

La Figure 8, repréfente un bout de branche de peuplier chargé de plufieurs feuilles. *g, g,* galles qui partent des pédicules des feuilles. *h, h,* autres galles qui tirent leur origine immédiatement de la tige. *u,* galle d'une feuille.

La Figure 9, eft, comme la fig. 7, celle d'une feuille de peuplier vûë par deffus ; mais la galle *u,* de la fig. 9. a pris à peu-près toute fa groffeur, & eft beaucoup plus groffe que celle de la fig. 7.

La Figure 10, montre le deffous d'une feuille de peuplier, qui, du côté oppofé, a une galle telle que celles des fig. 7 & 9. *n o,* la partie du deffous qui répond à celle du deffus, où eft le milieu de la galle.

La Figure 11, fait encore voir par deffous une feuille de peuplier qui a une galle en deffus. *f k,* petite fente qui s'ouvre lorfqu'on tire les deux parties de la feuille en deux fens oppofés, fçavoir, l'une vers *r,* & l'autre vers *f.*

PLANCHE XXVII.

Les Figures 1 & 2, repréfentent le deffous de deux feuilles de peuplier qui, fur leur deffus, ont deux galles telles que celles marquées *u,* pl. 26. fig. 7 & 9. L'une & l'autre font deffinées dans l'état où on les met lorfqu'on les tire chacune en même temps vers *r,* & vers *f.* Alors la fente s'ouvre, & laiffe voir partie de la cavité de la galle. *o, p, q,* marquent trois pucerons dans la cavité de la fig. 2. On en voit deux dans la cavité de la fig. 1. Dans cette figure, *n* & *o,* montrent deux côtes qui, par leur reffort, tendent à s'approcher l'une de l'autre, & qui s'appliquent l'une contre l'autre fi exactement lorfqu'elles font libres, qu'à peine il refte entr'elles une fente fenfible.

La Figure 3, eft celle d'un puceron non aîlé qui habite les cavités des galles précédentes.

La Figure 4. fait voir le puceron de la fig. 3. groffi à la loupe.

La Figure 5, eft celle d'une branche de peuplier dont

X x ij

plufieurs feuilles font pliées en deux pour faire des logemens à des familles de pucerons. *f k i h*, feuille pliée en deux, mais qui paroît affés platte, parce qu'il n'y a encore entre fes deux moitiés que peu de pucerons, ou des jeunes pucerons.

l m n, autre feuille pliée en deux, & qui ne l'a pas été fort exactement. Le bord de la partie *l, o, m*, ne rencontre pas le bord *l n q*.

o p q, feuille pliée en deux fort réguliérement, qui eft très-gonflée, & dont l'extérieur eft couvert d'affés gros tubercules; & cela parce que beaucoup de pucerons font renfermés dans la cavité de cette feuille. *g, g,* deux galles qui partent de la tige.

La Figure 6, eft celle d'une feuille de peuplier pliée en deux, & habitée par des pucerons; elle eft pliée réguliérement, quoique fa figure foit un peu différente de celle de la feuille *o p q,* fig. 5.

La Figure 7, eft celle d'un puceron qui fe loge dans la cavité formée par les deux moitiés d'une feuille de peuplier, de grandeur naturelle.

Dans la Fig. 8, le puceron de la fig. 7. eft groffi à la loupe.

La Figure 9, repréfente le puceron de la fig. 7. couvert de duvet cotonneux, & de grandeur naturelle.

Les Figures 10 & 11, font celles du puceron de la fig. 9. vû au microfcope.

La Figure 12, eft celle d'un puceron aîlé qui fe tient dans les feuilles du peuplier, pliées.

Les Figures 13 & 14, repréfentent en grand le puceron aîlé de la fig. 12. On le voit fig. 13. avec le port d'aîles qui lui eft ordinaire lorfqu'il eft tranquille. Il eft repréfenté volant dans la fig. 14, ou ayant fes aîles paralleles au plan de pofition, de maniére que les deux fupérieures laiffent en partie à découvert les deux inférieures.

La Figure 1, est celle d'une feuille de peuplier, autour du pédicule de laquelle est une de ces galles tournées en spirale, & qui s'ouvrent comme une boîte, dans lesquelles vivent des pucerons. L'ordre des lettres *a b d c,* montre le sens dans lequel cette galle est tournée en vis. Les mêmes lettres *a b, c d,* marquent un cordon dans le milieu duquel la galle s'ouvre comme une boîte, pour laisser sortir les pucerons.

La Figure 2, est encore celle d'une feuille de peuplier sur le pédicule de laquelle il y a deux galles, l'une plus grosse *g h i k,* & l'autre plus petite *l,* toutes deux tournées en spirale. La plus grosse est représentée ouverte en partie, pour faire voir & comment elle s'ouvre, & sa cavité intérieure. Les deux rebords *g h i, i k g,* étoient ci-devant appliqués l'un contre l'autre, & ne formoient alors qu'un même cordon tel que le cordon *a b,* fig. 1. Ici où ils sont écartés l'un de l'autre, ils permettent de voir la cavité de l'intérieur de la galle.

La Figure 3, fait voir un puceron aîlé d'une des galles précédentes, de grandeur naturelle.

La Figure 4, est celle du puceron aîlé de la fig. 3. grossi.

Les Figures 5, 6, 7, 8, 9 & 10, représentent toutes ce puceron qui se tient sous l'écorce du chêne, & qui est également singulier par la longueur de sa trompe, & par sa maniére de la porter. Dans la fig. 5. le puceron tient sa trompe *t,* raccourcie & piquée en devant. Dans les fig. 6, 7, 8, 9. & 10, la trompe, après avoir passé sous le ventre entre les jambes, forme une espece de queuë à l'insecte : la trompe de la fig. 6, se redresse & s'éleve contre le derriére. Les trompes des fig. 7 & 8. s'étendent par-delà le derriére, avant que de se redresser. Les trompes des figures 9 & 10, se

X x iij

relevent tout près du derriére, mais en se courbant doucement.

La Figure 11, repréfente le puceron des figures précédentes, vû par deffus & groffi au microfcope. *a, a,* fes antennes. *i, i, i,* fes jambes. *t o p,* fa trompe.

La Figure 12, repréfente la trompe groffie au microfcope & allongée, avec la partie de la tête à laquelle elle tient. *a, a,* antennes coupées en *a, a.* *m l,* languette, ou efpece de langue qui fe loge en partie dans une cavité de la trompe, préparée pour la recevoir. *n p,* partie de la trompe qui rentre en certains temps dans la partie *n l.*

La Figure 13, eft encore celle d'une trompe du même puceron deffinée au microfcope, mais dans le temps où elle eft raccourcie. *a, a,* les antennes coupées. *m l,* la languette ou petite trompe. *n p,* partie qui eft très-raccourcie, parce qu'elle eft prefque toute rentrée dans la partie *l n.*

La Figure 14, eft celle du puceron même deffiné au microfcope. *a, a,* fes antennes. *i, i, i,* fes jambes. *m l,* la languette, ou langue, ou la petite trompe qu'on a relevée, tant pour la rendre fenfible, que pour mettre à découvert la cavité *q r,* dans laquelle elle fe loge. *n p o t,* le refte de la trompe qui eft très-raccourcie dans cette figure.

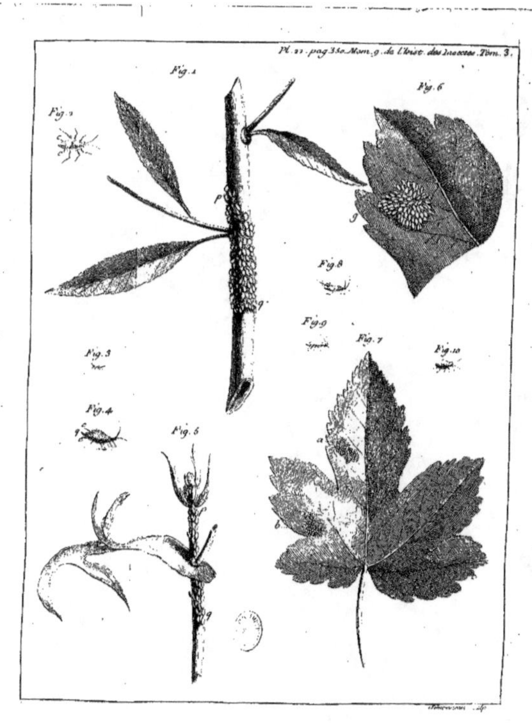

Pl. 21. pag. 350. Mém. 9. de l'Hist. des Insectes. Tom. 3.
Fig. 1
Fig. 2
Fig. 6
Fig. 8
Fig. 9
Fig. 7
Fig. 10
Fig. 3
Fig. 4
Fig. 5

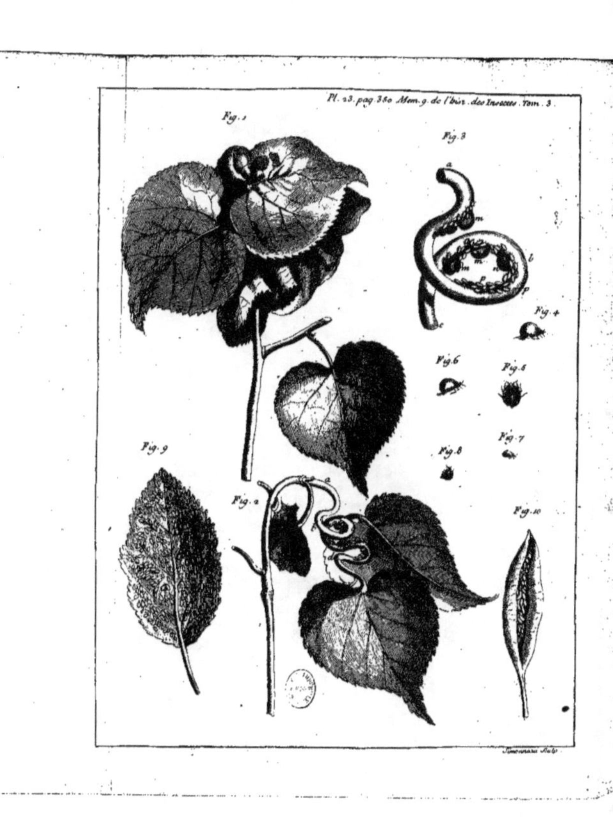

Pl. 23. pag. 380 Mem. 9. de l'hist. des Insectes. Tom. 3.
Fig. 1
Fig. 3
Fig. 4
Fig. 5
Fig. 6
Fig. 7
Fig. 8
Fig. 9
Fig. 2
Fig. 10

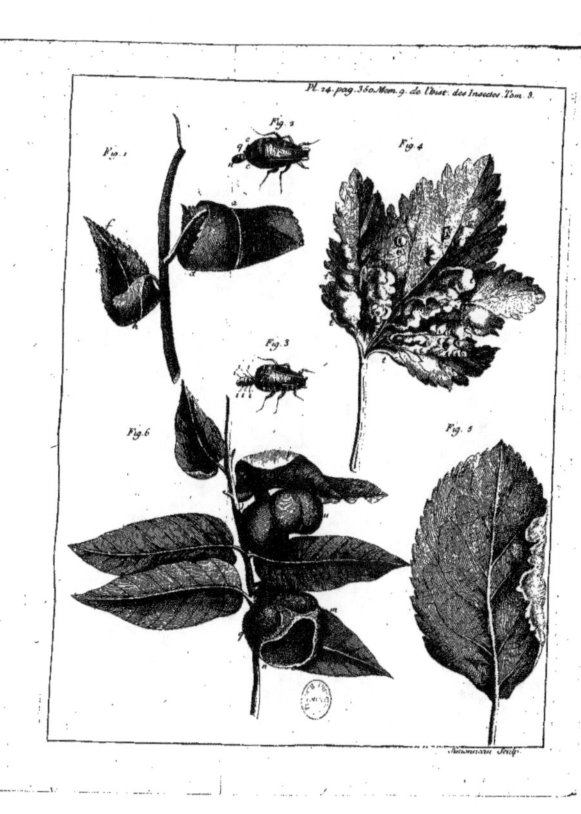

Pl. 14. pag. 350. Mem. 9. de l'hist. des Insectes. Tom. 3.
Fig. 1
Fig. 2
Fig. 3
Fig. 4
Fig. 5
Fig. 6

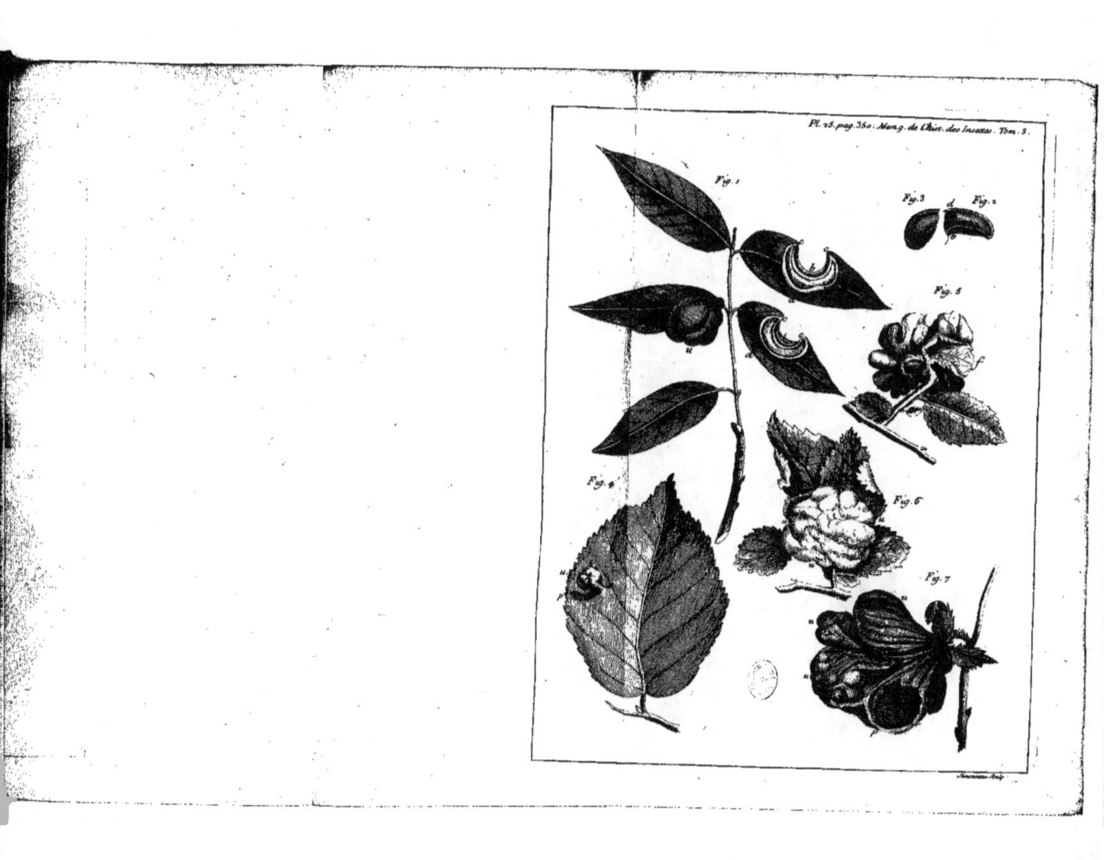

Pl. 25. pag. 350 : Mem.g. de l'Hist. des Insectes. Tom. 3.
Fig. 1
Fig. 3
Fig. 2
Fig. 5
Fig. 4
Fig. 6
Fig. 7

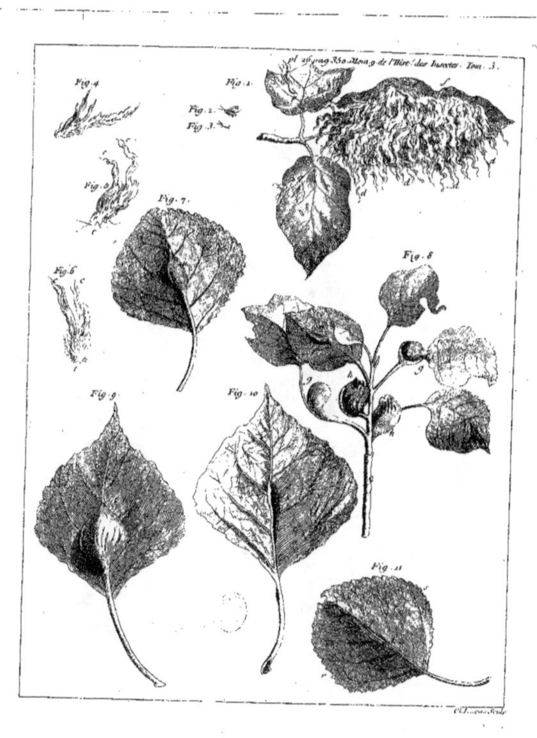

pl. 26. pag. 350. Mem. 9 de l'Hist. des Insectes. Tom. 3.
Fig. 4.
Fig. 1.
Fig. 2.
Fig. 3.
Fig. 5.
Fig. 7.
Fig. 6.
Fig. 8.
Fig. 9.
Fig. 10.
Fig. 11.

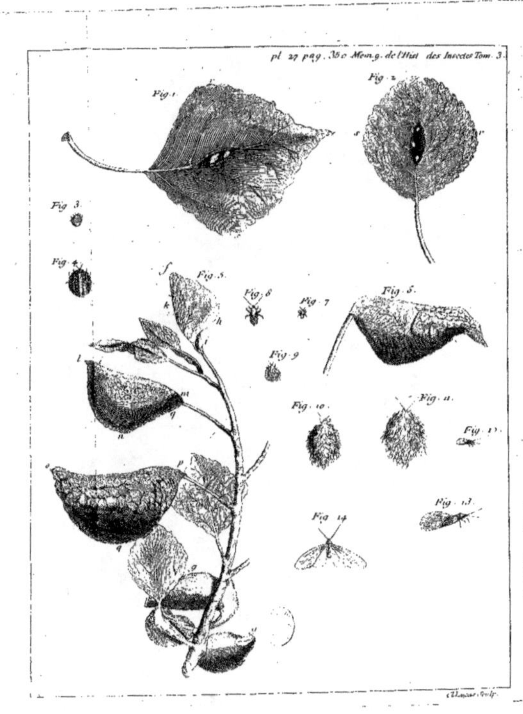

pl. 27 pag. 350 Mem. g. de l'Hist. des Insectes Tom. 3.
Fig. 1.
Fig. 2.
Fig. 3.
Fig. 4.
Fig. 5.
Fig. 6.
Fig. 7.
Fig. 8.
Fig. 9.
Fig. 10.
Fig. 11.
Fig. 12.
Fig. 13.
Fig. 14.

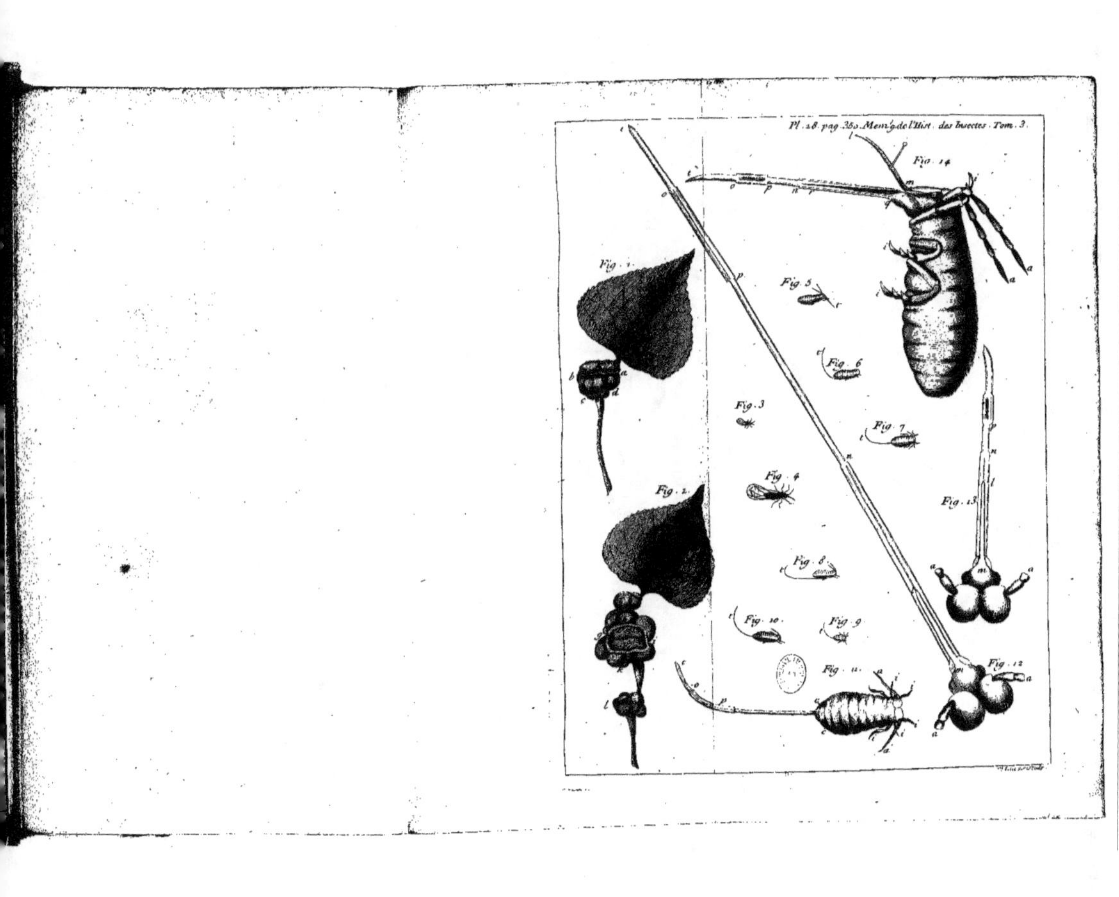

Pl. 28. pag 350. Mem.y de l'Hist. des Insectes. Tom. 3.
Fig. 1.
Fig. 2.
Fig. 3.
Fig. 4.
Fig. 5.
Fig. 6.
Fig. 7.
Fig. 8.
Fig. 9.
Fig. 10.
Fig. 11.
Fig. 12.
Fig. 13.
Fig. 14.

❖❖❖❖❖❖❖❖❖❖❖❖❖❖❖❖❖❖❖❖❖❖❖❖❖❖❖❖❖❖

DIXIE'ME ME'MOIRE.

DES FAUX PUCERONS DU FIGUIER,
ET DE CEUX DU BUIS.

EN cherchant à obferver les pucerons fur des feuilles d'arbres ou de plantes, on y pourra voir d'autres infectes qu'on feroit difpofé à confondre avec les premiers; ils leur reffemblent par leur grandeur, ou plûtôt par leur petiteffe, par la tranquillité avec laquelle ils fe tiennent affés conftamment dans la même place, par la maniére dont ils fe nourriffent du fuc de la plante, par la nature des excrémens qu'ils rejettent, & fouvent par les poils cotonneux dont ils font couverts. Ce font ces reffem-blances qui m'ont déterminé à nommer les derniers de *faux pucerons,* & à les faire connoître actuellement, afin qu'on fçache les diftinguer des véritables pucerons, dont on ne les trouve différens que quand on les étudie.

Les faux pucerons * du figuier fe tiennent plaqués con- *** Pl. 29. fig.** tre le deffous des feuilles de cet arbre. Leur corps eft affés **17 & 18. p,** applati *, & leurs jambes font courtes. C'eft M. Grandjean **p, &c.** qui me détermina à les obferver; la figure de ces petits *** Fig. 19.** infectes lui ayant paru finguliére, il m'en apporta pour fçavoir fi je les connoiffois, & fi je pourrois lui apprendre ce qu'ils devenoient; je cherchai alors à faire connoiffance avec eux. Vers le 15. May j'en trouvai fous prefque toutes les feuilles de mes figuiers de Charenton; mais ils n'y étoient pas en auffi grand nombre que le font les pucerons dans les endroits où ils se sont établis. La feuille la mieux peuplée n'en avoit guéres plus d'une vingtaine ou d'une trentaine, & au plus cinq à six de rassemblés les uns auprès des autres; sur d'autres feuilles, on n'en trouvoit en tout que quatre à cinq. On y en trouvoit de différent âge, & par conséquent de différentes grandeurs; les plus gros n'avoient guéres que le diametre de la tête d'une très-grosse épingle, & les plus petits n'avoient que celui de la tête d'une petite épingle.

La suite de leur histoire m'a appris qu'ils devoient tous devenir des insectes aîlés *, & qu'il n'y en avoit point parmi eux comme parmi les pucerons, qui restassent sans aîles, ni qui fussent là pour multiplier leur espece; tous y vivoient pour croître & pour devenir en état de se métamorphoser. Les fourreaux sous lesquels leurs aîles sont cachées *, ont beaucoup d'ampleur, ils débordent considérablement le corcelet; leur contour extérieur est à peu-près courbé en demi-cercle. Ce sont ces fourreaux qui donnent à l'insecte une forme qui a quelque chose de singulier, lorsqu'on le regarde à la loupe. Son bout antérieur * a considérablement plus de diametre que le postérieur, & il est presque coupé quarrément, parce qu'il y a de chaque côté un des fourreaux des aîles qui s'étend jusqu'à la ligne sur laquelle est la tête. Le corps & le corcelet sont d'un verd tendre, & bien éloigné d'avoir le dur de celui de la feuille de figuier. Les fourreaux des aîles sont blancheâtres ou presque blancs; vûs au microscope, ils paroissent pointillés, & chargés de poils courts. Leur consistance ressemble à celle d'une espece de parchemin. Il y a des temps où le faux puceron fait voir deux cornes coniques * posées en devant, près de l'endroit où se terminent les fourreaux des aîles; mais plus souvent il tient ces deux cornes sous le bord de ces mêmes fourreaux, & alors on ne les peut

voir

*Pl. 29. fig. 22.

*Fig. 19. ee.

*Fig. 19. a.

*Fig. 20 & 21. c, c.

voir que lorfqu'on confidére l'infecte par deffous *. C'eft   * Pl. 29. fig.
lorfqu'il eft dans cette derniére pofition qu'on voit auffi   20. c, c.
qu'il eft pourvû de fix jambes médiocrement longues, &
attachées au corcelet; la tête eft recourbée vers le ventre;
fes yeux, comme les cornes, fe trouvent alors en-deffous.
Le bout de la tête fe termine par une pointe fine qui paroît
être l'origine de la trompe; cette pointe * fe dirige vers   * Fig. 20. f.
la première paire des jambes jufqu'à laquelle elle s'étend,
& un peu plus loin; jufques-là elle eft verte; mais là on
voit un gros point brun-noir d'où part un filet * que l'in-   * Fig. 20. t.
fecte dirige de quel côté il veut. Ce filet a à peine la
groffeur d'un cheveu; il eft l'inftrument qui tire le fuc de
la plante, apparemment après l'avoir percée.

La pofition que cet infecte choifit ordinairement, eft
favorable à l'ufage qu'il veut faire de fa trompe; ordinairement fa tête eft pofée fur une des nervûres de la feuille *,   * Fig. 17.
comme fur un chevet; & le derriére eft fur la feuille en   P, P.
dehors de la nervûre; d'où il fuit qu'il fe trouve un petit
vuide entre la feuille & la partie du corps de l'infecte où eft
la première paire de jambes, c'eft-à-dire, vers où eft la trompe; ce qui donne au faux puceron la facilité de mouvoir fa
trompe, quoique fon corps paroiffe plaqué contre la feuille.

Si on courbe doucement une feuille, & qu'on faffe
en forte que l'infecte refte fur la convexité, on parviendra,
comme j'ai fait, à obferver avec une loupe, la trompe
piquée dans la feuille.

Ces infectes changent plufieurs fois de peau; quelque
petits & jeunes que je les aye vûs, je les ai toûjours vûs
avec les fourreaux des aîles; je ne fçais pourtant fi il les
ont avant que de s'être dépouillés pour la première fois.
La façon dont ils fe dépouillent n'a rien de particulier. La
peau de laquelle le faux puceron * tend à fortir, fe fend fur   * Fig. 21.
le corcelet, il s'en tire par l'ouverture qui s'y eft faite; c'eft

Tome III.   . Y y

alors qu'il éleve la tête, & qu'il ne manque pas de montrer
fes cornes * & fes yeux qu'il tient en d'autres temps en
deffous du corps. Les dépouilles *, & fur-tout les premiéres
dépouilles font chargées de longs filets cotonneux, attachés
principalement à leur partie poftérieure ; ils font femblables à ceux dont divers pucerons nous ont donné occafion
de parler.

Quoique ces infectes fe tiennent ordinairement fous le
deffous des feuilles de figuier, on en trouve auffi d'attachés contre les figues mêmes, vertes & dures. En 1736.
il y a eu des endroits aux environs de Paris où la plûpart
des figues avoient 15 à 20 de ces infectes; ils ne leur
font, je crois, ni bien ni mal.

Nos faux pucerons ne m'ont páru jetter par l'anus,
pour tout excrément, que des gouttes d'une eau très-
claire. Souvent lorfqu'on en prend un, il fait fortir une
de ces gouttes; elle refte quelque temps attachée contre
le derriére, parce que malgré fa tranfparence qui la rend
femblable à l'eau la plus claire, elle eft vifqueufe. Une de
ces groffes gouttes eft toûjours au bout de la dépouille qui
vient d'être quittée *.

C'eft vers la fin de May que les premiers faux pucerons
fe font transformés chés moi; & vers la fin de Juin j'en
ai encore trouvé beaucoup qui avoient confervé leur premiére forme. Chacun d'eux devient un moucheron * à
quatre aîles, qui, malgré fa petiteffe, peut être diftingué
de beaucoup d'autres efpeces de mouches auffi petites,
parce qu'il fçait fauter; ce que le commun des mouches
ne fçait pas. Je les mets donc dans une claffe que j'appelle
des *moucherons fauteurs*, ou des *mouches fauteufes*, & qui
eft diftinguée de celle de divers infectes aîlés qui fautent,
comme font les fauterelles, mais qui ne font pas des mouches, parce qu'ils n'ont que deux véritables aîles qui font

* Pl. 29. fig.
21. cc.
    * d.

* Fig. 21. b.

* Fig. 22.

couvertes par des fourreaux. Nous déterminerons encore
mieux la vraye claffe à laquelle appartiennent ces moucherons, quand nous aurons donné les caracteres des claffes
des différentes mouches à quatre aîles. Le moucheron fau-
teur porte fes aîles en toit fort aigu, & affés élevé au deffus
du corps. Elles ont de groffes nervûres ; le nombre de
leurs nervûres n'étant pas auffi grand que celui des nervûres
des aîles de diverfes mouches, les leurs paroiffent compofées
de carreaux de talc de figure irréguliére, & tous encadrés.
La nervûre qui borde chaque aîle, eft jaunâtre. Le corcelet
qui eft maffif, par rapport à la grandeur de l'infecte, & le
corps, font d'un verd tendre. Les jambes font blancheâtres ; quoique l'infecte s'en ferve pour fauter, les poftérieures mêmes ne font pas bien longues, auffi ne fait-il
pas de grands fauts. Il porte deux antennes un peu brunes,
compofées de petits cylindres mis bout à bout ; elles font
très-chargées de poils. Sa trompe * eft noire ; elle fort d'en-   * Pl. 29. fig.
tre la premiére & la feconde paire de jambes. Ainfi fous   23. *t.*
la forme de mouche, comme fous celle de faux puceron,
il pompe le fuc des feuilles. La vraye origine de la trompe
du faux puceron eft apparemment dans le même endroit
que l'origine de celle du moucheron. Le moucheron jette
encore pour excrément, comme le faux puceron, une
eau claire ; fon anus * eft au bout d'un tuyau qui part du   * Fig. 22 &
derriére ; il redreffe ce tuyau prefque perpendiculairement   23. *a.*
à fon corps toutes les fois qu'il veut fe débarraffer d'une
goutte de liqueur ; dans d'autres temps ce tuyau eft prefque
dans une pofition horifontale.

  J'ai vû de ces moucherons fe tirer de leurs dépouilles ;
& après qu'ils en ont été fortis, j'ai vû leurs aîles fe développer, comme nous avons dit ailleurs * que les aîles du   * *Tome I.*
papillon nouveau-né fe développent. Il manque, pour   *Mem. XIV.*
avoir leur hiftoire complette, de fçavoir comment ils fe

perpétuent. J'en ai écrafé plufieurs fans avoir trouvé dans ce que j'ai fait fortir de leurs corps, ni des fœtus, comme on en fait fortir du corps des pucerons, ni des œufs que j'aye pû reconnoître; mais leurs œufs, même après avoir été pondus, peuvent être d'une telle petiteffe que les yeux ne les découvriroient qu'à l'aide d'un bon microfcope, au foyer duquel on feroit parvenu à les placer.

Le buis eft bien peuplé dans quelques mois de l'année, d'une autre efpece de faux pucerons; ceux-ci prennent plus de foin de fe cacher que les autres; ils n'en font que plus aifés à trouver quand on connoît une fois les caches où ils fe tiennent. Les extrémités des nouvelles pouffes du buis portent pour l'ordinaire, des feuilles plattes, comme font celles du refte des branches; mais on peut remarquer que les feuilles de quelques autres nouvelles pouffes forment, à l'extrémité de la pouffe, une efpece de boule *. Là les feuilles fe font courbées en calottes fphériques; deux des plus grandes feuilles * forment l'extérieur de la boule, dont l'intérieur eft rempli en partie par d'autres feuilles plus petites, & contournées de la même maniére; le centre de ces boules eft creux. Toutes ces boules de feuilles de buis, font, ou ont été les logemens des faux pucerons * que nous voulons examiner. Quand on développe ces boules vers le commencement de May, on trouve dans toutes des faux pucerons dont le corps eft applati * comme celui des faux pucerons du figuier; mais les fourreaux des aîles de quelques-uns, ne font point fenfibles, & ceux des autres ont moins d'ampleur que ceux des aîles des faux pucerons de l'autre efpece. Il y a tantôt plus & tantôt moins de ces infectes en chaque boule. On en trouve des vingtaine dans quelques-unes, & on n'en trouve que deux ou trois dans d'autres. Les uns font vers le centre de la boule, & les autres entre les feuilles qui font en recouvrement.

Quand on défait de ces boules, on est bien autant porté à observer quantité de petits grains d'un blanc un peu jaunâtre, que les insectes mêmes. Il y a de ces grains de bien des grosseurs, & de bien des figures différentes. Plusieurs sont à peu-près sphériques, & oblongs, gros comme des têtes d'épingles; d'autres ont des figures différemment contournées, & se terminent souvent par une boule *. Ils ont de la consistance, mais telle pourtant qu'une pression du doigt assés legére suffit pour les applatir.

* Pl. 29. fig. 9 & 10. u b.

L'origine de tous ces grains n'est pas difficile à découvrir, si on revient à tourner ses regards vers les petits habitans des boules de feuilles de buis; on en remarque qui ont au derriére un grain rond * ou oblong, de même matiére que ceux qu'on a vû détachés; d'autres portent une masse * d'un diametre égal à celui des grains, mais dont chacune est bien plus longue que le corps du faux puceron; elle lui fait une espece de queuë tortueuse qui lui donne un air tout-à-fait singulier. Il paroît porter au derriére un morceau de *vermicelli* dont la figure a été mal moulée, car la couleur, comme la figure de cette matiére ressemble assés à celle de la pâte filée, appellée *vermicelli*. L'endroit où est attachée la matiére en grain rond, ou en forme plus allongée, apprend qu'elle est sortie de l'anus, & qu'elle est celle des excrémens; mais ce sont des excrémens qui n'ont rien de dégoûtant. Les personnes les plus délicates ne se feroient pas plus de peine d'en mettre sur leur langue, que d'y mettre une espece de gomme. J'en ai mis sur la mienne, ils s'y sont ramollis & fondus. Ils ont un goût un peu sucré, & qui est agréable; c'est une espece de manne qui n'a pas le défagrément de la manne ordinaire. Qui voudroit se donner la peine d'en ramasser, parviendroit à en avoir une quantité suffisante à divers essais. Telle boule de buis en fourniroit plus gros qu'un bon pois, & les boules de buis remplies

* Fig. 4. b.

* Fig. 6, 7 & 8. u f.

de faux pucerons font extrémement communes en certains
endroits. Si on s'étoit avifé de prendre garde à cette matiére, on en auroit affûrément fait quelqu'ufage en médecine, & on l'auroit fans doute trouvée un remede excellent à quelque maladie. Quoiqu'on en puiffe avoir fuffifamment pour des épreuves, il feroit peut-être difficile
d'en ramaffer affés pour fournir à beaucoup de remedes;
ils en feroient plus chers, mais ils n'en feroient que plus
eftimés.

Au lieu donc que plufieurs pucerons & nos faux pucerons du figuier jettent par l'anus une eau fucrée, les faux
pucerons du buis rendent pour excrément une efpece de
manne. Quand elle fort de leur corps elle n'a pas toute
la folidité qu'elle acquiert dans la fuite, & c'eft quand elle
en a trop, ou trop de difpofition à fe fécher, que ces infectes fe trouvent avoir de longues queuës tortueufes. Ce
qui contribuë auffi à donner le temps à cette matiére de
de former un long filet, c'eft que l'infecte change peu de
de place; quand on oblige de marcher ceux qui en ont
une longue queuë, elle fe brife, & il ne leur en refte qu'un
court fragment attaché au derriére.

Qu'on ne confonde pas les vieilles boules de feuilles
de buis, ou les boules compofées des feuilles de l'année
précédente, avec les boules faites des feuilles de l'année;
on auroit beau défaire des premiéres, on les trouveroit
fans habitans, ou habitées par quelques petites araignées,
ou par quelques autres infectes étrangers qui s'en feroient
emparés, mais jamais on n'y trouveroit de nos faux pucerons. Au refte, ces vieilles boules font aifées à reconnoître
des autres par leur groffeur & par leur couleur.

* Pl. 29. fig.
11 & 12. Nos faux pucerons ont une trompe * comme les premiers dont nous avons parlé, avec laquelle ils aiment à
percer les jeunes feuilles, & à en tirer le fuc. Si on fe

rappelle tout ce que nous avons dit des figures que les vrais pucerons font prendre aux feuilles qu'ils fuccent, il paroîtra très-probable que ce font auffi les piquûres des faux pucerons qui obligent les feuilles de buis à fe contourner en calottes, & à fe réunir plufieurs enfemble pour compofer une efpece de boule.

En 1733. vers les premiers jours d'Avril, je cherchai inutilement de nouvelles boules de feuilles & des faux pucerons, fur les mêmes buis où je commençai à trouver beaucoup des unes & des autres le 13. du même mois; & lorfque je les découvris il y avoit déja des faux pucerons de différentes grandeurs; j'y en trouvai d'une extréme petiteffe; les plus petits avoient le corps rougeâtre, la tête & les jambes noires. Ceux d'une grandeur au-deffus, & qui avoient déja changé de peau, comme il le paroiffoit par les dépouilles qui étoient fur leur feuille, avoient le corps couleur d'ambre, orné de deux rangs de petites taches noires; leurs têtes, leurs jambes & leurs antennes, car ils ont des antennes, étoient très-noires. Dans la fuite, après avoir encore quitté une dépouille, ils deviennent verds; ils n'ont que les fourreaux de leurs aîles qui foient un peu rouffeâtres.

Au derriére des dépouilles qu'ils laiffent, font fouvent attachés des grains ou des vermicelli de cette matiére fucrée, que nous regardons comme celle de leurs excrémens.

Pendant plufieurs années de fuite, j'ai taché d'avoir la métamorphofe de ces infectes fans y parvenir; & cela foit pour avoir pris trop tôt les boules de feuilles dans lefquelles ils étoient nichés, foit pour m'être contenté de les renfermer feulement dans des poudriers de verre. En 1733. j'eus la précaution de mettre dans les poudriers de la terre bien mouillée, de piquer dans cette terre des tiges de buis qui portoient des boules pleines de faux pucerons, ou de jetter fimplement de ces boules fur la terre humide,

& enfin de les cueillir feulement dans les premiers jours de May; les infeſtes trouvérent de quoi fe nourrir juſqu'à une transformation qui étoit prochaine, dans des feuilles qui conſervoient leur fraîcheur. Enfin le 14. May je vis dans les poudriers où les faux pucerons avoient été ren-fermés, les moucherons dans leſquels ils s'étoient trans-formés *. Ils font comme ceux des faux pucerons du fi-guier, des moucherons fauteurs, & ont de même le port d'aîles en toit; mais à l'origine des aîles une partie du corps refte à découvert, parce que les aîles ne fe rencon-trent qu'à une affés grande diftance de leur origine. Ils ont le corps verd; leurs aîles font fi minces qu'elles femblent prendre la couleur du corps; cependant fi on les regarde dans certains jours, elles paroiſſent un peu rouſſes. Ils ont fix jambes dont les deux derniéres font poſées comme celles de la plûpart des infeſtes fauteurs, c'eft-à-dire, que le mi-lieu de la jambe eft ordinairement poſé parallelement à la longueur du corps.

* Pl. 29. fig. 13.

J'ai écrafé de ces pucerons fans avoir fait fortir de leur corps ni fœtus, ni œufs reconnoiſſables; mais je crois avoir affés diftingué deux fexes dans ces petits infeſtes aîlés. Le derriére de ceux que je prends pour les mâles m'a paru muni de toutes les parties qui fervent à des mâles de divers autres infeſtes aîlés, pour faifir la femelle *; & le derriére * de ceux que je prends pour les femelles, m'a paru auffi être fait comme celui des femelles de diverſes mouches aîlées. Au refte, nous ne donnerons que ces deux exemples des infeſtes que nous ayons nommés *faux pucerons;* ils fuffifent pour apprendre que tous les petits infeſtes qui font munis d'une trompe avec laquelle ils fuccent des feuilles fur leſquelles ils font tranquilles, ne doivent pas être confondus avec les pucerons.

* Fig. 15.
* Fig. 16.

EXPLICATION

EXPLICATION DES FIGURES
DU DIXIEME MEMOIRE.
PLANCHE XXIX.

LA Figure 1, eſt celle d'une branche de buis, terminée par des feuilles qui forment enſemble une eſpece de boule *q*, qui donne des logemens à des faux pucerons.

La Figure 2, fait voir la boule de feuilles d'autour de laquelle on a ôté les feuilles plattes ou preſque plattes qui la cachoient en partie. *c, c*, deux feuilles extérieures courbées en calottes.

La Figure 3, repréſente un tas de matiére cotonneuſe adhérente au corps d'un faux puceron, & ſous lequel il eſt entiérement caché.

La Figure 4, eſt celle d'un faux puceron du buis dans ſon premier âge, & groſſi ici. Il n'a point encore les fourreaux de ſes aîles.

La Figure 5, eſt celle d'un faux puceron plus âgé que le précédent. *f, f*, les fourreaux de ſes aîles.

Les Figures 6, 7 & 8, ſont celles de trois faux pucerons dont chacun a au derriére une eſpece de *vermicelli* de matiére tranſparente ; celle de différens pucerons eſt différemment contournée. *u ſ*, ces eſpeces de vermicelli.

Les Figures 9 & 10, ſont celles de deux vermicellis détachés du corps, auquel ils tenoient par le bout *u ;* l'autre bout eſt terminé par une boule *b*.

Dans la Figure 11, le faux puceron eſt encore plus groſſi que dans les figures ci-deſſus, & cela pour rendre ſa trompe *t*, plus ſenſible.

La Figure 12, eſt celle du faux puceron très-groſſi & vû par deſſous. *f*, partie qui ſe joint à la trompe. *t*, la véritable trompe.

Tome III.   Z z

La Figure 13, repréſente en grand le moucheron ou la petite mouche dans laquelle le faux puceron du buis ſe transforme. *t*, ſa trompe.

La Figure 14, eſt celle de la partie antérieure du moucheron de la fig. 13. vûë par deſſous. *f*, partie qui ſe joint à la trompe. *t*, la véritable trompe.

La Figure 15, fait voir en grand le bout du derriére du faux puceron aîlé de la fig. 13. de celui qui eſt mâle.

La Figure 16, fait voir en grand & par deſſous le bout du derriére du faux puceron aîlé, qui eſt femelle.

Les Figures 17 & 18, ſont celles de deux portions de feuilles de figuier, ſur leſquelles de faux pucerons *p*, *p*, &c. ſe ſont appliqués.

La Figure 19, repréſente en grand, & vû par deſſus un faux puceron des feuilles du figuier. *e*, *e*, les fourreaux des aîles. En *a*, eſt ſa tête.

La Figure 20, montre par deſſous le faux puceron vû par deſſus dans la figure précédente. *e*, *e*, les fourreaux des aîles. *c*, *c*, deux cornes. *f*, eſpece d'étui de la trompe. *t*, filet qui paroît être la véritable trompe.

La Figure 21, eſt celle du faux puceron pris dans l'inſtant où il acheve de ſe tirer de ſa dépouille. *d*, cette dépouille, au bout du derriére de laquelle eſt une bulle *b*, tranſparente. *c*, *c*, les cornes.

La Figure 22, repréſente en grand, par deſſus & de côté, l'inſecte aîlé dans lequel ſe métamorphoſe le faux puceron du figuier.

La Figure 23, eſt celle du même inſecte aîlé, & également groſſi, vû par deſſous.

La Fig. 24, eſt celle du moucheron ou de la petite mouche des deux derniéres figures, dans ſa grandeur naturelle.

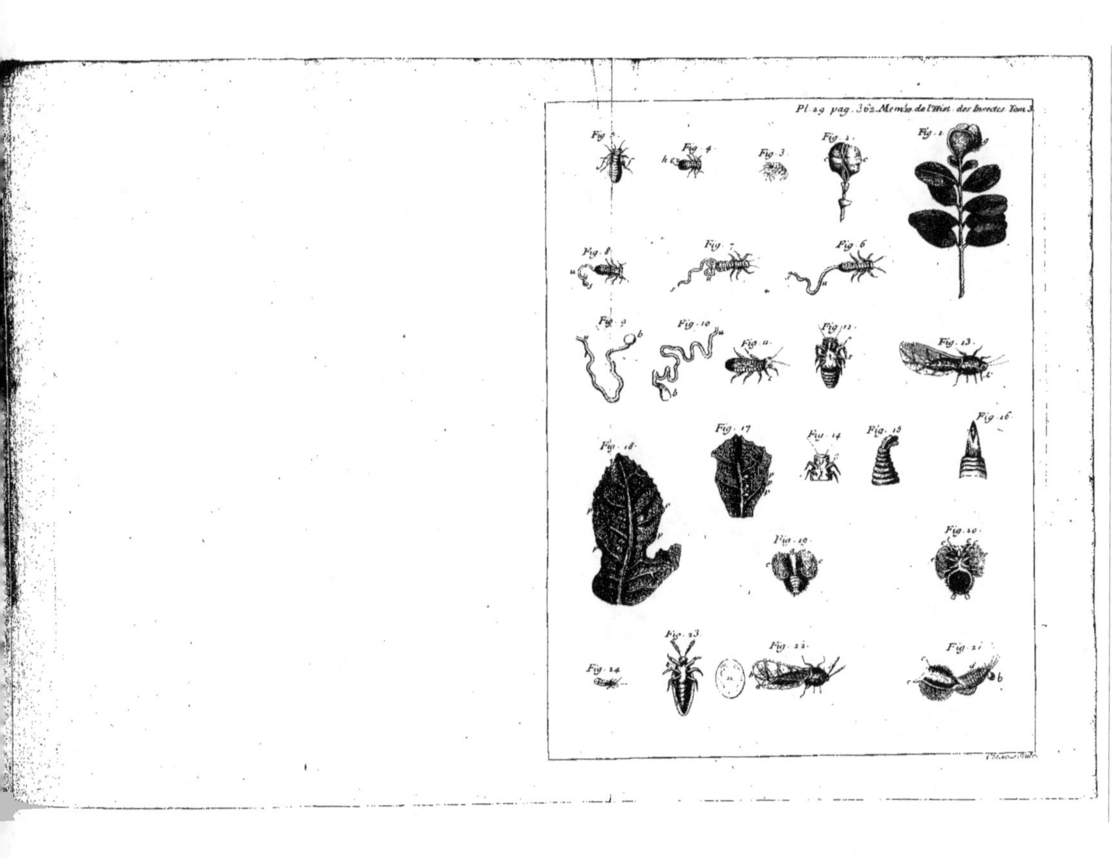

Pl. 29 pag. 362. Mem. de l'Hist. des Insectes Tom 3.
Fig. 2
Fig. 4
Fig. 3
Fig. 1
Fig. 5
Fig. 8
Fig. 7
Fig. 6
Fig. 9
Fig. 10
Fig. 11
Fig. 12
Fig. 13
Fig. 18
Fig. 17
Fig. 14
Fig. 15
Fig. 16
Fig. 19
Fig. 20
Fig. 24
Fig. 23
Fig. 22
Fig. 21

ONZIÉME MÉMOIRE.

HISTOIRE
DES VERS
MANGEURS DE PUCERONS.

L'HISTOIRE des Pucerons nous a appris qu'il y en a tant d'especes, & si prodigieusement fécondes, qu'on doit être étonné que toutes les feuilles & toutes les tiges des plantes, des arbustes & des arbres n'en soient point couvertes: mais lorsqu'on observe ces petits animaux, on voit bientôt ce qui les empêche de se multiplier excessivement; on trouve parmi eux d'autres insectes de plusieurs classes, de plusieurs genres & de plusieurs especes différentes, qui ne semblent naître que pour les dévorer, & entre lesquels il y en a de si voraces, qu'on est surpris ensuite que les pucerons, malgré leur grande fécondité, puissent suffire à les nourrir.

Ces insectes, à la nourriture desquels les pucerons sont destinés, peuvent être divisés en deux classes, en vers sans jambes, & en vers ou insectes qui ont des jambes. Ceux de la premiére classe, que j'ai observés, se métamorphosent en des mouches qui n'ont que deux aîles; & entre ceux de la seconde classe, les uns deviennent des mouches à quatre aîles, & les autres deviennent des scarabés. Les vers de la premiére classe n'ont pas échappé aux observations de Goëdaert; il en parle en cinq endroits différens. Il a suivi ces vers jusqu'à leur transformation en mouches, dont il a représenté les figures auprès de celles de ces mêmes vers: mais ses observations ne sont pas assés complettes

Z z ij

à beaucoup près, pour nous empêcher de rapporter celles
que nous avons faites fur les mêmes infectes; elles ne font
pas d'ailleurs affés exactes, pour n'avoir pas befoin d'être
rectifiées. Ce qu'il a bien connu, c'est que le même
inftinct qui porte certaines mouches à dépofer leurs œufs
ou leurs vers fur de la viande, fur du fromage, & fur
diverfes efpeces d'excrémens, porte d'autres mouches à
faire leurs œufs fur des tiges ou fur des feuilles où les
pucerons fe font établis. Les vers qui fortent de ces œufs
font avides de proye dès leur naiffance, & ils s'en trouvent environnés de toutes parts, & de proye, qui, quoi
qu'en ait dit Goëdaert, ne cherche point à les fuir. Ils
naiffent au milieu d'un petit peuple pacifique qui n'a été
pourvû ni d'armes offenfives, ni d'armes défenfives, &
qui attend paifiblement & fans défiance les coups mor-
tels qu'on veut lui porter; il ne femble pas même connoître fes ennemis.

Ne commençons pourtant pas à confidérer nos vers
mangeurs de pucerons fi près de leur origine, ce n'eft
pas le temps où leurs manœuvres font aifées à appercevoir;
confidérons les d'abord dans l'âge de pleine vigueur, lorfqu'ils font à peu-près parvenus à leur dernier terme d'accroiffement. Leur grandeur alors eft plus confidérable, par
rapport à celle du puceron, que ne l'eft celle des lions
par rapport à celle des plus petits des quadrupédes qu'ils
dévorent. Leurs dimenfions ne font pourtant pas faciles
à déterminer, il n'eft guéres plus aifé de décrire leur figure;
ils s'allongent & fe raccourciffent à leur gré, & felon leurs
différens allongemens ou raccourciffemens, la forme de
leur corps change. Dans leur état le plus ordinaire *, la
partie poftérieure de leur corps eft confidérablement plus
groffe que le refte qui diminuë infenfiblement de groffeur
jufqu'au bout antérieur; celui-ci a quelquefois à peine celle

* Pl. 30. fig.
4, 6, 7, 14,
&c.

d’un fil ordinaire. La partie poſtérieure * eſt ſouvent une baſe   * Pl. 30. fig.
fixe ſur laquelle la partie antérieure ſe donne divers mou-   4, 6 & 7. ſſ.
vemens à droit, à gauche, en haut, en bas, & cela tantôt
étenduë en ligne droite, tantôt en prenant diverſes ſinuo-
ſités. Les anneaux charnus & flexibles, dont le corps eſt
compoſé, rendent aiſés tous ces changemens de figure.
Dans certains temps, ces vers ſe raccourciſſent de façon
que leur bout antérieur eſt preſqu’auſſi gros que le poſtérieur, alors le contour de leur corps eſt preſque ovale *.   * Fig. 8.

Il y a de ces vers de différentes couleurs, & auſſi d’eſ-
pèces différentes. Ceux * qu’on trouve le plus ordinai-   * Fig. 3 & 4.
rement parmi les pucerons du ſureau & parmi les puce-
rons du chevrefeuille, ſont tout verds, excepté au-deſſus
du dos, où ils ont une raye jaune ou blanche, qui commence au derriére, & finit près de la tête. Parmi les pucerons du prunier, & parmi ceux du groſelier, on trouve
des vers * dont la couleur dominante eſt une ſorte de   * Fig. 7.
blancheâtre, ſur laquelle des rayes ondées & jaunâtres ſont
diſtribuées. Ces rayes ſont compoſées de taches de différentes nuances de brun & de jaune. On en trouve d’autres
qui ſont entiérement d’un jaune couleur d’ambre; d’autres ſont de couleur de citron, & ont tout du long du
dos deux rayes couleur de marron, qui renferment une
raye noire; ces derniers ſont aſſés communs ſur les pruniers.
On en trouve d’entiérement blancs. Mais ces variétés de
couleurs ſont peu importantes à décrire; elles parent fort
le deſſus du corps de quelques-uns de ces vers; ils paroiſſent
auſſi bien vêtus que le ſont des chenilles raſes de pluſieurs
eſpeces. Je ne ſçais ſi c’eſt la couleur de leur peau qui en a
impoſé à quelques Auteurs, qui, avec Goëdaert, les ont
placés parmi les chenilles, quoiqu’ils n’en ayent aucun des
caractéres, & qu’ils ſoient dépourvûs de jambes de toute
eſpece. Ils n’ont point, comme les chenilles, une tête d’une

figure invariable, une tête renfermée fous un crâne écailleux; leur tête eſt molle & charnuë comme le reſte de leur
corps, & elle n'a de commun avec les têtes ordinaires que
d'être la partie où font les organes, au moyen deſquels le
ver prend de la nourriture. On n'y voit point d'yeux; elle
*Pl. 30. fig. eſt ſeulement terminée par deux mammelons * peu écartés
11. c, c. l'un de l'autre, qui quelquefois paroiſſent deux petites
cornes charnuës. En un mot, ces vers, quoique mieux
colorés que ceux qui naiſſent des œufs dépoſés ſur la
viande par des mouches, ſont de leur claſſe.

Si on veut voir les armes offenſives avec leſquelles ils
attaquent les pucerons, il faut les chercher en deſſous près
du bout antérieur, & preſſer le ver qu'on tient entre ſes
doigts, pour l'obliger de les montrer. La preſſion fait ſortir
*Fig. 11. d. une ſorte de dard brun *, de nature de corne ou d'écaille,
qui, à ſa baſe, a deux autres pointes plus courtes, avec
leſquelles il forme une eſpece de fleur de lis. On voit en-
*Fig. 12. d. core aiſément au moins le dard *, lorſqu'un ver bien raſſa-
ſié de pucerons s'eſt attaché contre les parois d'un poudrier, & qu'on l'obſerve avec une loupe au travers des
parois tranſparentes. On peut diſtinguer auſſi une petite
*Fig. 11. i, i. pointe écailleuſe * à chaque côté du même anneau, de
deſſous lequel ſort le dard avec ſes deux appendices. C'eſt
* c, c. dans l'eſpace qui eſt entre les deux cornes * ou mamme-
* d. lons charnus & la pointe principale ou le dard *, qu'eſt
placée l'ouverture analogue à la bouche. Il n'eſt pas aiſé
de voir cette bouche qui n'eſt ouverte que quand le ver
le veut; mais j'en ai vû ſouvent ſortir une liqueur gluante,
une bave mouſſeuſe que le ver jette en certains temps:
pour faciliter la ſortie de cette liqueur, il recourboit alternativement ſa tête vers le ventre, & la redreſſoit. Mais
avant que de parler de l'uſage qu'il fait de cette bave, &
avant que de voir comment il ſe ſert de ſon grand & de

ſes petits dards, nous devons faire remarquer quelques différences qui ſont entre les vers de cette claſſe, & qui peuvent en faire diſtinguer des genres.

Dans toutes les eſpeces de vers analogues à celles-ci, c'eſt ſur la partie poſtérieure que ſont placés les principaux ſtigmates, les deux ouvertures principales *, par leſquelles l'air entre dans leur corps, & les deux ſeules ouvertures ob- ſervées par les Naturaliſtes, ou les deux ſeules dont ils nous ont parlé. Chaque ver en a pourtant deux autres, qui ſont même dans une place où il étoit naturel de les chercher ; elles ſont aſſés près du bout de la tête * ; mais pour être vûës, elles demandoient à être cherchées, & ſouvent même avec une loupe. Quand nous en ſerons à l'hiſtoire générale des mouches à deux aîles, nous nous arrêterons davantage à faire connoître ces deux ſtigmates que nous nommons les *antérieurs,* nous n'avons beſoin de parler actuellement que des poſtérieurs. Des vers de quelques eſpeces, comme ceux qui ſeroient entiérement verds s'ils n'avoient pas une raye blanche ou jaunâtre le long du dos, ont ſur le der- nier anneau deux parties peu relevées, deux mammelons écraſés *, dont le contour eſt circulaire, & qui ſemblent avoir un trou à leur centre, ce ſont les deux ſtigmates poſtérieurs, ils ſe touchent. Quand le ver ſe donne certains mouvemens, le pénultiéme anneau couvre ces deux ſtigma- tes. D'autres vers ont ſur leur dernier anneau deux ſtigmates qui s'élevent plus ſur le corps que ceux des précédens, ils ſont deux petits cylindres charnus accollés l'un contre l'au- tre, & poſés à même diſtance de l'origine de l'anneau * ; cha- cun de ces cylindres eſt un des ſtigmates ; ſon bout ſupérieur donne entrée à l'air. Quelquefois ces cylindres ſont cou- chés ſur le corps de l'inſecte, mais le pénultiéme anneau ne peut jamais les couvrir qu'en partie. Plus ſouvent ils ſont redreſſés, & quelquefois perpendiculaires au plan du

* Pl. 30. fig.
4 & 7. ſſ.

* Fig. 7. c.

* Fig. 4. ſſ.

*Fig. 7. ſſ.

corps. Enfin, d'autres vers mangeurs de pucerons, ont, comme les précédens, fur leur partie poftérieure deux corps prefque cylindriques *, qui font leurs ftigmates, mais ces efpeces de cylindres ne font point appliqués l'un contre l'autre, il refte entr'eux une affés grande partie de la circonférence de l'anneau; en un mot, on les prendroit volontiers pour deux cornes que l'infecte porte fur le derriére, & qui, en s'élevant, s'écartent l'une de l'autre. La figure & la pofition des parties où font les ouvertures qui donnent entrée à l'air, nous fourniffent donc les caractéres de trois genres de vers mangeurs de pucerons.

*Pl. 30. fig. 17. ſſ.

On peut obferver entre ces vers beaucoup d'autres petites variétés dont le détail deviendroit ennuyeux; nous croyons pourtant devoir dire encore qu'il y en a qui font hériffés d'épines *, & faire connoître une efpece de ceux-ci; ils font d'un blanc verdâtre, ils ont fur le dos trois rayes compofées de taches d'un brun tanné, & de taches noires. Les taches noires dominent dans les rayes des côtés, & les brunes dans celle du milieu; le corps de chacun de ces vers eft tout hériffé d'épines blanches. On lui voit au moins dix anneaux; chaque anneau eft chargé de dix à douze épines rangées fur la ligne qu'on imagineroit partager l'anneau en deux autres moins larges de moitié, & de même diametre; leurs pointes font extrémement fines, & recourbées en crochets tournés vers le derriére. Elles font beaucoup plus groffes à leur bafe qu'ailleurs, de-là jufqu'à la pointe elles diminuent infenfiblement de groffeur. Celles qui font les plus proches du milieu du corps, font plus ferrées les unes contre les autres, que celles qui font près des côtés; il n'y en a pas fous le ventre; ce ver a affés l'air d'un hériffon.

*Pl. 31. fig. 6 & 7.

Nous avons déja dit que tous les vers de la claffe que nous examinons actuellement, n'ont pas, à proprement

parler,

parler, de jambes, car on ne fçauroit donner ce nom à quelques mammelons qui, en certaines circonftances, paroiffent à la partie inférieure des anneaux, & qui font furtout remarquables au-deffous des plus grands anneaux, ou des plus proches du derriére. Ces mammelons aident pourtant l'infecte à fe traîner; mais c'eft véritablement au moyen de fa tête qu'il marche, qu'il fait les plus grands pas, qu'il fe tranfporte d'un endroit à un autre. Tenant fon derriére fixe, il s'allonge autant qu'il peut, ce qui porte fa tête affés loin; enfuite il l'applique & l'accroche contre quelque corps. Sa tête étant ainfi cramponnée, il fe raccourcit, & amene par conféquent en avant fa partie poftérieure; auffi-tôt il fe trouve en état de faire un fecond pas pareil au premier. Je les ai vûs monter de la forte affés vîte le long des parois des poudriers de verre où je les avois renfermés.

Le temps où ces vers méritent le plus d'être obfervés, eft celui où ils font occupés à chaffer & à fuccer des pucerons. Il n'eft point dans la nature d'animal de proye qui chaffe auffi à fon aife que le fait notre ver. Couché fur une feuille ou fur une tige *, il eft environné de toutes parts des infectes dont il fe nourrit; fouvent même ils le touchent de tous côtés; il peut en prendre bien des centaines fans changer de place. Non-feulement les pauvres petits pucerons ne le fuyent pas, on en voit même fouvent plufieurs à la fois qui paffent fur fon corps. Ce n'eft qu'après avoir mangé la plûpart de ceux qui l'environnoient, qu'il a befoin de fe tranfporter dans un autre endroit auffi peuplé que l'étoit celui où il a fait de cruels ravages, où il a prefque tout détruit. Pour bien voir comment ce ver attaque les pucerons, combien il eft difficile à raffafier, il faut en ôter un de deffus les feuilles, & le laiffer jeûner pendant dix à douze heures, renfermé dans quelque boîte, ou dans quelque

* Pl. 30. fig. 1. *ur.*

bouteille. Après une telle diette, qu'on le pose quelque part, n'importe sur quoi, pourvû qu'on mette des pucerons autour de lui; dès lors toute place lui est bonne; il se tiendra même sur la main. Bientôt il se fixe sur sa partie postérieure, il porte le bout de sa tête ou de sa trompe le plus loin qu'il peut; là il tâte s'il ne rencontre point de puceron; car il ne sçait que tâter, il ne paroît pas qu'il voye aucunement; il cherche souvent au loin des insectes pendant qu'il en a de très-proches. S'il n'a rien rencontré devant lui, il se replie à droit ou à gauche, tantôt d'un côté, tantôt de l'autre, faisant décrire successivement de chaque côté différens arcs au bout de sa partie antérieure, qui tâte continuellement s'il n'y a point de proye dans la circonférence de l'arc qu'elle décrit. Il ramene même quelquefois le bout de sa tête sur son dos assés près du derriére. Enfin vient-il à toucher quelque malheureux puceron, aussi-tôt il le saisit, il le pique avec ses trois dards disposés en fleur de lis; il le prend, comme nous prenons un morceau de viande avec une fourchette *. Le voilà qui s'est saisi du puceron; pour entendre comment il va le manger, il faut sçavoir qu'il peut faire rentrer le bout de sa propre tête sous le premier anneau, & même le premier anneau sous le second; enfin il faut sçavoir que cette ouverture que nous avons appellée la *bouche*, a un organe propre à sucer, une espece de trompe. Dès que le ver s'est emparé d'un puceron, il fait rentrer sa tête & son premier anneau sous le second anneau; il tire le puceron *, & le force de s'enfoncer en partie dans l'ouverture de ce même anneau; le puceron s'y trouve posé comme l'est un bouchon dans le goulot d'une bouteille. Ordinairement le patient a les jambes en haut, il ne sçauroit échapper au ver vorace dont la force surpasse prodigieusement la sienne. Les deux petites pointes dont une est placée sur chaque côté du second anneau,

* Pl. 30. fig. 4.

* Fig. 7.

aident apparemment encore à tenir faifi le malheureux infecte qui va être fuccé dans l'inftant. Tout cruel qu'eft
ce petit fpectacle, il eft très-amufant, fur-tout lorfque le
ver mangeur eft de ceux qui font prefque blancs, ou qui
n'ont des couleurs foncées que fur leur dos; les anneaux
de la partie antérieure de ceux-ci, font tranfparens. Si on
tient le ver au foyer d'une loupe, on voit très-diftincte-
ment ce qui fe paffe dans fon intérieur; on s'arrête d'abord
à confidérer une petite partie de couleur brune ou prefque
noire, de figure oblongue, & dont la longueur peut répondre à celle qu'occupent deux ou trois anneaux; fes
mouvemens pareils à ceux d'un pifton, apprennent qu'elle
en fait les fonctions; alternativement on la voit remonter
contre le puceron, & enfuite revenir en arriére. Chaque
mouvement eft prompt, mais entre deux mouvemens il
y a un temps de repos de quelque durée. Ce petit corps
n'eft pourtant pas un fimple pifton, il eft un corps de
pompe, qui, chaque fois qu'il s'applique contre le puceron, fe charge de matiére; je dis de matiére & non de
pure liqueur, c'eft ce qu'on ne s'attendroit pas à voir, &
qu'on voit très-bien. Lorfque ce petit corps après s'être
chargé, eft revenu en arriére, pendant l'inftant de repos,
ou plûtôt pendant celui où il ne monte ni ne defcend, on
remarque qu'il darde avec vîteffe des jets dans un canal; on
appellera ce dernier canal l'œfophage, l'eftomac, ou les inteftins du ver, tout comme on voudra, le nom importe peu,
mais ce qu'il importe de fçavoir, c'eft que les membranes
qui le compofent, font extrémement tranfparentes, elles
laiffent voir auffi diftinctement qu'on le peut défirer, la
matiére des jets. Quand le ver fucce une mere puceron
telle que celles du fureau, chaque jet eft compofé de quatre
à cinq grains verdâtres qui font autant de ces embryons
dont le ventre de cette mere eft rempli. Quelquefois les jets

A a a ij

ne femblent compofés que de bulles d'air qui fe fuivent, foit que ce foient de vrayes bulles d'air, ou des bulles d'une liqueur ou matiére tranfparente. Ce qui eft de fûr, c'eft que la couleur, la figure & la confiftance des jets changent trois ou quatre fois pendant qu'un feul puceron eft fuccé. Toutes les matiéres qu'il peut fournir ne font pas de même couleur & de même confiftance. Le ver tire tout ce qu'il a dans le corps, jufqu'à ce qu'il l'ait defféché au point de ne paroître plus qu'une dépouille.

Si je n'ai parlé que d'un canal dans lequel font pouffés avec vîteffe des jets de la matiére dont la pompe s'eft chargée, ç'a été pour ne pas partager l'attention, car il y a deux canaux pareils à la bafe de la pompe; elle pouffe dans l'un & dans l'autre la matiére dont elle s'eft remplie. On ne peut obferver à la fois que ce qui fe paffe dans l'un ou dans l'autre; je ne fçais fi à chaque jet elle leur envoye à tous les deux une matiére femblable; peut-être que quand je voyois qu'un des deux ne recevoit qu'une file d'efpeces de bulles d'air, l'autre recevoit des jets de grains plus folides. Peut-être y a-t-il fur cela une alternative, & qui auroit des ufages fur lefquels nous ne pourrions au plus que hazarder des conjectures très-incertaines; par exemple, il eft peut-être néceffaire que les matiéres qui doivent être digérées, foient, pour ainfi dire, affaifonnées d'une certaine quantité d'air. Ce qui m'a fait naître cette idée, c'eft que j'ai cru obferver qu'affés conftamment un jet de matiére folide étoit fuivi dans le même canal d'un jet de ces bulles, que leur tranfparence me fait appeller des *bulles d'air.*

Les deux canaux dont nous venons de parler, femblent auffi faire l'office de deux mufcles, de deux tendons pour retirer la pompe en embas. Les trois dards qui ont fervi comme de fourchette, comme de trident pour prendre le puceron, ne font plus néceffaires pour le tenir quand il eft engagé dans l'ouverture de l'anneau; mais ce trident n'eſt pas alors inutile; il tient à cette partie brune à qui on voit des mouvemens alternatifs & prompts vers la tête & vers le derriére. Chaque fois qu'elle eſt pouſſée vers la tête, le puceron reçoit de nouveaux coups de poignard; ils ſont néceſſaires pour faire des ouvertures capables de laiſſer paſſer tout ce qu'il a dans ſon intérieur, & néceſſaires encore pour diviſer & hacher ſes parties intérieures, pour les mettre en état d'entrer dans la pompe qui les attire.

Enfin, après que le ver a pompé le puceron pendant quelque temps, il le jette; & alors, comme je l'ai déja dit, le puceron eſt auſſi ſec que le ſeroit une dépouille. Le ver ne perd point de temps, ſur le champ il en cherche un autre, il s'en empare & le ſucce. Quand il eſt bien affamé, tels que le ſont ceux qu'on a fait jeûner, pour les voir manger avec plus d'appetit, ils ont bientôt expédié leur puceron; c'eſt une affaire d'une minute. J'ai vû manger vingt pucerons de ſuite à un même ver en moins de 20 minutes, il n'étoit pas pour cela raſſaſié; mais j'étois las d'obſerver toûjours les mêmes manœuvres, qu'il m'eût montrées, je crois, encore long-temps, car plus de cent pucerons que je lui avois donnés, furent mangés en deux ou trois heures. Les vers qui n'ont point été forcés à jeûner, n'y vont pas ſi vîte, ils s'amuſent quelquefois deux minutes ou deux minutes & demie ſur le même puceron. Il eſt aiſé de calculer que s'ils mangeoient ſans interruption, ils détruiroient par jour un furieux nombre de ces petits inſectes. Par bonheur pour les pucerons, les vers ſe repoſent de temps en temps, mais leur repos n'eſt pas long. On ne les ſurprend guéres ſans qu'ils ayent un puceron au bout de leur trompe; auſſi ai-je vû des tiges de ſureau de ſept à huit pouces de longueur, entiérement couvertes de pucerons, ſur leſquelles il n'en reſtoit preſque

A a a iij

plus en vie quatre jours après, ou fur lefquelles il y en avoit feulement d'un côté; je trouvois fur le côté oppofé deux ou trois vers qui avoient fuffi à y tout détruire.

Au refte, il n'eft point d'endroits où les pucerons s'établiffent, où l'on ne trouve quelques vers, & il y en a où on en trouve un grand nombre. Ils pénétrent jufques dans les veffies des feuilles des peupliers, dans les galles foit des queuës, foit des feuilles du même arbre; ils pénétrent dans les veffies des ormes. M. Geoffroy a obfervé dans ces derniéres un ver à trompe, couché fur un lit du duvet de ces petits animaux; mes obfervations m'ont appris que de pareils vers n'y font pas pour fe tenir dans l'inaction. Les crevaffes qui fe font faites à la veffie, & par lefquelles les premiers pucerons aîlés font fortis, donnent apparemment entrée aux vers qui vont faire un furieux ravage parmi les pucerons non aîlés.

Quoiqu'on trouve plus communément certaines efpeces de vers mangeurs parmi certaines efpeces de pucerons, il ne faut pas penfer que ces vers foient affés délicats fur le choix du gibier, pour ne manger que les pucerons d'une certaine efpece. J'ai lieu de croire que ceux de toutes efpeces les accommodent, quoiqu'ils aiment peut-être mieux ceux de quelques-unes, que ceux de quelques autres. J'ai vû les mêmes vers vivre de pucerons du fureau, de pucerons du chevrefeuille, de pucerons du prunier, &c.

*Pl. 30. fig. 5. a.

L'anus * de ces vers eft à leur partie poftérieure dans les replis du dernier anneau. Il rejette de temps en temps une matiére liquide, mais épaiffe & noirâtre.

Les vers devenus grands ont une force bien fupérieure à celle des pucerons; mais le ver naiffant ou nouvellement né a befoin que le courage fupplée à ce qui lui manque de force. J'ai obfervé de ces vers qui n'avoient pas encore la moitié de la groffeur & de la longueur du puceron à

qui ils s'adreſſoient, ils l'attaquoient cependant. Le puceron, tout tranquille qu'il eſt, n'attendoit pas toûjours que
les piquûres mortelles fuſſent réïtérées, ſans ſe donner
des mouvemens, au moins tâchoit-il de fuir devant ſon
ennemi. Le petit ver le ſuivoit obſtinément; il parvenoit à
ſaiſir quelqu'une de ſes parties, il s'y appuyoit pour monter
ſur le corps du puceron, qui emportoit avec ſoi un ennemi
qui le perçoit & qui venoit à bout de le ſuccer.

Lorſque ces vers ont pris tout leur accroiſſement, lorſque le temps où ils doivent perdre leur premiére forme
approche, ils n'ont plus beſoin de manger ; ils quittent
quelquefois les feuilles ou les tiges ſur leſquelles ils ont
crû, & quelquefois ils s'arrêtent ſur une des feüilles qu'ils
ont dépeuplée & qui s'eſt courbée en ſe fanant, & c'eſt
dans la courbûre qu'ils ſe logent. Ils doivent être immobiles juſqu'à ce qu'ils ſoient devenus mouches. Que l'endroit qu'ils ont choiſi & ſur lequel leurs métamorphoſes
doivent s'accomplir, ſoit ſur une feuille, une tige, ou quelqu'autre corps, cela eſt aſſés indifférent, mais l'inſecte qui
a encore la forme de ver, cherche à ſe fixer dans cet endroit;
il en a un moyen facile, il s'y colle, & ordinairement par le
deſſous du ventre ou par une partie proche de l'anus. Nous
avons parlé d'une liqueur gluante que l'inſecte peut faire
ſortir de ſa bouche, il eſt ſur-tout fourni de cette liqueur
quand le temps de ſa métamorphoſe approche. Si on en
tient un alors dans un poudrier, & qu'il ſe ſoit appliqué
contre ſes parois, à chaque pas qu'il y veut faire il s'arrête
quelques inſtants, pendant leſquels ſa tête ſe donne divers
mouvemens, qui font ſortir la liqueur mouſſeuſe. Sans
changer de place, mais en ſe contractant & s'allongeant à diverſes repriſes, le ver étend enſuite cette liqueur ſur une ſurface égale à celle du deſſous du corps; il marche ſur cette
ſurface enduite, & recommence plus loin le même manége.

Enfin il se fixe dans une place qui lui à paru convenable,
& où il a déposé assés de colle pour y tenir son corps bien
assujetti.

Le ver étant ainsi collé, change peu à peu de figure. Celle
sous laquelle il paroît au bout de quelques heures, & qu'il a
prise par degrés, a quelque ressemblance avec celle sous
laquelle on nous peint les larmes, ou avec celles des larmes
de verre *. Je ne veux pourtant que dire qu'une portion
est grosse & arrondie en larme, & qu'elle se termine par
une queuë fine, mais beaucoup moins fine & moins longue
que ne l'est le filet de la larme. Cette queuë est d'ailleurs
applatie, & la portion du corps à qui elle se joint, celle qui
est collée contre quelque corps étranger, est elle-même
applatie du côté où elle touche le corps étranger.

Alors l'insecte est renfermé dans une coque formée de
sa propre peau qui s'est desséchée & durcie. Comme ceci
est commun à ces vers avec quantité d'autres insectes que
Swammerdam a rangés sous la quatriéme classe des transformations, nous ne nous arrêterons point à expliquer ici
comment la peau se détache, & prend la forme & la dureté
d'une coque; cela mériteroit un long détail qui doit être
renvoyé au temps où l'histoire des mouches, comme mouches, sera notre principal objet. Nous nous contenterons
de faire ici quelques remarques sur la forme extérieure de
cette coque.

La partie du ver qui jusques-là avoit été la plus menuë *,
celle dont le bout étoit quelquefois aussi délié qu'un fil, est
devenuë la partie la plus grosse *, celle qui est arrondie &
renflée comme une larme; & la partie postérieure du ver
dont la grosseur surpassoit considérablement celle de certains
endroits du corps, & sur-tout celle de la tête, est alors celle
qui est réduite à une espece de filet *. La peau, avant que
de se dessécher, a prêté à la figure que le ver devoit prendre

en se

* Pl. 31. fig.
1 & 2.

* Pl. 30. fig.
6. d.
* Pl. 31. fig.
1 & 2. a.

* p.

en se transformant. La tête & le corcelet de la crisalide
sont celles de ses parties qui ont le plus de volume; elles
sont, & on voit bien qu'elles doivent être du côté où
étoit la trompe. Si on avoit quelque doute que ce fût
la peau même du ver qui devient la coque, cette espece
de vers * que j'ai dit être chargée d'épines, le leveroit, car   * Pl. 31. fig.
toutes celles du ver se trouvent sur la coque, ce qui lui   6 & 7.
donne une figure assés semblable à celle d'un poisson rond
& hérissé d'épines, appellé *orbis*.

La peau de ver, en se desséchant, en prenant de la dureté, en se rapprochant de la consistance de la corne, ne
perd point de sa premiére transparence; elle semble même
en acquerir un nouveau degré. Aussi découvre-t-on dans
l'intérieur de l'insecte ce qu'on avoit plus de peine à y
voir lorsqu'il avoit la forme de ver; on suit alors de chaque
côté un canal semblable jusqu'à chacun de ces deux cylindres que nous avons dit être appliqués l'un contre
l'autre, & élevés sur le dessus de la partie postérieure du
ver, jusqu'aux stigmates postérieurs*.   * Pl. 31. fig.
                                          2, 3 & 4. J.
Le mouvement du long vaisseau qui regne tout du
long du dos, & qui se voit très-bien dans le ver, se voit encore mieux dans la nymphe nouvellement renfermée dans
sa coque, on l'y suit plus loin. Vers la queuë, un peu au-
dessous de la partie la plus élevée de la larme, il y a un
endroit dont les mouvemens sont bien autrement considé-
rables que ceux des parties entre lesquelles il est situé. Cet
endroit est non-seulement remarquable par la force de ses
mouvemens, il l'est par son étenduë; il a une assés grande
largeur: de sorte qu'on pourroit le regarder comme un véritable cœur, & laisser le nom d'arteres aux canaux qui lui
sont continus de part & d'autre.

On sçait que les parties de la nymphe s'affermissent chaque
jour sous l'enveloppe qui les renferme; aussi celles de la

Tome III.   . B b b

nôtre deviennent chaque jour plus fenfibles au travers de la coque; quoique la coque perde quelque chofe de fa tranfparence, on diftingue par la fuite ces deux cornées taillées à facettes, qu'on appelle les yeux des mouches.

Enfin, le plus fouvent au bout de feize à dix-fept jours il fort de chaque coque une mouche; il y en a pourtant qui fortent plûtôt & d'autres plus tard. Celles qui viennent de différentes efpeces de vers, ont auffi entr'elles des différences. Ce font toutes des mouches qui n'ont que deux aîles; plufieurs approchent de la grandeur, de la figure & fur-tout de la couleur des guefpes ordinaires. Un des caractéres des mouches de ce genre, eft d'avoir le corps très-applati. La mouche * qui vient des vers jaunâtres avec des rayes ondées *, a alternativement fur le deffus de fon corps des bandes tranfverfales noires, & des bandes jaunes, trois ou quatre de chacune de ces couleurs, & à peu-près égales en largeur. Dans d'autres de ces mouches le nombre des bandes colorées fe multiplie; une large bande jaune eft fuivie de près d'une autre bande noire plus étroite, ou plûtôt d'un filet noir. Les plus groffes mouches de cette efpece *, font celles qui viennent des vers * qui ont une raye blanche ou jaunâtre tout du long du dos, & qui partout ailleurs font d'un beau verd. Le fond de leur couleur eft noir, ou plûtôt un brun noirâtre. Sur la partie fupérieure de chaque anneau *, elles ont deux taches courbes dont la concavité eft tournée vers la tête, il refte un efpace brun entre ces taches. Toutes les mouches de ces vers ont encore de commun de voltiger au-deffus des plantes & des fleurs en planant; quelques-unes s'y tiennent comme fufpenduës pendant du temps par le mouvement de leurs aîles.

Goëdaert a obfervé & admiré avec raifon l'accroiffement fubit qui femble fe faire dans des mouches qui lui étoient venuës des vers mangeurs des pucerons du fureau,

* Pl. 31. fig. 8.
* Pl. 30. fig. 6 & 7.
* Pl. 31. fig. 9.
* Pl. 30. fig. 3 & 4.
* Pl. 31. fig. 10.

& des vers mangeurs des pucerons du faule; à peine ont-elles
un quart-d'heure de vie de mouche, qu'on les voit au moins
du double plus longues & plus groffes qu'elles n'étoient
quelques inftans après être forties de la coque. On a vû
éclorre une affés petite mouche, & on eft étonné de la voir
devenir dans un quart-d'heure une mouche fort grande. Un
accroiffement fi fubit paroît d'autant plus merveilleux, que
pendant qu'il fe fait, l'infecte ne femble prendre aucune
nourriture, & que réellement il n'en prend point. Auffi
l'accroiffement ne m'a-t-il pas paru devoir être réel; les aîles
dans l'inftant de la naiffance de cette mouche & de celle de
bien d'autres, n'occupent pas peut-être la dixiéme partie
de la furface qu'elles occupent dans la fuite, elles s'étendent, elles fe développent peu à peu; j'ai cru qu'il en arrivoit de même à chacun des anneaux du corps de notre
mouche; que tout s'étendoit, mais qu'il n'arrivoit que cela.
Une obfervation pourroit pourtant encore faire prendre ici
le change, & faire rejetter une idée non-feulement vrai-fem-
blable, mais vraie, c'eft que fi on touche le corps de l'infecte, on le trouve dur, tendu, bien rempli; & fi l'accroiffement n'étoit qu'apparent, le corps fembleroit devoir
être mol, lorfqu'il occupe un efpace qui furpaffe fi confidérablement celui qu'il occupoit auparavant. Cette difficulté même m'a appris quelle étoit la vraie caufe d'une augmentation de grandeur fi confidérable & fi fubite, quelle
étoit la vraie caufe qui portoit l'extenfion, le développement de tous les anneaux de la mouche jufqu'où il devoit
être porté. J'ai penfé que fon corps fe rempliffoit d'air,
foit que celui qui y étoit contenu fe raréfiât davantage,
parce qu'il furvenoit quelque fermentation dans le corps
de l'infecte nouvellement né, propre à occafionner cette
réfraction, ou, ce qui eft beaucoup plus probable, foit que
l'infecte dans ce premier inftant, refpirât plus d'air qu'à

B b b ij

l'ordinaire, & que, pour ainſi dire, il le bût pour s'en bien
remplir le corps; en un mot, j'ai penſé que l'air qui étoit
introduit ou rarefié dans le corps, l'obligeoit à s'étendre.
Le moyen de décider ſur la vérité de cette conjecture, étoit
bien ſimple; je piquai le corps de la mouche avec une
épingle fine; la piquûre fut ſuivie d'un petit bruit, & ſur le
champ le corps de la mouche s'applatit, ſe raccourcit, &
revint preſqu'à ſon premier volume. Cette méchanique
mérite d'être remarquée; les parties de l'inſecte pendant
qu'il étoit en nymphe, ont été trop emboitées les unes dans
les autres : pour les dégager ſuffiſamment, il faut les porter
même par-delà le point d'extenſion néceſſaire; pour cela
la mouche ſe remplit d'air comme nous en rempliſſons une
veſſie que nous avons envie d'étendre; auſſi eſt-il à remarquer que dans le temps de cet accroiſſement ſubit, le
corps de la mouche eſt preſque rond, & que dans ſon
état naturel il eſt applati; il revient par la ſuite à être plat
& plus court. Celui des mouches de cette eſpece que j'ai
gardées, s'eſt applati peu à peu, & ce n'eſt pas le jeûne
qui en a été la cauſe; de pareilles mouches qui ont vécu
libres, & qu'on voit voler autour des arbres & des plantes,
ont de même le corps plat. On voit plus dans leur intérieur, qu'on n'oſeroit eſperer de voir dans le corps de ſi
petits inſectes, & on y voit bien des ſingularités, mais
qui ſeront placées plus convenablement qu'ici, dans l'hiſtoire générale des mouches à deux aîles.

    La mouche qui vient du ver mangeur de pucerons qui
eſt hériſſé d'épines *, eſt beaucoup plus petite que celles
que nous venons d'examiner, elle n'a d'ailleurs rien de
fort remarquable; le deſſus & le deſſous de ſon corps ſont
d'un noir éclatant, tel que celui des vernis. Ce noir n'eſt
caché qu'aux bords des anneaux qui ont chacun une petite
frange de poils blancheâtres.

* Pl. 31. fig. 6 & 7.

Il m'a paru affés inutile d'entrer dans de plus grands
détails fur les différences qui fe trouvent entre les mouches
qui viennent de ces vers fans jambes, mangeurs de pucerons; la plûpart de ces différences font legéres, & par-là
auffi difficiles à décrire que peu propres à intéreffer.

Les autres ennemis des pucerons, non moins redoutables que les premiers, font des vers qui ont fix jambes,
comme les ont les infectes dans lefquels ils fe transforment.
Entre ces vers à fix jambes, les uns fe métamorphofent en
mouches à quatre aîles, & ce font ceux dont nous parlerons
d'abord; les autres fe transforment en fcarabés, & nous finirons par l'hiftoire de ces derniers. Nous femons dans nos
champs des grains qui, après s'y être multipliés, nous fourniffent des alimens, il femble que la nature féme des pucerons fur les tiges & fur les feuilles des arbres & des
plantes, pour nourrir un grand nombre d'autres efpeccs
d'infectes qui périroient apparemment de faim fi les pucerons leur manquoient. Je ne connois encore que peu de
genres de ces vers à fix jambes qui vivent de pucerons, &
qui fe métamorphofent en mouches à quatre aîles, mais
qui fuffifent pour faire une grande deftruction de ces petits animaux. J'appelle ces vers les lions des pucerons, ou
les petits lions, & cela parce qu'ils ont beaucoup de reffemblance avec un infecte connu fur-tout par l'hiftoire curieufe qu'en a donnée feu M. Poupart dans les Mémoires
de l'Académie de 1704. fous le nom de *formica-leo,* de
fourmi-lion, & qui eft le lion des fourmis. Ce qui a été
publié fur ce dernier, a déja appris qu'il porte en devant
de la tête deux cornes courbées en arc de cercle, qui
font extrémement finguliéres par leur ufage; elles fe terminent par des pointes extrémement fines. C'eft avec ces
deux cornes que l'infecte vorace faifit & perce celui dont
il veut fe nourrir; mais ce qui eft de plus remarquable, c'eft

B b b iij

que le formica-leo n'a point de bouche où les autres infectes
en ont une : il en a deux qui font placées bien finguliére-
ment, elles font aux bouts extrémement fins de cornes très-
fines. Ces mêmes cornes avec lefquelles le formica-leo a
percé un infecte, & avec lefquelles il le tient faifi, font chacune un corps de pompe. Au moyen de ces deux corps de
pompe, il fait paffer dans fes inteftins toute la fubftance du
malheureux qui eft devenu fa proye. Nos lions des pucerons *, ou nos petits lions ont de femblables cornes *, avec
lefquelles ils fuccent les pucerons; mais au lieu que le formica-leo qui ne peut marcher qu'à reculons, fe fert de
rufes pour attraper les infectes, qu'il les guette patiemment
dans le fond d'un trou formé en maniére de trémie, nos
pucerons-lions qui peuvent marcher en avant avec affés de
vîteffe, vont à la chaffe.

Le corps de ces lions des pucerons eft plus allongé
que celui des lions des fourmis ; & il eft applati; l'endroit
où il a le plus de largeur eft auprès du corcelet ; de-là
jufqu'au derriére il s'étrécit infenfiblement, & de façon que
le bout du derriére eft pointu. Le corcelet a peu d'étenduë,
auffi la premiére des trois paires de jambes eft la feule qui
y foit attachée, les deux autres partent des deux premiers
anneaux du corps. Quand ils marchent, le bout de leur
derriére * leur tient lieu d'une feptiéme jambe, ils le recourbent & s'en fervent pour fe pouffer en avant. Le deffus
de leur corps n'eft rien moins que liffe, il a l'air tout ridé,
tout fillonné, & cela parce que chaque anneau eft comme
compofé de plufieurs anneaux plus petits.

Ce que nous venons de rapporter, eft commun à des
lions des pucerons que l'on peut mettre en trois genres différens; ceux du premier genre, ou ceux à qui nous donnerons
la premiére place, font ceux qu'on trouve le plus fouvent.
L'hiftoire de ceux de ce genre, nous apprendra prefque

celles de ceux des deux autres, nous n'aurons qu'à rapporter ce qui leur eſt particulier. Ce qui caractériſe les lions * dont je compoſe le premier genre, c'eſt que de chaque côté, aſſés près du terme où finit le deſſus du corps, & où commence le deſſous du ventre, une eſpece de mammelon ſaillit en dehors, & horiſontalement de chaque anneau principal. Ce mammelon finit par un petit tubercule qui ſoûtient une aigrette compoſée de dix à douze poils. Les couleurs de tous les petits lions qui appartiennent à ce genre, ne ſont pas préciſément les mêmes; on en trouve qui de chaque côté, environ à la hauteur d'où partent les aigrettes de poils, ont une raye de couleur de citron : une raye de même couleur, mais plus étroite, regne auſſi tout du long du milieu du corps, l'entre-deux des rayes citron eſt cannelle; le deſſous du ventre eſt blancheâtre, ou d'un citron extrémement pâle. On en trouve d'autres dont tout le deſſus du corps eſt d'un cannelle rougeâtre; & on en trouve de couleurs moyennes entre celles des précédens; enfin il y en a de différentes grandeurs.

* Pl. 32. fig.
9 & 10.

Ce ſont bien encore d'autres mangeurs de pucerons que les vers ſans jambes dont nous avons parlé cy-devant. Quand celui qu'ils ont ſaiſi eſt petit, le ſuccer n'eſt pour eux que l'affaire d'un inſtant; les plus gros pucerons ne les arrêtent pas plus d'une demi-minute. Auſſi ces vers croiſſent ils promptement; quand ils naiſſent, ils ſont extrémement petits, cependant en moins de quinze jours ils acquiérent à peu-près toute la grandeur à laquelle ils peuvent parvenir. Ils ne s'épargnent aucunement les uns les autres; lorſqu'un de ces vers peut attraper entre ſes cornes un autre ver de ſon eſpece, il le ſucce auſſi impitoyablement qu'il ſucce un puceron. Plus de vingt de ces lions nouveaux-nés, renfermés chés moi dans une bouteille où on ne les laiſſoit pas manquer de proye, ont été

réduits en peu de jours à trois ou quatre qui avoient
mangé ceux qui manquoient.

Le lion des pucerons a donc vécu à peine quinze à
feize jours, qu'il eſt en état de fe préparer à la métamorphoſe; il fe retire de deſſus les feuilles peuplées de pucerons, & va fe mettre dans les plis de quelqu'autre feuille,
ou il va fe fixer dans quelqu'autre place qui lui a paru commode. Là il file une coque ronde comme une boûle *,
d'une foye très-blanche, dans laquelle il fe renferme,
comme les chenilles fe renferment dans les leurs; les
tours du fil qui compoſent cette coque, font très-ferrés
les uns contre les autres, & ce fil étant fort par lui-même,
le tiſſu fe trouve très-folide. Celles des plus grands de ces
inſectes ont à peine la groſſeur d'un gros pois.

Dans tous les Mémoires qui ont précédé celui-ci,
nous n'avons encore vû filer que des chenilles ou que
des vers fans jambes, nous n'avons vû filer que des inſectes qui ont leur filiére poſée un peu au-deſſous de la
bouche; nos lions des pucerons ont, comme les araignées,
la leur placée auprès du derriére, & même précifément à
l'extrémité de leur partie poſtérieure. Les autres inſectes
qui fe filent une coque lorſqu'ils font prêts à fe métamorphofer, fe font, pour ainſi dire, exercés à filer pendant le cours de leur vie; il y a mille circonſtances où les
chenilles font fortir des fils de leur filiére, mais je n'ai
point vû nos petits lions eſſayer de filer que quand ils font
prêts à filer tout de bon pour fe faire une coque. La figure
ſphérique qu'ils lui donnent, dépend de celle qu'ils font
prendre à leur corps, il fert, pour ainſi dire, de moule à la
coque. On a pourtant peine à concevoir comment, le corps
de l'inſecte étant recourbé à ce point, & réduit à occuper
ſi peu de place, le derriére peut fournir des fils & les
arranger avec tant d'ordre; mais notre petit lion a un
corps

* Pl. 32. fig.
11 & 14.

corps très-flexible, & le bout de son derriére a une agilité
merveilleuse. J'ai observé quelques-uns de ces petits lions
dans le temps où ils ne faisoient que tracer les contours
de leur coque *, tous les mouvemens que se donnoit le bout   * Pl. 32. fig.
du derriére, étoient d'une vîtesse surprenante; ce qui sur-   6 & 7.
prenoit encore étoit l'adresse avec laquelle le corps entier
changeoit de place, en glissant sur l'enveloppe sphérique
qui n'étoit qu'ébauchée, sans déranger le peu de fils qui
la composoient alors, & qui sembloient à peine capables
de se soûtenir eux-mêmes.

Peu de temps après que la coque est finie, le petit lion
se transforme en nymphe. J'ai tiré des nymphes de leurs
coques, qui ne m'ont rien offert de particulier. Je n'ai pas
observé bien exactement combien l'insecte reste de temps
renfermé dans la coque, il m'a paru que dans les saisons
favorables, c'est-à-dire, dans les mois chauds il y demeure
pendant environ trois semaines; mais ceux qui ne se sont
filé des coques que dans le mois de Septembre, n'en sortent qu'au printemps.

Quoique notre lion des pucerons soit assés petit;
on est déja étonné qu'il ait pû se loger dans une coque
aussi petite que celle qu'il s'est construite; mais on est
bien plus étonné lorsqu'on voit hors de cette coque, &
tout développé l'insecte aîlé sous la forme duquel il paroît après sa derniére métamorphose. C'est une très-jolie
mouche *, dont le corps est fort long & semblable à celui   * Pl. 33. fig.
de ces longues mouches connuës même des enfans, &   2, 5, 6, &c.
appellées des *demoiselles*. Mais cette mouche du lion des
pucerons a des aîles qui ont plus d'ampleur, par rapport
à la grandeur du corps, que n'en ont celles des demoiselles
ordinaires; elle les porte aussi tout autrement quand elle
est en repos: alors elles forment un toit au-dessous duquel
le corps est logé. Ces aîles sont délicates & minces au-delà

Tome III.   . Ccc

de ce qu'on peut dire, il n'eſt point de gaze qui ait une
tranſparence pareille à la leur, auſſi laiſſent-elles voir le
corps au-deſſus duquel elles ſont élevées, & ce corps
mérite d'être vû; il eſt d'un verd tendre & éclatant, quelquefois il paroît avoir une teinte d'or. Leur corcelet eſt
auſſi de ce même verd; mais ce qu'elles ont de plus
brillant, ce ſont deux yeux gros & ſaillans, dont un eſt
placé à l'ordinaire de chaque côté de la tête. Ils ſont de
couleur d'un bronze rouge; mais il n'eſt point de bronze
ni de métal poli dont l'éclat approche du leur. Il falloit
que les grandes aîles de cette mouche & toutes ſes parties
fuſſent bien pliſſées & repliées, pour être réduites à être
contenuës dans une coque moins groſſe qu'un petit pois.

Ces mouches font des œufs, qu'on trouve même ſans
les chercher, & qui ne ſçauroient manquer de faire naître
l'envie de connoître l'inſecte à qui ils ſont dûs. Je les ai ob-
ſervés pendant pluſieurs années, avant que de ſçavoir même
qu'ils fuſſent des œufs. Bien d'autres ont remarqué, comme
je l'avois fait, ſur des feuilles de chevrefeuille, de prunier
& de divers autres arbres & arbriſſeaux, des eſpeces de
petites tiges * plantées les unes auprès des autres, qui ont
chacune à peine la groſſeur d'un cheveu, qui ſont blanches & tranſparentes, & longues de près d'un pouce. Il y
en a quelquefois dix à douze de poſées aſſés près les unes
des autres. Tantôt elles pendent en deſſous * de la feuille,
tantôt elles s'élevent au-deſſus, d'autres ſont dirigées preſque horiſontalement, & d'autres ont différentes poſitions
moyennes entre les précédentes *. Ces petites tiges ſont
rarement bien droites, elles ont quelque courbûre. On en
voit auſſi de pareilles attachées contre les pédicules des
feuilles, & contre les branches d'où les feuilles partent. Le
bout de chaque petite tige ſe termine par un renflement *
qui lui fait une petite tête qui a la figure d'une boule

allongée, ou celle d'un œuf. Elles semblent être de petites plantes parasites qui sont crûës sur une autre plante; leur tête leur donne quelque ressemblance avec certaines moisissûres qui s'élevent sur divers corps, & que Hook a représentées dans sa Micrographie; elles sont pourtant beaucoup plus grandes, & elles ont une toute autre solidité, elles ne craignent point le soleil. En un mot, ces petites tiges chargées de leurs sommets, qu'elles semblent porter à peine, m'avoient paru fort jolies, & elles l'ont paru comme à moi, à des observateurs qui m'en ont quelquefois apporté pour sçavoir si je ne pourrois pas les instruire de ce qu'elles étoient. Il vient un temps où la sommité est ouverte par son bout, alors elle a la figure d'une espece de vase ou d'une fleur. Un sçavant a fait graver dans les Ephemerides des curieux de la nature*, des feuilles de sureau, comme étant char- *Decuriæ 3. gées de petites fleurs très-singuliéres qui avoient crû dessus, anno 7 & 8. & dont l'origine lui a paru très-difficile à expliquer. Ces obs. 139. p. fleurs étoient les œufs de nos mouches du petit lion, dont 258. les vers étoient sortis; je ne suis point étonné qu'on les ait pris pour des plantes & pour des fleurs; je n'ai sçû que ces petits corps n'appartenoient pas au genre vegetal, qu'après que j'ai eû suivi les vers mangeurs des pucerons. Alors les places où je trouvois ces petits corps organisés & figurés comme des plantes ou des fleurs, m'ont fait soupçonner qu'ils pourroient bien être toute autre chose, qu'ils pouvoient être les œufs de quelques mouches de ces vers, qui, avec la prévoyance que la nature a donnée aux insectes, venoient attacher leurs œufs dans des endroits où, dès que les vers en seroient éclos, ils trouveroient de la pâture. Des pucerons sans nombre couvroient quelquefois la feuille même sur laquelle étoient ces petits corps, ou celles des environs. Ayant pris cette idée, lorsque j'ai ensuite observé les sommités de nos petites tiges, elles m'ont

C c c ij

paru être réellement des œufs portés par une tige déliée, mais affés proportionnée à leur poids. Alors j'ai cru voir un ver au travers des parois de quelques-unes de ces petites coques; mais pour en être fûr, & de l'espece du ver, j'ai mis dans des bouteilles couvertes par deffus, des feuilles fur lefquelles ces petits œufs étoient plantés, & il y en a eu peu d'où il ne foit forti un infecte qui, vû à la loupe, étoit très-reconnoiffable; ainfi groffi il paroiffoit un de nos lions de moyenne grandeur, il n'en différoit en rien par la figure; j'ai même furpris de ces vers dans l'inftant qu'ils fortoient de leur coque, & qu'ils n'en étoient pas entiérement dehors. J'ai vû que c'eft par le bout* qu'ils fe ménagent une fortie. Je ne fçais fi la coque n'eft point un peu percée en cet endroit; dans certains temps elle l'eft là ou en deffous, ou ailleurs, car j'ai fouvent vû au-deffous de l'œuf une petite goutte de liqueur attachée contre la tige; cette goutte venoit fûrement de la coque, mais je ne fçais pas fûrement par où elle en étoit fortie, ni pourquoi elle en fort. Les vers étoient près d'éclorre des œufs au-deffous defquels j'ai trouvé des gouttes d'eau, & probablement ils avoient déja fait une ouverture au bout de leur coque, par laquelle s'étoit échappée une partie de la liqueur qui les entouroit ci-devant.

   Il refte encore à fçavoir comment la mouche s'y prend pour attacher chacun de fes œufs au bout du long pédicule, de l'espece de tige qui le porte. C'eft ce que je ne fuis point encore parvenu à voir, quoique plufieurs de ces mouches que j'ai renfermées dans des poudriers, ayent attaché contre leurs parois des œufs en tout femblables à ceux dont nous parlons, mais ç'a été dans des momens où je ne les obfervois pas. J'imagine une méchanique affés fimple par laquelle le pédicule de l'œuf peut être filé; la nature peut en avoir appris une à notre mouche encore

* Pl. 32. fig.
2, 0.

plus simple & plus sûre. Ce que je conçois, c'est que l'œuf
est enveloppé à un de ses bouts d'une matiére visqueuse
propre à être filée; que l'œuf étant sorti en partie du
derriére de la mouche, & étant sorti par le bout qui
est enduit de cette espece de glu, la mouche applique ce
bout de l'œuf contre la feuille *, & une portion de la colle   * Pl. 33. fig.
s'y attache; la mouche éloigne ensuite son derriére de   4.
l'endroit contre lequel elle l'avoit appliqué, & alors la petite goutte de colle attachée par un bout à la feuille, &
par l'autre à l'œuf que la mouche retient à son derriére,
se tire en un filet qui bientôt se séche, & prend la consistance d'un gros brin de soye *. Lorsque la mouche éloigne   * Fig. 5.
encore davantage son derriére, & qu'elle cesse de compri-
mer son anus, le fil lui-même qui a pris de la consistance,
retire du derriére de la mouche, l'œuf * auquel il est collé,   * Fig. 6.
il le porte, & le soûtient. C'est dans cet œuf soûtenu en
l'air, que croît l'insecte qu'il renferme. Il perce par la suite
sa coque & descend sur des feuilles où il trouve des pucerons qu'il n'a qu'à attaquer.

Dans le second volume des Actes de Physique & de
Médecine des curieux de la nature *, M. Philippe-Henri   * *Imprimé en*
Pistorius décrit, observation 17. une cerise qu'il a trouvé   *1730.*
chargée de poils qui portoient des œufs d'un insecte qu'il
appelle *extraordinaire*. Il a fait graver la cerise avec les œufs
pl. 11. il a vû sortir les petits insectes des œufs, & il les
a fait graver grossis au microscope. Il dit qu'ils mouru-
rent tous lorsque la cerise se sécha, mais pas plûtôt. La
cerise eût eu beau se sécher, les petits insectes eussent
vécu s'ils eussent eu des pucerons à leur disposition; ces
insectes étoient de nos lions des pucerons. Mais M. Pistorius n'ayant point eu occasion d'étudier ces insectes,
ne pouvoit pas deviner l'aliment qui devoit leur être offert,
personne en sa place ne l'eût deviné.

C c c iij

Les lions des pucerons que je range dans le second
genre *, ne différent de ceux du premier, qu'en ce qu'ils
n'ont pas des aigrettes de poils fur les côtés ; leur couleur eft plus grifâtre, ils n'ont ni le citron ni le rougeâtre des autres; mais comme les autres, quand le temps
de leur métamorphofe approche, ils fe filent avec leur
derriére une coque fphérique. Le tiffu de celles * de quelques-uns de ce genre, eft pourtant moins ferré que le tiffu
de celles des premiers. Je n'ai encore eu qu'un de ces
infectes qui fe foit métamorphofé chés moi. Il fortit le 15.
Août de fa coque, dans laquelle il avoit été renfermé
pendant près d'un mois. Il parut alors une mouche à
quatre aîles, qui prouvoit que j'avois eu raifon de ne pas
confondre le petit lion qui l'avoit donnée, avec ceux du
premier genre, quoiqu'il eût paru n'en différer que legérement. Sa mouche * différoit confidérablement de celles
des autres, elle avoit pourtant un corps long & effilé, mais
moins long; au lieu que les aîles des autres femblent de
la gaze la plus tranfparente, les aîles de cette derniére
font fi opaques qu'on héfite à les prendre pour des aîles
de gaze, ou pour de vraies aîles de mouches; leur tiffu eft
moyen entre celui des mouches ordinaires & celui des
fourreaux des aîles des fauterelles. Les deux aîles fupérieures
font d'un brun clair un peu rougeâtre, elles ont des endroits plus bruns que les autres. Les aîles inférieures ont
une teinte jaunâtre, & n'ont pas, non plus que les fupérieures, la tranfparence des vraies aîles en gaze. Cette
mouche étoit foible lorfqu'elle fortit de fa coque, elle périt
peu de temps après avoir paru au jour, & avant que de
m'avoir montré quel eft fon véritable port d'aîles.

Il nous refte encore à parler d'un troifiéme genre de
lions des pucerons *, dont le corps eft moins applati que
le corps de ceux des deux autres genres. Quoique les

* Pl. 32. fig. 3, 4, 12 & 13.

* Figure 5.

* Figure 8.

* Pl. 33. fig. 10 & 11.

pucerons faffent le fonds de la nourriture de tous nos petits
lions, qu'ils foient comme leur viande ordinaire, ces infectes voraces ne laiffent pas de s'accommoder, quand
l'occafion s'en préfente, d'autre gibier & de plus gros gibier. J'ai donné à un des lions du troifiéme genre, un ver
de fcarabé des lis, qui étoit pour lui à peu-près ce qu'un
bœuf ou un cerf feroit pour nous, il l'attaqua, le perça,
& le fucça jufqu'à ce qu'il l'eût rendu prefque fec.

Les lions des pucerons de ce dernier genre font des
plus petits, au moins ceux que j'ai eus l'étoient, & étoient
très-aifés à diftinguer des autres. Comme les teignes, ils
aiment à être vêtus. Leur habillement n'eft qu'une efpece
de houffe * qui couvre la partie fupérieure de leur corps *Pl. 33. fig.
depuis le col jufqu'au derriére. Loin que cette houffe les 10 & 13.
pare à nos yeux, elle les défigure; auffi eft-elle une couverture très-informe; elle eft d'ailleurs d'une épaiffeur confidérable par rapport au corps de l'infecte qui femble chargé
d'une petite montagne; elle eft faite d'une infinité de petits
corps les uns blancs, les autres bruns ou noirâtres, ammon-
celés les uns fur les autres *. Ces petits corps font legers, *Fig. 13. *ff.*
& comme une forte de duvet. J'ai été embarraffé de fça-
voir ce qu'ils étoient, & où l'infecte s'en fourniffoit, &
cela parce que les premiéres fois que j'ai trouvé cet infecte, je ne l'ai pas trouvé parmi des pucerons. Mais après
avoir fçû qu'il s'en nourriffoit, je penfai & j'ai vû que
comme Hercule s'étoit couvert & s'étoit fait un trophée
de la peau du lion qu'il avoit vaincu, de même nos petits lions fe couvrent des dépouilles des pucerons qu'ils
mangent, & qu'ils portent fur leur dos un véritable trophée
compofé de peaux, de duvet & de parties féches des pucerons.

Il n'eft pas néceffaire que je cherche à juftifier nos petits
lions, à prouver que des fentimens d'une vaine gloire

n'entrent pour rien dans le choix des matiéres qu'ils employent à se couvrir; il est heureux pour eux qu'où ils trouvent à se nourrir, ils trouvent aussi de quoi se faire l'espece d'habillement grossier qui leur est nécessaire. Pour voir s'ils ne feroient pas usage de différentes autres matiéres legéres, & s'ils employoient quelqu'art pour les faire tenir sur leur corps, j'ôtai la housse à un de ces insectes, & je le mis nud dans un poudrier où il y avoit une petite coque de soye blanche; une heure après je trouvai le petit lion couvert en partie de la soye de cette coque qu'il avoit eu la peine de briser. Je lui ôtai sa nouvelle couverture, pour l'obliger de s'en faire une autre sous mes yeux; mais pour lui rendre l'opération plus facile, je lui préparai des matériaux. Je ratissai du papier avec un canif, je mis dans le poudrier où étoit l'insecte la rapûre que j'avois détachée. Jamais peut-être petit lion de cette espece n'avoit eu une matiére si commode, & n'en avoit jamais eu à la fois une si grande quantité à sa disposition, aussi se-fit-il la couverture la plus complette, la plus épaisse, la plus élevée qu'ait peut-être porté petit lion.

Au reste, toutes les particules de duvet, ou les fragmens de corps legers dont est composée l'épaisse housse de cet insecte, ne tiennent ensemble que par cette espece d'entrelacement grossier, qui fait que des fils de coton ordinaire forment des masses; le vêtement n'est assujetti sur le dos que parce qu'il s'engraine dans les sillons qui séparent les anneaux, & dans les rugosités qui se trouvent sur les anneaux mêmes. Il n'y a donc nul artifice dans la composition de cet habit informe; sa construction demande pourtant quelqu'adresse de la part de l'insecte, & sur-tout une grande souplesse & une grande agilité dans sa tête & dans l'espece de col ou de corcelet à qui elle tient. C'est avec ses deux cornes que l'insecte prend chacune des petites

masses

maffes de duvet qu'il veut faire paffer fur fon dos. Il a
l'adreffe de les prendre & de les tenir avec fes cornes, de
maniére qu'elles fe trouvent appuyées fur fa tête. E'levant
enfuite fa tête brufquement, comme pour donner un
coup, il fait fauter la petite maffe cotonneufe fur fon corps.
Si elle n'a pas été jettée jufqu'où il la vouloit, en relevant
davantage fa partie antérieure, & donnant quelques con-
torfions à fon corps, il la conduit plus loin. Mais la facilité qu'il a d'élever & de porter fa tête jufques fur fon
dos, de l'y renverfer, aide ici plus que tout le refte; la
tête fe trouve en état de preffer les unes contre les autres
au moins les maffes cotonneufes qui font fur les premiers anneaux. Pour donner une idée de la flexibilité de
la partie à laquelle la tête tient, & du point auquel la tête
peut fe renverfer en arriére, nous dirons que quand on a
pofé cet infecte fur le dos, il parvient vîte à fe remettre
fur fes jambes; pour cela il retourne fa tête jufqu'à ce
qu'elle foit entre le dos & le plan fur lequel le dos eft
pofé. L'infecte eft ainfi en état de faire une culbute qui
le remet dans fa fituation naturelle. Cette culbute eft
femblable à celles que les enfans font quelquefois pour
fe retrouver fur les pieds, après s'être renverfés en arriére.

Ce petit lion fe fait une coque fphérique * précifément
femblable à celle des lions des deux autres genres; il la
file de même avec fon derriére. Il fort de cette coque
fous la forme d'une mouche * à quatre aîles, qui ne m'a
guéres paru différer de celle du lion de la premiére efpece,
qu'en ce qu'elle eft plus petite.

J'ai trouvé des mouches, mais moins fréquemment, qui
toutes ont les caractéres de celles des petits lions, dont
le corps eft d'un jaune pâle, & dont les aîles, quoiqu'extrémement tranfparentes, ont une legére teinte de cette

* Pl. 33. fig.
12.

* Fig. 14 &
15.

Tome III.   . D d d

couleur; mais je ne connois pas précifément l'efpece de petit lion dont elles viennent.

Enfin, il nous refte encore à parler d'un autre genre d'ennemis des pucerons, fçavoir des vers à fix jambes qui fe transforment en fcarabés affés petits. Un des genres de ces derniers infectes, le plus commun, & connu même des enfans, eft celui des fcarabés que les Naturaliftes ont nommé *hémifpheriques* *, parce que leur corps a la figure d'une demi-fphére, ou d'un fegment de fphére. Ils n'ont guéres plus de diametre qu'une lentille ordinaire, ou qu'un petit pois. Ils font très-jolis, ils femblent de très-petites tortuës couvertes d'une écaille qui a l'éclat & le brillant de celle qui a été mife en œuvre, & polie avec grand foin. Ce font les fourreaux des aîles de ces fcarabés, qui bien appliqués l'un contre l'autre, paroiffent former fur le corps une voute d'écaille d'une feule piece. La couleur de ces fourreaux des aîles, eft auffi ce qui fe fait le plus remarquer dans ces fcarabés. Le fond de la couleur des uns eft brun, celui des autrès eft rouge, & de différens rouges, celui des autres eft jaune ou citron: il y en a à fond violet, &c. Enfin, fur ces fonds de différentes couleurs, des taches or- dinairement brunes font différemment arrangées, & elles le font quelquefois d'une maniére agréable. Ceux qui re- gardent ces variétés de couleurs & de diftribution de cou- leurs comme des caractéres qui fuffifent pour déterminer les efpeces, trouvent bien des efpeces de ces petits fcarabés. Il y en a auffi un grand nombre dont quelques-unes font caractérifées par des différences de grandeur & par des particularités que nous ne nous arrêterons pas à détailler à préfent. En général, tous ces fcarabés paroiffent très- gentils aux enfans, ils les prennent volontiers, & il y a grande apparence que ce font eux qui leur ont donné les différens noms qu'ils portent en différens pays, comme

* Pl. 31. fig. 14, 16, 18 & 19.

ceux de vaches-à-Dieu, de bêtes-à-Dieu, de chevaux de Dieu, de bêtes de la Vierge.

   Les vers * sous la forme desquels les petits scarabés hé- * Pl. 31. fig.
misphériques croissent, ne ressemblent à rien moins qu'à 11,12 & 13.
une portion de sphére, leur corps est plat, je veux dire qu'il a bien plus de largeur que d'épaisseur; sa partie posté-rieure se termine presque en pointe, & de-là jusqu'assés près de la tête, il va en s'élargissant. Son dessus est tout sillonné & raboteux. La tête est armée de deux dents ou crochets. Les attaches des six jambes sont assés proches de la tête; ces jambes sont écailleuses, & elles ont une petite parti-cularité propre à faire distinguer de beaucoup d'autres vers assés semblables, ceux qui se doivent transformer en sca-rabés hémisphériques; chacune d'elles est recourbée en arc, dont le plan se trouve dans celui d'un anneau, & dont la convexité est en dehors du corps. Comme entre ces vers il y en a qui doivent donner des scarabés de différentes especes & de différentes couleurs, il y en a aussi de diffé-rentes couleurs, de blancheâtres, de noirs, de bruns & de gris-brun. Parmi les gris, on en voit communément qui ont sur le corps quatre ou six taches jaunâtres; c'est de la plû-part de ces derniers que viennent des scarabés hémisphéri-ques, dont les fourreaux des aîles sont d'un rouge un peu brun, & sur chacun desquels il y a quelques taches noires.

   Ces vers marchent sur les plantes & sur les arbres jusqu'à ce qu'ils trouvent quelqu'endroit habité par des pucerons; là ils se comportent comme le loup dans la bergerie, ils ne tuent pourtant que ceux qu'ils mangent. Quand ils ont acquis toute leur grandeur, ils se collent par le derriére contre quelque feuille; ils se dépouillent & se transforment en une nymphe * dont la figure est déja plus raccourcie * Fig. 15.
que n'étoit celle du ver; la partie postérieure, le bout du derriére de cette nymphe, reste ordinairement engagé dans la dépouille*. Enfin, la nymphe se transforme au bout * p.

D d d ij

* Pl. 31. fig.
16 & 18.
de 14 ou 15 jours dans un petit fcarabé hémifphérique *,
& qui eft, comme je l'ai dit, d'une figure bien différente

* Fig. 12 &
13.
de la figure oblongue que l'infecte avoit étant ver *. Nous
ne nous arrêterons pas à expliquer ici la pofition des parties
du fcarabé lorfqu'il eft fous la forme de nymphe, elle
fera expliquée au long, lorfque nous donnerons les principes de l'hiftoire générale des fcarabés; nous adjoûterons
feulement que les femelles de ces fcarabés, après s'être
accouplées, dépofent des œufs oblongs & de couleur
d'ambre, fur des feuilles d'arbres ou de plantes. Les petits
vers ne font pas long-temps à éclorre, & dès qu'ils font
nés, ils vont à la chaffe des pucerons.

Le plus fingulier, par fa figure, des vers mangeurs de
* Pl. 31. fig.
20,21,25 &
27.
pucerons *, eft celui que je nomme l'*hériffon blanc,* ou le
barbet blanc. Tout fon corps eft couvert & hériffé de certaines touffes très-blanches, oblongues & arrangées comme
les piquans du porc-épic. L'infecte avec ces efpeces de
piquans a à peu-près autant de volume qu'en a une affés
grande mouche à qui on a ôté les aîles, & fans ces mêmes
piquans, fon volume fe réduiroit à celui du corps d'une
fort petite mouche. Si je me fuis fervi du nom de piquans,
ce n'a été que pour donner une idée groffiére de la difpofition & de la figure des petits corps dont cet infecte
eft hériffé; d'ailleurs il ne leur convient point du tout, &
on aura peine à leur en trouver un convenable, parce que les
autres animaux, excepté peut-être quelques pucerons, ne
nous fourniffent rien d'analogue. Ces petits corps n'ont
ni la dureté des piquans, ni même la confiftance des poils,
leur furface n'eft nullement liffe ni polie; leur tiffure n'eft
nullement ferrée, ni même bien continuë, comme l'eft
celle des poils. Il n'y a rien à quoi ils paroiffent plus reffembler qu'à un fil de coton de groffeur médiocre; ils en
ont toute la blancheur; ils font de même mollets, fpon-
gieux, il ne leur manque pour parfaite reffemblance que

le tortillement qui dans le fil de coton réunit plusieurs brins ensemble. Aussi ne sçais-je actuellement aucuns noms plus propres à leur donner, que ceux de filets cotonneux, ou de touffes cotonneuses, ou de pinceaux cotonneux.

Toutes ces petites touffes cotonneuses sont rangées avec symmétrie sur six lignes autant paralleles que le permet la figure du dessus du corps de l'insecte. Ceux de chaque ligne sont posés sur la circonférence qui embrasse tout le dessus du corps du ver, & chaque touffe a à sa base pour diametre en ce sens, environ la sixiéme partie de cette portion d'anneau.

Chacune de ces touffes étant posée sur une surface convexe, s'écarte un peu des autres en s'élevant, parce qu'elles sont toutes à peu-près perpendiculaires à cette surface; ainsi elles ne s'entre-touchent qu'à leur base, & encore ne sont-ce que celles du même anneau à qui cela arrive, car leurs bases ne s'étendent pas jusqu'au fond des sillons, des rides qui marquent les séparations des anneaux. Dans toute leur longueur elles ont à peu-près un égal diametre, quelquefois pourtant elles en ont un peu plus à la base qu'ailleurs, & leur bout forme une pointe mousse ou arrondie.

Il y a de ces insectes dont les touffes sont beaucoup plus longues que celles des autres; celles qui sont les plus longues, ne s'élevent pas en ligne droite, elles se recourbent un peu en crochet en approchant de leur bout supérieur. La courbûre d'une partie de ces crochets est tournée vers la queuë*. Les crochets de celles qui sont sur les deux lignes longitudinales les plus proches du ventre, sont un peu tournées en dehors de l'insecte. Enfin les crochets des touffes de l'anneau le plus proche de la tête, sont tournés du côté de la tête, & donnent à cet insecte l'air de ces barbets à qui des touffes de poils tombent sur

* Pl. 31. fig. 21.

les yeux. Il y a des circonſtances dont nous ferons bientôt
mention, où les figures de ces touffes ſont tout-à-fait
différentes de celles que nous venons de décrire. Au reſte,
chaque touffe a des inégalités, leur diametre varie quelquefois avec irrégularité, leur ſurface n'eſt rien moins que liſſe
& unie; elle paroît raboteuſe à la vûë ſimple, & bien davantage lorſqu'on les obſerve au travers d'une loupe; on reconnoît alors encore plus clairement combien leur tiſſure différe
de celle des piquans & des poils, qu'elles ne ſont qu'un amas
de filets cotonneux ou de parties cotonneuſes. Vient-on
enſuite à les toucher, on leur ſent la douceur du coton.
Mais ſi, lorſqu'on les touche, on appuye tant ſoit peu le
doigt ſur le corps de l'inſecte, & qu'on faſſe enſuite gliſſer
le doigt doucement, on voit avec ſurpriſe, du moins eſt-
ce avec ſurpriſe que je l'ai vû la premiére fois, qu'on emporte toutes les petites touffes ſur leſquelles le doigt s'eſt
appliqué. Toute la partie du corps * qui a été frottée,
quoiqu'on l'ait frottée le plus legérement qu'il étoit poſſible, eſt miſe à découvert, ſes touffes lui ont été enlevées.
Paſſant ainſi le doigt ſucceſſivement ſur tout le dos de l'inſecte, on le met entiérement à nud; il n'eſt plus couvert
que d'une peau molle, de couleur verte. Il ſemble qu'il
ait été transformé, tant il paroît d'une figure différente
de celle que lui donnoient toutes les touffes cotonneuſes;
celles qui ſont reſtées ſur le doigt, y forment des traînées
de petits grains blancs, doux & mols au toucher; car les
petites touffes perdent elles-mêmes leur forme, & font
voir qu'elles ne ſont chacune qu'un aſſemblage de grains
cotonneux.

* Pl. 31. fig. 22 & 23.

    Lorſque je fis pour la premiére fois l'obſervation dont
je viens de parler, je connoiſſois le duvet cotonneux des
pucerons, j'étois même encore plein des tentatives que
j'avois faites pour découvrir la production d'une matiére

qui m'avoit paru très-singuliére; aucune de ces tentatives
ne m'avoit pleinement satisfait, toutes cependant avoient
semblé concourir à me prouver qu'il n'en falloit pas confondre l'origine avec celle de la soye que tant d'especes
d'insectes sçavent tirer de leur corps, que les pucerons ne
sçavoient nullement filer leur coton ; & qu'il y avoit grande
apparence qu'il n'étoit autre chose qu'une matiére qui
s'échappoit de divers endroits de leur corps par une espece
de transpiration insensible ; j'avois eu peine à me rendre
à cette idée qui me faisoit voir des fils sur le corps d'un
insecte, produits d'une façon dont nous n'avions point
encore d'exemple. Les touffes cotonneuses dont est couvert notre barbet ou hérisson blanc, me parurent précisément de même nature que la matiére cotonneuse des pucerons, & j'esperai que cet insecte m'instruiroit mieux sur
la production de cette matiére, que ne l'avoient fait les pucerons, en comparaison desquels il est un gros animal ; par
conséquent les observations devenoient plus faciles & plus
sûres.

D'ailleurs, dès que ces vers peuvent perdre si aisément
ces paquets de duvet cotonneux, il y avoit apparence qu'ils
avoient des ressources pour réparer promptement cette
perte ; c'est le cas où la nature n'a jamais manqué d'en
donner. J'esperai donc que je pourrois voir la reprodu-
ction de ces touffes ; dans cette esperance, je dépouillai
plusieurs de nos petits barbets de celles dont ils étoient
hérissés ; en passant plusieurs fois & très-legérement le doigt
sur leur corps, je les mis entiérement à nud ; alors leur corps
paroissoit par-tout d'une couleur verte ; leur petite tête
seule est brune. J'en mis quelques-uns avec des pucerons,
afin qu'ils ne manquassent pas de nourriture, & j'en renfermai d'autres seuls dans des gobelets de verre bien nets
& bien transparens. Les premiers chassérent à l'ordinaire

aux pucerons; ils les mangérent comme ils les mangeoient auparavant; les autres firent apparemment une diette forcée. Je les obfervai tous de demi-heure en demi-heure; dès que la premiére demi-heure fût paffée, leurs corps ne me parurent plus avec la nuance de verd qu'ils avoient dans l'inftant où ils avoient été dépouillés de leurs touffes, ils fembloient legérement poudrés de blanc. Deux heures s'étoient à peine écoulées que les touffes naiffantes étoient très-fenfibles; après cinq à fix heures celles de plufieurs vers avoient plus de la moitié de la longueur de celles qui avoient été emportées, & dans dix à douze heures les nouvelles touffes ne le cédoient guéres aux anciennes ni en hauteur ni en groffeur.

* Pl. 31. fig. 25. Les touffes naiffantes * ont une figure différente de celle des touffes qui font parvenuës à toute la grandeur qu'elles peuvent acquerir, & qui ont vieilli; la bafe de chacune des premiéres eft un rectangle renfermé par de petits arcs tels que les forme la courbûre des anneaux fur lefquels elle eft pofée. Les bafes de différentes touffes ne s'entretouchent point alors; on apperçoit entr'elles de petites portions vertes du corps de l'infecte, qui marquent leurs féparations; elles s'élargiffent en s'élevant; elles forment une houpe à quatre faces, qui eft une portion d'une pyramide renverfée. A mefure qu'elles croiffent davantage, elles perdent cette figure, leurs bafes s'étendent de façon qu'elles fe touchent ou paroiffent fe toucher par-tout. Leur figure pyramidale à faces planes fe change en celle que nous avons décrite ci-devant, qui approche plus de la cylindrique que de la pyramidale; les angles difparoiffent, la touffe devient un peu plus déliée à fon bout fupérieur qu'à fa bafe, & ce bout fe recourbe.

Ces changemens de figures n'ont pourtant rien qui mérite que nous nous y arrêtions, ils font dûs en partie
aux

aux frottemens, soit des touffes les unes contre les autres, soit des touffes contre d'autres corps. Les frottemens peuvent plus sur les angles que sur le reste, ils en
détachent de petits flocons cotonneux. Si les bouts des
touffes se recourbent par la suite, c'est qu'apparemment
elles ne peuvent plus se soûtenir droites quand elles sont
parvenues à une certaine longueur.

Mais ce qui mérite le plus notre attention, c'est la production même des touffes, & une production si prompte.
Lorsqu'on a dépouillé entiérement un de nos petits insectes, si on observe le dessus de son corps avec une loupe
un peu forte, on apperçoit sur les anneaux de petites cavités distribuées dans le même ordre dans lequel les touffes
l'étoient, & dans lequel elles le seront si on les laisse revenir. La peau qui recouvre ces endroits est un peu plus
creuse que le reste, elle ne m'a pourtant rien laissé voir de
particulier. Là cependant doivent être les canaux excrétoires, les petites filiéres d'où sort la matiére cotonneuse.
On est d'abord incertain si chaque houppe n'est qu'un amas
de petits grains posés les uns sur les autres, ou si elle est un
assemblage d'un nombre prodigieux de fils déliés. Dans les
touffes naissantes on démêle des fils, ils forment alors des
paquets qui font comme de petites brosses. Dans les pucerons du hêtre on suit parfaitement la longueur des fils
dans des paquets longs de près d'un pouce; mais ces fils
qui font ordinairement déliés, peuvent aisément se mêler
les uns dans les autres, se coller les uns contre les autres,
& se casser; d'ailleurs ils ne paroissent pas faits d'une matiére dont les parties soient bien attachées ensemble. De-
là il arrive que l'on ne peut guéres suivre les fils des touffes
un peu vieilles, & que ces touffes ne semblent qu'un amas
de petits grains cotonneux.

Au reste, à quoi comparerons-nous ces touffes de fils soit

entiers, foit rompus, les regarderons-nous comme faites de
poils femblables à ceux qui couvrent tant d'efpeces d'animaux, & qui, pour couvrir ceux-ci, font difpofés en paquets ! Leur ufage eft bien le même que celui des poils,
mais font-ils produits de la même maniére ! ils ne le font
pas au moins comme ceux des chenilles. Nous n'avons
aucun exemple d'une production de poils fi fubite. Les
touffes de véritables poils ne font point emportées comme
elles le font ici par le plus leger attouchement, elles tiennent mieux au corps de l'infecte; on ne les caffe ni on ne
les déracine pas fi aifément. La matiére de nos touffes ne
paroît d'ailleurs avoir aucune reffemblance avec celle des
poils; les fils qu'elle forme, fans être gluans au toucher,
ont une difpofition à s'attacher les uns aux autres, qu'on
ne trouve point du tout aux plus fins des poils qui nous
font connus. La formation des fils de nos touffes femble
bien plus analogue à celle des fils de foye. Il y a tant de
filiéres différentes fur un mammelon d'araignée, & ces
filiéres font fi petites dans une araignée naiffante, que la
petiteffe des filiéres où fe moule la matiére des touffes de
nos petits barbets, ne fçauroit plus être pour nous un nouveau fujet d'admiration.

D'ailleurs les filiéres dont eft rempli le deffus du corps de
nos petits barbets, ne reffemblent à celles des araignées
& à celles des chenilles que parce qu'une matiére s'y
moule, mais ce n'eft pas apparemment au gré de l'infecte
qu'elle s'y vient mouler, comme la matiére à foye fe moule
dans les filiéres des infectes qui filent. Celles de nos petits
barbets ne font apparemment que des efpeces de vaiffeaux
excrétoires auxquels une certaine matiére eft apportée,
dans lefquels elle eft pouffée, par lefquels elle s'échappe,
& au-deffus defquels elle s'éleve & s'ammoncele, foit que
l'infecte le veuille ou ne le veuille pas. La matiére propre

à devenir cotonneuſe eſt apportée aux filiéres par des vaiſſeaux, celle qui y arrive force celle qui y étoit cantonnée,
d'en ſortir pour lui céder la place.

Après avoir dépouillé entiérement un de ces inſectes,
j'ai plié ſon corps en deux, & je l'ai preſſé doucement pour
contraindre la matiére d'enfiler les filiéres, cependant je
n'ai rien vû paroître ſur leurs ouvertures, & le doigt appliqué deſſus n'en a rien tiré. En pareille circonſtance, dans
le cas où une filiére d'araignée ou de chenille eût été
preſſée, le doigt appliqué deſſus en eût tiré un fil.

Nous avons parlé dans ce Mémoire, & plus au long dans
un autre, de la matiére cotonneuſe commune ſur quantité
d'eſpeces de pucerons, elle a ſur ces petits inſectes la
même origine que ſur les vers qui les mangent; ce coton
devient très-long & plus long que ſur aucun des autres, ſur
les pucerons du hêtre, puiſque les filets pendent quelquefois d'un pouce au-deſſous des feuilles * où ſont ces pu-   * Pl. 26. fig.
cerons. D'autres pucerons ſont ſimplement couverts d'un   1.
coton beaucoup plus court, tels ſont ceux des veſſies d'ormes; mais d'autres pucerons ſont ſimplement poudrés de ce
duvet, de façon que la forme & même la couleur de leur
corps n'eſt pas cachée, tels ſont les pucerons verds du prunier. Sur ceux-ci même on démêle les organes où ſont les
conduits excrétoires qui laiſſent échapper cette matiére;
des plaques blanches poſées avec ſymmétrie diſtinguent ces
endroits des autres qui ſont verds, ou de quelqu'autre couleur propre à l'inſecte. Mais entre ces organes ceux qui
ſemblent fournir la matiére cotonneuſe plus abondamment
ſur les pucerons, ſont les plus proches du derriére; ceux-
ci ſont entiérement blancs, ils ont un duvet qui s'y éleve,
pendant que ceux qui ſont vers le milieu du corps, & ſur-
tout ceux qui ſont proche de la tête, laiſſent voir du verd
entre les grains blancs; c'eſt ce qui s'obſerve parfaitement

E e e ij

* Pl. 27. fig. 3 & 4.

dans les pucerons des veffies du peuplier*. Auffi les deux longs paquets cotonneux des pucerons du hêtre femblent partir d'un peu au-deffus du derriére de ce petit infecte.

C'eft fur-tout fur des feuilles de prunier, peuplées de pucerons, que j'ai trouvé nos petits barbets blancs, & cela dans les mois de Juin & de Juillet; ces pucerons du prunier femblent être plus de leur goût que tous les autres. Quelquefois cinq à fix de ces barbets de différentes grandeurs, parce qu'ils font de différens âges, font fur la même feuille, quelquefois pourtant il n'y en a qu'un ou deux, ou point du tout.

Pendant toute leur vie ils font environnés d'une abondante provifion de gibier; quand ils en ont dépeuplé une feuille, ils paffent fur une feuille voifine qui en eft ordinairement fournie; car lorfque les pucerons fe font établis fur un prunier, le deffous de prefque toutes les feuilles de plufieurs branches en eft couvert. Cependant j'ai obfervé quelquefois que toutes les feuilles d'un arbre, que j'avois vû fi chargées de pucerons, n'avoient plus à m'offrir au bout de fept à huit jours, que des cadavres de ces petits infectes, tant étoient grands les ravages qu'y avoient faits nos petits barbets, nos petits lions, & les vers fans jambes, ou de la premiére claffe. Je n'ai pas fuivi les petits barbets depuis leur naiffance; mais j'en ai vû d'affés petits qui en moins de quinze jours font parvenus à la grandeur qu'ils ont lorfqu'ils fe transforment en une nymphe peu différente de celle des fcarabés hémifphériques. Après que l'infecte eft refté environ trois femaines d'été, fous cette forme, il la quitte pour prendre celle d'un très-petit fcarabé. Ce fcarabé eft affés

* Pl. 31. fig. 28.

rond *, mais moins rond & plus applati que les hémifphériques. Les fourreaux de fes aîles font d'un brun qui tire fur l'olive, ils ont quelques taches plus brunes.

EXPLICATION DES FIGURES DU ONZIEME MEMOIRE.

PLANCHE XXX.

L A Figure 1, fait voir un ver placé fur un morceau de branche de fureau couvert en partie de pucerons. *u,* ce ver qui fe faifit d'un puceron. *p p p,* les pucerons. *r,* marque une place vuide, le ver a mangé les pucerons qui y étoient ci-devant.

La Figure 2, montre un autre ver *u,* qui fe trouve pref-qu'entouré de pucerons *p, p,* des feuilles de prunier.

La Figure 3, eft celle d'un ver mangeur de pucerons, qui eft tout verd, & qui, le long du dos, a une raye jaune ou une raye blanche.

La Figure 4, repréfente le même ver beaucoup plus grand que nature, qui tient actuellement un puceron, & qui tâche de le faire entrer dans fa partie antérieure. *p,* le puceron. *f, f,* les ftigmates poftérieurs du ver.

La Fig. 5, eft celle de la partie poftérieure de ce ver extrémement groffie. *f, f,* les deux ftigmates au-deffus defquels eft l'anneau charnu qui peut les recouvrir; au-deffous de *a,* eft l'anus.

La Figure 6, eft celle d'un ver mangeur de pucerons, du genre de ceux dont les ftigmates poftérieurs font deux tuyaux accollés qui s'élevent fouvent fur le corps du ver. *f, f,* les ftigmates. *d,* fa tête qui allonge une pointe avec laquelle il cherche à piquer un puceron.

La Fig. 7, repréfente un ver mangeur de pucerons, très-groffi; il eft du genre de celui de la figure 6, mais fes cou-leurs font différentes, & différemment diftribuées. *f, f,* orga-nes poftérieurs de la refpiration, qu'il tient actuellemens

E e e iij

presque couchés. *o,* un des stigmates antérieurs. *p,* un puceron que ce ver succe.

La Figure 8, est celle d'un ver mangeur de pucerons, encore du même genre que le précédent, mais d'une espece qui est autrement colorée. Il n'a presque que sa grandeur naturelle; il s'est raccourci & applati pour se préparer à sa métamorphose.

Les Figures 9 & 10, sont celles d'un ver mangeur de pucerons, du genre de ceux des figures 3 & 4, ou du genre de ceux dont les stigmates ne s'élevent pas considérablement. Il est représenté à peu-près de grandeur naturelle fig. 9. & grossi à la loupe fig. 10.

La Figure 11, fait voir par dessous la partie antérieure d'un ver mangeur de pucerons, du dernier genre. *c,c,* deux cornes charnuës. *i,i,* deux pointes. Le principal dard *d,* est au milieu de ces pointes. Près de sa base ce dard a de chaque côté un autre piquant roide & court.

La Fig. 12, représente un ver mangeur de pucerons, vû par dessous, à la loupe, & tel qu'il paroît lorsqu'il est appliqué contre les parois d'un poudrier. *d,* son dard à trois pointes.

Les Figures 13 & 14, sont celles de deux vers du second genre, dans différentes attitudes dans lesquelles ils cherchent des pucerons.

La Figure 15, est celle que prend le ver des fig. 13 & 14. lorsqu'il est bien rassasié.

La Figure 16, est celle du ver de la figure 15, grossi & vû par dessous au travers d'un verre contre lequel il est appliqué, & sur lequel il s'allonge pour marcher.

La Figure 17, est celle d'un ver épineux mangeur de pucerons; mais ce qui caractérise sur-tout le genre auquel il appartient, ce sont les deux tuyaux *s,s,* qui sont séparés, & qui en s'élevant, s'écartent l'un de l'autre; il y a toute apparence qu'ils sont les organes postérieurs de la respiration.

La Figure 18, est celle d'un ver mangeur de pucerons, qui s'introduit dans les galles tournées en spirale autour des queuës des feuilles de peuplier. Il a sur le derriére deux courts tuyaux appliqués l'un contre l'autre, qui sont les organes postérieurs de la respiration. Sa couleur est d'un gris cendré.

PLANCHE XXXI.

La Figure 1, est celle d'une coque de ver mangeur de pucerons, tel que ceux des figures 6, 7, 13, & 14, &c. de la planche 30. vûë de côté.

Les Figures 2, 3, 4, 5, représentent en différens points de vûë, une coque de ver mangeur de pucerons, plus grosse que nature. Celles-ci ne sont pas colorées comme celle de la fig. 1. parce que le ver qui s'est fait de sa peau la coque de la fig. 1, avoit sur sa peau des taches que n'avoit pas le ver renfermé dans la coque des derniéres figures.

La figure 2, fait voir la coque de côté & par dessus.

La Figure 3, fait voir tout le dessous de la coque.

La Figure 4, la fait voir de côté & par dessous.

La Figure 5, la fait voir de côté, & plus par dessous que la fig. 4. *a,* dans ces quatre figures est le bout antérieur de la coque.

f, la partie postérieure où l'on trouve encore les deux tuyaux qui formoient les deux stigmates postérieurs.

o, o, fig. 5. marquent deux especes de points qui paroissent comme deux yeux; ce sont les deux stigmates antérieurs du ver, entre lesquels il y a des chairs froncées qui ont la figure d'une bouche, & qui sont les restes des anneaux rentrés dans ceux qui les suivent.

Les Figures 6 & 7, l'une de grandeur naturelle, & l'autre grossie, sont les coques épineuses du ver épineux de la pl. 30. fig. 17.

La Figure 8, est celle d'une mouche sortie d'une des coques des figures 1, 2, 3, &c. Cette mouche est celle d'un ver tel que ceux des figures 6, 7, 13, 14, 15, de la pl. 30.

La Fig. 9, est celle d'une mouche dans laquelle se transforment les vers semblables à ceux des fig. 3, 4, 10, &c. pl. 30.

La Figure 10, fait voir en grand le dessus d'un des anneaux de la mouche de la fig. 9.

Les Figures 11 & 12, sont celles de deux différens vers mangeurs de pucerons qui se transforment en scarabés hémisphériques. Les vers de ces deux figures ne différent l'un de l'autre que par quelques taches.

La Figure 13, fait voir plus en grand le ver de la fig. 12.

La figure 14, est celle de la nymphe dans laquelle le scarabé de la figure 13, se métamorphose. Elle est vûë du côté du dos.

La Figure 15, fait voir plus en grand la nymphe de la fig. 14, ayant encore en *p*, la peau de ver dont elle s'est tirée.

La Figure 16, est celle du scarabé de la nymphe de la fig. 14. & par conséquent du ver de la figure 12. Ce scarabé a le dessus des fourreaux des aîles rougeâtre avec des points noirs.

La Figure 17, montre un scarabé qui quitte l'état de nymphe, qui rejette la peau d'une nymphe telle que celle de la figure 15. Ce scarabé vient du ver de la figure 11. En naissant il est d'un jaune très-pâle qui se colore davantage par la suite.

La Figure 18, est celle du scarabé de la fig. 17. Il a sur les fourreaux de ses aîles des taches qui ne paroissent pas sur les fourreaux des aîles de celui de la fig. 17. leur teinture étoit très-foible dans l'instant où le scarabé y est représenté.

La Fig. 19, est encore celle d'un scarabé hémisphérique qui vient de vers du même genre que ceux des fig. 11 & 12. *a*, bout d'une de ses aîles sorti de dessous le fourreau.

La

La Figure 20, repréfente le petit infecte que nous avons nommé le *barbet blanc* des pucerons, dans fa grandeur naturelle.

La Figure 21, fait voir un barbet blanc des pucerons, groffi à la loupe.

La Figure 22, eft celle du même barbet qui a été dépouillé de toutes fes houppes cotonneufes.

La Figure 23, eft la figure 22, groffie à la loupe.

La Figure 24, montre par deffous le barbet blanc des pucerons, ayant fes jambes en haut.

Dans la Figure 25, eft repréfenté un barbet blanc vû à la loupe, dont les houppes ont un air quarré, une figure de pyramide tronquée & à bafe quarrée, telles font les houppes qui font récemment produites.

La Figure 26, fait voir féparément une des houppes du barbet de la figure 25.

La Figure 27, repréfente encore un barbet blanc dont les houppes font plus arrondies que celles du barbet de la fig. 25. & plus relevées que celles du barbet de la fig. 21.

La Figure 28, eft celle du fcarabé dans lequel fe transforme le barbet blanc.

Dans la Figure 29, le fcarabé de la figure 28, eft groffi à la loupe.

PLANCHE XXXII.

La Figure 1, repréfente un bout de branche de prunier, fur lequel des mouches du lion des pucerons ont attaché leurs œufs; *o d, o r, o m, o f,* divers petits tas, ou plûtôt différens bouquets de ces œufs. Dans quelques-uns de ces bouquets *o d, o m, o m,* le long pédicule ou la tige de chaque œuf, eft collé par un bout contre le jet du prunier; dans d'autres *o f, o r,* la tige de chaque œuf eft attachée contre une feuille. Les tiges ou pédicules de quelques-uns des œufs *o d, o f, o r,* font dirigées en embas; celles de quelques autres *o m,* fe dirigent en haut. *p p,* feuille fur laquelle il y a des pucerons.

La Figure 2, fait voir un œuf de la mouche du lion des pucerons, groffi à la loupe. *f,* portion de feuille à laquelle il eft attaché. *f t,* tige, long pédicule ou filet qui porte l'œuf. *o,* l'œuf.

Les Figures 3 & 4, font celles d'un lion des pucerons, groffi dans la figure 3, & de grandeur naturelle dans la figure 4. *c ,c,* fes cornes. *a,a,* efpeces d'antennes.

Les Figures 5, 6 & 7, montrent le petit lion de la figure 4. occupé à fe filer une coque, & dans différentes attitudes.

La Figure 8, eft celle d'une mouche dans laquelle le petit lion de la figure 4, s'eft transformé; elle eft mal venuë, fes aîles ne font pas bien développées; les fupérieures n'ont pas la tranfparence des aîles des mouches du même genre, elles font rouffeâtres, & elles ont quelques endroits bruns. Les aîles inférieures ont une teinte jaunâtre.

Dans les Figures 9 & 10, eft repréfenté un petit lion d'un genre différent du genre de celui des figures 3 & 4. Sur chaque anneau il a de chaque côté un tubercule duquel part une aigrette de poils; il eft groffi à la loupe dans la fig. 9, & il n'a que fa grandeur naturelle dans la fig. 10.

La Figure 11, eft celle d'un morceau de feuille féche, fur laquelle eft attachée une petite boule de foye blanche qui eft la coque que fe file le petit lion de la figure 10, & dans laquelle il fe renferme pour fe transformer.

Les Figures 12 & 13, font voir, l'une dans fa grandeur naturelle, & l'autre groffi à la loupe, un lion des pucerons d'une efpece différente de celle du petit lion des figures 3 & 4. Il a le corps moins applati, & moins fillonné & ridé.

La Figure 14, eft celle de la coque dans laquelle le petit lion des figures précédentes prend la forme de mouche.

Les Figures 15 & 16, repréfentent une petite mouche du genre de celles du petit lion, groffie à la loupe, & de grandeur naturelle, dont les aîles très-tranſparentes dans la plus grande partie de leur étenduë, ont en quelques endroits des taches brunes très-fenſibles, & font piquées de brun en d'autres endroits. Je n'ai pas eu le petit lion qui doit donner cette mouche.

PLANCHE XXXIII.

La Figure 1, repréſente beaucoup plus grande que nature une aîle ſupérieure d'une mouche du petit lion d'une des eſpeces les plus communes, d'une de ces mouches qui ont leurs aîles extrémement tranſparentes. Sur les fibres de cette aîle, on voit de petits poils. De pareils poils bordent tout le contour de l'aîle, & lui font une petite frange.

La Fig. 2, eſt celle d'une mouche du petit lion qui a ſes aîles écartées les unes des autres comme pour voler. Cette mouche vient du petit lion de la pl. 32. fig. 10. Son corps eſt d'un verd tendre, excepté le long du dos où regne une raye blanche ou d'un blanc jaunâtre.

La Figure 3, eſt celle d'une mouche d'un lion des pucerons, groſſie à la loupe; la couleur dominante de ſon corps eſt encore du verd, mais tout du long du dos elle a une raye faite de taches d'un brun cannelle.

Les Figures 4, 5 & 6, montrent une mouche du lion des pucerons, telle que celle de la fig. 2, dans toutes les attitudes où elle doit être pour pondre ſes œufs. Dans la fig. 4, la mouche colle le bout du pédicule d'un œuf contre une feuille. Dans la figure 5, le derriére de la mouche s'eſt éloigné de la feuille, & une partie du pédicule de l'œuf eſt viſible; le pédicule ou filet va de la feuille au derriére de la mouche. On voit dans la figure 6 l'œuf preſqu'entiérement ſorti du derriére de la mouche.

La Figure 7, eſt celle du derriére d'une des mouches

précédentes, très-groffi, & vû par deffous. *a,* l'anus. *n,* fente qui eſt apparemment deſtinée à recevoir la partie qui caractériſe le mâle.

La Figure 8, eſt celle de la tête d'une des mouches du petit lion, vûë au microſcope. *a, a,* les antennes. *i, i,* les yeux en rézeau. *c, c,* deux crochets écailleux faits en croiſ-fant. *b, b,* deux barbes. *e, e,* deux filets qui partent de deux appendices de la levre inférieure. *l,* la levre inférieure.

Dans la Figure 9, eſt repréſentée la partie antérieure d'une mouche du petit lion, vûë auſſi au microſcope. *a, a,* les antennes. *i, i,* les yeux en rézeau. On a deſſiné cette figure principalement pour faire voir que les trois petits yeux qui ſe trouvent placés entre les yeux à rézeau ſur les têtes de tant d'eſpeces de mouches, manquent aux mouches de ce genre. La partie qui eſt repréſentée ici, a été priſe ſur une mouche de l'eſpece de celles de la figure 2, de celles qui ont une raye blanche ou jaune le long du dos.

La Figure 10, eſt celle d'un de ces petits lions qui ſe couvrent des reſtes des pucerons qu'ils ont mangés.

Dans la Fig. 11, le lion des pucerons de la fig. 10. paroît dépouillé de ſa couverture ou houſſe; il a été mis à nud.

La Figure 12, eſt celle de la coque dans laquelle le petit lion des figures précédentes, ſe renferme pour ſe transfor-mer en mouche.

La Figure 13, repréſente le petit lion de la fig. 10. groſſi à la loupe. *ff,* ſa couverture ou houſſe.

La Figure 14, eſt celle de la mouche du petit lion des derniéres figures, de grandeur naturelle, & la fig. 15, eſt celle de la même mouche groſſie. Celles que j'ai eues étoient d'un jaune ou verd-citron.

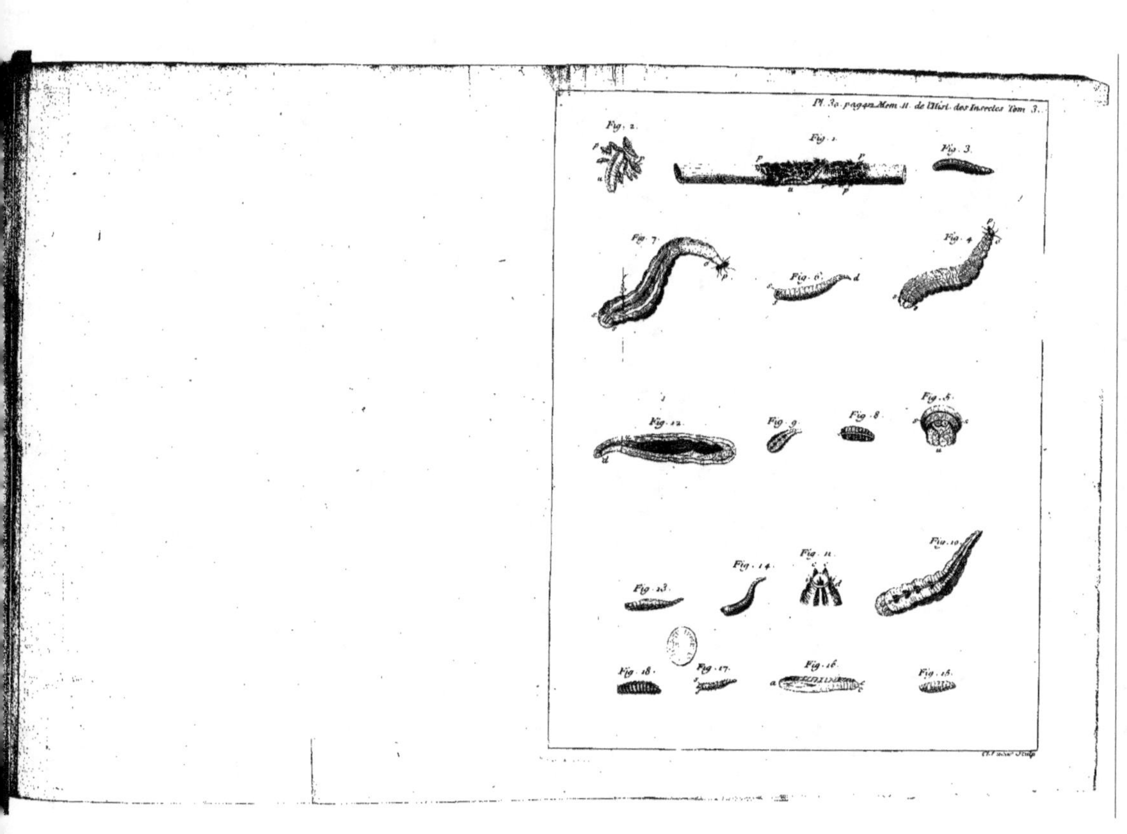

Pl. 30. pag 412. Mem. 11. de l'Hist. des Insectes. Tom. 3.

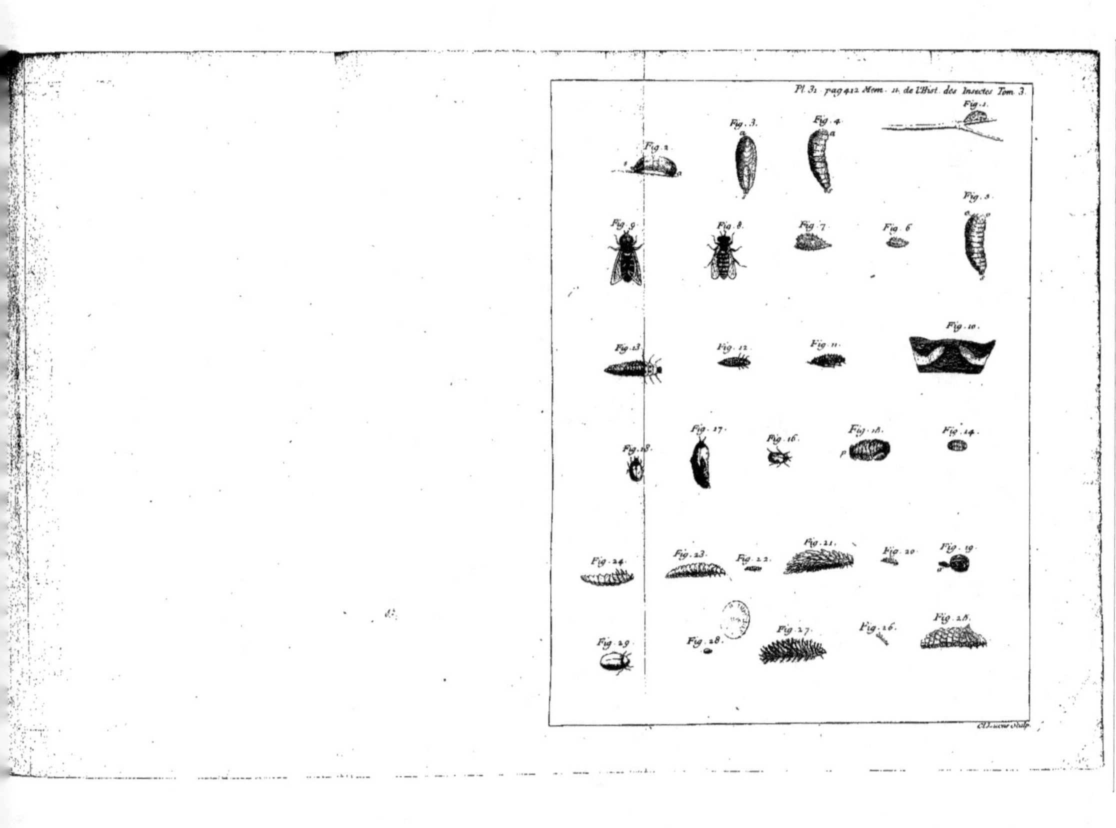

Pl. 31. pag 412. Mem. 11. de l'Hist. des Insectes Tom. 3.
Fig. 1.
Fig. 2.
Fig. 3.
Fig. 4.
Fig. 5.
Fig. 6.
Fig. 7.
Fig. 8.
Fig. 9.
Fig. 10.
Fig. 11.
Fig. 12.
Fig. 13.
Fig. 14.
Fig. 15.
Fig. 16.
Fig. 17.
Fig. 18.
Fig. 19.
Fig. 20.
Fig. 21.
Fig. 22.
Fig. 23.
Fig. 24.
Fig. 25.
Fig. 26.
Fig. 27.
Fig. 28.
Fig. 29.

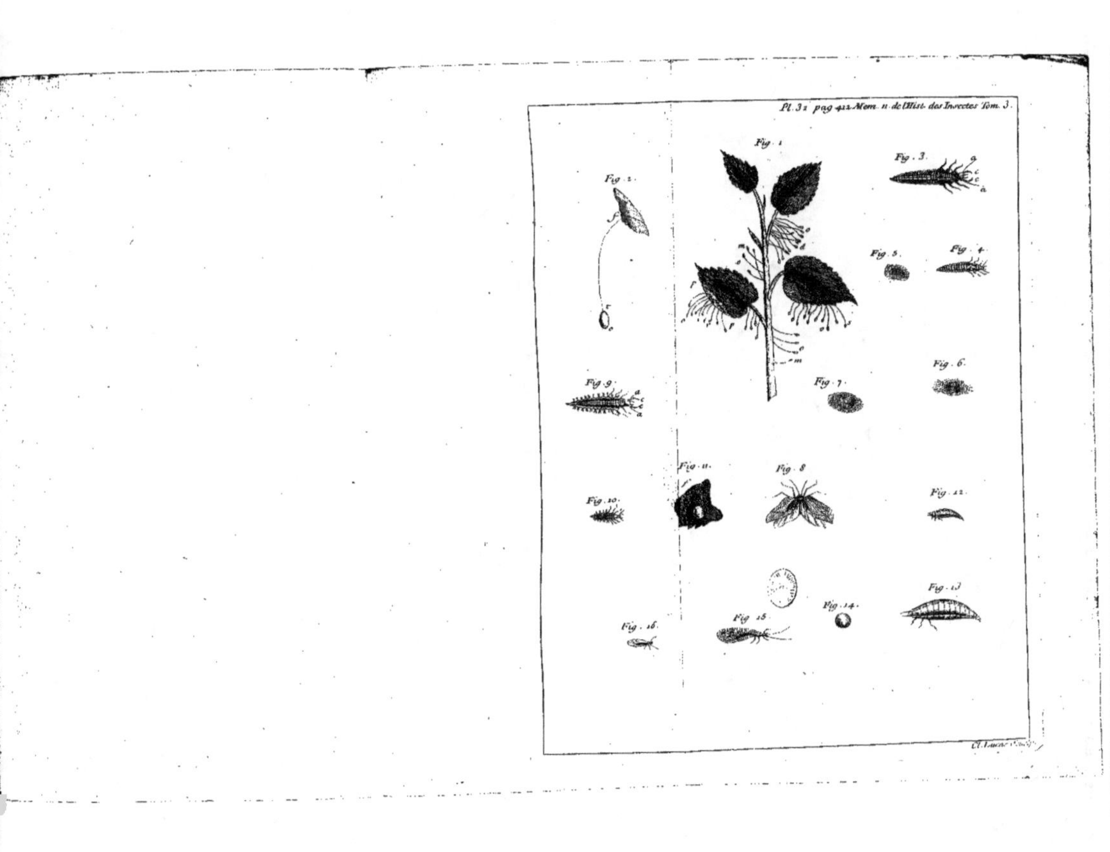

Pl. 31. pag. 412. Mem. 11. de l'Hist. des Insectes Tom. 3.
Fig. 1.
Fig. 2.
Fig. 3.
Fig. 4.
Fig. 5.
Fig. 6.
Fig. 7.
Fig. 8.
Fig. 9.
Fig. 10.
Fig. 11.
Fig. 12.
Fig. 13.
Fig. 14.
Fig. 15.
Fig. 16.

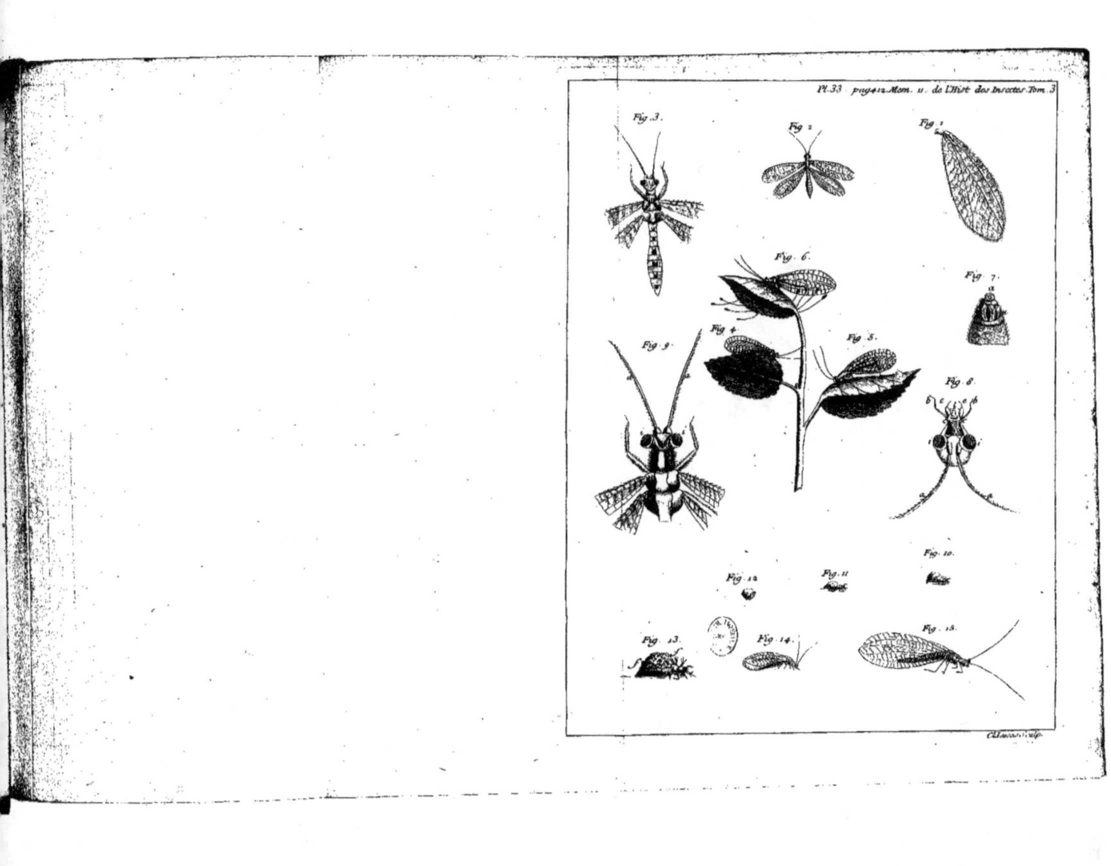

Pl. 33. pag. 412. Mem. 11. de l'Hist. des Insectes. Tom. 3.
Fig. 3.
Fig. 2.
Fig. 1.
Fig. 6.
Fig. 7.
Fig. 9.
Fig. 4.
Fig. 5.
Fig. 8.
Fig. 10.
Fig. 12.
Fig. 11.
Fig. 13.
Fig. 14.
Fig. 15.

DOUZIEME MEMOIRE.

DES GALLES

DES PLANTES ET DES ARBRES,

Et des productions qui leur font analogues;

DES INSECTES

Qui habitent ces galles, & qui en occasionnent la formation & l'accroissement.

ON a donné le nom de galles à ces excroissances, à ces tubérosités qui s'élevent sur différentes parties des plantes & des arbres, & qui doivent leur naissance à des insectes qui ont crû dans leur intérieur. Les pucerons* nous ont déja engagé à parler de quelques especes de ces galles, & à examiner les causes de leur formation & de leur accroissement, mais nous devons les considérer & plus généralement, & plus en détail que nous ne l'avons fait alors. Elles font toutes des productions monstrueuses, mais en les voyant on n'a pas cette espece d'horreur qu'on a quelquefois, ou ce dégoût qu'on a presque toûjours lorsque l'on considére les productions monstrueuses des animaux; elles peuvent même fournir un agréable spectacle à qui parcourt toutes leurs variétés de figures. Elles imitent si fort les productions naturelles des plantes, qu'on est porté à en prendre plusieurs pour leurs fruits, & d'autres pour leurs fleurs: mais ce font des fruits qui ont pour noyau ou pour amande un insecte, des fleurs au-dessous desquelles se trouvent des insectes au lieu de graines.

* *Mem. IX.*

F ff iij

Nous avons fait remarquer plus d'une fois que quantité d'efpeces d'infectes, qui, comme les teignes, ont une peau tendre, une peau qui ne foûtiendroit pas l'action du grand air, mais qui n'ont pas l'art de fe vêtir qu'ont les teignes, pénétrent, dès qu'ils font nés, dans certaines parties des plantes; que plufieurs autres infectes s'y trouvent même logés dès leur naiffance par la prévoyance, pour ainfi dire, ou au moins par les foins de la mere à qui ils doivent le jour. La nature a pourvû ces meres d'inftrumens propres à percer ou à entailler les parties des plantes; elles en font ufage pour ouvrir une cavité proportionnée à la grandeur d'un feul œuf ou de plufieurs œufs qu'elles y dépofent. Nous avons vû ailleurs * comment certaines efpeces de vers, & certaines efpeces de chenilles trouvent leur logement & leur nourriture dans l'épaiffeur d'une feuille qu'elles minent. Ces infectes mineurs marchent à couvert dans les chemins qu'ils s'ouvrent dans l'intérieur d'une feuille, qui eft pour eux un affés grand pays. D'autres infectes reftent tranquilles dans l'endroit de la plante où ils font nés, ou dans lequel ils ont pénétré; ils y reftent prefqu'immobiles, ne s'occupant qu'à ronger ou à fuccer. Mais tout a été difpofé de maniére, que l'endroit qu'ils rongent ou qu'ils fuccent, loin d'en fouffrir, loin d'y perdre quelque chofe, ne femble qu'y gagner; il fe gonfle & s'éleve plus que le refte; il forme aux infectes un logement folide qui leur fournit des alimens. A mefure qu'ils tirent de fes parois la nourriture qui leur eft néceffaire, non-feulement la cavité intérieure ou le logement s'aggrandit, ce qui eft dans l'ordre, mais en même temps le volume & la folidité de la maffe croiffent; c'eft ce qui arrive à toutes les tubérofités que nous appellons *galles*.

Pour prendre une idée générale des principales variétés qu'elles nous offrent, nous commencerons par obferver que les unes ont dans leur intérieur une unique & ordinairement

* Mem. 1.

grande cavité *, dans laquelle plufieurs infectes vivent & croiffent enfemble, ou diverfes cavités plus petites *, entre lefquelles il y a des communications. L'intérieur de quelques autres galles eft rempli de plufieurs cellules *, quelquefois de plus d'une centaine, & quelquefois feulement de trois ou quatre, qui toutes font féparées les unes des autres par des cloifons. Chacune de ces cellules eft occupée par un feul infecte. Enfin d'autres galles n'ont dans leur intérieur qu'une feule cavité occupée auffi par un feul infecte *. Les infectes des galles des deux derniéres claffes vivent affûrément dans la plus parfaite folitude jufqu'à ce qu'après s'être métamorphofés, ils viennent à quitter leur domicile; jufques-là ils n'ont commerce avec aucun autre infecte que ce foit.

    Entre les galles de chacune de ces trois claffes, il y en a de bien des formes, de bien des groffeurs, & de bien des confiftances ou tiffures différentes. Celles qui font les plus communes ont des figures arrondies. La plus connuë de toutes, & qui l'eft par le grand ufage qu'on en fait, eft celle qu'on a appellée *noix de galle,* & qui feroit mieux nommée *noix galle.* Elle doit apparemment fon nom à une forte de reffemblance qu'on lui a trouvée avec les noix, par la rondeur, par la groffeur, & par la dureté. Elles nous font apportées du Levant, fçavoir, de Tripoli, de Smyrne, d'Alep; les plus eftimées font celles qui viennent de Mozoul fur le Tigre à dix à douze journées d'Alep. La tiffure de quelques noix de galles eft fi compacte, & leurs fibres font fi dures, qu'elles réfiftent plus au couteau que n'y réfiftent des bois que nous mettons au rang des durs. D'autres galles quelquefois beaucoup plus groffes, & qui prennent auffi des figures arrondies, portent le nom de pommes; on appelle pommes de chêne * certaines galles de cet arbre, dont la tiffure eft fpongieufe.

* Pl. 24. fig. 4, 6, &c.
* Pl. 36. fig. 2 & 3.

* Pl. 41. fig. 3 & 4. Pl. 44. fig. 2. Pl. 47. fig. 4.

* Pl. 39. fig. 1, 2 & 3, 13, & 14. Pl. 40. fig. 2, 4, &c.

* Pl. 41. fig. 1 & 2.

D'autres galles beaucoup plus petites, & dont les figures
approchent encore de celle d'une boule, ou d'une boule allongée, ont été appellées des galles en grain de raifin, en pe-
pin & en grain de grofeille *. Il y en a de celles-ci qui imitent
encore les fruits par leur tiffure fpongieufe qui eft abreuvée
d'eau. Elles font quelquefois colorées comme ceux qui
nous plaifent le plus par leur coloris; elles ont fouvent
des nuances de rouge & de jaune. En un mot, la fubftance
de quelques-unes eft fi analogue à celle des fruits, qu'on
a été déterminé par la reffemblance, à en faire l'ufage
que nous faifons des véritables fruits. Les voyageurs nous
rapportent qu'à Conftantinople on vend au marché des
galles ou pommes de fauge. Le lierre terreftre qui eft une
plante ufuelle, très-connuë & commune, croît en grande
quantité dans les bois de Saint-Maur près Paris; elle eft
fujette à donner des galles en pommes *, & dans certaines
années où elle en étoit chargée, les payfans fe font avifés
de manger de ces pommes du lierre terreftre, & les ont
trouvées bonnes. J'en ai goûté, leur faveur aromatique
m'a paru tenir beaucoup de celle que l'odorat fait imaginer
que la plante doit avoir : au refte, il faut cueillir de ces
galles de bonne heure, pour ne pas les avoir trop feches
& trop filamenteufes. Je ne fçais pourtant fi elles pourront
jamais parvenir à être mifes au rang des bons fruits.

Entre les galles dont la figure approche de la fphérique,
les unes font immédiatement appliquées contre la partie
de la plante d'où elles partent, les autres y tiennent par
un court pédicule. La furface de quelques-unes eft liffe *,
celle de quelques autres eft inégale & raboteufe *.

Le nombre des efpeces qui ont des figures arrondies en
boule, eft donc très-grand; mais il y en a encore un plus
grand nombre d'efpeces, foit de celles dont les figures
n'ont rien de fi régulier, ni même de remarquable, foit

de

* Pl. 35. fig.
5. Pl. 40. fig.
1. & 2.

* Pl. 42. fig.
1. f, h, &c.

* Pl. 37. fig.
10 & 11. g.
* Pl. 40. fig.
8.

de celles qui ont des figures plus singuliéres, plus composées, & dont la formation paroît difficile à concevoir.
Quelques-unes ne font visiblement qu'une partie de la
plante épaissie & tuméfiée. Ce sont des especes de varices,
& on peut les appeller des galles variqueuses. Les feuilles
de saule & les feuilles d'osier * nous montrent beaucoup   * Pl. 37. fig.
de ces especes de galles; différentes plantes & différentes   1, 4 & 5.
parties des plantes en font voir du même genre, mais
différemment figurées *. D'autres galles ont des formes   * Pl. 36. fig.
qui les font paroître des productions bien singuliéres de   1. ff.
l'arbre, de l'arbuste ou de la plante où on les voit. Telles
sont toutes ces galles qu'on nomme *cheveluës* *, parce que   * Pl. 47. fig.
le corps dur & solide de la galle est chargé & hérissé de   1. g g.
longs filamens, de longues fibres toutes détachées les unes
des autres. Les rosiers sauvages nous en montrent tous les
jours de cette espece à qui des filamens forment une espece de criniére.

On voit sur le chêne des galles d'un autre genre sin-
gulier: elles * ressemblent aux calices écailleux de certaines   * Pl. 43. fig.
fleurs, à ceux des jacées, par exemple, ou, pour les com-   5. *a, a.*
parer à ceux d'une plante plus généralement connuë, elles
ressemblent en petit à des artichauts; aussi les nommerons-
nous des *galles en artichauts.* Dans certains temps ces mê-
mes galles s'épanouissent & paroissent une fleur *, dont à la   * Pl. 44. fig.
vérité les pétales ne sont pas bien colorés. D'autres galles   8.
sont bien désignées par le nom de galles hérissonnées; elles
sont hérissées de piquans, comme le sont les hérissons de
mer, ce sont des galles épineuses. Les ouvriers qui employent les noix de galle pour les teintures, distinguent
aussi les galles du Levant par le nom de *galles à l'épine,* de
celles du Royaume dont ils font usage, & qui sont plus
lisses & plus legéres. Il y a des galles branchuës. D'autres
d'une forme plus réguliére, ressemblent à des champignons,

Tome III.   . G g g

Enfin, il feroit long de parcourir les variétés de figures que nous offrent ces fortes d'excroiffances; mais fi on eft curieux d'avoir encore des exemples de leurs variétés outre ceux qu'on trouvera dans ce Mémoire, on n'a qu'à confulter le Traité que M. Malpighi a publié fur les galles; il mérite extrémement d'être lû, & nous devons d'autant plus exhorter à le lire, que nous avons négligé de parler au long de plufieurs galles qui y font très-bien décrites & bien repréfentées, pour nous étendre davantage fur celles dont il n'y eft point fait mention, ou dont il n'y eft fait qu'une legére mention. En un mot, plufieurs de nos obfervations peuvent être regardées comme un commentaire fur quelques endroits de cet excellent Traité, & d'autres comme un fupplement à ce même Traité. Il eft toûjours aifé de donner & des commentaires & des fupplemens à des ouvrages de cette nature; il en reftera de fort longs à adjoûter aux nôtres. Les faits qui regardent chaque partie de l'Hiftoire des Infectes ne pourroient même être épuifés par un très-grand nombre d'obfervateurs attentifs, placés fucceffivement & pendant bien des années dans tous les recoins de notre monde.

M. Malpighi s'eft attaché à faire voir qu'il n'eft point de parties des plantes fur lefquelles les galles ne croiffent; qu'il en vient fur le corps des feuilles, fur les pédicules des feuilles, fur les tiges, fur les branches, fur les jeunes rejettons, fur les racines, fur les bourgeons, fur les fleurs; enfin qu'il en vient fur les fruits.

Chaque galle fert de nid à un ou à plufieurs infectes; des infectes de différentes efpeces, & même des infectes de différens genres & de différentes claffes s'élevent dans différentes fortes de galles. Il y a grande apparence que l'efpece de l'infecte qui croît dans une galle, contribuë beaucoup à rendre cette galle d'une certaine efpece, c'eft-à-dire, que l'infecte influë beaucoup dans la forme & dans la confiftance de la galle, quoique nous ne voyons pas de quelle maniére il y influë. Ce qui eft de certain, c'eft que les galles des feuilles dans lefquelles naiffent certains in-fectes, font conftamment ligneufes, pendant que d'autres galles des mêmes feuilles dans lefquelles d'autres infectes naiffent, font conftamment fpongieufes; les premieres ont conftamment une forme différente de celle des autres. Mais nous n'examinerons les caufes d'où peuvent dépendre les variétés de figure, de tiffure, de groffeur qui fe trou-vent dans les différentes galles, qu'après que nous aurons fait connoître par des exemples détaillés, quelques galles de chaque efpece, & les infectes qui croiffent dans leur intérieur.

Nous avons vû qu'il y a des galles habitées par des infectes qui y prennent tout leur accroiffement, qui y fubiffent toutes leurs métamorphofes, & dans lefquelles même ils fe multiplient *. Nous avons vû des femelles pucerons qui augmentent tous les jours leur famille dans la galle où elles font renfermées; mais les pucerons font les feuls des habitans naturels des galles, qui après leur derniére transformation, fe tiennent dans l'intérieur des galles pour y augmenter leur poftérité. Il arrive pour-tant quelquefois qu'après avoir ouvert une galle, on y trouve un infecte d'une autre claffe que les pucerons, qui y a crû, & qui y a pris fa derniére forme, mais alors cet infecte eft mort, ou s'il vit, c'eft qu'il y eft retenu par le froid: il attend que l'air foit devenu plus doux, pour fe déterminer à prendre l'effor.

Après avoir obfervé attentivement l'extérieur d'une galle, on peut décider fi elle eft habitée, ou au moins fi elle l'eft autant qu'elle l'a été. Si la galle n'eft percée nulle part, les infectes qui ont occafionné fa naiffance, font encore

* *Mem. IX.*
Pl. 24. fig. 6.
Pl. 25. fig. 1,
4, &c.

renfermés dans son intérieur. Mais si on voit sur la surface
de la galle * les ouvertures d'un ou de plusieurs trous, on
en doit conclurre que les logemens ou qu'une partie des
logemens ont été abandonnés. Les insectes qui s'élevent
dans certaines galles sont si petits, qu'on ne peut appercevoir qu'avec une loupe forte, les trous qui ont suffi pour
leur permettre de s'échapper; mais les trous nécessaires pour
laisser sortir la plûpart des insectes des galles, sont beaucoup
plus grands qu'il ne faut qu'ils le soient pour être sensibles
à la vûë simple. Or, si on divise en deux avec un couteau
une galle qui n'est percée par aucun trou, on ne manquera
pas de trouver dans sa cavité ou dans ses cavités intérieures
un insecte ou plusieurs insectes. Selon le temps où les
galles auront été ouvertes, on y trouvera ces insectes, ou
sous leur première forme, ou sous celle de nymphe ou de
crisalide; car tous les habitans naturels des galles sont de
ceux qui subissent des métamorphoses. Les uns deviennent des mouches à quatre aîles, & le nombre de ceux-là
est le plus grand; les autres deviennent des mouches à
deux aîles; d'autres deviennent des scarabés; & d'autres deviennent des papillons. Nous ferons même connoître une
espece de punaise qui prend son accroissement dans une
production monstrueuse d'une plante. De sorte que si on
ouvre des galles de différentes especes, dans les temps convenables, on y trouve des vers dont les uns ont une tête
écailleuse, & des dents ou crochets, & qui n'ont point de
jambes, on y trouve d'autres vers sans jambes & sans tête
écailleuse, de ceux dont le bout de la tête peut changer
de figure à chaque instant; on y trouve des fausses chenilles,
ou de ces vers qui ont plus de 16 jambes, ou des jambes
autrement distribuées que celles des chenilles: enfin on y
trouve de véritables chenilles & des punaises sous leur premiére forme. Mais c'est en donnant des exemples des

* Pl. 41. fig.
7. g & h.

différentes galles de chaque efpece, que nous devons mieux
faire connoître le caractére des habitans de chacune, & ce
qu'ils deviennent.

L'hiftoire des pucerons nous a fait voir plufieurs efpeces de ces galles que nous avons mifes dans la premiére
claffe, plufieurs efpeces de celles qui n'ont qu'une feule
cavité dans laquelle plufieurs infectes vivent enfemble;
telles font les veffies d'orme *, celles du terebinthe *, celles   * Pl. 25. fig.
du peuplier *, &c. Il ne nous refte rien à dire de toutes   4.
    * Fig. 1.
ces galles en veffies peuplées de pucerons; mais on trouve   * Pl. 27 & pl.
aifément des galles de la premiére claffe habitées par d'au-   28. fig. 1.
tres infectes. Si on examine les feuilles de tilleul dès le printemps, & pendant une partie de l'été, on en remarquera
plufieurs dont les bords fe font épaiffis en quelques en-
droits, & roulés vers le deffus *. La couleur de ces endroits   * Pl. 34. fig.
n'aide pas moins à les faire reconnoître, que la forme qu'ils   7. rr.
ont prife. Ils font rougeâtres, fouvent d'un beau violet,
tantôt plus & tantôt moins foncé. En faifant violence à la
partie de la feuille qui s'eft ainfi colorée, épaiffie & contournée, on la déroule, & on voit que l'intérieur du rouleau eft de même couleur que l'extérieur, mais qu'il eft
beaucoup plus liffe & plus luifant : on met alors à découvert les vers que le rouleau renfermoit; ils font d'un rouge
orangé, oblongs, n'ayant aucunes jambes fenfibles, ni tête
écailleufe. Ils fe contentent fans doute de pomper le fuc
de la feuille, & ils le tirent avec une pompe fi fine que les
trous par lefquels le fuc eft forcé de fortir, ne paroiffent
fur aucun endroit de l'épiderme de cette feuille.

Je ne fçais fi on ne pourroit pas faire quelque ufage de
ces galles pour nos teintures. J'en ai frotté plufieurs fois
des endroits des manchettes de ma chemife; elles y ont
fait des taches d'une affés belle couleur de pourpre, qui
n'ont pas été emportées par le premier blanchiffage. Ces

feuilles qui doivent leur épaiſſeur, leur courbûre & leur couleur à des inſectes, peuvent tenir quelque choſe des matiéres animales, & en être plus propres à donner de bonnes teintures.

Au reſte, les vers de ces galles ou de ces feuilles variqueuſes ne ſe métamorphoſent point dans l'endroit où ils ont crû : j'ai au moins tout lieu de le penſer, ne les ayant jamais trouvés que ſous la forme de vers ou plus petits, ou plus grands, en quelque temps que j'aye défait leurs niches. Nous verrons auſſi dans la ſuite que tous les inſectes des galles ne ſe métamorphoſent pas dans les galles, qu'il y en a qui en ſortent quand le temps de leur premiére transformation approche. Lorſque nous aurons pour principal objet l'hiſtoire des mouches, nous donnerons des principes pour connoître ſi un ver doit devenir une mouche à deux aîles, ou une mouche à quatre aîles, & ſelon ces principes nos vers des feuilles de tilleul doivent ſe transformer en de très-petites mouches à deux aîles.

Les feuilles entiéres du tilleul prennent quelquefois des figures aſſés ſinguliéres ; elles prennent celles de véritables cuilliers à pot * ; leur pédicule tient lieu du manche de la cuillier, & le corps de la feuille en devient le cuilleron. Le bord de ces feuilles contournées, s'eſt épaiſſi ; il forme un cordon, un bourlet cotonneux, & plus blancheâtre ou jaunâtre que le reſte. Depuis que le contour d'une feuille a commencé à s'épaiſſir, à devenir bordé, il n'a pas crû autant en circonférence qu'il l'auroit dû, pour permettre aux autres parties de la feuille de s'étendre dans un même plan, elles ont été obligées de ſe courber ; le deſſus de la feuille eſt devenu concave. Il y avoit tout lieu de croire que l'origine de ce bourlet étoit dûë à des inſectes, j'y en ai pourtant cherché pendant long-temps ſans en trouver, apparemment parce que je m'y prenois trop tard ; car ayant

* Pl. 34. fig. 8.

depuis examiné l'intérieur de plufieurs de ces bourlets avec
une forte loupe, dès les premiers jours de Mai, c'eft-à-dire,
dès qu'ils avoient commencé à paroître, j'ai trouvé de
très-petits vers blancs qui y étoient nichés. En certains
endroits du bourlet, je trouvois trois à quatre de ces vers,
& je n'en trouvois qu'un ou deux dans d'autres endroits
du même bourlet. Ils étoient longuets, & ne paroiffoient
pas plus gros qu'un crin de cheval l'eft à la vûë fimple,
quoiqu'ils fuffent groffis par une forte loupe; ils étoient
affés tranquilles; cependant il ne m'a pas été poffible de
bien voir la figure de leur tête; je ne leur ai point apperçû
de jambes. Je n'ai point cherché à avoir les infectes dans
lefquels ils fe métamorphofent, qui m'auroient apparemment échappé par leur extréme petiteffe.

 Des vers rougeâtres plus gros que les précédens, quoiqu'ils foient encore fi petits qu'on a befoin pour les voir du
fecours d'une loupe, font naître fur le genêt une efpece de
galle, fouvent arrondie en boule, mais toute hériffée.* * Pl. 35. fig.
1. *a a b*, &
e d.
Une tige du genêt paffe au travers de cette boule, elle eft
compofée d'un très-grand nombre de feuilles plus courtes
& plus larges que celles du genêt ne le font naturellement,
dont chacune eft roulée en cornet *. La boule eft l'affem- * Fig. 2. *f, f.*
blage de toutes ces feuilles preffées les unes contre les
autres, & elle eft hériffée par les pointes des cornets. Toutefois il y a dans fon intérieur, de la fubftance charnuë &
épaiffie * qui fert de foûtien aux feuilles. Les petits vers * *c.*
dont nous venons de parler, font placés foit dans les
feuilles, foit entre les feuilles. En quelques endroits il y
en a des centaines qui fe touchent. Dans un temps où ces
vers étoient d'une petiteffe qui ne permettoit pas de les appercevoir, ils ont attaqué un bouton du genêt; ce bouton
a été alteré de maniére qu'au lieu de pouffer un jet, il n'a
donné prefque que des feuilles, qui, à mefure qu'elles ont

crû, fe font roulées; la maffe qu'elles ont formée, s'eft contournée autour de la tige de l'arbufte. Quelquefois la même tige a deux, trois, & même quatre galles de cette efpece, qui ne font éloignées les unes des autres que d'un pouce. Il y en a de différentes groffeurs, affés fouvent de groffes comme des noix.

Dans plufieurs mois de l'année, & fur-tout dans les mois d'Août, de Septembre & d'Octobre, on peut obferver fur le deffous des feuilles de chêne des galles qui n'ont guéres plus d'une ligne ou deux de diametre, mais qui reffem-blent parfaitement à un chapiteau de champignon qui fait bien le parafol. Du milieu de chacune de ces galles * part un très-court pédicule *, par lequel elle eft attachée à la feuille: ce pédicule eft fi court que le contour du côté concave, ou plûtôt du côté plat de la galle, eft immédia-tement appliqué contre la feuille. Telle feuille n'a qu'une ou deux de ces galles en petits champignons, telle autre en a des vingtaines. Leur affemblage rend le côté de la feuille où il eft, comme ouvragé, ou comme chargé d'or-nemens affés jolis. Elles font de différentes couleurs, felon qu'elles font plus ou moins vieilles, elles finiffent par être rougeâtres après avoir été d'un verd blancheâtre, enfuite d'un blanc un peu jaunâtre: il y en a d'un jaune citron & d'un jaune rougeâtre; enfin, on voit ces différentes couleurs combinées agréablement fur quelques - unes. Si on examine avec une loupe forte leur convexité, elle paroît remplie de petits bouquets compofés de poils courts & fins *, & qui s'écartent les uns des autres depuis leur origine commune. J'ai coupé bien des fois de ces galles pour y trouver la cavité ou les cavités dans lefquelles je croyois que des vers devoient être logés, & en quelque temps que j'aye coupé de ces galles, en quelque fens que je les aye coupées, & quelque quantité que j'en aye coupée,

je les

*Pl. 42. fig. 8.
*Fig. 10 p,

*Fig. 11.

je les ai toûjours trouvées par tout également folides; je
n'ai jamais vû dans leur intérieur aucune apparence de
cavité: il faut pourtant qu'il y en ait dans le milieu de quelques-unes, car M. Malpighi affûre l'avoir obfervé. Mais le
petit vuide qui refte entre le parafol & la feuille, eft le logement ordinaire de plufieurs vers; c'eft ce que M. Bazin,
à qui j'avois fait obferver ces galles, découvrit avant moi.
Il me fit voir à fon tour qu'entre la feuille & la furface un
peu concave de la galle il y avoit de petits vers oblongs,
de couleur d'ambre jaune, affés femblables par leur figure
aux vers des rebords roulés des feuilles du tilleul. Ils portent devant eux deux petits crochets noirs. Sous telle galle
en champignon il y a une douzaine de ces vers, & on n'en
trouve que deux ou trois, & quelquefois qu'un feul fous
d'autres. Au lieu que les autres vers fe tiennent dans l'intérieur des galles, ceux-ci fe contentent de fe placer fous
une galle, mais qui leur forme un toit épais & folide au-
deffous duquel ils font bien à couvert & bien cachés, &
c'eft apparemment de ce même toit qu'ils tirent leur aliment. Ils font de ceux qui doivent fe métamorphofer en
mouches à deux aîles; ils font fi petits, qu'on a peine à les
bien voir fans une loupe; il n'eft donc pas étonnant que je
n'aye pas eu les mouches dans lefquelles ils fe métamorphofent. Lorfque j'ai cherché de ces vers fous leurs galles
après la fin de Septembre, je n'y en ai plus trouvé.

On voit des galles * fur les tiges & les branches de la
ronce, qui ne font quelquefois que la tige ou les branches
elles-mêmes gonflées également de tous côtés fur une
étenduë d'environ un pouce: là eft un renflement en forme
de fufeau ou d'olive. Le renflement eft quelquefois moins
long; quelquefois il ne fe trouve que d'un côté de la
tige. La figure de ces efpeces de tubérofités varie beaucoup,
mais ce qui eft conftant, c'eft que la partie ainfi renflée

Pl. 36. fig.
1. *ff, rr, 00.*

Tome III. . H h h

devient plus dure que celles qui n'ont que leur grosseur
naturelle. Ces galles de la ronce paroissent dès les mois
de Juillet & Août, mais leur nombre augmente en Septembre. Si on les coupe soit transversalement *, soit longitudinalement *, on y trouve plusieurs vers, plus d'une
vingtaine ou d'une trentaine dans chacune. Ils semblent
placés dans les vuides qui se font faits entre des fibres qui
ont été écartées les unes des autres; ils hachent ce qui les
entoure; l'intérieur des vieilles galles est rempli de fibres
brisées, réduites en une espece de poudre noire, qui est
tout ce qui sépare ces vers les uns des autres, & qui ne les
empêche pas de se rencontrer; leur couleur est à peu-près
celle de l'ambre jaune. Ils ne différent pas seulement par
la couleur, des vers ordinaires des galles du chêne, & de
plusieurs autres, ils en différent aussi par la figure de leurs
parties; l'antérieure se termine par une petite pointe dont
le bout est brun *. Si on considére cette partie antérieure
par dessous * avec une forte loupe, on ne découvre aucun
vestige de ces deux dents brunes, ordinaires aux autres vers
de quantité de galles, dont chacune est posée à même hauteur à un des côtés de la tête, & qui vont à la rencontre
l'une de l'autre, mais on y apperçoit un trait brun. Ce trait
brun bien examiné & tâté avec quelque pointe, est reconnu
pour être d'une substance aussi dure que la corne; & on
parvient à voir que son bout le plus proche de la tête est
non-seulement plus gros que l'autre, mais qu'il est composé de deux parties droites, presque paralleles * l'une à
l'autre, & qui ne se touchent pas. Le bout simple & le plus
éloigné de la partie antérieure, sort d'une fente qui est apparemment la bouche dans laquelle entrent les fragmens
des fibres qui ont été brisés par la partie fourchuë, ou le
suc qu'elle a exprimé. C'est sur quoi on ne peut que deviner, on ne peut guéres se promettre de voir agir les parties

* Pl. 36. fig.
3. * Fig. 2.

* Fig. 4. a.
* Fig. 5.

* f.

si fines d'un insecte qui se trouve mal à son aise quand il est
à découvert. Dans ces mêmes galles j'ai trouvé des vers
plus petits, blancs en grande partie, qui avoient pourtant
dans leur intérieur du rougeâtre ou du jaunâtre qui donnent de la couleur à leur peau transparente. Ces vers ne
sont pas là pour vivre de la ronce, ils ont des dents ou mâ-
choires placées comme celles des vers les plus communs
dans d'autres galles: ils s'en servent pour se nourrir des vers
jaunes, dont j'ai trouvé plusieurs de mangés dans les galles
où il y avoit le plus de vers blancs. Je n'ai point eu encore les mouches dans lesquelles les uns & les autres se
métamorphosent, mais je dois croire que les vers propres
à la galle, deviennent des mouches à deux aîles, & que les
vers mangeurs se transforment en des mouches à quatre
aîles dont nous parlerons dans la suite.

Pour passer aux galles qui n'ont qu'une seule cavité
occupée par un seul insecte, nous nous arrêterons un
instant à considérer l'altération qui est causée par une espece de ces petits animaux à certaines fleurs du camedrys *.   * Pl. 34. fig.
Pendant que la plûpart des fleurs de cette plante sont épa-   I.
nouies *, on en voit qui sont sensiblement plus grosses *,   * f, f, f.
plus gonflées que les autres ne l'étoient quand elles se sont   * m, m, m.
ouvertes, & qui cependant sont fermées. Chacune de ces
derniéres fournit un logement à un insecte, & le seul que
je connoisse de sa classe, qui croisse dans des productions
monstrueuses analogues aux galles. Cet insecte est une
punaise *. M. Bernard de Jussieu est le premier qui l'y a   * Fig. 3 & 4.
observé, ou du moins le premier qui me l'a fait voir. Il m'en
apporta plusieurs qui étoient en nymphes, que je jugeai se
devoir chacune métamorphoser en une punaise. Depuis
j'ai été attentif à observer sur les camedrys qui avoient
des fleurs épanouies, s'ils en avoient de gonflées outre
mesure, & j'ai trouvé très-fréquemment de ces derniéres.

Hhh ij

Dans toutes celles que j'ai ouvertes, j'ai vû conſtamment
ou une nymphe de punaiſe *, ou la punaiſe elle-même *,
ou au moins une dépouille de nymphe lorſque l'inſecte
étoit ſorti. Cet inſecte, dès ſa naiſſance, eſt niché dans la
fleur encore très-jeune, il la ſucce avec une trompe * dont
il eſt armé. La fleur ſuccée ſe trouve avoir plus de ſuc nourricier que celles à qui il n'eſt point ôté : elle croît davantage,
mais de façon qu'elle ne peut s'ouvrir comme les autres ;
ſa levre, qui devroit ſe dégager de dedans l'eſpece de calice fait par les autres pétales, y reſte retenuë, parce qu'elle
a pris trop de volume. La petite nymphe a donc toûjours
un logement clos. La punaiſe * dans laquelle elle ſe métamorphoſe, eſt fort jolie, elle eſt d'un gris cendré qui eſt
fait d'un mêlange de blancheâtre & de brun clair.

Nous avons vanté plus d'une fois le chêne comme
l'arbre qui peut fournir plus de ſpectacles variés, à qui ſe
plaît à admirer le prodigieux nombre de petits animaux dont
l'univers eſt peuplé, & les différens moyens que la nature a
pris pour les faire croître & multiplier. De tous les arbres
le chêne eſt auſſi le plus fécond en galles, & nous n'aurions pas beſoin de le quitter, pour donner des exemples
de celles de tous genres. Nous ſuivrons d'abord celles de
ſes feuilles, dont nous avons déja fait connoître une eſpece ; elles nous fourniront des exemples de galles de la
ſeconde claſſe, & de celles de la troiſiéme claſſe ; de galles
dans chacune deſquelles il n'y a qu'une cellule où s'éleve
un ſeul inſecte, & de galles dans leſquelles il y a pluſieurs
loges ſéparées, dans chacune deſquelles eſt un inſecte qui
n'a nulle communication avec ceux des autres loges.

Entre les galles des feuilles, les unes comme les petites
en champignon, dont nous venons de parler, ou comme
d'autres en boules, dont nous parlerons dans la ſuite, ne
ſont attachées que contre un des côtés de la feuille, il n'y a

qu'une petite portion d'un feul côté de la feuille qui a con-
tribué à leur formation. Il y en a d'autres à la formation
defquelles les deux côtés de la feuille ont fourni. Telles font
celles * que l'on voit fur les feuilles de cet arbre avant la fin
d'Avril, & qu'on trouve encore vertes ou d'un verd jaunâtre dans le commencement de Juin. Elles font à peu-près
également renflées fur les deux côtés de la feuille, tous deux
femblent avoir eu une part égale à leur production. La feuille
fert de bafe de chaque côté à la partie convexe qui s'en éleve.
Le contour de ces bafes eft ordinairement irrégulier, affés
fouvent oblong, mais plus communément il approche de
la figure circulaire. Chacune des convexités eft un peu conique, & la galle eft formée de deux cones groffiers. Je ne me
fuis avifé d'ouvrir celles de cette efpece que dans le mois de
May, quand elles avoient pris tout leur accroiffement. Leur
cavité intérieure eft alors confidérable *; il y a des galles
groffes comme des noix qui n'en ont pas une fi grande,
quoique celles dont nous parlons, n'ayent fouvent au-deffus
de la feuille que le diametre d'un pois; auffi leurs parois n'ont
à peu-près qu'une épaiffeur double de celle de la feuille.

   J'ai été furpris de ne trouver dans la cavité de chacune
de ces galles qu'un corps * très-petit par rapport à la grandeur de cette cavité, & qui ne reffembloit point du tout
à celui que je m'attendois d'y trouver. Si c'étoit là la place
où les graines du chêne croiffent, & fi le chêne avoit de
fi petites femences, on n'auroit pas héfité à prendre ce
petit corps * pour une graine; il a précifément la figure
de diverfes graines faites en rein; & il a la couleur propre à quelques-unes; il eft d'un brun qui tire fur le marron; il n'a aucune reffemblance avec un animal; cependant la place où fe trouve ce petit corps, ne permet pas de
le prendre pour autre chofe que pour un infecte, ou pour
le logement d'un infecte. Auffi ayant ouvert plufieurs de

* Pl. 39. fig.
5. *g, g, g,* &c.

* Fig. 6.

* Fig. 7. *4.*

* Fig. 7. *a.* &
7. *b.*

H h h iij

ces petits grains, j'ai trouvé dans chacun un petit ver blanc
à la tête duquel j'ai cru appercevoir deux ferres ou dents.
Le petit grain en queſtion eſt donc une coque dans laquelle un ver eſt renfermé. Si j'avois ouvert les galles de
meilleure heure, j'aurois apparemment vû dans chacune
un ver ſans coque. Cette coque n'eſt point faite de la peau
que le ver a quittée pour ſe métamorphoſer. D'ailleurs elle
ne paroît aucunement une coque de ſoye, elle a un air ligneux; il y a toute apparence que le ver ſe la fabrique de
fibres qu'il a détachées de la ſurface intérieure de la galle.
C'eſt une coque qui peut être miſe au rang des coques les
mieux faites; mais ſa petiteſſe & l'endroit dans lequel elle
eſt logée, ne m'ont pas permis d'eſperer de parvenir à obſerver le ver pendant qu'il travaille à la conſtruire.

La regle générale eſt que l'inſecte qui s'eſt renfermé
dans une coque, n'a plus beſoin de prendre de nourriture
juſqu'à ce qu'il ſe ſoit transformé, juſqu'à ce qu'il ſoit ſorti
de cette coque. J'ai donc compté qu'en mettant dans des
poudriers couverts, de ces galles dans chacune deſquelles
il y avoit une de nos petites coques, j'aurois les inſectes
dans leſquels leurs vers ſe métamorphoſent. Dans quelques-uns de mes poudriers j'ai vû voler ou marcher de
petites mouches avant la fin de May, & je les ai vûës environ quinze jours plus tard dans les autres. Après s'être
tirées chacune de leur coque, elles avoient percé la galle,
& libres alors elles avoient pris l'eſſor. Lorſque j'ouvrois
une galle percée, je trouvois que la coque qui y étoit reſtée,
étoit vuide, & qu'un de ſes bouts avoit été détaché du
reſte *. Les mouches ſorties de ſi petites coques ne pouvoient être qu'extrémement petites. Leur petiteſſe ne m'a
pas pourtant empêché de reconnoître les différences qui
étoient entre celles que j'ai vûës, & qui ſemblent être de
trois différentes eſpeces. Toutes avoient quatre aîles, mais

* Pl. 39. fig.
8.

les unes avoient le corps court & noir *; leur corcelet étoit   * Pl. 39. fig.
de même couleur; elles avoient de longues antennes, de   9.
celles que nous avons nommées à filets grainés. D'autres
avoient le corps plus allongé, & portoient au derriére une
efpece de queuë formée de plufieurs filets *. Leurs an-   * Fig. 12.
tennes plus courtes que celles des précédentes, étoient
prefqu'en maffue. Le corps & le corcelet de celles-ci étoient
bruns; elles avoient auffi une tache brune fur chacune des
grandes aîles. Enfin, j'ai eu des mouches femblables d'ailleurs aux derniéres, mais qui en différoient en ce que leur
corps étoit d'un verd doré, & que leurs aîles avoient les
couleurs d'iris qu'on voit fur les boules d'eau de favon.

Entre ces mouches, il pouvoit y en avoir qui ne différoient que de fexe, mais au moins y en avoit-il de deux
efpeces différentes. Nous ne laifferons pas paffer cette
occafion de faire remarquer qu'on doit s'attendre à voir
fortir de même des mouches de plus d'une efpece, de
quelque galle que ce foit. Communément pourtant chaque galle n'a qu'un ver ou que des vers d'une certaine
efpece pour habitans naturels; mais ces vers fi bien renfermés de toutes parts, qui font logés dans des cellules
parfaitement clofes, dont les parois font épaiffes, folides,
& quelquefois plus dures que le bois ordinaire; en un mot,
ces vers qui femblent être dans de petites fortereffes inac-
ceffibles à d'autres infectes, n'y vivent pourtant pas en
fûreté. Il n'eft point de prévoyance d'infecte, non plus
que de prévoyance humaine qui puiffe parer à tout. Que
la mere mouche pouvoit-elle faire de mieux que de dépofer
fes œufs dans des endroits, où eux & les petits qui en éclor-
roient, feroient renfermés fous de fi folides enveloppes!
Des mouches quelquefois auffi petites ou plus petites que
celles dans lefquelles les vers des galles fe transforment,
fçavent percer les murs des cellules, dépofer dans leur

intérieur un œuf d'où naît un ver carnacier, à qui celui-
là même pour qui la galle a été faite, sert de pâture. Dans
des galles d'un très - grand nombre d'especes différentes
que j'ai ouvertes, j'ai souvent vû que la cellule qui ne
devoit être occupée que par un ver, en contenoit deux
d'inégale grandeur, & un peu différens en figure; le-plus
petit étoit sur le plus gros, & le succoit ou le rongeoit,
comme celui-ci succoit ou rongeoit la galle. Quelquefois
j'ai trouvé l'habitant naturel de la cellule mort, & qui même
commençoit à se corrompre, & un autre ver qui se nour-
rissoit du cadavre. De-là il arrive donc que des galles
d'une même espece on voit sortir des mouches d'especes
différentes, & souvent on est fort embarrassé à décider
laquelle de ces mouches vient du ver qui a occasionné la
production de la galle, & laquelle vient d'un ver mangeur de l'habitant naturel de la galle. Nous donnerons
pourtant dans la suite quelques caractéres des mouches,
qui pourront en bien des cas faire distinguer les vrayes
mouches des galles, de celles des vers carnaciers.

Mais pour revenir aux galles de différentes figures &
consistances, nous en considérerons une espece de très-
petites des feuilles de tilleul *; chaque galle s'éleve au-dessus
de la surface supérieure de la feuille *, & descend plus bas
que la surface inférieure. Il y en a quelquefois 15 à 20 sur
une feuille de tilleul, où cependant elles ne se font pas
trop remarquer. Je n'ai été conduit à leur donner quelqu'attention que par des feuilles sur lesquelles il y en avoit
eu qui n'y subsistoient plus. Il me parut singulier de voir
des feuilles de tilleul qui en plusieurs endroits étoient percées d'outre en outre *, comme si on eût pris plaisir à les
percer avec un emporte-piece circulaire. Un petit cercle
d'environ une ligne de diametre, avoit été détaché de la
feuille. Le contour de ce trou étoit renfermé par une bande
elle-

* Pl. 38. fig.
4.
* g, g, g, &c.

* p, p, &c.

elle-même circulaire, dont la couleur étoit d'un verd jaunâtre ou jaune, ou d'une couleur de feuille presque séche ;
telle feuille de tilleul avoit plusieurs trous pareils. Ces trous
me semblérent devoir être l'ouvrage de quelqu'insecte.
Curieux de connoître celui qui les perçoit, j'observai quantité de feuilles de tilleul, & j'en vis qui n'étoient pas percées,
mais que je jugeai le devoir être par la suite. Elles avoient
des plaques circulaires dont la couleur étoit plus jaunâtre
que celle du reste de la feuille, ou dont la couleur approchoit
de celle des bords des endroits percés. Il me fut aisé d'appercevoir qu'il y avoit au milieu de chacune de ces plaques
un petit corps qui excédoit la surface du dessus & celle du
dessous de la feuille. Je détachai un de ces petits corps *,   * Pl. 38. fig.
je le trouvai d'une dureté approchante de celle d'un noyau,   5.
& d'une figure assés singuliére. Il avoit celle d'une petite
boîte dont le corps & le couvercle étoient chacun coniques, & dont le couvercle * étoit plus court que le corps   * e a e.
de la boîte *. Chacune des plaques rondes, des taches   * e b e.
rondes de la feuille, avoit une de ces petites boîtes. J'en
ouvris plusieurs, dans chacune desquelles je trouvai un
petit ver blanc *, dont la tête blanche comme le reste, m'a   * Fig. 6.
paru armée de deux serres. L'endroit * où cette petite   * Fig. 5. e e.
galle a le plus de diametre, & celui où le couvercle paroît
s'appliquer avec le corps de la boîte, est l'endroit qui est
dans le plan du dessus de la feuille. Quand cette galle a pris
tout son accroissement, la partie de la feuille qui lui est
continuë, s'altére & se desséche peu-à-peu. Enfin, quand
le temps est venu où l'insecte dans lequel le ver de la galle
s'est transformé, travaille à ouvrir sa prison, & à en sortir,
ses efforts contre la galle agitent apparemment un peu
cette galle, & font cause que la partie séche de la feuille à
laquelle elle tenoit, se brise, & que la galle tombe. Ce
que je dis de la maniére dont cette galle est détachée,

Tome III.   . I i i

n'eft qu'une fimple conjecture, je n'ai encore fait que des tentatives inutiles pour faifir de ces galles dans l'inftant où elles fe détachent, & pour avoir les infectes dans lefquels leurs vers fe métamorphofent; mais il eft certain que les trous des feuilles * dont nous venons de parler, font les places qui font reftées vuides lorfque les galles font tombées. Peut-être même que les vers ont befoin, pour fubir leur derniére métamorphofe, & pour fortir de leur cellule, que les galles dures dans lefquelles ils font renfermés, tombent à terre. C'eft vers la fin de Juillet que j'ai fait mes obfervations fur cette efpece de galles.

* Pl. 38. fig. 4. *p, p,* &c.

* Pl. 38. fig. 1.

Les feuilles de l'arbufte * appellé en latin *viburnum,* & en françois *viorne,* ont fouvent des galles qui ont quelque rapport avec les précédentes, ou plûtôt qui paroiffent en avoir. Ce font des galles applaties, fpongieufes, & dont le contour eft circulaire : elles s'élevent de chaque côté, mais peu au-deffus de la furface de la feuille ; le milieu du deffus & le milieu du deffous de chacune de ces galles, eft marqué par un petit mammelon. La galle ici eft prife dans l'épaiffeur de la feuille, ou plûtôt elle ne paroît autre chofe que la feuille qui s'eft épaiffie dans cet endroit. Une feule feuille a quelquefois plus de 40 galles pareilles, dont j'ai ouvert un grand nombre, & dans l'intérieur de chacune defquelles j'ai trouvé un ver blanc; il a deux crochets en devant de la tête, qui doivent lui tenir lieu de dents.

Les précautions que j'ai prifes pour avoir les infectes dans lefquels les vers de ces galles fe transforment, m'ont réuffi. J'ai mis dans un petit poudrier plein d'eau les queuës de plufieurs feuilles de viorne qui étoient prefque couvertes de galles. Le petit poudrier où étoient ces feuilles, étoit pofé fur une feuille de papier blanc, étenduë fur une table bien unie; j'ai placé au-deffus du petit poudrier, un poudrier beaucoup plus grand; ce grand poudrier

étoit dans une pofition renverfée, & les bords de fon
ouverture étoient appliqués fur la feuille de papier. Tout
ce petit appareil tendoit à faire enforte que les feuilles
de viorne reftaffent fraîches pendant tout le temps que les
vers des galles auroient befoin de s'y nourrir, & à ce qu'on
pût trouver aifément fur la feuille de papier les infectes
dans lefquels ils fe transformeroient, quelque petits qu'ils
fuffent. Ceux dans lefquels ces vers fe métamorphofent,
font des fcarabés* qui, quoiqu'extrémement petits, furent
aifés à appercevoir fur le papier blanc. J'y en vis les premiers jours d'Août qui étoient fortis des feuilles renfermées
fous le grand poudrier environ trois femaines auparavant.
Je trouvai auffi beaucoup de ces petits fcarabés noyés dans
l'eau du petit poudrier dans laquelle trempoient les pédicules des feuilles. Ces petits fcarabés ont les fourreaux de
leurs aîles de couleur cannelle; ces mêmes fourreaux ont
des cannelures dirigées fuivant leur longueur. Les antennes
de ces fcarabés font à grains, & terminées chacune par un
petit bouton.

    Une efpece de galles plus communes que les précé-
dentes, & qui a été très-obfervée par les Naturaliftes, eft
celle des feuilles de faule *. Une des moitiés de chaque
galle eft en-deffous de la feuille, & l'autre eft en-deffus.
Chaque moitié a fouvent la figure d'un demi-fphéroïde
allongé, ou d'une portion de fphéroïde, coupée parallelement au grand axe. Il y en a pourtant de figures moins
réguliéres, & qui ont des inégalités fur leur furface, de
petits enfoncemens. Ces galles qui, à leur naiffance, ou
peu après, n'ont qu'un verd plus pâle que celui de la feuille,
prennent par la fuite des nuances de jaune, & deviennent
rougeâtres ou rouges. Sur les feuilles de l'ofier franc, c'eft-
à-dire, de l'efpece d'ofier la plus employée à lier les cer-
ceaux, & fur les feuilles de diverfes autres efpeces d'ofier *,

* Pl. 38. fig.
2 & 3.

* Pl. 37. fig.
1. 8 8.

* Fig. 5 & 8.

naiſſent des galles, & en grand nombre, qui ſont fort ſemblables à celles des feuilles de ſaule. Il y a des feuilles qui n'ont qu'une ou deux de ces galles, d'autres en ont un plus grand nombre, & on voit ſouvent des feuilles d'oſier très-étroites, où elles ſont rangées à la file * comme des grains de chapelets, & où il y a deux de ces files, une de chaque côté de la principale nervûre, qui vont d'un bout de la feuille à l'autre.

* Pl. 37. fig. 5.

Si on ouvre une de ces galles, on trouve dans ſon intérieur une cavité occupée le plus ſouvent par un ſeul inſecte qui a l'air d'une chenille raſe *, & qui eſt de la claſſe de ceux que nous avons nommés * fauſſes chenilles. Malgré la figure allongée de ſon corps, & ſa tête écailleuſe, on reconnoît que cet inſecte n'eſt pas de la claſſe des chenilles, par les regles que nous avons données ailleurs, & ſur-tout par celle qui fixe à 16 jambes, le plus grand nombre de celles des chenilles : l'inſecte de la galle du ſaule en a 20; c'eſt une fauſſe chenille dont la tête eſt noire & ronde. Quand elle eſt jeune, quand la galle eſt encore verdâtre, le corps de cette fauſſe chenille eſt d'un verd bleuâtre, & quelquefois preſque bleu; il ſe décolore, il devient blancheâtre & preſque blanc à meſure qu'il croît, c'eſt-à-dire, à meſure que la galle jaunit & rougit. Apparemment que lorſque Redi a obſervé les inſectes des galles du ſaule, ils étoient avancés dans leur accroiſſement, car il dit qu'ils ſont blancs. Plus l'inſecte eſt grand, & plus la cavité de l'intérieur de la galle eſt grande. Ses parois ſont plus minces alors, ce qui n'eſt pas ordinaire aux galles, auſſi l'habitant de celles-ci ronge plus que ne rongent communément les habitans des autres galles, & ronge moins proprement; la ſurface intérieure de la cavité eſt bien éloignée d'avoir le liſſe & le poli qu'ont celles de la plûpart des autres galles, elle eſt raboteuſe.

* Fig. 2 & 3.
* Tome 1. Mem. 11.

L'inſecte de ces galles des feuilles de ſaule & d'oſier a

auſſi quelques façons d'agir & de ſe conduire, qui ne lui
ſont pas communes avec les inſectes des autres galles.
Quand le temps de ſa transformation approche, la fauſſe
chenille perce ſa galle*. Il ſemble qu'elle veuille jouir du
jour, qu'elle ſoit laſſe de vivre dans l'obſcurité. J'en ai
obſervé qui alors venoient mettre la tête à l'ouverture du
trou. J'en ai vû d'autres qui ſortoient en partie du trou,
& qui en rongeoient les bords ; elles rongeoient même le
deſſus de la galle. Le dedans de la galle ne leur fourniſſoit
plus de nourriture convenable, elles en venoient chercher
en dehors. Enfin j'en ai vû qui ſont ſorties entiérement de
leur galle, & qui y ſont rentrées peu de temps après. M.
Valliſnieri aſſûre avoir vû plus, il dit qu'il a obſervé de ces
fauſſes chenilles qui ſortoient alors pour aller manger la
ſubſtance du deſſus de la feuille où étoit leur galle.

 Quand nos fauſſes chenilles n'auroient pas beſoin de manger, elles ſortiroient de leurs galles, & peut-être à diverſes
repriſes, pour reconnoître le terrein des environs. Elles ont
à faire un grand voyage, grand pour un inſecte qui a paſſé
toute ſa vie dans une étroite priſon. Ce n'eſt pas dans leur
galle qu'elles doivent ſe transformer, comme les inſectes
du plus grand nombre des autres galles ſe transforment
dans les leurs. Leur génie eſt le même que celui de pluſieurs
vers des fruits, dont nous avons parlé ailleurs*; c'eſt en
terre qu'elles doivent perdre leur première forme, devenir
des nymphes, & enfin, en ſortir ſous la forme de mouches
à quatre aîles, qui eſt le dernier état de toutes les fauſſes
chenilles que j'ai obſervées.

 Quoique Redi ſe ſoit donné beaucoup de ſoins pour
avoir les inſectes dans leſquels les fauſſes chenilles des
galles du ſaule ſe métamorphoſent, il n'a pû y parvenir.
M. Valliſnieri a été plus heureux, parce qu'il a ſçû penſer
à des moyens plus ſûrs d'y réuſſir. Redi s'étoit contenté

* Pl. 37. fig.
4. I, F.

* Tome II.
Mem. XII.

I i i iij

de renfermer quantité de galles dans un même vafe; &
M. Vallifnieri ayant étudié le génie de leurs habitans, jugea
qu'ils avoient befoin de fable ou d'une terre fablonneufe,
pour s'y transformer. Il planta vers la fin de l'automne
de petites branches de faule, dont les feuilles étoient chargées de galles, dans une terre fablonneufe & mouillée,
qui couvroit le fond de grands vafes de verre: il vit les infectes fortir des galles, fe rendre fur cette terre, s'enfoncer
dedans; enfin, chacun s'y fila une petite coque de foye
d'un brun caffé, dans laquelle il paffa l'hiver, & d'où il
fortit au mois de Mars fous la forme d'une petite mouche
à quatre aîles, & affés lourde; ce qui eft encore un des caractéres ordinaires aux mouches qui viennent des fauffes
chenilles. C'eft dans le premier des deux dialogues que M.
Vallifnieri a fait imprimer dans le Journal de Venife qui
a pour titre *Gallerie de Minerve,* qu'on peut lire une hiftoire
complette de nos galles du faule, & de leurs vers. Nous
ne pouvons nous empêcher d'adjoûter ici que les deux
dialogues que nous venons de citer, contiennent un grand
nombre de faits curieux fur les infectes, & qui tous montrent avec combien de fagacité M. Vallifnieri fçavoit voir
ce qui peut échapper même à des yeux éclairés, & combien
il cherchoit à voir.

Dès le printemps il paroît des galles fur les feuilles de
faule: les fauffes chenilles qui naiffent dans celles-ci, n'attendent pas l'hiver pour fe métamorphofer. Les premiers
jours du mois de Juin j'ai mis des feuilles chargées de ces
galles dans des poudriers dont le fond étoit couvert de
terre, les fauffes chenilles ne furent pas long-temps à en
fortir, & à s'enfoncer en terre, mais elles ne parvinrent
pas à fe métamorphofer, & cela, je crois, parce que la terre
que je leur avois donnée, étoit une terre compacte par
elle-même, & trop abreuvée d'eau, qui, en fe féchant,

devint dure comme de la pierre, & trop difficile à percer &
à mouvoir.

Les galles de l'osier franc *, & même celles de diverses
autres especes d'osier, si semblables à celles du saule, sont
aussi habitées par des insectes dont le génie est le même,
qui sont au moins du même genre, & que je soupçonne
de la même espece. Plusieurs des fausses chenilles de ces
derniéres galles sont entrées en terre chés moi vers la fin
de Septembre, elles y ont péri, & peut-être par la même
cause que je crois y avoir fait périr les fausses chenilles des
galles du saule. J'ai pourtant ouvert de ces galles oblongues
des feuilles d'osier, que j'ai trouvé divisées en plusieurs
cellules, en chacune desquelles plusieurs petits vers blancs
sans jambes, étoient logés.

Aussi outre les fausses chenilles qui sont les habitans naturels des galles que nous examinons, on trouve souvent
dans ces galles des insectes étrangers qui s'y sont introduits.
J'y ai trouvé des vers blancs dont la tête est armée de deux
crochets, qui ont bien l'air de ne se pas tenir là pour manger
la substance des galles; ils ont bien l'air d'en vouloir à la
fausse chenille même, de s'en nourrir. Il y a diverses especes
de ces vers nichées dans ces galles, & il y en a qui s'y métamorphosent. Dans quelques-unes j'ai vû une nymphe
de laquelle une mouche devoit sortir. M. Vallisnieri a vû
sortir des mêmes galles un petit scarabé bleu. Enfin, dans
les vases de verre où les mouches des fausses chenilles lui
étoient nées, il parut aussi diverses especes de petites mouches qui venoient de vers qui avoient mangé quelques-
unes des fausses chenilles ou leurs nymphes.

Passons à présent à un autre genre de galles, mais toûjours de la classe de celles qui n'ont qu'une seule cavité
faite pour loger un seul ver; celles dont nous voulons
parler, tiennent de la figure sphérique; quand elles sont

* Pl. 37. fig. 5 & 8.

attachées à une feuille, elles ne le font que par une efpece de pédicule, ou par une petite portion de leur convexité; elles fe trouvent en entier, ou prefqu'en entier, d'un feul côté de la feuille, prefque conftamment fur le deffous. Les feuilles du chêne peuvent feules nous faire voir bien des efpeces différentes de ces fortes de galles. Si on examine ces feuilles dans le bouton même qui ne s'eft encore que gonflé, on y trouve déja de petites galles de la figure d'une ellipfoïde, ou d'une boule allongée, qui font comme couchées fur la feuille; qu'on en ouvre plufieurs, & on verra dans quelques-unes un ver, dans quelques autres une nymphe, & dans d'autres une petite mouche prête à en fortir.

Des galles qui ont une figure plus fphérique, paroiffent prefqu'auffi - tôt que les précédentes, fur les feuilles de chêne; elles y paroiffent plus long - temps, & ce font les plus communes de toutes les galles de cet arbre; celles que nous voulons faire connoître, n'ont pour l'or- dinaire que la groffeur des grains de grofeille *; elles en ont prefque toûjours la rondeur, & il y en a qui, avec le temps, en prennent la couleur; quand elles vieil- liffent, une partie au moins de leur furface devient du rouge de grofeilles à maturité; nous les appellerons auffi dans la fuite des *galles en grofeilles.* Leur fubftance inté- rieure, quoique folide, eft pleine d'eau comme celle de divers fruits; elles ont à leur centre une cavité bien fphé- rique occupée par un infecte, qui, felon le temps dans lequel on ouvre la galle, paroît fous la forme d'un ver blanc qui a deux ferres, ou fous celle d'une nymphe blan- che, ou fous celle d'une nymphe brune, ou enfin fous celle d'une petite mouche noire à quatre aîles. Si la galle qu'on ouvre eft percée, on ne trouve rien dans fon inté- rieur, le trou a été fait par la mouche, & dès qu'elle l'a eu fait, elle n'a pas tardé à fortir.

C'eft

* Pl. 35. fig. 3. Pl. 37. fig. 11. e. & fig. 10. g.

C'eſt en-deſſous des feuilles de chêne qu'il faut chercher ces ſortes de galles; telle feuille n'en a qu'une ſeule, & telle autre en a ſept à huit, ou davantage. Elles ſont plus communes au printemps qu'en toute autre ſaiſon ; mais on en peut trouver tant que les feuilles reſtent vertes ſur les arbres. Quoique les feuilles ſoient les endroits où les galles en groſeilles ſont plus communes, des galles de cette eſpece naiſſent ſur preſque toutes les parties du chêne ; on en pourra obſerver qui partent des pédicules des feuilles, d'autres qui tirent leur origine immédiatement des jeunes pouſſes ; j'en ai vû ſur le vieux bois, & même ſur des racines qui ſortoient de terre.

Mais le nom de groſeilles ne paroît jamais mieux convenir à ces galles que quand on les voit ſur les chattons du chêne *, où elles croiſſent aſſés ſouvent, alors on croit voir des grappes de groſeilles. Le chêne ſemble alors porter deux ſortes de fruits, donner, outre les glands, un fruit précoce & diſpoſé en grappes : en un mot, on croit voir des grappes de groſeilles pendre des branches du chêne. Ces grappes, à la vérité, ſont ordinairement peu chargées de grains, mais au moins reſſemblent-elles alors à ces grappes de groſeilles qui ont coulé, c'eſt-à-dire, à celles dont une partie des fruits encore jeunes, n'ont pû tenir contre le froid ou la pluye. Les Botaniſtes nous ont appris qu'il y a des plantes qui portent des fleurs qui ne donnent point de fruit ; ce qu'on appelle les chattons du noiſetier, du noyer, du chêne, &c. ſont de longs bouquets de ces ſortes de fleurs. Un filet long de trois pouces ou environ, eſt dans les chattons du chêne, la tige à laquelle les fleurs ſont attachées aſſés proche les unes des autres par un court pédicule *. Dans certaines années, on voit peu ou preſque point de fleurs ſur ces longs filets ou tiges, mais on y voit de nos grains ronds, tantôt ſemblables à ceux

* Pl. 40. fig. 1 & 2.

* Fig. 1. *c, c, c.*

des groseilles encore vertes, tantôt semblables à ceux des
groseilles demi-mûres, & tantôt à ceux des groseilles entiérement mûres. Il est parlé de ces galles dans les E'phémé-
rides des curieux de la nature*; elles firent bruit en Allemagne en 1693. & 1694. elles furent observées par plusieurs sçavans, dont quelques-uns, qui n'avoient pas des
idées bien claires des productions de la nature, les crurent
hors de l'ordre qu'elle a établi, & que la diablerie avoit eu
part à leur formation; mais d'autres plus naturalistes, les
prirent, comme ils le devoient, pour de véritables galles.
Parmi les Mémoires de l'Académie de l'année 1692. p. 71.
il y en a un qui a pour titre *Observations de quelques productions extraordinaires du chêne;* ces observations sont de M.
Marchand qui, passant par la forêt de Chambor, *y re-*
marqua un chêne ordinaire, haut d'environ deux toises, qui
n'avoit point de glands, mais dont les branches étoient garnies
de quantité de petits filets grisâtres d'environ trois pouces
de longueur, & d'une ligne & demie de grosseur, presque ronds,
& d'une matiére cotonneuse & flexible; à chacun de ces filets
étoient attachés tantôt deux & tantôt trois, ou davantage,
jusqu'à dix à onze petits grains ronds, chacun de la grosseur,
de la figure & de la couleur d'une groseille à demi-mûre,
polis en dehors, sans apparence de fibres, & sans ombilic,
sans aucun vuide au-dedans, durs, & remplis d'une espece
de coton fort serré. Nous ne sçaurions mieux décrire la
figure de chacune de nos galles des chattons, & leur arrangement, qu'ils le font par les termes du Mémoire que
nous venons de rapporter. Aussi les figures gravées que
nous en donnons, ne sçauroient leur être plus ressem-
blantes que celles qui sont gravées dans la planche qui
accompagne ce Mémoire. Cependant M. Marchand
n'ayant trouvé dans les grains qu'il ouvrit, ni œufs, ni
vers, ni mouches, il n'a pas cru qu'ils dûssent être mis au

** Decur. 3.*
anno 2.

rang des galles. Pour moi j'ai ouvert un grand nombre de grains femblables par l'extérieur, à ceux qui font dé-crits dans ce Mémoire, & j'en ai ouvert de tous âges; ils font d'abord d'un verd clair, tel que celui des grofeilles qui n'ont point encore commencé à fe colorer. Dans ceux que j'ai ouverts, avant qu'ils euffent commencé à devenir rouges, j'ai trouvé une cavité occupée ou par un ver blanc, ou par une nymphe blanche; & lorfque j'en ai ouvert qui avoient pris une teinte rouge, je n'ai jamais trouvé de ver dans leur intérieur, mais j'y ai fouvent vû une nymphe, ou une petite mouche qui s'étoit tirée de fon enveloppe; enfin, j'ai fouvent trouvé que l'infecte étoit forti de ces derniéres. La mouche qui fort de cha-cune de ces galles, eft extrémement petite *, & elle en fort par un trou proportionné à la groffeur de fon corps. Auffi arrive-t-il qu'on ne parvient pas à le voir, fi on ne le cherche avec foin, & armé d'une loupe; c'eft fans doute ce que n'aura pas manqué de faire M. Marchand. Je ne fçaurois pourtant me perfuader que les grains dont il parle, foient des productions d'un autre genre que les galles; mais ç'auront été des galles dans lefquelles il fera arrivé quel-que dérangement. L'intérieur des nôtres n'eft point rempli d'une matiére cotonneufe, pareille à celle dont il dit que l'intérieur des fiennes l'étoit.

* Pl. 40. fig. 6.

La faifon dans laquelle M. Marchand trouva fes galles, rend fon obfervation encore plus finguliére. Ce fut dans un temps où les chênes n'ont point de chattons, mais ceux-là pouvoient, par une circonftance particuliére, s'être trouvés dans le cas des arbres fruitiers, qui quelquefois donnent une feconde fois des fleurs en été & en automne.

Au refte, l'obfervation de M. Marchand pourroit avoir occafionné celles de ces galles en grofeilles qui ont été faites poftérieurement en Allemagne. La fienne eft rapportée

K k k ij

tout au long dans les Éphémérides de l'Académie des curieux de la nature *, & on y a fait graver les figures qui l'ac-
compagnent dans les Mémoires de l'Académie. Ces galles
en grappes de grofeilles ne font pas auffi rares qu'on l'avoit
cru. Depuis que je les ai vûës, il y a eu peu d'années où je
n'en aye trouvé tantôt plus & tantôt moins, & de plus ou
moins fournies de grains. Quelquefois le filet ne porte qu'un
feul grain, fouvent il en a deux, quelquefois trois à quatre;
mais je n'ai jamais vû des grappes auffi bien fournies que
celles de M. Marchand. Chaque grain fe defféche après que
l'infecte en eft forti, alors il n'eft plus connoiffable; on
n'en voit plus vers la fin de l'été, temps où les chattons
doivent être tombés.

    M. Marchand parle dans le même Mémoire déja cité,
de grains un peu plus gros que ceux dont nous venons
de faire mention, attachés les uns près des autres, contre
les extrémités de chaque branche; ils y formoient par leur
affemblage des efpeces de grappes rouges. Il ne trouva
encore ni vers, ni mouches dans ces derniers, qui ont une
parfaite reffemblance avec nos galles en grofeilles, qui naiffent fur les tiges & fur les feuilles. Sur quelque partie du
chêne que croiffent les galles en grofeilles, qu'elles y foient
feules, qu'elles y foient raffemblées les unes auprès des
autres, ou écartées les unes des autres, je ne fçais fi elles
ne doivent pas leur naiffance à la même efpece de mouches, au moins n'ai-je pû reconnoître de différences fenfibles entre celles qui font forties des galles en grofeilles, foit
des feuilles, foit des chattons, foit des tiges. Il y a grande
apparence que les mouches qui naiffent lorfque les chattons
ne font plus en état de recevoir leurs œufs, piquent les
feuilles; que lorfque l'accroiffement des feuilles eft fini,
que lorfqu'il ne s'y porte plus autant de fuc, alors les
mouches confient par préférence leurs œufs aux tendres
rejettons des branches.

Dans le mois de Septembre j'ai rencontré quelquefois
des feuilles très-chargées en-deſſous * de grains ou galles   * Pl. 35. fig.
ſemblables par leur poſition, leur groſſeur, leur figure,   3.
aux autres galles en grains de groſeille, ce ſont pourtant
des boules un peu plus applaties; leur couleur eſt ſouvent
d'un gris rougeâtre, ou d'une couleur d'agathe, & par
conſéquent différente de celle des galles en groſeille, qui
paroiſſent au printemps ou au commencement de l'été;
cette legére différence pourroit bien dépendre de la ſaiſon
& de l'état où les feuilles ſont alors, mais je ne ſçais ſi on
doit oſer attribuer à la même cauſe la différence plus
conſidérable qui eſt entre la tiſſure des unes & des autres.
La ſubſtance des galles ordinaires en groſeille, approche
de celle d'un fruit, elle eſt abreuvée d'eau; la ſubſtance de
celles qui ſont couleur d'agathe eſt plus ſéche, elle approche de la dureté du bois; je les nomme même des *galles
demi-ligneuſes;* ſi au lieu de couper ces derniéres, on les
oblige à ſe fendre, elles paroiſſent compoſées de fibres
diſpoſées un peu obliquement depuis la ſurface de la cavité
intérieure, juſqu'à la ſurface extérieure, & toutes à peu-
près paralleles entr'elles *.   * Pl. 45. fig.
                                                                1.
   Les galles dont nous venons de parler, ſont extrémement
liſſes; on en trouve d'une autre eſpece, attachées contre le
deſſous des feuilles de chêne en Juillet, Août, & ſur-tout en
Septembre, qui ſont un peu plus groſſes *, & dont la ſurface   * Pl. 40. fig.
eſt raboteuſe; mais elles n'en paroiſſent que mieux travail-   7 & 8.
lées; par leur figure & leur groſſeur elles reſſemblent à de
petits boutons tels que ceux des cols de chemiſes, ou des
veſtes, & les grains dont leurs ſurfaces ſont hériſſées, y ſont
un travail ſemblable à celui de certains boutons de métal,
ou à d'autres d'émail. Quelques-unes de celles-ci ſont ſimplement jaunâtres; il y en a d'en partie rougeâtres; il y en a
d'entiérement rougeâtres, & quelques-unes ſont d'un aſſés

beau rouge. Leur fubftance eft dure & prefque ligneufe. J'en ai ouvert plufieurs dans le milieu de l'hiver, j'ai trouvé un ver blanc renfermé dans leur cavité, qui ne devoit en fortir fous la forme de mouche qu'au printemps, & j'ai vû la mouche dans quelques autres, dès le mois d'Octobre.

Le deffous des feuilles de chêne eft quelquefois tout couvert de galles * plus petites que les précédentes, & plus petites que les galles en grofeille. Quand elles font regardées de près, comme elles demandent à l'être, elles paroiffent extrémement jolies; un de leurs côtés eft plat, & tient à la feuille contre laquelle il eft appliqué, par un très-court pédicule. Leur contour eft bien circulaire; par le côté qui eft en vûë, elles paroiffent encore des efpe-ces de boutons, mais applatis & d'une figure finguliére*, au lieu que le milieu des boutons ordinaires eft plus élevé que le refte, ici le milieu eft creux. Ce feroit un bouton tel que ceux des coulans des bourfes, fi le creux paffoit de part en part, mais il ne pénétre que jufqu'à la moitié ou un peu plus de l'épaiffeur de la galle. Les rebords qui s'é-levent au-deffus de ce creux, font bien arrondis. Si on les obferve à la loupe, ils paroiffent être ceux d'un bouton de foye d'un brun qui tire fur le caffé; ils font recouverts de fibres extrémement fines, appliquées les unes contre les autres, qui ont le brillant des filets foyeux. Le plus grand diametre de ces galles eft celui qui eft pris parallele-ment à la furface de la feuille; elles ne fçauroient être ha-bitées que par un infecte d'autant plus petit, que la cavité où il peut être logé, eft elle-même petite par rapport à la grandeur de la galle, elle eft* au-deffous de la partie en-foncée ou creufe. On ne trouve plus de vers dans ces galles dans les mois de Septembre & d'Octobre. Je ne fçais s'ils ne fe métamorphofent pas dans la galle même, où je ne fuis point parvenu à voir leurs nymphes.

Je ne dois pas paſſer ſous ſilence une autre eſpece de
galles du chêne *, qui, quoiqu'elle ſoit encore très-petite,
eſt extrémement jolie. Je ne l'ai obſervée que dans le mois
d'Octobre; j'en ai trouvé quelques-unes attachées contre
le deſſous des feuilles *, & d'autres contre de jeunes jets
de l'arbre *. Sa figure tient de la conique, ou de celle d'une
cloche ou d'un gobelet. Elle eſt jointe à l'arbre par ſon bout
pointu; elle eſt preſque toute verte; mais ce qui la rend
très-jolie, c'eſt que le bord de ſon bout eſt évaſé *; le bord
de l'eſpece de gobelet eſt peint en rouge, & en rouge qui,
ſur quelques-unes, le diſpute en beauté à celui du carmin.
Cette petite bande rouge eſt couchée bien regulierement;
elle n'a point de bavûres. Quoique nous ayons comparé
cette galle à un gobelet, elle n'eſt pas creuſe comme un
gobelet, elle eſt fermée; mais l'eſpece de couvercle qui la
ferme eſt poſé en dedans, & un peu au-deſſous du bord
évaſé. La ſeule partie de ce couvercle qui s'éleve au-deſſus
du bord, eſt une ſorte de mamelon *, ou de bouton pointu
placé à ſon centre, comme le ſont les boutons qui donnent
la facilité d'enlever des couvercles de différentes eſpeces. La
cavité intérieure eſt aſſez grande par rapport au volume de
la galle. Cette galle fut d'abord obſervée par M.ᶦᶦᵉ du * *.

Je dirai un mot d'une galle * moins jolie que la précedente, encore petite, quoiqu'un peu plus groſſe, &
qui a eſté obſervée dans le même temps; & j'en parlerai,
parce que l'eſpece de rondeur qu'elle affecte, n'eſt pas
celle qui eſt la plus ordinaire aux galles; comme la derniére
galle, elle tient de la figure conique, elle eſt une portion
de cone tronqué: l'endroit où le cone eſt cenſé tronqué,
n'eſt pourtant pas plan; là la galle ſe courbe pour venir
s'attacher à la feuille par une eſpece de pedicule. Ces galles
ſont d'un jaunâtre un peu gris. Sur les mêmes feuilles ſur
leſquelles j'ai trouvé des galles de la derniére eſpece, &

* Pl. 35. fig.
6. c, c, c, d, g.

* d, g.

* c, c, c.

* Fig. 7. b b.

* Fig. 6. m.

* Fig. 4. p, p.

par conséquent dans la même saison, j'y en ai vû d'oblongues *, dont quelques-unes avoient la figure d'un rein, &
dont d'autres avoient simplement celle d'un ellipsoïde, ou
d'un œuf. Le grand diametre estoit parallele à la surface
de la feuille, à laquelle la galle n'estoit adhérante que par
un point également distant de ses deux bouts.

   M. Granger m'a envoyé des galles * qu'il a trouvées
en l'isle de Chipre, qui méritent que j'en fasse mention.
Elles croissent sur une espece de *limonium;* chacune est
portée comme un fruit, par un court pedicule : elles ont
assez la figure & la grosseur d'une noix muscade ; elles semblent avoir une espece de petite tête, de couronnement *
dans l'endroit opposé au pedicule. Quand je les ai reçûës
elles étoient d'un gris blancheâtre ; leur surface est assez
unie, mais un peu cotonneuse. Elles doivent estre mises
au rang des galles dures & presque ligneuses ; leurs premiéres couches, les plus proches de la surface extérieure
sont pourtant spongieuses, mais la couche intérieure, celle
qui forme les parois de la cavité, est très-dure. Cette cavité
est beaucoup plus considérable que ne l'est celle de la plûpart
des galles du chêne de même grosseur, & celle des galles de
divers autres arbres ; c'est un très-grand logement * ; il est
occupé par une veritable chenille. J'ai ouvert plusieurs de
ces galles, dans chacune desquelles j'ai trouvé la chenille
morte & séche, & par conséquent dans un état qui ne m'a
pas permis de la décrire ; tout ce que j'ai bien vû, c'est
qu'elle est rase, mais je n'ai pû m'assûrer du nombre de ses
jambes membraneuses, qui alors étoient trop rentrées
dans le corps ; les autres jambes, la tête & les yeux étoient
aisés à distinguer. Quoique cette chenille ne fût plus en
vie, il m'a été aisé de deviner quelques-uns de ses procedés ;
elle ronge apparemment les parois intérieures de la galle,
comme les fausses chenilles des galles du saule rongent les
parois

* Pl. 35. fig.
  & r.

* Pl. 39. fig.
1.

* b.

* Fig. 3.

parois des leurs. Quand le temps où elle doit se métamorphoser approche, elle perce sa galle d'outre en outre, elle le
fait par une prévoyance semblable à celle que nous avons
admirée dans quelques chenilles du bled; cette chenille de
la galle du limonium doit se transformer en papillon dans la
galle même : pendant qu'elle est chenille, pendant qu'elle
a des dents, elle perce un trou qu'elle ne pourra percer
lorsqu'elle sera papillon, & qui sera la porte qui permettra
au papillon de sortir de captivité. Quand le trou est percé,
& quand la chenille n'a plus besoin de prendre d'aliment,
elle file une coque de soye blanche * & brillante, dont le
tissu est assés mince, mais serré ; cette coque tapisse les
parois de la grande cavité, & même celles du trou, elle
forme une espece de bec qui entre dans ce trou. Si cette
coque est appliquée contre les parois de la cavité, ce n'est
pas précisement parce qu'elles lui sont nécessaires pour la
soûtenir, car des coques que j'ai mises à découvert, en emportant peu à peu la substance de la galle, se sont très-bien
soûtenuës. Dans une de ces coques j'ai trouvé un papillon *
qui avoit péri avant que d'avoir pû achever de se tirer de sa
dépouille de crisalide, il y tenoit encore par sa partie postérieure. Il n'étoit pas dans un état propre à me faire connoître ses caractéres ; ses antennes étoient coniques ; son
corps & ses aîles, qui n'étoient pas encore bien développées, étoient d'un gris-blanc. Ces observations, tout im-
parfaites qu'elles sont, suffisent pour nous apprendre qu'il
y a de véritables chenilles qui occasionnent la production
de fort grosses galles, dans lesquelles elles se transforment
en papillons. Ces chenilles du limonium sont très-sujettes
à estre mangées par des vers qui deviennent des mouches
ou des scarabés ; dans plus des trois quarts des galles que
j'ai ouvertes, j'ai trouvé dans la cavité un retranchement
d'un tissu de soye brune, filé par l'insecte qui avoit mangé

** Pl. 39. fig.
2. c c, c.*

** Fig. 4.*

Tome III.   . LII

la chenille. Dans une de ces galles j'ai trouvé un ver à six jambes, qui porte sur le derriére deux cornes qui ont quelque ressemblance avec les crochets du derriére des perce-oreilles, mais moins courbes & plus mousses.

Sur les feuilles de hêtre il croît une espece de galles * qui mérite un rang parmi les plus jolies especes de galles ligneuses à une seule cellule; une feuille n'a quelquefois qu'une de ces galles, une autre en a quelquefois trois à quatre, & quelquefois deux *, qui tirent leur origine du même endroit. Leur forme approche de celle d'un noyau de fruit, la galle est pourtant moins platte & un peu plus pointuë à son bout que ne l'est un noyau. Je ne sçaurois comparer la substance de cette galle à rien qui lui ressemble davantage, qu'à celle de la coque d'une noisette, la galle est seulement un peu plus dure; la cavité * que cette coque renferme est considérable, un insecte y est à l'aise, soit sous la forme de ver *, soit sous celle de nymphe *. Je n'ai point eu l'insecte dans lequel la nymphe se transforme; ce n'est pourtant pas faute d'avoir été fourni d'une bonne provision de galles bien remplies. A la fin des vacances, M. de Maupertuis m'en apporta une très-grande quantité de Thuri, terre de M. Cassini, où il les avoit trouvées. Je mis dans des poudriers ces galles pleines de vers & de nymphes qui y périrent; peut-être falloit-il que les galles fussent dans un endroit moins sec; naturellement elles auroient passé l'hiver sur de la terre souvent humide.

Nous reviendrons encore à des galles du chêne d'une figure arrondie, mais plus grosses que celles dont nous avons parlé cy-dessus; elles ont ordinairement la grosseur d'une muscade ou d'une petite noix; ce seroient des boules presqu'aussi rondes que celles qu'on fait sur le tour, si elles n'avoient une espece de pedicule où est leur attache, & quelques petits endroits raboteux sur leur surface. Nous

en confidérerons deux efpeces différentes, l'une de demi-
ligneufes, & l'autre de ligneufes. Celles de la premiére
efpece * font pour l'ordinaire attachées contre la nervûre   * Pl. 39. fig.
d'une feuille : quand la feuille tombe au commencement   13. g.
de l'hiver, la galle tombe néceffairement avec elle. J'en ai
ramaffé de celles qui eftoient tombées, & je les ai ouvertes
dans le mois de Decembre; j'ai vû alors que le centre de
chacune * avoit une cavité bien fpherique, qui étoit le   * Fig. 14.
logement d'une mouche * qui s'étoit tirée de fa dépouille   c, d.
de nymphe, mais qui attendoit que la rude faifon fût   * Fig. 15 &
paffée, pour fortir d'une cellule bien clofe, & en état de   16.
la défendre par l'épaiffeur de fes parois, contre les injures
de l'air. Cette mouche eft plus grande que celle des galles
en grains de grofeilles, mais d'ailleurs elle lui eft affés femblable; elle eft brune; elle a quatre aîles qu'elle porte
parallelement au plan de pofition, croifées fur fon corps
dont elles excedent le bout; elle eft munie de dents en
fcie, capables de hacher des corps plus durs que la galle
qui la renferme: en un mot, c'eft une mouche du genre
de celles dont nous avons parlé cy-deffus, & que nous
nous contenterons de nommer le genre des mouches les
plus communes des galles, jufqu'à ce que nous donnions
mieux les caracteres de ce genre.

C'eft ordinairement des boutons du chêne qu'ont tiré
leur origine des galles * qui par leur rondeur, leur dureté   * Pl. 41. fig.
& leur couleur, femblent être de petites boules d'un bois   7. g, h.
un peu jaunâtre. Il y en a quelquefois deux ou trois placées fi proche les unes des autres, qu'elles forment une
efpece de bouquet. J'ai vû des bouquets de fix à fept de
ces galles; chacune a eu pour bafe un bouton différent.
Leur premiére enveloppe, leur écorce a une dureté approchante de celle du bois, mais ce qui fuit eft une
fubftance moins ferrée, prefque fpongieufe, qui approche

L l l ij

de la confiftance du bois qui commence à pourrir. Après cette subftance fpongieufe, on en trouve une très-ferrée & très-dure, qui forme les parois de la cavité fphérique * qui eft au centre de la galle, & le logement de l'infecte. Dans le mois de Septembre on trouve beaucoup de ces galles qui font déja percées d'un trou rond, par lequel une mouche eft fortie. Dans le même temps plufieurs de ces galles ont été percées dans les poudriers dans lefquels je les avois renfermées, j'ai vû voler & marcher les mouches qui cherchoient à fe mettre entiérement en liberté *. Elles avoient quatre aîles qu'elles portoient paralleles au plan de pofition, & croifées fur le corps, qu'elles furpaffoient en longueur. Le corps & le corcelet étoient d'un beau verd doré, tel que celui des cantharides les plus connuës. Leurs jambes étoient jaunâtres, & leurs antennes courtes & noires; cette derniére couleur étoit auffi celle de la tête; mais ce que ces mouches avoient de plus remarquable, c'eft une efpece de queuë qui égaloit au moins en longueur la tête, le corcelet & le corps mis bout à bout; ordinairement elle ne paroiffoit qu'un gros filet noir qui fouvent fe relevoit un peu en haut près de fon bout. Quelquefois la queuë paroiffoit compofée de deux ou trois filets, & elle l'étoit réellement de trois *; les deux des côtés font des goutiéres qui forment enfemble un étui à celui du milieu; ce dernier fe termine par une pointe fine; c'eft une efpece de tarriére.

Dans le temps que ces mouches venoient de fortir de plufieurs galles, j'en ouvris d'autres de la même efpece, qui n'avoient pas été percées; j'en ouvris d'autres beaucoup plus tard, dans le mois de Février; je trouvai dans toutes ces derniéres un ver blanc *, qui rempliffoit en grande partie la cavité du centre; il y étoit roulé en anneau, de maniére que fon derriére touchoit prefque fa tête; il avoit deux dents ou ferres fourchuës *, tantôt il les écartoit l'une de l'autre, tantôt il les rapprochoit de façon que leurs fourches s'engrainoient l'une dans l'autre, & se preffoient mutuellement. Ces dents ou ferres font tout ce qu'il a de brun, encore le brun s'éclaircit-il à mesure qu'il s'approche de l'origine de chaque dent. J'ai eu beau obferver avec la loupe la furface intérieure de la cavité, je n'ai pû y découvrir les traces de l'impreffion que les dents devoient y avoir faite en la rongeant; mais ces dents font fi fines, qu'elles peuvent agir fans creufer des fillons fenfibles. Je dirai encore que je n'ai pû appercevoir dans la cavité aucun excrément, non plus que dans celles de galles de plufieurs autres efpeces. Quelques endroits des parois intérieures étoient feulement tachés de brun, s'ils l'avoient été par les excrémens liquides que le ver avoit jettés, au moins s'enfuit-il que le ver en rend une quantité prefqu'infenfible.

Enfin, dans le mois de Fevrier j'ouvris une de nos galles ligneufes dans laquelle je trouvai une mouche, mais fort différente de celles qui étoient forties de galles femblables dans les mois de Septembre & d'Octobre, elle n'avoit point la longue queuë qui caractérife les autres; au lieu que les autres ont le corps & le corcelet d'un beau verd doré, celle-ci avoit le corps d'un noir luifant, & le corcelet brun; elle étoit du genre des mouches les plus communes des galles. La mouche d'un verd doré eft celle qui étant ver, avoit vécu d'un ver qui fe devoit transformer dans une mouche brune; c'eft pour le ver de la mouche brune qu'a été formée la galle dure & ligneufe, dans laquelle il n'eft pourtant pas à l'abri des atteintes d'un autre ver. Quand la nature a donné un logement fi folide aux vers des mouches brunes, elle a voulu qu'elles y fuffent à l'abri de toutes les injures de l'air; car il eft à remarquer que les infectes qui doivent paffer l'hiver dans des galles, ont en partage des

L l l iij

galles ligneufes, ou en partie ligneufes. Mais la nature a
rendu les mouches dans lefquelles ces vers fe transforment, plus fécondes qu'il n'étoit néceffaire pour la confervation de leur efpece, & elle a deftiné une partie des
vers qui naiffent des œufs de ces mouches, à nourrir les
vers des mouches d'une autre efpece. Elle a pourvû les
mouches de celle-ci d'un long inftrument * propre à percer,
& avec lequel elles percent les galles encore jeunes, pour
dépofer dans leur intérieur l'œuf d'où fort le ver qui doit
vivre de celui pour qui la galle a été faite.

Communément la furface des galles ligneufes eft affés
unie; mais il y en a dont la furface eft raboteufe; d'autres *
l'ont hériffée par quatre, cinq ou fix, plus ou moins de
gros tubercules qui fe terminent par une pointe mouffe.

Les galles ligneufes que nous examinons nous conduifent à parler de celles qui dans leur intérieur ont plufieurs
cellules; il y a quantité de nos galles ligneufes en boule qui
n'ont qu'une feule cellule à leur centre, mais on en trouve
à qui elle manque, & qui en ont plufieurs beaucoup plus
petites dans leur intérieur, qui ne communiquent point
entr'elles. Les cavités * de celles-ci ne font point fphériques, comme l'eft celle des autres, elles font ordinairement
plus étroites qu'ailleurs du côté le plus proche du centre;
ces cavités plus petites font auffi chacune occupées par un
ver plus petit, qui fe transforme par conféquent dans une
plus petite mouche. Une galle eft quelquefois percée de
plus de quinze à vingt trous qui ne pourroient recevoir
la tige de la plus petite épingle, ce qui donne une idée
fuffifante de la petiteffe des mouches à qui ces trous ont
donné paffage; mais la galle qui n'a qu'une cellule, n'eft
percée que par un feul trou confidérablement plus grand.
Il paroît par-là que la production des galles dont l'extérieur eft femblable, peut être dûë à des vers de mouches

de différentes efpeces; peut-être même que des vers de
deux efpeces de mouches peuvent concourir à la production de la même galle. J'ai vû quelquefois une grande
cavité fpherique au centre d'une de nos galles ligneufes,
occupée par un ver de grandeur proportionnée à celle de
la cellule; & j'ai vû entre cette grande cellule & la circonférence, quantité de cellules plus petites, & qui n'avoient plus
à croître, quoiqu'habitées chacune par un très-petit ver.

   Les plus ligneufes de toutes les galles *, font celles   * Pl. 44. fig.
qu'on rencontre quelquefois fur des tiges & fur des racines   6.
d'arbre, & fur-tout fur celles du chêne; il y en a de plus
groffes que de groffes noix, qui paroiffent de vrais nœuds
de l'arbre, de ces excroiffances qui font d'un bois plus dur
que celui des autres endroits. Elles ne tiennent point à
l'arbre par un pedicule, elles ont quelquefois plus de diametre que par-tout ailleurs, dans l'endroit où elles lui font
unies; & elles pénétrent dans fon intérieur. Je détachai
dans le mois de Septembre, avec peine, & avec des inftrumens de fer, une de ces fortes de galles, qui tenoit à la
racine d'un chêne, près de l'endroit où cette racine commençoit à entrer en terre; fur la furface de la partie détachée, parurent les ouvertures de plufieurs cellules fpheri-
ques, dans chacune defquelles il y avoit un ver blanc roulé
en anneau, & femblable à ceux de diverfes autres galles;
quantité de cellules * diftribuées dans l'intérieur de la galle,   * Fig. 6. *c,c,*
reftérent entiéres. J'eus foin de renfermer cette galle, cette   *c,* &c.
efpece de nœud dans un poudrier; plus de trente mou-
ches * brunes, à quatre aîles, en fortirent vers la mi-Avril;   * Fig. 7 & 8.
elles avoient affés l'air de petites fourmis aîlées, ou plûtôt
elles reffembloient fort aux mouches les plus communes
de la plûpart des efpeces des galles du chêne.

   Une galle * qui a beaucoup de cellules, plus diftinctes   * Fig. 1. *g.*
que celles de la galle précédente, & qui n'eft que le

renflement d'une forte de tige ou de branche, eft celle
qui vient fur un chardon d'une efpece qui lui doit fon
nom. Il eft connu fous celui de chardon hemorroïdal,
parce qu'on prétend que la galle de ce chardon eft pour
celui qui la porte, un remede contre les hemorroïdes. Il eft
plus aifé de deviner ce qui a pû conduire à lui attribuer
cette vertu, qu'il ne l'eft de prouver qu'elle eft réelle.
On a imaginé que les plantes qui naturellement, ou par
une altération qui leur étoit furvenuë, avoient une reffemblance groffiére avec l'état dans lequel les parties de notre
corps font mifes par quelque maladie, devoient être employées utilement contre cette maladie. La pulmonaire
peut être un excellent bechique, mais il y a bien de l'apparence que ce qui a conduit à éprouver fon efficacité
contre les maladies du poulmon, plûtôt que celle de mille
autres plantes, c'eft que fes feuilles ont des taches qu'on
a cru reffembler à celles d'un poulmon ulceré. La galle
du chardon hemorroïdal reffemble de même aux chairs
trop gonflées en dehors de l'anus. Quoi qu'il en foit de la
prétenduë vertu de cette galle, la bonne phyfique ne difpofe pas à y avoir grande confiance, & elle n'eft pas de notre
objet. Ce qui en eft, c'eft de faire remarquer que ces galles
font ordinairement oblongues, qu'elles font des fphéroïdes
allongés, & d'un verd grifâtre; il y en a qui deviennent
auffi groffes que de petites noix; il y en a quelquefois deux
à trois à la file les unes des autres. La fubftance de cette
galle eft très-compacte, elle refifte beaucoup au couteau,
elle eft prefque ligneufe. Si on la coupe, foit tranfverfalement *, foit longitudinalement, les coupes permettent de
voir diverfes cavités ou cellules dont chacune eft occupée par un ver *. Il eft tout blanc excepté à fa partie poftérieure *, où il a une plaque brune, luifante, & comme
écailleufe. Ce ver a à fa partie antérieure deux crochets

parallel2s

* Pl. 44. fig. 2.

* Fig. 3 & 4.

* Fig. 4. P.

paralleles l'un à l'autre; difpofés comme ceux des vers de la viande, ou comme ceux des vers mineurs de la jufquiame dont il a efté parlé dans le premier Mémoire de ce volu- me *; comme les crochets de ces vers mineurs leur fervent à détacher la fubftance charnuë de la feuille, ceux des vers de nos galles leur fervent apparemment à ratiffer les parois intérieures de la galle. Au refte, ces vers fe transforment en des mouches à deux aîles, & avant que de s'y transfor- mer, ils fe font une coque brune de leur propre peau. Dans quelques galles qui étoient peut-être venuës des premiéres, & qui m'avoient été données par M. Bernard de Juffieu, j'ai trouvé des vers en coque les derniers jours d'Aouft; cependant j'ai ouvert d'autres galles cueillies dans le même temps que les précédentes, & dans tous les mois fuivans, jufqu'au mois de Janvier inclufivement, dans lefquelles j'ai vû des vers fous leur première forme. Dès le même mois de Janvier néantmoins, j'ai eu les mouches dans lefquelles quelques vers s'étoient métamorphofés; mais la métamor- phofe de ceux-ci avoit été accélerée, parce que j'avois tenu le poudrier où étoient les galles, fur la tablette de la che- minée de mon cabinet, où il faifoit chaud. La mouche * dont il s'agit eft une des plus jolies mouches à deux aîles; les fiennes ne font tranfparentes qu'en partie, elles font de deux couleurs, celle du fond eft un blanc qui a toute la tranfparence ordinaire aux aîles des autres mouches, celle du refte eft un brun prefque noir; ce brun-noir forme une large bande en ziczac. Le ziczac fait paroître l'aîle fort finguliére, quand on la regarde en certains fens où elle n'eft pas trop éclairée, alors la partie blanche & tranfparente difparoît, & l'aîle femble découpée en ziczac. La mouche porte pour l'ordinaire fes deux aîles en toit renverfé *, c'eft- à-dire, comme je l'ai expliqué ailleurs, de façon que leurs plans prolongés fe rencontreroient au-deffous de celui

Tome III.   . M m m

* *Pag. 13. & pl. 2. fig. 14.*

* Pl. 45. fig. 12, 13 & 14.

* *Fig. 13.*

fur lequel la mouche eft pofée; quelquefois pourtant elle les tient paralleles à ce même plan. Son corps eft d'un beau noir; fon corcelet eft en grande partie de la même couleur, mais il a de plus quelques ornemens d'une vraye couleur de citron; depuis la tête jufqu'à l'origine des aîles, il a de chaque côté une raye de cette derniére couleur, & il a une tache affés large du même citron vers le bout de fa partie fupérieure; cette tache remplit prefque l'efpace qui eft là entre les deux aîles. Le deffous de la tête, la partie où eft fituée une trompe femblable à celle des mouches à deux aîles les plus communes, eft blanche ou blancheâtre. Il femble que cette mouche ait un vifage blanc: fes yeux, fes courtes antennes en palettes, & prefque tout le refte de la tête, font rougeâtres; la partie poftérieure de la tête a pourtant un velu qui eft plus jaune que le citron; tout ce qui eft proche du corcelet, eft bordé d'un velu du même jaune. Chaque jambe, depuis fon extrémité jufqu'environ aux deux tiers de fa longueur, eft d'un cannelle-clair, & le refte eft brun. J'ai pourtant vû fortir des mouches d'une claffe différente de celle des précédentes, de quelques-unes des galles du chardon hémorroïdal, j'en ai vû fortir, mais en petit nombre, des mouches à quatre aîles, du genre de celles qui fe trouvent dans le plus grand nombre des galles de différentes efpeces.

Nous fommes fouvent rappellés au chêne, il a trois efpeces de galles à plufieurs cellules, qui méritent par ellesmêmes que nous en parlions, & qui le méritent fur-tout parce qu'elles font propres à nous faire voir combien celles qui naiffent d'une même partie du même arbre, peuvent différer entr'elles. Toutes trois tirent leur origine du bouton ou bourgeon; les feuilles & les branches qu'il contenoit en petit, ne fe font point développées; il femble qu'elles ayent été foudées enfemble pour compofer une même maffe. A peine les chênes nous montrent-ils des feuilles, qu'ils ont déja de ces galles *, qui ont été nommées en *pommes*, & qui ont été bien nommées. Communément elles font plus groffes que des noix, & affés fouvent auffi groffes que de petites pommes; elles ont de même de la rondeur; elles ne font pourtant pas fphériques, leur furface a en divers endroits des enfoncemens; d'ailleurs leur peau eft liffe, & fouvent colorée comme la peau d'un beau fruit, comme celle d'une belle pomme; elle a de grandes places jaunâtres & d'autres rougeâtres. C'eft, comme nous venons de le dire, d'un bouton qu'elles partent; pour le reconnoître, on n'a befoin que de fçavoir que l'extérieur de tout bouton eft compofé de feuilles qui ont été nommées *feuilles caduques*, & qu'on peut auffi appeller feuilles écailleufes & brunes; elles font deftinées à former une enveloppe folide aux parties tendres qui doivent par la fuite prendre un volume fi peu proportionné à celui qu'elles ont alors; quand ces parties fe font développées, les petites feuilles brunes & comme écailleufes, les feuilles caduques tombent. Qu'on obferve les galles en pomme dans une faifon qui n'eft pas trop avancée, & on remarquera cinq à fix feuilles caduques * qui leur forment une efpece de petit calice, duquel elles paroiffent fortir. Si l'on coupe ces galles, on y diftingue deux fortes de fubftance *, l'une fpongieufe, & l'autre plus ferrée & plus blancheâtre, qui forme un grand nombre de petits grains; la fubftance fpongieufe remplit les intervalles que les grains laiffent entr'eux. La coupe ne fçauroit manquer de paffer par quelque grain, & de faire voir que chacun d'eux eft une cellule où un infecte eft logé. Si la coupe eft perpendiculaire au pédicule de la galle *, celle de chaque cellule eft circulaire; & celle de chaque cellule eft ovale, fi la coupe a été faite parallelement au pédicule *; d'où il fuit que chaque grain a la figure d'un œuf. Mais ce que la coupe

* Pl. 41. fig. 1 & 2.

* Fig. 2. *e, e, e, e*, &c.

* Fig. 3 & 4.

* Fig. 4.

* Fig. 3.

M m m ij

parallele à l'axe ou au pédicule, offre de plus remarquable, c'est un grand nombre de grosses fibres qui partent de l'appui de la galle, de l'endroit où est son espece de pé-dicule *, & dont chacune se rend à une des cellules; ce qui dispose à juger que chacune de ces grosses fibres a été la principale nervûre d'une feuille, que cette nervûre a été conservée, qu'elle porte le suc nourricier à la cellule, & que les autres parties de cette feuille & des autres feuilles, & les autres parties du bourgeon se sont collées ensemble, & se sont réunies pour former le corps monstrueux qui paroît une espece de fruit. Selon le temps dans lequel la galle a été ouverte, on trouve dans chaque cellule un ver blanc, ou une nymphe, ou une mouche près de sortir, car les mouches sortent de bonne heure de ces sortes de galles, comme elles sortent de bonne heure de toutes celles dont la substance n'est pas ligneuse ou dure. Vers la fin de Juillet, ou au moins dans le mois d'Août les galles en pomme sont dessséchées, très-diminuées de volume, & presque mécon-noissables. Les mouches * de ces galles sont sorties chés moi dès le mois de Juin ou au commencement de Juillet; elles ont quatre aîles; leur corps, leur corcelet & leur tête sont d'un roux qui tire sur la couleur du karabé; leur figure est semblable à celle des mouches qui sortent de la plûpart des galles du chêne.

Avant que de passer aux deux autres especes de galles de cet arbre, dont il nous reste à parler, nous nous arrêterons à une espece de galles * de la classe de celles en pommes, qui croît sur le lierre terrestre. Ces pommes du lierre terrestre sont plus petites que celles du chêne, mais grosses pour-tant par rapport à la grandeur de la plante qui les produit; quelques - unes sont aussi grosses que de petites noix. Il y en a qui partent de la tige même de la plante *, de ses boutons, mais la plûpart naissent sur les feuilles; quelques-

unes ne paroiſſent que ſur un ſeul côté de la feuille; d'autres
paroiſſent des deux côtés. Néantmoins on ne les doit pas
confondre avec les galles formées par le renflement de la
feuille; la galle ne s'éleve, à proprement parler, que d'un
côté, & la feuille flexible s'applique, ſe moule en partie
ſur la galle; d'où il arrive que le côté oppoſé de la feuille
laiſſe voir une partie de la convexité de cette galle. Quand
on a ouvert ces galles * pour en obſerver l'intérieur, leur * Pl. 42. fig.
ſubſtance paroît plus que ſpongieuſe, ou telle que celle des 2 & 3.
éponges les plus pleines de cavités. Des fibres, ou plûtôt de
petites lames charnuës, blanches & preſque ſéches en certains temps, partent de la circonférence, & ſe dirigent vers
le centre; elles laiſſent entr'elles des vuides ſenſibles qui
font paroître l'intérieur de ces galles joliment travaillé. Vers
le centre de la galle, ſont des grains gros comme de très-
petits pois, ou comme de petites perles, qui ſont chacun
de petites boules ligneuſes, ou d'une ſubſtance auſſi dure
que le bois. Ce ſont des petites boîtes creuſes, comme
celles à ſavonnettes, dans chacune deſquelles un ver blanc * * Fig. 4 & 5.
eſt logé; il a en devant & de chaque côté de la tête un
crochet d'un brun clair, qui ſe termine par une pointe
fine; quand le ver les fait agir, les pointes des deux crochets vont à la rencontre l'une de l'autre. Dès la mi-Août,
& même plûtôt, des mouches à quatre aîles ſont ſorties
chés moi des galles du lierre terreſtre, que j'avois renfermées dans des poudriers. Ces mouches étoient de celles
qui avoient une longue queuë; la couleur de leur corps,
& celle de leur corcelet étoit un verd doré; leurs jambes
étoient d'un jaune pâle. Ces mouches étoient plus petites,
mais d'ailleurs ſemblables à d'autres dont nous avons parlé
à l'occaſion des galles en boules de bois; leur grande queuë
me les rend ſuſpectes, & me fit juger qu'elles venoient
de ces vers cruels & voraces qui vivent des vers des galles.

M m m iij

Je fus confirmé dans cette idée lorfque dans plufieurs galles-
que j'ouvris, je trouvai leurs vrais habitans encore fous leur
premiére forme. Enfin, les derniers jours de Septembre,
dans une cellule que j'ouvris, je trouvai la vraie mouche
pour laquelle elle avoit été faite; cette mouche étoit brune,
à quatre aîles, du genre de celles que nous avons données
pour les plus communes dans les galles de chêne, mais
ayant quelques différences legéres & fuffifantes pour le
caractere d'une efpece particuliére.

Ces mouches paffent l'hiver dans leurs galles; qu'on
n'en tire pourtant pas une objection contre la regle que
nous avons donnée, que la nature a pris foin d'accorder
des galles ligneufes aux infectes qui doivent refter dedans
pendant l'hiver. La galle du lierre terreftre n'eft pas d'une
fubftance auffi dure que celle du bois, mais les loges, les
petites boîtes dans lefquelles font renfermés les infectes
de ces galles, ne le cedent pas en dureté aux bois ordinaires, & cela fuffit pour juftifier la regle.

Dans un temps où les chênes ne nous montrent pas
encore des feuilles développées, où ils en ont à peine
quelques-unes qui commencent à pointer, & que les boutons ne font encore que gonflés *, fi on obferve les boutons, on en trouvera aifément qui font percés d'un trou
rond *; qu'on écarte ou qu'on détache les petites feuilles
brunes ou caduques qui forment les dehors de ce bouton,
& qu'on en examine l'intérieur, on y verra une galle * verdâtre de figure arrondie, en différents endroits de laquelle
des feuilles caduques * font implantées; ce qui prouve que
les parties qui étoient défenduës par ces feuilles, ont été
converties dans une galle, & que par conféquent cette galle
tire fon origine des mêmes parties dont la galle en pomme
du même arbre tire la fienne; mais elle ne doit pas prendre
un accroiffement auffi confidérable que celui de la galle en

pomme, toute petite qu'elle est alors, elle a déja toute sa groffeur. Si on l'ouvre, on trouve son intérieur partagé en trois,
quatre ou cinq cellules, par des cloifons membraneufes;
dans chaque cellule il y a une nymphe, ou même déja une
mouche, & quelquefois même la mouche en est déja fortie.
Ces boutons que nous avons dit être percés *, font ceux * Pl. 43. fig.
qui ont dans leur intérieur des galles dont les mouches 2. o.
ont déja pris l'effor; pour y parvenir, elles ont été obligées
non-feulement de percer la galle, mais de percer fon enveloppe, ou les feuilles caduques qui l'entourent. L'accroiffement & les changemens de forme des vers qui font
devenus mouches, ont été fubits, fi, comme il y a apparence, les œufs d'où ces vers font fortis n'ont été pondus
qu'après que l'air a commencé à devenir plus doux. Du
refte, les mouches dont nous parlons font brunes, & font
encore du genre des mouches à quatre aîles, que nous
nommons le genre le plus commun des mouches des galles
du chêne.

   C'eft encore des boutons du chêne que tire fon origine
une efpece de galle * qu'on a peine à regarder comme une * Fig. 5. a, a,
production monftrueufe, elle a quelque chofe d'élégant,
elle reffemble aux productions des plantes que la nature
paroît avoir eu le plus en vûë, & pour lefquelles elle a tout
difpofé avec bien de l'appareil & de l'intelligence. Les galles
dont nous voulons parler, font celles que nous avons nommées *en artichaut,* au commencement de ce Mémoire, &
que nous y avons comparées au calice écailleux de certaines
fleurs, tels que ceux de la jacée; dans les premiers temps
ces galles plus groffes que ces derniers calices, ont de même
leur extérieur couvert d'écailles couchées; dans des temps
plus avancés, ces écailles fe détachent, s'écartent les unes
des autres, & imitent plus la difpofition des feuilles d'un
artichaut; elles femblent un bouton de fleur prêt à s'ouvrir;

elles s'évafent & s'ouvrent même par la fuite *, & alors elles laiffent paroître les bouts d'un grand nombre de feuilles placées comme les petales des fleurs, & à qui il ne manque que d'être bien colorées, mais elles font d'un brun qui tire fur celui des feuilles féches. Les feuilles en écailles de l'extérieur de la galle, prennent auffi cette couleur, après en avoir eu une plus grifâtre. Quand on a divifé la galle en deux, par une coupe qui paffe par le pedicule *, on voit que toutes les feuilles ont pour bafe une fubftance difpofée comme celle que nous nommons *le cul de l'arti-chaut,* & de même couleur, & un peu plus compacte. Du milieu de cette fubftance s'éleve un corps *, qui augmente encore la reffemblance de la galle avec une fleur : ce corps, qui n'a pas de figure bien conftante, a quelquefois celle du piftile d'une fleur; il eft plus ou moins allongé dans différentes galles; dans quelques-unes, ils eft prefque fphé-rique. Il y a des galles à qui on ne le trouve point. Quand on l'ouvre, on voit qu'il fournit au moins un logement à un infecte, & ordinairement qu'il en fournit quatre à cinq féparés par des cloifons. Selon le temps où on a mis l'intérieur des cellules à découvert, on trouve dans cha-cune un ver, une nymphe ou une mouche. Chaque mou-che eft fortie, ou en état de fortir de la fienne dans le mois d'Aouft; elle eft encore du genre le plus commun des mouches des galles du chêne. Dans la fubftance de cette galle que nous avons comparée au cul de l'arti-chaut, il y a auffi diverfes cavités * de figures peu régu-liéres, dont chacune eft encore le logement d'un infecte, qui, en ces différents états, m'a paru femblable à ceux des cellules de l'efpece de piftile. Les parties du bouton de chêne qui ont été employées à former les parties les plus apparentes de la galle, font aifées à reconnoître; ces feuilles caduques, qui feroient reftées très-petites, &

qui

* Pl. 44. fig. 5.

* Pl. 43. fig. 6.

* p.

* Fig. 6. ℓ ℓ, ℓ ℓ,

qui feroient tombées fi le bouton fe fût développé felon les regles ordinaires, ont profité de l'altération qui s'eft faite dans les parties les plus importantes du bouton : celles de ces feuilles fur-tout qui étoient les plus proches de la furface, ont crû démefurément, & ont fubfifté en place bien plus long-temps qu'elles n'euffent fait ; les intérieures fe font allongées, & ont pris la forme d'efpeces de lanié-   * Pl. 43. fig. res*, parce qu'il ne leur a pas été auffi aifé qu'aux autres de 7. s'élargir. Enfin, les parties du bouton, qui feroient deve- nuës une petite branche chargée de feuilles, ont été réu- nies enfemble, & réduites à compofer la fubftance qui fait le fond de la galle, & fon efpece de piftile.

Nous finirons les defcriptions des galles auxquelles nous nous fommes bornés, par celles de deux efpeces finguliéres que nous offre le rofier fauvage, connu en François fous le nom d'*églantier,* & que les Botaniftes nomment plus ordinairement *cynorrhodon.* Une des deux y eft rare, c'eft une galle ligneufe*, mais dont la fubftance eft pourtant   * Pl. 46. fig. un peu fpongieufe, comme celle de certains bois ; elle 1. croît en efpece de bouquet, au bout d'une branche de rofier ; au lieu d'une rofe, on voit une maffe, un groupe, pour ainfi parler, d'une douzaine de galles, plus ou moins, d'inégale groffeur, & de figures différentes ; elles compo- fent une forte de grappe. Les unes font groffes comme des olives, les autres ne font groffes que comme des pois ; les unes font oblongues, & les autres font fphériques ; d'autres ont des figures baroques. Quelquefois deux ou trois de ces galles font foudées enfemble. J'en ai trouvé qui partoient d'un fruit de rofe defféché*, c'eft-à-dire,   * Fig. 2. g. qui fembloient avoir crû depuis que les feuilles de la fleur étoient tombées. J'en ai vû d'autres qui avoient crû avant que le fruit eût eu le temps de prendre de la groffeur. Leur couleur extérieure eft rouffâtre ; quelques-unes font liffes*,   * Fig. 1. *l l.*

* Pl. 46. fig. 1. *e, e.* d'autres font hériſſées * en partie, d'épines courtes & fines.

Mais la plus commune des galles du roſier ſauvage, * Pl. 47. fig. 1. *gg.* eſt celle * que nous avons priſe pour exemple des galles cheveluës; elle eſt connuë depuis long-temps; comment ne le ſeroit-elle pas! puiſqu'outre qu'elle eſt peu rare, elle a beaucoup de volume, & une forme propre à lui attirer des regards. Quelques-unes ſont auſſi groſſes, ou plus groſſes qu'une coque de marron d'Inde; ce n'eſt pas d'épines qu'elles ſont hériſſées, comme ces ſortes de coques; elles ſont chargées de longs filamens, d'eſpeces de cheveux rouges ou rougeâtres. Ces longs cheveux ne ſont pourtant pas des corps unis; ſi on les obſerve, & ſur-tout à la loupe, * Figure 3. on voit qu'ils ſont plats *, & que d'autres filamens plus courts partent d'eſpace en eſpace des deux bords oppoſés.

Les productions des plantes qui ont quelque choſe de ſingulier dans leur forme, ſemblent avoir été éprouvées par préférence contre nos maladies; auſſi y a-t-il long-temps que les galles du cynorrhodon ont été placées parmi les drogues ſimples. On les a miſes au nombre des remedes qui peuvent eſtre employés avec ſuccès contre les diarrhées & les dyſſenteries, qui peuvent exciter les urines, & être * *Ephemer.* *nat. curioſor.* *decen.* 2. *an.* 2. *pag.* 32. utiles contre la pierre, le ſcorbut & les vers *. La doſe de ces galles réduites en poudre, a été fixée depuis un demi-ſcrupule juſqu'à deux ſcrupules *. Dans les Traités des * *Lemery,* *Dictionn. des* *Drogues ſim-* *ples.* Drogues ſimples, on les déſigne ſous le nom d'éponges des roſiers ſauvages, à qui on avoit auparavant mal donné celui de *bedeguar*, qui eſt propre à une eſpece de chardon.

Dans le genre des galles, il n'eſt guéres de production plus ſinguliére; elles paroiſſent des végétations toutes nou-velles, qui n'ont aucune reſſemblance avec celles de l'ar-buſte à qui elles tiennent. Ces filamens qui hériſſent la galle, qui en font le chevelu, tirent leur origine de ſon extérieur, qui eſt plus ſolide; ils la tirent d'une eſpece

de noyau *. La maffe de la galle n'eft qu'un affemblage de
ces noyaux * collés les uns contre les autres; c'eft-à-dire,
que la maffe de la galle n'eft qu'un affemblage d'un très-
grand nombre de petites maffes, dont chacune a dans fon
intérieur une cavité à peu-près fphérique; chacune, en un
mot, eft une cellule deftinée à un ver. Les parois de ces
cellules font auffi dures & plus dures que du bois dur; leurs
furfaces intérieures font liffes, & c'eft de leur furface extérieure que partent les filamens, ils tirent pourtant tous
leur origine d'un feul endroit de cette furface *. Le même
églantier a fouvent trois à quatre de ces galles, & il en a
quelquefois plus d'une douzaine. Chacune part ordinairement d'un bouton; il s'eft fait une étrange altération dans
les parties de ce bouton, pour fournir à une produ&ion
telle que l'eft une des groffes galles. Le nombre des filamens eft trop grand, car il y en a des milliers, pour qu'on
puiffe imaginer qu'il n'eft qu'une feuille défigurée : il
eft plus vraifemblable qu'une feule feuille a fourni de
quoi faire un très-grand nombre de ces filamens, qu'elle
a, pour ainfi dire, été refenduë en différentes parties, ou
que chacune de fes fibres eft devenuë un des cheveux de
la galle.

Les difficultés qu'on trouve à expliquer la formation
des galles de cette efpece, augmentent encore, quand on
fçait qu'il n'en vient pas feulement fur les boutons. J'ai
obfervé fur les fibres des feuilles, des galles cheveluës * qui
à la vérité, étoient très-petites, mais qui avoient ce que les
autres ont de plus particulier, le chevelu. Après tout, dès
qu'une feuille, dès qu'une fibre de feuille peut devenir un
arbre, une fibre peut fournir à des végétations de certaines
efpeces, auxquelles le bouton fournit.

Les groffes galles cheveluës du cynorrhodon, & les
galles en grappe, qui, par oppofition, peuvent être nommées

* Pl. 47. fig.
2.
* Figure 4.

* Figure 2.

* Fig. 1. h.

N n n ij

des *galles chauves,* m'ont paru devoir leur origine à des
mouches de même efpece ; les différences frappantes que
ces galles nous prefentent, ne viennent peut-être que de
quelques circonftances qui ont précipité ou retardé leur
végétation. Le développement du chevelu a eu le temps
de fe faire dans les premiéres, des circonftances l'ont fa-
vorifé, au lieu que dans les autres tout ce qui auroit pû
fournir le chevelu, a été réuni, foudé dans une même
maffe ; de-là il eft arrivé que les grumeaux, les galles particuliéres, dont la galle totale eft compofée, font devenus
plus gros & moins durs; car chacune des petites galles * de
la groffe galle chauve eft plus groffe & plus fpongieufe que
chacune des petites maffes dont eft formée la groffe galle
cheveluë. Les efpeces d'épines dont font hériffées certaines parties des galles chauves, ne font peut-être que des
reftes de ce qui fait le chevelu des autres. Ce qui confirme
cette idée, c'eft que j'ai trouvé fur des rofiers fauvages
diverfes galles qui étoient dans des états moyens entre
ceux des précédentes ; j'ai trouvé des galles cheveluës,
mais moins cheveluës que les ordinaires, qui étoient un
grouppe de galles groffes comme des noifettes. Quelques-
unes des petites galles du grouppe n'avoient qu'une moitié
ou qu'un quart de leur furface qui fût chevelu *; d'autres
ne l'étoient point du tout.

    Sur d'autres rofiers fauvages, j'ai trouvé une feule galle
chauve, groffe comme une noix *, dont la couleur, la
confiftance & la tiffure étoient femblables à celles des galles
plus petites, raffemblées dans un grouppe. Cette groffe
galle avoit dans fon intérieur plufieurs cellules; elle étoit
faite par l'exacte réunion de plufieurs galles plus petites.

    Toutes ces efpeces de galles m'ont fait voir des efpeces
de vers femblables, & des mouches femblables font forties
de toutes. Ce que nous dirons des mouches des galles

* Pl. 46. fig.
2. *d c.*

* Figure 3.

* Figure 4.

cheveluës, fera dit pour les autres galles du rofier. Il n'y a
peut-être aucune efpece de galles des autres arbres, d'où
on puiffe voir fortir plus d'efpeces de petites mouches, que
de nos galles cheveluës du rofier fauvage, & par conféquent il n'en eft point de plus propre à embarraffer l'obfervateur qui veut connoître la véritable mouche à laquelle
ces excroiffances doivent leur origine, celle qui les fait
naître pour fournir des logemens à fes petits. Dans la feconde année de la feconde Décade des Obfervations des
curieux de la nature *, Mentzelius a décrit une efpece de   * Obf. 10.
petite mouche qui avoit pris fon accroiffement fous la   pag. 32.
forme de ver, dans ces fortes de galles, & il l'a décrite en
homme enchanté de la beauté de cette mouche ; la couleur de fon corcelet lui a paru du plus bel outre-mer, &
celle de fon ventre d'un pourpre fupérieur à tout pourpre ;
il n'a pas oublié de dire que ces couleurs étoient rehauf-
fées d'or : mais cette mouche que j'ai vû fortir des mêmes
galles, avoit une longue queuë ou un long aiguillon, &
étoit une efpece d'ichneumon * qui, loin d'occafionner   * Pl. 41. fig.
la naiffance des galles du cynorrhodon, comme l'a penfé,   13 & 14.
& l'a dû penfer alors Mentzelius, donne naiffance à des
vers qui en détruifent les habitans naturels.

J'ai déja cité un manufcrit de M. de la Hire, qui contient fes obfervations journaliéres fur les infectes. Dans ce
manufcrit que je dois à M. du Fay, M. de la Hire a mis
un article fur les mouches que les galles cheveluës du rofier lui avoient données en 1693. il y en diftingue quatre
efpeces. La mouche de la premiére & de la plus petite
efpece n'a environ qu'une ligne de long, elle eft toute
noire ; cette mouche noire eft fortie chés moi des mêmes
galles, & d'autres mouches auffi petites & de même figure,
mais dont le corps & le corcelet étoient d'un verd doré,
en font forties dans le même temps. La feconde efpece de

N n n iij

mouches, obfervée par M. de la Hire, a le corps court, de couleur châtain, & le ventre en dos d'âne; il donne à cette mouche deux lignes de longueur. La troifiéme ef-pece eft une mouche dont le corps n'eft attaché au cor- celet que par un fil*; fon ventre eft long, & couleur de citron, avec quelques rangées de points noirs. Enfin, la quatriéme efpece eft une mouche qui a trois lignes de long, fans comprendre fa queuë qui feule eft longue de deux lignes; fon corcelet eft d'un verd doré, & fon corps d'un rouge doré. Celle-ci ne différe de celle qui a été ob-fervée par Mentzelius, qu'en ce que fon corcelet eft verd, & que celui de l'autre eft bleu. J'en ai eu d'autres dont le corps, comme le corcelet, étoient d'un verd doré. Enfin, il eft à remarquer qu'entre celles qui ont le corps long, & qui font du genre des ichneumons, il y en a qui n'ont point de queuë, qui font les mâles, des femelles qui en ont une. Il eft même arrivé apparemment que M. de la Hire n'a eu que des mâles des mouches qu'il a mifes dans la troifiéme efpece, car il ne parle point de leur queuë.

Ces mêmes mouches de la troifieme efpece*, de M. de la Hire, ont été obfervées par Ray*, qui en a donné une bonne defcription. Il dit que la tête & le corcelet de cette mouche font noirs, que le deffus de fon corps eft roux, & que le deffous, ou le ventre, eft d'un jaune verdâtre, excepté dans les places occupées par les taches rangées fur deux lignes, dans chacune defquelles il y a cinq de ces ta-ches. M. dela Hire ne s'eft pas embarraffé de déterminer à laquelle de ces efpeces de mouches les galles du cynorrho-don font dûës, peut-être même a-t-il penfé qu'elles con-tribuoient également à leur production; mais M. Ray a cru que l'efpece qui paroît être la feule qu'il ait obfervée, étoit celle qui occafionnoit la naiffance des galles. Je l'ai attribuée auffi pendant plus d'un an, à cette même efpece;

* Pl. 47. fig. 12.

* Fig. 10, 11. & 12.
* Hift. In-fectorum.pag. 259.

les ichneumons dorés ne m'en avoient point impofé, je
fçavois qu'ils viennent de vers carnaciers, mais j'ai été
trompé par l'ichneumon dont le deffus du corps eft brun,
& qui a une queuë plus courte * que celle de plufieurs   * Pl. 47. fig.
autres ichneumons. Dans prefque toutes les cellules des   10 & 11.
galles de rofier que j'ouvris avant l'hiver, je trouvai des
vers de ces derniéres mouches; ceux de ces vers que j'avois
tirés de leurs cellules, fe métamorphoférent pendant l'hiver
en nymphes *, fur le fond du poudrier où ils étoient, & en   * Fig. 9.
mouches au printemps fuivant; enfin, il ne fortit prefque
que de ces mouches des cellules que j'avois laiffées clofes.
Quoique la ftructure de leur queuë & leur corps allongé,
euffent dû me les faire regarder comme des ichneumons,
comme des mouches de vers mangeurs, cependant leur
queuë plus courte que celle de plufieurs autres ichneumons,
& le grand nombre qui en étoit forti des galles, me firent
croire qu'elles venoient des vers effentiellement propres aux
galles. Je reftai dans cette erreur jufqu'à l'hiver de l'année
fuivante, alors je vis paroître dans des poudriers que je tenois
fur ma cheminée, pleins de galles du cynorrhodon, des
mouches * à longues antennes, mâles & femelles, & dont la   * Pl. 46. fig.
forme du corps étoit la même que celle des mouches qui   5 & 6.
viennent des vers qui occafionnent la production de la
plûpart des galles du chêne, & des galles des autres arbres
& plantes. La tête & le corcelet de celles des deux fexes,
font noirs & raboteux; le corps du mâle eft noir, comme
fon corcelet, mais le corps de la femelle eft couleur de
marron, & luifant; fes jambes font de la couleur du corps,
& les antennes, de celle de la tête. D'ailleurs, leur corps
court, moins épais d'un côté à l'autre que de deffus en
deffous, leur ventre tranchant, les caractérifent de refte,
pour être du genre des mouches des véritables vers des
galles. La difpofition des parties qui renferment leur

aiguillon ou tarriere, différe pourtant de la difpofition des parties femblables de diverfes autres mouches des galles, mais elle différe beaucoup davantage de la difpofition des parties qui forment la queuë des ichneumons femelles.

C'eft l'analogie qui demande que nous regardions toutes les mouches ichneumons qui fortent des galles, comme venuës de vers qui ont mangé ceux qui ont occa-fionné la production de ces galles ; mais ce que veut l'ana-logie paroît combattu par une difficulté confidérable. Telle mouche ichneumon égale ou furpaffe en grandeur, la mouche qui a crû fous la forme du véritable ver de la galle ; il n'y a dans chaque cellule de la galle, qu'un ver qui en foit l'habitant naturel ; le ver étranger n'a donc que la fubftance de ce premier ver, pour fournir à fa nourriture & à fon accroiffement ; comment peut-il donc parvenir à une grandeur qui excéde ou furpaffe celle de ce ver ! Un louveteau ne parviendroit pas à être loup, fi dans fa vie il n'avoit qu'un feul agneau, & même qu'un mouton pour fe nourrir. Il eft vrai que les volumes de deux mouches peuvent être égaux, fans que leurs folidités foient égales ; il eft vrai encore qu'il y a peu de la fubftance employée à nourrir le ver vorace, qui foit perduë ; il fe fait peu de tranfpiration dans des cellules fi clofes, & fouvent on n'y trouve aucun excrément : mais malgré ces confidéra-tions, la difficulté refte en partie dans fa force. Un ver ne doit pas fuffire pour l'accroiffement d'un autre ver auffi gros qu'il eft lui-même. Cela feroit exactement vrai, fi le ver carnacier mangeoit l'autre, comme le loup mange le mouton, mais cela ne l'eft plus de même, dès que le premier ne fait que fuccer l'autre, ou l'attaquer par des endroits d'où il peut tirer de la fubftance, fans faire périr le petit animal de qui il la tire. Ce ver peut faire à l'extérieur de l'autre ver, des playes qui ne lui font funeftes qu'à la

longue,

longue, des playes telles que d'autres vers en font à l'intérieur des chenilles. Il n'attaque pas d'abord des parties essentielles à la vie de l'attaqué, & ce n'est que peu à peu qu'il le fait périr, qu'après en avoir tiré tout ce qu'il a besoin d'en tirer de nourriture. Aussi ai-je vû dans des cellules de galles, des vers voraces considérablement plus gros que celui qu'ils sucçoient, ce dernier étoit réduit presqu'à rien. Il peut même arriver qu'un ver de mouche ichneumon passe d'une cellule dans une autre; j'ai quelquefois trouvé un trou de communication d'une cellule à une autre, qui probablement avoit été percé par un de ces vers. Il peut se faire encore que ce ne soit que pendant que les vers des mouches ichneumons sont jeunes, qu'ils ont besoin de se nourrir de la chair tendre des vers des galles, & que lorsqu'ils sont parvenus à une certaine grandeur, ils tirent leur nourriture de la galle même. Il ne seroit pas plus singulier que le même ver vêcût de matières animales & de matières végétales, qu'il l'est que des mouches ordinaires vivent de viande & de sucre; que les guespes, qui ont beaucoup de rapport avec les mouches ichneumons, vivent de chairs & de fruits. Quand il y auroit pourtant des especes d'ichneumons qui occasionneroient la production des galles, qui démentiroient l'analogie ordinaire, il n'y auroit en cela rien de trop surprenant.

Nous avons fait connoître de reste les variétés générales que les galles de différentes especes peuvent offrir; il ne nous sera pas aussi facile de donner les éclaircissemens qui seroient à desirer sur les causes de leurs variétés, sur leur première formation, & sur leur accroissement. La plûpart des galles croissent avec une rapidité surprenante; je me suis proposé pendant plusieurs années, de suivre celles du chêne dès leur première origine, & sur-tout celles qui

Tome III. .O o o

y font le plus communes, comme les galles en grains de grofeilles *. Je cherchois ces galles fur les feuilles qui ne venoient que de fe développer, & il étoit déja trop tard, je leur trouvois déja des galles auffi groffes qu'elles le devoient devenir. Par la fuite, je m'y fuis pris de meilleure heure, j'ai défait des boutons qui ne commençoient qu'à s'ouvrir, dans lefquels les feuilles étoient pliées, & fur ces feuilles encore pliées, je fuis parvenu à trouver des galles en grains de grofeilles, très-petites, qui n'étoient pas plus groffes que des têtes d'épingles, mais j'y ai trouvé dès-lors des galles de la même efpece, qui n'avoient plus à croître. Ce n'eft pas parce que les galles de l'efpece précédente reftent petites, qu'elles acquiérent tout leur volume en fi peu de temps; dès que les feuilles de chêne commencent à fe montrer, j'ai vû fur ces arbres des galles en pomme * dans toute leur groffeur, plus groffes que des noix. En général, l'accroiffement des plus groffes galles eft une affaire de peu de jours; auffi eft-il difficile de faifir celles qui deviennent les plus groffes, pendant qu'elles font petites. On ne voit guéres les plus groffes galles en pommes, en noix, en boules de bois, les plus groffes galles cheveluës, que quand elles ont prefque toute la grandeur qu'elles doivent acquerir. Néantmoins on trouve fouvent de petites pommes, de petites galles cheveluës, & fouvent j'ai efperé de les voir croître, & j'y ai toûjours été trompé; ces galles qu'on trouve petites, quoique de l'efpece de celles qui deviennent groffes, en font pour l'ordinaire qui doivent refter petites, qui n'ont pas eu tout ce qu'il faut pour parvenir au volume qu'a le plus grand nombre de celles de leur efpece.

Nous n'avons plus befoin de combattre le fentiment abfurde dans lequel on a été pendant fi long-temps fur l'origine des infectes des galles; il n'eft plus de Philofophe qui ofât foûtenir avec les anciens, peut-être même n'en eft-il plus

* Pl. 37. fig. 10 & 11.

* Pl. 41. fig. 1 & 2.

de capable de penſer que quelques parties d'une plante
peuvent, en ſe pourriſſant, devenir un ver, une mouche,
en un mot un inſecte, qui eſt un aſſemblage de tant d'admirables organes. Ceux qui ont cru que les racines des
arbres, en pompant le ſuc nourricier de la terre, attiroient
avec ce ſuc, les œufs que des inſectes avoient logés dans
la terre ; qui ont cru que ces œufs, après avoir paſſé dans
les vaiſſeaux de l'arbre, étoient arrêtés quelque part dans
les feuilles, dans les boutons, dans l'écorce, &c. qu'ils y
occaſionnoient la production d'une galle ; ceux-là, dis-je,
raiſonnoient plus en Phyſiciens, mais en Phyſiciens trop
peu inſtruits du génie des inſectes, & qui ne faiſoient pas
aſſés d'attention à la petiteſſe du diametre des vaiſſeaux
des plantes, lorſqu'ils vouloient y faire entrer des œufs,
comme du limon & du gravier entraînés par l'eau, entrent
quelquefois dans le corps d'une pompe.

Redi qui avoit déclaré une guerre ſi autentique aux
préjugés, & qui a mieux combattu que perſonne une
grande partie de ceux qui régnoient de ſon temps parmi
les Naturaliſtes ; qui a ſi bien démontré combien il étoit
ridicule de faire naître des vers de la pourriture ; qui a
montré l'origine ſûre de ceux de pluſieurs eſpeces ; Redi
lui-même, malgré l'exactitude & la netteté de ſon eſprit,
a donné dans une des plus bizarres imaginations, lorſqu'il
a voulu rendre raiſon de l'origine des vers des galles ; il n'a pû
ſe réſoudre à les faire naître de la ſimple corruption, mais
il a imaginé dans les arbres & dans les plantes une ame végétative qu'il a chargée du ſoin de produire ces vers ; & ſi
on n'étoit pas content d'employer à un ſi noble ouvrage
une ame ſimplement végétative, il étoit diſpoſé à accorder
qu'elle étoit de plus ſenſitive. Il a fait agir cette même ame
pour produire les vers des ceriſes & des autres fruits, comme
il l'a occupée à former les vers des galles. Il n'eſt peut-

O o o ij

être rien de plus capable d'humilier ceux qui raifonnent le mieux, & de leur infpirer une jufte défiance des idées nouvelles qui peuvent s'offrir à eux, que de voir qu'un fi bel efprit ait pû adopter un fentiment fi peu vraifemblable, ou, pour trancher le mot, fi pitoyable; & cela après avoir pourtant balancé s'il ne fuivroit pas celui qui étoit fi naturel, & qu'il étoit même porté à croire vrai; car il avoit penfé que les mouches pouvoient dépofer des œufs dont les vers des galles fortoient. Il étoit affûrément très-capable de lever les difficultés qui lui faifoient peine. Une de ces difficultés eft de ce que les galles paroiffent auffi-tôt que les feuilles d'arbres; elle eft levée par ces galles dans lefquelles nous avons vû des vers ou des mouches renfermées pendant tout l'hiver. Les mouches peuvent fortir de ces galles avant que les feuilles commencent à fe développer, & être en état d'aller pondre des œufs qui occafionneront la production de nouvelles galles. Enfin, les mouches nées dans les galles pendant l'été & l'automne, & qui en font forties dans ces faifons, peuvent, comme tant d'autres mouches, trouver des réduits dans lefquels elles confervent leur vie pendant l'hiver, & d'où elles fortent au printemps, pour multiplier leur efpece.

Un auffi excellent efprit qu'étoit M. Malpighi ne pouvoit manquer d'avoir des idées juftes fur l'origine des vers des galles, non-feulement il a penfé, mais il a prouvé qu'ils venoient d'œufs dépofés par des infectes femblables à ceux dans lefquels ils fe devoient transformer. Son attention à obferver, l'a fait parvenir à furprendre une petite mouche fur un bouton de chêne, qui y étoit occupée à pondre, il l'a prife, & il a vû qu'elle avoit introduit dans une feuille des œufs femblables à ceux qu'elle avoit dans le corps. Je fçais mieux que perfonne combien cette obfervation eft heureufe; malgré toute l'envie que j'ai eu d'en faire une pareille, je n'ai pû y parvenir; j'ai pourtant eu recours à un moyen dont j'avois beaucoup efperé. Un grand nombre de mouches étant forties, & d'autres étant prêtes à fortir des galles cheveluës du rofier, je portai le poudrier dans lequel étoient les mouches & les galles fur un rofier fauvage; je perçai le couvercle du poudrier pour faire entrer dans le poudrier le bout d'une branche du rofier; j'eus foin de bien boucher tous les vuides qui étoient entre le trou & la branche, & de fufpendre & d'arrêter le poudrier de maniére qu'il ne pût être agité par le vent, ni faire fouffrir par fon poids le bout de la branche. J'avois efperé que les mouches qui avoient à leur difpofition une branche de l'arbriffeau qu'elles aiment, & qui n'en avoient qu'une, y dépoferoient leurs œufs, & y feroient naître des galles. Tout me fembloit préparé à merveille; mais la plus effentielle des circonftances pour le fuccès, manquoit; il eût fallu d'abord que les mouches que j'avois renfermées avec une branche, euffent été de celles qui font naître des galles, & elles n'en étoient pas; j'avois pris pour les véritables mouches des galles une efpece d'ichneumons bruns *, dont j'ai parlé ci-deffus. Je rapporte volontiers des tentatives qui n'ont peut-être manqué de réuffir que par mon ignorance, afin que des obfervateurs mieux inftruits puiffent les répéter, après avoir mieux choifi les mouches; ils auront probablement le plaifir de voir ces mouches piquer la branche qui aura été mife à leur difpofition, & de voir croître des galles fur les piquûres. D'ailleurs mon expérience toute manquée qu'elle a été, n'eft pas abfolument inutile; elle confirme ce que nous avons avancé plufieurs fois, que les mouches ichneumons ne font point naître les galles, quoique ce foit dans leurs cellules qu'elles prennent leur accroiffement, & qu'elles fe transforment.

* Pl. 47. fig. 10, 11 & 12.

O o o iij

Toûjours eſt-il certain & connu, que les mouches dépoſent des œufs dans les parties des plantes & des arbres, ſur leſquelles des galles croiſſent par la ſuite; mais ce qui m'a paru demander à être éclairci, c'eſt ſi les galles dont les inſectes ſont des vers qui ſe transforment en mouches, devoient leur accroiſſement au ver, ou aux vers, comme les veſſies où logent les pucerons doivent leur accroiſſement à ces pucerons; ou ſi l'œuf dépoſé dans la plante, ſuffit pour faire naître & pour faire croître la galle; c'eſt-à-dire, ſi la galle ne ſe forme & ne croît qu'après que le ver eſt né, ou ſi la galle qui doit loger & nourrir le ver, ſe forme avant même qu'il ſoit ſorti de l'œuf. Pour décider cette queſtion, j'ai ouvert des galles de chêne en grains de groſeilles; j'ai ouvert des galles en pommes du même arbre, dès que j'en ai pû trouver, c'eſt-à-dire, dans un temps où les chênes ne faiſoient que commencer à montrer des feuilles. J'ai ouvert alors de ces galles très-petites, & j'en ai ouvert qui avoient déja la groſſeur à laquelle elles devoient parvenir; j'ai vû que la cavité unique qui eſt au centre de chaque galle en grain de groſeille, étoit bien formée, & que toutes les cavités qui ſe trouvent dans l'intérieur des galles en pomme, l'étoient de même. Dans l'unique cavité ou cellule des unes, & dans toutes les cavités des autres, j'ai trouvé un petit corps blancheâtre, tranſparent, & de figure à peu-près ſphérique. Je ſuis parvenu à l'en tirer avec la pointe d'une épingle; ce petit corps n'étoit point un ver, il ne pouvoit être autre choſe que l'œuf où le ver étoit contenu. L'enveloppe de cet œuf eſt membraneuſe, auſſi l'œuf eſt-il un peu mollet; la preſſion de l'épingle pouvoit le rendre un peu moins ſphérique, un peu oblong. Dans ce petit corps tranſparent, on apperçoit un endroit plus obſcur que le reſte, d'une couleur jaunâtre. J'ai déchiré l'enveloppe immédiate de quelques-uns de ces œufs, leur intérieur mis à découvert, a paru rempli d'une matiére gluante auffi tranfparente que le blanc des œufs ordinaires, mais peut-être plus épaiffe. De ces obfervations, qu'il m'a été aifé de répéter un grand nombre de fois, il fuit que l'accroiffement des galles de ces différens genres, fe fait avant que le ver foit forti de l'œuf; que quand il naît, fon logement eft tout fait, & n'a plus, ou peu à croître.

Mais une remarque qui ne doit pas être paffée fous filence, c'eft que l'œuf que j'ai trouvé alors dans la galle, m'a paru confidérablement plus gros que les œufs de même efpece ne le font lorfqu'ils fortent du corps de la mouche; confidérablement plus gros que ceux qu'on fait fortir du corps des meres mouches, quelque prochain que foit le temps de leur ponte; tous ceux que j'ai fait fortir du corps de ces mouches que j'ai écrafées, étoient d'une prodigieufe petiteffe. Il m'a donc paru certain que l'œuf avoit crû, & avoit confidérablement crû dans la galle. Nous ne fommes accoûtumés à voir que des œufs entourés d'une coquille incapable de s'étendre; mais pourquoi des œufs auxquels la nature n'a donné pour enveloppe qu'une membrane fléxible, ne pourroient-ils pas croître! l'enveloppe de l'œuf peut être ici ce que font les membranes fous lefquelles font renfermés les fœtus humains & ceux des quadrupedes. La nature a conftitué les œufs de quelques autres infectes de maniére, qu'ils font capables d'accroiffement; tels font, felon M. Vallifnieri, les œufs des mouches à fcie, qui donnent naiffance aux fauffes chenilles qui vivent fur le rofier.

En examinant des feuilles de chêne, en épluchant avec attention des boutons du même arbre, j'ai vû bien des fois des œufs de différente grandeur & de différente figure, collés contre une feuille, ou sous le plis d'une feuille; mais qu'on ne croye pas que ce sont des œufs ainsi laissés sur des feuilles, qui occasionnent la production des galles; j'ai été disposé à le penser lorsque j'étois incertain si l'accroissement de la galle étoit dû au ver, ou à l'œuf; mais dès qu'il est dû à l'œuf, il n'y a nulle apparence que l'œuf simplement posé sur une partie de la plante, pût y faire naître une excroissance considérable; il faut quelque chose de plus; il faut qu'il y ait eu une blessûre faite à la partie qui doit par la suite végéter plus vigoureusement, ou d'une autre maniére que le reste. La mouche entaille, ou perce une certaine partie de la plante, ou de l'arbre; dans les entailles, ou dans les trous qu'elle a faits, elle loge un ou plusieurs œufs; ils y sont en sûreté; ils y sont humectés par le suc qui s'épanche de la blessure, & bientôt il se formera là une excroissance qui les enveloppera de toutes parts.

Nous avons vû que certaines galles servent à élever des insectes qui se métamorphosent en scarabés; que des monstruosités analogues aux galles, donnent un nid à des insectes naissans, qui deviennent des punaises; que de véritables chenilles croissent dans d'autres galles, & s'y transforment en papillons; que plusieurs autres especes de galles donnent le logement & la nourriture à des vers qui doivent prendre la forme de mouches à deux aîles; que des fausses chenilles vivent dans d'autres galles, jusqu'à ce que le temps où elles doivent se préparer à leur métamorphose, soit proche, jusqu'à ce qu'elles soient prêtes à devenir des mouches à quatre aîles, d'une classe singuliére appellée des *mouches à scie*. Mais nous avons désigné ci-devant un autre genre de mouches à quatre aîles, comme celui à qui appartiennent les mouches qui occasionnent le plus d'especes de galles sur le chêne, sur les autres

arbres,

arbres, & fur les plantes. Plus de galles font dûës aux mouches de ce feul genre, qu'aux infectes de toutes les autres claffes, pris enfemble ; & par-là il mérite que nous nous arrêtions à le faire mieux connoître que nous n'avons fait. Nous nous fommes prefque bornés à dire que les mouches de ce genre font brunes ; nous verrons qu'elles ont toutes été bien pourvûës par la nature d'inftrumens néceffaires pour faire des trous ou des entailles dans les parties des plantes & des arbres, & pour y dépofer leurs œufs.

Pour nous fixer à une efpece de ces mouches, entre laquelle & toutes les autres efpeces du même genre, nous ne trouverons pas des variétés confidérables, nous confidérerons d'abord la mouche * des galles prefque ligneufes en grofeilles *. C'eft vers le commencement d'Octobre que j'ai eu cette mouche, & que je l'ai eue autant que j'ai voulu. Sa tête n'a rien de fort remarquable ; elle porte deux antennes affés longues proportionnellement à la grandeur du corps ; elle eft munie de deux dents ou ferres, qui font les premiers inftrumens dont elle doit faire ufage après fa transformation ; c'eft avec ces dents qu'elle doit percer dans la galle un trou rond propre à lui permettre d'en fortir ; cet ouvrage eft celui de toutes les mouches à quatre aîles du même genre. Si on ouvre la galle pendant que l'infecte eft dedans foit fous la forme de ver, foit fous celle de nymphe, on ne peut appercevoir aucune communication de l'intérieur de la galle, avec l'air extérieur. Les infectes des galles des feuilles de faule & d'ofier *, & les infectes des galles du limonium *, dont nous avons parlé, en ufent autrement ; les premiers font des fauffes chenilles dont les transformations ne fe font pas dans la galle même ; & les autres font de véritables chenilles qui fe métamorphofent dans la galle, mais en un papillon, qui, comme tous les papillons, eft dépourvû de dents. Le corcelet de notre mouche *

*Pl. 45. fig. 6 & 7.
*Pl. 35. fig. 3.

*Pl. 37. fig. 1, 4 & 5.
*Pl. 39. fig. 1.

*Pl. 45. fig. 6 & 7.

Tome III. . Ppp

des galles ligneuſes en groſeilles eſt aſſés grand par rapport
à la longueur du corps; il eſt brun, mais il l'eſt moins que
la tête; la loupe fait découvrir qu'il eſt chargé de poils. Le
corps eſt d'un brun très-luiſant. C'eſt de la figure du corps
qu'on doit tirer les caractéres du genre des mouches, auquel cette eſpece appartient; la partie par laquelle le corps
eſt attaché au corcelet, eſt auſſi déliée qu'un fil. Le corps eſt
court, mais ce qui lui donne un air qui lui eſt propre,
une forme différente de celle du corps des mouches des
autres genres, c'eſt qu'il a moins de diametre d'un côté à
l'autre, que du deſſus au-deſſous. C'eſt ſur-tout le
deſſous du ventre qui a une forme différente de celle du
deſſous du ventre des autres mouches; il a en quelque
ſorte celle d'une carenne de vaiſſeau. Imaginons le vaiſſeau
renverſé, ou, ce qui eſt la même choſe, que nous avons
mis la mouche le ventre en haut; depuis le corcelet juſques vers la moitié de la longueur du corps*, il y a une
eſpece d'arête, ou plûtôt de tranchant; le mot de tranchant ne dit rien de trop; car chaque anneau eſt couvert
par une piéce d'écaille qui eſt une eſpece de ceinture ou
d'anneau ouvert, dont les deux bouts viennent s'appliquer l'un contre l'autre en deſſous du ventre, & former
par leur rencontre une arête aiguë. Là les deux bouts
de l'anneau écailleux ne ſont qu'appliqués l'un contre
l'autre; il eſt aiſé de le reconnoître, ſi on tâche de les
écarter avec une pointe fine. S'ils ne pouvoient pas s'é-
carter de la ſorte, le ventre de l'inſecte ne pourroit pas ſe
gonfler plus dans certains temps que dans d'autres, & il
lui eſt néceſſaire de le pouvoir. Vers le milieu du ventre*,
cette arête manque, elle ſemble abbatuë depuis cet endroit juſqu'à l'anus*; c'eſt-à-dire, que les deux bouts de
chaque écaille de l'anneau, laiſſent-là un petit intervalle
entr'eux. Là auſſi ils forment une eſpece de couliſſe où

font logées des parties qui méritent d'être connuës, fçavoir une efpece de tarriére en forme d'aiguillon, & deux pieces beaucoup plus groffes, qui lui fervent d'étui. Il ne faut que preffer entre deux doigts le ventre de la mouche, & augmenter doucement les degrés de preffion, pour obliger ces parties de fe mettre à découvert, & de montrer d'où leur jeu dépend. Le premier degré de preffion force feule- ment les deux piéces * qui compofent l'étui, à s'écarter l'une de l'autre, & affés pour permettre de diftinguer l'ai- guillon qui eft entre elles deux, & contre lequel elles ne font plus alors auffi exactement appliquées qu'elles l'étoient auparavant. Le contour de l'anus * paroît alors; il eft cir- culaire & bordé de poils. Si on preffe enfuite davantage, on oblige l'aiguillon * à fortir de fon étui, à s'élever; on reconnoît qu'il eft d'une fubftance analogue à la corne, & d'un brun châtain, comme le font les aiguillons ou les inftrumens équivalens de beaucoup de mouches plus groffes. On voit qu'il vient de l'endroit où l'arête du ventre commence à être abbatuë; que là eft une piece écailleufe qui avance un peu fur la couliffe, & que c'eft deffous cette piece que paffe l'aiguillon. Mais on ne le voit pas encore dans toute fa longueur; il paroît bientôt plus long, fi on preffe le ventre davantage; on l'oblige de fortir du ventre dans lequel il eft logé en grande partie. La preffion augmentée contraint auffi l'anus * à devenir plus éloigné qu'il ne l'eft dans l'état naturel, de l'endroit où l'arrête commence à manquer, & où eft l'origine de la couliffe*. Les bouts de chacune des pieces * qui compofent l'étui, fe trouvent cependant toûjours à même diftance de l'anus, d'où il fembleroit que ces pieces s'allongent, mais ce qui eft plus vrai, & ce qui eft plus remarquable, c'eft que la tige*, pour ainfi dire, de chacune de ces pieces étoit dans le corps, & que la preffion l'en a fait fortir. Qu'on pouffe plus loin

* Pl. 45. fig. 8. *b e, b e.*

* *.*

* Fig. 9. *a*

* Fig. 10. *a.*

* *b.*

* *b e, b e.*

* *bp, bp.*

Ppp ij

la preſſion, & juſqu'au dernier point où elle peut être portée, tout cela devient plus ſenſible; l'aiguillon * paroît plus du double, & près du triple plus long qu'il ne l'étoit d'abord; l'anus * s'éloigne davantage de l'origine de la couliſſe, mais ce n'eſt pas en ligne droite qu'il s'en éloigne, il paſſe du côté du dos, & la partie de chacune des pieces de la couliſſe qui eſt ſortie du ventre, ſe recourbe en arc.

On voit par-là que dans l'état naturel, ou plus exacte-ment, dans l'état le plus ordinaire, il n'y a qu'une partie de l'aiguillon, un peu plus du tiers de ſa longueur, qui ſoit hors du corps; cette derniére partie de l'aiguillon eſt cependant très-bien cachée; elle eſt logée dans un étui formé par deux pieces, dont chacune l'égale en longueur, & dont chacune eſt creuſée en goutiére. Ces deux goutiéres com-poſent le tuyau creux où cette partie de l'aiguillon eſt à l'aiſe & bien renfermée; le reſte & la plus longue partie de ce même aiguillon, eſt dans le corps de la mouche, & elle y a auſſi ſon étui, mais un étui formé par deux lames plattes. Chacune de ces lames, qui fait moitié de l'étui intérieur, eſt la tige de chaque moitié de l'étui extérieur; les parties qui compoſent celui-ci, ſont à peu-près rondes, auſſi larges qu'épaiſſes; ces dimenſions ne les empêchent pas de ſe placer commodément en dehors du corps; mais les parties des mêmes pieces qui forment l'étui intérieur, ſont larges & minces, l'endroit où elles ſont logées de-mande qu'elles ayent cette forme.

La portion de l'aiguillon qui reſte conſtamment en de-hors du corps, eſt donc petite en comparaiſon de celle qui eſt logée dans le corps même; comment celle-ci s'y loge-t-elle! non-ſeulement elle eſt plus longue que la diſtance qui eſt depuis l'endroit où elle y entre juſqu'au corcelet, elle eſt beaucoup plus longue même que le corps entier; cette partie d'ailleurs eſt incapable d'allongement

& d'accourciffement, elle eft d'une efpece de corne ou d'écaille; elle n'eft point mufculeufe. Il eft donc évident qu'elle doit être contournée dans le corps d'une façon qui lui faffe trouver un efpace fuffifant pour fe loger dans une étenduë trop courte pour qu'elle y puiffe être placée en ligne droite. La nature a employé ici une méchanique dont elle nous a déja donné un exemple dans un plus grand animal, & un exemple qui a été admiré par des fçavans illuftres en Méchanique & en Anatomie, entr'autres par M.ʳˢ de la Hire & Meri. Je veux parler de l'allongement, ou plûtôt de l'allongement apparent de la langue du pivert; on fçait que le pivert peut porter loin fa langue en dehors de fon bec; fa langue cependant eft courte, comme l'a très-bien remarqué M. Meri, & très-incapable d'être allongée fi confidérablement; mais fon os hyoïde, l'os auquel elle tient, eft une efpece de lame offeufe, roulée en quelque forte comme un reffort de montre. Ainfi dès que l'os hyoïde fe déroule, la langue eft portée hors du bec, & y eft portée d'autant plus loin qu'il fe déroule davantage. Ce qui a été fait pour la langue du pivert, ou plûtôt pour fon os hyoïde, l'a été pour l'aiguillon de nos mouches; l'allongement de l'un & celui de l'autre dépendent de la même méchanique, appliquée pourtant un peu différemment. L'aiguillon de la mouche, après être entré dans le corps, fe courbe pour fuivre la convexité du ventre *,   * Pl. 46. fig. 9.
il va ainfi jufqu'affés près du corcelet; là en continuant de fe courber, ou même en fe courbant davantage, il retourne fur fes pas; il revient du côté du derriére, en fe tenant au-deffous de la ligne qui marque la longueur de la partie fupérieure du corps. Il va ainfi jufqu'affés près de l'anus; c'eft là qu'il fe termine, & qu'eft fon attache. Ce bout de l'aiguillon qui en doit être regardé comme la bafe, eft donc fixé dans le corps prefque vis-à-vis & au-deffus de l'endroit

P p p iij

où eſt l'autre bout du même aiguillon, où eſt ſa pointe. Ainſi au cas que l'aiguillon n'eût point de courbûre, il auroit une longueur double de celle du corps, puiſqu'il va de l'anus juſqu'au corcelet, en ſuivant la concavité intérieure du dos; & que du corcelet il ſe rend à l'anus, en ſuivant moitié en dehors & moitié en dedans le contour du ventre. Si cependant l'appui de la baſe de l'aiguillon étoit fixe, l'aiguillon, malgré toute ſa longueur, ne pourroit pas ſortir du corps ſenſiblement plus qu'il en ſort dans les temps ordinaires; mais ſi la baſe de l'aiguillon peut s'approcher, & s'approcher beaucoup du corcelet, alors l'aiguillon pourra ſortir, & pourra être forcé de ſortir beaucoup; auſſi tout a été diſpoſé pour que ſa baſe fût mobile. Nous avons dit qu'elle eſt attachée près de l'anus, & nous avons vû qu'à meſure que la preſſion des doigts force l'aiguillon à paroître plus long en dehors du corps, l'anus * s'éloigne du deſſous du ventre, qu'il paſſe du côté du dos, & qu'il s'approche ainſi de plus en plus du corcelet.

* Pl. 45. fig. 11. o.

Ce n'eſt pas ſur la néceſſité d'une pareille méchanique que nous avons déterminé la courbûre que l'aiguillon a dans le corps, ou ſi nous avons imaginé qu'elle devoit être telle, nous n'avons dit qu'elle l'eſt, qu'après l'avoir miſe à portée de nos yeux; tout obſervateur qui en aura envie, pourra voir le ſingulier contour que l'aiguillon fait dans les mouches de ce genre. Je l'ai vû d'abord dans des mouches * qui ne ſont ſorties qu'après l'hiver des galles demi-ligneuſes en groſeilles, & qui, malgré la forme de leur corps, m'ont laiſſé incertain ſi elles viennent des vers habitans naturels de ces galles, ſi elles viennent d'une eſpece particuliére de ces vers; car elles ſont différentes des mouches qui ſont ſorties chés moi des mêmes galles pendant l'automne, & leur corps a de commun avec celui des ichneumons, d'être joint au corcelet par un filet d'une longueur ſenſible. D'ailleurs la

* Pl. 46. fig. 8.

forme du corps de cette mouche eſt ſemblable à celle du corps des mouches auxquelles la plûpart des eſpeces de galles doivent leur naiſſance ; leur aiguillon eſt ſemblablement placé en dehors du corps, & c'eſt par la même méchanique qu'il s'y montre plus long. En preſſant le corps de ces mouches pour obliger l'aiguillon à ſortir, il m'eſt ſouvent arrivé de le détacher du corcelet , & il m'eſt arrivé en le détachant, d'emporter un petit morceau d'écaille qui laiſſoit une partie de l'intérieur à découvert ; c'eſt alors que j'ai commencé à voir dans le corps même une portion du contour de l'aiguillon *, & que j'ai été invité à voir davantage, en emportant d'autres lambeaux d'anneaux avec une pointe fine.

Pl. 46. fig. 9.

Mais ce que j'avois vû d'abord ſur ces mouches, dont la vraye origine eſt ſuſpecte, je l'ai vû enſuite parfaitement ſur les véritables mouches * des galles cheveluës & des galles chauves de l'églantier, & on le verra de même quand on voudra tenter une eſpece de diſſection , qui n'eſt pas auſſi difficile qu'on pourroit ſe l'imaginer. Elle devient même très-ſimple, ſi on eſt muni, comme je le ſuis, de lunettes auſſi fortes que des loupes ; alors les yeux ont le ſecours d'un verre qu'on n'eſt point obligé de tenir, & les deux mains ſont libres ; l'une tient l'inſecte pendant que l'autre le diſſeque. Je profite avec plaiſir de cette occaſion d'avertir combien des lunettes en loupe peuvent être utiles à ceux qui veulent diſſequer des inſectes. Mais pour revenir à nos mouches, pendant que j'en tenois une d'une main, l'autre main armée d'une lancette tranchante, ou de ciſeaux très-fins, emportoit une très-longue portion des écailles du dos ; dès que cette portion étoit emportée, il m'étoit aiſé de voir l'aiguillon * qui étoit appliqué auparavant contre la concavité de la partie enlevée.

Fig. 5.

Pl. 36. fig. 6.

J'ai vû quelquefois, & encore mieux, comment cet aiguillon eſt diſpoſé dans l'intérieur de la mouche, en m'y prenant d'une autre maniére ; je faiſois une playe à la mouche, & il n'importe pas trop qu'elle ſoit faite du côté du dos, ou du côté du ventre. Des parties intérieures & molles ne manquoient pas de ſe préſenter à l'ouverture de la playe ; je les tirois en dehors avec la pointe d'une épingle, & je tirois le plus que je pouvois de celles qui les vouloient ſuivre. Je vuidois ainſi le corps de la plûpart de ſes parties charnuës. Le corps ainſi vuidé *, & regardé vis-à-vis le grand jour, avoit un degré de tranſparence plus que ſuffiſant pour me permettre de voir tous les contours que l'aiguillon prend dans le corps. Il y eſt mieux aſſujetti que les parties molles que j'en avois ôtées, & ſa poſition n'avoit pas été dérangée. Il ne m'eſt reſté qu'à bien voir les pieces qui lui doivent ſervir d'étui dans l'intérieur du corps, mais elles ſont plus blancheâtres & plus tranſparentes que l'aiguillon, & il ne m'a pas été poſſible de les diſtinguer bien nettement, quoiqu'elles ayent plus de volume.

* Pl. 36. fig. 7.

Ces aiguillons longs & même forts par rapport à la grandeur de nos mouches, ne leur ont point été donnés par la nature pour s'en ſervir à bleſſer d'autres animaux. On a beau inquiéter les mouches de nos galles, les tourmenter, elles ne font point de tentatives pour nous piquer, comme les abeilles, les gueſpes, & tant d'autres mouches en feroient en pareil cas. L'aiguillon leur a été accordé pour faire des bleſſures, & des bleſſures aſſés profondes à des parties d'arbres & de plantes. Pour produire cet effet, il lui falloit de la longueur & de la roideur. Si on l'obſerve au microſcope, on voit que ſon bout eſt dentelé, à peu-près comme les fers des fleches ; ce qui le rend propre à faire les fonctions d'une eſpece de ſcie, ou plûtôt d'une eſpece de tarriére ; ce dernier

nom

nom eſt auſſi celui que nous lui donnerons volontiers.
Cette tarriére eſt elle-même l'étui d'un véritable aiguillon.
Quand on la conſidere au grand jour avec une loupe très-
forte, on diſtingue très-bien une pointe extrémement fine *,   * Pl. 43. fig.
qui ſort tantôt plus & tantôt moins du bout de la tarriére;   11 & 12. t.
il y a des temps où cette pointe rentre entiérement dans
la tarriére. Enfin, le tranſparent de la tarriére permet d'appercevoir le corps long qui occupe ſa cavité, de le voir
avancer, & ſe retirer en arriére ſucceſſivement, & cela
avec vîteſſe, à meſure que ſa pointe ſort en dehors, ou
qu'elle rentre en dedans.

Si on preſſe outre meſure le ventre de ces mouches
armées de tarriére & d'aiguillon, ſi on le fait crever, on
en fait ſortir un très-grand nombre de petits corps blancs,
qui ont bien la figure d'œufs, & qu'on ne peut prendre
pour autre choſe que pour des œufs. C'eſt au moyen de
la tarriére & de l'aiguillon que la mouche prépare des places
à chacun de ceux qu'elle fait ſortir naturellement de ſon
corps; & c'eſt au moyen de ces mêmes inſtrumens qu'elle
les conduit dans les places qu'elle leur a préparées. Mais
c'eſt ce que des mouches plus groſſes & d'un autre genre,
qui ont des inſtrumens équivalens à ceux des mouches
des galles, nous mettront en état de mieux expliquer dans
la ſuite.

Parmi les mouches * des galles en artichaut, aſſés ſem-   * Fig. 9.
blables aux mouches des galles ligneuſes en grains de
groſeilles, & à celles de quantité d'autres galles, on en
trouve beaucoup qui différent de ces autres mouches,
parce qu'elles ont au derriére une queuë menuë & courte
qui ſe releve en haut *; elle n'eſt preſque qu'un mammelon.   * Fig. 10. i.
Quand on examine cette queuë, on voit qu'elle eſt formée
par les bouts des deux pieces *, qui compoſent l'étui exté-   * Fig. 12. t.
rieur de la tarriére. Ici les deux pieces ſont plus longues

Tome III.   . Q q q

ou vont un peu plus loin que les pieces pareilles des autres mouches; du reste leur figure & leurs usages sont les mêmes. Mais ce qui nous a déterminé principalement à ne pas obmettre cette remarque, c'est que parmi les mouches des mêmes galles en artichaut, j'en ai trouvé plusieurs à qui cette queuë manquoit; elles étoient aussi dépourvûës d'étui de tarriére, & de tarriére. Celles-là étoient sans doute les mâles, à qui de pareils instrumens étoient inutiles; ces mouches n'avoient point d'œufs dans le corps. Cette remarque est d'autant plus nécessaire, qu'il arrive si ordinairement de ne voir sortir des galles que des mouches à tarriére, qu'on pourroit être porté à croire que toutes ces mouches sont mâles & femelles; on en doit seulement conclurre que les femelles sont plus communes. Il m'a semblé aussi qu'elles sortent des galles beaucoup plûtôt que les mâles, & c'est ce qui fait qu'on remarque moins ceux-ci, parce que les mouches qui sont sorties les premiéres, se font saisies de notre attention.

Si on examine des insectes aîlés des galles de classes ou de genres différens du genre ordinaire des mouches des galles du chêne, & des insectes dont les femelles, comme celles des derniéres mouches, doivent loger leurs œufs dans la substance intérieure de quelque partie de plante, on leur trouvera des instrumens équivalens à ceux de ces mouches; mais qui ne seront pas toûjours faits sur le modéle des leurs, ni disposés de la même maniére. Les mouches femelles qui viennent des fausses chenilles n'ont point une tarriére, mais elles ont une scie dont le jeu & la structure font admirables; nous différerons pourtant à décrire cette scie jusqu'à ce que nous en soyons à l'histoire générale de ces mouches, qui nous obligera d'en parler au long. Il suffit à présent qu'on sçache que les mouches des fausses chenilles des galles du saule, de l'osier, &c. ont un instrument très-propre à faire des entailles, pour n'être pas embarraſſé de ſçavoir comment elles peuvent introduire leurs œufs dans la ſubſtance d'une feuille.

Les mouches à deux aîles qui nous ſont les plus connuës, comme celles de la viande, & celles de divers genres qui appartiennent à la même claſſe, n'ont point au derriére d'inſtrument propre à faire des inciſions ; elles n'en ont pas beſoin. Mais un tel inſtrument me paroiſſoit néceſſaire aux mouches à deux aîles qui viennent des galles ; il m'a paru, par exemple, que je devois trouver quelqu'inſtrument propre à produire cet effet, au derriére des mouches * des galles du chardon hémorroïdal. Je n'ai pas manqué auſſi d'obſerver leur partie poſtérieure ; celle des mâles m'a paru aſſés ſemblable à la partie poſtérieure des mouches mâles de la viande ; mais j'ai trouvé le derriére des femelles armé, comme j'avois penſé qu'il devoit l'être. De leur dernier anneau part une eſpece de tuyau * de même ſubſtance que les anneaux, & d'une aſſés jolie forme ; il ſe renfle un peu au-deſſus de ſon origine, il y prend une panſe ſemblable à celle de pluſieurs de nos vaſes, & de-là il diminuë inſenſiblement de diametre juſqu'à ſon bout qui eſt terminé par un plan circulaire. La mouche en vie que je tenois entre mes doigts, faiſoit ſortir en certains momens, du centre du bout circulaire une petite pointe *, qu'elle faiſoit quelquefois rentrer ſur le champ, pour la faire ſortir davantage dans l'inſtant ſuivant. La preſſion de mes doigts la força de me montrer dans toute ſa longueur la partie * à laquelle appartient cette pointe, & d'autres mouches me l'ont ſouvent montrée, ſans que je leur aye fait de violence. Quand la pointe eſt portée auſſi loin qu'elle le peut être, on voit qu'elle eſt l'extrémité d'un outil écailleux de couleur de marron, dont la figure reſſemble aſſés à celles de certaines lancettes. Ce n'eſt pourtant que

* Pl. 45. fig. 12, 13 & 14.

* Pl. 45. fig. 15 & 16. au

* Pl. 45. fig. 15. l.

* Fig. 16. etc.

Qqq ij

par fa pointe que cet outil peut entailler, fes bords ne font pas tranchans, ils font arrondis, & même un peu relevés au-deffus du refte, du côté de la furface fupérieure. Du côté de la furface oppofée, on voit tout du long de cette espece de lame, une fente legére*, qui indique que cette piece n'eft pas auffi fimple qu'elle le paroît; que, quoi-qu'extrémement mince, elle eft peut-être l'étui d'un ai-guillon, que fon ufage eft analogue à celui des étuis des aiguillons de diverfes mouches à quatre aîles. Mais il eft difficile de bien voir la compofition d'une partie fi petite, & d'ailleurs je n'ai pas eu un affés grand nombre des mou-ches à qui elle eft propre, pour être en état d'examiner affés à mon gré fa ftructure. Quoi qu'il en foit, on voit au moins qu'un infecte qui porte au derriére une piece dure, faite en lame de lancette très-pointuë, eft pourvû d'un inftrument capable d'entailler des feuilles ou des tiges de chardon. La piece en lancette a pour bafe un tuyau* qui a auffi quelque chofe d'écailleux, & qui eft d'une couleur de marron plus pâle que celle de la lancette. Le premier tuyau* dont nous avons parlé, celui qui vers fon origine a quelque chofe de la forme d'un vafe, eft l'étui de deux autres pieces, qui, mifes bout à bout, ont une longueur égale à la fienne. Quand le premier tuyau feroit plus court, il pourroit pourtant contenir les deux autres pieces, & cela parce que la lançette peut entrer dans le tuyau duquel elle part immédiatement. Ce dernier eft tranfparent vers fa bafe; & là on peut appercevoir dans fon intérieur quatre filets blancs qui fervent au jeu de la lancette.

Si on ne trouvoit point d'inftrument analogue à quel-ques-uns de ceux dont nous venons de parler, aux femelles de quelqu'efpece d'infecte qui prend fon accroiffement dans une galle, il en faudroit conclurre que la premiére

production de cette galle eſt dûë à l'inſecte, qui, après
être ſorti d'un œuf attaché contre la peau de la plante, a
pénétré ſous cette même peau; que cet inſecte occaſionne
la production de ſa galle, comme les meres pucerons oc-
caſionnent la production de celles dans leſquelles elles
donnent naiſſance à une nombreuſe famille.

Les mouches des galles en groſeilles, ſoit de celles qui
viennent ſur les feuilles, ſoit de celles qui viennent ſur les
chattons, ſoit de celles qui ſont charnuës, & qui paroiſſent
au printemps, ſoit de celles qui ſont ligneuſes, & que je
n'ai vûës qu'en automne, les mouches des galles en pommes du chêne, celles des galles en pommes du lierre
terreſtre; en un mot, les mouches d'un très-grand nombre,
& du plus grand nombre des galles, ſe reſſemblent extrémement. Qu'on n'en concluë pas pourtant que les mouches qui font naître des galles de tant d'eſpeces différentes,
ſont toutes de la même eſpece: elles ne ſont ſouvent que
du même genre, mais c'eſt leur petiteſſe qui nous empêche
d'appercevoir les différences qui ſont entr'elles. On ne
trouvera pas, par exemple, aux mouches femelles de pluſieurs galles la petite queuë qu'ont les mouches femelles
des galles en artichaut *; les deux pieces qui forment l'étui   * Pl. 43. fig.
du bout de la tarriére des autres, ne s'avancent pas tant   10.
vers le derriére, ou par-delà le derriére. La mouche femelle de la galle du lierre terreſtre, a la tête & le corcelet
du même brun que le corps, au lieu que la tête & le
corcelet de la mouche des galles en artichaut ſont noirs,
& que ſon corps eſt brun. La tête & le corcelet de cette
derniére ſont chagrinés, le corcelet de l'autre ne l'eſt
pas; mais la loupe y fait découvrir beaucoup de poils
qu'elle ne fait pas voir ſur le corcelet chagriné. La mouche femelle qui ſort des galles preſque ligneuſes en
grains de groſeilles, a la tête preſque noire & le corcelet

brun & liſſe; près du derriére ſes anneaux ſont plus diſ-
tinas que ceux de la mouche femelle des galles en artichaut. La piece triangulaire de deſſous laquelle part ſon
aiguillon, a un bouquet de poils, & elle eſt plus courte
que la même piece ne l'eſt dans l'autre mouche. Au con-
*Pl. 44. fig. traire, on trouve une piece de cette eſpece *, beaucoup
9 & 10. plus longue & plus pointuë que les précédentes, à la mouche femelle qui ſort des galles ligneuſes des racines de
chêne, de ces galles qui ſemblent des nœuds de bois. La
piece analogue à la précédente eſt bien encore autrement
grande dans la femelle des vrayes mouches des galles
*Pl. 46. fig. cheveluës, & des galles chauves du roſier ſauvage; elle *
7. f. forme un étui à celui qui contient la partie extérieure de
la tarriére. Elle couvre la partie poſtérieure du corps du
côté du ventre, juſqu'auprès de l'anus; elle forme une
eſpece de chaperon au derriére, & ce n'eſt que quand elle
eſt relevée, que les pieces entre leſquelles eſt la tarriére,
peuvent être viſibles. Ces mouches ont une qualité que
je n'ai point reconnuë à d'autres de leur genre, quoiqu'elle
ne ſoit peut-être pas abſolument particuliére à leur eſpece;
elles ont une odeur qui plaît aux chats. Pendant que
Mlle *** en deſſinoit une auprès de laquelle il y en avoit
d'autres de même eſpece, renfermées dans un papier, un
chat vint ſur la table, & dès qu'il y fut, il commença à
frotter le bout de ſon muſeau, & alternativement l'un &
l'autre côté de ſa tête contre le papier dans lequel les mouches étoient renfermées. Il faiſoit par rapport à ce paquet,
ce que d'autres chats font par rapport à la plante appellée
marum, ou *herbe aux chats.* L'expérience a été répétée pluſieurs fois devant moi, tant avec le premier chat qu'avec un
autre; toutes les fois qu'on les mettoit à portée du paquet
qui renfermoit les mouches, ils venoient le frotter ſucceſſivement avec l'un & l'autre côté de leur tête & leur muſeau,

& ils ne ceffoient de le frotter, que quand on le leur ôtoit ;
pendant leur action, de l'eau découloit de leur nez. Les
mêmes chats ne tenoient aucun compte des papiers dans
lefquels étoient renfermées des mouches des galles demi-
ligneufes en grains de grofeilles. La mouche femelle du
lierre terreftre a fur chaque côté de fon corcelet, un fillon
qu'on ne voit point fur le corcelet des mouches femelles
dont nous venons de parler. Les mouches des pommes de
chêne ont le corps, le corcelet & la tête d'un roux qui tire
fur la couleur du karabé ; elles n'ont que les yeux noirs ou
bruns. D'autres mouches ont les yeux rougeâtres. Il importe peu affûrement de fçavoir les différences de cette
nature, qui font entre des mouches de même genre, d'être
en état de pouvoir diftinguer les unes des autres toutes
les efpeces de ces mouches ; mais il importoit à notre
hiftoire des galles de décider fi les galles de différentes efpeces font produites par des mouches qui différent fpéci-
fiquement, quoiqu'au premier coup d'œil elles paroiffent
femblables.

Il eft encore plus difficile de trouver des différences entre
les vers d'où fortent ces mouches, qu'entre les mouches
mêmes ; tous font blancs ; quelques-uns pourtant ont le
corps plus allongé que celui des autres. Le bout du derriére
de quelques-uns fe termine par un mammelon pointu. On
peut auffi obferver quelques différences dans la figure des
dents de ceux d'où doivent naître des mouches de différentes efpeces. Les uns les ont plus larges, les autres les
ont plus étroites ; celles des uns fe terminent par un crochet
plus long & plus pointu, celles des autres par un crochet
plus court & plus mouffe ; quelques-unes ont plus de dentelures ; d'autres ont des dentelures plus profondes ; les bouts
des dentelures des unes font fur une même ligne, & ceux
des dentelures des autres font difpofés en gradins.

* Pl. 45. fig.
2.

Des vers * des galles ligneufes en grofeilles, m'ont pourtant fait voir quelques fingularités qui peuvent leur être communes avec d'autres vers des galles, fur lefquels je ne les ai pas obfervées, & que j'ai cherché inutile-ment à voir dans la même faifon, c'eft-à-dire, dans le mois d'Octobre, aux vers de très-groffes galles en bouton, aux vers des galles ligneufes en boule, &c. Sur le milieu du dos, & à peu-près fur le milieu de chaque anneau, excepté fur les deux premiers, ces vers ont une partie charnuë *à laquelle ils font prendre à leur gré, certaines formes; quelquefois ils lui donnent celle d'un mammelon, mais qui reffemble fi fort aux jambes membraneufes des fauffes chenilles, & de quelques autres infectes, que ce ver paroît avoir des jambes prefque tout du long du dos. Quelquefois l'infecte applatit ce mammelon, il en retire le bout en dedans *, alors il forme une cavité rebordée de chair. Quels font les ufages des parties dont nous parlons! La derniére figure, & leur bout qui femble ouvert dans le temps que ces parties charnuës s'élevent le plus, font foupçonner qu'elles pourroient être des organes de la re-fpiration, des ftigmates. Mais il y a bien plus d'apparence qu'elles font réellement des efpeces de jambes; des jambes placées tout du long du milieu du dos d'un tel infecte, ne feroient point du tout ridiculement placées. Lorfqu'on y fera attention, il paroîtra au contraire que c'eft le vrai lieu où doivent être les jambes de pareils infectes, quand ils en ont. Le ver habite une cavité fphérique, dans laquelle il eft roulé en anneau; lorfqu'il veut fe mouvoir, ce font des parois fphériques contre lefquels il faut qu'il agiffe, qu'il fe pouffe, & pour fe pouffer avantageufement contre des parois de cette figure, fes jambes doivent être pofées fur le milieu de fon dos.

J'ai obfervé des vers de l'efpece précédente qui avoient

encore

*Fig.3. i, i, i,
&c.

* Fig. 4.

encore une fingularité; leur peau tranfparente permettoit de voir * que leur intérieur étoit prefque rempli de petits corps ronds qui fe touchoient tous les uns les autres. Quand on foupçonneroit que cés petits corps font les œufs dont le ventre de la mouche doit être rempli, ce feroit une conjecture qui n'auroit rien de déraifonnable; nous avons vû ailleurs que les œufs qui doivent être pondus par le papillon, exiftent déja dans le corps de la chenille; les œufs de la mouche peuvent de même être dans celui du ver. Enfin, parmi ces vers j'en ai trouvé qui ne me laiffoient pas appercevoir de ces petits corps ronds; ils n'en avoient point dans leur intérieur, & n'y en devoient point avoir, fi ces vers étoient de ceux qui devoient devenir des mouches mâles.

* Pl. 45. fig. 4.

Ce qui eft commun aux vers de nos mouches à quatre aîles, c'eft que les dedans de leurs cellules font extrémement propres; on n'y voit pas la moindre ordure; leurs parois font polies & bien nettes; quelquefois pourtant elles ont de petites taches brunes. Il fuit de-là que ces vers ne jettent point, ou jettent très-peu d'excrémens. Ils convertiffent en leur propre fubftance tout ce qu'ils tirent de la galle, auffi croiffent-ils vîte. Mais fi l'accroiffement extérieur eft prompt, l'accroiffement intérieur, pour ainfi dire, eft très-lent dans plufieurs vers de cette efpece. Je veux dire qu'il y en a qui ont acquis en une ou deux femaines toute la grandeur à laquelle ils doivent parvenir, & qui reftent dans la galle bien long-temps, plus de cinq à fix mois avant que de fe métamorphofer en nymphe. Dans ceux-là les parties propres à la mouche demandent beaucoup de temps pour fe développer.

Les nymphes de mouches très-petites, qui n'ont entr'elles que des différences legéres pour nous, doivent être femblables; elles le font auffi. Toutes font courtes par

rapport à leur groffeur. Elles font extrémement blanches
d'abord, & elles ne bruniffent un peu que quand la mouche
eft prête à paroître.

Les cellules dans lefquelles des vers mangeurs des habitans naturels, ont été introduits, ne font pas auffi propres
que celles des autres vers. Lors même que le ver eft feul,
lorfqu'il a tout mangé, on trouve de petits débris de peau, de
tête, ou de quelques autres parties. J'ai vû fouvent le petit
ver mangeur attaché à un plus gros. J'ai vû fur le corps du
ver, naturel habitant d'une galle ligneufe, un ver plus petit
qui le fucçoit, & j'ai vû la même chofe dans beaucoup d'autres galles. Les nymphes dans lefquelles ces vers mangeurs fe
transforment, font plus longues que ne le font les nymphes
des vers dont ils aiment à fe nourrir; ils fe transforment
auffi en des mouches qui ont le corps plus long que celui
de nos mouches brunes à quatre aîles. Nous avons parlé
plus d'une fois des ichneumons à longue queuë, qui ont
l'éclat de l'or fur du verd, du bleu, du rouge, & de quelques autres moins brillans & bruns. Il y en a des mêmes
couleurs & de la même forme, qui n'ont point cette queuë
par laquelle les autres mouches ichneumons fe font remarquer; celles à qui elle manque font les mâles. Cette
queuë eft l'inftrument avec lequel la femelle perce la jeune
galle ou la cellule dans laquelle eft l'œuf ou le ver d'une
autre mouche. C'eft l'inftrument qui la met en état de
dépofer dans cette cellule un œuf d'où fortira le ver qui
vivra aux dépens de celui pour qui la galle a crû, qui fe
nourrira de fa fubftance. Cette queuë eft compofée de
trois parties *, dont deux formées chacune en demi-gou-
tiére, compofent le fourreau dans lequel eft logée la tarriére
avec laquelle la mouche perce. Cette tarriére eft de nature
de corne, & de couleur brune; fon bout a des entailles. Mais
d'autres mouches beaucoup plus groffes, qui portent auffi

une tarriére de cette espece, considérablement plus grosse & plus longue, nous donneront occasion de mieux mettre sous les yeux la structure de cet instrument, & d'expliquer comment l'insecte le fait agir. Si on ramasse un certain nombre de galles de chaque espece, on est aussi sûr d'en voir sortir des mouches de vers mangeurs, que les mouches des vers naturels de ces galles; il n'est pas rare même que le nombre des mouches des vers étrangers surpasse beaucoup celui des mouches des autres vers. Entre celles qui sortent des galles, il y en a de plusieurs especes que la seule différence de grandeurs feroit distinguer les unes des autres : car il y en a d'extrémement petites par rapport aux autres, & il y en a de grandeurs moyennes. La plûpart ont le corcelet & le corps d'un verd doré, & les jambes jaunâtres; mais d'autres ont le corcelet d'un verd doré, & le corps d'une couleur cùivrée. J'ai vû sortir des galles en artichauts, des ichneumons dont le seul dessus du corcelet étoit d'un verd doré & éclatant; le reste du corcelet, le corps & les jambes étoient jaunâtres & tachetés de brun en quelques endroits; leurs deux yeux à rézeaux étoient rouges & éclatans. Toutes ces sortes de petites mouches sont charmantes à voir à la loupe. Je ne suis point en état de décider si les vers de quelques-unes de ces especes de mouches n'ont en partage qu'une espece de galles, ou que peu d'especes de galles; si, par exemple, il faut absolument des vers de galles en artichaut pour nourrir ceux des mouches qui n'ont que le dessus du corcelet d'un verd doré. Il y a grande apparence au moins que les vers naturels des galles de plusieurs especes différentes conviennent à des vers mangeurs d'une même espece. J'ai vû sortir de presque toutes les especes de galles des ichneumons dorés, entre lesquels je n'ai pû reconnoître des différences spécifiques. Il se pourroit faire pourtant que ces

R r r ij

différences m'euffent échappé, & que la nature n'eût accordé qu'une ou peu d'efpeces de vers des galles à chaque
efpece de vers mangeurs. Si les moyens qu'elle a pris pour
faire croître les vers qui occafionnent la production des
galles, nous doivent paroître admirables, ceux qu'elle a
choifis pour mettre les vers de nos mouches ichneumons
en état de fe transformer, nous le doivent paroître encore
plus. Il n'a fallu pour les autres que tout difpofer pour la
production d'une galle, mais pour ceux-ci la production
de la galle & celle du ver qui fe nourrit de la galle, étoient
également néceffaires. Mais c'eft par-tout que la nature
fournit de quoi épuifer notre admiration.

Si on fe rappelle les variétés de figure, de tiffure, de
folidité, de grandeur des principales efpeces de galles, elles
offriront affûrément des objets dignes de l'attention des
Phyficiens; les caufes de ces variétés méritent d'être cherchées. La conformation & l'état actuel de la partie de
l'arbre, ou de la plante à laquelle la mouche a fait une
bleffûre dans laquelle elle a dépofé fon œuf, peuvent
entrer pour quelque chofe dans la conftitution particuliére
de la galle. On voit bien que les boutons font propres à
fournir de quoi former des galles en artichaut *. Mais les
différences des conformations des galles, qui dépendent
vifiblement de la partie fur laquelle elles ont crû, font petites en comparaifon de celles qui ont, pour ainfi dire,
des caufes étrangéres. S'il naît d'un bouton une galle en
artichaut, enveloppée de toutes les feuilles caduques qui
ont crû démefurément, on voit de meilleure heure dans
l'intérieur d'un autre bouton, une autre galle * qui n'eft
chargée que d'un petit nombre de ces feuilles. On voit
d'autres boutons qui donnent des galles en pommes *.
Enfin on en voit qui donnent des galles en boules de bois *.
Des galles ligneufes, des galles à demi-ligneufes, des galles

*Pl. 43. fig. 5.

*Fig. 3.

*Pl. 41. fig. 1 & 2.

*Fig. 7.

fpongieufes en grains de grofeilles, croiffent fur les feuilles.
Sur les feuilles croiffent des galles bien fphériques, d'autres
en boutons creux, d'autres en champignons. Sur les feuilles
du rofier croiffent des galles cheveluës, & j'y ai vû des
galles en grains de grofeilles. Enfin, des galles en grains
de grofeilles, & de même chair, croiffent fur les feuilles,
fur les chattons, fur les pédicules des feuilles, fur les jeunes
pouffes, fur les vieilles branches, & même fur les racines
du chêne. La figure, la tiffure & la folidité de la galle ne
dépendent donc pas précifément de la conformation de
la partie fur laquelle elle a pris naiffance, comme il feroit
affés naturel de le penfer, ni fouvent de l'état dans lequel
eft cette partie. Il fembleroit que les galles fpongieufes, les
plus tendres, devroient naître fur les feuilles, & les plus
dures, les galles ligneufes, fur les tiges & fur.les racines.
Mais puifque les parties de la plante les moins folides, &
celles qui le font le plus, produifent des galles de même
confiftance, c'eft donc d'ailleurs que dépendent les caufes.
de ces variétés, &. de la plûpart des autres.

Depuis que nous fçavons qu'il n'eft point de partie d'un
arbre qui ne puiffe elle-même devenir un arbre, depuis
que nous fçavons que chaque feuille, & peut-être chaque
fibre de feuille peut devenir arbre, comme les expériences
d'Agricola le démontrent, & comme nous l'avons déja
fait remarquer; on doit voir avec moins de furprife que
les galles de différente figure & de différente confiftance,
puiffent recevoir leur accroiffement de parties qui nous
paroiffent très-différentes. Une groffe nervûre, une fibre
de feuille eft en petit une branche, une tige d'arbre.

Il eft auffi à remarquer que prefque toutes les galles des
feuilles tirent leur origine d'une fibre, & la fibre qui a fervi à
nourrir la galle, a, pour l'ordinaire, acquis elle-même du
volume. Quand j'ai vû des galles cheveluës fur des feuilles

R r r iij

de rofier, j'ai obfervé que la nervûre de laquelle elles partoient, avoit acquis un diametre égal à celui de la côte du
milieu, ou de la principale nervûre. Il n'eft pas toûjours
aifé de bien voir l'origine d'une galle appliquée contre
une feuille, il femble quelquefois qu'elle eft immédiatement collée contre la fubftance charnuë. Mais fi on fait
attention que cette fubftance eft partagée en petites aires
formées par des fibres, on concevra qu'alors même le fuc
nourricier peut être porté à la galle par des fibres plus petites, mais par un plus grand nombre de ces fibres.

Puifque la figure, la tiffure & la confiftance des galles ne
dépendent pas précifément des parties fur lefquelles elles
croiffent, il s'enfuit que la plûpart doivent leur conftitution
particuliére aux infectes qui occafionnent leur production;
que la plûpart des galles de différentes efpeces doivent
leur naiffance à des mouches de différentes efpeces. Nous
verrions peut-être affés comment différentes mouches
peuvent produire ces variétés, fi nous fçavions bien comment fe forme la galle la plus fimple, une galle fphérique,
par exemple, en grain de grofeille. Une bleffure a été faite
à une fibre, un œuf a été dépofé dans cette bleffure; la
bleffure faite dans une partie très-abreuvée de fuc nourricier, fe ferme bientôt, fes bords fe gonflent, fe rapprochent, & voilà l'œuf renfermé. Autour de cet œuf, il y
aura en peu de jours une galle auffi groffe qu'elle le doit
devenir, dont cet œuf occupera le centre. Un corps étranger introduit dans les chairs des plantes, comme dans celles
des animaux, eft propre à y faire naître des tubérofités. Une
épine, une fibre même de bois introduite dans notre chair,
y fait bientôt naître une tumeur. Mais là fe fait de la pourriture, de la corruption, & il ne s'en fait point, ou il ne
paroît point s'en faire dans notre galle; tout y paroît fain,
aucun fuc n'y eft épanché. C'eft que l'épine ne nettoyé

point la playe qu'elle a faite dans la chair; elle n'ôte point
le fuc qui s'y épanche. Nous aurons occafion de parler dans
le quatriéme volume d'un genre de galles bien finguliéres,
qui fe forment dans les chairs des plus grands animaux,
dans celles des vaches & des bœufs; ce font encore des
mouches qui les font naître. Une mouche perce la peau
d'un bœuf ou d'une vache, pour dépofer au-deffous, dans
la chair, un œuf d'où fort un ver qui fe trouve par la
fuite logé dans une galle de chair. Tel bœuf, telle vache
a vingt à trente de ces groffes galles, fans paroître en
fouffrir. Le ver qui habite cette playe ne permet pas au
pus de s'y former ou de s'y accumuler ; tant qu'il y
habite, il fe nourrit de la liqueur que la playe laifferoit,
ou qu'elle laiffe épancher. Avec quelqu'attention qu'on
examine la cavité de notre galle en grofeille, ou de toute
autre, foit dans le temps où il n'y a encore qu'un œuf
logé, foit dans le temps où le ver paroît, on n'y trouvera
aucun fuc répandu. Il n'eft pas furprenant que le ver
fucce tout le fuc qui eft porté aux parois de cette cavité,
& qu'il y en attire même. On ne doit pas s'étonner davantage de ce que l'œuf même fucce ce fuc & l'attire, dès
qu'on fe fouviendra que nous avons fait remarquer que
l'œuf croît dans cette cavité; fa coque flexible que nous
avons comparée ci-deffus aux membranes qui enveloppent
le fœtus, doit être plûtôt regardée comme une efpece de
placenta appliqué contre les parois de la cavité; elle a des
vaiffeaux ouverts, qui, comme des efpeces de racines
pompent & reçoivent le fuc fourni par les parois de la galle.
Cette galle eft une matrice pour le ver dans l'œuf. L'infecte,
pendant même qu'il eft renfermé dans l'œuf, peut donc
déterminer le fuc à fe porter plus abondamment dans la
galle, qu'il ne fe porte dans les autres parties de la plante.
Ainfi nos galles en grofeille peuvent devoir leur formation

à une cause pareille à celle à laquelle nous avons attribué la formation des galles en vessie, habitées par les pucerons. Nous avons tâché de prouver qu'elles ne croissent qu'à proportion de ce qu'elles sont succées.

Il n'en faut pas davantage pour faire végéter une partie d'un arbre plus vigoureusement que les autres, que de déterminer plus de suc nourricier à aller à cette partie, or on donne à la seve une sorte de pente à se porter vers l'endroit où on l'ôte dès qu'il y arrive. La présence de l'œuf aide peut-être encore cette végétation d'une autre maniére; on sçait combien la chaleur est propre à hâter toute végétation. N'y a-t-il pas apparence que cet œuf qui contient un petit embryon qui se développe, & dans lequel les liqueurs circulent avec rapidité, est plus chaud qu'une partie de la plante du même volume. Nous sçavons que le degré de chaleur de tout animal est plus considérable que celui des plantes. On peut donc concevoir qu'il y a au centre de la galle un petit foyer qui communique à toutes ses fibres un degré de chaleur propre à presser leur accroissement.

Si ces causes ne paroissent pas aussi suffisantes qu'elles me le paroissent, je ne trouverai pas mauvais qu'on leur en adjoûte une autre très-ingénieuse, à laquelle M. Malpighi attribuë la formation & l'accroissement des galles. Il a cru que la mouche ne se contentoit pas de faire une playe à la partie à laquelle elle vouloit confier son œuf, qu'elle répandoit dans cette playe une liqueur propre à y produire une fermentation considérable, & que la production & l'accroissement de la galle étoient la suite de cette fermentation. Il cite quelques faits très-propres à appuyer cette idée. Quand il a coupé la tarriére des mouches des galles, il en est sorti une liqueur; les piquûres des mouches à miel & celles des guespes font naître sur le champ une tumeur, qui n'est occasionnée que par la liqueur qui a été déposée dans

l'intérieur

l'intérieur des chairs. Une liqueur dépofée par la tarriére
des mouches des galles dans les feuilles, dans l'écorce, &c.
ne pourroit-elle pas de même y occafionner une tubérofité!

Quelque fpécieufe que foit cette comparaifon, elle
laiffe encore bien des difficultés à réfoudre. Combien y
a-t-il de différence entre ces enflûres qui s'élevent fur la
peau prefque dans un inftant, & l'accroiffement des galles,
qui, quoique prompt, eft bien éloigné d'être inftantannée!
Le plus prompt accroiffement des galles demande quelques jours, & celui de telle galle ne fe fait qu'en bien des
femaines. Comment la petite gouttelette de liqueur laiffée
par la mouche, la gouttelette incomparablement plus
petite que celle que peut donner une abeille ou une
guefpe, & qui fe trouveroit continuellement délayée par
le fuc qui vient s'y mêler, fuffiroit-elle pour opérer une
tumeur qui doit croître pendant fi long-temps! Mais
quelles variétés ne faudroit-il pas fuppofer dans le fuc
de différentes mouches! Celui des unes occafionneroit
une fermentation qui feroit fimplement naître des galles
fpongieufes; celui des autres occafionneroit une fermentation qui produiroit une galle demi-ligneufe; celui des
autres occafionneroit une fermentation qui produiroit une
galle plus dure que le bois ordinaire, & cela fur la feuille
du même arbre. Le fuc vitriolique que M. Malpighi croit
trouver dans le chêne fi fécond en galles; ce fuc vitriolique
que M. Malpighi fait fermenter avec la liqueur dépofée
par la mouche, ne feroit peut-être pas d'un grand fecours
pour expliquer les variétés de ces fortes d'excroiffances,
quand fon exiftence feroit accordée par les Chimiftes.
Enfin, les galles habitées par les pucerons, ne doivent
point leur origine à ce levain, à ce fuc dépofé dans une
bleffure, comme nous l'avons prouvé ailleurs; & il eft
naturel de tâcher de ramener la formation de toutes les

Tome III. . S ff

galles, à la formation de celles que les pucerons nous ont fait connoître.

Nous n'avons aucun befoin de la liqueur laiffée par la mouche pour commencer à faire naître la galle. On fçait que les bords des entailles faites à l'écorce des arbres, deviennent plus relevés que le refte. Là fe fait un accroiffement plus confidérable, fans que la hache ou le couteau y ayent laiffé aucune liqueur, ni aucune matiére propre à faire naître de la fermentation. Le fuc fe porte plus abondamment où il trouve moins de réfiftance; il fait plus croître que les autres les parties qui environnent cet endroit. Les liqueurs qui rempliffent les canaux des corps organifés, y font preffées, & elles doivent fe rendre vers le côté où elles font moins foûtenuës, vers le côté qui leur permet de s'échapper. Ainfi les levres de la playe dans laquelle l'œuf eft placé, peuvent s'élever, fe gonfler, & commencer une efpece de galle dans laquelle cet œuf fe trouvera renfermé en entier, ou en partie.

Pourquoi aurions-nous recours, pour faire croître nos galles de toutes efpeces, à une méchanique différente de celle qui nous a paru fuffire pour expliquer l'accroiffement des veffies habitées par les pucerons? Les galles qui font *PI. 38. fig. prifes, pour ainfi dire, dans l'épaiffeur de la feuille*, qui exce-
1. PI. 39. fig. dent à peu-près également chaque furface de la feuille, font
5, &c. par leur forme, & même par leur conftitution, affés femblables à celles qui font habitées par des pucerons. Parmi les veffies des pucerons nous en trouvons qui ont une efpece de pédicule, plus marqué que celui de la plûpart des galles fphériques.

La formation des galles à plufieurs cellules, comme celle des galles en pomme, n'a rien de plus difficile que celle des galles, qui comme celles en grains de grofeille, n'en ont qu'une feule. Il ne paroît pourtant pas que pour les faire naître, ce foit affés que la mouche faffe à la plante une grande entaille dans laquelle elle laiffe plufieurs œufs qui fe touchent. S'il fe formoit une galle dans ce cas, elle auroit au centre une grande cavité dans laquelle tous les œufs, & par la fuite tous les vers fe trouveroient enfemble. Il ne fuffiroit pas auffi à la mouche de faire un nombre de petites entailles, de piquûres très-proches les unes des autres, égal au nombre des œufs qu'elle voudroit dépofer. Alors elle feroit naître un pareil nombre de petites galles, qui compoferoient une efpece de grappe ou de bouquet femblable à celui de certaines galles du rofier *, dont nous avons parlé. Quelques-unes de ces galles pourroient fe coller contre celles de leurs voifines qui les prefferoient trop, elles pourroient s'y réunir, mais la maffe paroîtroit toûjours, & feroit un affemblage de plufieurs galles. A la vérité, on peut bien regarder les galles à plufieurs cellules * comme une maffe de plufieurs galles réunies, mais elles ne font pas fimplement réunies, elles font renfermées fous une enveloppe commune. Cette circonftance demande que la mouche faffe d'abord une grande entaille, dans le fond de laquelle elle en fait enfuite plufieurs très-petites, une pour chaque œuf. Les levres de la grande entaille venant bientôt à fe réunir, les petites galles dont la production eft occafionnée par chaque œuf, croîtront fous une enveloppe commune, & formeront une de ces maffes que nous appellons une galle à plufieurs cellules. Chaque petite galle, chaque cellule tient à une fibre, comme la coupe des galles en pomme le fait voir *; cette fibre lui porte le fuc nourricier. Chacune de ces fibres tire le fuc de l'arbre; elles font comme autant de petits ruiffeaux, qui ne fçauroient manquer d'eau parce qu'ils la tirent d'une grande riviere.

Sans avoir recours à la petite quantité de liqueur que la mouche peut laiffer dans chaque playe, il me femble

* Pl. 46. fig. 1.

* Pl. 44. fig. 2. & Pl. 41. fig. 4.

* Pl. 41. fig. 3.

S ff ij

qu'on peut entrevoir, & c'eſt tout ce que nous pouvons
nous promettre ſur la plûpart des détails de Phyſique, des
cauſes des variétés les plus remarquables que les galles nous
montrent. Tout d'ailleurs étant égal, les galles dont l'accroiſſement eſt le plus ſubit, doivent être plus ſpongieuſes,
plus tendres que les autres. Le plus ou le moins de dureté
des galles peut dépendre encore d'une autre cauſe; des vers
ou des œufs peuvent ne pomper de l'intérieur de certaines
galles, n'en faire ſortir que le ſuc le plus fluide, ou le moins
capable de fournir à la nourriture des parties ligneuſes : alors
ce qui ſera le plus propre à donner aux parties intérieures de
la galle la conſiſtance du bois, y reſtera. La galle deviendra
une galle ligneuſe. Si d'autres œufs, ou d'autres inſectes
pompent un ſuc qui eſt plus propre à ſe durcir, à s'épaiſſir,
ou plus exactement, plus propre à nourrir le bois, les
galles qui ſe formeront autour de ces œufs, ou de ces vers,
ſeront ſpongieuſes. Enfin, nous pouvons imaginer que
les membranes des œufs de différentes mouches ſont des
filtres de différente tiſſure; que les uns ne laiſſent paſſer
que la partie la plus fluide du ſuc nourricier, & que les
parties plus épaiſſes de ce ſuc, paſſent au travers des autres. C'eſt parce que le ſuc fluide des parties qui forment
les parois intérieures de chaque loge, eſt continuellement
ſuccé par les membranes de l'œuf, c'eſt parce qu'elles
agiſſent plus ſur les parties de ces parois, que ſur des parties plus éloignées, que les parois des cellules ſont dures
& comme ligneuſes dans la plûpart des galles les plus
molles *.

* Pl. 42. fig.
2 & 3.

　L'état dans lequel eſt la partie de la plante, lorſque l'inſecte lui confie ſon œuf ou ſes œufs, peut encore entrer
pour quelque choſe dans la compoſition & la conſtitution
de la galle qui y naîtra. Une mouche peut ne piquer que
des feuilles, ou que des tiges très-tendres, ne piquer que des

fibres prefque molles, & une autre peut piquer des fibres plus affermies, ou devenuës dures. La piquûre d'une mouche peut être faite dans un temps où le fuc nourricier eft apporté en plus grande abondance à toutes les parties de la plante, ou dans un tems où le fuc nourricier eft donné en plus petite mefure. Ces circonftances peuvent beaucoup influer dans la confiftance de la galle, & même dans fa forme. Quand les pucerons fuccent des feuilles nouvelles de prunier, & par conféquent très-tendres, leurs piquûres obligent ces feuilles à fe courber, à fe contourner, à fe frifer. Malgré les piquûres des pucerons, des feuilles plus vieilles du même arbre, des feuilles devenuës plus fermes, confervent leur forme, elles reftent planes.

Beaucoup de galles croiffent fans que la partie fur laquelle elles font, en paroiffe fouffrir. Plufieurs galles en grains de grofeilles, en boutons, & de plus groffes, végetent fur une feuille, fans que la feuille en femble altérée. Une petite portion d'une fibre a feule tout fourni à chaque galle. Mais nous avons vû que d'autres galles fe font aux dépens de la partie fur laquelle elles croiffent. Les galles ligneufes & en boules de bois, & les galles en pommes du chêne, qui croiffent fur un bouton, s'approprient toutes les parties du bouton, à quelques feuilles caduques près. Des parties tendres auxquelles une quantité de feve exceffive eft apportée, & qui, gênées par les feuilles caduques, ne peuvent s'étendre, croiffent en rempliffant tous les vuides qu'elles laiffent entr'elles; elles fe preffent trop, elles fe collent & fe réuniffent en une maffe qui par la fuite a la figure d'une pomme ou d'une boule. D'autres galles n'occafionnent que la réunion des parties intérieures du bouton, & elles augmentent la végétation des parties extérieures des feuilles caduques. C'eft ce que nous ont fait voir les galles en artichaut. Enfin, d'autres galles femblent occafionner des

végétations toutes nouvelles, donner naissance à de nouvelles parties, comme font les filets qui font le chevelu des
galles de rosier, & qui, comme nous l'avons soupçonné ci-
devant, peuvent n'être que des fibres de feuilles refenduës,
pour ainsi dire, & des fibres qui ont crû démesurément.

Les histoires que nous avons rapportées de tant de vers
mineurs des feuilles, paroîtront peut-être fournir une
forte objection contre l'explication que nous donnons de
l'accroissement des galles; car ces vers mineurs qui vivent
& croissent dans l'épaisseur des feuilles, vivent de la substance de ces feuilles, sans les détruire. Ils devroient donc
y faire naître des galles; leurs galleries devroient être marquées par des bosses qui en suivroient tous les contours.
On trouvera la réponse à cette difficulté, en se rappellant
deux observations. L'une, que ce sont les fibres qui fournissent le suc nourricier aux galles. L'autre observation est
tirée de l'histoire même des vers mineurs; nous y avons vû
que, pour la plûpart, ils ne mangent que le parenchime de
la feuille, qu'ils épargnent non-seulement les grosses fibres,
mais même toutes les fibres sensibles. Ainsi ils ne mettent
pas le suc en état de se porter dans les fibres. Il est vrai qu'il y
a des vers mineurs qui détachent indifféremment toute la
substance de la partie de la feuille où ils creusent; tels
sont les mineurs des feuilles de poirée & de jusquiame.
Mais ces vers & plusieurs autres causent de trop grands
dérangemens dans la feuille, pour que de nouvelles végétations puissent se faire dans les endroits dont ils ont haché
les fibres. Les endroits qu'ils ont attaqués, se fanent presque sur le champ, & se desséchent un peu.

Les plantes ont des excroissances, qui, quoiqu'elles
ressemblent beaucoup aux galles, ne sont pourtant pas dûës
à des insectes. Le cours des liqueurs qui passent dans les
canaux des plantes, peut être augmenté ou diminué, où

totalement intercepté dans certains endroits; les vaiſſeaux
y peuvent être trop dilatés ou obſtrués par mille cauſes;
de-là naiſſent des maladies des plantes; de-là ſont occa-
ſionnés des renflemens, des tubéroſités. Mais il y a beaucoup d'excroiſſances de plantes, qui ont bien l'air de devoir
leur origine à des inſectes, quoique nous ne connoiſſions
pas encore les inſectes à qui elles la doivent. Ce ſont des
inſectes qui nous échappent par leur petiteſſe, & que
nous ne pouvons voir qu'en les cherchant avec patience
dans des circonſtances favorables, & ayant les yeux armés
de verres qui groſſiſſent beaucoup les objets.

   Nous trouvons ſur les feuilles du tilleul de ces galles,
qui ſont probablement dûes à des inſectes extrémement
petits. Les feuilles de cet arbre ſont ſouvent hériſſées
comme une eſpece de herſe *, par de longues galles que   * Pl. 34. fig.
leur figure m'a fait nommer des galles en clous. Elles   9. *c, c, c,* &c.
ont quelqu'air de clous dont les pointes ſeroient en deſſus,
& la tête en deſſous de la feuille. La comparaiſon de ces
excroiſſances avec de petites cornes peu contournées, ſeroit
peut-être encore plus juſte, parce qu'outre qu'elles ſont
arrondies, & qu'elles ſe terminent en pointe comme les
cornes, leur intérieur éſt creux. Il eſt pourtant rempli en
partie par des poils comme cotonneux, qui partent des
parois de la cavité. Ces galles en clous ſont d'abord vertes,
enſuite elles jauniſſent; & enfin elles deviennent rouges.
J'ai ouvert cent & cent fois de ces galles ſans rien trouver
dans leur intérieur, ce qui eſt ſouvent arrivé, parce que je
m'y prenois trop tard. J'ai examiné par la ſuite ces galles de
meilleure heure, pendant qu'elles étoient encore vertes, &
j'ai excité d'autres obſervateurs au même examen. Dans une
promenade dont étoit Mlle * * * à qui je dois tant de beaux
deſſeins, nous nous obſtinâmes à chercher les inſectes de
l'intérieur de ces galles. J'en ouvris plûſieurs ſans y rien

trouver, & Mlle * * * découvrit un ver dans une des premiéres qu'elle ouvrit ; elle & moi nous en trouvâmes enfuite dans prefque toutes les galles de cette efpece que
nous examinâmes ; nous n'en avons vû qu'un feul en chacune, quoiqu'il y ait apparence qu'il y eft en compagnie.
Ces vers font longs ; vûs au travers d'une forte loupe, ils ne
paroiffent pas plus gros que la tige d'une petite épingle. Ils
font jaunâtres, comme l'intérieur de la galle. Ce qui les
rend encore plus difficiles à découvrir, c'eft qu'ils n'aiment
pas à marcher. Nous en voyions fouvent un, & nous étions
incertains fi c'étoit un ver, jufqu'à ce qu'il lui plût de
fe mettre en mouvement. C'eft vers la bafe de la galle que
nous l'avons trouvé. Quand ces galles veilliffent, il s'y fait
quelqu'ouverture, ou quelque fente par laquelle des mittes
infectes étrangers s'introduifent ; j'ai vû, par exemple, des
qui s'y étoient nichées.

Les feuilles de l'érable ordinaire, font fouvent toutes
couvertes de petites galles rouges, groffes comme des têtes
de groffes épingles ; elles font très-femblables aux galles
qui doivent leur origine aux infectes ; mais je n'ai jamais
pû parvenir à en découvrir aucun dans leur intérieur.

Je ne ferai point de difficulté de mettre au nombre des
galles un genre d'excroiffances affés petites, qu'on trouve
fous les feuilles de quantité de plantes, & que je nommerai des *galles en moififfures*. Si on obferve dans plufieurs
mois de l'année, & fur-tout dans Septembre & Octobre,
les deffous des feuilles de plufieurs plantes, on y voit de
petites productions qui ont tout-à-fait l'air de moififfures.
On voit fous les feuilles de certaines plantes, de petits filets
chargés de poudres blanches, fous les feuilles d'autres
plantes, on voit des filets chargés de poudres jaunes, &
fous les feuilles de quelques autres des filets chargés de
poudres noires. J'ai fur tout obfervé de ces efpeces de

moififfures

moisissures sous les feuilles de rosier, sous celles du prunier, & sous celles de la ronce.

Le dessous des feuilles du titimale à port de cyprès, est quelquefois tout couvert de tubercules qui ont une poussiére jaunâtre, & qui sont fort jolis. Regardés avec attention, & avec une loupe, ils paroissent chacun une fleur à peu-près de la figure d'un clou de gerofle. Le pistile & les pétales de cette espece de fleur sont couverts par une poudre jaune qu'on seroit tenté de prendre pour des poussiéres ou des graines semblables à celles des fougeres. Je n'ai pû encore découvrir les insectes à qui je crois que ces productions sont dûës.

Sous les feuilles du rosier, on voit souvent quantité de bouquets de filets chargés d'une poussiére d'un jaune-orangé, semblable à celle des feuilles du titimale, dont nous venons de parler. Dans ces petites forêts de poils j'ai presque toûjours trouvé de très-petits vers sans jambes, & jaunes, qui apparemment occasionnent la naissance de toutes ces petites excroissances. Dans certaines places j'ai vû les poils chargés de grains noirs; ces grains noirs en sont-ils de jaunes qui ont noirci, ou sont-ils les excrémens des vers! je l'ignore. J'ai trouvé des vers semblables à ceux des galles en moisissures du rosier, dans celles des feuilles de ronce, & des feuilles de prunier.

EXPLICATION DES FIGURES
DU DOUZIEME MEMOIRE.
PLANCHE XXXIV.

LA Figure 1, est celle d'une branche de camédrys, dont plusieurs fleurs ont été renduës monstrueuses par une punaise qui est logée dans chacune de ces fleurs. *f, f, f,*

Tome III. .Ttt

fleurs ordinaires du camédrys. *m, m, m,* fleurs qui se sont gonflées, & qui n'ont pû s'épanouir, parce que la cavité de chacune de ces fleurs est habitée par une punaise.

La Figure 2, représente la nymphe de la punaise qui croît & se métamorphose dans les fleurs du camédrys, grossie au microscope.

La Figure 3, est celle de la punaise même grossie comme sa nymphe au microscope.

La Figure 4, fait voir la punaise des fleurs du camédrys, dans sa grandeur naturelle.

La Figure 5, montre la partie antérieure de la punaise, du côté du ventre, & grossie au microscope. *e,* le bout de l'étui de la trompe.

La Figure 6, représente encore la partie antérieure de la punaise, grossie par le microscope, mais vûë de côté, & dont la trompe & son étui ne sont pas couchés contre le ventre. *e,* l'étui. *t,* la trompe.

La Figure 7, est celle d'une feuille de tilleul, qui est rebordée en *r r, r r.* Le rouleau de ces rebords sert de logement à des vers rouges.

La Figure 8, est celle d'une feuille de tilleul, courbée en cuillier, parce que son rebord *c e f, f e c,* s'est plus gonflé & moins allongé que le reste.

La Figure 9, est celle d'une feuille de tilleul, chargée de ces galles que nous nommons galles en clou. *c, c, c,* &c. marquent quelques-unes de ces galles.

PLANCHE XXXV.

La Figure 1, est celle d'une branche de genêt, qui a de ces galles hérissées, qui sont formées par des feuilles devenuës monstrueuses. *a b a,* une de ces galles. *e d,* autre galle de la même espece, mais plus petite.

La Figure 2, est celle d'une petite portion d'une des

galles précédentes, groſſie. *f, f,* deux feuilles roulées, mais un peu moins qu'elles ne le ſont dans la galle même. *c,* partie charnuë de laquelle ces feuilles partent.

La Figure 3, eſt celle d'une feuille de chêne vûë par deſſous, qui eſt très-chargée de ces galles que nous avons nommées preſque ligneuſes en grains de groſeille.

La Figure 4, eſt encore celle d'une feuille de chêne vûë par deſſous, à laquelle ſont attachées deux galles *p, p,* faites en eſpece de timbale, deux galles plattes par deſſus. *r,* eſt une petite galle en rein, qui tient à une des fibres de la même feuille.

La Figure 5, eſt celle d'une galle de l'eſpece des galles en boule de bois, mais plus oblongue. *e, e, e, e,* divers tubercules dont elle eſt hériſſée.

La Figure 6, repréſente une petite branche de chêne avec une feuille dont le deſſous eſt en vûë. Sur la tige & ſur la feuille, ſont de ces petites & jolies galles, que nous avons dit être faites en gobelet, ou en cloche. *c, c, c,* trois de ces galles qui partent de la tige. *d, g,* galles ſemblables aux précédentes, qui ſont attachées à la feuille.

La Figure 7, fait voir une des galles de la fig. 6. groſſie à la loupe. *p,* l'endroit où eſt l'attache de cette galle. *m,* mammelon qui part de ſon intérieur, & dont la pointe s'éleve juſqu'au bord, *b b.* Ce bord blanc ici, eſt coloré en beau rouge. On obſerve de très-legéres ou foibles cannelures qui vont de *p,* en *b.*

P L A N C H E X X X V I.

La Figure 1, eſt celle d'une branche de ronce chargée de galles. *ſ ſ,* galle preſque ſphérique, & qui eſt autour de la tige, ou plûtôt qui ne paroît être que la tige renflée. *r r,* galle un peu plus oblongue que la précédente. *o o,* galle en olive, qui ne ſe trouve que d'un côté de la tige : les trois galles précédentes femblent faites par côtes. *p p,* galle oblongue qui n'a point de côtes.

La Figure 2, eft celle d'une portion de la tige, coupée parallelement à fa longueur, dans un endroit où elle avoit une galle placée d'un feul côté. On y voit & la coupe de la tige, & celle de la galle.

La Figure 3, fait voir la coupe tranfverfale de la galle *r r,* fig. 1, mais groffie. *t, m,* deux portions de la tige. *r, x,* les deux parties de la galle, que la coupe a féparées l'une de l'autre. Sur ces coupes on diftingue quelques vers qu'on a groffis pour les rendre plus fenfibles.

La Figure 4, eft celle d'un ver de la ronce, vû au microfcope. *a,* fa partie antérieure. *b, b,* deux taches brunes qui font fur fa partie poftérieure.

La Figure 5, eft la partie antérieure du ver de la fig. 4. vûë par deffous. *e f,* eft un corps brun & écailleux qui fe termine par une fourche *f.*

Les Figures 6 & 7, ne fe trouvent ici que parce qu'on n'a pas pû leur donner place dans la pl. 46. elles font voir le corps de la mouche femelle de cette pl. 46. en grand, & font deftinées à montrer comment l'aiguillon eft roulé dans le corps de la mouche. Dans la figure 6, le corps de la mouche eft vû du côté du dos. En *c,* eft l'attache du corps au corcelet. En *f,* eft le bout du chaperon du premier étui en goutiére pointuë, qui recouvre le fecond étui, l'étui immédiat de l'aiguillon. La partie du corps qui étoit entre *g* & *d,* a été emportée avec des cifeaux, & en la coupant on a ménagé le corps *g d,* qui eft une partie de l'aiguillon. Dans la fig. 7, le corps de la mouche eft vû du côté du ventre, & cenfé vû, étant expofé au grand jour, & après qu'on l'a eu vuidé de fes parties molles, au moyen de quoi il eft devenu tranfparent. Alors outre la partie de l'aiguillon *e,* qui eft hors du corps, on voit comment le reſte de l'aiguillon eſt roulé dans l'intérieur. *i, k, l,* l'aiguillon roulé dans le corps.

PLANCHE XXXVII.

La Figure 1, eſt celle d'une feuille de ſaule vûë par deſſous, qui a deux galles *g, g,* de celles qui forment des tubéroſités ſur les deux côtés de la feuille.

La Figure 2, eſt celle d'une fauſſe chenille à 20 jambes, à tête noire, & d'un verd bleuâtre, qui ſe loge dans les galles *g,* & qui les fait croître.

La Figure 3, repréſente la fauſſe chenille de la figure 2. groſſie à la loupe

La Figure 4, eſt celle d'une feuille de ſaule, ſemblable à celle de la figure 1, vûë par deſſus. *p, p,* deux galles percées en *p.*

La Figure 5, eſt celle d'une feuille d'oſier, qui a deux files de galles, dont quelques-unes ſont percées, & dont les autres ſont bien cloſes.

Les Figures 6 & 7, repréſentent, l'une de grandeur naturelle, & l'autre en grand, un ver que l'on trouve dans les galles du ſaule, & dans celles de l'oſier.

La Figure 8, eſt celle d'une feuille d'oſier, plus large que celle de la fig. 5. ſur laquelle les galles ſont autrement diſpoſées.

La Figure 9, eſt celle d'une feuille d'oſier qui a deux galles *f* & *o,* dont celle qui eſt marquée *o,* a été ouverte pour mettre à découvert ſa cavité intérieure.

La Figure 10, eſt celle d'une feuille de chêne vûë par deſſus, qui a une galle ſphérique *g,* des plus groſſes de celles qu'on appelle *en grains de groſeille.*

La Figure 11, eſt celle de la feuille fig. 10, retournée. *o,* eſt l'endroit qui répond à celui où eſt de l'autre côté le centre de la galle & ſon attache.

Ttt iij

PLANCHE XXXVIII.

La Figure 1, repréfente deux feuilles de l'arbriſſeau appellé en latin *viburnum*, & en françois *viorne*, l'une *f*, vûë par deſſus, & l'autre *b*, vûë par deſſous. *g, g, g*, &c. marquent quelques-unes des tubéroſités ou galles. dont chacune a une de ſes moitiés ſur un des côtés de la feuille.

Les Figures 2 & 3, ſont celles du ſcarabé qui croît ſous la forme de ver, & qui ſe métamorphoſe dans les galles de la viorne. Il eſt de grandeur naturelle dans la fig. 2. & groſſi dans la fig. 3.

La Figure 4, eſt celle d'une feuille de tilleul, ſur laquelle ſont des galles ligneuſes qui s'élevent en deſſus, & qui deſcendent en deſſous de cette feuille. *g, g, g*, marquent quelques-unes de ces galles. *p, p*, quelques endroits où la feuille eſt percée. Ces trous ſont placés où il y avoit ci-devant des galles qui ſont tombées.

La Figure 5, eſt celle d'une des galles ligneuſes du tilleul, qui a été détachée de la feuille. *c a c*, la partie qui étoit en deſſus de la feuille. *c b c*, la partie qui étoit en deſſous de la feuille. *c c*, le contour par lequel elle tenoit à la feuille.

La Figure 6, eſt celle d'un ver des galles ligneuſes du tilleul, groſſi.

La Figure 7, eſt celle d'une feuille de hêtre, ſur laquelle eſt une galle *a*, qui eſt ligneuſe.

La Figure 8, eſt celle d'une autre feuille de hêtre, ſur laquelle il y a trois galles. *g*, une galle ſolitaire. *i, i*, deux galles accollées.

La Figure 9, fait voir une feuille de hêtre qui a pluſieurs galles, mais du côté oppoſé à celui ſur lequel les galles s'élevent. *h, h, i, m*, marquent les endroits, de chacun deſquels part une galle telle que celle des fig. 7 & 8.

La Figure 10, eſt celle d'une moitié d'une galle ligneuſe

d'une feuille de hêtre, on y voit la cavité de cette galle.

Dans la Figure 11, un ver est logé dans la moitié de la cavité d'une galle de feuille de hêtre.

Les Figures 13, 14 & 15, représentent le ver d'une des galles précédentes, en différentes positions, & grossi. Il est vû du côté du ventre dans la fig. 15.

La Figure 16, montre la partie antérieure du ver de la fig. 15, vûë par dessous, & très-grossie au microscope. *c, c,* deux especes de tranchans aigus, avec lesquels il peut agir contre le bois de la galle.

Dans les Figures 17 & 18, on a représenté la nymphe du ver des figures précédentes, grossie. Cette nymphe est vûë par dessus fig. 17. & par dessous fig. 18. Toutes les nymphes ont péri dans leurs galles, dans les poudriers où j'avois renfermé ces galles.

PLANCHE XXXIX.

La Figure 1, représente une galle en forme de muscade, qui croît sur une espece de limonium, & qui a été envoyée d'Egypte par M. Granger. *b,* espece de bouton par lequel la galle se termine.

La Figure 2, est encore celle d'une galle du limonium, mais qui a été ouverte. *a b e,* cette galle. *b e d,* autre galle qui est au bout de la précédente. *a c c,* coque de soye filée par la chenille qui a occasionné la production de la galle, lorsqu'elle a voulu se métamorphoser en crisalide. *a,* bout ouvert, ou appendice de la coque, qui est logé dans le mammelon *b,* de la fig. 1.

La Figure 3, est celle d'une galle semblable à celle de la fig. 1. ouverte: *o o o,* les contours de l'endroit où la galle a été ouverte. Il n'y a point dans celle-ci, comme dans celle de la fig. 2. une coque de soye.

La Figure 4, est celle d'un papillon dont les aîles étoient

mal développées, & qui avoit péri dans une coque de foye, telle que celle *cc,* de la fig. 2.

La Figure 5, est celle d'une branche de chêne, sur les feuilles duquel il y a de ces galles, dont chacune forme une élévation sur les deux surfaces opposées de la feuille. *g,g,g,* &c. ces galles qui paroissent avec un relief à peu-près égal sur les feuilles *f,f,* vûës par dessus, & sur la feuille *e,* vûë par dessous.

La Figure 6, est celle d'une des galles ouverte en deux. *d* & *c,* ses deux moitiés.

Les Figures 7, *a,* & 7, *b,* représentent la petite coque en forme de rein, & qui a tout-à-fait l'air d'une graine de plante, qu'on trouve dans les galles des figures 5 & 6. Elle est de grandeur naturelle fig. 7. *a,* & grossie à la loupe fig. 7. *b.*

La Figure 8, est une petite coque de laquelle l'insecte est sorti. Elle est ouverte en *o.*

La Figure 9, est celle d'une des mouches que m'ont données ces galles, grossie à la loupe. Elle est noire, & elle a de longues antennes.

La Figure 10, est celle d'une autre mouche des mêmes galles, presque de grandeur naturelle.

La Figure 11, est celle de la mouche de la fig. 10, grossie. Elle a une queuë ou une espece d'aiguillon ; elle est brune, ses aîles ont deux taches de cette couleur.

La Figure 12, représente une autre mouche des mêmes galles, qui a ses aîles croisées sur le corps, qui est d'un verd doré ; ses aîles ont les couleurs changeantes de l'iris.

La Figure 13, est celle d'une feuille de chêne, sur laquelle a crû une galle *g,* spongieuse, mais dure, & qui se conserve pendant l'hiver.

La Figure 14, est celle de la galle de la fig. 13. ouverte en deux. *c, d,* les deux moitiés de la cavité dans laquelle l'insecte étoit logé.   Les

Les Figures 15 & 16, font voir la mouche qui fort de la galle fig. 13 & 14, groffie, & la fig. 17. montre la même mouche dans fa grandeur naturelle. Elle eft vûë de côté, fig. 15 & 17, & par deffus fig. 16.

PLANCHE XL.

Les Figures 1 & 2, repréfentent des feuilles chargées de grappes de galles, qui ont l'air de grappes de grofeilles, qui ont coulé. *c, c, c,* fig. 1, marquent des chattons du chêne qui n'ont point de galles, mais femblables à ceux fur lefquels les galles ont été produites. Sur quelques chattons comme *a,* il n'y a qu'une galle. Il y en a deux fur d'autres, *b.* trois fur d'autres, *g.* Sur plufieurs tiges les galles font écartées les unes des autres, & fur plufieurs autres, elles font proche les unes des autres, comme en *e,* & *f.*

La Figure 3, eft celle d'une coupe d'une des galles précédentes, groffie pour faire voir la cavité qui en occupe le centre.

La Figure 4, eft celle de la nymphe qui fe trouve dans la cavité de ces galles, de grandeur naturelle.

La Figure 5, eft celle de la même nymphe groffie au microfcope.

La Figure 6, eft celle de la mouche des galles des fig. 1 & 2. Elle la fait voir plus grande que nature.

La Figure 7, eft celle d'une de ces galles qui croiffent fur les feuilles de chêne, que nous avons appellées galles en boutons d'émail, à caufe des tubercules dont elles font hériffées, leurs tubercules font affés femblables à ceux de certains boutons d'émail, ou même de métal.

La Figure 8, montre encore deux galles en bouton d'émail *g, h,* attachées à une feuille de chêne. Leurs tubercules ne font pas arrangés fur des cercles concentriques, comme ceux de la galle de la fig. 7.

Tome III.   . V u u

Les Figures 9 & 10, l'une de grandeur naturelle, l'autre faite à la loupe, font des coupes d'une galle en bouton, telle que celle de la fig. 7, mais qui avoit une échancrûre. *u,* marque le ver qui occupe la cavité qui est au centre de cette galle.

Les Figures 11 & 12, représentent le ver des galles précédentes. La figure 11, le montre dans sa vraye grandeur, & la figure 12, le groffit beaucoup.

La Figure 13, est celle d'une feuille de chêne remplie de petites, mais très-jolies galles, qu'on peut appeller en boutons foyeux, & creux en deffus.

La figure 14, fait voir une des galles de la figure 13, groffie à la loupe. Le bourlet qui entoure la cavité qui est au milieu, femble fait ou au moins recouvert de fils de foye brune, couchés les uns auprès des autres.

La Figure 15, est la coupe de la galle de la fig. 14. *e,* la cavité dans laquelle le petit ver est logé.

PLANCHE XLI.

La Figure 1, est celle d'une des galles de chêne, appellées galles en pomme, mais une des petites de cette efpece.

La Figure 2, montre la même galle renverfée pour faire voir les petites feuilles *e, e, e, e,* qui lui forment une efpece de calice. Ces feuilles ne s'y trouvent pas en tout temps, elles manquent fouvent aux vieilles galles.

La Figure 3, fait voir la galle des figures précédentes, coupée felon fa longueur. *l, l, l,* marquent quelques-unes des loges des vers, qui font fermées; la coupe les a épargnées. *m, m,* indiquent quelques loges ouvertes. *f, f,* conduifent à un faifceau de fibres. Il femble que chaque fibre de ce faifceau appartient à une cellule.

La Figure 4, est celle d'une des galles des fig. 1 & 2, coupée tranfverfalement. *l, l, l,* quelques-unes des cellules.

La Figure 5, eſt celle d'une mouche des galles précédentes, groſſie; la même mouche eſt encore plus groſſie
dans la fig. 6, & vûë par deſſous.

La Figure 7, repréſente une feüille de chêne, à laquelle
ſont attachées deux galles dures & preſque ligneuſes. *g*,
une de ces galles percée d'un trou aſſés grand, par lequel
la mouche eſt ſortie. *h*, autre galle percée de pluſieurs
trous, mais plus petits que celui de la fig. *g*, & qui ont
donné iſſuë à de plus petites mouches.

La Figure 8, eſt une coupe de la galle *h*, fig. 7. dans
laquelle il y a pluſieurs loges *l, l, l, l*.

La Figure 9, eſt une coupe de la galle *g*, qui fait voir
que cette galle n'avoit qu'une ſeule cavité à ſon centre. *ſ*,
eſt la coupe du chemin par lequel la mouche eſt ſortie.

La Figure 10, fait voir le ver de la galle de la fig. 9.
groſſi à la loupe, & la figure 11. le montre de grandeur
naturelle. Sa partie antérieure eſt encore plus groſſie dans
la fig. 12. & ſes dents *d, d*, y ſont plus aiſées à voir.

La Figure 13, eſt celle d'une mouche ſortie d'une des
galles de la fig. 7, mais qui probablement vient d'un ver
qui a mangé celui qui étoit l'habitant naturel de la galle.
q, ſa queuë.

La Figure 14, eſt encore celle de la mouche de la fig.
13, mais dont la queuë ne paroît plus ſimple, elle y eſt
fourchuë, ou compoſée de deux pieces *ſ, t*.

La Figure 15, repréſente très en grand, la queuë *q*, &
ſ t, de la mouche des figures précédentes, & elle la repréſente développée, pour faire voir que cette queuë eſt
compoſée de trois parties. *ſ, ſ*, les deux parties qui forment
un étui à celle du milieu *t*, qui eſt une eſpece de tarriére.

PLANCHE XLII.

La Figure 1, repréſente une tige de lierre terreſtre, qui

est chargée de galles. *a e b,* galle composée de trois autres unies dans une même masse. L'élévation *c d,* qui paroît de l'autre côté de la feuille, appartient à ces mêmes galles. *f, h,* deux galles collées l'une contre l'autre. *i,* galle simple qui part de la tige.

La Figure 2, fait voir une coupe transversale d'une galle simple du lierre terrestre. *m* & *n,* les deux moitiés de cette galle, dans chacune desquelles on voit deux cavités hémisphériques, ou les deux moitiés de deux loges.

La Fig. 3, est celle de la galle précédente, à laquelle on a fait une coupe qui croise perpendiculairement la première. *a b c, c d e,* coupes transversales ou horisontales. *c e f, c g a,* coupes longitudinales ou verticales. Ces différentes coupes montrent la disposition & le nombre de cellules de ces galles.

La Figure 4, est celle d'un ver qui occupe une des cellules des galles précédentes, vû de grandeur naturelle. Le même ver est grossi dans la figure 5.

La Figure 6, est celle de la nymphe dans laquelle le ver se transforme, de grandeur naturelle ; & la même nymphe est très grossie dans la fig. 7.

La Figure 8, est celle d'une feuille de chêne contre laquelle sont attachées quelques-unes de ces galles que nous avons nommées en champignon. *g,* une de ces galles. *i,* une file de trois galles en champignon.

La Figure 9, représente une galle en champignon, vûë au microscope, & par dessus.

La Figure 10, montre le dessous de la galle précédente, également grossie. *p,* le pédicule par lequel elle tenoit à la feuille.

PLANCHE XLIII.

La Figure 1, est celle d'un rejetton de chêne dont les

boutons ou bourgeons *b, b, b, b,* commencent à fe gonfler, mais qui ne montrent encore que de ces feuilles grifes appellées *caduques,* & qu'on pourroit auffi nommer *écail-leufes.*

Dans la fig. 2, le bouton *b,* eft groffi à la loupe. *o,* ouverture par laquelle eft fortie une des mouches qui a crû dans la galle qui occupe l'intérieur du bouton.

La Figure 3, fait voir un bouton tel que celui de la fig. 2. duquel on a détaché la plûpart des feuilles caduques, pour mettre la galle *g,* à découvert. *f, f, f,* quelques-unes des feuilles caduques qui font reftées fur la galle. Cette galle eft déja ouverte, & une mouche fe préfente pour en fortir.

La Figure 4, eft celle de la mouche de la galle précédente, groffie à la loupe.

La Figure 5, eft celle d'une branche de chêne fur laquelle font deux galles *a, a,* de celles que nous avons nommées *en artichaut.*

La Figure 6, fait voir la coupe d'une galle *a,* de la fig. 5. La fubftance de la bafe imite celle que l'on nomme le *cul de l'artichaut. l, l, l,* diverfes cavités de figure irréguliére, dont chacune eft le logement d'un ver. *p,* partie qui eft femblable au piftile d'une fleur, & dans laquelle il y a quelquefois une feule, & quelquefois plufieurs cavités dont chacune eft occupée par un infecte.

La Figure 7, eft une des feuilles qui rempliffent l'intérieur des galles en artichaut, groffie à la loupe.

La Figure 8, montre une galle en artichaut, dépouillée de toutes fes feuilles. L'efpece de piftile qui eft allongé en *p,* fig. 7. eft ici plus gros & plus court. *l, l,* marquent différentes cavités dans ce piftile.

La Figure 9, eft celle d'une mouche de galle en artichaut, de grandeur naturelle, à peu de chofe près.

V u u iij

La Figure 10, repréſente le derriére de la mouche précédente, groſſi. ſ, eſt la partie ſupérieure du corps. i, eſpece de queuë ou d'aiguillon relevé en haut.

La Figure 11, fait voir la partie poſtérieure de la mouche de la fig. 9, du côté du ventre, & extrémement groſſie.
t, ſa tarriére. e, l'étui de la tarriére. a a, le contour d'un des
anneaux poſtérieurs.

La Figure 12, ne différe de la fig. 11, qu'en ce que la
tarriére t, y eſt plus relevée, qu'elle eſt hors de ſon étui,
compoſé des deux pieces e, e.

P L A N C H E X L I V.

La Figure 1, repréſente une branche de chardon hémorroïdal. g, une galle de ce chardon.

La Figure 2, eſt la coupe d'une galle du chardon hémorroïdal. On y voit les cavités dont chacune eſt occupée
par un ver.

Les Figures 3 & 4, ſont celles du ver des galles précédentes, vû de grandeur naturelle fig. 3. & groſſi fig. 4.
p, ſa partie poſtérieure qui eſt noire. c, les deux crochets
paralleles l'un à l'autre qui ſont à ſa partie antérieure.

On trouvera les Figures de la mouche dans laquelle ce
ver ſe transforme, dans la pl. 45. fig. 12, 13 & 14.

La Figure 5, fait voir une galle en artichaut, telle que
celles de la fig. 5. pl. 43. qui eſt plus épanouie. g, cette
galle.

La Figure 6, eſt celle d'une galle, ou d'un nœud ligneux
& plus dur que le bois ordinaire, arraché de la racine d'un
chêne. Les trous qui paroiſſent ici, ſont quelques-unes
des cavités dont chacune eſt habitée par un ver.

Les Figures 7 & 8, ſont celles de la mouche dans laquelle ſe métamorphoſe le ver des galles pareilles à la précédente. Cette mouche eſt vûë de grandeur naturelle fig.
7. & groſſie fig. 8.

La figure 9, est celle du corps de la mouche précédente, vû par dessous, & très grossi. *H,* filet par lequel il tient au corcelet. *e,* pointe de dessous laquelle part une espece d'aiguillon, ou de tarriére *f. g,* coulisse ou étui dans lequel se loge l'aiguillon.

La Figure 10, ne différe de la fig. 9, qu'en ce que l'étui *g,* de l'aiguillon n'y est pas visible. Il est appliqué sur le corps, comme il lui arrive souvent, de maniére qu'on ne sçauroit le distinguer du reste.

PLANCHE XLV.

La Figure 1, est celle de la coupe d'une galle ligneuse en groseille de la pl. 35. fig. 3. grossie au microscope, pour faire voir la disposition des fibres qui vont des parois de la cavité, à la surface extérieure.

La Figure 2, est celle d'un ver d'une galle ligneuse en grains de groseille, de grandeur naturelle.

La Fig. 3, fait voir le ver de la fig. 2. grossi au microscope. *i,i,i,i,* &c. mammelons charnus qu'il a tout du long du dos, & qui peuvent être pris pour des especes de jambes.

La Figure 4, est encore celle d'un ver de l'espece du précédent, mais peut-être de différent sexe, grossi au microscope. Au travers de la peau de celui de la derniére figure, on voit un nombre prodigieux de corps de figure arrondie, qu'on peut soupçonner être des œufs, & qu'on ne voit pas au travers de la peau de l'autre. On l'a représenté dans le temps où il a retiré en dedans les mammelons charnus; dans les places semblables à celles où ils sont élevés dans la fig. 3, on ne voit dans la derniére que des fentes oblongues.

La Figure 5, est celle de la tête du ver des figures précédentes, grossie au microscope, & vûë du côté du ventre. *c, c,* les crochets dont les pointes se croisent.

La Figure 6, eſt celle de la mouche dans laquelle ſe transforment les vers dont nous venons de parler, de grandeur naturelle.

La Figure 7, repréſente la mouche de la fig. 6, vûë au microſcope, & du côté du ventre. *a, a,* ſes antennes. *c,* jonction du corps au corcelet. De *c* en *b,* du côté du ventre, les anneaux forment une eſpece de tranchant, d'arête aiguë. *b o,* la partie où les anneaux écailleux ſont abbatus, & où eſt la tarriére, & les parties qui forment ſon étui.

La Figure 8, eſt celle du corps *c b o,* de la figure 7, encore plus groſſi, & repréſenté dans un temps où il a été un peu preſſé entre deux doigts. *o,* l'anus qui ſe montre alors. *b e, b e,* les deux pieces qui forment l'étui extérieur de la tarriére, qui ſont un peu écartées l'une de l'autre, & entre leſquelles on peut appercevoir la tarriére. En *c d d,* juſqu'en *b,* les écailles de chaque anneau ſont à leur rencontre, une eſpece de tranchant.

Dans la Figure 9, eſt repréſenté le corps de la mouche, qui a été un peu plus preſſé, & alors la tarriére s'eſt redreſſée. *t,* cette tarriére. *b e, b e,* les deux pieces qui lui ſont un étui.

La Fig. 10, repréſente le corps de la mouche, qui a été encore plus preſſé que dans les figures précédentes, & un peu autrement vû; la couliſſe eſt vûë moins obliquement. *o,* l'anus qui s'eſt éloigné de l'origine de la couliſſe, ou de la fin de l'arête *b. t,* la tarriére qui eſt plus longue que dans la figure précédente, parce qu'une portion qui étoit dans le corps, en eſt ſortie. *p,* piece écailleuſe ſous laquelle la tarriére paſſe. *e p, e p,* les deux pieces qui forment l'étui, & qui ne ſont pas vûës dans toute leur largeur, comme dans les figures précédentes. *f, g,* parties de deux anneaux écailleux, entre leſquels ſont les deux pieces de l'étui *p e, p e.* Entre ces deux pieces, on voit en brun la cavité où la tarriére étoit couchée.   **La**

La Figure 11, nous montre le ventre de la mouche, qui a été exceffivement preffé. *o*, l'anus qui a paffé du côté du dos. *p t i*, la tarriére qui paroît ici confidérablement plus longue que dans les autres figures. *q, i*, eft la partie de cette tarriére qui eft naturellement hors du corps. *p q*, eft la partie de cette tarriére que la preffion en a fait fortir. *i*, pointe de l'aiguillon qui fort quelquefois de la tarriére. *m e, m e*, les deux pieces marquées *e b, e b*, fig. 8 & 9. Ces pieces font vûës plus obliquement que dans les figures précédentes; auffi par-delà *m*, une feule eft vifible, elle cache le refte de l'autre. *m b*, la tige platte d'une des pieces *m e*, de l'étui. Cette piece *m b*, avec l'autre piece qui lui eft égale & femblable, fait l'étui extérieur de la partie intérieure *p q*, de l'aiguillon.

La Figure 12, eft celle de la mouche à deux aîles qui fort des galles du chardon hémorroïdal, de grandeur naturelle.

Les figures 13 & 14, repréfentent la mouche précédente groffie au microfcope. Dans la figure 13, fes aîles font relevées, & dans la figure 14, elles font prefque paralleles au plan de pofition. La mouche de ces deux figures eft une femelle, qui fait fortir de fon derriére le bout de l'inftrument propre à entailler la plante. Dans la fig. 14, il n'y a que la pointe *l*, de cette efpece d'outil de fortie, & dans la fig. 13, on voit de plus une partie de l'étui de l'outil.

La Figure 15, repréfente le bout de la partie poftérieure de cette mouche, vû du côté du ventre, & extrémement groffi. En *a*, eft l'anus; *a u*, partie en forme de vafe, dans laquelle eft logée l'efpece de lancette avec laquelle la mouche entaille le chardon hémorroïdal, & où font logées toutes les parties néceffaires au jeu de cette lancette. *l*, pointe de la lancette.

La Figure 16, fait voir en grand, la lancette entiére-

Tome III. .X x x

ment fortie. *l e e,* la lancette. On voit qu'elle femble divifée en deux parties égales par une fente *l f. e e u,* tuyau
dans lequel la lancette fe loge. *a u,* le grand étui deftiné
à contenir le tuyau *u e e,* & la lancette *e e l.* En *t,* paroiffent deux parties brunes qui font deux tendons, ou peut-
être deux mufcles deftinés à faire agir la lancette.

<h3 style="text-align:center">PLANCHE XLVI.</h3>

La Figure 1, repréfente une grappe de ces galles du
cynorrhodon, qu'on peut appeller *chauves,* par oppofition
à celles du même arbufte, qui font appellées *cheveluës.*
l, l, galles de cette grappe qui font liffes. *o,* trou qui a été
percé par une mouche qui eft fortie d'une des galles *l.* D'autres galles *e, e,* font hériffées en partie d'efpeces d'épines.

La Figure 2, eft celle d'une portion de la grappe de la
fig. 1. *g,* une groffe galle, & *h,* une petite, qui partent du
calice *b,* d'une fleur de rofier. *d c,* une galle qui a été coupée, & qui l'a été fous deux directions différentes. On
voit deux de fes cellules. Un ver eft logé dans la cellule *d.*

La Figure 3, eft celle d'une petite grappe, dont quelques galles *e,* font épineufes, dont d'autres *l,* font liffes,
& qui en a une en partie cheveluë *c, c.* L'attache de cette
galle étoit en *p.*

La Figure 4, eft celle d'une groffe galle du cynorrhodon,
hériffée de quelques épines, qui feule a confumé tout le
fuc qui eût pû fournir à plufieurs galles d'une grappe; en
g, une petite galle a été foudée à la groffe.

La Figure 5, fait voir la mouche femelle des galles en
grappes du rofier fauvage, groffie à la loupe; elle eft la
même que celle des galles cheveluës, ou elle en différe
peu. *f,* efpece de chaperon écailleux, particulier à ce genre de
mouches, qui couvre l'étui de l'aiguillon. *e,* l'aiguillon.

La Figure 6, montre encore une mouche groffie à la

loupe, qui eſt le mâle de celle de la figure précédente. *m,*
la partie du mâle. Le corps de cette mouche eſt beaucoup
plus noir que celui de l'autre qui eſt marron.

Dans la Figure 7, le corps de la mouche de la fig. 5, eſt
repréſenté ſeul, & beaucoup plus groſſi, ayant le chaperon
relevé à un point qui permet de voir les pieces qui compoſent l'étui de l'aiguillon. *f,* le chaperon. *e,* l'aiguillon. *i,i,*
l'étui de l'aiguillon.

La Figure 8, eſt celle d'une mouche noire à quatre
aîles, ſortie après l'hiver d'une galle du chêne en grains de
groſeille, à demi-ligneuſe, & de couleur d'agate. pl. 35.
fig. 3. Elle eſt groſſie à la loupe, d'autant que le ſont les
mouches des fig. 5 & 6. Celle de cette figure 8. a le corps
joint au corcelet, par un filet, comme l'eſt celui des ichneumons. *c,* jonction du corps au corcelet ; *e,* l'aiguillon.
i, i, deux lames plattes qui forment l'étui de l'aiguillon.
C'eſt en preſſant le ventre, qu'on a obligé l'aiguillon &
ſon étui à ſortir de leur couliſſe.

La Figure 9, eſt deſtinée à faire voir comment l'aiguillon
ou la tarriére de la mouche précédente, & la tarriére ou l'aiguillon de pluſieurs mouches des galles dont il a été parlé ci-
devant, peut devenir très-long en dehors du corps. *e,* le
bout de l'aiguillon. *i,i,* les deux lames qui lui forment un étui
juſqu'en *f.* Depuis *f,* juſques vers *h,* la partie de l'aiguillon
qui a été miſe en vûë dans cette figure, étoit logée dans une
couliſſe qu'on voit ſur le tranchant du ventre, & qui ſe
trouve entre les deux bouts de chaque lame annulaire *a, a.*
Une portion *l,* d'une lame écailleuſe a été enlevée pour
mettre à découvert l'intérieur du corps, & pour montrer
comment l'aiguillon y eſt roulé. *m,* chairs de la mouche
détachées par le déchirement.

Planche XLVII.

La Figure 1, repréfente une branche de rofier fauvage, qui a une galle cheveluë. *gg,* cette galle. *h,* feuille fur laquelle il y a une petite galle cheveluë.

La Figure 2, eft celle d'une des parties dans lefquelles la galle de la figure précédente peut être divifée.

La Figure 3, eft celle d'une des fibres ou des cheveux *f,* fig. 1 & 2. groffie au microfcope.

La Figure 4, eft une coupe tranfverfale de la galle *gg,* fig. 1. On y voit les grains durs & folides qui ont chacun une cavité dans leur intérieur, qui eft le logement d'un ver.

Les Figures 5 & 6, font celles du ver que la fig. 5, montre de grandeur naturelle, & la fig. 6. groffi à la loupe.

La Figure 7, fait voir la partie antérieure du ver, groffie au microfcope. *dd,* fes dents.

La Figure 8, eft celle d'une dent du ver, groffie au microfcope. *c,* crochet fingulier par fa longueur.

La Figure 9, eft celle de la nymphe de ce ver, groffie au microfcope.

Les Figures 10 & 11, font celles de la mouche femelle dans laquelle la précédente fe transforme. La fig. 10, la repréfente plus grande que nature, & la fig. 11. la repréfente de grandeur naturelle. *q,* la queuë de la mouche. Cette queuë eft formée par la tarriére logée dans deux pieces qui lui fervent d'étui.

La Figure 12, eft celle de la mouche mâle de la femelle de la fig. précédente. On ne lui voit point au derriére l'efpece de queuë que l'autre montre.

Fin du troifiéme Tome.

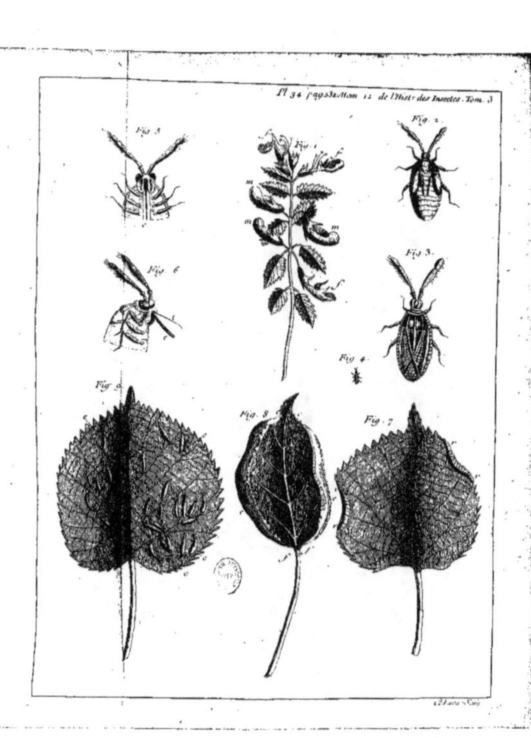

Pl. 34 pag. 53 a Mem. 12 de l'Hist. des Insectes. Tom. 3
Fig. 1
Fig. 2
Fig. 3
Fig. 4
Fig. 5
Fig. 6
Fig. 7
Fig. 8
Fig. 9

Pl. 3. Pag. 651. Mém. 12 de l'Hist. des Insectes. Tom. 3.
Fig. 1.
Fig. 3.
Fig. 7.
Fig. 2.
Fig. 4.
Fig. 6.
Fig. 5.

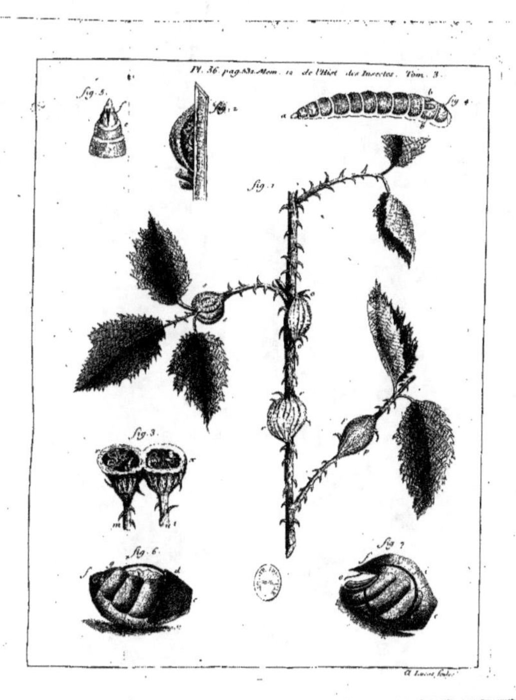

Pl. 36. pag. 532. Mem. 12. de l'Hist. des Insectes. Tom. 3.
fig. 5.
fig. 2.
fig. 4.
fig. 1.
fig. 3.
fig. 6.
fig. 7.

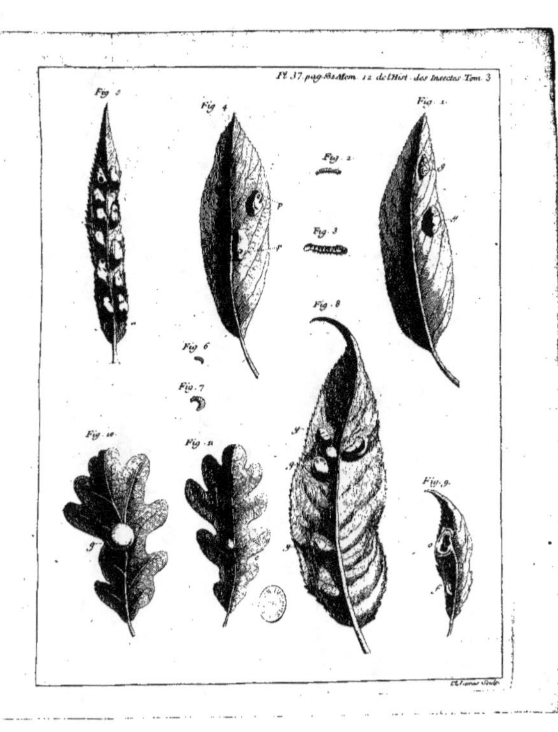

Pl. 37. pag. 82. Mem. 12 de l'Hist. des Insectes Tom. 3.
Fig. 5.
Fig. 4.
Fig. 1.
Fig. 2.
Fig. 3.
Fig. 8.
Fig. 6.
Fig. 7.
Fig. 10.
Fig. 11.
Fig. 9.

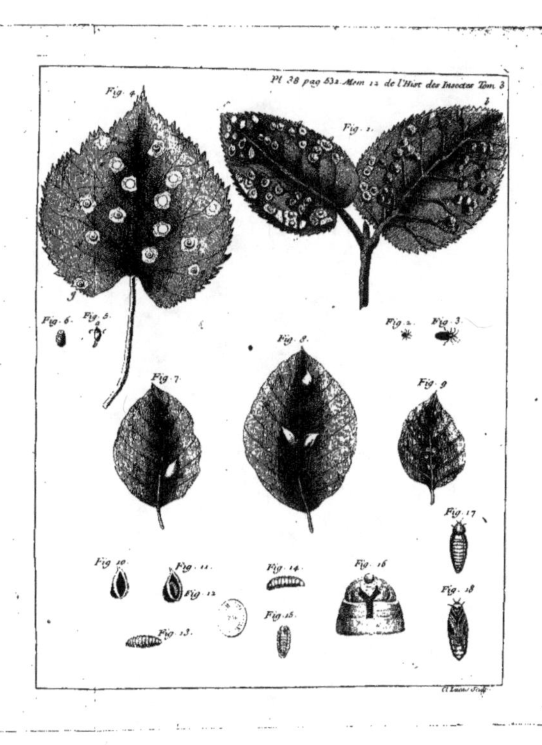

Pl. 38 pag. 532 Mem. 12 de l'Hist. des Insectes Tom. 3
Fig. 4.
Fig. 1.
Fig. 6. Fig. 5.
Fig. 2. Fig. 3.
Fig. 8.
Fig. 7.
Fig. 9.
Fig. 17.
Fig. 10.
Fig. 11.
Fig. 14.
Fig. 16.
Fig. 12.
Fig. 15.
Fig. 18.
Fig. 13.

Cl. Lucas Sculp.

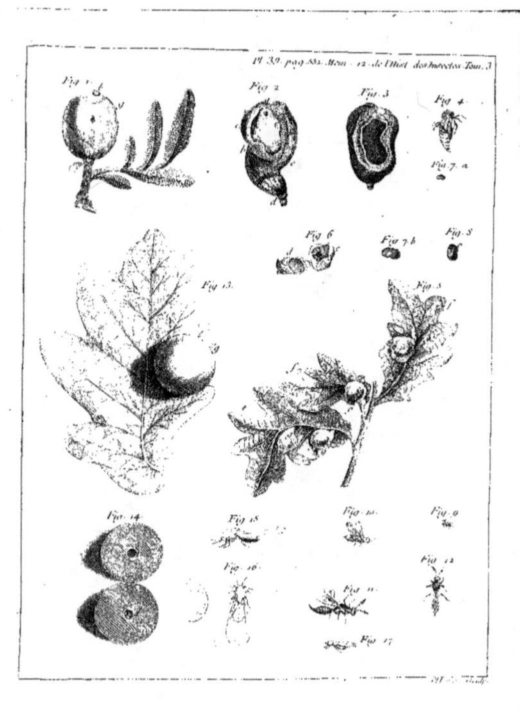

Pl. 39. pag. 332. Mem. 12. de l'Hist. des Insectes. Tom. 3
Fig. 1
Fig. 2
Fig. 3
Fig. 4
Fig. 7. a
Fig. 6
Fig. 7. b
Fig. 8
Fig. 13.
Fig. 5.
Fig. 14
Fig. 15
Fig. 16
Fig. 9
Fig. 16
Fig. 11
Fig. 12
Fig. 17

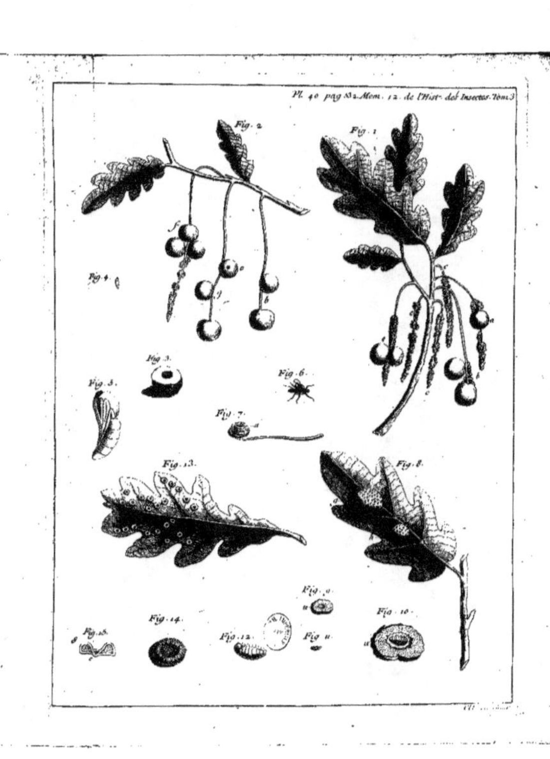

Pl. 40 pag 82 Mem. 12. de l'Hist. des Insectes. Tom 3
Fig. 2
Fig. 1
Fig. 4
Fig. 5
Fig. 3
Fig. 6
Fig. 7
Fig. 13
Fig. 8
Fig. 9
Fig. 15
Fig. 14
Fig. 12
Fig. 11
Fig. 10

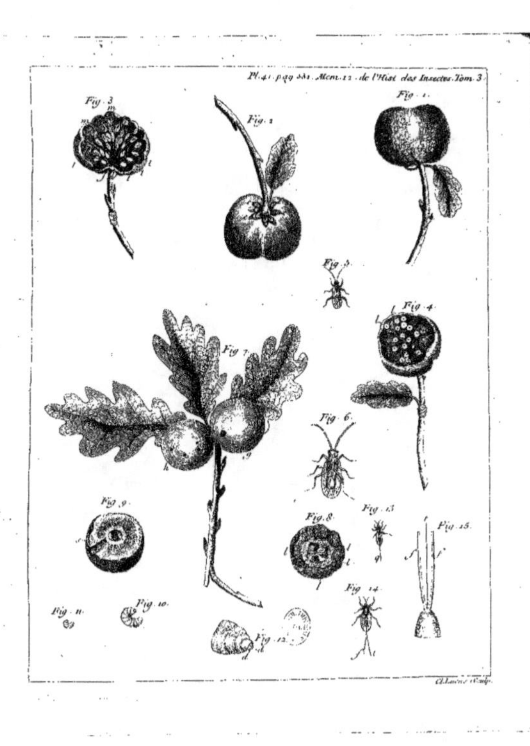

Pl. 41. pag. 331. Mem. 11. de l'Hist. des Insectes. Tom. 3.
Fig. 3.
Fig. 2.
Fig. 1.
Fig. 5.
Fig. 4.
Fig. 7.
Fig. 6.
Fig. 9.
Fig. 8.
Fig. 13.
Fig. 15.
Fig. 11.
Fig. 10.
Fig. 12.
Fig. 14.

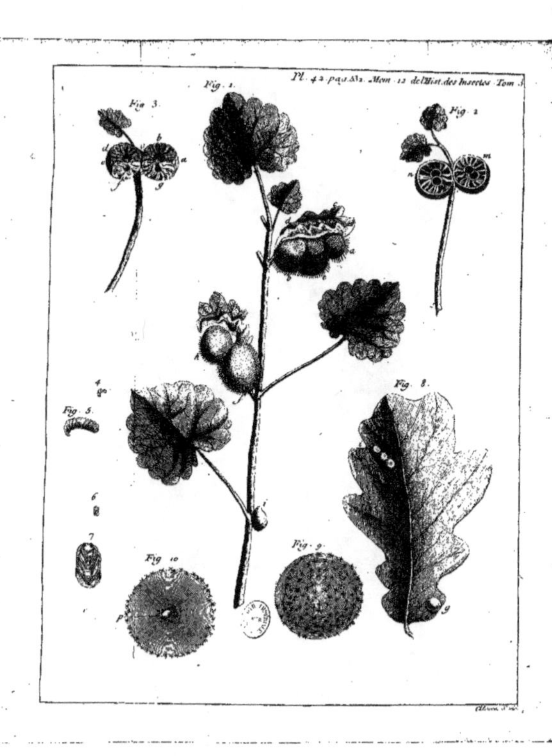

Pl. 42. pag. 352. Mem. 12 de l'Hist. des Insectes. Tom. 3.
Fig. 1.
Fig. 2.
Fig. 3.
Fig. 5.
Fig. 8.
Fig. 9.
Fig. 10.

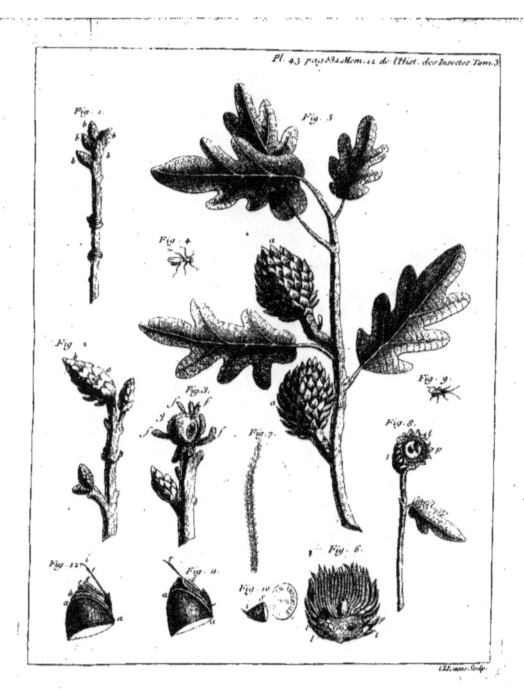

Pl. 43 pag. 894 Mem. 12 de l'Hist. des Insectes Tom. 3.
Fig. 1.
Fig. 5.
Fig. 4.
Fig. 3.
Fig. 2.
Fig. 9.
Fig. 8.
Fig. 7.
Fig. 6.
Fig. 12.
Fig. 11.
Fig. 10.

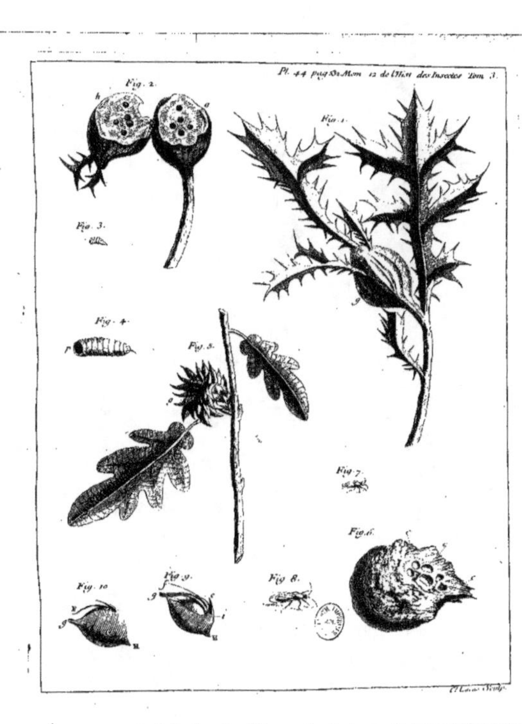

Pl. 44 pag.80. Mem. 12 de l'Hist. des Insectes Tom. 3.
Fig. 1.
Fig. 2.
Fig. 3.
Fig. 4.
Fig. 5.
Fig. 6.
Fig. 7.
Fig. 8.
Fig. 9.
Fig. 10.

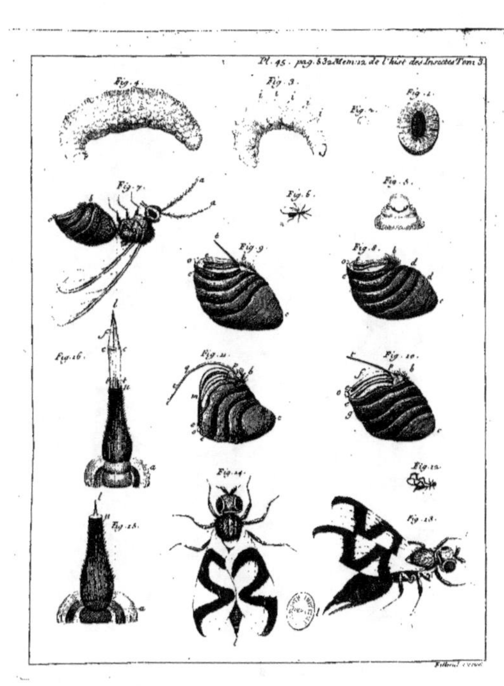

Pl. 45. pag. 632. Mem. 12. de l'hist. des Insectes Tom. 3.
Fig. 1.
Fig. 2.
Fig. 3.
Fig. 4.
Fig. 5.
Fig. 6.
Fig. 7.
Fig. 8.
Fig. 9.
Fig. 10.
Fig. 11.
Fig. 12.
Fig. 13.
Fig. 14.
Fig. 15.
Fig. 16.

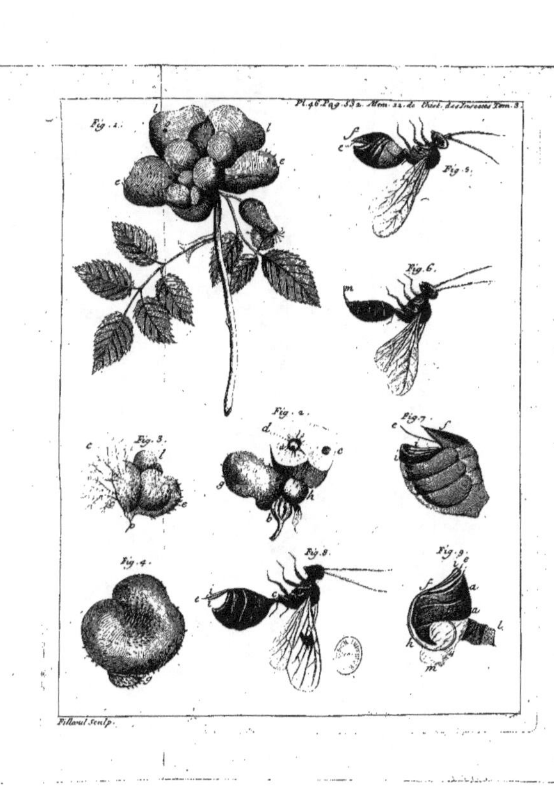

Pl. 46. Pag. 332. Mem. 11. de Obs. des Insectes Tom. 3.
Fig. 1.
Fig. 2.
Fig. 3.
Fig. 4.
Fig. 5.
Fig. 6.
Fig. 7.
Fig. 8.
Fig. 9.
Filloul Sculp.

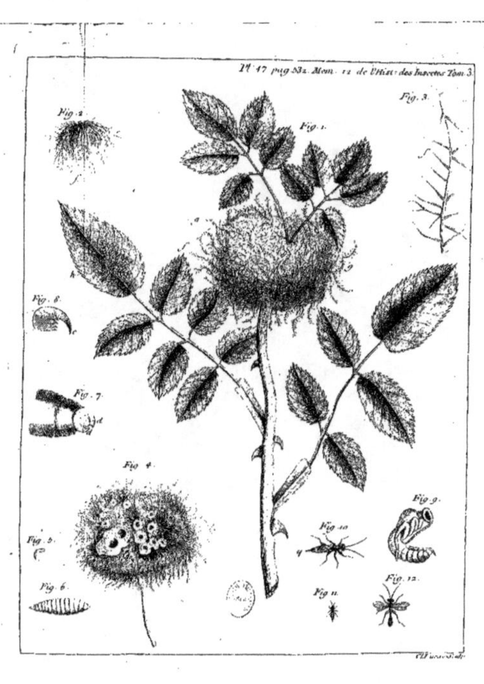

Pl. 17 pag. 532. Mem. 11 de l'Hist. des Insectes Tom. 3.
Fig. 1.
Fig. 2.
Fig. 3.
Fig. 4.
Fig. 5.
Fig. 6.
Fig. 7.
Fig. 8.
Fig. 9.
Fig. 10.
Fig. 11.
Fig. 12.